Schermann/Volcic

•

Controlling & Finance kompakt

Controlling & Finance kompakt

von
Michael P. Schermann
Klaus Volcic

2. Auflage

Bibliografische Information der Deutschen Nationalbibliothek
Die Deutsche Nationalbibliothek verzeichnet diese Publikation in der Deutschen Nationalbibliografie; detaillierte bibliografische Daten sind im Internet über http://dnb.d-nb.de abrufbar.

Das Werk ist urheberrechtlich geschützt. Alle Rechte, insbesondere die Rechte der Verbreitung, der Vervielfältigung, der Übersetzung, des Nachdrucks und der Wiedergabe auf fotomechanischem oder ähnlichem Wege, durch Fotokopie, Mikrofilm oder andere elektronische Verfahren sowie der Speicherung in Datenverarbeitungsanlagen, bleiben, auch bei nur auszugweiser Verwertung, dem Verlag vorbehalten.

ISBN 978-3-7073-1710-7

Es wird darauf verwiesen, dass alle Angaben in diesem Fachbuch trotz sorgfältiger Bearbeitung ohne Gewähr erfolgen und eine Haftung der Autoren oder des Verlages ausgeschlossen ist.

© LINDE VERLAG WIEN Ges.m.b.H., Wien 2010
1210 Wien, Scheydgasse 24, Tel.: 01/24 630
www.lindeverlag.at

Druck: Hans Jentzsch u Co. Ges.m.b.H.
1210 Wien, Scheydgasse 31

Vorwort

Ein jahrzehntlanger Traum wurde wahr: Erstmals ist es uns gelungen, den Kern unseres Trainingsangebots bei BATCON Business and Technology Consulting GmbH in einem Buch zusammenzufassen. Dieses Buch soll nun als Grundlage für Vorträge an Universitäten, Fachhochschulen und Managementtrainings dienen und dem Leser ein fundierter Begleiter bei seinem Studium sein.

Wir haben uns mit diesem Buch ein wesentliches Ziel gesetzt: Wie kann man vom externen Rechnungswesen über das operative Controlling bis hin zur Balanced Scorecard ein für Praktiker lesbares Buch verfassen, das die wesentlichsten Bestandteile auf wissenschaftlicher Basis wiedergibt, ohne dabei mit Ballast bestückt zu sein? In diesem Buch haben wir versucht, unser Wissen aus tausenden Managementtrainings und Vorträgen in einem Buch zu zentrieren, ohne dabei auf wesentliche Details zu verzichten.

Das vorliegende Werk ist von den elf Kapiteln aus dem großen Bereich des Themas Controlling & Finance geprägt:

1. Buchhaltung: Die Grundzüge der laufenden Buchhaltung werden wieder gegeben.
2. Bilanzanalyse: Dieses Kapitel zeigt die wichtigsten Kennzahlen für einen Jahresabschluss auf.
3. Controlling: Hier wird das Thema Controlling nach aktueller Auffassung beleuchtet.
4. Kostenrechnung: Die Grundzüge der Kostenarten-, Kostenstellen- und -trägerrechnung werden anschaulich dargestellt.
5. Investition: Die Investitionsrechenverfahren werden anhand von einfachen Beispielen erläutert.
6. Finanzierung: Die unterschiedlichen Finanzierungsmethoden und -arten werden in kurzer prägnanter Form aufgezeigt.
7. Planung und Budgetierung: Die wichtigsten Parameter des Planungs- und Budgetierungsprozesses werden in übersichtlicher Form wiedergegeben.
8. Berichtswesen: Das operative Berichtswesen zeigt die primäre monetären Ziele und Kennzahlen eines Unternehmens auf.
9. Strategiefindung: Anhand eines Beispiels aus der Praxis soll der Strategiefindungsprozess abgebildet werden.
10. Shareholder Value: Dieses Kapitel hat das Thema wertorientiertes Management zum Inhalt.
11. Balanced Scorecard: Hier wird gezeigt, wie man die Strategie einen Unternehmens kommuniziert und in strategische Ziele und Kennzahlen herunterbricht.

Widmung Michael P. Schermann: Ich möchte mich mit diesem Buch bei meiner Frau Renata und bei meiner kleinen Tochter Paula bedanken, ohne deren Zugeständnisse und Flexibilität das vorliegende Werk niemals realisiert werden hätte können.

Widmung Klaus Volcic: Mein Dank gilt meiner geliebten Alexandra, die mich täglich in meinem Tun unterstützt und mir die Kraft gibt, meine Ziele zu verwirklichen. Ihr möchte ich dieses Buch widmen.

Unser beider Dank gilt auch unserem Partner MMag. Walter Kalunder, welcher wesentlich an der Entstehung dieses Buches mitgewirkt hat.

Wien, Juni 2010 *Michael P. Schermann, Klaus Volcic*

Inhaltsübersicht

Vorwort 5

Externes Rechnungswesen (Buchhaltung und Bilanzierung) 9

Controlling 77

Grundzüge der Kosten- und Leistungsrechnung 125

Investition und Investitionsrechnung 189

Grundlagen der Finanzierung 227

Planung und Budgetierung 269

Strategische Dienstleistungen und der Strategiebindungsprozess anhand eines Beispiels aus der Praxis 291

Shareholder Value – Wertorientiertes Management 313

Balanced Scorecard – Managementinformationssysteme 351

Stichwortverzeichnis 397

Externes Rechnungswesen
(Buchhaltung und Bilanzierung)

Inhaltsverzeichnis

1. Lernziele und Überblick 13
2. Das Rechnungswesen – ein Überblick 14
   2.1. Geschichte des Rechnungswesens 14
   2.2. Allgemeine Definition des Rechnungswesens 14
   2.3. Das externe Rechnungswesen 15
   2.4. Das interne Rechnungswesen 15
   2.5. Aufgabenschwerpunkte und Informationsempfänger/-innen des externen
        und internen Rechnungswesen 15
   2.6. Buchführung 16
3. Jahresabschluss 17
   3.1. Die Bilanz 17
   3.2. Die GuV 19
   3.3. Gliederung des Anhangs 20
   3.4. Die zeitliche Entstehung des Jahresabschlusses 20
4. Überblick über die Buchführung 21
   4.1. Einnahmen-Ausgaben-Rechnung 21
   4.2. Einfache kaufmännische Buchführung 22
   4.3. Doppelte kaufmännische Buchführung 22
   4.4. Kameralistische Buchführung 23
5. Funktionen der Buchhaltung 25
6. Die Buchführungspflicht 26
7. GoB – Grundsätze ordnungsgemäßer Buchführung 28
8. Grundbegriffe des Rechnungswesens 29
9. Die Bedeutung der einzelnen Konten im Detail 29
   9.1. Die Bestandskonten (aus der Bilanz) 30
   9.2. Die Ertragskonten (aus der GuV) 30
   9.3. Die acht Buchungstypen 31
10. Kontenrahmen und Kontenplan 32
11. Zusammenhänge der Erfolgs- und Bestandskonten bei der Erstellung
    des Jahresabschlusses 33
12. Wichtige Abschlussbuchungen 34
    12.1. Inventur 34
    12.2. Umsatzsteuer und Vorsteuer 34
    12.3. Abschreibung 35
    12.4. Herstellungskosten 37
13. Bewertung 39

14. Gliederung der Bilanz 41
14.1. Mindestgliederung der Bilanz nach RLG 41
14.2. Erläuterungen zur Bilanz 43
15. Gliederung der GuV 46
15.1. Mindestgliederung der GuV nach RLG 46
15.2. Erläuterungen zur GuV 47
16. Bilanzarten 48
16.1. Die Unternehmensbilanz 48
16.2. Die Steuerbilanz 49
16.3. Das Maßgeblichkeitsprinzip 49
16.4. Die Mehr-Weniger-Rechnung (MWR) 49
17. Die GuV: Gesamtkosten- und Umsatzkostenverfahren 51
18. Die Grundsätze ordnungsgemäßer Buchführung (GoB) 52
19. Bilanzanalyse 54
19.1. Allgemeines 54
19.2. Die Bereiche der Bilanzanalyse 55
19.3. Die Bereinigung der Bilanz 55
19.4. Die Vermögensanalyse 56
19.5. Die Kapitalanalyse 60
19.6. Die Liquiditätsanalyse 63
19.7. Die erfolgswirtschaftliche Bilanzanalyse 67
20. Kennzahlensysteme 70
20.1. Aufgaben von Kennzahlensystemen 70
20.2. Du-Pont-Kennzahlensystem 71
20.3. Das ZVEI-Kennzahlensystem 72
20.4. Das RL-Kennzahlensystem 74
20.5. Zusammenfassung zu Kennzahlensystemen 75
21. Literatur- bzw. Quellenverzeichnis 76

1. Lernziele und Überblick

Dieses Kapitel gibt einen Überblick über das Thema externes Rechnungswesen. Im Einzelnen werden die Bereiche

- **laufende Buchhaltung** (wichtige Abschlussbuchungen),
- **Jahresabschluss** (Bilanz, Gewinn- und Verlustrechnung sowie Anhang) und
- **Bilanzanalyse**

behandelt.

Die Schwerpunkte liegen dabei eindeutig auf den Themenbereichen „Eine Bilanz und eine Gewinn- und Verlustrechnung (GuV) lesen können" sowie „Eine Bilanz und eine GuV interpretieren können".

2. Das Rechnungswesen – ein Überblick

2.1. Geschichte des Rechnungswesens

Formen der Buchführung und Aufzeichnungsmethoden, die im Rahmen der Entwicklung von Industrie und Handel entstanden, gab es bereits im Mittelalter. Die doppelte Buchführung entstand in den **mittelalterlichen italienischen Stadtstaaten**. Die frühesten, noch erhaltenen Bücher stammen aus Genua aus dem Jahr 1340. Das System war bereits gut entwickelt. Die Entwicklung von Rechenmaschine und Abakus in China im 1. Jahrhundert n. Chr. bildete die Grundlage für ähnlich ausgereifte Techniken in Ostasien.

Die **erste veröffentlichte Buchführungsarbeit** schrieb der venezianische Mönch *Luca Pacioli* im Jahre 1494. *Paciolis* Werk war noch kein Lehrbuch über die doppelte Buchführung, aber es fasste Prinzipien zusammen, die im Wesentlichen unverändert gültig geblieben sind. Weitere Werke über das Rechnungswesen erschienen im Verlaufe des 16. Jahrhunderts in Italien, Deutschland, Holland, Frankreich und England. Diese enthielten bereits frühe Beschreibungen des Konzepts für Guthabenposten (Betriebsvermögen), Schuldposten (Verbindlichkeiten) und Erträge.

Durch die industrielle Revolution wurden **Buchführungstechniken** nötig, die der Mechanisierung, dem Fabrikbetrieb und der Massenproduktion von Waren und Dienstleistungen standhalten konnten. Durch die Entstehung großer Aktiengesellschaften Mitte des 19. Jahrhunderts, die sich im Besitz von Aktionären befanden, die nicht anwesend waren und von professionellen Betriebsleitern geführt wurden, wurde die Rolle des Rechnungswesens nochmals neu definiert.

Die Buchführung als Grundbestandteil des Rechnungswesens wird seit Mitte des 20. Jahrhunderts immer mehr mit Hilfe von Maschinen erledigt. Durch den umfassenden Einsatz von Computern wurde auch die Buchführung umfangreicher und der Begriff Datenverarbeitung steht nun häufig für die Buchführung als solche.

2.2. Allgemeine Definition des Rechnungswesens

Nachfolgend sind einige, sehr unterschiedliche Definitionsversuche aufgelistet:

- Das Rechnungswesen ist ein Instrument zur zahlenmäßigen Erfassung sowohl volkswirtschaftlicher als auch betriebswirtschaftlicher Sachverhalte.
- Methoden des Rechnungswesens dienen nicht mehr nur der Dokumentation, sondern v.a. der Planung, Steuerung und Kontrolle der wirtschaftlichen Zustände und Abläufe.
- Das Rechnungswesen ist eine spezielle Dienstleistungsabteilung einer Unternehmung. Während in der Fertigungsabteilung eines Industriebetriebes Sachgüter erzeugt werden, besteht die Aufgabe des Rechnungswesens darin, Informationen zu produzieren.
- Grundlage für die Produktion von Informationen bilden Belege, welche die Geschäftsvorfälle dokumentarisch festhalten. Ausgehend von den auf den Belegen erfassten Daten werden in einem Prozess der Informationsverdichtung bzw. -verarbeitung zahlenmäßige Berichte (bspw. Bilanzen) erstellt und an Personen innerhalb und außerhalb des Unternehmens weitergeleitet.

2.3. Das externe Rechnungswesen

Nachfolgend wird das externe Rechnungswesen kurz beschrieben:

- Das externe Rechnungswesen bildet die **Vorgänge finanzieller Art** ab, die sich **zwischen** der **Unternehmung** und deren **Umwelt** abspielen.
- Das externe Rechnungswesen erfasst also hauptsächlich die **Einkaufs- und Absatzakte** der Unternehmung einschließlich der damit verbundenen **Geldab- und -zuflüsse** (leistungswirtschaftliche Sphäre) sowie die rein finanzwirtschaftlich bedingten **Zahlungsmittelbewegungen** (rein finanzwirtschaftliche Sphäre).
- Den zusammenfassenden Abschluss findet das externe Rechnungswesen im **Jahresabschluss**, also in der Bilanz und in der Gewinn- und Verlustrechnung (= vergangenheitsorientierte Dokumentation und Rechenschaftslegung, insbesondere für externe Informationsempfänger/-innen, gesetzliche Vorschriften).

2.4. Das interne Rechnungswesen

Im Unterschied zum externen Rechnungswesen zeichnet sich das interne Rechnungswesen insbesondere durch Folgendes aus:

- Die Hauptaufgabe besteht darin, den **Verzehr der Produktionsfaktoren** und die damit verbundene **Entstehung von Leistungen und Produkten** mengen- und wertmäßig zu erfassen und die Wirtschaftlichkeit der Leistungserstellung zu überwachen.
- Die Zahlen und Kalkulationen des internen Rechnungswesens werden **nicht veröffentlicht**, sondern zur Information von Betriebsangehörigen in leitender Position zur Planung, Steuerung und Kontrolle des Betriebsgeschehens verwendet.
- Es gibt **kaum gesetzlich zwingende Vorschriften**.

2.5. Aufgabenschwerpunkte und Informationsempfänger/-innen des externen und internen Rechnungswesens

Die nachfolgende Grafik gibt einen Überblick über die Aufgabenschwerpunkte und Informationsempfänger/-innen des externen und internen Rechnungswesens:

Externes Rechnungswesen (Buchhaltung und Bilanzierung)

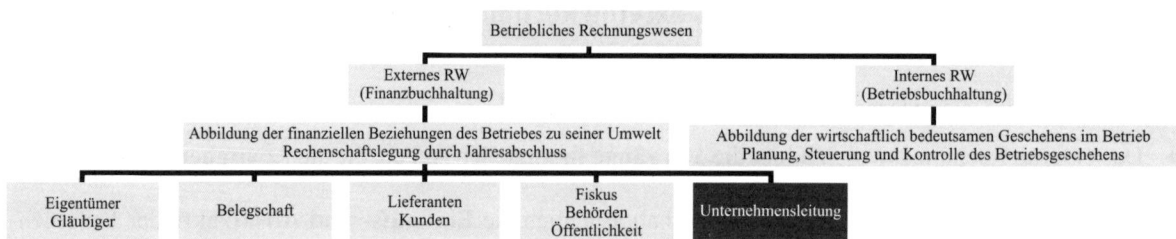

Abb. 1: Aufgabenschwerpunkte und Informationsempfänger/-innen (*M. Schermann*, Foliensammlung zum Rechnungswesen, 2000

Abb. 1 zeigt, dass das Thema „Rechnungswesen" in zwei große Blöcke geteilt wird:

- **Externes Rechnungswesen oder Finanzbuchhaltung:** Als Abkürzung wird auch das Wort „FiBu" in der Praxis verwendet. Die „FiBu" beschäftigt sich intensiv mit der **laufenden Buchhaltung** und dem **Jahresabschluss**. Der Jahresabschluss besteht in der Regel bei Kapitalgesellschaften aus der Gewinn- und Verlustrechnung (GuV), der Bilanz und dem Anhang.
- **Internes Rechnungswesen:** Der Begriff der Betriebsbuchhaltung hat nur theoretische Bedeutung. Grundsätzlich versteht man unter dem internen Rechnungswesen das System der **Kostenrechnung**. Die Kostenrechnung wird meist in die **Kostenarten-, Kostenstellen-, Kostenträgerrechnung** und in die **Markt- und Ergebnisrechnung** unterteilt.

2.6. Buchführung

Die **Buchführung** ist auf Grund folgender **gesetzlicher Vorschriften** erforderlich:
- Unternehmensgesetzbuch
- Rechnungslegungsvorschriften (RLG nach EU-GesRÄG [EU-Gesellschaftsrechtsänderungsgesetz])
- Einkommensteuergesetz
- Umsatzsteuergesetz
- Bundesabgabenordnung

Die Buchführung ist eine Einrichtung zur **Aufzeichnung des Betriebsgeschehens**. Die **Funktionen** und **Ziele** der Buchführung sind:

- Dokumentation des Betriebsgeschehens für interne und externe Zwecke,
- Erstellung eines in Zahlen ausgedrückten Bildes von der Vermögens-, Finanz- und Ertragslage des Unternehmens.

3. Jahresabschluss

Grundsätzlich wird der Jahresabschluss in drei Teile gegliedert:

- die Bilanz,
- die Gewinn- und Verlustrechnung (GuV) und
- den Anhang bei Kapitalgesellschaften.

3.1. Die Bilanz

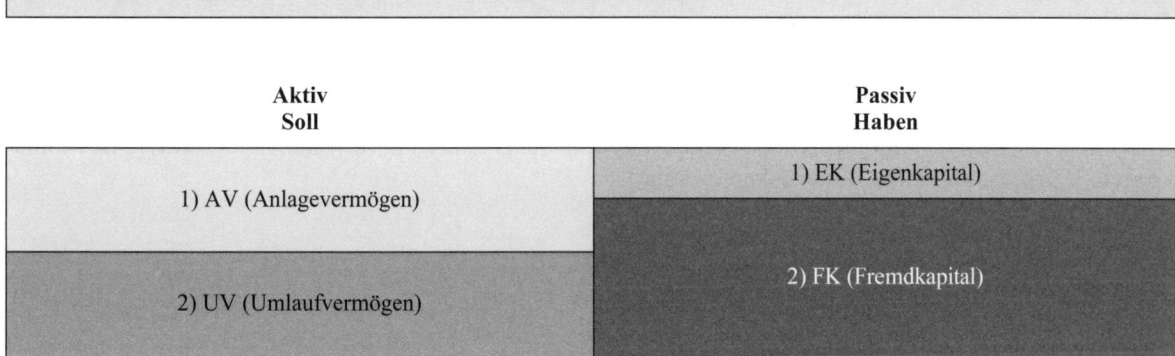

Abb. 2: Die Bilanz (*M. Schermann,* Foliensammlung zum Rechnungswesen, 2000)

Sowohl die Bilanz als auch die GuV haben immer eine linke und eine rechte Seite. Die linke Seite wird stets mit **Soll oder Aktiv**, die rechte Seite mit **Haben oder Passiv** bezeichnet.

Die **Aktivseite** der Bilanz zeigt die **Mittelverwendung** des eingesetzten Kapitals. Hier wird die Frage beantwortet, was alles zum Unternehmen gehört bzw. welche Vermögensarten das Unternehmen besitzt. Dabei wird die linke Seite in eine **langfristige** (= Anlagevermögen) und in eine **kurzfristige Vermögensseite** (= Umlaufvermögen) eingeteilt.

Die **Passivseite** der Bilanz zeigt die **Mittelaufbringung** bzw. die Finanzarten. Hier ist grundsätzlich zwischen **Eigenkapital** und **Fremdkapital** zu unterscheiden. Es wird die Frage beantwortet, wem das Vermögen gehört: dem Unternehmen oder einer fremden Person bzw. Institution.

Die Aktiv- und die Passivseite der Bilanz bestehen wiederum aus mehreren **Unterkonten**. Während die Bilanz einer Unternehmung den Abschluss der laufenden Buchhaltung darstellt, werden unterjährig zum Zwecke der laufenden Buchhaltung „**T-Konten**" geführt. Die T-Konten der Bilanz beginnen jeweils am 1.1. eines Jahres mit einem **Anfangsbestand**. Gibt es **Ab- oder Zugänge**, werden diese **T-Konten** entweder rechts oder links **bebucht**. Am **Ende des Jahres** zum 31.12. wird dann ein **Saldo** ermittelt und sodann in die Bilanz als **Endbestand** übertragen.

Externes Rechnungswesen (Buchhaltung und Bilanzierung)

	Aktiv Soll	Passiv Haben
	Bestandskonten	
	Aktive Bestandskonten	Passive Bestandskonten
	1) AV Grundstücke, Gebäude, Maschinen, Büroeinrichtung, EDV-Geräte, Fuhrpark, ...	1) EK: Grund- oder Stammkapital, Rücklagen, ...
	2) UV: Vorräte, Kassa, Bankguthaben, Forderungen, ...	2) FK: Kredite, Bankverbindlichkeiten, Verbindlichkeiten

Abb. 3: Beispiele für aktive und passive Bestandskonten (*M. Schermann,* Foliensammlung zum Rechnungswesen, 2000)

Jene T-Konten, die als Untergliederung auf der Aktivseite der Bilanz zu finden sind, heißen **aktive Bestandskonten**. Beispiele für aktive Bestandskonten sind:

- **Anlagevermögen**
  - Grundstücke
  - Gebäude
  - Maschinen
  - Büro- und Geschäftsausstattung
  - EDV-Geräte und Infrastruktur
  - Fuhrpark
  - ...
- **Umlaufvermögen**
  - Vorräte (Handelswarenvorräte)
  - Kassa
  - Bankguthaben
  - Forderungen
  - ...

Jene T-Konten, die als Untergliederung auf der Passivseite der Bilanz zu finden sind, heißen **passive Bestandskonten**. Beispiele für passive Bestandskonten sind:

- **Eigenkapital**
  - Grund- oder Stammkapital
  - Rücklagen
  - ...
- **Fremdkapital**
  - Langfristige Kredite
  - Kurzfristige Bankverbindlichkeiten (meist am Girokonto)
  - Verbindlichkeiten
  - Rückstellungen
  - ...

3.2. Die GuV

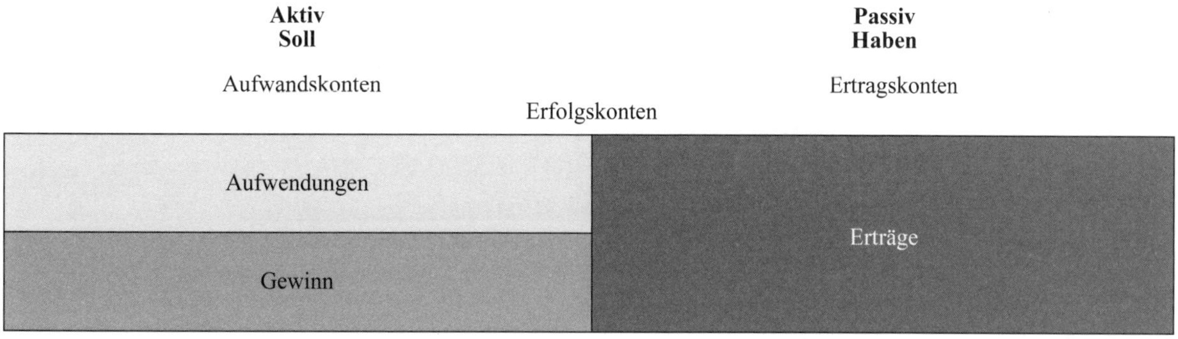

Abb. 4: Die GuV mit Gewinn (*M. Schermann,* Foliensammlung zum Rechnungswesen, 2000)

Auch die GuV hat eine **Aktivseite (Soll)** und eine **Passivseite (Haben)**. Die linke Seite umfasst die **Aufwandskonten** und die rechte die **Ertragskonten**. Wie bei der Bilanz gibt es auch bei der GuV Unterkonten (T-Konten), die am 1.1. jedoch immer leer sind, unterjährig gebucht werden und bei denen am Jahresende (31.12.) wiederum ein **Saldo** gebildet wird, der dann in die GuV übertragen wird.

Übersteigen die Erträge die Aufwendungen, so hat das Unternehmen einen **Gewinn** erwirtschaftet. Ein Gewinn steht in der GuV immer auf der **Aktivseite**. Umgekehrt entsteht ein **Verlust**, wenn die Aufwendungen die Erträge übersteigen – dieser steht immer auf der **Passivseite** der GuV (siehe Abb. 5).

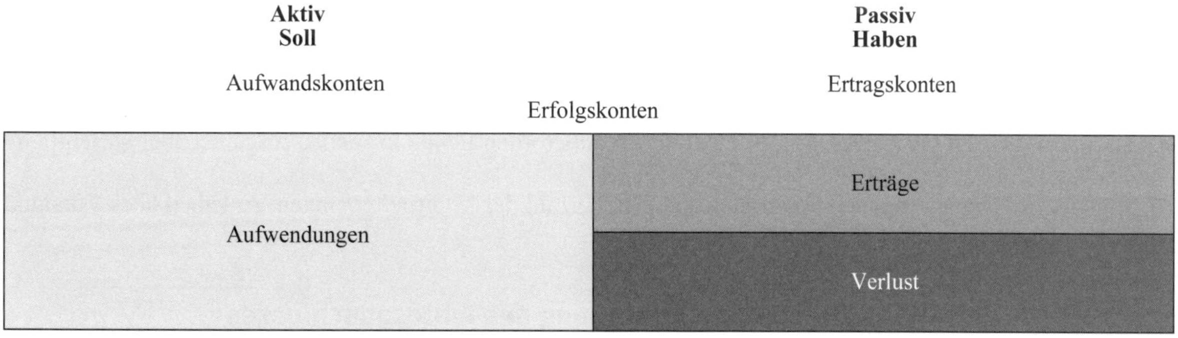

Abb. 5: Die GuV mit Verlust (*M. Schermann,* Foliensammlung zum Rechnungswesen, 2000)

Externes Rechnungswesen (Buchhaltung und Bilanzierung)

	Erfolgskonten	
Aktiv Soll		Passiv Haben
Aufwandskonten		Ertragskonten

Aufwendungen: Personalaufwand, Materialaufwand, Abschreibungen, Mietaufwand, Energieaufwand, Zinsaufwand, ...	Erträge: Umsätze, Mieterträge, Zinserträge, ...
	Verlust

Abb. 6: Beispiele für GuV-Konten (*M. Schermann*, Foliensammlung zum Rechnungswesen, 2000)

Wie obige Abbildung zeigt, werden die Aufwandskonten bspw. in

- Personalaufwand, Materialaufwand, Abschreibung, Mietaufwand, Energieaufwand, Zinsaufwand, ...

und die Ertragskonten in

- Umsätze, Mieterträge, Zinserträge…

eingeteilt.

Aufwands- und Ertragskonten werden als Erfolgskonten bezeichnet.

3.3. Gliederung des Anhangs

Bei der Erstellung des Anhangs sind v.a. die Grundsätze der Klarheit, Übersichtlichkeit, Wahrheit, Stetigkeit und Vollständigkeit der Berichterstattung relevant. In der Praxis findet sich oft nachfolgende Gliederung (*Frick*, 2004, S. 394):

- Erläuterungen der Bilanzierungs- und Bewertungsmethoden
- Erläuterungen zur Bilanz (Anlagespiegel, Forderungsspiegel, …)
- Erläuterungen zur GuV (wesentliche Beiträge im außerordentlichen Ergebnis, Angaben über wesentliche Verluste, …)
- Sonstige Angaben (Angaben über Beteiligungen, Anzahl der Mitarbeiter/-innen, Angaben über Vorstand und Aufsichtsrat, …)

3.4. Die zeitliche Entstehung des Jahresabschlusses

Hinsichtlich der Erstellung des Jahresabschlusses gelten folgende Beschränkungen für Aktiengesellschaften:

- Das UGB (Unternehmensrecht) schreibt für die Erstellung des Jahresabschlusses eine Frist von neun Monaten vor.
- Das Geschäftsjahr darf maximal zwölf Monate dauern, muss aber nicht mit dem Kalenderjahr übereinstimmen.
- Der Vorstand hat fünf Monate Zeit, den Jahresabschluss zu erstellen (vgl. § 222 Abs. 1 UGB).
- Dann wird dieser dem Aufsichtsrat übergeben. Dieser hat nun zwei Monate Zeit zur Prüfung und zur Feststellung (Billigung) (vgl. § 125 Abs. 2 AktG).
- Nach acht Monaten werden Vorstand und Aufsichtsrat durch die Hauptversammlung entlastet.
- Nach spätestens neun Monaten hat der Vorstand den Jahresabschluss im Firmenbuch einzutragen und mit dem Bestätigungsvermerk zu veröffentlichen (Amtsblatt zur Wiener Zeitung).

4. Überblick über die Buchführung

Grundsätzlich wird die Buchführung wie folgt kategorisiert:
- **Kaufmännische Buchführung**
  - Einnahmen-Ausgaben-Rechnung
  - Einfache kaufmännische Buchführung
  - Doppelte kaufmännische Buchführung
- **Kameralistische Buchführung**

4.1. Einnahmen-Ausgaben-Rechnung

Durch das Rechnungslegungsrechts-Änderungsgesetz 2010 wird ab dem Jahr 2010 die Umsatzgrenze, ab der ein Unternehmer den Rechnungslegungsvorschriften des Unternehmensgesetzbuches (UGB) unterliegt, also von einer Einnahmen-Ausgaben-Rechnung auf doppelte Buchführung samt Inventur und Aufstellung einer Bilanz umsteigen muss, von € 400.000,– auf € 700.000,– pro Geschäftsjahr erhöht.

Wird die neue Buchführungsgrenze in zwei aufeinanderfolgenden Jahren überschritten, tritt die Buchführungspflicht wie bisher ab dem übernächsten Geschäftsjahr nach der zweiten Überschreitung ein. Betragen die Umsätze in einem Jahr mehr als eine Million Euro, tritt schon im nächsten Geschäftsjahr Buchführungspflicht ein.

Das kann schon 2010 der Fall sein, wenn der Unternehmer bisher nicht rechnungspflichtig war, 2009 aber Umsätze von mehr als einer Million Euro erzielt hat. Wenn bisher Rechnungspflicht bestand, die Umsätze 2008 und 2009 aber unter 700.000 € betrugen, entfällt die Rechnungslegungspflicht schon ab 2010. Die neue Grenze gilt auch für das Steuerrecht. Wenn keine Buchführungspflicht nach UGB besteht, besteht daher auch steuerlich keine Buchführungspflicht.

Die Erhöhung der Buchführungsgrenzen bringt für einen Teil der Unternehmen eine Entlastung, da die doppelte Buchführung und die Aufstellung des Jahresabschlusses entfällt; gleichzeitig fehlt jedoch ein Steuerungs- und Kontrollinstrument. Insbesondere die Höhe des Eigenkapitals, der Bestand an Forderungen, Verbindlichkeiten und Vorräten werden bei Unterschreiten der Buchführungsgrenze nicht ausgewiesen.

Wesentliche Unterschiede zur doppelten Buchhaltung sind (*N. Schneider/D. Schneider*, 2005, S. 77):

- Aufwand und Erlöse entstehen erst bei Bezahlung und nicht bei Lieferung oder Leistung.
- Der Materialeinkauf wird bei Bezahlung als Ausgabe verbucht. Da keine Bilanz erstellt wird, spielen Endbestände an Material, aber auch unfertige und fertige Produkte und nicht abgerechnete Aufträge bei der Gewinnermittlung keine Rolle, sondern der bezahlte Wareneinkauf gilt zu 100% als Ausgabe. Der Wareneinkauf muss jedoch genau aufgezeichnet werden.
- Anlagevermögen wird wie in der doppelten Buchhaltung verrechnet. Das heißt, es muss eine Anlagekartei geführt werden. Als Ausgabe gelten nur Abschreibungen. Es spielt keine Rolle, ob das Anlagegut bereits bezahlt wurde.

4.2. Einfache kaufmännische Buchführung

- Die Gewinnermittlung erfolgt durch einen Vergleich des Reinvermögens (Eigenkapitalvergleich):

  Reinvermögen am Periodenende
  − Reinvermögen am Ende der Vorperiode
  − Privateinlagen
  + Privatentnahmen
  = Erfolg der Periode (Gewinn/Verlust)

- Unterschiedliche Definitionen der einfachen Buchführung:
  - Aufzeichnung der Geschäftsvorfälle ohne Gegenbuchung oder
  - es wird im Gegensatz zur doppelten Buchhaltung auf die Erfolgskonten verzichtet (d.h. es gibt keine GuV).

Die einfache kaufmännische Buchführung hat in der Praxis kaum Bedeutung, deshalb wird an dieser Stelle auf weiterführende Literatur verwiesen.

4.3. Doppelte kaufmännische Buchführung

Nachfolgende Punkte kennzeichnen die doppelte Buchhaltung:

- Der **Periodenerfolg** wird **doppelt ermittelt:**
  - zum einen in der BILANZ durch den Vermögensvergleich (Bestandsverrechnungskreis),
  - zum anderen in der GuV durch Gegenüberstellung von Erträgen und Aufwendungen (Erfolgsverrechnungskreis).
- Jeder **wirtschaftliche Vorgang** (abgesehen von Geschäftsvorfällen, die mehr als zwei Konten betreffen) wird auf **ZWEI Konten**,
  - einmal im SOLL (Aktiv),
  - einmal im HABEN (Passiv)
  mit jeweils dem gleichen Betrag erfasst.
- **Gewinn bzw. Verlust ergibt sich aus:**
  - Bilanz: als Saldo von Vermögenszuwachs/Vermögensminderung,
  - GuV: als Saldo von Erträgen und Aufwendungen.

Die Aufzeichnung der doppelten Buchhaltung erfolgt in zwei Büchern:

- **Grundbuch** (Journal, Tagebuch, Memorial, Primanota): Das zeitliche Auftreten der Geschäftsvorfälle steht im Vordergrund.
- **Hauptbuch:** Hier werden Geschäftsvorfälle nach sachlicher Ordnung auf Sachkonten erfasst.
- Aus Gründen einer arbeitsteiligen Buchführung werden noch **Nebenbücher** geführt (Kreditoren-, Debitoren-, Anlagen- und Lohnbuchhaltung).
- Im Regelfall ist auch ein **Inventar** und ein **Bilanzbuch** zu führen.

Zusammenfassend kann Folgendes festgehalten werden:

- **Jeder Geschäftsfall wird doppelt verbucht**
  a) am Soll-Konto
  b) am Haben-Konto

- **Zweifache Gewinn- oder Verlustermittlung**
  a) als Saldo der Bestandskonten von zwei Bilanzierungsperioden
  b) als Saldo der Aufwands- und Ertragskonten in der GuV
- **Jeder Geschäftsfall wird zweifach erfasst**
  a) in zeitlicher Reihenfolge im Journal
  b) in systematischer Ordnung auf Konten im Hauptbuch

4.4. Kameralistische Buchführung

Kameralistik (v. lat.: camera = fürstliche Schatztruhe), auch kameralistische Buchführung oder Kameralbuchhaltung, ist ein Verfahren der Buchführung. Im Gegensatz zur Doppik, also der doppelten Buchführung, werden bei der Kameralistik nur die **reinen Einzahlungen und Auszahlungen** betrachtet, jedoch nicht die Erträge und Aufwendungen. Die erweiterte Kameralistik versucht, durch eine Vielzahl zusätzlicher Nebenrechnungen die Erträge und Ressourcen einzubeziehen.

Die Kameralistik soll Auskunft über die **Finanzierung des öffentlichen Haushalts** sowie die **Verwendung der Mittel** geben. Der Kontenrahmen gliedert daher die Einnahmeseite nach den Einnahmearten (z.B. Steuern, Gebühren etc.), die Ausgabeseite nach dem Verwendungszweck. Weiterhin soll die Liquiditätsplanung vereinfacht werden.

Die Verwendung der Gelder wird dem/der Geldgeber/-in (und somit letztlich dem/der Steuerzahler/-in) detailliert dargelegt. Die Liquiditätsplanung wird vereinfacht.

Von der Konzeption her hat die Kameralistik den Vorteil, der Haushaltshoheit des Parlaments zu entsprechen. Ex ante werden die geplanten Ein- und Ausgabenströme festgelegt und somit die Verwaltung gebunden, die gesetzten Prioritäten des Parlaments anhand des Haushaltsplanes zu realisieren. In der Doppik fehlt diese Mittellenkungsfunktion, da der Jahresabschluss mit Bilanz sowie Gewinn- und Verlustrechnung ex post erstellt wird und deshalb um eine Budgetplanung ergänzt werden müsste, sofern nicht das Haushaltsrecht des Parlaments beschnitten werden sollte.

In der Kameralistik ist es auch unerheblich, die Vermögenssituation im Sinne einer Bilanz darzustellen. Betrachtet man den Wert von Grundstücken, die sich über Jahrhunderte im Eigentum der öffentlichen Hand befinden, wird schnell klar, dass die jeweiligen Anschaffungswerte inzwischen nur noch Erinnerungswert haben. Währungsreformen und Hyperinflationen sind der Grund dafür. Zusätzlich ist die Bewertung des Grundvermögens extrem schwierig, da es keinen Marktpreis für öffentliche Grünflächen oder Straßen gibt. Jüngstes Beispiel ist der Börsengang der Deutschen Telekom AG, die nach Jahren Wertberichtigungen in Milliardenhöhe auf ihr Grundvermögen vornehmen musste, da zum Zeitpunkt des Börsengangs zu optimistisch bewertet wurde. Ähnlich der privaten Wirtschaft würden so im Zeitablauf erhebliche stille Reserven im Grundvermögen entstehen, welche die Aussagekraft einer Bilanz wesentlich vermindern. Dementsprechend befasst sich die Kameralistik mit – in dieser Hinsicht – obsoleten Vorgängen nicht.

An der kameralistischen Buchführung wird zunehmend das Erfordernis der übermäßigen Bindung der Verwaltung durch eine zu detaillierte Planung und die damit verbundene mangelnde Flexibilität kritisiert.

Es wird versucht, die Kameralistik durch die Doppik zu ersetzen. Dies scheitert jedoch oft bereits an gesetzlichen Vorschriften, sodass Ausnahmegenehmigungen erforderlich sind.

Die Kameralistik scheint nicht vereinbar mit der sich verstärkenden Tendenz, die öffentliche Verwaltung nach betriebswirtschaftlichen Maßstäben zu betrachten und zu bewerten. Dabei ist der Gegensatz von Doppik und Kameralistik (zwei formale Systeme) nur konstruiert.

Grundsätzlich besteht die Kameralistik aus den Elementen der Haushaltsaufstellung und -planung sowie der Jahresrechnung. Diesbezüglich besteht sowohl eine Festlegung der Mittelverfügungsrechte von Verwaltung und Parlament als auch eine Aufzeichnungsfunktion. Dagegen stellt die Doppik – ohne Planungsrechnung – ausschließlich eine reine Aufzeichnungsfunktion dar.

Erst der Übergang in das interne Rechnungswesen führt zu den Instrumenten der Kosten- und Erlösrechnung, die für betriebswirtschaftliche Effizienz sorgen. Diese Funktion wird heute in der Kameralistik durch anlassbezogene Wirtschaftlichkeitsrechnungen erfüllt.

5. Funktionen der Buchhaltung

Nachfolgende Funktionen der Buchhaltung können unterschieden werden:

- **DOKUMENTATION**
    - Aufzeichnung des Vermögens (wertmäßig und mengenmäßig)
    - Aufzeichnung der Schulden

- **INFORMATION**
    - Eigentümer bzw. Gesellschafter
    - Geschäftsführung
    - Abgabenbehörde
    - Gläubiger
    - Mitarbeiter
    - Kunden und Lieferanten

- **ERMITTLUNG**
    - entsprechend dem jeweiligen Bilanzzweck
    - steuerlicher Gewinn
    - Ausschüttung bzw. Dividende
    - Vermögenswerte

- **PLANUNG**
    - Investitionen
    - Einkauf
    - Lagerhaltung
    - Finanzierung

- **KONTROLLE**
    - Wirtschaftlichkeit und Rentabilität

6. Die Buchführungspflicht

Mit der Rechnungslegungspflicht wird festgelegt, wer nach den Bestimmungen des UGB buchführungspflichtig ist. Nach § 189 UGB sind buchführungspflichtig:

- Unabhängig von den Größenkriterien:
  - Kapitalgesellschaften (AG, GmbH) und
  - Personengesellschaften, bei denen kein persönlich haftender Gesellschafter eine natürliche Person ist (GmbH & Co KG)
- Abhängig von den Größenkriterien:
  - Alle anderen Unternehmen, die einen Umsatzerlös von mehr als € 700.000,– im Geschäftsjahr erzielen. Davon sind jedoch ausgenommen:
    - – Angehörige der freien Berufe,
    - – Land- und Forstwirte,
    - – Unternehmer, die ausschließlich außerbetriebliche Einkünfte erzielen.

Die Rechtsfolgen des Schwellenwertes treten ein:

- ab dem zweitfolgendem Geschäftsjahr, wenn der Schwellenwert in zwei aufeinanderfolgenden Jahren übertroffen wird;
- schon ab dem folgenden Geschäftsjahr, wenn der Umsatz mehr als € 1.000.000,– beträgt.

Die Buchführungspflicht liegt bei folgenden Personen:

- Einzelunternehmen: Unternehmer
- OG: Gesellschafter/-innen
- KG: persönlich haftenden Gesellschafter/-innen
- GmbH: Geschäftsführer/-innen
- AG: Vorstand

Die **steuerrechtliche Pflicht zur doppelten Buchführung und Bilanzierung** ergibt sich aus den gesetzlichen Bestimmungen der BAO (Bundesabgabenordnung).

7. GoB – Grundsätze ordnungsgemäßer Buchführung

Die Buchführungspflicht nach GoB besagt Folgendes (siehe auch Punkt 18 dieses Kapitels):

- Überblick über Geschäftsfälle und Lage des Unternehmens in angemessener Zeit,
- chronologische Darstellung der Geschäftsfälle,
- geordnete Aufbewahrung der Kopien der Handelsbriefe,
- Aufzeichnungen in einer lebenden Sprache,
- Eindeutigkeit von Symbolen und Abkürzungen,
- Eintragungen und Aufzeichnungen:
  - vollständig,
  - richtig,
  - zeitgerecht,
  - geordnet.
- bei Änderung muss der ursprüngliche Inhalt erkennbar sein,
- Zeitpunkt der Änderung muss erkennbar sein,
- Aufbewahrung sieben Jahre (§ 212 UGB),
- bei EDV-mäßiger Aufbewahrung muss Wiedergabe jederzeit möglich sein.

8. Grundbegriffe des Rechnungswesens

Nachfolgende Grundbegriffe können unterschieden werden:

- **Einzahlung:** Vorgang, bei dem sich der Bestand an Bargeld oder sofort fälliger Bankguthaben erhöht ⇒ Liquiditätsbegriff.
- **Einnahmen:** Wert, der für die Veräußerung von Gütern und Dienstleistungen am Markt erzielt wird (Einzahlungen, Forderungszugang, Schuldenabgang).
- **Ertrag:** der durch erfolgswirtschaftliche Geschäftsvorfälle erwirtschaftete Wertzuwachs ⇒ Buchhaltungsbegriff.
- **Leistung:** Wertzuwachs einer Periode, der aus dem eigentlichen Betriebszweck resultiert ⇒ Kostenrechnungsbegriff.
- **Auszahlung:** Vorgang, bei dem sich der Bestand an Bargeld oder sofort fälliger Bankguthaben verringert ⇒ Liquiditätsbegriff.
- **Ausgabe:** Wert, der für den Ankauf von Gütern und Dienstleistungen verausgabt wird (Auszahlungen, Verbindlichkeitszugang, Forderungsabgang).
- **Aufwand:** der mit Anschaffungspreisen bewertete Verbrauch von Gütern und Dienstleistungen ⇒ Buchhaltungsbegriff.
- **Kosten:** der mit kalkulatorischen Werten (z.B. Wiederbeschaffungspreis) bewertete Verbrauch von Gütern und Dienstleistungen zur betrieblichen Leistungserstellung ⇒ Kostenrechnungsbegriff.

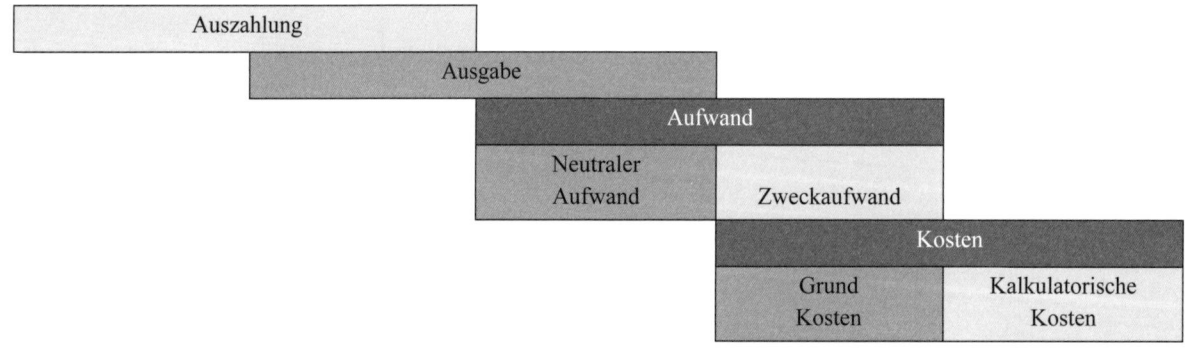

Abb. 7: Differenzierung der Rechnungswesen Grundbegriffe (*M. Schermann,* Foliensammlung zum Rechnungswesen, 2000)

Neutraler Aufwand wird wie folgt definiert:
- betriebsfremd (Spenden, Spekulationsverluste),
- periodenfremd (Nachzahlung von Steuern),
- außerordentlich (ein nicht durch die Versicherung gedeckter Schaden).

Zweckaufwand (= Grundkosten) wird wie folgt definiert: Der Zweckaufwand ist derjenige Aufwand aus der Buchhaltung, der zur Leistungserstellung im Sinne des Geschäftsgegenstandes notwendig ist.

Kalkulatorische Kosten werden wie folgt definiert:
- **Zusatzkosten:** Jene Kosten, die in der Buchhaltung auf Grund gesetzlicher Bestimmungen nicht angesetzt werden dürfen (Eigenkapitalzinsen).
- **Anderskosten:** Diese Kosten unterscheiden sich durch die Höhe von den Werten der Buchhaltung, diese entstehen bspw. auf Grund verschiedener Bewertungsverfahren.

9. Die Bedeutung der einzelnen Konten im Detail

Im Allgemeinen können nachfolgende Konten unterschieden werden:

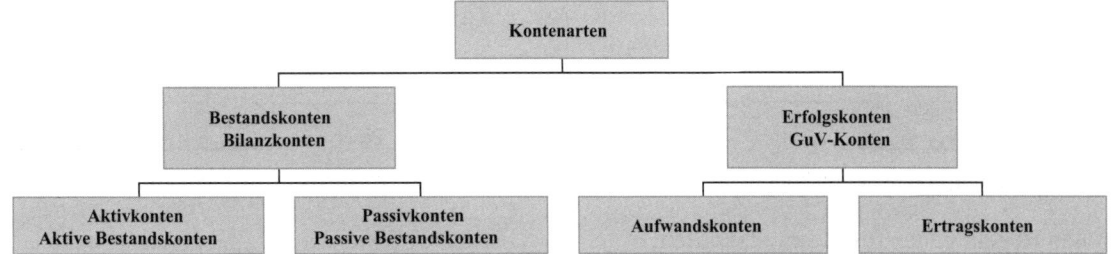

Abb. 8: Diverse Kontenarten (*M. Schermann*, Foliensammlung zum Rechnungswesen, 2000)

9.1. Die Bestandskonten (aus der Bilanz)

Die Bestandskonten sind T-Konten bzw. Unterkonten aus der Bilanz – diese werden auch am Jahresende gegen die Bilanz abgeschlossen.

Alle T-Konten, die in der Bilanz zu finden sind, werden als Bestandskonten bezeichnet. Stehen diese in der Bilanz links, so werden diese als **aktive Bestandskonten** bezeichnet, stehen sie aber rechts, so heißen diese **passive Bestandskonten**. Diese Differenzierung ist deswegen so wichtig, weil davon bestimmte **Buchungsregeln** abgeleitet werden können.

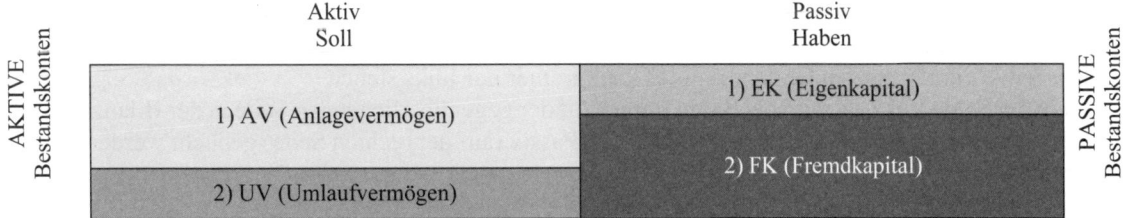

Abb. 9: Aktive und passive Bestandskonten (*M. Schermann*, Foliensammlung zum Rechnungswesen, 2000)

Externes Rechnungswesen (Buchhaltung und Bilanzierung)

Geschäftsvorfälle, welche die Bestandskonten (Konten aus der Bilanz) betreffen, werden wie folgt verbucht:

Abb. 10: Bebuchung von Bestandskonten (*M. Schermann*, Foliensammlung zum Rechnungswesen, 2000)

Folgende **Regeln** gelten **für Bestandskonten:**

- Aktive Bestandskonten:
  - Der Anfangsbestand steht immer links.
  - Zugänge werden dort verbucht, wo die Anfangsbestände stehen, d.h. Zugänge werden immer links gebucht.
  - Abgänge werden immer dort gebucht, wo die Anfangsbestände nicht stehen; d.h. Abgänge werden immer rechts gebucht.
  - Der Saldo eines aktiven Bestandskontos kann immer nur rechts stehen.
  - Steht der Saldo rechts, so wird der Saldo immer auf der gegenüberliegenden Seite in der Bilanz gebucht. D.h. im Jahresabschluss kann das Konto nur im Aktiv (auf der linken Seite) gebucht werden und stehen.
- Passive Bestandskonten verhalten sich genau spiegelverkehrt gegenüber den aktiven Bestandskonten:
  - Der Anfangsbestand steht immer rechts.
  - Zugänge werden dort verbucht, wo die Anfangsbestände stehen; d.h. Zugänge werden immer rechts gebucht.
  - Abgänge werden immer dort gebucht, wo die Anfangsbestände nicht stehen; d.h. Abgänge werden immer links gebucht.
  - Der Saldo eines passiven Bestandskontos kann immer nur links stehen.
  - Steht der Saldo links, so wird der Saldo immer auf der gegenüberliegenden Seite in der Bilanz gebucht. D.h. im Jahresabschluss kann das Konto nur im Passiv (auf der rechten Seite) gebucht werden und stehen.

9.2. Die Erfolgskonten (aus der GuV)

Die Erfolgskonten sind T-Konten bzw. Unterkonten der GuV – diese werden am Jahresende gegen GuV abgeschlossen.

Die Erfolgskonten (T-Konten oder Vorkonten der GuV – also Aufwands- und Ertragskonten) folgen einem einfachen Schema:

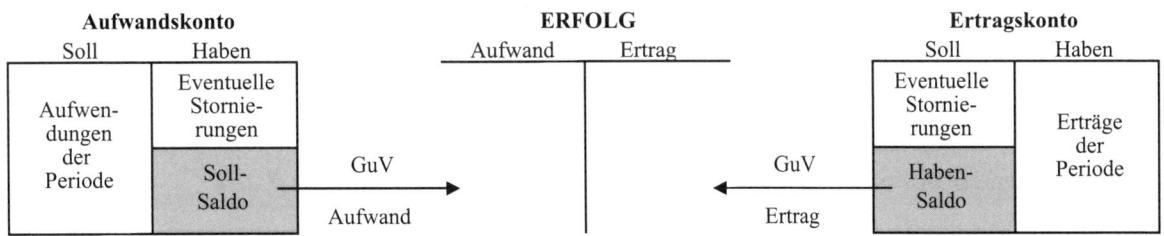

Abb. 11: Bebuchungsregeln von Erfolgskonten (*M. Schermann*, Foliensammlung zum Rechnungswesen, 2000)

Während die Bestandskonten einer relativ schwierigen Regelung folgen, sind bei Erfolgskonten nur zwei Regeln zu merken:)

- Aufwandskonten werden immer nur links gebucht.
- Ertragskonten werden immer nur rechts gebucht.

Eine Ausnahme dieser Regelung entsteht nur, wenn Aufwands- oder Ertragskonten storniert werden, dann erfolgt eine Buchung auf der jeweils gegenüberliegenden Seite. Dies ist jedoch nur die Ausnahme von der Regel.

9.3. Die acht Buchungstypen

Bestandsvermehrende Buchungstypen (es werden nur Vermögens- und Kapitalkonten angesprochen):

- **Aktivtausch:** Ein aktives Bestandskonto nimmt zu, während gleichzeitig ein anderes aktives Bestandskonto abnimmt (Beispiel: Ein Bürocomputer wird um € 2.000,- bar gekauft).
- **Passivtausch:** Ein passives Bestandskonto nimmt zu, während gleichzeitig ein anderes passives Bestandskonto abnimmt (Beispiel: Zahlung einer Verbindlichkeit durch Bankkreditaufnahme um € 10.000,-).
- **Bilanzverlängerung:** Sowohl ein aktives als auch ein passives Bestandskonto nehmen zu (Beispiel: Kauf von Handelswaren um € 240.000,-, inkl. 20% USt, auf Ziel).
- **Bilanzverkürzung:** Sowohl ein aktives als auch ein passives Bestandskonto nehmen ab (Beispiel: Eine Verbindlichkeit von € 90.000,- wird bar bezahlt).

Erfolgswirksame Buchungstypen:

- **Vermögensvermehrender Ertrag** (Sonderform Bilanzverlängerung): Sowohl ein aktives Bestandskonto als auch ein Ertragskonto nehmen zu (Beispiel: Handelsware wird um € 200.000,- verkauft – Kassa/Handelswarenerlöse).
- **Schuldmindernder Ertrag** (Sonderform Passivtausch): Ein passives Bestandskonto nimmt ab, während ein Ertragskonto gleichzeitig zunimmt (Beispiel: Verkaufserlös einer Maschine wird dem Kreditkonto gutgeschrieben).
- **Vermögensmindernder Aufwand** (Sonderform Bilanzverkürzung): Ein Aufwandskonto nimmt zu, während gleichzeitig ein aktives Bestandskonto abnimmt (Beispiel: Löhne im Ausmaß von € 50.000,- werden bar bezahlt).
- **Schuldenerhöhender Aufwand** (Sonderform Passivtausch): Sowohl ein Aufwandskonto als auch ein passives Kapitalkonto nehmen zu (Beispiel: Von der Bank werden € 5.000,- als Zinsaufwand dem Kreditkonto angelastet).

10. Kontenrahmen und Kontenplan

Die Aufzeichnungen in der Buchführung müssen systematisch und nach einheitlichen Kriterien erfolgen. Eine wesentliche Grundlage hierzu bildet der **Kontenrahmen**, der einen **systematischen Organisations- und Gliederungsplan von Konten** darstellt. In den meisten Ländern sind Kontenrahmen eingeführt, so auch in Österreich: Österreichischer Einheitskontenrahmen nach EU-GesRÄG (vgl. *Mandl,* 1999, S. 40 ff):

Klassen	Konten	Art des Kontos	Bezeichnung des Kontos	Abschluss gegen
Klasse 0	Aktivkonten	Bilanzkonten	Anlagevermögen und Aufwendungen für das Ingangsetzen und Erweitern eines Betriebes	SBK
Klasse 1	Aktivkonten	Bilanzkonten	Vorräte	SBK
Klasse 2	Aktivkonten	Bilanzkonten	Sonstiges Umlaufvermögen und Rechnungsabgrenzungsposten	SBK
Klasse 3	Passivkonten	Bilanzkonten	Rückstellungen, Verbindlichkeiten und Rechnungsabgrenzungsposten	SBK
Klasse 4	Ertragskonten	Erfolgskonten	Betriebliche Erträge	GuV-Konto
Klasse 5	Aufwandskonten	Erfolgskonten	Aufwendungen für Material und sonstige bezogene Herstellungsleistungen	GuV-Konto
Klasse 6	Aufwandskonten	Erfolgskonten	Personalaufwand	GuV-Konto
Klasse 7	Aufwandskonten	Erfolgskonten	Abschreibung und sonstige betriebliche Aufwendungen	GuV-Konto
Klasse 8	Aufwands-, Ertragskonten	Erfolgskonten	Finanzerträge und -aufwendungen, a.o. Erträge, a.o. Aufwendungen, Steuern vom Einkommen und vom Ertrag, Rücklagenbewegung	GuV-Konto
Klasse 9	Bilanz-, Abschluss-, Evidenzkonten		Eigenkapital, unversteuerte Rücklagen, Einlagen stiller Gesellschafter, Abschluss- und Evidenzkonten	

Abb. 12: Der Österreichische Einheitskontenrahmen – ein Überblick (*Mandl,* 1999, S. 40 ff)

Für den Kontenplan gilt:

- Der Kontenplan ist die **individuelle systematische Ordnung der Konten einer Unternehmung**. Der Kontenplan hat in der Regel einen **Kontenrahmen zur Basis** (gibt die Gruppierung vor) und stellt eine systematisch gegliederte Aufstellung sämtlicher Konten dar, die in dem Buchführungssystem des jeweiligen Unternehmens benötigt bzw. geführt werden.
- Der unternehmensindividuelle Kontenplan hat den Zweck, das Auffinden des richtigen Kontos und die richtige Behandlung des Kontos bei der Buchung und beim Abschluss sicherzustellen.
- Auf Grund der Nummernsystematik kann auf den Wortlaut des Kontos verzichtet werden – bei einer Buchung werden nur noch Nummern aufgeschrieben.
- Durch den Kontenplan wird also sichergestellt, dass gleichartige Geschäftsvorfälle nach der gleichen sachlichen Ordnung, also auf gleichen Konten gebucht werden.

11. Zusammenhänge der Erfolgs- und Bestandskonten bei der Erstellung des Jahresabschlusses

Die nachfolgende Grafik gibt einen Überblick über die Vorgänge beim Jahresabschluss.)

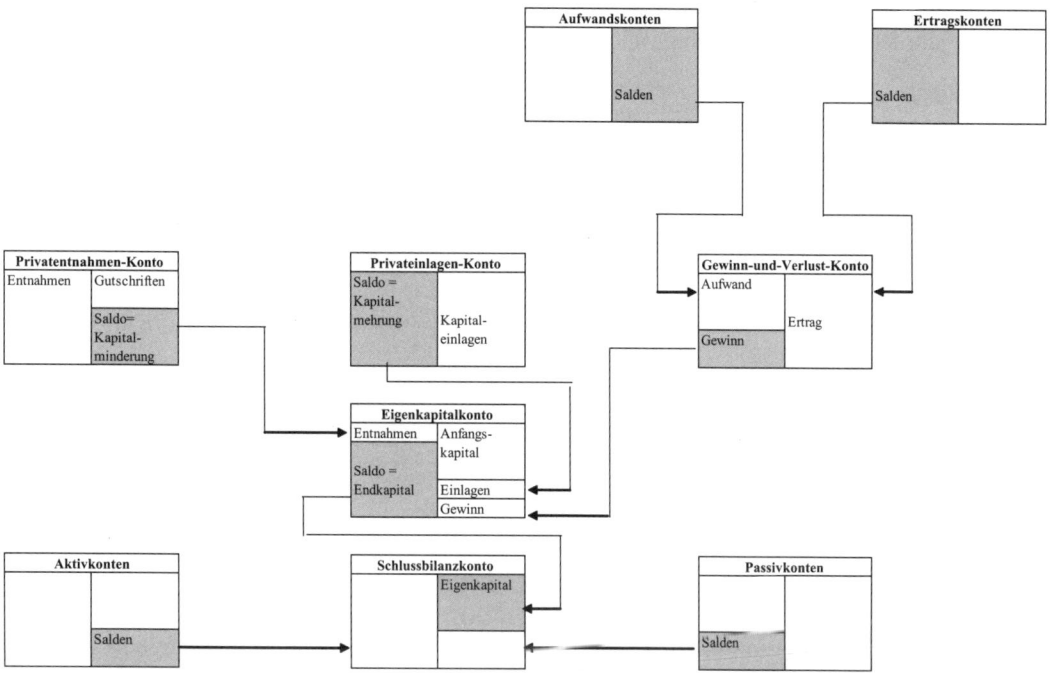

Abb. 13: Zusammenhänge der Erfolgs- und Bestandskonten bei der Erstellung des Jahresabschlusses (*M. Schermann*, Foliensammlung zum Rechnungswesen, 2000

Folgende Vorgehensweise ist beim Abschluss der Konten zu beachten:

1. Der **Beginn** erfolgt immer bei den **Erfolgskonten:** Alle Aufwands- und Ertragskonten werden gegen die GuV abgeschlossen.
2. Danach wird der **Saldo der GuV** ermittelt.
3. Der **Saldo der GuV** wird in das **Eigenkapitalkonto** übertragen. Grundsätzlich gilt das GuV-Konto als Vorkonto des Eigenkapitalkontos. Durch Übertragung der Erfolgskonten in das Eigenkapitalkonto werden alle GuV-Konten für das nächste Jahr auf null gestellt. Ein Gewinn erhöht das Eigenkapital und wird daher rechts gebucht, während ein Verlust das Eigenkapital vermindert und auf der Aktivseite des Eigenkapitalkontos verbucht wird.
4. Alle **Privatentnahmen und Privateinlagen** werden gegen das **Eigenkapitalkonto** verbucht.
5. Der **Saldo** des **Eigenkapitalkontos** wird dann in das **Schlussbilanzkonto** übertragen. Eigenkapital steht in der Schlussbilanz grundsätzlich immer rechts. Achtung Ausnahme: negatives Eigenkapital.
6. Alle weiteren **Bestandskonten** werden gegen die **Schlussbilanz** abgeschlossen.
7. Am Ende muss die Aktivseite und die Passivseite der Schlussbilanz das gleiche Ergebnis liefern = **Kontrolle der Bilanz**.

Externes Rechnungswesen (Buchhaltung und Bilanzierung)

12. Wichtige Abschlussbuchungen

12.1. Inventur

Die Inventur ist die jährliche Bestandsaufnahme aller Vermögensgegenstände und Schulden des Unternehmens.

- **Stichtagsinventur**
  - Bestandsaufnahme nach Art, Menge und Wert am Bilanzstichtag oder
  - an einem Tag innerhalb von drei Monaten vor oder zwei Monaten nach dem Bilanzstichtag.
- **Permanentinventur**
  - Inventuraufnahme gruppenweise, verteilt auf die Laufzeit des Geschäftsjahres,
  - mittels Lagerbuchführung wird Bestand am Bilanzstichtag ermittelt.
- **Stichprobeninventur**
  Bestandsermittlung mit Hilfe von mathematisch statistischen Methoden auf Grund von Stichproben.

12.2. Umsatzsteuer und Vorsteuer

Anwendung der Umsatzsteuer (USt):

- Jede Lieferung und sonstige Leistung, die ein/-e Unternehmer/-in im Inland gegen Entgelt im Rahmen seines/ihres Unternehmens ausführt, ist umsatzsteuerbar.
- Eigenverbrauch im Inland und Einfuhr von Gegenständen aus Drittlandsgebieten in das Inland sind ebenfalls umsatzsteuerbar.

Die USt ist eine **Nettoallphasenumsatzsteuer mit Vorsteuerabzug:**

- **Nettoumsatzsteuer:** Die USt wird vom Nettoentgelt berechnet.
- **Allphasenumsatzsteuer:** Die USt ist auf jeder Stufe des Warendurchlaufes einzuheben.
- **Vorsteuerabzug:** Umsatzsteuerpflichtige Unternehmen können in der Regel die von den jeweiligen Vorlieferanten in Rechnung gestellte Umsatzsteuer abziehen.

Wirtschaftlich gesehen ist die USt eine **echte Verbrauchssteuer**, mit der ausschließlich der/die **Endverbraucher/-in belastet** wird, während der/die **Unternehmer/-in unbelastet** bleibt.

Folgende Regeln gelten für USt und Vorsteuer (VSt):

- Die USt beträgt für steuerpflichtige Umsätze 20% (Normalsteuersatz), wenn das Gesetz nicht ausdrücklich einen abweichenden Steuersatz vorsieht (siehe UStG § 10).
- USt: Die vom/von der Endverbraucher/-in erhaltene USt ist aus Sicht des/der Unternehmers/Unternehmerin eine Schuld an das Finanzamt. Diese Schuld stellt jedoch lediglich einen Durchlaufposten dar, da der/die Unternehmer/-in die USt zwar vom/von der Endverbraucher/-in erhält, jedoch sofort wieder an das Finanzamt zu zahlen hat.
- VSt: Macht der/die Unternehmer/-in jedoch Geschäfte mit einem anderen Unternehmen, wird ihm/ihr ebenfalls eine USt berechnet. Jedoch kann der/die Abnehmer-Unternehmer/-in die ihm berechnete USt als VSt gegenüber dem Finanzamt als Forderung geltend machen. Auch hier stellt die USt einen Durchlaufposten dar.

- USt und VSt: Da in der Regel der/die Unternehmer/-in zu höheren Preisen verkauft als er/sie einkauft, ergibt sich in der Regel meist ein Differenzbetrag als Umsatzsteuerschuld, den das Unternehmen an das Finanzamt zu zahlen hat (= Zahllast).
- Eingangsrechnung: Vorsteuer = Forderung an das Finanzamt => Konto: Vorsteuer.
- Ausgangsrechnung: Umsatzsteuer = Verbindlichkeit gegenüber dem Finanzamt => Konto: Umsatzsteuer.
- Konto Zahllast: Die Salden der Konten Vorsteuer und Umsatzsteuer werden dann auf das Konto Zahllast gebucht. Der so entstandene Saldo ist die tatsächliche Forderung bzw. Verbindlichkeit gegenüber dem Finanzamt.

Steuerbefreite Umsätze (*Bertl et al.*, 2004, S. 50 f):

- **Echte Steuerbefreiung:** Die an seine Lieferant(inn)en bezahlte Umsatzsteuer wird zur Gänze vom Finanzamt rückerstattet. Grund dafür kann die Begünstigung des/der Letztverbrauchers/Letztverbraucherin sein.
- **Unechte Steuerbefreiung:** Auch für die unecht steuerbefreiten Umsätze ist keine Umsatzsteuer zu entrichten, jedoch verliert der/die Unternehmer/-in zugleich die Möglichkeit des Vorsteuerabzugs für an ihn erbrachte Leistungen. Nachfolgende Umsätze sind bspw. unecht umsatzsteuerbefreit:

Kreditinstitute, Grundstücke, Versicherungen, private Schulen, Bausparkassen und Versicherungswesen, Pflege- oder Tagesmütter, Ärzte, Zahntechniker, diverse andere Gesundheitsberufe, Vermietung und Verpachtung von Grundstücken, Umsätze unter € 30.000,– netto pro Jahr, wobei ein einmaliges Überschreiten von 15% innerhalb von fünf Jahren zulässig ist (Kleinunternehmer/-in, Wahlrecht).

12.3. Abschreibung

Die Abschreibung hat zwei **Funktionen:**

- **Statische Bilanzauffassung:** Der Wertansatz der im Wert gesunkenen Vermögensgegenstände wird vom höheren Buchwert an den niedrigeren Buchwert am Bilanzstichtag angepasst.
- **Dynamische Bilanzauffassung:** Die Abschreibung dient als Mittel einer periodengerechten Erfolgsermittlung. Es erfolgt eine periodenrichtige Aufwandsverteilung auf die voraussichtliche Nutzungsdauer der Anlage.

Es existieren unterschiedliche **Abschreibungsarten:**

- **Unternehmensrechtliche Abschreibung:** planmäßige Abschreibung vom Anlagevermögen – pAvA
- **Steuerrechtliche Abschreibung:** Absetzung für Abnutzung – AfA

Als **Abschreibungsbasis** können gelten:

- Anschaffungs- und Herstellungskosten + nachträgliche Erhöhung – nachträgliche Herabsetzung (Rabatte, Skonti)
- Erinnerungswert von € 1,–

Der **Abschreibungsbeginn** kann variieren:

- **pAvA:** Die Abschreibung beginnt ab dem Zeitpunkt der Lieferung bzw. Fertigstellung und nicht erst mit Inbetriebnahme.
- **AfA:** Die AfA beginnt mit der Inbetriebnahme bzw. Nutzung – eine unterlassene oder vergessene AfA kann nicht nachgeholt werden (Nachholverbot).

Externes Rechnungswesen (Buchhaltung und Bilanzierung)

- In der **Unternehmensbilanz** wird nach Tagen oder vereinfacht nach Monaten verrechnet. Es ist jedoch auch zulässig, die steuerrechtliche Regelung anzuwenden.
- **Steuerrechtlich** muss eine **Gesamtjahresabschreibung** vorgenommen werden, wenn das Wirtschaftsgut im Wirtschaftsjahr mehr als sechs Monate genutzt wird, ansonsten eine Halbjahresabschreibung.

Hinsichtlich der **Abschreibungsdauer** kann Folgendes festgehalten werden:

- **Unternehmensrecht:** Wirtschaftliche Nutzungsdauer – bei dieser Berechnung steht die Gewinnmaximierung im Vordergrund –, wenn der Ersatzzeitpunkt gekommen ist.
- **Steuerrecht:** Die betriebsgewöhnliche Nutzungsdauer ist jener Zeitraum, in dem das Wirtschaftsgut nach objektiven Gesichtspunkten im Betrieb technisch oder wirtschaftlich verwendbar sein wird. Zusätzliche Mindestwerte: Grundstück mind. 25 Jahre, Firmenwert genau 15 Jahre, Pkw mind. acht Jahre ...

Es existieren unterschiedliche **Abschreibungsmethoden:**

- **Lineare Abschreibung** = Anschaffungs- oder Herstellungskosten / Anzahl der Nutzungsperioden. Wichtig: Steuerrechtlich ist nur die lineare AfA zulässig.
- **Degressive Abschreibung:** jährlich fallende Abschreibungsbeträge, rasche Abnutzung in den ersten Jahren
- **Progressive Abschreibung:** jährlich steigende Abschreibungsbeträge, wenig Abnutzung in den ersten Jahren
- **Leistungsabschreibung:** auch verbrauchsbedingte Abschreibung oder Substanzwertabschreibung genannt. Abschreibung erfolgt nur und je nach Intensität der Leistung/Nutzung.
- **Unternehmensrechtlich** ist jene Methode zu wählen, die der Nutzung am meisten entspricht; jedoch Grundsatz der Bewertungsstetigkeit.

Wichtige Hinweise zum **Anlagenspiegel:**

- Der Anlagenspiegel dient als **Veränderungsnachweis des Anlagevermögens** und der **aktivierten Aufwendungen** für Ingangsetzung, Erweiterung und Umstellung des Betriebs.
- Die Spalte „Summe Abschreibungen" bzw. „kumulierte Abschreibungen" drückt Folgendes aus: Hier werden sämtliche bisher vorgenommene Abschreibungen – auf die am Bilanzstichtag vorhandenen Vermögensgegenstände des AV und auf die aktivierten Aufwendungen – ausgewiesen, wobei die Zuschreibungen der Vorjahre abzuziehen sind.

    Kumulierte Abschreibungen
    − Zuschreibungen des Vorjahres
    + Abschreibungen des laufenden Geschäftsjahres der am Bilanzstichtag vorhandenen Gegenstände
    − kumulierte Abschreibungen der abgegangenen Gegenstände inkl. deren Jahresabschreibung
    = kumulierte Abschreibung

Bei der **Ermittlung der Anschaffungskosten** ist insbesondere Folgendes zu berücksichtigen:

- Wenn ein Gegenstand von einem Dritten erworben wird und unverändert (funktionsgleich) bleibt.

    Anschaffungspreis (meist Rechnungsbetrag ohne USt)
    + Anschaffungsnebenkosten
    + nachträgliche Anschaffungskosten
    − Anschaffungskostenminderung
    = Anschaffungskosten

- Zu den **Anschaffungsnebenkosten** zählen
  - Aufwendungen aus der Vorbereitung der Anschaffung (Reisekosten wegen Besichtigung, Vertragserrichtung),
  - Aufwendungen aus der Beschaffung (Transportkosten),

- Aufwendungen aus der Aufstellung und Inbetriebnahme (Montage-, Fundamentkosten, Elektroinstallationen),
- sonstige Aufwendungen (Grunderwerbssteuer, Prozesskosten).
- Eine **Anschaffungskostenminderung** ist möglich bei: Subventionen, Rabatte, Skonti.
- Zu den **nachträglichen Anschaffungskosten** zählen: Kaufpreiserhöhung als Folge einer Prozessführung, Grunderwerbssteuererhöhung, Anschaffung eines Zusatzgerätes.

12.4. Herstellungskosten

Herstellungskosten (HK) sind die Aufwendungen, die für die Herstellung eines Gegenstandes, seine Erweiterung oder für eine, über seinen ursprünglichen Zustand hinausgehende, wesentliche Verbesserung entstehen.

Voraussetzung für die Zurechnung von Aufwendungen zu den Herstellungskosten ist, dass sie nicht nur Aufwendungen der Abrechnungsperiode sind, sondern auch Kostencharakter haben. Damit scheiden die neutralen Aufwendungen (betriebsfremde, periodenfremde, außerordentliche) ebenso aus wie die Zusatzkosten (kalkulatorische Abschreibung, Zinsen, Wagnisse, Unternehmerlohn).

Rechenschema:
  Fertigungsmaterial (Einzelkosten)
+ Fertigungslöhne (Einzelkosten)
+ Materialgemeinkosten (Prozentsatz vom Fertigungsmaterial)
+ Fertigungsgemeinkosten (Prozentsatz von Fertigungslöhnen)
+ Sonderkosten der Fertigung
= Herstellungskosten
+ Verwaltungsgemeinkosten
+ Vertriebsgemeinkosten
+ Sonderkosten des Vertriebes
= Selbstkosten
+ Gewinn
= Nettoverkaufspreis
+ Umsatzsteuer
= Bruttoverkaufspreis

Nachfolgend werden die einzelnen Positionen obigen Rechenschemas erläutert:

- **Materialkosten:** Kosten für Material, das unmittelbar in der Fertigung verbraucht wird (z.B. Roh-, Hilfs- und Betriebsstoffe; selbst erstellte Teilerzeugnisse).
- **Materialgemeinkosten:** Kosten der Einkaufsabteilung, Warenannahme, Material- und Rechnungsprüfung, Lagerhaltung und Materialverwaltung.
- **Fertigungskosten:** Diese Kosten umfassen nur die den Erzeugnissen direkt zurechenbaren Leistungslöhne und Sozialaufwendungen (außer den freiwilligen Sozialaufwendungen).
- **Fertigungsgemeinkosten:** Kosten für die Fertigung, die nicht unmittelbar zugerechnet werden können (wie z.B. Nichtleistungslöhne, Lohnnebenkosten, Energiekosten, Reparatur und Instandhaltung, Sachversicherungen, Grundsteuer der Fertigungsanlagen, Fertigungsstellenverwaltung, Abschreibungen auf Fertigungsanlagen, Fertigungskontrolle).
- **Sonderfertigungskosten:** Kosten, die nur mit besonderen Aufträgen anfallen, wie spezielle Werkzeuge für bestimmte Aufträge, spezielle Modelle, Entwicklungs- und Entwurfs- sowie Versuchs- und Konstruktionskosten, sofern sie auftragsgebunden anfallen.

- **Verwaltungsgemeinkosten:** Gehälter, Abschreibungen, Mieten, Telefon und andere Kosten, die im Verwaltungsbereich anfallen (dazu gehören u.a. kaufmännische Geschäftsführung, Rechnungswesen, EDV-Abteilung, Personalbüro).
- **Vertriebsgemeinkosten:** Kosten, die den Bereich nach der Produktion betreffen, insbesondere Kosten der Verkaufs- und Versandabteilung (z.B. Provisionen, Frachten, Werbung, anteilige Gehälter und Löhne, Abschreibungen, Energie, Porto, Telefon).

Bestandteile HK	url	strl
Materialeinzelkosten	muss	muss
Fertigungseinzelkosten	muss	muss
Sondereinzelkosten der Fertigung	muss	muss
hrl Mindestansatz		
Materialgemeinkosten	kann	muss
Fertigungsgemeinkosten	kann	muss
strl Mindestansatz		
Fremdkapitalzinssatz	kann	kann
Sozialaufwendungen	kann	kann
url und strl Mindestansatz		
Verwaltungsgemeinkosten	darf nicht	darf nicht
Vertriebsgemeinkosten	darf nicht	darf nicht

Abb. 14: Bestandteile der Herstellkosten aus unternehmensrechtlicher (url) und steuerrechtlicher (strl) Perspektive (*M. Schermann*, Foliensammlung zum Rechnungswesen, 2000)

13. Bewertung

Bewertung bedeutet den mengenmäßig erfassten Positionen der Bilanz die entsprechenden Geldwerte zuordnen. Grundsätzlich gilt:

- **Einzelbewertung:** Verluste und Gewinne dürfen nicht gegengerechnet werden (bei Material in der Praxis nicht immer möglich).
- **Unternehmensfortführung:** Bei Nichtfortführung wären die Positionen sicherlich niedriger zu bewerten als bei Fortführung, es ist daher von einer Fortführung auszugehen.
- **Vorsicht:** Es muss vom ungünstigeren Fall ausgegangen werden.
  - Realisationsprinzip: Nur realisierte Gewinne dürfen als solche ausgewiesen werden (in der Unternehmenspraxis heute oftmals schwierig zu beurteilen – Abschluss von Termingeschäften; vgl. auch jüngste „Bilanzskandale" in den USA).
  - Verlustantizipation: Verluste müssen ausgewiesen werden, auch dann, wenn sie noch nicht realisiert wurden (vgl. aktuelle Probleme mit Ostkrediten von deutschen Banken oder Prozessen in den USA von RHI).
  - Wertaufhellung: Wenn Risiken oder Verluste heute bekannt sind, aber erst die Zukunft betreffen, dann sind diese bereits heute auszuweisen.
- **Anschaffungswertprinzip:** Vermögen darf höchstens zum Anschaffungswert bewertet werden (vgl. IAS-Neubewertung).
- **Niederstwertprinzip:** Wenn der Wert zum Stichtag niedriger ist als der Anschaffungswert, dann ist der niedrigere Wert anzuwenden.
- **Strenges Niederstwertprinzip:** Umlaufvermögen, insbesondere Vorräte.
- **Gemildertes Niederstwertprinzip:** Nur wenn die Wertminderung von Dauer ist, muss sie auch berücksichtigt werden. Das gilt für Anlagevermögen.
- **Zuschreibung:** Grundsätzlich ist bei Wegfall der Wertminderung wieder aufzuwerten, dafür gibt es Ausnahmen. Aufwertung bedeutet Erhöhung des Gewinns, wird daher meist nur in Verlustjahren durchgeführt.
- **Höchstwertprinzip:** Gilt für Schulden (Passiva). Der Anschaffungswert stellt das Minimum dar, ein höherer Wert ist entsprechend auszuweisen.
- **Steuerrecht:** Für das Steuerrecht gilt grundsätzlich die „Maßgeblichkeit der Unternehmensbilanz". Wenn also unternehmensrechtliche Bestimmungen den steuerrechtlichen nicht ausdrücklich widersprechen, gilt die unternehmensrechtliche Bestimmung. Wenn Mussbestimmungen des Steuerrechtes Mussbestimmungen des Unternehmensrechtes widersprechen, ist eine getrennte Vorgangsweise notwendig und die Differenzen werden in einer „Mehr/Wenigerrechnung" ermittelt. Manchmal schreibt das Steuerrecht auch Bestimmungen für den unternehmensrechtlichen Abschluss vor. Dann spricht man von „umgekehrter Maßgeblichkeit".
- **Praxis der Bewertung:** In der Praxis ist die durchgängige Einzelbewertung oft nicht durchführbar. Daher kommen Pauschalwertberichtigungen vor. Vorräte, die älter als zwölf Monate sind, werden mit X%, solche die älter als zwei Jahre sind, mit Y% abgewertet.
- **Verbuchung:** Außerplanmäßige Abschreibung/Anlagen bzw. Anlagen/Erträge aus der Zuschreibung.

	Nichtabnutzbares Anlagevermögen	Abnutzbares Anlagevermögen	Umlaufvermögen	Passiva
Gemildertes Niederstwertprinzip	X			
Fortgeschriebener Anschaffungswert		X		
Strenges Niederstwertprinzip			X	
Höchstwertprinzip				X

Abb. 15: Bewertung von Aktiv- und Passivpositionen (*M. Schermann*, Foliensammlung zum Rechnungswesen, 2000)

14. Gliederung der Bilanz

14.1. Mindestgliederung der Bilanz nach RLG

Nachfolgende **Mindestgliederung der Bilanz** muss nach dem Rechnungslegungsgesetz (RLG) eingehalten werden (vgl. *Frick*, 2004, S. 415 ff und S. 131–357):

AKTIVSEITE

A) Aufwendungen für das Ingangsetzen und Erweitern eines Betriebes (1)
B) Anlagevermögen
  a) Immaterielle Vermögensgegenstände (2)
    i. Konzessionen, gewerbliche Schutzrechte und ähnliche Rechte und Vorteile sowie daraus ableitbare Lizenzen
    ii. Geschäfts(Firmen-)wert (3)
    iii. Geleistete Anzahlungen
  b) Sachanlagen
    i. Grundstücke, grundstücksgleiche Rechte und Bauten, einschließlich Bauten auf fremdem Grund
      – davon Grundwert
    ii. Technische Anlagen und Maschinen
    iii. Andere Anlagen, Betriebs- und Geschäftsausstattung
    iv. Geleistete Anzahlungen und Anlagen in Bau (4)
  c) Finanzanlagen (5)
    i. Anteile an verbundenen Unternehmen (6)
    ii. Ausleihungen an verbundenen Unternehmen (7)
    iii. Beteiligungen (8)
    iv. Ausleihungen an Unternehmen, mit denen ein Beteiligungsverhältnis besteht
    v. Wertpapiere (Wertrechte) des Anlagevermögens (9)
    vi. Sonstige Ausleihungen
    vii. Eigene Anteile, Anteile an herrschenden Unternehmen oder mit Mehrheit beteiligten Unternehmen (10)
C) Umlaufvermögen
  a) Vorräte
    i. Roh-, Hilfs- und Betriebsstoffe
    ii. Unfertige Erzeugnisse
    iii. Fertige Erzeugnisse und Waren
    iv. Noch nicht abrechenbare Leistungen (11)
    v. Geleistete Anzahlungen
  b) Forderung und sonstige Vermögensgegenstände
    i. Forderungen aus Lieferung und Leistungen
    ii. Forderungen gegen verbundene Unternehmen
    iii. Forderungen gegen Unternehmen, mit denen ein Beteiligungsverhältnis besteht
    iv. Sonstige Forderungen und Vermögensgegenstände
  c) Wertpapiere und Anteile (12)
    i. Anteile an verbundenen Unternehmen
    ii. Sonstige Wertpapiere und Anteile
    iii. Eigene Anteile, Anteile an herrschenden Unternehmen oder mit Mehrheiten beteiligten Unternehmen
  d) Kassabestand, Schecks, Guthaben bei Kreditinstituten (13)

D) Rechnungsabgrenzungsposten (14)
   a) Disagio (15)
   b) Fehlbetrag Pensionsrückstellung (16)
   c) Fehlbetrag Pensionskassengesetz
   d) Sonstige
E) Aktive Steuerabgrenzung (17)

PASSIVSEITE

A) Eigenkapital/negatives Eigenkapital
   a) Nennkapital (Grund-, Stammkapital) ... abzüglich noch nicht eingeforderte Einlagen (18)
   b) Stille Einlagen
   c) Kapitalrücklagen (19)
      i. Gebundene Kapitalrücklagen
      ii. Rücklagen für eigene Anteile, Anteile an herrschenden Unternehmen oder mit Mehrheit beteiligten Unternehmen
      iii. Nicht gebundene Kapitalrücklagen
   d) Gewinnrücklagen (20)
      i. Gesetzliche Rücklagen (21)
      ii. Rücklagen für eigene Anteile, Anteile an herrschenden Unternehmen oder mit Mehrheit beteiligten Unternehmen
      iii. Satzungsmäßige Rücklagen
      iv. Andere Rücklagen (freie Rücklagen)
   e) Bilanzgewinn (Bilanzverlust) (22)
      davon Gewinnvortrag/Verlustvortrag
B) Unversteuerte Rücklagen (23)
   a) Bewertungsreserven auf Grund von Sonderabschreibungen (gegliedert entsprechend der Posten des Anlagevermögens und entsprechend steuerlicher Bestimmung) (24)
   b) Sonstige unversteuerte Rücklagen (gegliedert entsprechend der Rechtsgrundlage und der Jahreszahl) (25)
C) Rückstellungen (26)
   a) Rückstellungen für Abfertigungen (27)
   b) Rückstellungen für Pensionen
   c) Steuerrückstellungen (28)
   d) Sonstige Rückstellungen
D) Verbindlichkeiten
   a) Anleihen (29)
   b) Verbindlichkeiten gegenüber Kreditinstituten
   c) Erhaltene Anzahlungen auf Bestellungen
   d) Verbindlichkeiten aus Lieferungen und Leistungen
   e) Verbindlichkeiten aus der Annahme gezogener Wechsel und der Ausstellung eigener Wechsel
   f) Verbindlichkeiten gegenüber verbundenen Unternehmen
   g) Verbindlichkeiten gegenüber Unternehmen, mit denen ein Beteiligungsverhältnis besteht
   h) Sonstige Verbindlichkeiten
E) Rechnungsabgrenzungsposten

Unter der Bilanz:
1. Fehlbetrag gem. Art X (2) RLG zur Pensionsrückstellung
2. Haftungsverhältnisse (30)

14.2. Erläuterungen zur Bilanz

Nachfolgend werden die einzelnen Positionen der zuvor dargestellten Bilanz beschrieben (Ziffern im Anschluss an die Bilanzpositionen):

(1) Aufwendungen für den Auf- und Ausbau der Betriebs-, Verwaltungs- und Vertriebsorganisation. Bei der Ingangsetzung handelt es sich um Aufwendungen anlässlich der erstmaligen Inbetriebnahme eines Betriebs. Wenn der laufende Geschäftsbetrieb einsetzt, ist die Ingangsetzung beendet. Bei der Erweiterung handelt es sich um Aufwendungen, die mit einer räumlichen oder sonstigen Erweiterung des Betriebs einhergehen, nicht aber: Rationalisierung, Umstrukturierung, Intensivierung oder Verlagerung des Betriebs. Beispiele für Erweiterung eines Betriebs sind: Errichtung neuer Filialen, Erschließung neuer Märkte, Aufnahme neuer Produkte bzw. Produktgruppen, wesentliche Erweiterungen der Fertigungskapazität.

(2) Immaterielle Vermögensgegenstände können in der Bilanz nur dann aktiviert werden, wenn sie von einem Dritten entgeltlich erworben wurden und sich die Ausgaben auf eine über die Abrechnungsperiode hinausreichende Nutzungsmöglichkeit beziehen. Selbst erstellte, immaterielle Vermögensgegenstände können nicht aktiviert werden.

(3) Der Geschäfts(Firmen-)wert ist jener Unterschiedsbetrag, um den die Gegenleistung für die Übernahme eines Betriebs die Werte der einzelnen Vermögensgegenstände abzüglich Schulden zum Zeitpunkt der Übernahme übersteigt. Ein selbst geschaffener Firmenwert darf jedoch nicht angesetzt werden – nur bei entgeltlichem Erwerb eines rechtlich selbständigen Unternehmens kann ein Firmenwert angesetzt werden.

(4) Unter Anlagen in Bau sind jene Herstellungskosten zu aktivieren, die bei der Selbsterstellung von Sachanlagen angefallen sind.

(5) Finanzanlagen: Jene Geldinvestitionen in fremde Unternehmen, die dauernd dem Geschäftsbetrieb dienen sollen.

(6) Anteile an verbundenen Unternehmen: Hier sollen wirtschaftliche Verflechtungen von Kapitalgesellschaften transparent gemacht werden. Ein verbundenes Unternehmen liegt dann vor, wenn eine Beteiligung von mindestens 20% an einem Tochterunternehmen gehalten wird und überdies eine einheitliche Leitung ausgeübt wird oder wenn ein Unternehmen einen maßgeblichen Einfluss ausübt.

(7) Ausleihungen sind Forderungen aus langfristigen (mehr als ein Jahr) Darlehen, Hypotheken und Rentenforderungen.

(8) Als Beteiligung versteht man jene Anteile an anderen Unternehmen, die bestimmt sind, dem eigentlichen Geschäftsbetrieb durch eine dauernde Verbindung zu dienen. Dabei ist es unerheblich, ob die Anteile in Wertpapiere verbrieft sind oder nicht. Hier zählt die längerfristige Beteiligungsabsicht. Liegt keine Beteiligungsabsicht, sondern nur eine langfristige Vermögensanlage vor, sind die Anteile unter Wertpapiere zu buchen.

(9) Wertpapiere des AV sind jene Wertpapiere, die einer längerfristigen (zumindest ein Jahr) Kapitalanlage dienen und nicht einer Beteiligung.

(10) Eigene Anteile, Anteile an herrschenden Unternehmen oder mit Mehrheit beteiligten Unternehmen: Unter dieser Position sind eigene Anteile der Gesellschaft an sich selbst auszuweisen (Aktien und GmbH-Anteile), dies darf jedoch nur unter bestimmten Bedingungen geschehen. Bei Anteilen an herrschenden oder mit Mehrheit beteiligten Unternehmen handelt es sich um Tochterunternehmen, die Aktien der Muttergesellschaft erworben haben.

(11) Noch nicht abrechenbare Leistungen: Das sind alle Dienstleistungen, die bereits begonnen, aber zum Bilanzstichtag noch nicht abgeschlossen wurden.

(12) Wertpapiere und Anteile: Finanzanlagen, die mit der Absicht, sie alsbald zu veräußern, angeschafft werden, sind hingegen als Wertpapiere und Anteile im Umlaufvermögen auszuweisen. Der Zweck der Wertpapiere des Umlaufvermögens liegt vor allem in einer kurzfristigen rentablen Anlage oder einer Liquiditätssicherung.

(13) Unter Kassabestand versteht man: Bargeld einschließlich ausländischer Zahlungsmittel, Telefonwertkarten, Brief- und sonstige Markenbestände, nicht verbrauchte Frankotypwerte.

(14) Rechnungsabgrenzungsposten: Hier gilt der Grundsatz der Periodenabgrenzung. Transitorien sind Vorauszahlungen. In der abgelaufenen Periode erfolgte Zahlungsvorgänge stellen Aufwendungen bzw. Erträge einer künftigen Abrechnungsperiode dar:

- a) eigene Vorauszahlungen: Eine erfolgte Ausgabe ist erst in einer Folgeperiode Aufwand (= ARA: Aktive Rechnungsabgrenzung).
- b) fremde Vorauszahlungen: Eine erhaltene Einnahme ist erst in einer Folgeperiode Ertrag (= PRA: Passive Rechnungsabgrenzung).

Antizipationen sind Rückstände. Es hat zwar noch kein Zahlungsvorgang stattgefunden, wirtschaftlich ist jedoch für die angelaufene Periode ein Aufwand bzw. Ertrag entstanden:

- a) Eigene Rückstände: Ein entstandener Aufwand ist erst in einer Folgeperiode Ausgabe (= Verbindlichkeit).
- b) Fremde Rückstände: Ein entstandener Ertrag ist erst in einer Folgeperiode Einnahme (= Forderung).

(15) Als Damnum oder Disagio bezeichnet man den Unterschiedsbetrag zwischen dem Ausgabebetrag und dem Rückzahlungsbetrag einer Verbindlichkeit oder einer Anleihe. Liegt bei einer Verbindlichkeit ein Disagio vor, kann dieser Unterschiedsbetrag als aktive Rechnungsabgrenzung (muss jedoch jährlich abgeschrieben werden) oder sofort als Aufwand geltend gemacht werden.

(16) Fehlbetrag Pensionsrückstellungen: Durch die Rechnungslegungsreform sind die Rückstellungen für laufende Pensionen und Anwartschaften auf Pensionen mit dem sich nach versicherungsmathematischen Grundsätzen ergebenden Betrag voll anzusetzen. Damit ergibt sich eine grundlegende Abkehr von der bisherigen am Steuerrecht orientierten Bilanzierungspraxis, die Pensionsrückstellung nur mit einem geringeren Betrag zu bilden. Der Fehlbetrag, der sich bei erstmaliger Anwendung der neuen Bewertungsregel ergibt, ist über längstens 20 Jahre gleichmäßig verteilt nachzuholen.

(17) Aktive Steuerabgrenzung: Zu einer aktiven Steuerabgrenzung kommt es, wenn der einem Geschäftsjahr zuzurechnende Steueraufwand zu hoch ist, weil der nach den steuerrechtlichen Vorschriften zu versteuernde Gewinn höher ist als das unternehmensrechtliche Ergebnis, und sich der zu hohe Steueraufwand in späteren Geschäftsjahren voraussichtlich ausgleicht. Beispiel: Eine Maschine soll unternehmensrechtlich auf vier Jahre und steuerrechtlich auf fünf Jahre abgeschrieben werden. Der daraus entstehende Differenzbetrag ist nun noch mit dem aktuellen Steuersatz zu multiplizieren.

(18) Das Nennkapital ist jener Teil des Eigenkapitals, zu dessen Einzahlung sich die Gesellschafter/-innen in der Satzung oder im Gesellschaftsvertrag verpflichtet haben. Bei einer AG entspricht das Grundkapital dem Nennkapital, dessen Mindestbetrag € 70.000,– beträgt. Die Anteile am Nennkapital nennt man Aktien, die ihrem/ihrer Inhaber/-in z.B. Stimmrecht, Dividendenrecht oder Bezugsrecht gewähren. Bei einer GmbH heißt das Grundkapital Stammkapital und beträgt mindestens € 35.000,–. Die ausstehenden Einlagen geben den noch nicht eingezahlten Teil des Grundkapitals an. Sind die ausstehenden Einlagen noch nicht eingefordert, werden sie eben hier ausgewiesen; sind sie jedoch bereits eingefordert, so sind diese als sonstige Forderungen auszuweisen.

(19) Kapitalrücklagen: Kennzeichen einer nicht gebundenen Rücklage ist es, dass sie jederzeit aufgelöst werden kann. Bei der Auflösung einer gebundene Rücklage bedarf es einer gesetzlich genannten Bedingung: z.B. die Verlustabdeckung.

(20) Gewinnrücklagen: Im Gegensatz zu den Kapitalrücklagen stammen die Gewinnrücklagen aus den Gewinnen des Unternehmens. Kapitalrücklagen werden von außen zugeführt.

(21) Gesetzliche Rücklagen gibt es nur für AGs oder große GmbHs. Danach müssen mindestens 5% des Jahresüberschusses in die gesetzlichen Rücklagen einbezahlt werden, bis der Betrag der gebundenen Rücklagen (gesetzliche und gebundene Kapitalrücklagen) insgesamt 10% des Nennkapitals erreicht.

(22) Der Bilanzgewinn wird wie folgt ermittelt:

Jahresüberschuss/Jahresfehlbetrag
+ Auflösung unversteuerter Rücklagen
+ Auflösung Kapitalrücklagen
+ Auflösung Gewinnrücklagen
− Zuweisung unversteuerter Rücklagen
− Zuweisung zu Gewinnrücklagen
+/− Gewinnvortrag/Verlustvortrag aus dem Vorjahr
= Bilanzgewinn/Bilanzverlust

(23) Im Gegensatz zu den Gewinnrücklagen werden unversteuerte Rücklagen nicht der Körperschaftsteuer unterzogen, sondern bleiben auf Grund von steuerlichen Begünstigungen unversteuert.

(24) Bewertungsreserven aufgrund von Sonderabschreibungen: Begünstigungen des Steuerrechts, die eine steuerrechtliche Unterbewertung des Anlagevermögens auf Grund von Sonderabschreibungen zulassen. Folgende Positionen sind möglich: Übertragung stiller Reserven (§ 12 EStG), beschleunigte Abschreibung (§ 8 Abs 2 EStG), Sofortabschreibung geringwertiger Vermögensgegenstände (§ 13 EStG), vorzeitige Abschreibung (§§ 8 und 122 EStG 1972).

(25) Sonstige unversteuerte Rücklagen; das sind nachfolgende Positionen: Forschungsfreibetrag, Bildungsfreibetrag, Übertragungsrücklage (§12 Abs. 7 EStG).

(26) Rückstellungen werden bilanzrechtlich nicht genau definiert, sondern es wird eine detaillierte Aufzählung von Rückstellungen vorgenommen, die ausgewiesen werden müssen. Grundsätzlich sind Rückstellungen für ungewisse Verbindlichkeiten zu bilden, die am Abschlussstichtag wahrscheinlich oder sicher, aber hinsichtlich ihrer Höhe oder dem Zeitpunkt des Eintritts unbestimmt sind. Bei einer Verbindlichkeit steht hingegen der Verpflichtungsgrund und die Höhe der Verbindlichkeit fest. Nachfolgende Rückstellungen sind erlaubt: Verpflichtungen aus Gewährleistungen, Verpflichtungen aus Produkthaftung, Pensions- und Abfertigungsrückstellungen, Inanspruchnahme aus Bürgschaften und Wechseln, Prozesskosten und Rechtsberatung, Urlaubsansprüche, Körperschaftsteuer, latente Steuern, Jahresabschlusserstellungskosten und Jahresabschlussprüfungskosten, Kosten aus Umweltschutzauflagen.

(27) Rückstellungen für Abfertigungen: Ein/-e Arbeitnehmer/-in, der/die vor dem 1.1.2003 in das Unternehmen eingetreten ist und der/die mit dem Unternehmen keine Übernahme in das System einer Mitarbeiter(innen)-Vorsorgekasse vereinbart hat, dem/der steht bei Beendigung des Dienstverhältnisses unter bestimmten Umständen eine Abfertigung zu: nach drei Jahren zwei Monatsgehälter, fünf Jahren drei Monatsgehälter, zehn Jahren vier Monatsgehälter, 15 Jahren sechs Monatsgehälter, 20 Jahren neun Monatsgehälter, 25 Jahren zwölf Monatsgehälter.

(28) Steuerrückstellungen: Diese sind für noch nicht festgesetzte Steuern zu bilden, soweit sie nicht schon durch Vorauszahlungen beglichen wurden.

(29) Anleihen sind langfristige Schuldverschreibungen, die vom Unternehmen auf dem inländischen oder ausländischen öffentlichen Kapitalmarkt aufgelegt werden.

(30) Haftungsverhältnisse: Dabei handelt es sich um mögliche Belastungen für das Unternehmen aus Rechtsgeschäften, mit denen jedoch nicht ernstlich gerechnet wird und die daher nicht in der Bilanz zu erfassen sind. Ist hingegen eine Inanspruchnahme wahrscheinlich oder gar sicher, dann muss dafür eine Rückstellung oder eine Verbindlichkeit gebildet werden. Folgende Haftungsverhältnisse sind möglich:

1. Verbindlichkeiten aus der Begebung und Übertragung von Wechsel,
2. Verbindlichkeiten aus Bürgschaften,
3. Verbindlichkeiten aus Garantien und Verbindlichkeiten aus sonstigen vertraglichen Haftungsverhältnissen.

Externes Rechnungswesen (Buchhaltung und Bilanzierung)

15. Gliederung der GuV

15.1. Mindestgliederung der GuV nach RLG

Das **Gesamtkostenverfahren** weist nachfolgende Gliederung auf (*Frick*, 2004, S. 420 f und S. 358–392):

1. Umsatzerlös (1)
2. Veränderungen des Bestandes an fertigen und unfertigen Erzeugnissen sowie an noch nicht abrechenbaren Leistungen (2)
3. Andere aktivierte Eigenleistungen (3)
4. Sonstige betriebliche Erträge
    a) Erträge aus dem Abgang vom und der Zuschreibung zum Anlagevermögen (4)
    b) Erträge aus der Auflösung von Rückstellungen
    c) Übrige (5)
5. Aufwendungen für Material und sonstige bezogene Herstellungsleistungen
    a) Materialaufwand
    b) Aufwendungen für bezogene Leistungen
6. Personalaufwand
    a) Löhne
    b) Gehälter
    c) Aufwendungen für Abfertigungen und Pensionen
    d) Aufwendungen für Altersversorgung
    e) Aufwendungen für gesetzlich vorgeschriebene Sozialabgaben sowie vom Entgelt abhängige Abgaben und Pflichtbeiträge
    f) Sonstige Sozialaufwendungen
7. Abschreibungen
    a) auf immaterielle Gegenstände des Anlagevermögens und Sachanlagen sowie auf aktivierte Aufwendungen für das Ingangsetzen und Erweitern eines Betriebs
    b) auf Gegenstände des Umlaufvermögens
8. Sonstige betriebliche Aufwendungen
    a) Steuern, soweit sie nicht unter Z 21 fallen (6)
    b) Übrige
9. Zwischensumme aus Z 1 bis Z 8
10. Erträge aus Beteiligungen
11. Erträge aus anderen Wertpapieren und Ausleihungen des Finanzanlagevermögens
12. sonstige Zinsen und ähnliche Erträge
13. Erträge aus dem Abgang von und der Zuschreibung zu Finanzanlage und Wertpapieren des Umlaufvermögens
14. Abschreibungen auf sonstige Finanzanlagen und Wertpapiere des Umlaufvermögens
15. Zinsen und ähnliche Aufwendungen
16. Zwischensumme aus Z 10 bis Z 15
17. EGT: Ergebnis der gewöhnlichen Geschäftstätigkeit
18. Außerordentliche Erträge
19. Außerordentliche Aufwendungen
20. Außerordentliches Ergebnis
21. Steuern von Einkommen und Ertrag

22. Jahresüberschuss/Jahresfehlbetrag
23. Auflösung unversteuerter Rücklagen
24. Auflösung Kapitalrücklagen
25. Auflösung Gewinnrücklagen
26. Zuweisung unversteuerter Rücklagen
27. Zuweisung zu Gewinnrücklagen
28. Überrechnung auf Grund eines Gewinn-/Verlustabführungsbetrages
29. Gewinnvortrag/Verlustvortrag aus dem Vorjahr
30. Bilanzgewinn/Bilanzverlust

15.2. Erläuterungen zur GuV

(1) Als Umsatzerlös sind die für die gewöhnliche Geschäftstätigkeit des Unternehmens typischen Erlöse aus dem Verkauf und der Nutzungsüberlassung von Erzeugnissen und Waren sowie aus Dienstleistungen nach Abzug von Erlösschmälerungen und Umsatzsteuer auszuweisen. Zur gewöhnlichen Geschäftstätigkeit gehören die das Unternehmen kennzeichnenden Leistungsangebote.

(2) Bestandsveränderungen ergeben sich aus der Differenz zwischen Anfangsbestand und Endbestand, diese Änderungen können sich der Menge (auf Lager produzieren oder vom Lager verkaufen) oder des Wertes (insbesondere Abwertungen) nach ergeben.

(3) Andere aktivierte Eigenleistungen: Hier werden jene Aufwendungen neutralisiert, die bei der Herstellung, Erweiterung oder wesentlichen Verbesserung von Anlagebeständen angefallen sind (selbst erstellte Anlagen, die mit eigenem Personal erstellt wurden).

(4) Erträge aus dem Abgang vom und der Zuschreibung zum Anlagevermögen: Die Erträge aus den Anlagenabgängen ergeben sich aus der Differenz zwischen dem Verkaufserlös bzw. Versicherungsentschädigung und dem Buchwert des Gegenstandes zum Zeitpunkt des Ausscheidens. Liegt ein Verlust vor, so ist dieser unter den sonstigen betrieblichen Aufwendungen zu buchen.

(5) Übrige sonstige betrieblich Erträge: Hierzu zählen insbesondere Erträge aus nicht betriebstypischen Tätigkeiten, Erträge aus Zahlungseingängen aus in früheren Jahren abgeschriebenen Forderungen, Erträge aus der Ausbuchung verjährter Verbindlichkeiten, Fremdwährungsgewinne, Zuschüsse aus öffentlichen Mitteln, die nicht an Investitionen gebunden sind (Zuschüsse aus Arbeitsmarktverwaltung, ...) etc.

(6) Steuern, soweit sie nicht unter Z 21 fallen: Darunter fallen nicht personenabhängige Steuern und Steuern vom Einkommen und Ertrag, bspw. Grundsteuer, Verkehrs- und Verbrauchsteuer und Gebühren.

16. Bilanzarten

Nachfolgende Bilanzarten sind bekannt:

- Interne
- Externe
- Jahresbilanzen
    - Unternehmensbilanz (im Interesse der Anteilseigner und Gläubiger)
    - Steuerbilanz (Ermittlung von Steuertatbeständen)
- Sonderbilanzen
    - Gründungsbilanz
    - Fusionsbilanz
    - Einbringungsbilanz
    - Konkursbilanz
    - Liquidationsbilanz

16.1. Die Unternehmensbilanz

Die Unternehmensbilanz besteht aus:

- Bilanz
- GuV
- Anhang (nur bei Kapitalgesellschaften)

Die Unternehmensbilanz dient:

- **Gläubigerschutz**
- **Kapitalerhaltung**

Aufstellungspflicht einer Unternehmensbilanz:

- Der/die Unternehmer/-in hat zu Beginn seines/ihres Handelsgewerbes eine Eröffnungsbilanz nach GoB aufzustellen.
- Der/die Unternehmer/-in hat sodann für jedes abgelaufene Geschäftsjahr innerhalb von neun Monaten einen Jahresabschluss aufzustellen.
- Der Jahresabschluss ist in Euro und in deutscher Sprache aufzustellen.
- Die Dauer eines Geschäftsjahres darf zwölf Monate nicht überschreiten.
- Der Jahresabschluss ist vom/von der Unternehmer/-in bzw. von allen persönlich haftenden Gesellschafter(inne)n unter Beisetzung des Datums zu unterzeichnen.

Inhalt der Unternehmensbilanz:

- Der Jahresabschluss ist so klar und übersichtlich aufzustellen, dass er dem/der Unternehmer/-in ein möglichst getreues Bild der Vermögens- und Ertragslage des Unternehmens vermittelt (UGB-Generalnorm)
- Der Jahresabschluss hat sämtliche
    - Vermögensgegenstände,
    - Rückstellungen,
    - Verbindlichkeiten,
    - Rechnungsabgrenzungsposten,
    - Aufwendungen und Erträge

    zu enthalten, soweit gesetzlich nichts anderes bestimmt ist.

16.2. Die Steuerbilanz

Die Zwecke der Steuerbilanz sind:

- Ermittlung der Steuer
- Der **Begriff** der Steuerbilanz ist im Gegensatz zur Unternehmensbilanz **nicht gesetzlich geregelt**. Die Steuerbilanz ist somit jede Art von Bilanz, die als **Grundlage für die Besteuerung** dienen kann.
- In der Praxis wird für die Zwecke der Steuerbilanz **auf die Unternehmensbilanz zurückgegriffen** und daraus unter Betrachtung der speziellen steuerlichen Vorschriften die **entsprechende Steuerbilanz abgeleitet.**
- Die Steuerbilanz dient:
  - bei natürlichen Personen der Ermittlung der **Einkommensteuer**,
  - bei juristischen Personen der Ermittlung der **Körperschaftsteuer**.
- Ermittlung des steuerlichen Gewinns bzw. Verlustes:
      Betriebsvermögen (strl EK) am Schluss des Wirtschaftsjahres
  - Betriebsvermögen (strl EK) zu Beginn des Wirtschaftsjahres
  + Entnahmen
  – Einlagen
  = steuerlicher Gewinn/Verlust des Wirtschaftsjahres
- Der steuerliche Gewinn ergibt sich ebenso aus dem Saldo der Betriebseinnahmen und Betriebsausgaben in der GuV.

16.3. Das Maßgeblichkeitsprinzip

Es gilt der **Grundsatz der Maßgeblichkeit der Unternehmensbilanz für die Steuerbilanz**:

- Die Wertansätze der Unternehmensbilanz sind grundsätzlich für die Steuerbilanz maßgeblich und müssen in diese übernommen werden. Auch wenn das Steuerrecht einen Ermessensspielraum zulässt, muss trotzdem der Wertansatz aus der Unternehmensbilanz übernommen werden, solange er in diesem Spielraum liegt.
- Verstoßen hingegen die unternehmensrechtlichen Wertansätze gegen zwingende Vorschriften (Mussvorschriften) des Steuerrechts, dann gehen diese Vorschriften gegenüber den unternehmensrechtlichen in der Steuerbilanz vor.
- Also: Überall dort, wo das Steuerrecht keine zwingenden Vorschriften enthält, wird der Ansatz in der Steuerbilanz durch jenen in der Unternehmensbilanz bestimmt.

16.4. Die Mehr-Weniger-Rechnung (MWR)

Aus steuerlichen Gesichtspunkt ist es v.a. der Gewinn, der als Berechnungsgrundlage für die Steuern gilt. Daher genügt es, wenn die einzelnen **Abweichungen zwischen unternehmensrechtlichen und steuerrechtlichen Gewinnauswirkungen außerbücherlich in Form einer einfachen MWR erfasst** werden. Dadurch erspart man sich die Erstellung einer eigenen Steuerbilanz. Am Ende der Periode werden die Beträge der einzelnen MWR des Wirtschaftsjahres aufsummiert und damit der unternehmensrechtliche Erfolg in den steuerrechtlichen Erfolg übergeleitet:

    url Erfolg (Gewinn/Verlust)
+/– Saldo MWR
= strl Erfolg (Gewinn/Verlust)

Eine MWR kann dabei nur dann auftreten, wenn:
- es sich um erfolgswirksame Verbuchungen handelt und
- zwingend steuerrechtliche Vorschriften andere als unternehmensrechtlich gewählte Wertansätze vorsehen.

Merkregel zum Vorzeichen der MWR:
- url Aufwand – strl Aufwand = MWR
- strl Erlös – hrl Erlös = MWR

17. Die GuV: Gesamtkosten- und Umsatzkostenverfahren

Nachfolgend wird der Unterschied zwischen Gesamtkostenverfahren und Umsatzkostenverfahren dargestellt:

Gesamtkostenverfahren	Umsatzkostenverfahren
Umsatzerlöse	Umsatzerlöse
+ Bestandsveränderungen	− Herstellkosten
+ Aktivierte Eigenleistungen	= Bruttoergebnis vom Umsatz
+ Sonstige betriebliche Erträge	+ Sonstige betriebliche Erträge
− Materialaufwand	− Vertriebskosten
− Personalaufwand	− Verwaltungskosten
− Abschreibungen	
− Sonstige betriebliche Aufwendungen	− Sonstige betriebliche Aufwendungen
= **BETRIEBSERFOLG**	= **BETRIEBSERFOLG**

Abb. 16: Die GuV-Gesamtkostenverfahren und Umsatzkostenverfahren (*M. Schermann*, Foliensammlung zum Rechnungswesen, 2000)

18. Die Grundsätze ordnungsgemäßer Buchführung (GoB)

Die GoB können wie folgt zusammengefasst werden:

Grundsatz der Bilanzwahrheit: § 195 UGB

- Vermögensgegenstände und Geschäftsfälle sind wahrheitsgemäß auszuweisen und im Rahmen der gesetzlichen Vorschriften zu bewerten.

Grundsatz der Bilanzklarheit: §§ 195, 196 Abs. 2 UGB

- Bruttoprinzip: Eine Saldierung von Aktiv- und Passivposten bzw. Aufwands- und Ertragsposten ist unzulässig.
- Außerdem wird eine klare und zutreffende Bezeichnung der Position des Jahresabschlusses gefordert.

Grundsatz der Vollständigkeit: § 196 Abs. 1 UGB

- Nach diesem Prinzip hat der Jahresabschluss sämtliche Vermögensgegenstände, Verbindlichkeiten, Rückstellungen, Rechnungsabgrenzungsposten, Aufwendungen und Erträge zu enthalten.

Grundsatz der Bilanzidentität: § 201 Abs. 2 Z 6 UGB

- Die Eröffnungsbilanz des neuen Geschäftsjahres muss mit der Schlussbilanz des alten Jahres identisch sein.

Grundsatz der formellen Bilanzkontinuität: § 223 Abs. 1 UGB

- Form und Inhalte des Jahresabschlusses sind beizubehalten, außer es sprechen zwingende wirtschaftliche Gründe für eine Änderung.

Grundsatz der materiellen Bilanzkontinuität: § 201 Abs. 2 UGB

- Beibehaltung der Bewertungsmethoden: Jeder Wertansatz muss nach einer aus den gesetzlichen Vorschriften abgeleiteten Bewertungsmethode ermittelt werden. Die gewählten Bewertungsmethoden sind beizubehalten, außer es sprechen zwingende wirtschaftliche Gründe oder besondere Umstände für ein Abgehen.
- Prinzip des Wertzusammenhanges: Die einmal gewählten Wertansätze in der Bilanz sind in den Folgeperioden fortzuführen, sofern keine bilanzierbaren Wertänderungen eingetreten sind.

Grundsatz der Abgrenzung: § 198 Abs. 5 und 6 UGB

- Abgrenzung der Sache nach: Aufwendungen, die dazu dienen, bestimmte Erträge zu erzielen, sind entsprechend dem Ertragsanfall zu periodisieren (z.B. Abschreibung einer Maschine).
- Abgrenzung der Zeit nach: Aufwendungen und Erträge, die sich über einen bestimmten Zeitraum erstrecken, sind zeitproportional zu periodisieren (z.B. Mietzahlung vom 1.4. bis 31.3.).

Grundsatz der Vorsicht: § 201 Abs. 2 Z 4 UGB

- Allgemeines: Ein/-e vorsichtige/-r Unternehmer/-in soll sich zum Schutz der Gläubiger und seines/ihres Eigenkapitals im Zweifel nicht reicher, sondern ärmer darstellen. Durch eine zu hohe Bewertung des Vermögens werden Gewinne ausgewiesen, die in der Folge in Form von Ausschüttungen dem Unternehmen entzogen werden können. Durch nachfolgende Punkte erfolgt die Konkretisierung des Vorsichtsgrundsatzes:
  - **Realisationsprinzip:** § 201 Abs. 2 Z 4a: Gewinne und Verluste können dann ausgewiesen werden, wenn sie durch einen Umsatzakt tatsächlich realisiert wurden. In der Praxis: Buchungszeitpunkt.
  - **Imparitätsprinzip:** § 201 Abs. 2 Z 4b: Im Gegensatz zu Gewinnen müssen erkennbare Risiken und drohende Verluste auch dann schon berücksichtigt werden, wenn sie zwar noch nicht realisiert, aber in der Bilanzierungsperiode oder davor entstanden und bis zum Zeitpunkt der Bilanzerstellung bekannt geworden sind.
  - **Niederstwertprinzip:** AV: § 204 Abs. 2 UGB, UV: § 207 Abs. 1 UGB: Vermögenspositionen, bei denen verschiedene Wertansätze (z.B. Anschaffungswert und Vergleichswert) vorliegen, sind mit dem niedrigeren Wert anzusetzen.

- **Höchstwertprinzip:** § 211 Abs. 1 UGB: Bei der Bewertung von Verbindlichkeiten ist bei verschiedenen Wertansätzen (z.B. Verfügungsbetrag und Rückzahlungsbetrag) stets der höhere Wert zu passivieren.

Grundsatz der Wesentlichkeit: § 198 Abs. 8 Z 3 UGB

- Nur jene Tatbestände sind bei der Bilanzierung zu berücksichtigen, die Einfluss auf die Entscheidungen des Bilanzadressaten haben können.

Grundsatz des Bilanzstichtages: § 193 Abs. 1 und 2 UGB

- Die Bilanz ist für einen bestimmten Stichtag aufzustellen.
- Für die Bilanzierung und Bewertung sind die objektiven Verhältnisse und subjektiven Einschätzungen an diesem bestimmten Stichtag notwendig.
- Geschäftsfälle, die erst nach dem Bilanzstichtag eintreten, sind nicht zu berücksichtigen, außer sie sind vor dem Bilanzierungszeitraum verursacht worden.

Grundsatz der Einzelbewertung: § 201 Abs. 2 Z 3 UGB

- Sämtliche Vermögensgegenstände und Schulden sind einzeln zu bewerten.
- Wertminderungen bei einem Gegenstand dürfen nicht mit Wertsteigerungen bei einem anderen ausgeglichen werden. Jedoch gibt es Bewertungsvereinfachungen:
    - **Festwertverfahren:** z.B. bei Hilfs- und Betriebsstoffen
    - **Durchschnittswertverfahren:** bei gleichen oder gleichartigen Gegenständen, z.B. Vorräte und Wertpapiere
    - **Sonstige:** LIFO (Last-In-First-Out), HIFO (Hight-In-First-Out), LOFO (Lowest-In-First-Out)

19. Bilanzanalyse

19.1. Allgemeines

Die Analyse von Jahresabschlüssen wird in folgende Bereiche kategorisiert (*Auer*, 2005, S. 381):

- Art der Analyse
  - Analyse der Finanzlage bzw. Liquidität
  - Analyse der Ertragslage bzw. Rentabilität
- Ebene der Analyse
  - Analyse eines Unternehmens im Zeitablauf (Periodenvergleich)
  - Vergleich mit einem anderen Unternehmen (Branchen-/Unternehmensvergleich)
- Zeitliche Dimension
  - Retrospektive (vergangenheitsorientierte) Analyse
  - Prospektive Analyse auf Basis von Planrechnungen

Unter Bilanzanalyse ist die Aufbereitung (Verdichtung) sowie die Auswertung erkenntniszielorientierter Unternehmensinformationen mittels Kennzahlen, Kennzahlensystemen und sonstiger Methoden zu verstehen, um damit Informationen über die Vermögens-, Finanz- und Ertragslage eines Unternehmens zu gewinnen.

Die Bilanzanalyse besteht je nach dem zur Verfügung stehenden Zahlenmaterial aus

- der Bilanzanalyse im engeren Sinn: Die Analyse hat nur eine Bilanz zur Grundlage, es wird somit die Lage des Unternehmens zu einem bestimmten Zeitpunkt untersucht. Eine Aussage über die Veränderungen im Unternehmen im letzten Jahr ist damit nicht möglich. Die Bilanzanalyse wird daher ergänzt durch den
- internen Bilanzvergleich: Darunter versteht man den Vergleich verschiedener Bilanzen (meist aufeinander folgender) Geschäftsjahre eines Unternehmens. Dabei werden die Veränderungen und die Ursachen analysiert. Sofern eine Planbilanz erstellt wird, kann auch ein Plan-Ist-Vergleich durchgeführt werden.

Bevor mit der Analyse der Bilanz begonnen werden kann, ist oft eine Aufbereitung des Materials in formaler und sachlicher Hinsicht erforderlich. Es ist in vielen Fällen eine Umgliederung der Bilanz entsprechend der Zweckbestimmung der Vermögens- und Kapitalteile erforderlich.

Die in der Bilanz gesondert ausgewiesenen Wertberichtigungen werden aufgelöst. Stille Rücklagen werden normalerweise nicht aufgelöst, außer sie entsprechen nicht den gesetzlichen Vorschriften.

Zur Analyse der GuV ist diese zuerst in formaler Hinsicht zu überprüfen und erforderlichenfalls zu bereinigen.

Nach der Aufbereitung des Zahlenmaterials kann die eigentliche Bilanzanalyse beginnen.

Prozentbilanz: In der Prozentbilanz werden die einzelnen Aktiv- und Passivposten der Bilanz in Prozenten der Bilanzsumme angegeben. Somit erhält man einen besseren Einblick in die Vermögens- und Kapitalstruktur des Unternehmens. Besondere Bedeutung hat die Prozentbilanz auch im Rahmen des Bilanzvergleiches.

Prozentuelle GuV-Rechnung: In der prozentuellen GuV-Rechnung werden die entsprechend gegliederten Aufwände und Erträge in Prozenten der Gesamtsumme angegeben.

19.2. Die Bereiche der Bilanzanalyse

Nachfolgende Gliederung der Analyse des Jahresabschlusses ist in der Praxis häufig anzufinden:

- **Finanzwirtschaftliche Bilanzanalyse:** Hier steht die Bilanz im Vordergrund. In dieser Analyse werden die Vermögens- und Kapitalkennzahlen ermittelt.
  - Ziel ist die Gewinnung von Informationen über
    - – die Kapitalverwendung (Analyse der Aktivseite der Bilanz),
    - – die Kapitalaufbringung (Analyse der Passivseite der Bilanz),
    - – die Beziehung zwischen den beiden Komponenten (Analyse der Querverbindungen der Bilanz).
  - Daraus ergibt sich die weitere Unterteilung in
    - – die Vermögensanalyse (= Investitionsanalyse),
    - – die Kapitalanalyse (= Finanzierungsanalyse),
    - – die Liquiditätsanalyse (= Analyse der Querverbindungen).
- **Erfolgswirtschaftliche Bilanzanalyse:** Hier wird der in der Gewinn- und Verlustrechnung ausgewiesene Erfolg hinsichtlich seiner Entstehung und Zusammensetzung untersucht.

19.3. Die Bereinigung der Bilanz

Um mit der Bilanzanalyse beginnen zu können, ist die Bilanz so zu bereinigen, dass nur nachfolgende Positionen verbleiben:

1. AV (Anlagevermögen)
2. UV (Umlaufvermögen)
3. EK (Eigenkapital)
4. FK (Fremdkapital)

Unter Verwendung der Mindestgliederung der Bilanz nach RLG ist folgende Bereinigung anzustreben:

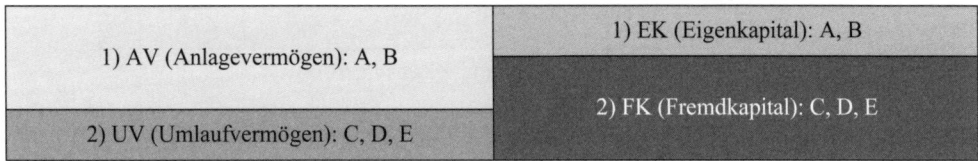

Abb. 17: Bereinigung der Bilanz (*M. Schermann,* Foliensammlung zum Rechnungswesen, 2000)

Demnach sind dem AV, UV, EK und FK nachfolgende Positionen zuzuordnen:

1. AV (Anlagevermögen):
   A) Aufwendungen für das Ingangsetzen und Erweitern eines Betriebes
   B) Anlagevermögen
2. UV (Umlaufvermögen):
   C) Umlaufvermögen
   D) Aktive Rechnungsabgrenzungsposten
   E) Aktive Steuerabgrenzung

3. EK (Eigenkapital):
   A) Eigenkapital
   B) Unversteuerte Rücklagen
4. FK (Fremdkapital):
   C) Rückstellungen
   D) Verbindlichkeiten
   E) Passive Rechnungsabgrenzungsposten

Wurden diese Positionen in den jeweiligen Bereichen aufaddiert, kann von einer bereinigten Bilanz gesprochen werden. Dabei ist jedoch zu beachten, dass bei Bilanzwerten immer eine Durchschnittsgröße heranzuziehen ist.

D.h.: (Anfangsbestand + Endbestand) / 2

Der Anfangsbestand ist immer das aktuelle Jahr minus 1 (bspw. 2008) des Jahresabschlusses, während der Endbestand immer das aktuelle Jahr des Jahresabschlusses (bspw. 2009) darstellt.

D.h.: (Anfangsbestand 31.12.2009 + Endbestand 31.12.2009) / 2

Bei Größen aus der GuV wird niemals der Durchschnittswert, sondern immer der aktuelle Jahreswert zum 31.12. dargestellt (für dieses Beispiel wäre das das Jahr 2009).

19.4. Die Vermögensanalyse

Im Rahmen der Vermögensanalyse werden Intensitätskennzahlen und Umschlagshäufigkeiten errechnet, mit deren Hilfe versucht wird, Aussagen über die Art der Kapitalverwendung und die Dauer der Kapitalbindung zu gewinnen.
Die Anlagenintensität zeigt den Anteil der langfristig gebundenen Vermögensgüter am Gesamtvermögen und damit jenen Teil des Vermögens, der vorwiegend Fixkosten verursacht.

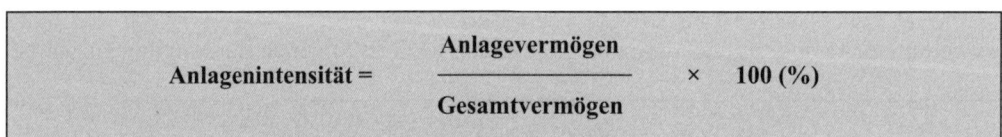

Abb. 18: Anlagenintensität (*M. Schermann*, Foliensammlung zum Rechnungswesen, 2000)

Die **Anlagenintensität** gibt Auskunft darüber, ob es sich um ein Industrieunternehmen (hohe Anlagenintensität: bis zu 80% und 90% möglich) oder um ein Handelsunternehmen (niedrige Anlagenintensität: teilweise sind Unternehmen mit einer Anlagenintensität von unter 20% zu finden) handelt. Die Dienstleistungsunternehmen sind schwieriger einzuordnen, liegen jedoch meist zwischen diesen Grenzwerten.

Eine hohe Anlagenintensität kann einerseits positive Auswirkungen auf das Unternehmen haben: Hohes Anlagevermögen bedeutet, dass das Unternehmen viel Substanz besitzt. So können bspw. an Banken Sicherheiten gegebenen werden, wenn Grundstücke, Gebäude oder technisches Equipment vorhanden ist. Andererseits führt eine hohe Anlagenintensität dazu, dass hohe Abschreibungen durch den hohen Einsatz von Anlagevermögen entstehen. Da Abschreibungen bekanntlich Fixkosten darstellen, kann daher eine hohe Anlagenintensität zu hohen unflexiblen Kosten, die noch dazu nur schwer abbaubar sind, führen.

Die **Umlaufintensität** gibt Auskunft über den Anteil des Umlaufvermögens am Gesamtvermögen. Je größer der Anteil des Umlaufvermögens ist, umso leichter kann sich im Allgemeinen das Unternehmen Beschäftigungsschwankungen anpassen.

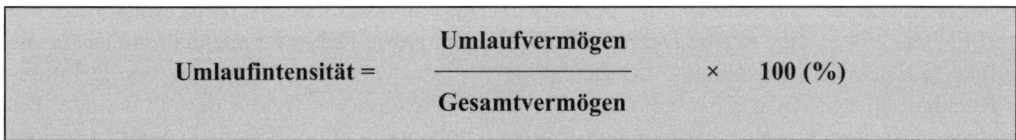

Abb. 19: Umlaufintensität (*M. Schermann*, Foliensammlung zum Rechnungswesen, 2000)

Gemeinsam müssen die Anlagenintensität und die Umlaufintensität 100% ergeben, da beide Größen aufaddiert das Gesamtvermögen (= Bilanzsumme) ergeben.

Auch für die Umlaufintensität gilt Ähnliches wie für die Anlagenintensität: Eine hohe Umlaufintensität hat negative Konsequenzen, wenn mit dem hohen Umlaufvermögen auch hohe Handelswarenvorräte verbunden sind. So kann eine technische Entwertung (bspw. bei EDV-Geräten), eine modische Entwertung (bspw. im Bekleidungshandel) oder ein Verderb (bspw. im Lebensmitteleinzelhandel) negativ auf das Ergebnis des Unternehmens wirken. Sieht man jedoch auf den Kundennutzen und möchte man eine breite Palette an Waren bereitstellen, kann ein großes Lager durchaus positiv auf den Umsatz wirken. Ähnliches gilt, wenn man eine gewisse Grundversorgung bereitstellen muss (bspw. bei Medikamenten im Krankenhausbereich).

Unter **Umschlagshäufigkeit** wird im Allgemeinen zum Ausdruck gebracht, wie oft sich eine Bestandsgröße im Abrechnungszeitraum umgeschlagen hat, bzw. in wie vielen Tagen sich der Bestand im Durchschnitt erneuert.

Wichtige Umschlagskennzahlen:

- Kennzahlen des Warenumschlages
- Kennzahlen der Debitorenbewegung
- Kennzahlen der Kreditorenbewegung
- Umschlagshäufigkeit des Gesamtkapitals

Umschlagshäufigkeiten weisen im Zähler immer eine Erfolgsgröße aus der GuV und im Nenner eine Bestandsgröße aus der Bilanz auf. Aus jeder Umschlagshäufigkeit kann eine Dauer berechnet werden, indem man 365 Tage durch die jeweilige Umschlagshäufigkeit dividiert.

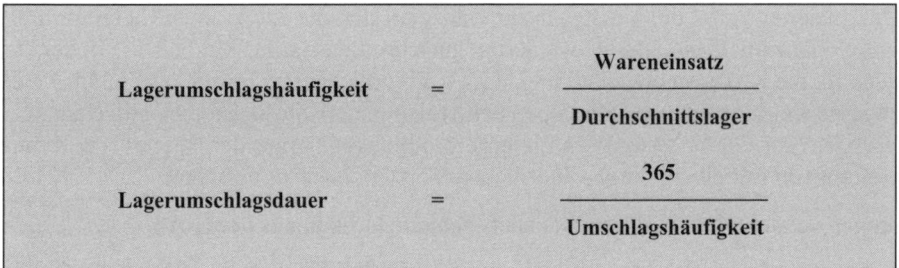

Abb. 20: Lagerumschlagshäufigkeit und -dauer (*M. Schermann*, Foliensammlung zum Rechnungswesen, 2000)

Die Größe Wareneinsatz ist in der GuV zu finden, diese wird oft auch als Handelswareneinsatz bezeichnet und entspricht im Wesentlichen der Menge an eingekauften Waren, bewertet zu den jeweiligen Einkaufspreisen. Das Durchschnittslager entspricht am ehesten dem Handelswarenvorrat, der in der Bilanz zu finden ist.

Je größer die **Umschlagshäufigkeit des Lagers** ist, umso leichter kann sich der Betrieb Beschäftigungsschwankungen anpassen, umso geringer ist die Gefahr des Verderbs und der modischen und technischen Entwertung der Waren und umso kleiner ist das im Lager gebundene Kapital.

Der/die Kunde/Kundin wird oft als Debitor bezeichnet. Hat ein Unternehmen, meist Handelsunternehmen, viele Kund(inn)en, gibt es eine eigene Debitorenbuchhaltung. Diese Debitorenbuchhaltung ist für die Rechnungsstellung und den Zahlungseingang der Rechnungen verantwortlich. Spricht man von Debitor, so geht es in der Buchhaltung um Ausgangsrechnungen, die an den/die Kunden/Kundin gestellt werden. Dabei gilt es zu beachten, dass eine Ausgangsrechnung an den/die Kunden/Kundin üblicherweise mit Mehrwertsteuer, im konkreten Fall mit der Umsatzsteuer (USt), versehen ist, die vom Unternehmen einzufordern und sodann an das Finanzamt abzugeben ist. Im Falle einer Ausgangsrechnung geht die Rechnung als Umsatzerlös netto (also ohne USt) in die GuV und brutto (also mit USt) in die Bilanz als Forderung ein. Aus diesem Grund muss, wenn Umsatzerlöse und Forderungen verglichen werden, zum Umsatz stets die USt hinzugerechnet werden; erst dann kann man zwei Bruttogrößen zueinander in Relation setzen.

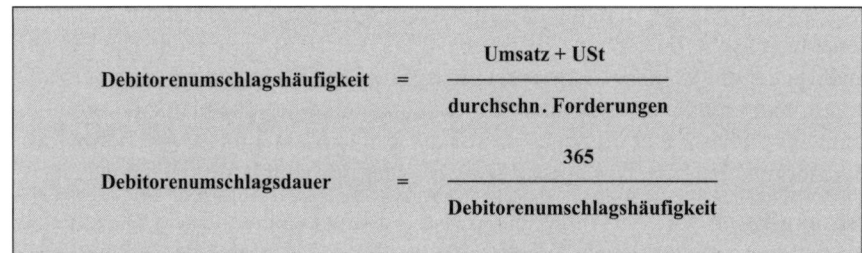

Abb. 21: Debitorenumschlagshäufigkeit und Debitorenumschlagsdauer (*M. Schermann,* Foliensammlung zum Rechnungswesen, 2000)

Die **Debitorenumschlagsdauer** gibt die durchschnittliche Frist an, innerhalb der die Lieferforderungen beglichen werden. Eine niedrige Debitorenumschlagsdauer kann kurzzeitige Illiquiditäten ausgleichen. Umgekehrt kann eine hohe Debitorenumschlagsdauer zu Zahlungsschwierigkeiten und zur Illiquidität führen.

Während der/die Kunde/Kundin als Debitor bezeichnet wird, wird der/die Lieferant/-in oft als Kreditor bezeichnet. Auch betreffend den Lieferant(inn)en gilt, dass es großen Unternehmen mit vielen Lieferant(inn)en bzw. komplexen Lieferbeziehungen, in der Regel eine eigene Kreditorenbuchhaltung gibt. Diese Kreditorenbuchhaltung beschäftigt sich mit Bestellungen, dem Rechnungseingang und der Bezahlung dieser Eingangsrechnungen. Stellt der/die Lieferant/-in einem Unternehmen eine Rechnung, ist diese mit Vorsteuer zu versehen. Das Unternehmen muss die Vorsteuer zur Gänze an den/die Lieferanten/Lieferantin bezahlen, kann sich jedoch vom Finanzamt diese Summe wiederum gutschreiben lassen. Ähnlich wie in der Debitorenbuchhaltung gilt auch für die Kreditorenbuchhaltung, dass Verbindlichkeiten brutto (also inklusive der VSt) in der Bilanz ausgewiesen werden und die Lieferungen netto (also ohne VSt) in der GuV aufscheinen. Wird aus den Größen Lieferungen (aus der GuV) und den Lieferverbindlichkeiten (aus der Bilanz) eine Kennzahl gebildet, so sind die Lieferungen mit einem durchschnittlichen Vorsteuersatz zu versehen.

Unter Lieferungen versteht man in der Praxis nachfolgende Größen aus der GuV:

- Aufwendungen für Material und sonstige bezogene Herstellungsleistungen (Z 5 in der GuV nach dem Gesamtkostenverfahren)
  − Materialaufwand
  − Aufwendungen für bezogenen Leistungen

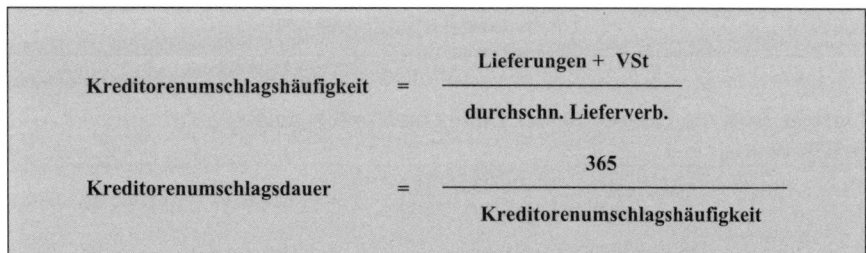

Abb. 22: Kreditorenumschlagshäufigkeit und Kreditorenumschlagsdauer (*M. Schermann*, Foliensammlung zum Rechnungswesen, 2000)

Die **Kreditorenumschlagsdauer** gibt die durchschnittliche Frist an, innerhalb der die Lieferverbindlichkeiten beglichen werden und ist ein Maß für die Finanzierungspolitik durch Lieferant(inn)en-Kredite.

Grundsätzlich erscheint auch ein Vergleich der Debitorendauer mit der Kreditorendauer sinnvoll, diese sollten in der Praxis einen ähnlichen Wert ergeben. Diese Aussage kann jedoch wesentlich relativiert werden, wenn es um die Erzielung von Skonti geht.

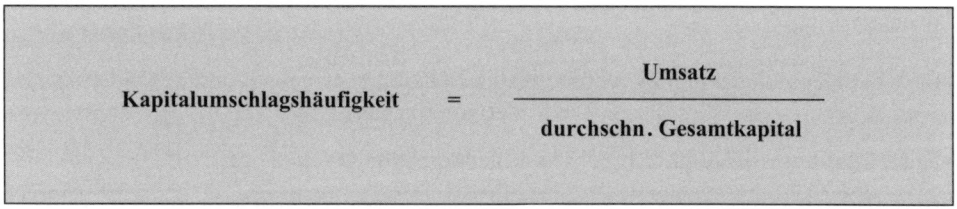

Abb. 23: Kapitalumschlagshäufigkeit (*M. Schermann*, Foliensammlung zum Rechnungswesen, 2000)

Die **Kapitalumschlagshäufigkeit** (oder auch Umschlagshäufigkeit des Kapitals genannt) gibt die Erneuerungsquote des Unternehmens wieder. Ist die Kapitalumschlagshäufigkeit hoch, wird das Unternehmen durch den Umsatz schneller erneuert als bei niedriger Kapitalumschlagshäufigkeit. Während in klassischen Industrieunternehmen die Kapitalumschlagshäufigkeit 0,5 bis 0,7 beträgt, kann diese bei Handelsunternehmen 15 und mehr betragen. Beträgt die Umschlagshäufigkeit des Kapitals 15, bedeutet das, dass sich das gegenständliche Unternehmen 15-mal pro Jahr durch den erzielten Umsatz erneuert; bei 0,5 erneuert sich das Kapital durch den Umsatz nur alle zwei Jahre.

19.5. Die Kapitalanalyse

Bei der Kapitalanalyse steht die Passivseite der Bilanz im Vordergrund:

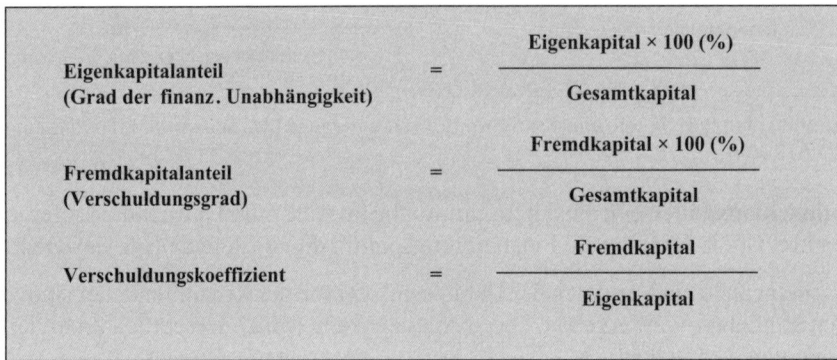

Abb. 24: Eigenkapitalanteil, Fremdkapitalanteil und Verschuldungskoeffizient (*M. Schermann*, Foliensammlung zum Rechnungswesen, 2000)

Bei der Analyse der Kapitalaufbringung werden Kapitalrelationen errechnet und besonders in Bezug auf die Risikosituation, in der sich eine Gesellschaft befindet, interpretiert.

In nachstehender Grafik werden unterschiedliche Eigenkapitalquoten gezeigt:

Größe nach Umsatz	Österreich	Belgien	Frankreich	Deutschland	Italien	Portugal	Spanien
< 7 Mio. €	13%	40%	34%	14%	26%	31%	42%
7 bis 40 Mio. €	27%	38%	35%	22%	25%	40%	43%
> 40 Mio. €	31%	39%	35%	1%	28%	51%	37%
Alle Größen	**28%**	**39%**	**35%**	**30%**	**27%**	**42%**	**38%**

Abb. 25: Unterschiedliche Eigenkapitalquoten in europäischen Ländern (vgl.http://europa.eu.int/comm/enterprise/entrepreneurship/financing/-index_en.htm, 20.1.2006)

Exkurs: Basel II

Seit dem Jahr 1974 existiert der Basler Ausschuss für die Bankenaufsicht. In diesem Ausschuss sind die zehn Mitgliedsländer des Internationalen Währungsfond, sowie die Schweiz vertreten.

Der Basler Ausschuss für Bankenaufsicht dient als Diskussionsforum für bestimmte bankenaufsichtliche Probleme. Das Ziel des Ausschusses besteht darin, für die Sicherheit, Solidität und Effizienz im Bankbereich zu sorgen. Zu diesem Zwecke koordiniert er die Aufteilung der Zuständigkeiten für die Bankenaufsicht zwischen den Behörden und den einzelnen Ländern, um weltweit eine wirksame Aufsicht über die Bankgeschäfte zu gewährleisten (vgl. *Haunerdinger*, 2005, S. 10 f.).

In der Basler Eigenkapitalvereinbarung (auch Basel I genannt) wurde festgelegt, dass die Mindesteigenkapitalausstattung einer Bank bei acht Prozent liegen muss. Diese acht Prozent beziehen sich auf die von der Bank vergebenen Kredite. Das Eigenkapital soll als Risikopuffer der Bank dienen. Dabei bleibt jedoch unberücksichtigt, ob die Bank den Kredit an ein gesundes oder an ein bereits vor der Insolvenz stehendes Unternehmen vergibt. Somit entstehen für die Bank dieselben Kosten, verursacht durch die Unterlegung mit Eigenkapital, gleich wie gut oder schlecht die Bonität des Unternehmens, dem der Kredit eingeräumt wurde, ist. Somit „subventionieren" Unternehmen mit guter Bonität jene mit schlechter Bonität, da jene mit schlechterer Bonität eigentlich durch den Risikoaufschlag schlechtere Kreditkonditionen bekommen müssten.

Dieser Schwachpunkt wurde im Jahr 1999 durch einen neuen Vorschlag des Basler Bankenausschuss (genannt Basel II) ausgeräumt. Der Vorschlag räumt den Banken nun ein, dass der Prozentsatz von 8% an Eigenkapital durch ein Rating erhöht oder gesenkt werden kann. Somit sind die Eigenkapitalhinterlegung und damit die entstehenden Kosten für die Banken vom Rating des Unternehmens abhängig.

Das Konzept von Basel II beruht auf drei Säulen, die im Wesentlichen die Anforderungen an die Bank definieren, um ein bankinternes Rating als Basis für die Kreditvergabe durchführen zu dürfen (vgl. *Haunerdinger*, 2005, S. 15 ff.).

Nach den neuen Regelungen von Basel II müssen sich Banken wie bisher verpflichten, für das von ihnen gewährte Kreditvolumen eine Eigenkapitalausstattung von mindestens 8% vorzuweisen. Diese 8% gelten jedoch nicht mehr wie bisher pauschal, sondern sind abhängig vom Risiko des jeweiligen Kreditgeschäftes. Somit kann, abhängig vom Grad des Risikos, die Quote höher/geringer als 8% ausfallen. Von dieser Regelung gibt es für Klein- und Mittelständische Unternehmen eine Ausnahmen. Ist das Kreditvolumen geringer als 1 Mio. EUR, so dürfen diese Kredite nach Basel II wie Kredite an Privatkunden behandelt werden. Dadurch gelten für diese Kredite geringere Eigenkapitalanforderungen und die Konditionen können, müssen jedoch nicht, besser ausfallen. Die Umsetzung von Basel II erfolgte in Österreich mit Jänner 2006.

Um das Risiko quantifizieren zu können, wird das kreditsuchende Unternehmen einem Rating unterzogen. Im Unterschied zu den bisher Bewertungskriterien werden nicht nur Kennzahlen aus dem externen Rechnungswesen verwendet, sondern zusätzlich wird die Zukunftsfähigkeit des Unternehmens bewertet. Dabei steht nicht mehr nur der Substanzwert, sondern vielmehr der Ertragswert im Mittelpunkt. Die zukünftigen Erträge und die zukünftige Finanzkraft soll bewertet werden.

	Bei einem Kredit in der Höhe von € 100.000,–			
Bisher	Standardsatz nach Basel II			
	Internationale Ratingstufen	Gewichtung	EK-Hinterlegung der Bank	bei € 100.000
Einheitliche EK-Unterlegungsquote von 8%	AAA bis AA-	20%	1,60%	1.600
	A+ bis A-	50%	4,00%	4.000
	BBB+ bis BB-	100%	8,00%	8.000
	unter BB-	150%	12,00%	12.000
	ohne Rating	100%	8,00%	8.000

Abb. 26: Eigenkapitalhinterlegung der Banken bei externen Ratings (vgl. http://www.byak.de/architekten/service_berufsausuebung_basel_II_1-2004.html, 20.1.2006)

Bei einem Kredit in der Höhe von € 100.000,–				
Bisher	Standardsatz nach Basel II			
	Internationale Ratingstufen	Gewichtung	EK-Hinterlegung der Bank	bei € 100.000
Einheitliche EK-Unterlegungsquote von 8%	AAA bis AA-	18%	1,44%	1.440
	A+ bis A-	29%	2,32%	2.320
	BBB+ bis BBB	51%	4,08%	4.080
	BBB-, BB+	100%	8,00%	8.000
	BB	153%	12,24%	12.240
	B	360%	28,80%	28.800
	CCC	360%	28,80%	28.800

Abb. 27: Eigenkapitalhinterlegung der Banken bei internen Ratings (vgl.http://www.byak.de/architekten/service_berufsausuebung_basel_II_1-2004.html, 20.1.2006)

Der **Nutzen für Ratings** liegt in nachfolgenden Punkten begründet:

- externer Beobachter
- Gesundheitscheck
- Standortbestimmung und Fitnesstest
- Erkennen von betrieblichen Schwachstellen und eventuellen Verlustquellen
- Klärung strategischer Fragen der Unternehmensführung
- Controlling: neu aufbauen
- qualitative Weiterentwicklung
- bessere und intensivere Beziehung Bank – Kunde

In den Ratingprozess fließen nicht mehr ausschließlich Hard Facts ein, sondern der Fokus verlagert sich stärker in den Bereich der Soft Facts:

Hard Facts:
- Bilanzanalyse
- Kennzahlenanalyse
- Analyse der Kontoführung
- Planungsrechnungen

Soft Facts:
- Unternehmer/Management
- Betriebswirtschaftliche Unternehmensanalyse
- Geschäftsbeziehungen
- Zukünftige Unternehmensentwicklung

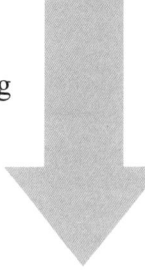

Gewichtung Rating

Abb. 28: Element des Ratings (vgl. http://www.ratingaktuell-news.de/, 20.1.2006)

Nachfolgende **Quellen** sind **für ein Rating** grundsätzlich heranzuziehen:

1. **Unternehmen:**
   - Jahresabschlüsse
   - Kostenrechnung
   - div. Planungsunterlagen
   - Geschäftsberichte
2. **Bankinterne Quellen:**
   - Kontodaten
   - Kundendatei
   - Bilanzauswertungen
   - Sicherheitsdatei
   - Kundengespräche
   - Betriebsbesichtigungen
3. **Dritte:**
   - amtliche Quellen:
     a) Firmenbuch
     b) Grundbuch
   - nichtamtliche Quellen:
     a) Handelsauskünfte
     b) Bankenauskünfte
     c) Branchenberichte

Als alternative Finanzierungsformen gelten weiters:

	Überziehung	Bankkredite	Leasing	Factoring	Subventionen	EK-Geber
Österreich	42%	65%	39%	6%	8%	1%
EU-Gesamt	50%	46%	39%	11%	9%	9%

Abb. 29: Alternative Finanzierungsformen (vgl. http://www.bakku.de/kredite-2.19.16.htm, 20.1.2006)

19.6. Die Liquiditätsanalyse

Die Formel für das **NWC (Net-Working-Capital)** lautet:

Umlaufvermögen – kurzfristiges Fremdkapital = NWC

Grundsätzlich kann das Net-Working-Capital (NWC) aus zwei unterschiedlichen Perspektiven gesehen werden:

1. Sichtweise: Das NWC zeigt, wie weit die kurzfristigen Verbindlichkeiten durch das Umlaufvermögen gedeckt sind. Ein zunehmendes Working-Capital wird im Allgemeinen als günstig angesehen.
2. Sichtweise: Deckung des Anlagevermögens und Umlaufvermögens durch langfristiges Kapital.

Bei der Liquiditätsanalyse geht es um die Querverbindungen zur Bilanz. Während auf der Aktivseite der Bilanz eine Untergliederung des Anlage- und Umlaufvermögens auf Grund der Fristigkeit (AV = langfristig und UV = kurzfristig) getroffen wurde, differenziert die Passivseite in eigenes und fremdes Kapital. Um nun beide Seiten miteinander in Beziehung zu setzen, ist die Passivseite der Bilanz nach der Fristigkeit des Kapitals zu transformieren. Nach der Bilanztransformation steht nun auf der Passivseite der Bilanz langfristiges und kurzfristiges Kapital, egal ob eigenes oder fremdes.

Externes Rechnungswesen (Buchhaltung und Bilanzierung)

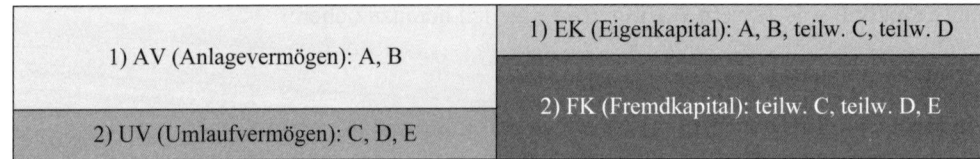

Abb. 30: Die Bilanztransformation (*M. Schermann*, Foliensammlung zum Rechnungswesen, 2000)

Die Transformation der Passivseite führt zu folgendem Ergebnis:

- **Langfristiges Kapital:**
  1. A) **Eigenkapital**
  2. B) **Unversteuerte Rücklagen**
  3. Teilweise C) Rückstellungen: Jene **Rückstellungen**, die eine **Laufzeit** von **mehr als einem Jahr** haben, werden pragmatisch zum langfristigen Kapital gezählt.
  4. Teilweise D) Verbindlichkeiten: **Verbindlichkeiten** mit einer **Restlaufzeit** von **über einem Jahr** werden zum langfristigen Kapital gerechnet. Diese Information ist meist im Anhang des Jahresabschlusses zu finden.
- **Kurzfristiges Kapital:**
  5. Teilweise C): **Rückstellungen**, die von einer **Laufzeit unter einem Jahr** geprägt sind, werden zum kurzfristigen Kapital gezählt.
  6. Teilweise D): **Verbindlichkeiten** mit einer **Restlaufzeit** von **unter einem Jahr** sind als kurzfristiges Kapital anzusehen.
  7. E) **Rechnungsabgrenzungsposten** (passive)

Interessant erscheint die Tatsache, dass nach der obigen Gliederung 100% des Eigenkapitals dem langfristigen Kapital zuzurechnen ist. Da es kein kurzfristiges Eigenkapital gibt, wird das kurzfristige Kapital auch als kurzfristiges Fremdkapital bezeichnet.

Ein positives bzw. negatives NWC wird wie folgt grafisch dargestellt:

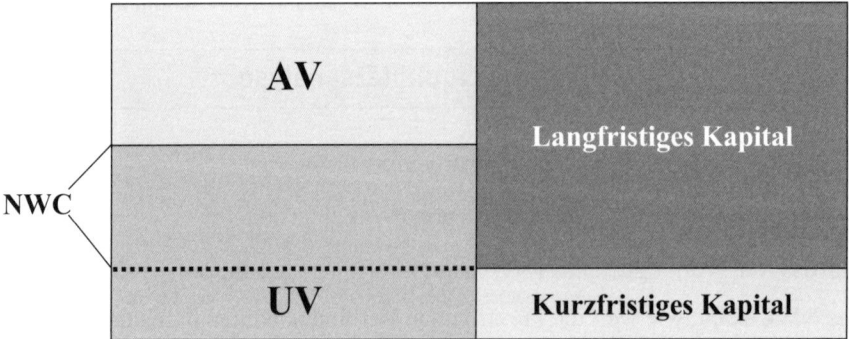

Abb. 31: Das positive NWC (*M. Schermann*, Foliensammlung zum Rechnungswesen, 2000)

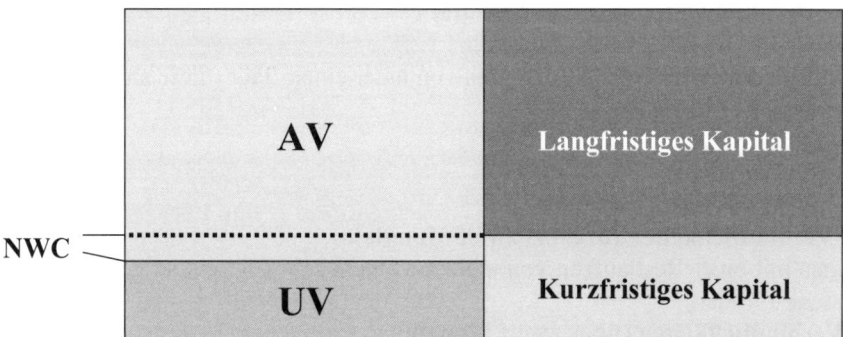

Abb. 32: Das negative NWC (*M. Schermann*, Foliensammlung zum Rechnungswesen, 2000)

Das **positive NWC** kann wie folgt interpretiert werden: 100% des Anlagevermögens werden durch langfristiges Kapital gedeckt und das ist aus Sicht der Liquiditätsstruktur durchaus ratsam. Darüber hinaus ist ebenso ein Teil des Umlaufvermögens, der bekanntlich dem kurzfristigen Vermögen zuzurechnen ist, auch durch langfristiges Kapital gedeckt. Grundsätzlich ist ein positives NWC anzustreben.

Ein **negatives NWC** bedeutet, dass das langfristige Vermögen (AV) nicht zur Gänze mit langfristigem Kapital gedeckt ist. Dies kann zur Folge haben, dass plötzlich das kurzfristige Fremdkapital von den Gläubigern eines Unternehmens in Rechnung gestellt werden kann und dann auf der Aktivseite der Bilanz zu wenig UV vorhanden ist, um diesen Verbindlichkeiten nachzukommen. Denn grundsätzlich gilt, dass das AV illiquides, nicht veräußerbares Vermögen darstellt. Würde man AV veräußern, so verkauft man gleichzeitig die Lebensgrundlage des Unternehmens. Ausschließlich die Positionen des Umlaufvermögens können kurzfristig in Geldwerte transformiert werden.

Die nachfolgende Gliederung soll das **Vermögen nach deren Liquidierbarkeit** differenzieren. Jene Größen, die sehr schnell in Geldwerte umgewandelt werden können, stehen an oberster Stelle, jene Vermögenswerte, die nur schwierig in Cash transformiert werden können, werden weiter unten angeführt:

1. **Zahlungsmittel:**
   a) Kassenbestand
   b) Bank-Guthaben
   c) Schecks
   d) diskontfähige Wechsel
2. **Kurzfristig gebundenes Vermögen (bis drei Monate):**
   a) Forderungen mit entsprechender Fälligkeit (Forderungen mit einer Restlaufzeit von unter einem Jahr – diese sind im Anhang des Jahresabschlusses zu finden)
   b) veräußerbare Effektenbestände (= Wertpapiere des Umlaufvermögens)
3. **Mittelfristig gebundenes Vermögen:**
   a) Vorräte
   b) Forderungen mit entsprechender Fälligkeit (Forderungen mit einer Restlaufzeit von mehr als einem Jahr – diese sind im Anhang des Jahresabschlusses zu finden)
4. **Langfristig gebundenes Vermögen:**
   langfristig (gegebene) Darlehen oder Kredite
5. **Illiquides Vermögen:**
   Anlagevermögen, das nur bei Betriebsaufgabe und ähnlichen Tatbeständen veräußerbar ist.

Während die Aktivseite nach der Liquidierbarkeit gegliedert ist, kann die Passivseite (genauer: die Verbindlichkeiten) der Bilanz nach Dringlichkeit eingestuft werden:

6. **Kurzfristige Verbindlichkeiten (bis drei Monate):**
   a) Schuldwechsel
   b) Lieferverbindlichkeiten mit einer Restlaufzeit von unter einem Jahr (diese sind gesondert im Anhang des Jahresabschlusses zu finden)
   c) kurzfristige Bankschulden
   d) kurzfristige Rückstellungen
   e) sonstige kurzfristige Verbindlichkeiten
7. **Mittelfristige Verbindlichkeiten (drei bis zwölf Monate):**
   Verbindlichkeiten mit einer Restlaufzeit von mehr als einem Jahr (diese sind gesondert im Anhang des Jahresabschlusses zu finden)
8. **Langfristige Verbindlichkeiten (über zwölf Monate):**
   a) Hypotheken
   b) langfristige Darlehen

Daraus können nachfolgende **Liquiditätskennzahlen** abgebildet werden:

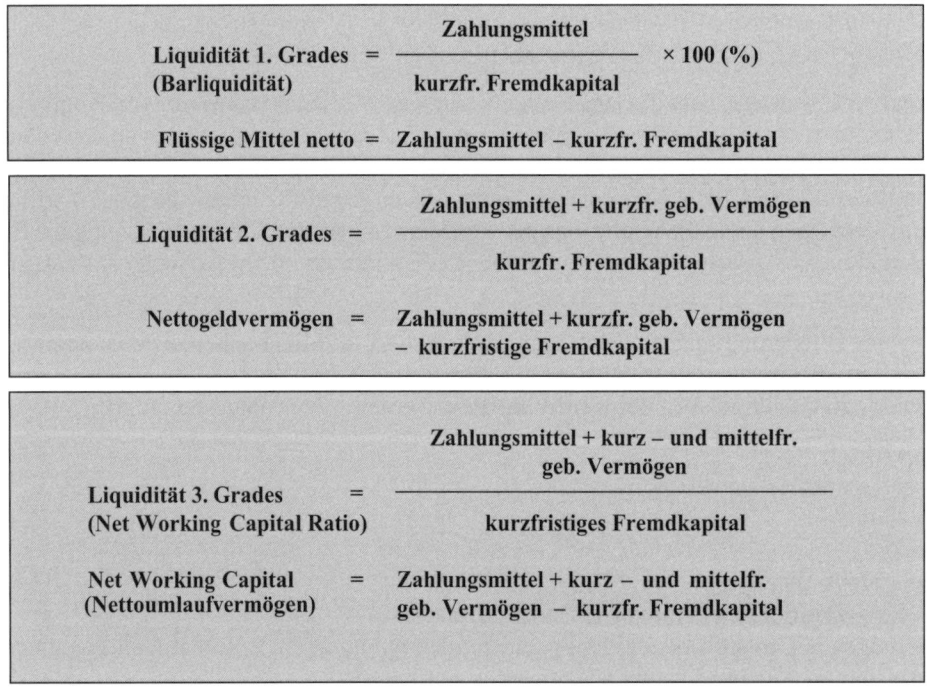

Abb. 33: Liquiditätskennzahlen (*M. Schermann*, Foliensammlung zum Rechnungswesen, 2000)

Bei den Liquiditätsgraden kann festgestellt werden, dass hier im Zähler jeweils eine weitere Größe aus der Vermögensseite der Bilanz hinzugefügt wird, während der Nenner immer gleich bleibt (= kurzfristiges Kapital = kurzfristiges Fremdkapital).

Die **Liquidität 1. Grades** gibt das Verhältnis zwischen den Zahlungsmitteln und dem kurzfristigen Fremdkapital wieder. Wenn bspw. das gesamte kurzfristige Fremdkapital von den Gläubigern eines Unternehmens plötzlich in Rechnung bzw. fällig gestellt wird, liegt es nahe, die klassischen Zahlungsmittel dazu heranzuziehen, um das Fremdkapital damit zu tilgen. In der Praxis wird für die Liquidität 1. Grades oft der Wert 50% gefordert, daher wird die Kennzahl flüssige Mittel netto negativ sein.

Zählt man nun im Zähler zu den Zahlungsmitteln das kurzfristig gebundene Vermögen hinzu, sollte dieser Wert 100% ergeben. Das bedeutet, dass die Zahlungsmittel und das kurzfristig gebundene Vermögen ausreichen sollten, um das kurzfristige Fremdkapital zu decken. Erreicht die **Liquidität 2. Grades** 100 %, so muss das Nettogeldvermögen genau null sein.

Geht man nun im Zähler noch einen Schritt weiter und zählt man zu den Zahlungsmitteln und den kurzfristig gebundenen Vermögen noch das mittelfristig gebundene Vermögen hinzu, erhält man das Umlaufvermögen. Da aus obiger Definition und Interpretation des NWC eindeutig hervorgeht, dass dieses positiv sein sollte, ist davon auszugehen, dass die **Liquidität 3. Grades** größer als null sein sollte.

Die sog. „**Goldene Bilanzregel**" besagt, dass das gesamt Anlagevermögen durch Eigenkapital gedeckt sein soll. Allerdings kommt diese enge Auslegung in der Praxis nicht zur Anwendung. Ausschlaggebend dafür sind einerseits die niedrigen Eigenkapitalquoten von österreichischen Unternehmen, andererseits der gestiegene Konkurrenzdruck im Bankensektor und die daraus resultierende größere Risikobereitschaft der Banken. Größere Bedeutung hat die **goldene Finanzierungsregel oder Bankregel oder Deckungsgrad B** in der Praxis. Nach dieser Regel soll das Anlagevermögen durch Eigenkapital und langfristiges Fremdkapital finanziert werden (siehe auch NWC und *Auer*, 2005, S. 385).

19.7. Die erfolgswirtschaftliche Bilanzanalyse

Die **Analyse der Rentabilität:** Die Rentabilitätskennzahl in ihren verschiedenen Varianten besitzt eine zentrale Bedeutung in der Bilanzanalyse und bildet in der Wirtschaftspraxis für verschiedene Fragen ein entscheidendes Beurteilungskriterium. Als Bezugsgröße zum Ergebnis bzw. Erfolg kommen dabei insbesondere in Betracht:

- das **Kapital** in den verschiedenen Dimensionen und
- die **Umsatzerlöse,** sodass dann – je nach Wahl der Bezugsgröße – einerseits von Kapitalrentabilität (Gewinn/Kapital), andererseits von Umsatzrentabilität (Gewinn/ Umsatz) oder Gewinnspanne die Rede ist.

Die **Eigenkapitalrentabilität** (Unternehmerrentabilität) ist wie folgt definiert: Die Maximierung der Eigenkapitalrentabilität stellt die eigentliche Zielgröße der erwerbswirtschaftlich orientierten Unternehmung dar. Diese Kennzahl setzt den Jahresüberschuss/-fehlbetrag in Beziehung zum Eigenkapital und drückt somit die Verzinsung des Eigenkapitals aus. Die Kennzahl ist z.B. für den Vergleich mit anderen Möglichkeiten der Investition des Kapitals (z.B. Kauf von Wertpapieren) von Interesse.

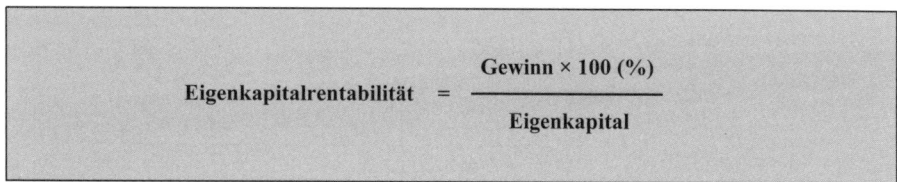

Abb. 34: Eigenkapitalrentabilität (*M. Schermann,* Foliensammlung zum Rechnungswesen, 2000)

Die **Gesamtkapitalrentabilität** wird auch als Unternehmungsrentabilität, Investitionsrendite, Vermögensrentabilität oder **ROI (Return on Investment)** bezeichnet. Die Rentabilität des Gesamtkapitals lässt Schlüsse auf die Wirtschaftlichkeit eines Unternehmens zu. Es wird dadurch die Effizienz des Gesamtkapitaleinsatzes ausgedrückt. Die Summe aus Jahresüberschuss (JÜ)/Jahresfehlbetrag und Fremdkapitalzinsen wird auch „Kapitalgewinn", „Kapitalertrag" oder einfach „Erfolg vor Zinsen" genannt.

$$\text{Gesamtkapitalrentabilität} = \frac{\text{JÜ n. St.} + \text{Fremdkapitalzinsen}}{\text{Gesamtkapital}} \times 100\ (\%)$$

Abb. 35: Gesamtkapitalrentabilität oder ROI (*M. Schermann*, Foliensammlung zum Rechnungswesen, 2000)

Die Abkürzung **FKZ** bedeutet **Fremdkapitalzinsen**. Diese werden bei der **Umsatzrentabilität** und der **Gesamtkapitalrentabilität zum Jahresüberschuss nach Steuer** gezählt, da hier eine Rentabilität des Gesamtkapitals erzielt werden soll. Während die Fremdkapitalzinsen in der GuV Beachtung finden, dürfen Zinsen für das Eigenkapital nicht in der GuV angesetzt werden. Um diese Ungleichheit zwischen Eigen- und Fremdkapitalzinsen zu bereinigen, werden nun die Fremdkapitalzinsen zum Jahresüberschuss nach Steuer hinzugezählt.

Die Gesamtkapitalrentabilität wird also auch Return on Investment genannt. Dies bedeutet, dass der Investor an einer hohen Rendite interessiert ist. Da ein typischer Investor, der bspw. in verschiedenen Ländern investiert hat, nur an jener Rendite interessiert ist, die er tatsächlich ausbezahlt bekommt, wird bei dieser Berechnung der Gesamtkapitalrentabilität der Jahresüberschuss nach Steuern herangezogen. Will man die Performance mehrerer Unternehmen, die in unterschiedlichen Ländern mit unterschiedlichen Steuersätzen angesiedelt sind, vergleichen, empfiehlt es sich, den Jahresüberschuss nach Steuer zu verwenden.

Unter **Umsatzrentabilität** versteht man das Verhältnis einer Erfolgsgröße zum erzielten Umsatz. Die Umsatzrentabilität gibt somit Auskunft über die Erfolgsergiebigkeit des Umsatzes. Die Umsatzrentabilität ist insbesondere für zwischenbetriebliche Vergleiche von großem Interesse.)

$$\text{Umsatzrentabilität} = \frac{\text{JÜ n. St.} + \text{FKZ}}{\text{Umsatz}} \times 100\ (\%)$$

Abb. 36: Umsatzrentabilität (*M. Schermann*, Foliensammlung zum Rechnungswesen, 2000

Der Zusammenhang zwischen Umsatzrentabilität und Umschlagshäufigkeit des Kapitals führt zu nachfolgendem Ergebnis: Das Produkt aus Umsatzrentabilität mit der Umschlagshäufigkeit des Gesamtkapitals führt zur Gesamtkapitalrentabilität.

$$\text{Gesamtkap.-rentabilität} = \frac{\text{Gewinn vor Abzug der Fremdkapitalzinsen} \times 100}{\text{Umsatz}} \times \frac{\text{Umsatz}}{\text{Gesamtkapital}} = \frac{\text{Gewinn vor Abzug der Fremdkapitalzinsen} \times 100}{\text{Gesamtkapital}}$$

Abb. 37: Zusammenhang zwischen Umsatzrentabilität und Kapitalumschlagshäufigkeit (*M. Schermann*, Foliensammlung zum Rechnungswesen, 2000)

Der **Rohaufschlag** und die **Handelsspanne** stellen in vielen Branchen, vor allem im Handel, sehr wichtige Kennzahlen dar.

$$\text{Handelsspanne bezogen auf den Umsatz} = \frac{\text{Bruttogewinn} \times 100\,(\%)}{\text{Bruttoverk.umsatz} - \text{Retouren}}$$

$$\text{Rohaufschlag}\ (=\text{Handelsspanne bezogen auf Wareneinsatz}) = \frac{\text{Bruttogewinn} \times 100\,(\%)}{\text{Wareneinsatz}}$$

Abb. 38: Handelsspanne und Rohaufschlag (*M. Schermann*, Foliensammlung zum Rechnungswesen, 2000)

20. Kennzahlensysteme

Als Kennzahlen werden **Verhältniszahlen** mit betriebswirtschaftlich sinnvollen Aussagen über Unternehmungen oder ihrer Teile verstanden. Sie werden als Instrument der Unternehmensführung gleichermaßen für Zwecke der Planung, Steuerung und Kontrolle eingesetzt.

Der Begriff der Kennzahlen und Kennzahlensystemen hat eine vielgestaltige Entwicklung durchlaufen. Heute kann jedoch davon ausgegangen werden, dass ein allgemein akzeptierter, relativ einheitlicher Kennzahlenbegriff besteht. Dieser Begriff hat sich seit Mitte der 70er Jahre in der Wissenschaft durchgesetzt und bis heute herrscht in der Literatur weitgehende Einigkeit, dass Kennzahlen als jene Zahlen betrachtet werden, die quantitativ erfassbare Sachverhalte in konzentrierter Form erfassen (vgl. *Reichmann*, 2001, S. 18 f.). Betriebliche Kennzahlen sind Zahlen oder Zahlenverhältnisse, insbesondere von Aufwands-, Ertrags- und Bestandsgrößen, die für ein betriebswirtschaftliches Erkenntnisziel einen unmittelbaren Aussagewert besitzen. Diese Zahlen sind Maßgrößen bzw. Abbilder von Wirtschaftstatbeständen und Wirtschaftabläufen.

Werden die Kennzahlen nicht isoliert betrachtet, sondern beziehen sie sich auf die Struktur der unternehmerischen Zielvorstellung, stehen die verschiedenen Richtwerte also zueinander in logischer Beziehung bzw. in gegenseitiger Abhängigkeit, dann ist von einem auf die Einzelwirtschaft bezogenen Kennzahlensystem zu sprechen (vgl. *Lechner/Egger/Schauer*, 2006, S. 87).

Weber definiert Kennzahlen wie folgt: „Kennzahlen sind quantitative Daten, die als bewusste Verdichtung der komplexen Realität über zahlenmäßig erfassbare betriebswirtschaftliche Sachverhalte informieren sollen" (vgl. *Weber*, 1991, S. 203). Als Kennzahlen werden dabei diejenigen Zahlen im Unternehmen bezeichnet, die besonders informativ erscheinen. Sie stellen Größen dar, die als Zahlen einen quantitativ messbaren Sachverhalt des Unternehmens wiedergeben sowie relevante Tatbestände und Zusammenhänge in vereinfachter, verdichteter Form kennzeichnen sollen (vgl. *Küpper*, 2005, S. 359). Kennzahlen haben also die Aufgabe, der Unternehmensführung bei der Planung, Steuerung und Kontrolle eine Entscheidungsgrundlage zu liefern.

In der Regel werden mehrere Kennzahlen zur Beurteilung eines wirtschaftlichen Sachverhaltes herangezogen. Werden diese nicht zusammenhangslos verwendet, sondern in eine Ordnung gebracht, spricht man von einem Kennzahlensystem. Durch die Einordnung in ein System erreicht man eine Informationsverdichtung und eine höhere Übersichtlichkeit von den als wichtig erachteten Größen (vgl. *Küpper*, 2005, S. 360).

20.1. Aufgaben von Kennzahlensystemen

Aufgrund einer immer stärker steigenden Datenvielfalt und Komplexität der Unternehmungen hat ein betriebliches Kennzahlensystem die Aufgabe, die Informationen, die aus den unterschiedlichsten Unternehmensbereichen zur Verfügung gestellt werden, zu verdichten, um damit dem Management in übersichtlicher Weise eine Grundlage für ihre Entscheidungen zu bieten. Dafür ist es notwendig, dass Daten in der Form abgebildet werden, in der sie von den Entscheidungsträgern auch benötigt werden. Die Kennzahlensysteme beschreiben dann Tatbestände und Sachverhalte und reduzieren die Unsicherheit dadurch, dass sie ein zielgerichtetes Verhalten des Entscheidungsträgers ermöglichen (vgl. *Reichmann*, 2001, S. 23).

Nach *Lachnit* haben Kennzahlensysteme folgende Funktionen: Kennzahlensysteme unterstützen die Planung, Steuerung und Kontrolle, sind ein Instrument der Unternehmensanalyse, der steuerlichen Betriebsprüfung und des Betriebsvergleiches. Zusätzlich bilden Kennzahlensysteme als betriebswirtschaftliche Modelle einen wesentlichen Bestandteil eines Management Informationssystems (vgl. *Lachnit*, 1979, S. 44 f.).

20.2. Du-Pont-Kennzahlensystem

Das erste Kennzahlensystem war das *Du-Pont-System of financial control*, welches seit 1919 angewendet wird und von der amerikanischen Firma Du Pont entwickelt wurde. Das Du-Pont-Schema, häufig auch *Return on Investment (ROI)*-Baum genannt, gilt als das Grundsystem der Kennzahlensysteme, da eine Vielzahl von Kennzahlensystemen auf diesem Schema aufbauen (vgl. *Lachnit*, 1979, S. 42 f.).

Das Du-Pont-System stellt die Gesamtkapitalrentabilität als Spitzenkennzahl und ihre rechnerisch verknüpften Einflussgrößen dar. Da sich jede unternehmerische Entscheidung in einer oder auch in mehreren Komponenten niederschlägt, werden die Auswirkungen dieser Entscheidungen auf die Gesamtkapitalrentabilität sichtbar (vgl. *Eichhübl et al.* in: *Eschenbach*, 1996, S. 463).

Die Spitzenkennzahl, der ROI, wird in die beiden Komponenten Kapitalumschlag und Umsatzrentabilität zerlegt und kann entweder durch eine Steigerung des Kapitalumschlags oder eine Erhöhung der Umsatzrentabilität gesteigert werden.

Nach diesen drei Verhältniskennzahlen verwendet das Du-Pont-System in Folge nur mehr absolute Größen. Besondere Beachtung wird dabei auf der Kostenseite als essentielle Determinante des Gewinns und der Zusammensetzung der Vermögensseite beigemessen (vgl. *Groll*, 1989, S. 33 f.). Durch die Darstellung des Schemas sollen im Unternehmen die Werttreiber dargestellt und verdeutlicht werden. Die Aufspaltung in die einzelnen Werttreiber verdeutlicht die Hebel zur Beeinflussung des ROI und deren Wirkungszusammenhänge (vgl. *Groll*, 1989, S. 33 f.).

Das Du-Pont-Kennzahlensystem bezieht sich bei *Du Pont* nicht nur auf die Unternehmung als Ganzes. Vielmehr hat es hier eine weitaus größere Bedeutung erlangt, indem die Kennzahlen auch für einzelne Bereiche (**Profit Centers**) ermittelt werden. Als Spitzenkennzahl verwendet das System den **ROI** (Return on Investment), auch als Kapitalrentabilität oder als Ertrag aus investiertem Kapital bezeichnet.

Allgemein betrachtet kann der ROI als relativierter Gewinn aufgefasst werden, der mit Hilfe eines bestimmten Kapitaleinsatzes erzielt wird. Durch Erweiterung der ROI-Formel mit dem Umsatz im Zähler und im Nenner werden die eigenständigen Kennzahlen der Umsatzrentabilität sowie der Umschlagshäufigkeit des Gesamtkapitals gebildet. Dadurch werden relativ leicht überschaubar jene Ansatzpunkte aufgezeigt, wie die ROI-Kennzahl verbessert werden kann: z.B. Verbesserung des Kapitalumschlages durch Erhöhung des Umsatzes und/oder eine Senkung des investierten Kapitals.

Externes Rechnungswesen (Buchhaltung und Bilanzierung)

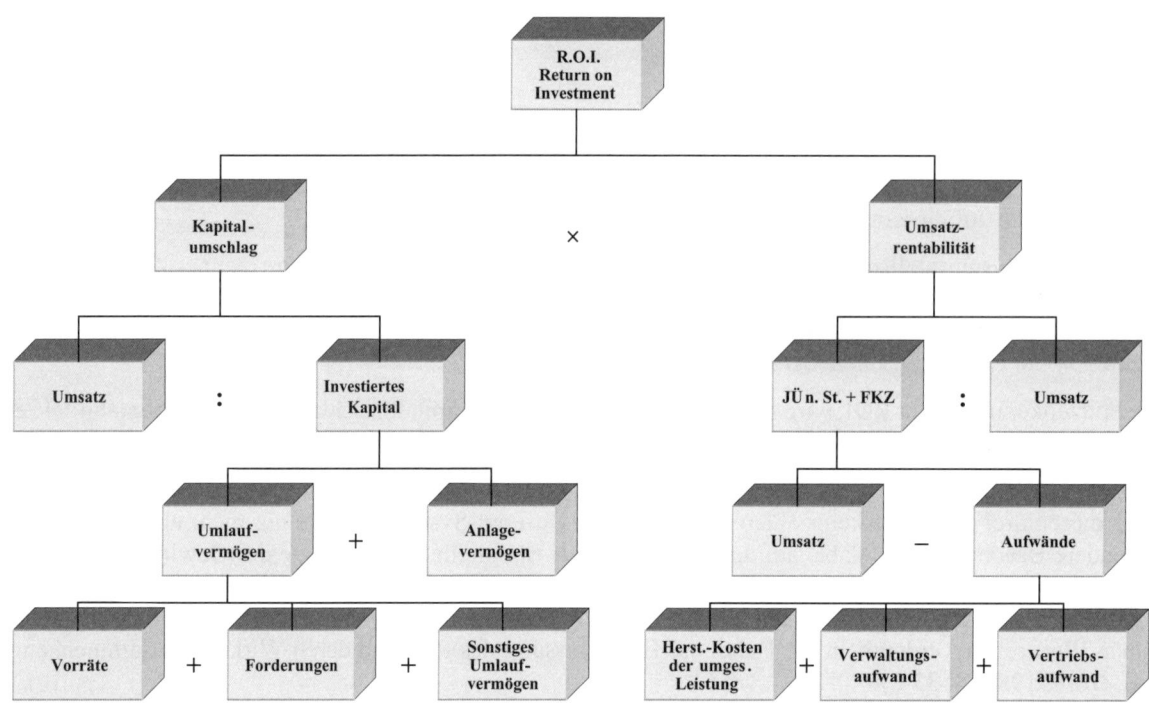

Abb. 39: Der ROI-Baum nach dem Du-Pont-Schema (*M. Schermann*, Foliensammlung zum Rechnungswesen, 2000)

20.3. Das ZVEI-Kennzahlensystem

Das ZVEI-Kennzahlensystem wurde vom Zentralverband der Elektronischen Industrie e. V. Frankfurt am Main entwickelt und erstmals 1969 veröffentlicht. Obwohl dieses System von einem Fachverband konzipiert wurde, sind die Auswahl und die logische Verknüpfung der Kennzahlen branchenneutral gewählt und können somit auch auf andere Wirtschaftszweige übertragen und angewandt werden (vgl. *Siegwart*, 1998, S. 38). Das sehr detaillierte und stark differenzierte Datenmateriel bietet eine Grundlage für die Analyse/Kontrolle und ist weiters auch ein gutes Instrument zur ganzheitlichen Unternehmensplanung.

Aufgrund der branchenneutralen Kennzahlen lässt sich die Analyse nicht nur unternehmensintern durchführen, sondern kann auch als Vergleichsinstrument mit anderen Unternehmungen heranziehen (vgl. *Meyer*, 1994, S. 123).

Das analytische Instrument schafft die Voraussetzung, durch Zeit- bzw. Betriebsvergleich eine sachliche Darstellung der Unternehmenssituation abzubilden.

Das Planungsinstrument erfüllt den Zweck, dass Unternehmensziele mittels Planzahlen zu rechnerisch erfassbaren Größen konkretisiert werden und ermöglicht damit eine Steuerung des Unternehmens. Für diese Planungszwecke kommen sowohl Verhältniszahlen als auch absolute Zahlen zur Zieldefinition in Betracht (vgl. *Richter* in: *Reichmann*, 2001, S. 30).

Das ZVEI-System hat die in nachfolgender Abbildung dargestellte Struktur:

Externes Rechnungswesen (Buchhaltung und Bilanzierung)

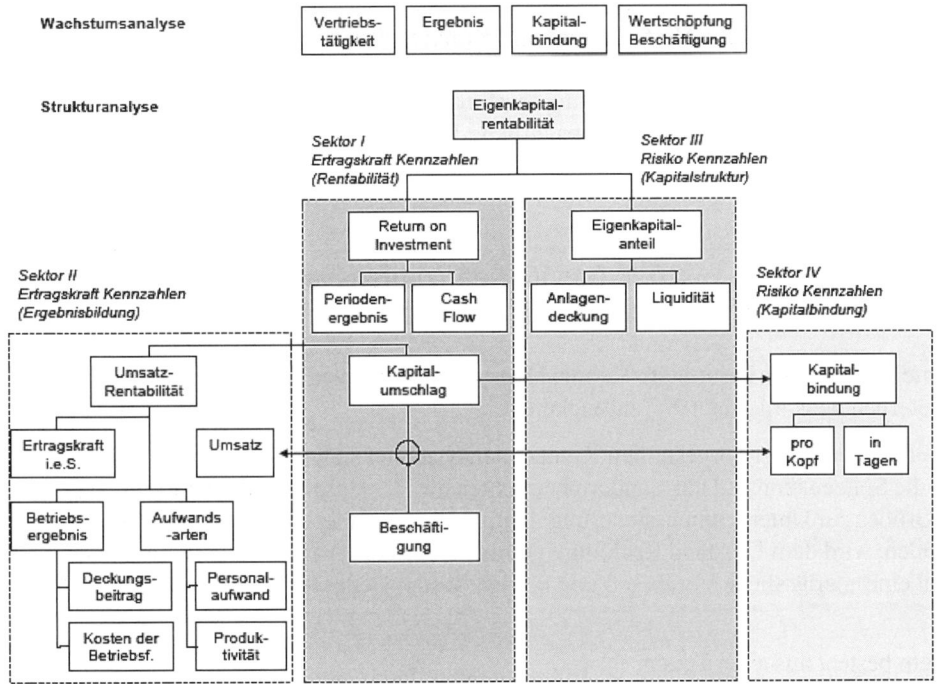

Abb. 40: Das ZVEI-System (Quelle: http://www.muszalik.com/Kennzahlensysteme/ZVEI.html – abgefragt am 18.4.2010)

Das ZVEI-Kennzahlensystem erlaubt eine Wachstums- als auch eine Strukturanalyse. Die Wachstumsanalyse gibt einen Überblick über die wichtigsten Erfolgsindikatoren im Vergleich zur Vorperiode und untersucht folgende Zahlen:

- Indikatoren der Vertriebstätigkeit (Umsatz, Auftragsbestand)
- Das Ergebnis (Cashflow, umsatzbezogenes Ergebnis)
- Die Kapitalbindung (Vorräte, Sachanlagen, Personalaufwand)

Die Strukturanalyse untersucht die Ertragskraft und die betrieblichen Risken der vier Analysesektoren:

I. Rentabilität
II. Ergebnisbildung
III. Kapitalstruktur
IV. Kapitalbindung

Die Eigenkapitalrentabilität dient dabei in der Kennzahlenpyramide als Spitzenkennzahl (vgl. *Siegwart*, 1998, S. 38). Diese Spitzenkennzahl wird, entsprechend dem Du-Pont-Schema, in die einzelnen Elemente aufgespalten, um Ursache-Wirkungs-Zusammenhänge darstellen zu können. Durch eine stärkere Differenzierung und durch die fast ausschließliche Verwendung von Verhältniszahlen, gelingt eine stärkere Darstellung der Ursache-Wirkungsketten als beim Du-Pont-Schema. Aber auch bei dem ZVEI-Kennzahkensystem sind nach wenigen Stufen nicht mehr alle Interdependenzen feststellbar (vgl. *Meyer*, 1994, S. 125).

Die für das System relevanten Daten werden aus dem Jahresabschluss, der Kosten- und Leistungsrechnung und der internen Ergebnisrechnung gewonnen. Da es sich dabei auch um nicht veröffentlichte Daten und Ergebnisse handelt, ist eine vollständige Anwendung des Kennzahlensystems nur für unternehmensinterne Analytiker möglich(vgl. *Kütting/Weber*, 2001, S. 35).

Staehle bewertet das ZVEI-Kennzahlensytem folgendermaßen: „Das ZVEI-Kennzahlensystem erscheint auf den ersten Blick lediglich als eine Verfeinerung und Konkretisierung des Du-Pont-Systems; durch die Einbeziehung einer gesonderten Wachstums-Analyse und die Abgrenzung vier sach-logisch gebildeter Kennzahlen-Gruppen (Sektoren) zur Analyse der Haupteinflussgrößen und betrieblichen Wirkungszusammenhängen, ist mit diesem Kennzahlensystem eine beachtliche Weiterentwicklung erzielt worden." (*Staehle*, 1973, S. 227.)

20.4. Das RL-Kennzahlensystem

Das sogenannte Rentabilitäts-Liquiditäts-Kennzahlensystem wurde von *Reichmann* und *Lachnit* zur Steuerung des Gesamtunternehmens im Jahr 1977 entwickelt.

Im Unterschied zu den bisher vorgestellten Kennzahlensystemen stellen Reichmann und Lachmit nicht eine Kennzahl als die Spitzenkennzahl dar, sondern betrachten die Rentabilität und die Liquidität als gleichrangige und zentrale Größen zur Unternehmenssteuerung. Durch das Miteinbeziehen der Liquidität als eine der beiden zentralen Größen, wird dem Umstand Rechnung getragen, dass die Aufrechterhaltung der jederzeitigen Zahlungsfähigkeit eine unerlässliche Voraussetzung für den Bestand jedes Unternehmens ist (vgl. *Siegwart*, 1998, S. 40).

Das RL-System besteht aus zwei Teilen:

Der allgemeine Teil ist nicht unternehmehnsspezifisch aufgebaut und eignet sich daher nicht nur zur Planung und Kontrolle, sondern auch zum Vergleich zwischen den Unternehmungen. Dieser besteht wie bereits oben dargestellt aus einem Rentabilitäts- und einem Liquiditätsteil.

Der Sonderteil berücksichtigt firmenspezifische Gegebenheiten und kann daher zur Ursachenanalyse und Kontrolle herangezogen werden (vgl. *Reichmann*, 2001, S. 33). Die Steuerung des Unternehmens findet im RL-System durch Soll-Ist und Zeitvergleich statt. Das System besteht aus 38 Kennzahlen, die für unterschiedliche Zeiträume ermittelt werden (vgl. *Groll*, 1989, S. 40).

In nachfolgender Abbildung ist das RL-Kennzahlensystem von *Reichmann* und *Lachnit* dargestellt:

Externes Rechnungswesen (Buchhaltung und Bilanzierung)

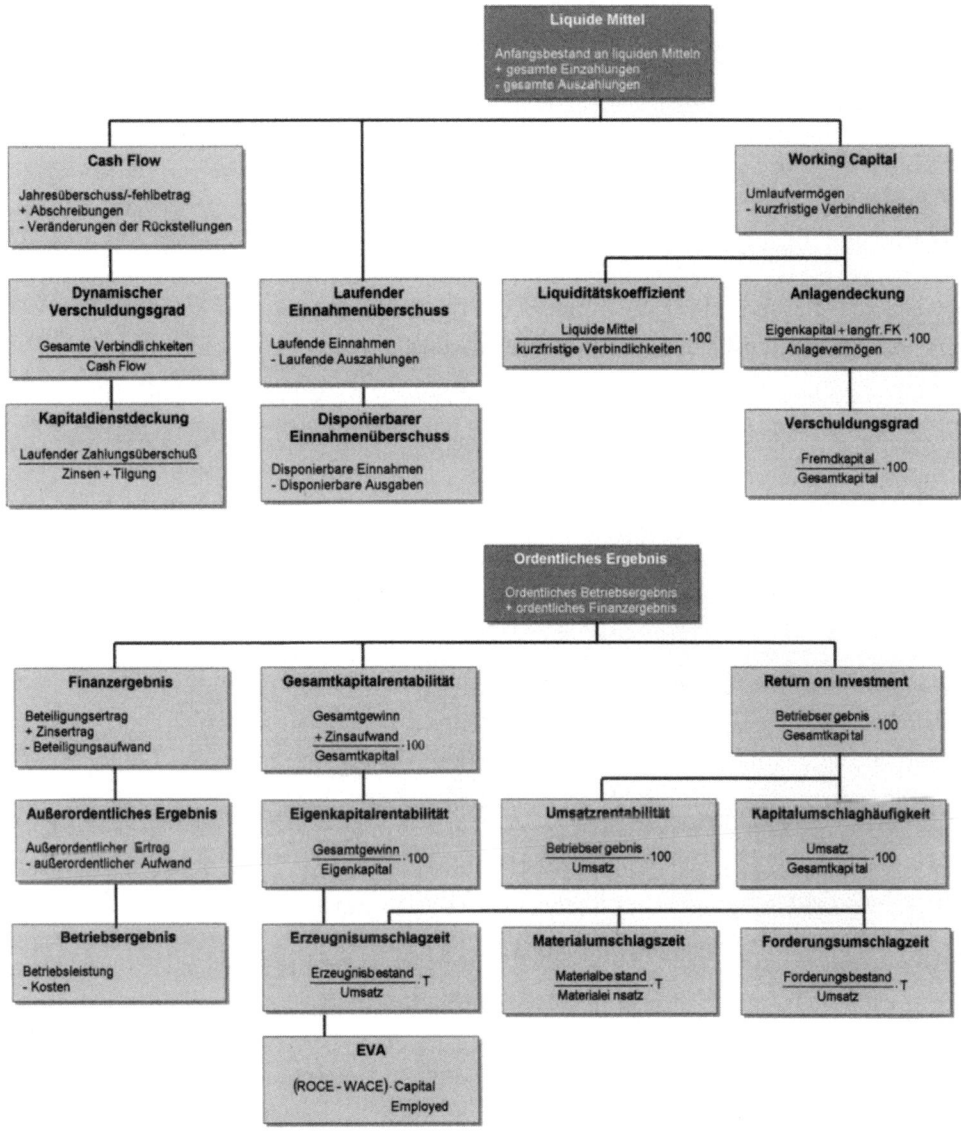

Abb. 41: Das RL-Kennzahlensystem (Quelle: *Reichmann*, 2001, S. 104)

20.5. Zusammenfassung zu Kennzahlensystemen

Zusammenfassend kann festgehalten werden, dass der Großteil der verwendeten Kennzahlen in den diversen Kennzahlensystemen aus dem betrieblichen Rechnungswesen stammt. Diese Kennzahlen sind aufgrund verschiedener Spielräume und Wahlrechte in der Berechnung bzw. in ihrer Entstehung nicht ohne Kritik als Steuerungsgrößen zu verwenden. Den meisten Kennzahlensystemen gleich ist, dass eine Spitzenkennzahl ermittelt wird, deren Entstehung wiederum durch eine Aufgliederung der Einflussgrößen transparent gemacht wird.

21. Literatur- bzw. Quellenverzeichnis

Auer, K.: Buchhaltung – Bilanzierung – Analyse, 4. überarbeitete und erweiterte Auflage, Wien, 2005.

Bertl, R. et al.: Buchhaltungs- und Bilanzierungshandbuch, 4. Auflage, Wien, 2004.

Eschenbach, Rolf (Hrsg.): Controlling, 2. Auflage, Stuttgart, 1996.

Frick, W.: Bilanzierung nach dem Rechnungslegungsgesetz, 7. aktualisierte Auflage, Wien, 2004.

Groll, K.-H.: Erfolgssicherung durch Kennzahlensysteme, 3. Auflage, Freiburg im Breisgau, 1986.

Haunerdinger, M.: Unternehmensrating leicht gemacht – Wohin führt der Weg nach Basel II?, Wien.

Küpper, H.-U.: Controlling: Konzeption, Aufgaben, Instrumente, 4. Auflage, Stuttgart, 2005.

Küting, K./Weber, C.-P.: Die Bilanzanalyse : Lehrbuch zur Beurteilung von Einzel- und Konzernabschlüssen. 6.Auflage. Stuttgart, 2001.

Lachnit, L.: Systemorientierte Jahresabschlussanalyse: Weiterentwicklung der externen Jahresabschlussanalyse mit Kennzahlensystemen, EDV und mathematisch-statistischen Methoden, Wiesbaden, 1979.

Lechner, K./Egger, A./Schauer, R.: Einführung in die allgemeine Betriebswirtschaftslehre, 23. Auflage, Wien, 2006.

Mandl, D.: Handbuch der Buchführung und Jahresabschlussaufstellung, 2. überarbeitete und erweiterte Auflage, Wien, 1999.

Meyer, C.: Betriebswirtschaftliche Kennzahlen und Kennzahlensysteme, 2. Auflage, Stuttgart, 1994.

Reichmann, T.: Controlling mit Kennzahlen und Managementberichten, 6. Auflage, München, 2001.

Schermann, M.: Foliensammlung zum Rechnungswesen, 1. Auflage, Wien, 2000.

Schneider, W./Schneider, D.: Betriebliches Rechnungswesen für Einsteiger, 5. Auflage, Wien, 2005.

Siegwart, H.: Kennzahlen für die Unternehmensführung, 5. Auflage, Bern, 1998.

Staehle, W. H.: Kennzahlensysteme als Instrument der Unternehmensführung, in: Wissenschaftliches Studium, Heft 5, 1973.

Weber, B.: Beurteilung von Akquisitionen au der Grundlage des Shareholder Value, in: Betriebswirtschaftliche Forschung und Praxis, 1991, Nr. 3, S. 221–232.

Internetadressen

http://europa.eu.int/comm/enterprise/entrepreneurship/financing/-index_en.htm, 20.1.2006.
http://www.bakku.de/kredite-2.19.16.htm, 20.1.2006.
http://www.byak.de/architekten/service_berufsausuebung_basel_II_1-2004.html, 20.1.2006.
http://www.ratingaktuell-news.de/, 20.1.2006.

Controlling

Inhaltsübersicht

1. **Begriffsherkunft und geschichtlicher Abriss – Controlling** 80
2. **Der Begriff des Controllings in der Praxis** 84
3. **Die Führungsphilosophie des Controllings** 86
4. **Die Bereiche des Controllings** 87
5. **Der Regelkreis des Controllings** 90
6. **Schnittstelle zwischen Controlling und Management** 92
7. **Organisatorische Einordnung des Controllings** 94
   - 7.1. Grundsätzliches 94
   - 7.2. Das externe Rechnungswesen und die Buchhaltungsabteilung 94
   - 7.3. Das interne Rechnungswesen und die Controllingabteilung 94
   - 7.4. Die Treasuryabteilung 95
   - 7.5. Möglichkeiten der organisatorischen Einordnung des Controllings 95
     - 7.5.1. Controlling als Linie 96
     - 7.5.2. Controlling als Stabstelle 96
     - 7.5.3. Zentrales und dezentrales Controlling 97
     - 7.5.4. Der/die Dotted-line-Controller/-in 98
     - 7.5.5. Controlling als Prozess 99
8. **Beschreibung einer Controllingstelle** 100
9. **Die Instrumente des Controllings** 102
   - 9.1. Strategische Instrumente des Controllings 102
   - 9.2. Operative Instrumente des Controllings 102
10. **Berichtswesen** 103
    - 10.1. Der Begriff des Berichtswesens 105
    - 10.2. Erfolgsfaktoren des Berichtswesens 106
    - 10.3. Die Rolle des Controllers im Berichtswesen 106
    - 10.4. Anforderungen an das Berichtwesen 107
    - 10.5. Gestaltungsdimension des Berichtswesens 108
      - 10.5.1. Berichtszweck 108
      - 10.5.2. Berichtsinhalt 109
      - 10.5.3. Berichtsempfänger 110
      - 10.5.4. Berichtsträger 110
      - 10.5.5. Berichtstyp 110
      - 10.5.6. Berichtsform 111
      - 10.5.7. Berichtstermin 112
    - 10.6. Die zehn Regeln für controllinggerechtes Berichtswesen 112
    - 10.7. Praxisbeispiele aus dem Berichtswesen 113
11. **Controlling im Wandel** 115
12. **Das Controllingleitbild** 116
13. **Controlling in mittelständischen Betrieben – Status quo und Ausblick** 117
14. **Literatur- bzw. Quellenverzeichnis** 123

1. Begriffsherkunft und geschichtlicher Abriss – Controlling

Die Herkunft des Begriffs „Controlling" kann wie folgt belegt werden:

- Etymologisch lässt sich der Begriff „Controlling" wie folgt herleiten: Im mittelalterlichen Latein war *„contra rolatus"* (Gegenrolle) die Bezeichnung für eine zweite – für Kontrollzwecke vorgenommene – Aufzeichnung über ein- und ausgehende Gelder. Daraus wurde im Französischen der Begriff *„contre rôle"* bzw. im Englischen der Begriff *„counter roll"*. Die Führung der „counter-roll" oblag dem *„counterroller"*, ein Begriff, der erstmals 1292 erwähnt wurde. Unter der Stellenbezeichnung *„Countroller"* waren dann später im 15. Jahrhundert am englischen Königshof **Aufzeichnungen über Güter- und Geldbewegungen** zu machen.
- Der Begriff „Controlling" kann als Scheinanglizismus angesehen werden, d.h. er klingt zwar englisch, existiert aber in dieser Bedeutung nur im Deutschen. Im Englischen wird heutzutage der Teil des Controllings, der sich mit der Prüfung von Buchhaltungsdaten beschäftigt, als *Cost Accountant* bezeichnet. Dazu sind die Funktionsträger/-innen des Controllings in der ersten Hälfte des 20. Jahrhunderts, die *Controller* oder auch *Comptroller* im englischen Sprachraum als eine spezielle Ausprägung des **Handlungsgehilfen in der Buchhaltung**, insbesondere in der Anlagen- und Finanzbuchhaltung sowie bis heute als spezielle Ausprägung des öffentlich bestellten Kämmerers bei der Aufstellung von Haushalts- und Geschäftsplänen bekannt.

Neben den oben angeführten geschichtlichen Hintergründen zum Controlling beruht unser heutiges Verständnis des Begriffs auf Entwicklungen in amerikanischen Großunternehmen des späten 19 Jahrhunderts. Damals noch als „Comptroller" bezeichnet, datiert die erste Controllerstelle in einem Unternehmen auf das Jahr 1880. Das amerikanische Transportunternehmen Atchison, Topeka & Santa Fe Railway System führte folgendes Arbeitsprofil an: „the duties of the comptroller are largely financial and relate to the bonds, stocks, and securities owed by the company" (aus der Satzung der Santa Fe, zitiert nach *Jackson* 1949, S. 8 in *Weber, J./Schäffer, U.,* 2008, S. 3).

Zwar lassen sich die Ursprünge des heutigen Controllings eindeutig auf die Entwicklungen im Amerika des 19. Jahrhunderts zurückverfolgen, doch startete die Disziplin ihren eigentlichen Siegeszug erst ab den zwanziger Jahren des 20. Jahrhunderts. In einer von *Jackson* 1948 bei 143 amerikanischen Großunternehmen durchgeführten empirischen Untersuchung wurde das Durchschnittsalter der Controller-Stellen mit rund 20 Jahren ermittelt (vgl. *Jackson*, 1949, S. 7). Die Gründe dafür lassen sich wohl auf die damaligen gesamtwirtschaftlichen Entwicklungen des amerikanischen Wirtschaftssystems hin zu immer mehr Großunternehmen finden:

- Die neuen Großunternehmen hatten mit internen Kommunikations- und Koordinationsproblemen zu kämpfen.
- Die technische Steigerung der Leistungsfähigkeit von Produktionsanlagen führte konsequenterweise zu mehr Großmaschinen, wodurch sich in Folge aber auch eine höhere Fixkostenbelastung und eine entsprechende Verringerung der unternehmerischen Flexibilität ergaben.
- Neue Führungsinstrumente wurden zwar entwickelt, doch fehlten diesen gerade in Zeiten zunehmender volkswirtschaftlicher Turbulenzen die Praxiserprobtheit und damit auch die Erfahrungswerte.

Wurde das Controlling zunächst lediglich im Sinne von „Kontrolle" interpretiert, was naturgemäß eine stark vergangenheitsbezogene Sichtweise des Begriffs implizierte, so hat sich diese Betrachtungsweise aufgrund der geänderten Rahmenbedingungen im 20. Jahrhundert, immer mehr hin zu einer zukunftsorientierten Entscheidungsplanung orientiert. „Das vergangenheitsbezogene Verständnis ist wohl darauf zurückzuführen, dass der Begriff in seiner engsten Fassung nur auf die letzte Phase des Koordinations-, Planungs- und Kontrollprozesses bezogen wurde, nämlich die Kontrollphase" (*T. Reichmann*, 2006, S. 1).

Schon 1935 stellte *Knoeppel* aber fest, dass das Controlling sich weg von einer rein vergangenheitsbezogenen Kontrollfunktion hin zu einer zukunftsorientierten Planungs- und Gestaltungsfunktion entwickeln müsse: „We can define the controllership as the coordinating function in a business, working in a detached and unbiased way, and charged with the responsibility of planning for profits and providing suitable profit control machinery. It is the investigative, analytical, suggestive and advisory function, studying the business at all points all the time, and formulating what the proposed practice should be with reference to sales and production control, which, when accepted or modified by the executive management, becomes the approved practice for use by the performance or ‚line' function." (*Knoeppel* 1935, zitiert in *L. W. Hill*, 1976, S. 39.)

Horváth ergänzt diesbezüglich wie folgt: „Grundsätzlich lässt sich festhalten, dass ‚Controll' nicht mit ‚Kontrolle' übersetzt werden darf. In sinngemäßer Übersetzung könnte man von Unternehmenssteuerung sprechen. Controlling im Sinne von Steuerung ist eine zentrale Managementaufgabe. Jeder Manager übt auch Controlling aus." (*P. Horváth*, 2008, S. 17 bzw. auch *H. U. Küpper*, 2008, S. 222.) Weiters verweist der Autor hier auf den Controller Verein, welcher den Controller als einen „Sparringspartner" des Managers bei der Zielfindung und -erreichung bezeichnet. Das Controlling als Prozess und Denkweise entsteht durch den Manager und Controller im Team und bildet somit deren Schnittmenge (*P. Horváth*, 2008, S. 17).

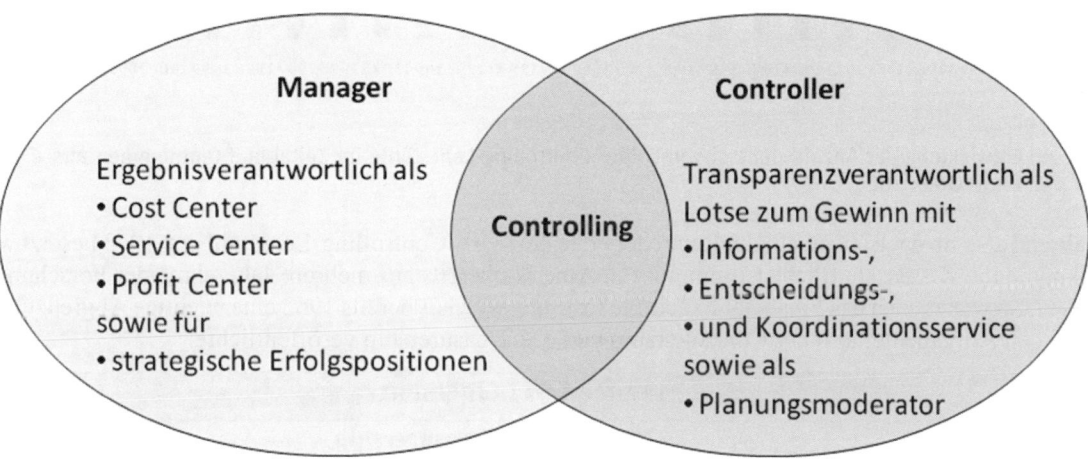

Abb. 1: Manager und Controller im Team (ICV, Stand 2004).

Knoeppels Sichtweise, das ursprünglich stark vergangenheitsbezogene Bild des Controllings gegen ein aktive Mitwirkung an zukünftigen Entscheidungen auszutauschen, entspricht laut empirischen Untersuchungen von *Weber* und *Bültel* bzw. *Schermann* und *Volcic* (siehe den letzten Punkt dieses Kapitels) auch dem aktuellen Verständnis in der Praxis. So haben *Weber* und *Bültel* festgestellt, dass die geforderten Fähigkeiten des Controllers, die in den fünfziger und sechziger Jahren noch primär im Bereich der Bilanzierung bzw. der Konzernbilanzierung gelegen haben, in den frühen achtziger Jahren um Eigenschaften wie Durchsetzungsvermögen und analytische Fähigkeiten bei Tätigkeiten wie Soll-Ist-Vergleichen, Abweichungsanalysen und der Kostenüberwachung erweitert wurden. Zudem wurde das Controlling in seinen funktionalen sowie institutionellen Aufgabenbereichen erweitert, indem z.B. das strategische Controlling mit eingeschlossen wurde (vgl. *T. Reichmann*, 2006, S. 2).

Die zunehmende Bedeutung des Controllings in der Praxis führte naturgemäß auch zu einer immer stärker werdenden Berücksichtigung dieser noch jungen Disziplin in der Wissenschaft. *Binder/Schäffer* erhoben diesbezüglich die Entwicklung der Anzahl deutschsprachiger Controllinglehrstühle zwischen 1973 und 2004 und kamen dabei zu folgenden Ergebnissen:

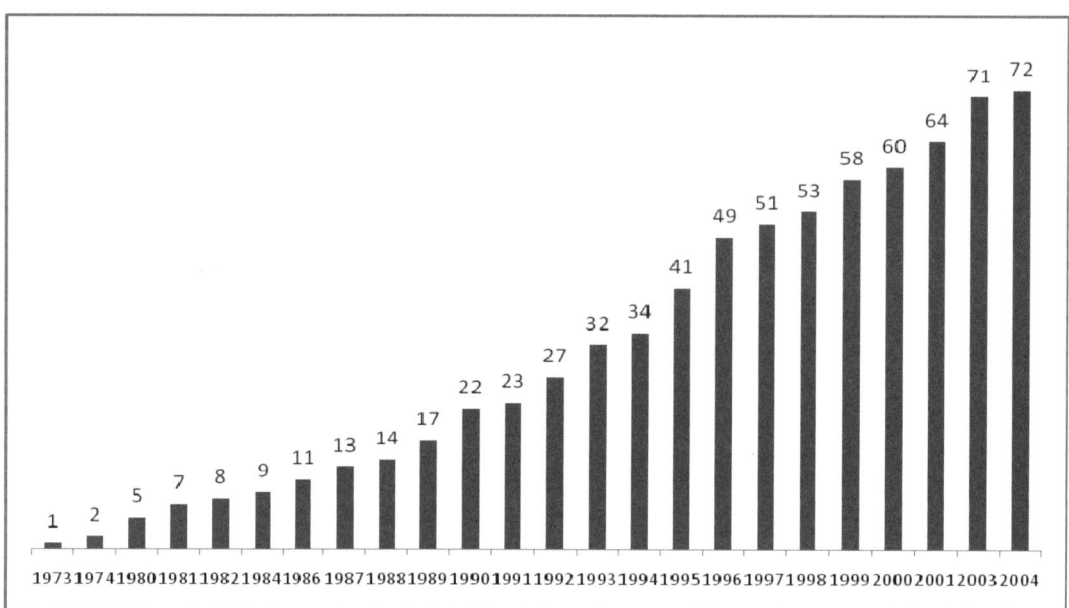

Abb. 2: Entwicklung der Anzahl deutschsprachiger Controlling-Lehrstühle im Zeitablauf (entnommen aus *C. Binder/ U. Schäffer*, 2005, S. 102).

Während also im deutschsprachigen Raum der erste dezitierte Controlling-Lehrstuhl erst 1973 besetzt wurde, so konnte die wissenschaftliche Community in Amerika bereits auf mehrere Jahrzehnte der Forschung verweisen. So war es auch das Financial Executive Institute, welches bereits 1962 eine wichtige Abgrenzung zwischen den Aufgabenfeldern des Controllership und des Treasurership veröffentlichte:

Financial Management	
Controllership	**Treasurership**
Planung Aufstellung, Koordinierung und Durchführung von Unternehmensplänen als integrierter Teil des Managements zur Kontrolle des Geschäftsablaufs.	**Kapitalbeschaffung** Aufstellung und Ausführung von Programmen für die Kapitalbeschaffung einschließlich der Verhandlungen zur Kapitalbeschaffung und der Erhaltung der notwendigen finanziellen Verbindungen
Berichterstattung und Interpretation Vergleich der Ausführung mit den Plänen und Standards und Berichterstattung sowie Interpretation der Resultate des Geschäftsablaufes an alle Bereiche des Managements und die Kapitaleigner. Diese Funktion schließt die Formulierung von Buchhaltungs- und Bilanzrichtlinien ein, die Koordinierung der Systeme und Vorgänge sowie die Vorbereitung von zu verarbeitenden Daten und Sonderberichten	**Verbindung zu Investoren** Schaffung und Pflege eines Marktes für die Wertpapiere des Unternehmens und in Verbindung damit Unterhaltung von entsprechenden Kontakten zu Investitionsbanken, Finanzexperten und Aktionären

Bewertung und Beratung	**Kurzfristige Finanzierung**
Beratung mit allen Teilen des Managements, die für Richtlinien und Ausführungen in den verschiedenen Unternehmensbereichen verantwortlich sind, wenn es sich um die Erreichung der gesetzten Ziele und die Wirksamkeit der Richtlinien sowie der Organisationsstruktur und -abläufe handelt	Beschaffung und Erhaltung von Quellen für den laufenden kurzfristigen Kreditbedarf des Unternehmens, wie Wirtschaftsbanken und andere Kreditinstitute
Steuerangelegenheiten	**Bankverbindungen und Aufsicht**
Aufstellung und Anwendung von Richtlinien und Verfahren für die Bearbeitung von Steuerangelegenheiten	Die Bankverbindungen aufrechterhalten, die Aufsicht über Firmengelder und Wertpapiere ausüben und diese auch günstig anlegen sowie die Verantwortung für die finanziellen Aspekte im Immobiliengeschäft übernehmen
Berichterstattung an staatliche Stellen	**Kredite und Forderungseinzug**
Kontrolle und Koordinierung der Abfassung von Berichten an staatliche Stellen	Überwachung der Gewährung von Kundenkrediten und des Einzugs der fälligen Forderungen einschließlich der Kontrolle von Sondervereinbarungen für Verkaufsfinanzierungen, wie Ratenzahlungen und Mietpläne
Sicherung des Vermögens	**Kapitalanlage**
Durch innerbetriebliche Kontrollen und Revision sowie durch Überwachung des Versicherungsschutzes ist die Sicherheit des Vermögens zu gewährleisten	Zweckmäßige Anlage on Kapitalfonds des Unternehmens sowie Ausarbeitung und Koordinierung von Richtlinien für die Anlage von Kapital in Pensionsrückstellungen oder ähnliche Verwendungsarten
Volkswirtschaftliche Untersuchungen	**Versicherungen**
Ständige Untersuchung der wirtschaftlichen und sozialen Kräfte und Einflüsse von staatlichen Stellen sowie Beurteilung möglicher Auswirkungen auf das Unternehmen	Sorge für einen notwendigen und ausreichenden Versicherungsschutz

Abb. 3: Abgrenzung von Controller- und Treasurership gemäß FEI 1962 (entnommen aus *J. Weber/U. Schäffer*, 2008, S. 5).

Auf Basis dieser allgemein anerkannten Abgrenzung lassen sich abschließend folgende begriffliche Definitionen treffen:

Controller	Unter einem Controller versteht man einen Stelleninhaber, der für Manager ein bestimmtes Set an Aufgaben erbringt (z.B. Bereitstellung von Kosteninformationen, Übernahme der Ergebniskontrolle und vieles andere mehr).
Controllership	Controllership bezeichnet das gesamte Aufgabenbündel, das Controllern übertragen wird und/oder von diesen wahrgenommen wird.
Controlling	Controlling ist eine spezielle Führungs- oder Managementfunktion, die von unterschiedlichen Aufgabenträgern - darunter auch, aber nicht nur von Controllern – vollzogen wird.

Abb. 4: Begriffliche Abgrenzungen nach *Weber/Schäffer* (*J. Weber/U. Schäffer*, 2006, S. 1)

2. Der Begriff des Controllings in der Praxis

Versucht man den Begriff des „Controlling" praxisnah zu deuten, können zusammengefasst nachfolgende Aussagen getroffen werden:

- „To control" bedeutet „regeln" oder „steuern".
- Der/die Controller/-in ist ein betriebswirtschaftlicher Steuermann oder Lotse, der mit Hilfe von Zahleninformationen hilft, dass die Kapitäne mit ihren Schiffen sicher im unruhigen, gefährlichen Meer operieren. Demnach ist der/die Controller/-in der Steuermann, der Kapitän, der/die Manager/-in und das unruhige, gefährliche Meer stellen die Stakeholder dar, die die unterschiedlichen Interessengruppen symbolisieren.
- Der/die Controller/-in muss signalisieren, wo die Gefahr des Auflaufens besteht – wo die Zusammenhänge zwischen Umsatz, Kosten und Gewinn aus den Fugen geraten.
- Der/die Controller/-in kontrolliert demnach nicht, sondern er/sie sorgt dafür, dass jeder sich selbst kontrollieren kann im Hinblick auf die Einhaltung der von der Geschäftsleitung gesetzten Ziele. Die Kontrolle wird im Unternehmen üblicherweise durch eine Revisionsabteilung übernommen.
- Das erfordert jedoch, dass die Ziele auch tatsächlich aufgestellt werden. Außerdem funktioniert die Selbstkontrolle nur dann, wenn eine Planung besteht und über diese Planung Maßstäbe für einen Selbstkontrolle gesetzt sind.
- Der/die Controller/-in ist also auch ein/-e Ziel- und Planverkäufer/-in.
- Das Controlling spielt sich als Soll-Ist-Vergleich bzw. Plan-Ist-Vergleich ab. Der/die Controller/-in bietet ein Signal-System der Abweichungen, welches das Management zur Korrekturzündung veranlassen soll, damit der Plankurs zum Ziel auch tatsächlich so weit wie möglich eingehalten wird.
- Controlling ist der Versuch, eine Organisation betriebswirtschaftlich in den Griff zu bekommen, und zwar so rechtzeitig, dass vor dem Eintritt existenzbedrohender Krisen (oder überhaupt Krisen) gegengesteuert werden kann.
- Controlling dient allen Bereichen und Hierarchieebenen des Unternehmens.
- Controlling ist betriebswirtschaftliches Vordenken und Vorrechnen.
- Controlling ist eine Denkhaltung (Servicegedanke), die sich auf ein konkretes Instrumentarium stützt.

Diesbezüglich scheint auch eine Untersuchung von *Stoffel*, welche die Aufgabenunterschiede der Controller im internationalen Vergleich beleuchtet, von Interesse zu sein:

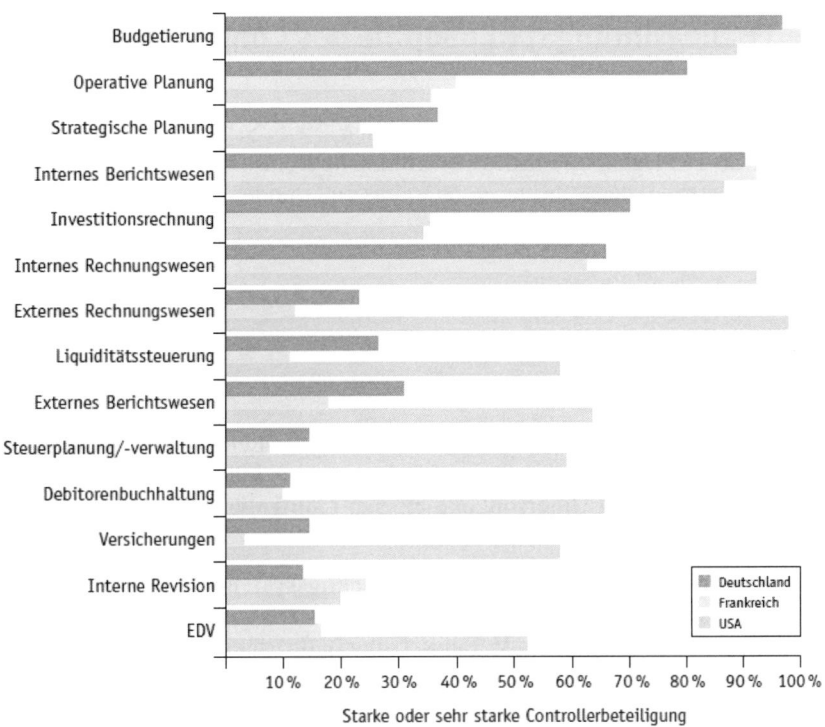

Abb. 5: Controlleraufgaben im internationalen Vergleich (entnommen aus *K. Stoffel*, 1995, S. 157)

3. Die Führungsphilosophie des Controllings

Die Führungsphilosophie des Controllings (vgl. *R. Eschenbach*, 1995, S. 49 ff) zielt auf Gestaltung und Lenkung vitaler Unternehmen ab. Der Denkhaltung des Controlling liegt ein planungs-, steuerungs(vorkopplungs)- und regelungs(rückkopplungs)basiertes Führungsverständnis zu Grunde. Unternehmensführung ist nur dann controllinggerecht, wenn sie folgende Kriterien erfüllt:

- zielorientiert,
- planungs- und kontrollbasiert,
- antizipativ,
- adaptiv,
- flexibel und schnell (dezentral).

Ziel controllinggerechter Unternehmensführung ist die Sicherung der Lebens- und Wertschöpfungsfähigkeit des Unternehmens. Controlling unterstützt die Verwirklichung dieses Führungsziels durch spezifische **Controllingfunktionen**, die bei Bedarf mit Unterstützung eigener **Controllerstellen** sowie durch **Controllingsysteme** und **Controllinginstrumente** erbracht werden.

Die Hauptfunktion des Controllings ist **Koordination des Führungssystems**, um Abstimmung und Integration der einzelnen Führungsteilsysteme zu sichern und externe Komplexität sowie Dynamik durch interne Komplexität und Differenziertheit zu kontrollieren. Voraussetzung dafür ist entsprechende Versorgung mit Führungsinformation, wodurch die Informationsfunktion zur zweiten wichtigen Controllingfunktion wird.

In der betrieblichen Praxis manifestiert sich der Bedarf nach Führungsergänzung durch Controlling im Zeit- und Informationsmangel des Managements sowie in zum Teil fehlenden betriebswirtschaftlichen Fach- und Detailkenntnissen der Entscheidungsträger/-innen. Manager/-innen sind Generalist(inn)en, die eine Fülle von unternehmerischen Entscheidungen mit Informationsdefizit und unter Zeitmangel treffen und durchsetzen müssen, wobei sie laufend mit der begrenzten Gestaltbarkeit von Situationen und Organisationen konfrontiert werden. Aus diesem Grund bewährt sich personelle Arbeitsteilung zwischen Manager/-in und Controller/-in, bei der der/die Controller/-in als betriebswirtschaftliche/-r Serviceman/Servicefrau und Informationsmanager/-in eigenständige Beiträge zur Willensbildung und -durchsetzung leistet. Die Rolle des/der Controllers/Controllerin besteht darin, das Informations- und Koordinationsbedürfnis des Managements zu decken, um dadurch Managementkapazität und -qualität zu erhöhen. Die Beiträge des/der Controllers/Controllerin können quantitative und qualitative Führungsengpässe verringern. Der Sparringsprozess zwischen Manager/-in und Controller/-in verbessert betriebliche Entscheidungsqualität und erhöht Transparenz der Entscheidungskonsequenzen.

Die personenbezogene Ergänzungsfunktion des/der Controllers/Controllerin kann noch einen Schritt weiter gehen. Weil jedes Management spezifische Eigenschafts- und Fähigkeitsprofile aufweist, wäre es Aufgabe des/der Controllers/Controllerin, diese Profile symbiotisch zu ergänzen. Im Idealfall agieren Manager/-in und Controller/-in als Gespann einander ergänzender und befruchtender Verantwortungsträger/-innen im Unternehmen. Aus diesem Idealbild ergibt sich, dass unterschiedliche Manager/-innen-Typen nach unterschiedlichen Controller/-innen-Typen verlangen, was bei der Besetzung von Controllingstellen und beim Controller-Development berücksichtigt werden muss.

Beim Controlling handelt es sich um die einzige Konzeption, die umfassende Führungshilfe anbietet (Managementphilosophie, führungsunterstützende Funktionen und Instrumente/Systeme sowie institutionelle Träger). Controlling ergänzt und integriert das Management in konzeptionellem, funktionalem und institutionellem sowie (bei Einrichtung eigener Controllingstellen) personellem Sinn. Controllingdenkhaltung (Software) und Controllinginfrastruktur (Hardware) sind die Säulen dieser Führungsergänzung. Mit ihrer Hilfe wird es möglich, die Komplexität der Unternehmensführung in den Griff zu bekommen, was den enormen Erfolg und die ungebrochene Nachfrage nach Controlling in der Wirtschaftspraxis erklärt.

4. Die Bereiche des Controllings

Historisch gesehen ist die Soll- und Haben-Logik der Finanzbuchhaltung der Beginn aller betriebswirtschaftlichen Controllingwerkzeuge. Ende des 15. Jahrhunderts von einem italienischen Mönch entwickelt, ist sie heute noch die Grundlage für das Controlling der Finanzen und damit der Liquidität.

Ausgehend von sehr frühen Überlegungen gegen Ende des 19. Jahrhunderts wurde im 20. Jahrhundert das System der Kostenrechnung entwickelt und immer mehr bis zum derzeit in Wissenschaft und Praxis als aktuell anerkannten Standard der prozesskonformen Grenzplankostenrechnung weiterentwickelt. Es stellt in dieser Ausprägung das wichtigste Werkzeug des **operativen Controllings** dar.

In den letzten Jahrzehnten wurde erkannt, dass die langfristige Absicherung des Erfolgs immer größerer Anstrengungen bedarf. Das Denken in Potenzialen führte zur Entwicklung verschiedener strategischer Werkzeuge, welche die Grundlage für das **strategische Controlling** bilden.

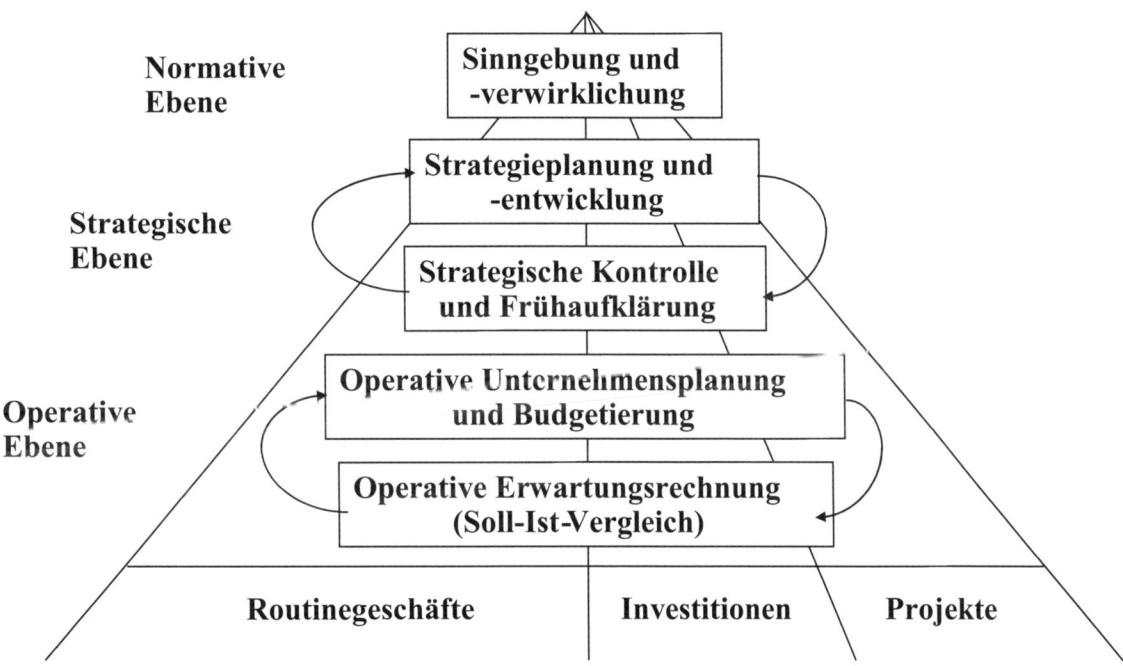

Abb. 6: Die Controllingpyramide (in Anlehnung an *R. Eschenbach*, 1998, S. 23)

Die normative, strategische und operative Ebene der Controllingpyramide kann wie folgt unterschieden werden (vgl. http://www.olev.de/s.htm#Strategisches_Controlling, 21.1.2006):

- **Normatives Controlling:** Controlling unterstützt das normative Management, das an den politischen Grundsätzen orientiert ist und v.a. die eigentlichen politischen Wirkungen sowie die Strukturen des Gemeinwesens in langfristiger Perspektive begleitet. Normatives Management beschäftigt sich mit den generellen Zielen des Unternehmens, mit Prinzipien, Normen und Spielregeln, die darauf ausgerichtet sind, die Lebens- und Entwicklungsfähigkeit des Unternehmens zu ermöglichen.
- Definition **strategisches Controlling**: Controlling, das sich v.a. mit den mittel- und langfristigen Chancen und Risiken befasst und entsprechend andere Techniken und Methoden verwendet (z.B. Szenario-Technik, Portfolio-Analyse) als das operative Controlling.

- **Operativ** bedeutet (im Unterschied zu taktisch und strategisch) kurzfristig (weniger als ein Jahr, die laufende Rechnungs- bzw. Berichtsperiode betreffend) und betrifft zumeist einen Teil des Betriebes/der Aktivitäten. Operative Ziele sind kurzfristige und operationalisierte Ziele.

Die folgende Abbildung gibt einen Überblick über die einzelnen Handlungsebenen:

Ebene	Zeitbezug	Wirkungsbereich überwiegend	verantwortlich
strategisch	langfristig (> drei Jahre)	Produktbereich(e), Abteilungen, gesamtes Unternehmen, Mitarbeiter/-innen-Gruppen	**oberste Leitung** (Top Management) (Präsident/Vorstand)
taktisch	mittelfristig (ein bis drei Jahre)	Produktgruppe(n), Basiseinheit(en), übergeordnete Einheit (Abteilung), Mitarbeiter/-innen-Gruppen	**mittlere Leitung** (Middle Management) (Abteilungs-/Referatsleiter/-in)
operativ	kurzfristig (< ein Jahr)	Leistung, Produkt, Stelle, Basiseinheit (Referat), einzelne Mitarbeiter/-innen	**untere Leitung/Basis** (Lower Management) (Ausführungsebene/Sachgebiets-/Referatsleiter/-in)

Abb. 7: Übersicht über die einzelnen Handlungsebenen des Controlling in Anlehnung an http://www.olev.de/o/operativ_usw.htm, 21.1.2006)

Die Untergliederung des Controlling kann jedoch auch wie folgt aussehen:

STRATEGISCHES CONTROLLING	OPERATIVES CONTROLLING	FINANZ-CONTROLLING
Controlling-Objekt: strateg. Geschäftseinheit	Controlling-Objekt: Profit-Center	Controlling-Objekt: Finance-Center
Ziel: Potentialität	Ziel: Rentabilität	Ziel: Liquidität
Aufgabe: Potentialplanung und -steuerung	Aufgabe: Ergebnisplanung und -steuerung	Aufgabe: Finanzplanung und -steuerung
Größen: Chancen/Gefahren Stärken/Schwächen	Größen: Erlöse/Kosten	Größen: Einnahmen/Ausgaben
Werkzeuge: div. strateg. Werkzeuge	Werkzeuge: Ergebnisrechnung Profit-Center-Rechnung	Werkzeug: Finanzplan mit Soll- und Haben-Logik

Abb. 8: Differenzierung des Controlling nach strategischem, operativem und Finanz-Controlling (*M. Schermann*, Foliensammlung zum Controlling, 2003)

Alle drei Controllingbereiche,

- Controlling der **Finanzen**,
- **operatives** Controlling und
- **strategisches** Controlling,

sind eng miteinander verbunden. Es spielt dabei keine Rolle, wie die Aufgaben verteilt sind. Manche Unternehmen vereinen alle drei Aufgaben in einer Abteilung, andere leben sehr gut mit drei Abteilungen. Aus diesem Grund kann hier keine endgültige Empfehlung für eine optimale organisatorische Lösung abgegeben werden. Im Vergleich zu Unternehmen ähnlicher Größe ist jedoch eine Präferenz für eine Trennung in drei Abteilungen zu erkennen.

5. Der Regelkreis des Controllings

„To control" bedeutet im Englischen „steuern, regeln". Sinngemäß kann daher der aus der Technik bekannte **Regelkreis** auch auf das betriebswirtschaftliche Controlling angewandt werden. Typisches Beispiel für einen solchen Regelkreis ist ein Thermostat: Zunächst wird ein Zielwert (Temperatur) festgelegt. Der Thermostat misst nun, ob der Zielwert erreicht ist. Ist dies nicht der Fall, wird die Heizung aktiviert, bis der Zielwert erreicht ist.

Genau dies ist der **Controlling-Ablauf**: Das Controlling misst, ob vorher definierte Zielwerte, den Umsatz, die Kosten bzw. die Finanzen betreffend, erreicht werden. Ist dies nicht der Fall, teilt dies der/die Controller/-in dem/der Manager/-in mit, der/die daraufhin dafür zu sorgen hat, dass „mehr eingeheizt wird", bis z.B. das Verhältnis Umsatz/Kosten wieder stimmt.

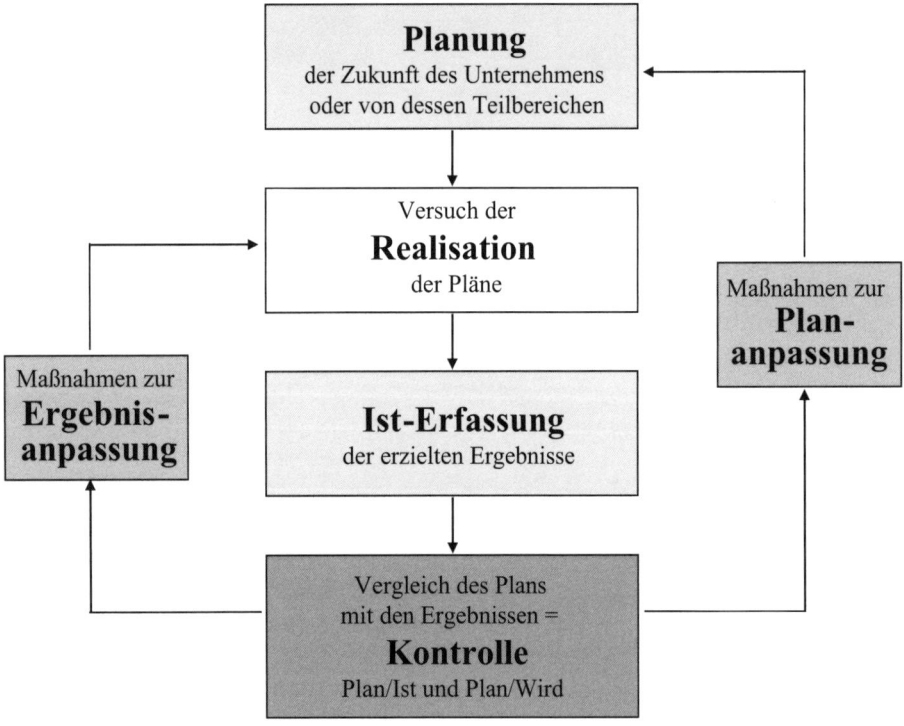

Abb. 9: Der Regelkreis des Controlling (in Anlehnung an *R. Eschenbach*, 1998, S. 21)

Der Controllingprozess besteht also aus:

- Zielsetzung,
- Planung und
- Steuerung.

Controlling

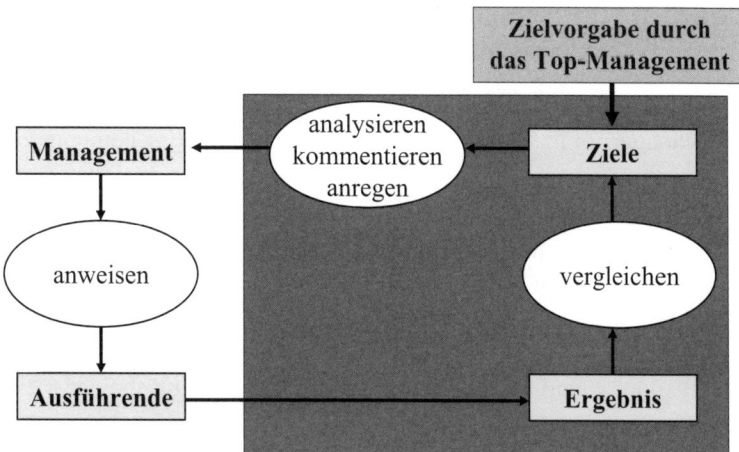

Aufgabenbereich des Controllers

Abb. 10: Der Aufgabenbereich des/der Controllers/Controllerin im Regelkreis des Controllings (in Anlehnung an *R. Eschenbach*, 1998, S. 8)

Aus obiger Abbildung können nachfolgende Aussagen abgeleitet werden:

- Das Top-Management gibt die Meta-Ziele des Unternehmens vor.
- Grundsätzlich werden die Ziele auf die weiteren Managementebenen heruntergebrochen und so zwischen den verschiedenen Hierarchien vereinbart.
- Die erste Aufgabe des/der Controllers/Controllerin innerhalb des Regelkreises liegt darin, die vom Top-Management vorgegebenen Ziele zu analysieren, zu kommentieren und anzuregen, sodass diese Ziele in der nächst höheren Managementebene Anklang finden.
- Die Aufgabe des Managements liegt darin, die Mitarbeiter/-innen bzw. die Ausführenden anzuweisen.
- Die Mitarbeiter/-innen erzielen dann durch ihren Einsatz ein Ergebnis.
- Dieses Ergebnis wird wiederum mit den Zielen des Top-Managements verglichen – dies entspricht einem Plan-Ist-Vergleich.
- Der in der Abbildung dunkel unterlegte Bereich stellt den Aufgabenbereich des/der Controllers/Controllerin dar. Dies impliziert, dass ein/-e Controller/-in grundsätzlich keine Mitarbeiter/-innen aus dem Nichtcontrollingbereich anweist. Dies unterstreicht die eher beratende Rolle des/der Controllers/Controllerin im Unternehmen.

6. Schnittstelle zwischen Controlling und Management

Wenn man sich nachfolgende Aussagen vor Augen hält, wird klar, dass die tatsächliche Zusammenarbeit zwischen Controller/-in und Manager/-in in der Praxis sehr unterschiedliche Erscheinungsformen aufweist:

- Controlling ist eine Denkhaltung für alle Führungskräfte.
- Der/die Controller/-in hilft dabei mit einem konkreten Instrumentarium.
- Der/die Controller/-in hat Erfolg, wenn andere im Unternehmen Erfolg haben.
- Der/die Controller/-in ist der Lotse zu den Unternehmenserfolgen.

Der CONTROLLER ...	Der MANAGER ...
... bereitet Planungs- und Entscheidungsgrundlagen auf; managt den Planungsprozess	... plant und entscheidet
... informiert über Höhe und Ursache von Zielabweichungen	... trifft Steuerungsmaßnahmen auf Grund von Zielabweichungen
... informiert über Veränderungen im organisatorischen Umfeld	... agiert und reagiert, um das Gleichgewicht mit dem Umfeld aufrechtzuerhalten
... bietet betriebswirtschaftliche Beratung	... holt fachkundigen Rat ein, trifft Entscheidungen rational
... gestaltet die Organisationsentwicklung als Treiber und Bremser	... führt zielorientiert, planungs- und kontrollbasiert
... ist Lotse und Sparringpartner des Managers	... akzeptiert den Controller/-in als gleichwertige(n) Partner/-in im Führungsprozess

Abb. 11: Verantwortungsteilung zwischen Manager/-in und Controller/-in (in Anlehnung an *R. Eschenbach*, 1998, Foliensammlung zum Controlling)

Controlling ist nicht das, was der/die Controller/-in macht. Controlling ist vielmehr ein **Prozess zwischen Controller/-in und Manager/-in**. Der/Die **Manager/-in** ist für das **Ergebnis** verantwortlich. Ohne ihn/sie sind weder die Zielsetzung noch die Planung noch die Steuerung möglich. In der Definition des Ergebnisziels und in der Planung sind die Einschätzung des/der Managers/Managerin, sein/ihr Gefühl und seine/ihre Bereichs- und Marktkenntnisse ausschlaggebend. In der Steuerung kommt es auf seine/ihre Durchsetzungsfähigkeit und auf seine/ihre Motivation an.

Der/die **Controller/-in** wiederum ist für die **Ergebnistransparenz** verantwortlich. Da er/sie den kaufmännischen Überblick über alle Geschäftsbereiche hat, ist es ihm/ihr möglich, das Gesamtziel der Unternehmung stets vor Augen zu haben. Er/sie liefert, um beim oben angeführten Bild zu bleiben, die Temperatur-Informationen, die der/die Manager/-in zur richtigen Heizleistung braucht. Außerdem ist er/sie Anwendungsberater/-in, der/die mit Hilfe seines/ihres betriebswirtschaftlichen Instrumentariums (Rechnungswesen) dem/der Manager/-in Wege zur Zielerreichung bzw. Abweichungskorrektur zeigt.

Reichmann ergänzt hier wie folgt:

- Das Management besitzt oftmals zwar exzellente übergreifende Informationen („Zusammenhangwissen"), ist jedoch bei Spezialproblemen auf den Sachverstand von Experten angewiesen. Der Controller ist ein (vorrangig) betriebswirtschaftlicher Experte, der das Management bei Spezialproblemen berät. Die Beratungsfunktion des Controllings kann also aus der Know-how-Differenzierung bzw. -Spezialisierung abgeleitet werden.

- Das Management konzentriert sich auf die Koordination und Durchführung von dringlichen Entscheidungen und muss darauf vertrauen, dass wichtige Entscheidungen sorgfältig analysiert und möglichst beschlussfähig vorstrukturiert werden. Der Controller hält dem Management somit „den Rücken frei", indem er für anstehende Entscheidungen alternierende Problemlösungsstrategien antizipativ erarbeitet" (*T. Reichmann*, 2006, S. 40).

Aus Sicht der Manager	Aus Sicht der Controller
• Controlling liefert einseitige Informationen aus dem Finanz- und Rechnungswesen. • Controlling liefert zu viele Zahlen, unübersichtliche Zahlenfriedhöfe. • Qualitative Information fehlt. • Controller haben zu wenig Einblick ins operative Geschäft. • Controlling ist zu langsam. • Vorhandene Instrumente werden nicht ausgeschöpft. • Controller sind zu kontrollorientiert.	• Es gibt zu viele zeitintensive Ad-hoc-Arbeiten. • Controllern bleibt keine Zeit für die Weiterentwicklung des Controlling. • Es gibt zu wenig Selbstcontrolling der Manager. • Controller haben keinen Zugang zum operativen Geschäft, Information fließt am Controlling vorbei.
⟹ Änderungsbedarf ⟸	

Abb. 12: Spannungsfeld zwischen Manager/-in und Controller/-in (in Anlehnung an *R. Eschenbach*, 1998, S. 95)

Durch die **Ergänzungsfunktion** des Controllings ergibt sich in der Praxis oft auch ein Spannungsfeld (siehe Abbildung 12).

7. Organisatorische Einordnung des Controllings

7.1. Grundsätzliches

Bevor die organisatorische Einordnung des Controllings beschrieben wird, soll auf die einzelnen Abteilungen eingegangen werden, die aus finanzwirtschaftlicher Sicht zu finden sind:

- Buchhaltungsabteilung oder Abteilung des externen Rechnungswesens,
- Treasuryabteilung,
- Controllingabteilung.

Nachfolgend wird auf diese Abteilungen eingegangen.

7.2. Das externe Rechnungswesen und die Buchhaltungsabteilung

Das externe Rechnungswesen bildet die **Vorgänge finanzieller Art** ab, die sich zwischen der Unternehmung und ihrer Umwelt abspielen.

Das externe Rechnungswesen erfasst also hauptsächlich die **Einkaufs- und Absatzakte** der Unternehmung, einschließlich der damit **verbundenen Geldab- und -zuflüsse** (leistungswirtschaftliche Sphäre) sowie die rein **finanzwirtschaftlich bedingten Zahlungsmittelbewegungen** (rein finanzwirtschaftliche Sphäre).

Den zusammenfassenden Abschluss findet das externe Rechnungswesen im **Jahresabschluss**, also in der Bilanz und in der Gewinn- und Verlustrechnung (= vergangenheitsorientierte Dokumentation und Rechenschaftslegung, externe Informationsempfänger, gesetzliche Vorschriften).

Die Aufgaben des externen Rechnungswesens übernimmt grundsätzlich die **Buchhaltungsabteilung.**

7.3. Das interne Rechnungswesen und die Controllingabteilung

Die Hauptaufgabe besteht darin, den **Verzehr der Produktionsfaktoren** und die damit verbundene Entstehung von Leistungen und Produkten **mengen- und wertmäßig zu erfassen** und die **Wirtschaftlichkeit der Leistungserstellung** zu überwachen.

Die Zahlen und Kalkulationen des internen Rechnungswesens werden **nicht veröffentlicht**, sondern zur Information von Betriebsangehörigen in leitender Position zur Planung, Steuerung und Kontrolle des Betriebsgeschehens verwendet.

Es gibt kaum gesetzlich zwingende Vorschriften.

Die Aufgaben des internen Rechnungswesens übernimmt grundsätzlich die **Controllingabteilung.**

Über den Verantwortungsbereich des internen Rechnungswesens hinaus sind von der Controllingabteilung noch weitere Aufgaben zu erledigen:

- Umsatz-, Kosten- und Gewinnplanung,
- Berichterstattung und Interpretation,
- Erfolgsanalyse und Beratung,
- Bearbeitung von Steuerangelegenheiten (gemeinsam mit der Buchhaltung),
- Berichterstattung an Regierungsstellen,
- Sicherung der Vermögenswerte,
- Beurteilung der allgemeinen wirtschaftlichen Lage.

7.4. Die Treasuryabteilung

„Treasurer" bedeutet eigentlich „Schatzmeister". Im englischen Verständnis übernimmt der „Treasurer" das Finanzmanagement eines Unternehmens und ist zuständig für (vgl. *International Group of Controlling*, 2005, S. 533):

- Beschaffung von Kapital,
- Kontakte zu Kapitalgebern/Kaptialgeberinnen,
- kurzfristige Finanzierung,
- Verkehr mit Banken,
- Kreditgewährung und Überwachung,
- Fremdinvestitionen,
- Versicherungswesen,
- Liquiditätsplanung und -disposition,
- mittelfristige Finanzplanung des Unternehmens.

Treasuryabteilungen sind im deutschsprachigen Raum v.a. im Banken- und Versicherungsbereich zu finden, die im Gegensatz zu klassischen Unternehmen nicht unter einer Kapitalknappheit leiden, sondern die Frage beantworten müssen, was mit dem Kapital dieser Gesellschaften passieren soll.

7.5. Möglichkeiten der organisatorischen Einordnung des Controllings

Grundsätzlich sind nachfolgende Möglichkeiten der organisatorischen Einordnung des Controllings zu unterscheiden:

- Controlling als Linie,
- Controlling als Stabstelle,
- Kombination von zentralem und dezentralem Controlling,
- Dotted-line-Controlling,
- prozessorientiertes Controlling.

7.5.1. Controlling als Linie

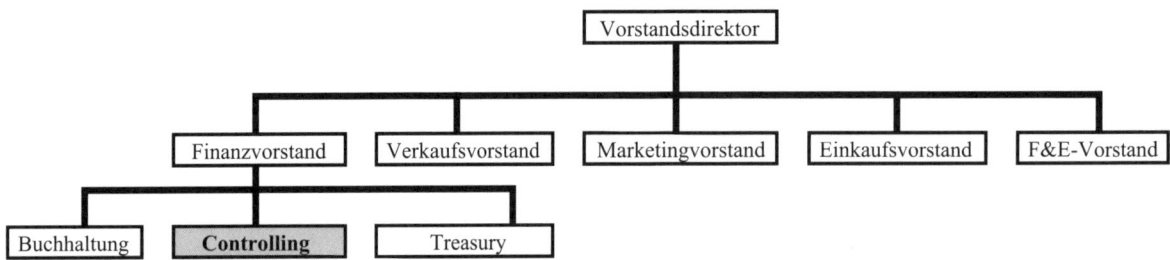

Abb. 13: Controlling als Linie (*M. Schermann*, Foliensammlung zum Controlling, 2003)

Vorteile dieser Organisationsform sind:

- Kompakte Führung der rechnungswesenorientierten Abteilungen (Buchhaltung, Controlling und Treasury unter einem Finanzvorstand).
- Dadurch ist ein einheitliches Auftreten und gute Kommunikation der einzelnen rechnungswesenorientierten Unternehmen gewährleistet.

Als Nachteile dieser Einordnung der Controllingabteilung gelten:

- Die Controllingabteilung ist sehr weit von den anderen Vorstandsressorts entfernt – meistens räumlich und inhaltlich.
- Der beratende Charakter des/der Controllers/Controllerin kommt in der Linienorganisation nicht zur Geltung.

7.5.2. Controlling als Stabstelle

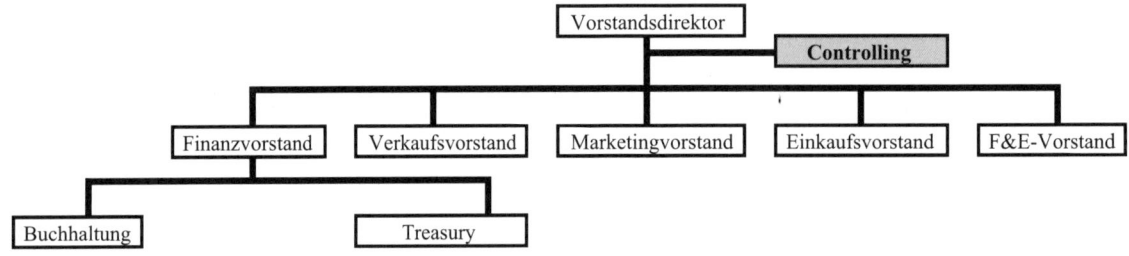

Abb. 14: Controlling als Stabstelle (*M. Schermann*, Foliensammlung zum Controlling, 2003)

Vorteile dieser Organisationsform sind:

- Der/die Controller/-in kann auf Grund obigen Organigramms seinen/ihren Stellenwert für das Unternehmen unterstreichen, da die Controllingabteilung hierarchisch höchst möglich angesiedelt wurde.
- Der beratende Charakter des/der Controllers/Controllerin wird, wenn die Controllingabteilung als Stabstelle konzipiert wird, unterstrichen.

Als Nachteile dieser Einordnung der Controllingabteilung gelten:

- Die Kompaktheit und Einheitlichkeit der rechnungswesenorientierten Abteilungen geht so verloren.
- Die Nähe zu den anderen Ressorts ist auch hier nicht gegeben.

- Die Nähe zum Generaldirektor bzw. zum Vorstandsvorsitzenden könnte dem/der Controller/-in negativ ausgelegt werden. Oft wird durch diese organisatorische Einordnung der/die Controller/-in zum Kontrolleur des Vorstandsvorsitzenden.

7.5.3. Zentrales und dezentrales Controlling

Bedingt durch erhöhten Wettbewerbsdruck, auf Grund der Globalisierung und wegen der zunehmenden Komplexität des betrieblichen Geschehens (Internationalisierung, Dezentralisierung) gewinnt das Controlling immer größere Bedeutung. Daher verfügen v.a. größere Unternehmen in der Regel über große Controllingabteilungen. Auf Grund der engen Verbindung des Controlling zum Rechnungswesen, welches die Datenbasis für Planung, Steuerung und Kontrolle bereitstellt, sind die Funktionen „Kosten- und Leistungsrechnung" sowie die Finanzbuchhaltung oftmals dem Controllingbereich zugeordnet. **Der Controllingbereich selbst kann sowohl als Zentralbereich in einer Stabsabteilung gebündelt sein als auch in dezentralisierter Form den Bereichsmanagern/Bereichsmanagerinnen, den Funktionsbereichen** (wie z.B. Entwicklung, Beschaffung /Logistik, Produktion, Marketing /Vertrieb und Finanzierung), den **Sparten, Werken** und/oder **Regionalgesellschaften zugeordnet werden.**

Dezentrales Controlling befasst sich mit der abteilungs- und bereichsweiten Überwachung und Steuerung der Prozesse. Im Bereichscontrolling werden mittelfristige Zielvorgaben nachgewiesen und abteilungsübergreifende Zusammenhänge wie z.B. Personalkennzahlen, Reklamationsstand oder Liquidität betrachtet. Das Controlling von bestimmten Kosten-/Erlösblöcken oder fachspezifischen Kennzahlensystemen wird oft innerhalb der Fachbereiche wahrgenommen. Das **Controllingkonzept wird so teilweise direkt in den verschiedenen Funktionsbereichen wahrgenommen**. Daraus ergeben sich die folgenden funktional fokussierten Controllingthemen:

- Logistik-Controlling,
- Produktions-Controlling,
- Personal-Controlling,
- T-Controlling,
- Projekt-Controlling,
- Investitions-Controlling,
- Verkaufs-Controlling,
- Marketing-Controlling,
- Einkaufs-Controlling,
- Forschungs- und Entwicklungs-Controlling.

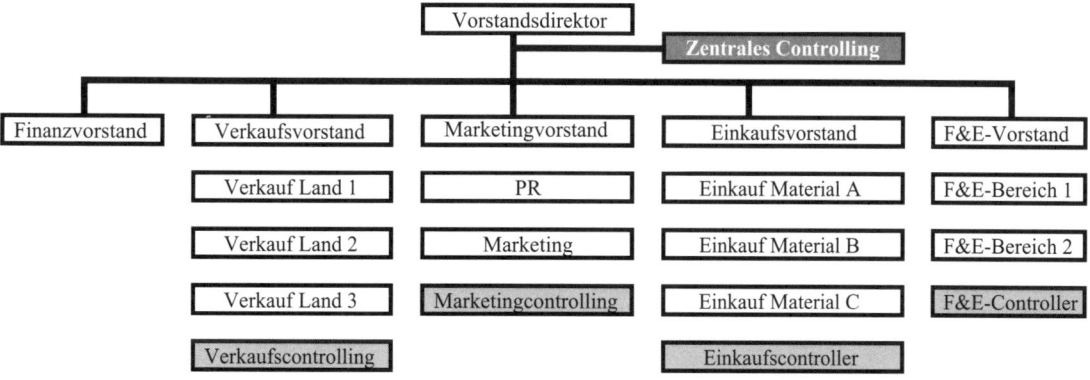

Abb. 15: Zentrales versus dezentrales Controlling (*M. Schermann*, Foliensammlung zum Rechnungswesen, 2003)

Vorteile dieser Kombination aus zentraler und dezentraler Controllingabteilung sind:

- Die Nähe des/der Controllers/Controllerin zu den jeweiligen Ressorts ist gegeben: optimaler Informationsfluss zwischen dem dezentralen Controlling und den jeweiligen Ressorts.
- Der/Die dezentrale Controller/-in wird als eigene/r Mitarbeiter/-in empfunden und so optimal dem jeweiligen Ressort entsprechend angepasst.

Als Nachteile dieser Einordnung der Controllingabteilung gelten:

- Die Kompaktheit und Einheitlichkeit der rechnungswesenorientierten Abteilungen geht so verloren.
- Der/die dezentrale Controller/-in wird manchmal auch als „Eindringling" oder „Fremdkörper" empfunden, der/die zentral eingesetzt wird.
- Ist das dezentrale Controlling nicht dem zentralen Controlling unterstellt, kann es hier oft zu Konflikten kommen. Dies kann zu unterschiedlichen Controllingsystemen in einem Unternehmen führen.

7.5.4. Der/die Dotted-line-Controller/-in

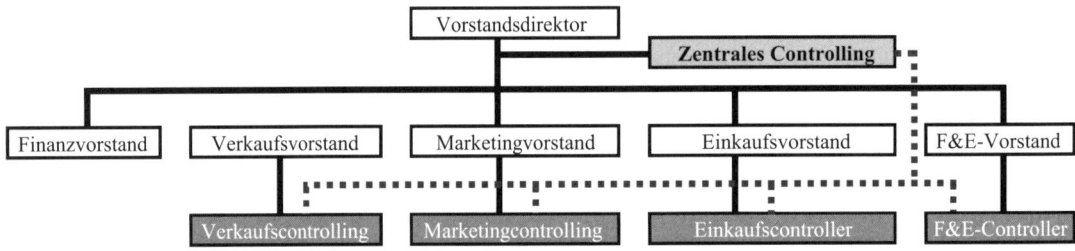

Abb. 16: Das Dotted-line-Controlling (*M. Schermann,* Foliensammlung zum Controlling, 2003)

V.a. in Großunternehmen findet man heute ein Nebeneinander des zentralen Controllings mit diversen dezentralen Controllingabteilungen. Die organisatorische Verknüpfung der Controllerstellen erfolgt dabei meist nach dem **„Dotted-line-Prinzip"**, d.h. in einer **Trennung von fachlichem und disziplinarischem Weisungsrecht**. Das dezentrale Controlling wird dabei entweder fachlich dem Zentralcontrolling und disziplinarisch dem Bereichsmanagement zugeordnet, oder umgekehrt, disziplinarisch dem Zentralcontrolling und fachlich dem Bereichsmanagement. Beide Varianten sind auf Grund möglicher Interessenkonflikte zwischen Controller-Organisation und den Fachbereichen gleichermaßen problematisch (vgl. http://de.wikipedia.org/wiki/Controlling#Zentrales_Controlling, 21.1.2006).

Grundsätzlich soll an dieser Stelle festgehalten werden, dass es keine optimale Eingliederung des Controllings in ein Unternehmen gibt. Das „Dotted-line-Prinzip" eröffnet jedoch die Chance, die Vorteile des zentralen und dezentralen Controllings zu wahren und gleichzeitig die Nachteile des zentralen und dezentralen Controllings in Vorteile zu transformieren.

7.5.5. Controlling als Prozess

Unternehmensinfrastruktur				
Controlling				
Unternehmensführung & Administration				
Logistik				
F&E	Beschaffung	Produktion	Marketing	Vertrieb

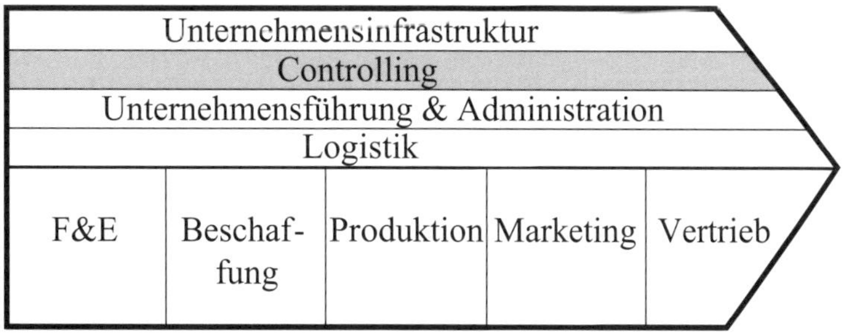

Abb. 17: Controlling als Prozess (*M. Schermann,* Foliensammlung zum Controlling, 2003)

Fasst man ein Unternehmen nicht hierarchisch, sondern prozessorientiert auf, dient das Controlling als **Unterstützungsprozess** den Hauptprozessen (Forschung- und Entwicklung, Beschaffung, Produktion, Marketing und Vertrieb) des Unternehmens.

8. Beschreibung einer Controllingstelle

Die nachfolgende Stellenbeschreibung soll als Beispiel für eine Controllingstelle gelten (vgl. *R. Eschenbach, 1998, S. 51 ff.*).

1.	Bezeichnung der Stelle Controller/-in
2.	Rang Hauptabteilungsleiter/-in Mitglied des Konzernführungskreises
3.	Unterstellung Der/die Stelleninhaber/-in ist dem Vorstand Finanzen und Verwaltung unmittelbar unterstellt.
4.	Überstellung Dem/der Stelleninhaber/-in sind fachlich und disziplinarisch unterstellt: .... Dem/der Stelleninhaber/-in sind fachlich unterstellt: ....
5.	Ziel der Stelle Leitung und Ausbau des Konzerncontrollings. Der/die Stelleninhaber/-in unterstützt dabei die Unternehmensleitung und alle Führungskräfte in unternehmerischen Zielsetzungen und Entscheidungsprozessen durch Analyse, Koordination und Steuerung der strategischen und operativen Unternehmensplanungsprozesse und eines effektiven und zeitgerechten Konzernberichtswesens. Der/die Stelleninhaber/-in berät die Führungskräfte durch Vorschläge zur Wachstums- und Ertragsoptimierung.
6.	Stellvertretung Aktiv: Der/die Stelleninhaber/-in vertritt den/die Hauptabteilungsleiter/-in Finanzen. Passiv: Der/die Stelleninhaber/-in wird vom/von der Abteilungsleiter/-in Marketing-Controlling vertreten.
7.	Aufgaben im Einzelnen
7.1	Zielvereinbarung Federführung bei der Erarbeitung und Aktualisierung des Leitbildes des Unternehmens. Federführung bei der Entwicklung eines Zielsystems, insbesondere Formulierung der Unternehmensziele und Sicherstellen der termingerechten Verabschiedung durch die zuständigen Organe.
7.2	Analyse Unterstützung der strategischen Unternehmens- und Umfeldanalyse durch die Bereitstellung von aufbereiteter und verdichteter Information sowie durch die Mitgestaltung und Implementierung von Informationssystemen und Analyseinstrumenten. Mitwirkung bei der Ermittlung von Schwachstellen und dem Erkennen von Ansatzpunkten zur Verbesserung der Kosten-Nutzen-Relation in den einzelnen Unternehmensstellen.
7.3	Strategische Planung Der/die Controller/-in initiiert, moderiert und koordiniert die Erarbeitung und Bewertung von Strategien und stellt ihre termingerechte Verabschiedung sicher. Er/sie unterstützt den Strategieentwicklungs- und Strategiedurchsetzungsprozess durch Prozess- und Methoden-Know-how.

7.4 Operative Planung
Bereitstellen der Informationen für die operative Planung. Sicherstellen der Budgetierungstätigkeit und Einhaltung der Fristen. Koordination der Teilpläne zum Unternehmensgesamtplan. Sicherstellen, dass die operative Planung in Übereinstimmung mit der strategischen Planung steht. Überprüfung und laufende Verbesserung der Instrumente des Rechnungswesens und der Kostenrechnung.

7.5 Steuerung
Erstellen der monatlichen Erwartungsrechnungen, insbesondere Vergleich der tatsächlichen mit den geplanten Wirkungen der Strategien. Ermittlung der Ursachen von Abweichungen. Vergleich der operativen Ergebnisse mit der operativen Planung. Ermittlung der Auswirkungen von Abweichungen auf die Planziele und der Ursachen von Abweichungen. Durchsprache der Ergebnisse der Abweichungsanalyse mit den verantwortlichen Stellen. Vorbereitung und Veranlassung von Steuerungsmaßnahmen zur Erreichung der geplanten Strategie bzw. der Eckdaten der operativen Planung.

7.6 Berichtswesen
Aufbau und Pflege eines konzerneinheitlichen Konzernberichtswesen für ....
Schaffung eines aussagefähigen Kennzahlensystems mit Ermittlung von Vergleichswerten. Darstellung und Interpretation der Unternehmensplanung und der Ergebnisse gegenüber den Organen, den Mitarbeitern und der Öffentlichkeit. Aufbau und Pflege eines Früherkennungssystems.

7.7 Sonstiges
Laufende Information der Mitarbeiter/-innen über die Bedeutung des Controlling. Schulung aller Mitarbeiter/-innen im betriebswirtschaftlichen Bereich. Betriebswirtschaftliche Beratung aller Fachabteilungen. Nachkalkulation. Unternehmensbewertung und Wirtschaftlichkeitsberechnungen, Investitionsrechnungen. Wertanalysen, Sonderauswertungen. Festlegung und Objektivierung von Verrechnungspreisen, Verteilungsschlüsseln, Zuschlags- und Kostensätzen.

8. Befugnisse
Der/die Stelleninhaber/-in nimmt an den Vorstandssitzungen teil. Der/die Stelleninhaber/-in hat fachliches Weisungsrecht und Richtlinienkompetenz in Fragen der Unternehmensplanung und des Konzernberichtswesens. Der/die Stelleninhaber/-in hat das Recht, fachliche Auskünfte von allen leitenden Mitarbeitern/Mitarbeiterinnen im Unternehmen zu verlangen. Der/die Stelleninhaber/-in legt Kontierungs- und Auswertungsrichtlinien fest.

9. Abschlussbestimmungen
Der/die Stelleninhaber/-in ist verpflichtet, für seine/ihre ständige fachliche Weiterbildung zu sorgen. Dafür steht ihm/ihr ein Budget zur Verfügung.
Diese Stellenbeschreibung tritt am ... in Kraft und wird spätestens am .... auf ihre Angemessenheit überprüft. Zwischenzeitliche Änderungen werden als Aktennotiz dieser Stellenbeschreibung beigefügt.

Unterschriften   Datum

Verteiler:

Vorstand

alle leitenden Mitarbeiter/-innen des Unternehmens

alle dem/der Stelleninhaber/-in unmittelbar unterstellten Mitarbeiter/-innen

9. Die Instrumente des Controllings

9.1. Strategische Instrumente des Controllings

Die nachfolgenden strategischen Dienstleistungen werden grundsätzlich von einer Controllingabteilung erbracht (vgl. *R. Eschenbach,* 1998, S. 57 f):

- Unterstützung der strategischen Unternehmens- und Umfeldanalyse,
- Unterstützung der Entwicklung von strategischen Unternehmenszielen und sorgen für deren termingerechte Verabschiedung,
- Initiierung, Moderation und Koordination bei der Erarbeitung und Bewertung von Strategien,
- Sorge für strategisches Bewusstsein und Sicherstellung der Umsetzung der Strategien in die operative Planung,
- Schaffung der für die Strategieplanung und -umsetzung notwendigen Institutionen,
- Institutionalisierung von strategischen Soll-Ist-Vergleichen und Sicherstellung strategischer Frühaufklärung,
- Einleitung der Überprüfung und Anpassung der Unternehmensstrategie an geänderte Umfeldbedingungen im Bedarfsfall,
- Vorbereitung von Steuerungsmaßnahmen bei Zielabweichungen und Initiierung ihrer Durchsetzung.

9.2. Operative Instrumente des Controllings

Teilaufgaben des operativen Controllings sind die **Erfassung, Planung und Kontrolle von Erlösen, Kosten und Leistungen sowie von Kennzahlensystemen**, der Aufbau eines **Berichtswesens** und die Planung sowie Kontrolle von **Budgets**. Typische Bereiche des operativen Controlling sind:

1. Planung und Budgetierung, „Kneten" des Budgets (Abbau von Sicherheitspolstern)
2. Kostenrechnung:
    2.1. Kostenartenrechnung,
    2.2. Kostenstellenrechnung,
    2.3. Kostenträgerrechnung und
    2.4. Ergebnisrechnung,
    2.5. Profitcenterrechnung,
    2.6. Deckungsbeitragsrechnung
3. Berichtswesen
4. Operatives Kennzahlensystem
5. Plan-Ist-Vergleich, Feststellung von Umfang und Ursachen von Planabweichungen, Initiierung von Maßnahmen bei Planabweichungen, Umsetzung in Ziele
6. Erwartungsrechnung
7. Qualitätsmanagement
8. Darstellung der Unternehmensplanung und Unternehmensergebnisse
9. Sicherstellung der Übereinstimmung der operativen mit der strategischen Planung

10. Berichtswesen

Wie in in der untenstehenden Studie noch näher ausgeführt, zählt das operative Controlling-Instrument des Berichtswesens zu den wesentlichsten Aufgabenfeldern der Controlling-Verantwortlichen. Die Qualität der Entscheidungen des Managements hängt letztlich von der inhaltlichen und formalen Qualität der Entscheidungsgrundlagen ab, welche die Controlling-Abteilung dem Management bietet. Sollte die inhaltliche Qualität der Unterlagen durch die methodische Fachkompetenz des Controllers gesichert sein, so ergeben sich im Bereich der formalen Aufbereitung in der Praxis oft noch Optimierungspotentiale. Von daher verwundert es auch nicht, wenn Weber davon spricht, dass Unternehmen heute oftmals beträchtliche finanzielle und personelle Mittel aufwenden, um ein effektives Berichtswesen aufzubauen und zu pflegen (*Weber*, 2008, S. 221). Auch spricht der Autor im Bezug auf das Berichtswesen von einem Kernprodukt der Controllerarbeit und verweist diesbezüglich auf zahlreiche empirische Untersuchungen (*Weber*, 2008, S. 8 ff.).

So boten *Weber/Schäffer* in ihrem 1998 erschienenen Artikel zur Entwicklung der Controllingaufgaben folgende Übersicht:

Aufgabengebiet	Betrachtungszeitraum			
	1960–1964	1970–1974	1980–1984	1990–1994
Berichtswesen	14,3	4,7	8,5	13,2
Kurz-/jahresbezogene /operative Planung	–	6,2	12,0	11,6
Strategische Planung	–	1,6	7,1	3,6
Betriebswirtschaftliche Beratung und Betreuung	4,8	2,3	3,7	4,7
Investitions-/Wirtschaftlichkeitsrechnung	4,8	2,3	2,9	6,5
Budgetierung und Budgetkontrolle	4,8	9,3	8,8	7,9
Soll-Ist-Vergleiche/Abweichungsanalysen/Kostenüberwachung	9,5	7,0	6,8	10,7
Finanzplanung, Beobachtung der Liquidität, Finanzierungsfragen	4,8	9,3	6,3	3,4
Mitgestaltung der Unternehmenspolitik und -ziele	–	–	1,5	0,8
Steuerung/Führungsaufgaben	–	0,8	2,2	3,1
EDV-Organisation	4,8	3,8	8,0	3,3
Projektkoordination/Sonderuntersuchungen	–	4,7	3,4	5,1
Bilanzierung/Konzernbilanzierung	14,3	6,9	2,7	4,2
Buchhaltung	9,5	7,8	3,4	2,5
Kostenrechnun /Kalkulation	18,9	11,6	9,5	6,4
Steuerwesen	9,5	5,4	2,0	0,8
Sonstiges	-	16,3	11,2	12,1
Angaben jeweils in Prozent der Gesamtaufgaben eines Betrachtungszeitraums				

Abb. 18: Wandel der Aufgaben der Controller (entnommen aus *Weber/Schäffer*, 1998, S. 229)

Diesen Ergebnissen sehr ähnlich waren die Resultate von *Stoffel*, welcher 1995 die Unterschiede der globalen Controlleraufgaben analysierte:

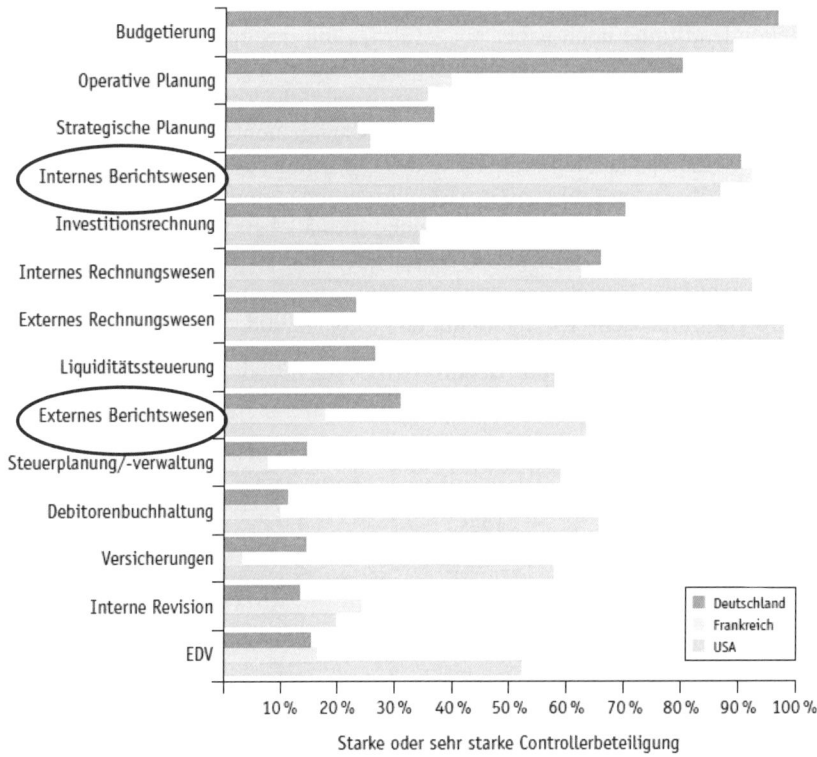

Abb. 19: Controlleraufgaben im internationalen Vergleich (entnommen aus *Stoffel*, zitiert in *Weber*, 2008, S. 12)

Diesen Ergebnissen folgend, überrascht es auch nicht, dass *Niedermayr* in seiner 1994 durchgeführten empirischen Untersuchung zur Rangreihe der Controllingaufgaben in österreichischen Unternehmen, das Berichtswesen direkt hinter der Budgetkontrolle + Soll-Ist-Vergleiche als zweitwichtigste Controller-Tätigkeit identifizieren konnte (vgl. *Niedermayr*, 1994, S. 215). Die Untersuchungsergebnisse der von der BATCON GmbH in Kooperation mit der FH Wien durchgeführten Studie „Controlling in mittelständischen Unternehmen – Status quo und Ausblick" (siehe diesbezüglich weiter unten in diesem Kapitel) unterstreichen, dass Niedermayrs Erkenntnisse auch rund 15 Jahre nach seinen Studien noch immer ihre Gültigkeit besitzen.

Die hohe Bedeutung des Berichtswesens für das moderne Controlling lässt sich also empirisch eindeutig belegen – und doch wird dieser Aufgabenbereich in der Praxis oftmals unterschätzt. So trivial es auch erscheinen mag, Mitarbeiter und Management schnell und zuverlässig mit den gerade benötigten Informationen zu versorgen, so komplex ist diese Aufgabe doch in Wirklichkeit. Im praktischen Umfeld scheitern hier viele Controller oftmals an einer mangelnden Berücksichtigung der Bedürfnisse des „Zielpublikums", also der Berichtsempfänger. Diesen fehlt oftmals das fundierte Wissen über die relevanten Zahlen des Unternehmens einerseits und die Theorie zur angewendeten Berechnungs-Methodik andererseits. Wissen, welches innerhalb der Controlling-Abteilung Grundvoraussetzung für effektives und effizientes Arbeiten darstellt, kann bei den Berichts-Empfängern ergo nicht einfach vorausgesetzt werden. Folglich gilt es auf diese Informationsdefizite bewusst einzugehen, um der eigenen Aufgabe, also der Bereitstellung optimaler Entscheidungsgrundlagen für das Management, umfassend nachzukommen.

Beim Aufbau eines funktionierenden und effizienten Berichtswesens sind zahlreiche Faktoren zu beachten:
- Zunächst gilt es zu klären, an wen sich die Berichte richten,
- welche Informationsbedürfnisse sie erfüllen sollen und wie sie dementsprechend aufbereitet zu sein haben.
- Des Weiteren gilt es die grundsätzliche Form zu überdenken. So unterschiedliche Ergebnisse aufgrund von abweichenden Rechnungslegungsvorschriften nach UGB, nach Steuerrecht bzw. nach internationalen Standards (IFRS) entstehen, wird dies in der betrieblichen Praxis oftmals zu Verständnis- und Akzeptanzschwierigkeiten führen. Die Komplexität der Daten ist also zu reduzieren, um dadurch eindeutige und klare Ergebnisse zu erhalten.

Der nicht zu unterschätzende Aufwand für die Konzeption, Implementierung und Anwendung eines einheitlichen Berichtswesens bietet letztlich aber wichtige Vorteile:
- Es herrscht eine einheitliche Datenbasis,
- die Kommunikationsgrundlage verbessert sich,
- die Prüfungssicherheit erhöht sich und
- schnellere Abschluss- und Analysezeiten werden ermöglicht.

Dennoch gilt es stets die Kosten-Nutzen-Aspekte gegenseitig aufzuwiegen. Aspekte der Wirtschaftlichkeit können und sollen hier ein zu umfangreiches oder detailliertes Dokumentieren beschränken. In der Regel werden daher lediglich Standard- und Abweichungsberichte erstellt und nur unter besonderen Voraussetzungen auch Sonderberichte, die eine verstärkte Zuwendung benötigen (vgl. Controllingportal I).

Die obigen Aussagen zusammenfassend lassen sich als übergeordnete Merkmale des Controlling-Berichtswesens darstellen:

Berichtswesen	
Merkmale:	**Ziele:**
Datenkonsistenz (d.h. widerspruchsfreie Datensätze)	Datenaufbereitung
Klarheit und Richtigkeit	Schaffen von Transparenz
Komplexitätsreduktion	Entscheidungshilfe
Überblicksdarstellung	Soll-Ist-Vergleich

Abb. 20: Merkmale des Controlling-Berichtswesens (Controllingportal I)

10.1. Der Begriff des Berichtswesens

Der **Begriff „Berichtswesen"** kann folgendermaßen definiert werden:
- Das Berichtswesen umfasst alle Berichte, die in einem Unternehmen zur Steuerung erstellt werden.
- Dabei werden die Informationen entsprechend dem individuellen Informationsbedarf in geeigneter Form aufbereitet.
- Besonders im Controlling darf das Berichtswesen nicht auf Vergangenheitsdokumentation ausgerichtet sein, sondern muss Impulse zur Gegensteuerung auslösen.
- Qualität und Struktur des Berichtswesens gestalten die Qualität des Controllings.

- Durch die Berichterstattung soll schriftlich, nach Möglichkeit und Bedarf auch mündlich, dargelegt werden, wie weit einzelne berichtende Einheiten ihre Ziele erreicht haben, wo sie davon abgewichen sind, was die wichtigsten Gründe dafür sind und mit welchen Korrekturmaßnahmen die Führungskräfte vorsehen, die Zielerreichung zu sichern.
- Zum Vergleich mit dem Ziel gehört die Erwartungsrechnung, die aus der Sicht der jeweils verantwortlichen Führungskräfte aufzeigt, welche Kosten, Erlöse oder Leistungen als Folge der Korrekturmaßnahmen bis zum Periodenende (meist Jahresende) zum bisherigen Ist zusätzlich zu erwarten sind.
- Es geht um die Aufbereitung von erfolgs- und steuerungsrelevanten Informationen für Führungskräfte und operatives Personal aus internen und externen Datenquellen im Rahmen eines definierten Ablaufes (= Mindeststruktur).

10.2. Erfolgsfaktoren des Berichtswesens

Als **Erfolgsfaktoren** des Berichtswesens gelten:

- Zentrale Bündelung und Weitergabe von Informationen an die Entscheidungsträger/-innen (Managementinformationssystem),
- „zeitgerechte" Information des operativen Personals (teilweise täglich) zur kurzfristigen Steuerung (Mitarbeiterinformationssystem),
- Schaffung einer einheitlichen Datenbasis,
- Koordination der Informationsbereitstellung durch eine zentrale Stelle, die auch für einheitliche Begriffsverwendung Sorge trägt,
- Unterstützung der Führungskräfte bei der Identifikation der kritischen Erfolgsfaktoren, um die zur Steuerung benötigten Infos zur Verfügung zu stellen,
- gemeinsame Definition der benötigten Basisinformationen, da eine vollständige Bestimmung des Infobedarfs für die einzelne Führungskraft kaum durchführbar ist.

10.3. Die Rolle des Controllers im Berichtswesen

Der/die **Controller/-in** nimmt demnach folgende **Rolle** ein:

- Regelung und Koordination des gesamten innerbetrieblichen Informationsflusses (in vertikaler, horizontaler und diagonaler Richtung),
- Abstimmung Informationsnachfrage und -angebot,
- Formulierung eines „objektiven" Informationsbedarfs,
- Gestaltung des Kosten- und Leistungsmanagementsystems im Unternehmen und dessen Abbildung in den Informationssystemen,
- für die Inhalte der Berichte sind die operativen Manager und Datenlieferanten verantwortlich (Controller kann auf Plausibilität checken, aber nicht jede Zahl überprüfen!).

10.4. Anforderungen an das Berichtswesen

Nachfolgende **Anforderungen** sollten an ein funktionierendes Berichtswesen gestellt werden (vgl. *T. Gabriel*, 1998, S. 89 ff.):

- **Nachprüfbarkeit:** Da Berichte hinterfragt werden, muss jeder Bericht auch selbsterklärend sein. Methode und Rechenweg müssen genau dokumentiert sein. Bei qualitativen Annahmen (z.B. für die Ermittlung von Planwerten) sind die Prämissen schriftlich niederzulegen. Vorschlag: Controllinghandbuch.
- **Zuverlässigkeit und Konsistenz:** Prüfziffern im Berichtswesen helfen, Inkonsistenz zu vermeiden. Wesentliche Kennziffern sollten nach zwei Methoden gleichzeitig ermittelt werden.
- **Objektivität:** Der/die Controller/-in steht im Spannungsfeld unterschiedlicher Interessen (Informationsnachfrage/-angebot).
- **Benutzerfreundlichkeit:** Ein Berichtswesen ist dann benutzerfreundlich, wenn es nach allgemeingültigen Gestaltungsnormen (eine Seite, empfängerorientiert, keine Schuldbeweise, keine häufigen Änderungen, Zahlen verdichten, Periodizität) oder nach individuellen Vorgaben des Empfängers aufbereitet ist.
- **Termintreue:** Gilt besonders für Konzerne – „quick and clean" und nicht „quick and dirty" gilt hier als Prämisse.
- **Wirtschaftlichkeit:** Unter dem Argument der Wirtschaftlichkeit soll die Erstellung von Berichten nur durch das Controlling vorgenommen werden. Auch soll es zur Einstellung überflüssiger Routineberichte, zur Minimierung von Sonderberichten und zur Verhinderung von Mehrfacherstellung durch Steuerung und „Erziehung" der/die Auftraggeber/-in kommen.
- **Aktionsorientiert:** Die Informationen des Berichtswesens müssen Reaktionen auslösen und Konsequenzen nach sich ziehen.
- **Akzeptanz des Berichterstellers:** Dem Produktverantwortlichen muss klar sein, dass nur die Berichte des nominierten Berichterstellers die Akzeptanz des/der Entscheidungsträgers/Entscheidungsträgerin haben. Den Entscheidungsträger(innen) und den Produktverantwortlichen muss die Sinnhaftigkeit der Berichtslegung klar sein. Der/die Berichtsverfasser/-in hat auf das nötige Gleichgewicht zwischen Vertrauen und Distanz zu achten.
- **Geeignete Datenbasis:** Eine gesicherte Datenbasis aus dem Rechnungswesen erleichtert die objektive, wirtschaftliche, nachprüfbare und termingerechte Berichterstellung.
- **Adäquate Hilfsmittel:** Controllergerechte Tools, speziell in Software und Hardware (z.B. Verknüpfung Großrechner-PC), ermöglichen die wirtschaftliche Berichtslegung.
- **Benutzerfreundliche Gestaltung:** Der/die Berichtersteller/-in muss mit den Grundlagen der Präsentationstechnik vertraut sein. „Corporate Design" gilt auch für die Berichtslegung.
- **Optimales Managementverhalten:** Der/die Berichtersteller/-in muss unnötiger Formalisierung und Detaillierung gegensteuern. Management von „unten" nach „oben" ist möglich.
- **Eingeschränkte Filterung der Information:** Geeignete Aufbauorganisation verhindert unnötige Filterung der Information und ermöglicht termingerechte Fertigstellung der Berichte.
- **Geeignete Vergleiche:** Verzicht auf nicht mehr nachvollziehbare Vergleiche oder Anpassung der Altdaten an neue Systeme.

10.5. Gestaltungsdimensionen des Berichtswesens

Der Begriff „Berichtswesen" umfasst Methoden der Datengewinnung, -dokumentation, -aufbereitung und Zurverfügungstellung. Datenmengen werden ausgewertet, gesondert zu Berichten zusammengefasst und ermöglichen somit dem Management einen Überblick über die relevanten Werte und Abweichungen. Die Berichte schaffen damit eine Brücke zwischen dem Entstehungs- und dem Anwendungsort der Daten. Es stellt für die unterschiedlichen Führungsebenen alle nötigen Informationen, die zur Entscheidungsfindung gebraucht werden, zur Verfügung (vgl. Controllingportal I). Schlussfolgernd lässt sich festhalten, dass sich Berichte in vielerlei Hinsicht voneinander unterscheiden (müssen), abhängig von den Inhalten der Berichte, den Unternehmen in welchen und dem Zielpublikum für welches sie erstellt wurden. Allgemeingültige Empfehlungen, wie Berichte auszusehen haben, scheinen daher nur sehr eingeschränkt möglich, doch fasste *Küpper* diesbezüglich doch die grundsätzlichen Gestaltungsdimensionen von Berichten überblicksmäßig zusammen:

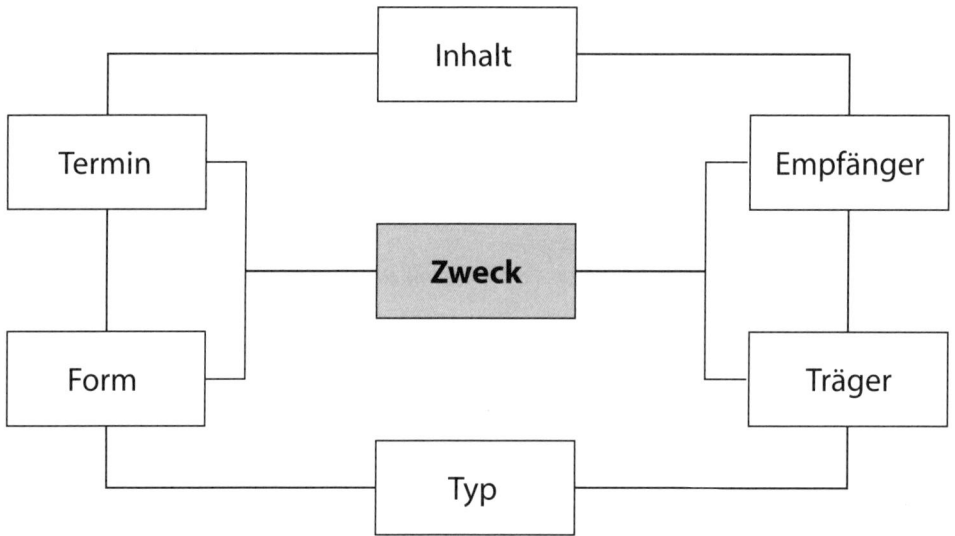

Abb. 21: Gestaltungsdimensionen von Berichten (in Anlehnung an *Küpper*, 2005, S. 171 ff.)

10.5.1. Berichtszweck

Der Zweck eines Berichts stellt den entscheidenden Ausgangspunkt für sämtliche Überlegungen zu dessen weiteren Gestaltung dar. Allgemein lassen sich hier vier Zwecke unterscheiden:

Dokumentation: Controller bauen Planungen oft auf verlässlichen und unverfälschten Daten aus der Vergangenheit auf. Zwar sind solche historischen Daten meist wenig geeignet für die zukunftsbezogene Steuerung des Unternehmens, doch wird die Führungsebene an den in der Vergangenheit vereinbarten Planzahlen gemessen – schon alleine deshalb ist die Dokumentation ein nicht zu unterschätzender Zweck im Rahmen des Berichtswesens.

Planung: Controlling soll den Entscheidungsverantwortlichen eine fundierte Grundlage für deren Entscheidungen bieten. Folgerichtig ist es eine der Kernaufgaben des Berichtswesens, Berichte zur Entscheidungsvorbereitung anzubieten.

Kontrolle: Gleich dem Dokumentationszweck, basiert auch der Kontrollzweck auf vergangenheitsbezogenen Daten. Als Beispiel lässt sich hier der monatliche Kostenstellenbericht nennen, welcher die Einhaltung des Budgets einer Kostenstelle überwachen soll.

Steuerung: Dem eigentlichen Zweck des Controllings nun wieder folgend, werden die Kontrollergebnisse genutzt, um konkrete Handlungsempfehlungen aufzuzeigen. So können Soll-Ist-Vergleiche frühzeitig negative Abweichungen von den Planzielen aufzeigen und in den entsprechenden Abteilungen adäquate Gegenmaßnahmen auslösen.

10.5.2. Berichtsinhalt

Der Berichtsinhalt lässt sich wie auch der zentrale Berichtszweck, anhand von vier Merkmalen charakterisieren:

Informationsstruktur: Abgesehen von sehr kurzen (One-page-)Berichten, beginnt die Entscheidung über die Berichtsstruktur schon bei der Frage nach der Sinnhaftigkeit eines Inhaltsverzeichnisses. Dem folgend, bieten sich – vor allem bei längeren Berichten – Management Summaries an, welche die wesentlichen Informationen stark komprimiert zusammenfassen. Zur weiteren Gliederung empfiehlt sich in der Folge oftmals eine Trichterstruktur, welche ausgehend von allgemeinen Informationen, in den nachfolgenden Ebenen immer auch speziellere Aspekte zum betrachteten Thema anbietet. In der Praxis lässt sich dies in eine Untergliederung in Überblicks- und Detailinformationen, oder Konzern- und Geschäftsberichten erreichen. Wie die Struktur der Berichte innerhalb eines Unternehmens nun tatsächlich aussieht, kann natürlich von Unternehmen zu Unternehmen abweichen. Entscheidend für das stets übergeordnete Ziel eines schnellen Informationsüberblicks ist aber sicherlich, dass eine gewisse Kontinuität und Einheitlichkeit bezüglich der Berichtsstruktur eingehalten wird.

Informationsgegenstand: Bezeichnet die im Bericht behandelten Tatbestände. Als Beispiele können Unternehmenseinheiten, Umweltausschnitte, Vergangenheits- oder Zukunftswerte etc. genannt werden (vgl. *Weber*, 2008, S. 224).

Informationsart: Wie werden die Informationsgegenstände beschrieben? „Denkbar sind hier zum Beispiel faktische, explanatorische, normative sowie prognostische Aussagen. So müssen im Vorfeld eines guten Berichts zunächst relevante Fakten aufgespürt werden. Diese müssen dann dargelegt (faktisch), eventuell erklärt (explanatorisch) oder in Beziehung zu anderen Daten gesetzt werden, um auf dieser Basis letztlich zu einer Wertung (normativ) zu gelangen und gegebenenfalls Prognosen (prognostisch) treffen zu können." (*Weber*, 2008, S. 224.)

Informationsbezug: Entscheidend für die Aussage eines Berichts ist jedenfalls auch die Bezugsgröße, zu welcher die Ist-Werte in Bezug gesetzt werden. Erst wenn man z.B. die Ist-Werte in Bezug zu den Plan-Werten setzt, sie also relativiert, ergeben sich steuerungsrelevante Erkenntnisse für die Entscheidungsebene. Für derartige Relativierungen bietet sich aber nicht nur die Zeitachse an, sondern auch auf sachlicher Ebene ermöglichen oft erst sinnvolle Bezüge valide Interpretationen. So besitzen die unternehmensindividuellen Wachstumszahlen erst dann eine wirkliche Aussagekraft, wenn man diese mit den Wachstumszahlen der Konkurrenz vergleicht.

10.5.3. Berichtsempfänger

Der Kreis der Berichtsempfänger wird von *Weber* auf die Mitarbeiter des Unternehmens beschränkt, da nur diese Zugang zu den Informationen aus den Bereichen des internen Rechnungswesens erhalten. Externe Stakeholder wie etwa Aktionäre oder die interessierte Öffentlichkeit zählen folglich nicht zu den primären Adressaten des Berichtswesens (vgl. *Weber*, 2008, S. 227). Auch wenn *Welge* als Hauptzielgruppe in der Praxis das Management identifiziert (vgl. *Welge*, 1998, S. 384), so hängt die genaue Abgrenzung des potentiellen Adressatenkreises doch wieder von den unternehmensindividuellen Zielsetzungen (Berichtszweck) des Berichtswesens ab und kann sowohl hierarchisch (z.B. nur Konzernvorstand) als auch funktional (z.B. alle Geschäftsstellenleiter, alle Vertriebsleiter etc.) eingegrenzt werden (vgl. *Weber*, 2008, S. 227).

10.5.4. Berichtsträger

Wie bereits zuvor beschrieben, ist die Berichtserstellung eine der Kernaufgaben der Controlling-Abteilung in der betrieblichen Praxis. Das Controlling kann folgerichtig als primärer Berichtsersteller (oder auch Berichtsträger) identifiziert werden. Die zunehmende Kapitalmarktorientierung der Unternehmen führt aber dazu, dass auch andere Organisationseinheiten immer stärker als Berichtsträger für das Management in Erscheinung treten. Als Beispiele lassen sich hier das externe Rechnungswesen, die Finanzabteilung oder auch das Investor Relations nennen (vgl. *Weber*, 2008, S. 227). Wichtig hierbei scheint nach Untersuchungen von *Weber/Sandt*, dass die Zufriedenheit des Managements gesteigert wird, indem die Controlling-Abteilung als zentrale Koordinationsstelle des Berichtswesens fungiert und damit eine „Berichtserstattung aus einer Hand" gewährleistet wird (vgl. *Weber/Sandt*, 2001, S. 26).

10.5.5. Berichtstyp

Eine weitere wichtige Gestaltungsdimension des Berichtswesens stellt der Berichtstyp (auch Berichtsart genannt) dar. Entscheidend für den Berichtstyp ist das Ereignis, welches den Bericht erst auslöst. *Küpper* definiert hier drei wesentliche Berichtstypen (vgl. *Küpper*, 2005, S. 171 f.):

Standardberichte: Diese zeichnen sich dadurch aus, dass sie mit dem Erreichen eines bestimmten Zeitpunktes ausgelöst werden. Die drei Hauptelemente des Berichts, also Inhalt, Form und Erscheinungstermin, sind dabei normiert. Da es sich bei diesem Berichtstyp um den in der betrieblichen Praxis wohl bedeutungsvollsten handelt, gilt es bei ihrer Konzeption besondere Sorgfalt walten zu lassen. Unbedingt zu klären ist, welche Informationen überhaupt notwendig sind und wie diese jeweils optimal dargestellt werden können. Je besser die normierten Vorlagen auf die Bedürfnisse der Zielgruppe abgestimmt werden, desto besser lassen sich auch unnötige Arbeitsaufwände vermeiden. Diese entstehen in der Praxis leider oft, wenn die Berichtsträger zwar möglichst umfassende Berichte abliefern wollen, die Berichtsempfänger jedoch lediglich an punktuellen Informationen aus diesen Berichten Interesse finden.

Abweichungsberichte: So es zu einer Über- bzw. Unterschreitung eines bestimmten Schwellenwertes kommt und damit eine Berichtserstattung an das Management ausgelöst wird, wird von einem Abweichungsbericht gesprochen. Abweichungsberichte folgen demnach keinem vorgegebenen zeitlichen Rhythmus wie die Standardberichte. Entscheidend für die innerbetriebliche Akzeptanz von Abweichungsberichten ist ganz klar die Bestimmung der Höhe des Schwellenwertes. Einerseits soll das Management nicht ständig mit Abweichungsberichten „bombardiert" werde, da ansonsten die Gefahr bestünde, dass deren (eigentlich hohe) Bedeutung stetig unterminiert wird, andererseits darf das Management aber auch nicht zu spät informiert werden, da dies den Handlungsspielraum für die eventuell notwendige Problemlösung empfindlich bzw. sogar entscheidend einschränken könnte.

Bedarfsberichte: Dieser Berichtstyp zeichnet sich dadurch aus, dass er nur fallweise vom Management angefordert wird und den Zweck verfolgt, die letzten noch offenen Informationslücken aufzufüllen. Sowohl die Anzahl als auch der Rhythmus der Anfragen werden vom jeweiligen Management bestimmt und können daher in der betrieblichen Praxis stark variieren.

10.5.6. Berichtsform

Obwohl eines der wesentlichsten Aspekte erfolgreicher Berichtsgestaltung, erfährt die formale Gestaltung von Berichten in der betrieblichen Praxis doch gerne eine stiefmütterliche Behandlung. „Unter den formalen Gestaltungsmerkmalen eines Berichts verstehen wir den Umfang, die grundsätzliche Aufmachung des Berichts sowie die Darstellungsform der Informationen." (*Weber*, 2008, S. 224.)

Umfang des Berichts: Auch hier gilt wieder, dass sich das Controlling in einem Spannungsfeld zwischen einer umfassenden Information des Managements und einer Fokussierung der Aufmerksamkeit auf das Wesentliche befindet. Konsequenterweise sinkt mit steigender Seitenanzahl und einer erhöhten Zahlendichte die Übersichtlichkeit und steigt gleichzeitig die Gefahr eines Information Overload. Die richtige Wahl der Informationsmenge scheint zwar profan, doch entscheidet diese Aufgabe in der betrieblichen Praxis zu einem großen Teil über Erfolg/Misserfolg des Berichtswesens.

Aufmachung des Berichts: Ebenfalls nicht zu unterschätzen ist die grundsätzliche gestalterische Aufmachung eines Berichts. So können auch nüchterne Zahlen über eine adäquate grafische Optimierung ansprechend und übersichtlich dargestellt werden. Der Text bzw. die Zahlen sollen für das Management grafisch ansprechend aufbereitet werden. Der Einsatz von Farben (grün für „in Plan" und rot für „Abweichung über Schwellenwert") oder grafischen Unterstützungen wie z.B. Diagrammen kann hier einen wichtigen Mehrwert für die Berichtsempfänger schaffen. Wichtig hierbei ist aber ein sinnvoller Einsatz der zur Verfügung stehenden Elemente – so sind übertriebene grafische Spielereien einer schnellen Informationsaufnahme meist eher hinderlich (vgl *Steinle/Bruch*, 1998, S. 584; *Wirth*, 2000, S. 79 ff.).

Darstellungsform des Berichts: Oft schwierig ist ebenso die Wahl der Darstellungsform der zu vermittelnden Informationen. Auch hier gilt wieder, dass diese einen entscheidenden Einfluss auf die Verständlichkeit und Akzeptanz der Berichte ausübt. Im Rahmen der Darstellungsformen wird im Wesentlichen zwischen Tabellen, Grafiken und Kommentaren unterschieden (vgl. *Weber*, 2008, S. 225):

- **Tabellen** eigenen sich zwar besonders gut für die Darstellung großer Mengen an Daten sowie für Datenreihen bzw. Entwicklungen, doch erscheinen sie dem Berichtsempfänger auch relativ schnell als „Zahlenfriedhof" und schrecken damit rasch ab.
- **Grafiken** sind lt. *Weber* hier besser geeignet, den Zahlen „Leben einzuhauchen" und die enthaltenen Aussagen ad hoc erfassbar zu machen (vgl. *Weber*, 2008, S. 225). Meist übertrifft die Aussagekraft von Grafiken jene der Tabellen zwar, doch gilt es Acht zu geben, dass der gewählte Diagrammtyp den Sachzusammenhang auch bestmöglich reflektiert (vgl. diesbezüglich u.a. *Zelazny*, 2005).
- **Kommentare** können wesentliche qualitative Sachverhalte letztlich verbal auf den Punkt bringen. Diesbezüglich empfiehlt *Weber* eine sehr flexible Handhabung der Kommentare – zu viele blähen den Bericht zwar unnötig auf, doch bieten sie die Möglichkeit einer raschen Übermittlung nicht formalisierter Zusatzinformationen an die Berichtsempfänger.

Letztlich entscheidend im Rahmen der betrieblichen Berichtsformen wird es vor allem sein, bewährte Gestaltungsformen beizubehalten. „Ein einheitliches Layout aller Controller-Berichte ist der Übersichtlichkeit und der Verständlichkeit des Berichtswesens sehr zuträglich!" (*Weber*, 2008, S. 226.) So z.B. die Entwicklungen der Marktanteile in Markt 1 in Form eines Säulendiagramms dargestellt werden und für Markt 2 ein Kreisdiagramm gewählt wird, so würde dies sicherlich nicht eine schnellere Informationserfassung durch den Berichtsempfänger unterstützen.

10.5.7. Berichtstermin

Die zeitliche Gestaltungsdimension des Berichtswesens wird vor allem durch zwei Fragestellungen determiniert: In welchem Berichtszyklus soll die Berichtserstattung erfolgen bzw. wie viele Tage nach Eintreten eines bestimmten Ereignisses muss das Berichtswesen einen Bericht an das verantwortliche Management abliefern? Bezüglich der Festlegung des Berichtszyklus gilt es hier wie im Unterpunkt „Berichtstyp" bereits beschrieben, zwischen einer möglichst umfassenden Informationsbereitstellung für das Management und der Gefahr eines entsprechenden Information Overload des Managements sowie unnötiger Mehraufwände der Berichtsträger abzuwägen. Allgemeingültige Empfehlungen für die Praxis lassen sich hier kaum nennen, wird der Berichtszyklus doch jeweils vom Management abhängen und kann daher von Unternehmen zu Unternehmen stark variieren.

Bezüglich des zeitlichen Spielraums der Berichtsträger, bis wann nach dem Eintreten eines bestimmten Ereignisses ein Bericht beim Management abzuliefern ist, gilt aber allgemein: Je schneller, desto besser. Moderne Software-Lösungen (z.B. im Rahmen von Enterprise-Ressoruce-Planning-Systemen, kurz ERP-Systeme) bieten dem Controlling hier eine kaum mehr wegzudenkende Unterstützung an und führen zu einer signifikanten Verkürzung der Wartezeiten für das Management.

10.6. Die zehn Regeln für controllinggerechtes Berichtswesen

In der Literatur findet man **zehn Regeln**, die für controllinggerechtes Berichtswesen gelten (vgl. *A. Deyhle*, 1998, 65 ff.):

1. Empfängerorientiert berichten statt absenderorientiert.

2. Nicht nur logisch denken, sondern sich auch psychologisch verhalten.

3. Nicht Beweise sammeln für das, was geschehen ist, sondern Informationen bieten als Einstieg dafür, wie man etwas noch besser machen kann.

4. Für jedermann sichtbare Ergebnis-Protokolle.

5. Nicht dauernd ändern.

6. Nicht so viele rechnerische Verzierungen anbringen.

7. Nicht so viel schriftlich berichten, mehr persönlich präsentieren.

8. Zielorientiert berichten.

9. Berichte empfängerorientiert etikettieren.

10. Zahlenberichte verpacken.

10.7. Praxisbeispiele aus dem Berichtswesen

Text	operatives Budget Geschäftsjahr	Ist zum 31.5.2005	Plan zum 31.5.2006	Abweichung + = besser – = schlechter
1	2	3	4	5

Abb. 22: Beispiel einer Planungs- und Kontrollrechnung (in Anlehnung an *R. Eschenbach*, 1998, S. 30)

Während die einfache **Plan-Ist-Abweichung** primär der **Vergangenheitsanalyse** dient, zielt die **Erwartungsrechnung** auf die **Zukunft** ab: Auf Grund geänderter Planungsprämissen wird nur in den seltensten Fällen die Planung erneuert, sondern es wird im Rahmen der Erwartungsrechnung ein voraussichtliches Ist bis zum Jahresende berechnet. So wird es möglich, auch ohne Änderung des Plans neue Parameter der Planung in die gegenwärtige Planung miteinzubeziehen.

Text	operatives Budget Geschäftsjahr	Ist zum 31.5.2005	Erwartung 1.6.–31.12.	Voraussichtl. Ist 31.12.	Abweichung + = besser – = schlechter
1	2	3	4	5	

Abb. 23: Die Erwartungsrechnung (in Anlehnung an *R. Eschenbach*, 1998, S. 30)

Abschließend soll ein kurzes Beispiel für Berichtsinhalte aufgezeigt werden:

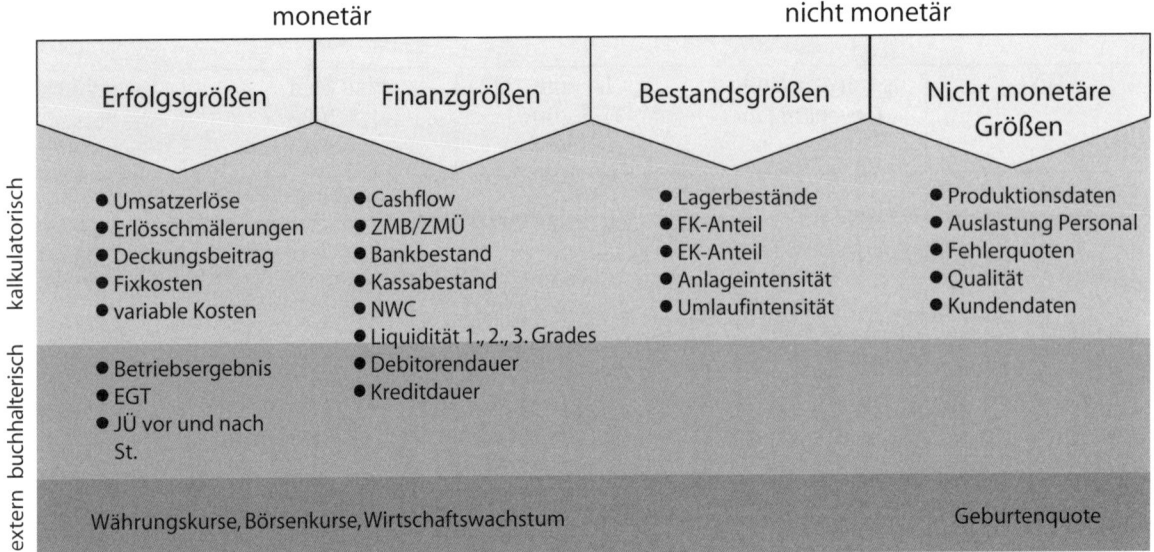

Abb. 24: Beispiel zum Berichtswesen (*M. Schermann*, Foliensammlung zum Controlling, 2003)

11. Controlling im Wandel

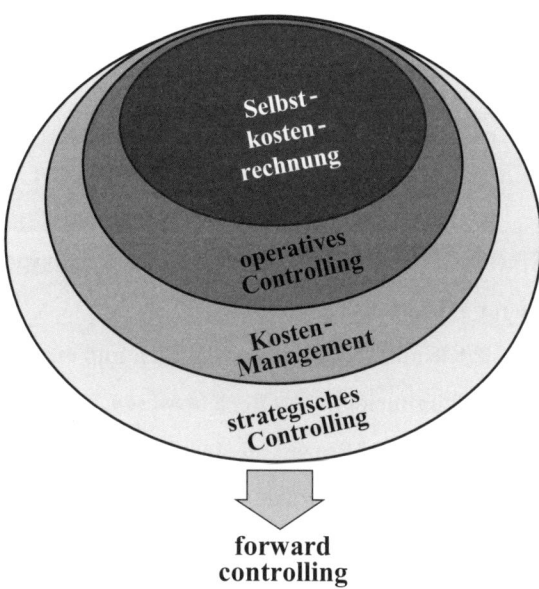

Abb. 25: Controlling im Wandel (in Anlehnung an *K. Vikas*, Foliensammlung zum Controlling, 2000)

Grundsätzlich kann man festhalten, dass sich das Controllings aus dem externen Rechnungswesen gebildet hat. Neben dem Finanzcontrolling stand am Beginn der Entwicklung des Controllings die Selbstkostenrechnung im Vordergrund. Daraus hat sich im Laufe der Zeit das operative Controlling, insbesondere das Kostenmanagements gebildet. Das strategische Controlling hat sich erst in den letzten 50 Jahren in der Praxis des Controllings manifestiert. Dieser neue Bereich des Controllings beschäftigt sich sehr intensiv mit den Entwicklungen der Zukunft. Man hat es sich zum Ziel gesetzt, die Zukunft besser greifbar bzw. begreifbar zu machen, um nicht wie in der klassischen Plan-Ist-Abweichung Feedback zu geben, sondern klare Strategien der Zukunft aus diversen Analysen abzuleiten.

12. Das Controllingleitbild

Die „International Group of Controlling", welcher vornehmlich Mitglieder aus dem mitteleuropäischen Raum angehören, hat es sich zum Ziel gesetzt, ein gemeinsames Leitbild für Controller/-innen zu definieren:

> **Controller leisten begleitenden betriebswirtschaftlichen Service für das Management zur zielorientierten Planung und Steuerung.**

- Controller sorgen für Ergebnis-, Finanz-, Prozess- und Strategietransparenz und tragen somit zu höherer Wirtschaftlichkeit bei.
- Controller koordinieren Teilziele und Teilpläne ganzheitlich und organisieren unternehmensübergreifend zukunftorientiertes Berichtswesen.
- Controller moderieren den Controlling-Prozess so, dass jeder Entscheidungsträger zielorientiert handeln kann.
- Controller sichern die dazu erforderliche Daten- und Informationsversorgung.
- Controller gestalten und pflegen die Controllingsysteme.

> **Zusammenfassend wird festgehalten:**
> **Controller sind interne betriebswirtschaftliche Berater aller Entscheidungsträger und wirken als Navigator zur Zielerreichung.**

Abb. 26: Controller-Leitbild (in Anlehnung an *International Group of Controlling*, 2005, S. 52 ff.)

13. Controlling in mittelständischen Betrieben – Status quo und Ausblick

Um die aktuelle Situation sowie die Zukunft des Controllings in mittelständischen Unternehmen genauer betrachten zu können, führte die BATCON – Business and Technology Consulting GmbH in Kooperation mit der Fachhochschule Wien eine empirische Untersuchung unter dem Namen „Controlling in mittelständischen Unternehmen – Status quo und Ausblick" durch. Ziel der Untersuchung war es, herauszufinden, welche Abteilungen die Controllingaufgaben erfüllen, welche operativen und strategischen Werkzeuge dabei zum Einsatz kommen und wie die Unternehmen diesen Aufgaben zukünftig nachkommen wollen. Die Europäische Kommission definiert mittelständische Unternehmen wie folgt:

- Mitarbeiter: 50 bis 249,
- Umsatz: 10 bis 50 Mio. Euro,
- Bilanzsumme: 10 bis 50 Mio. Euro.

Das Gesamtsample dieser Untersuchung bestand aus 1.674 befragten Unternehmen, die Nettobeteiligung lag bei 133 Unternehmen (= 8%).

Zu Beginn der Befragung sollte zunächst die Frage geklärt werden, welche Abteilungen aktuell die Aufgabenstellungen des Controlling erfüllen.

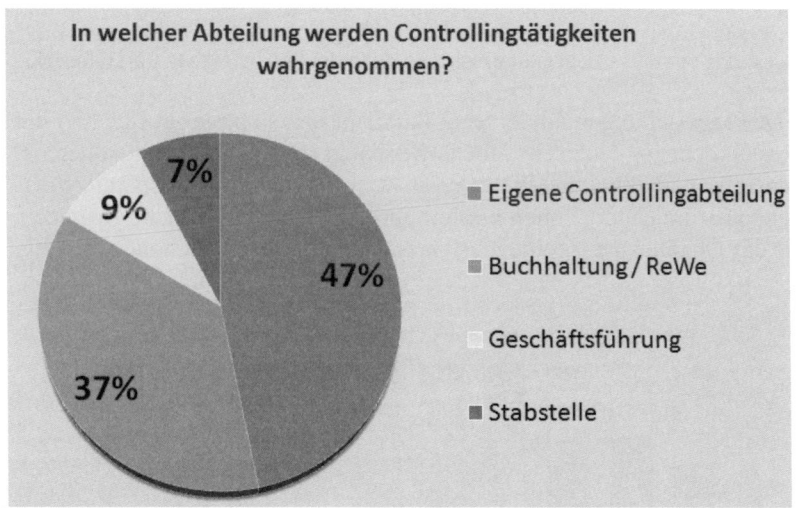

Abb. 27: Durchführung der Controllertätigkeiten nach Abteilungen (eigene Darstellung).

Die diesbezüglich erfreuliche Nachricht war, dass bereits rund 47% der befragten Unternehmen eine eigene Controllingabteilung vorweisen konnten. Weniger erbauend war jedoch das Faktum, dass noch immer 37% der mittelständischen Unternehmen hier noch immer auf ihre Rechnungswesenabteilung setzen. Zwar lassen diese Ergebnisse noch keine Rückschlüsse auf die inhaltliche Qualität des Controllings zu, doch wird eine spezialisierte Controllingabteilung den wichtigen und manigfaltigen Aufgaben eines Controllers vermutlich besser entsprechen als eine klassische Buchhaltungsabteilung.

Im nächsten Schritt wurde auf die aktuell in Verwendung stehenden operativen Instrumente des Controllings eingegangen. Hier kristallisierten sich wenig überraschend die Jahresplanung und -budgetierung, Kostenrechnung und

Kostenmanagement sowie die Plan-Ist- bzw. Soll-Ist-Vergleiche als dominant heraus. Obwohl den Unternehmen hier die Bedeutung der Kostenrechnung bewusst scheint, so wurde die Prozesskostenrechnung als spezielle Form der Kostenrechnung doch wieder als eher unwichtig eingestuft. Hier liegt die Vermutung nahe, dass die i.d.R. relativ hohe Komplexität dieses Kostenrechnungssystems einen oftmaligen Einsatz in der Praxis verhindert.

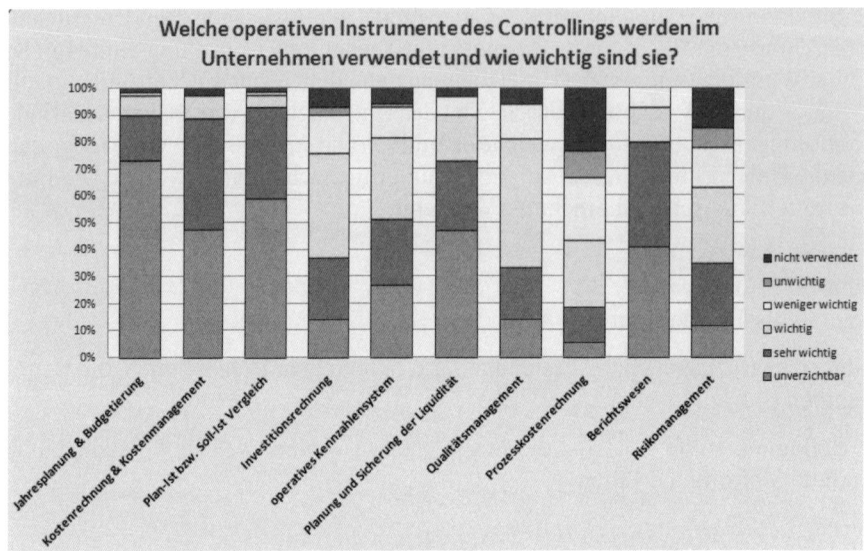

Abb. 28: Aktuell eingesetzte operative Controllinginstrumente in der Praxis (eigene Darstellung)

Bringt man die obige Fragestellung nun in einen Zukunftsbezug, so bestätigt sich hier die allgemeine Ablehnung der Prozesskostenrechnung einerseits, doch offenbaren sich zudem noch weitere interessante Aspekte. So lässt sich die generelle Zurückhaltung in den ersten drei Bereichen (Jahresplanung bis Plan-Ist-Vergleich) noch damit erklären, dass die Unternehmen hier mit ihrem derzeitigen Einsatz zufrieden sind. Die Investitionsrechnung sowie das Qualitätsmanagement erfahren jedoch eine relativ hohe Abwertung.

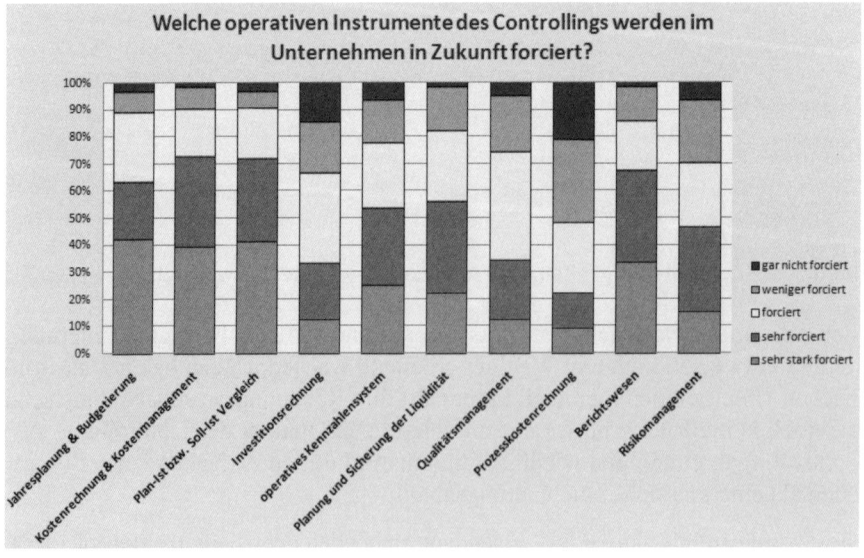

Abb. 29: Zukünftige Forcierung operativer Controllinginstrumente in der Praxis (eigene Darstellung)

Gleichsam überraschend wie enttäuschend waren die Ergebnisse dazu, wie viele mittelständische Unternehmen in Österreich eine schriftliche Definition der Strategie als Wegbeschreibung aufweisen können. Wie Lucius Annaeus Seneca einst so trefflich formulierte: „Wer den Hafen nicht kennt, in den er segeln will, für den ist kein Wind ein günstiger!" In diesem Zusammenhang erscheint es doch sehr bedenklich, wenn nicht weniger als 42% der befragten österreichsichen Mittelstandsunternehmen angeben müssen, keine schriftliche Definition ihrer eigenen Strategie für die kommenden 3–5 Jahre zu besitzen. Gleichzeitig besitzen aber 76% der befragten Unternehmen eine Vision und nicht weniger als 85% ein schriftliches Leitbild. Der Großteil der Unternehmen besitzt also mit Vision/Leitbild eine grobe Zielsetzung für die Zukunft, macht sich aber nicht die Mühe des wichtigen nächsten Schrittes und konkretisiert, wie man diese Oberziele zu erreichen gedenkt. Die meistgenannte Begründung für diese Inkonsequenz war, dass rasche Marktveränderungen eine Strategie unnötig machen – doch sollte man nicht genau deshalb eine Strategie definieren, damit man die stürmischen Gewässer lebendiger Märkte möglichst sicher durchschiffen kann?

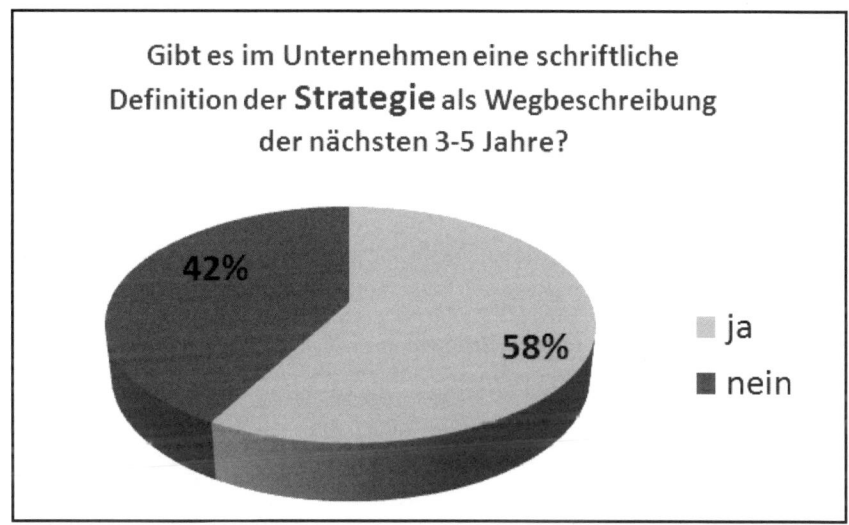

Abb. 30: Unternehmen mit einer schriftlichen Strategie-Definition (eigene Darstellung)

Der obigen Frage folgend erscheint es nun auch wenig überraschend, dass ein großer Teil der befragten Unternehmen sich noch nicht einmal der relativ unkomplizierten Portfolioanalyse annimmt. Dementsprechend werden auch so wichtige Instrumente wie eine Chancen-Risiken-Analyse, die Stärken-Schwächen-Analyse, die Potenzialanalyse oder die Analyse der kritischen Erfolgsfaktoren von einem großen Teil der Unternehmen nicht genutzt und, wie Abb. 32 zeigt, auch zukünftig nicht forciert. Bedenkt man, dass es sich hier um mittelständische Unternehmen handelt, welche zum Teil bereits über einen beträchtlichen Kapitaleinsatz bzw. Mitarbeiterstand verfügen, so erscheint es doch verwunderlich, dass sich noch immer ein so hoher Prozentsatz in seinen Entscheidungen vom Bauchgefühl leiten lässt und nicht versucht, eine gewisse Rationalität und Objektivität in die strategische Entscheidungsfindung einfließen zu lassen.

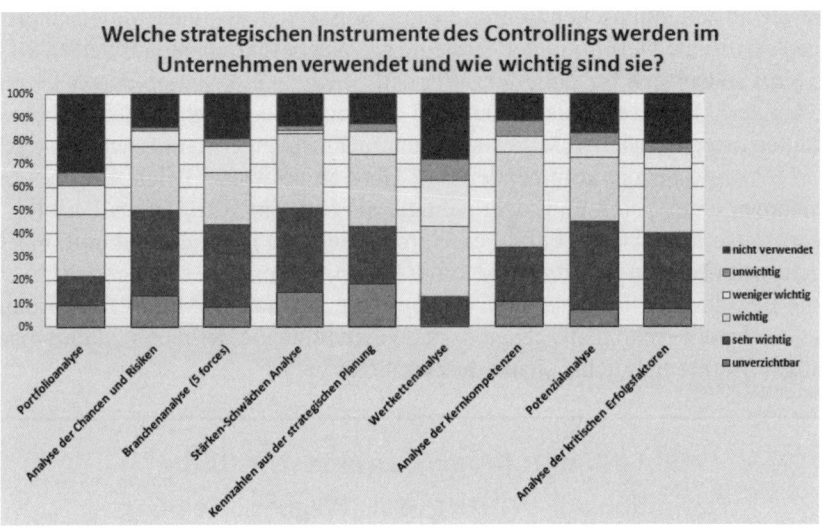

Abb. 31: Aktuell eingesetzte operative Controllinginstrumente in der Praxis (eigene Darstellung)

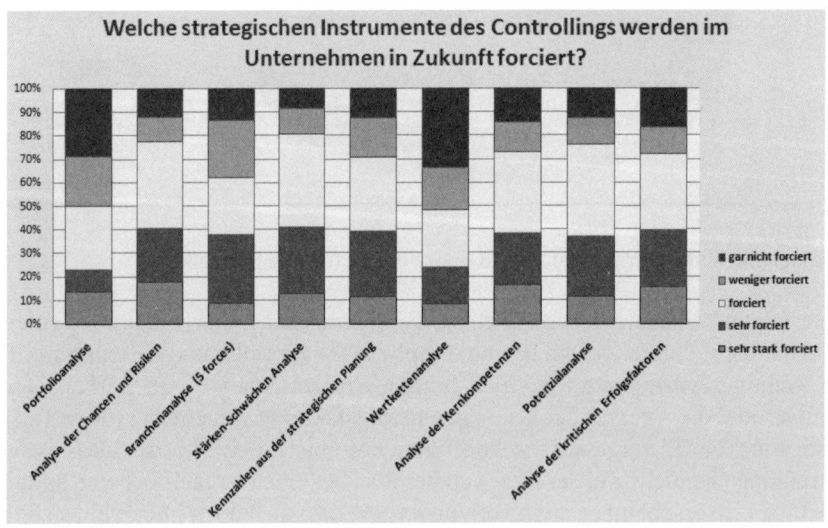

Abb. 32: Zukünftige Forcierung strategischer Controllinginstrumente in der Praxis (eigene Darstellung)

Bezüglich der eingesetzten Instrumente zur Strategie-Implementierung in Abb. 33 lässt sich erkennen, dass speziell das Instrument der Balanced Scorecard (BSC) in der Praxis keine entsprechende Würdigung erfährt. Fast noch mehr überraschend sind aber die in Abb. 34 ersichtlichen Ergebnisse, welche der BSC auch zukünftig kaum Potenzial bescheinigen. Überraschend daher, weil die meisten anderen Instrumente kaum Potenzial für eine zielgerichtete Steuerung und Kontrolle der Strategie im operativen Tagesgeschäft erlauben. So ist die Vergabe von Budgets in der Praxis zwar meist relativ unkompliziert und schnell erledigt, doch kann die Unternehmensführung hier nur beschränkt Einfluss und Kontrolle auf das operative Tagesgeschäft ausüben bzw. muss sich hier ständig die relevanten Informationen aufarbeiten lassen. Eine BSC jedoch würde der Unternehmesführung den Einsatz zahlreicher Frühindikatoren ermöglichen, welche für die Unternehmensziele negative Entwicklungen in einem noch sehr frühen Stadium aufzeigen können. Siehe diesbezüglich auch das Kapitel zur Balanced Scorecard.

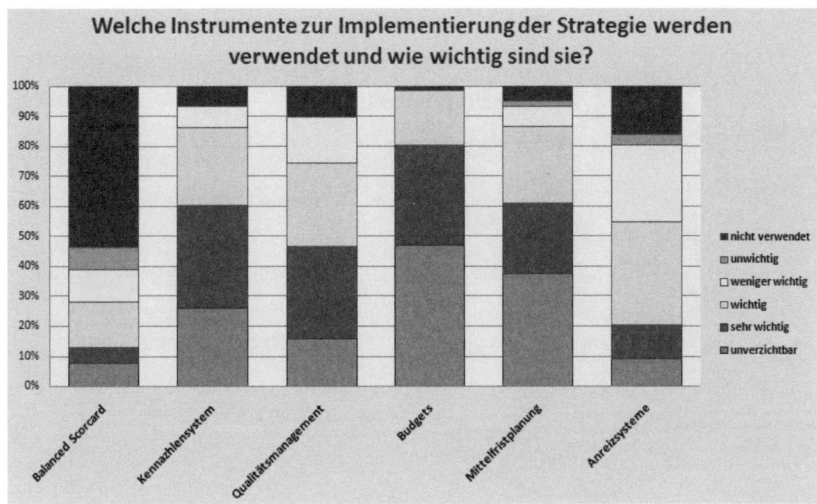

Abb. 33: Aktuell eingesetzte Strategie-Implementierungs-Werkzeuge in der Praxis (eigene Darstellung)

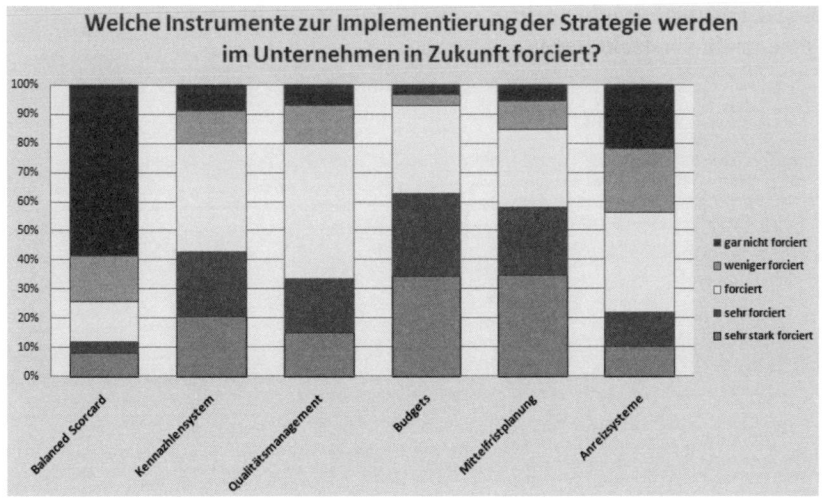

Abb. 34: Zukünftig forcierte Strategie-Implementierungs-Werkzeuge in der Praxis (eigene Darstellung)

An die obigen Ausführungen zum möglichen Einsatz von Frühindikatoren im Rahmen der BSC anknüpfend, zeigt Abb. 35 letztlich klar die diesbezügliche Problematik auf. Zwar führen 96% der befragten Unternehmen eine strategische Kontrolle durch, doch geschieht dies bei ganzen 41% in der Form von Ergebniskontrollen. Diese Unternehmen erfahren also erst wenn sie einen Plan-Ist-Vergleich durchführen, ob sie die strategischen

Zielvorgaben erreichen konnten oder nicht. Der abgestimmte Einsatz entsprechender Frühindikatoren im Rahmen einer BSC hätte hier den Vorteil, dass, sobald sich z.B. die Kundenzufriedenheit senkt, die Geschäftsführung noch rechtzeitig adäquate Gegenmaßnahmen setzen könnte und so die Gesamtjahresumsatzziele noch erreicht werden könnten. Würde man hier jedoch erst am Ende des Jahres einen Plan-Ist-Vergleich bei den Umsatzzielen (= Spätindikator) durchführen, so hätte man wertvolle Zeit verloren und vermutlich schon zahlreiche Kunden verärgert/verloren.

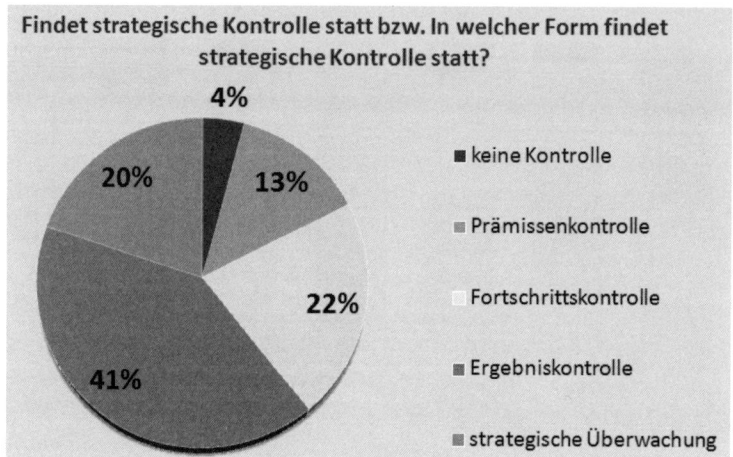

Abb. 35: Einsatz der strategischen Kontrolle in mittelständischen Unternehmen (eigene Darstellung)

Zusammenfassend zeigen die Ergebnisse der Studie, dass den mittelständischen Unternehmen in Österreich zwar die Bedeutung der Aufgabengebiete des Controllings bewusst ist, in der praktischen Umsetzung jedoch noch zahlreiche Potenziale versteckt liegen.

14. Literatur- bzw. Quellenverzeichnis

Baier, P.: Praxishandbuch Controlling, Frankfurt, 2000.

Binder, C./Schäffer, U.: Deutschsprachige Controllinglehrstühle an der Schwelle zum Generationswechsel, in: Zeitschrift für Controlling und Management, 49. Jg., S. 100–104.

Deyhle, A. /Steigmeier: Regeln für ein controlinggerechtes Berichtswesen, Gauting, 1998, S. 65 f.

Egger, A./Winterheller, M.: Kurzfristige Unternehmensplanung – Budgetierung, 13. Auflage, Wien, 2004.

Eschenbach, R.: Controlling, 1. Auflage, Stuttgart, 1995.

Eschenbach, R.: Grundlagen des Controlling, Konzeption, Funktion und Institution des operativen und strategischen Controlling – Eine Einführung, Foliensammlung, Wien, 1998.

Gabriel, T.: EDV-gestütztes Berichtswesen – Foliensammlung, Wien, 1998.

Großeibl, W.: Erfolgscontrolling – Foliensammlung zum Controlling, Wien, 1997.

Horváth, P.: Controlling, 11. Auflage, Stuttgart, 2008.

Hill, L.W.: The growth oft he corporate finance function, FE 44 (1976) 7, S. 38–43.

International Group of Controlling, Controller-Wörterbuch, 3. Auflage, Stuttgart, 2005.

Jackson, J. H.: The Comptroller: His Functions and Organization, 2. Auflage, Cambridge, 1949.

Küpper, H.-U.: Controlling: Konzeption, Aufgaben, Instrumente, 4. Aufl., Stuttgart, 2005.

Küpper, H. U.: Controlling – Konzeption, Aufgaben, Instrumente, 5. Auflage, Stuttgart, 2008.

Management Institut der Industrie, Eine empirische Befragung betreffend der Zukunft des Controllings, Wien, 2002.

Matje, A.: Controllinggerechte Planung und Budgetierung – Foliensammlung, Wien, 1998.

Niedermayr, R.: Entwicklungsstand des Controlling: System, Kontext und Effizienz, Wiesbaden, 1994.

Reichmann, T.: Controlling mit Kennzahlen und Management-Tools – Die Systemgestützte Controlling-Konzeption, 7. Auflage, München, 2006.

Schermann, M.: Foliensammlung zum Rechnungswesen, Wien, 2000.

Schermann, M.: Foliensammlung zum Controlling, Wien, 2003.

Steinle, C./Bruch, H. (Hrsg.): Controlling: Kompendium für Controller/innen und ihre Ausbildung, Stuttgart, 1998

Stoffel, K.: Controllership im internationalen Vergleich, Wiesbaden, 1995.

Unger, M.: Arbeitsweise und Instrumente des Strategischen Controllings, Foliensammlung, Wien, 1998.

Vikas, K.: Foliensammlung zum Controlling, Wien, 2000.

Weber, J./ Sandt, J.: Erfolg durch Kennzahlen: Neue empirische Erkenntnisse, Schriftenreihe Advanced Controlling, Band 21, Vallendar, 2001.

Weber, J./Schäffer, U.: Controlling-Entwicklung im Spiegel von Stellenanzeigen 1990–1994, in: Kostenrechnungspraxis, 1998, 42 Jg., S. 227–233.

Weber, J./Schäffer, U.: Einführung in das Controlling, 12. Auflage, Stuttgart, 2008.

Welge, M.-K.: Unternehmensführung, Band 3: Controlling, Stuttgart, 1998.

Wirth, T.: Leseorientierte Gestaltung von Managementberichten, in: Kostenrechnungspraxis, 44. Jg., 2000, S. 79–85.

Zehetner, K.: Prozesskonforme Grenzplankostenrechnung – Foliensammlung C5, Wien, 2000.

Zelazny, G.: Wie aus Zahlen Bilder werden, 6. Auflage, Wiesbaden, 2005.

Internetadressen

http://www.olev.de/s.htm#Strategisches_Controlling, 21.1.2006.

Controllingportal I: http://www.controllingportal.de/Fachinfo/Grundlagen/Berichtswesen-Reporting.html, Stand 1.4.2010.

Grundzüge der Kosten- und Leistungsrechnung

Inhaltsübersicht

1. Das System der Kostenrechnung – Theoretische Grundlagen 129
   1.1. Grundbegriffe der Kostenrechnung 129
   1.2. Abgrenzung von Kosten und Leistungen 131
   1.3. Grundlagen der Kostentheorie 133
   1.4. Kostenauflösung 137
   1.5. Kostengliederung nach der Zurechenbarkeit 139
   1.6. Teilbereiche und Systeme der Kosten- und Leistungsrechnung 139
   1.7. Kostenartenrechnung 140
       1.7.1. Materialkosten 140
       1.7.2. Personalkosten 140
       1.7.3. Abschreibungskosten 141
   1.8. Kostenstellenrechnung 142
       1.8.1. Kostenstellenbildung 143
       1.8.2. Kostenstellenabrechnung 144
       1.8.3. Innerbetriebliche Leistungsverrechnung (ILV) 146
           1.8.3.1. Anbauverfahren 148
           1.8.3.2. Stufenleiterverfahren 149
           1.8.3.3. Gleichungsverfahren 150
       1.8.4. Bildung von Gemeinkostensätzen für die Hauptkostenstellen 152
   1.9. Kostenträgerrechnung 155
       1.9.1. Divisionskalkulation 156
           1.9.1.1. Einstufige Divisionskalkulation 156
           1.9.1.2. Zweistufige Divisionskalkulation 157
           1.9.1.3. Mehrstufige Divisionskalkulation 158
       1.9.2. Zuschlagskalkulation 159
       1.9.3. Kuppelkalkulation 161
           1.9.3.1. Restwertmethode 162
           1.9.3.2. Verteilungsrechnung 163
   1.10. Kostenrechnungssysteme auf Teilkostenbasis 163
       1.10.1. Schwerpunkte der Teilkostenrechnung 164
       1.10.2. System der Deckungsbeitragsrechnung 164
           1.10.2.1. Deckungsbeitragsrechnung (Direct Costing) 165
           1.10.2.2. Stufenweise Fixkostendeckungsrechnung 165
           1.10.2.3. Bestimmung des optimalen Absatz- und Produktionsprogrammes 167
   1.11. Die Break-even-Point-Analyse 169

2. Das System der Kostenrechnung in der Praxis 171
   2.1. Die Kostenartenrechnung 171
       2.1.1. Transformation der Aufwendungen in Kosten 172
           2.1.1.1. Kalkulatorische Abschreibung 172
           2.1.1.2. Kalkulatorische Zinsen 173
           2.1.1.3. Kalkulatorische Wagnisse 174

  2.1.2. Zurechnung der Kostenarten zu den Kostenstellen 175
    2.1.2.1. Einzel- und Gemeinkosten 175
    2.1.2.2. Primäre und sekundäre Kostenarten 176
  2.1.3. Betriebsüberleitungsbogen und Betriebsabrechnungsbogen 177
 2.2. Die Kostenstellenrechnung 178
  2.2.1. Haupt- und Hilfskostenstellen 178
  2.2.2. Aufbau einer Kostenstelle 179
  2.2.3. Verrechnungen innerhalb der Kostenstellenrechnung 181
 2.3. Die Kostenträgerrechnung 184

3. Literaturverzeichnis 187

1. Das System der Kostenrechnung – Theoretische Grundlagen

Dieses Kapitel soll einen ersten Überblick über die Kosten- und Leistungsrechnung geben. Dabei werden grundsätzliche Begriffe, Aufgaben und Instrumente vorgestellt.

Die Kostenrechnung, als Teil des internen Rechnungswesens, hat die Aufgabe, Kosten und Leistungen im Betrieb zu erfassen, zu verteilen und auf die Produkte oder Dienstleistungen zuzurechnen.

1.1. Grundbegriffe der Kostenrechnung

Hauptziel ist die Kalkulation der betrieblichen Leistungen und die Erfolgskontrolle. Dabei sollen die Kosten, die zur Leistungserstellung anfallen, dem Kostenträger (Produkt oder Leistung) zugerechnet werden.[1]

Die Hauptaufgaben der Kostenrechnung sind folgende:

- **Preisentscheidung:** Welchen Mindestpreis muss das Produkt/Leistung am Markt erzielen, damit der Erlös die Kosten deckt? Welcher Preis kann als Preisuntergrenze kurz- und langfristig angeboten werden?
- **Sortimentsentscheidung:** Welche Produktkombination soll am Markt angeboten werden, um das Unternehmensergebnis zu optimieren.
- **Erfolgsermittlung:** Welches Produkt erwirtschaftet welchen Erfolg? Welcher Erfolg wird innerhalb eines bestimmten Zeitraumes erreicht?
- **Kontrolle:** Befindet sich das Unternehmen/die Kostenstelle auf Kurs? Gibt es kostenmäßige Abweichungen?
- **Verfahrensentscheidung:** Welches Verfahren soll zur Erstellung der Leistung genutzt werden?
- **Outsourcing Entscheidung:** Soll eine betriebliche Leistung selbst erstellt, oder zugekauft werden?

Die oben gestellten Fragen umreißen die Hauptaufgaben der Kostenrechnung. Es ist augenscheinlich, dass Kosten im Mittelpunkt stehen. Nun gilt es zu definieren, was denn überhaupt Kosten sind.

Definiert sind **Kosten** als mit Preisen bewerteter betrieblicher Güterverzehr. Unter dem Güterverzehr ist der Input von Gütern in den Produktionsprozess gemeint.

Somit können Kosten definiert werden als:

$$Kosten = Menge \times Preis$$

Die Frage ist nur, welcher Preis zur Bewertung herangezogen wird. Dafür stehen prinzipiell folgende Möglichkeiten zur Verfügung:

- **Anschaffungskosten (pagatorischer Kostenbegriff, Finanzbuchhaltung):** Dabei wird der Güterverzehr mit den historischen Anschaffungskosten bewertet.
- **Wiederbeschaffungskosten:** Dabei wird nicht mit den historischen Preisen, sondern mit den aktuellen bzw. zukünftigen Wiederbeschaffungspreisen bewertet.
- **Opportunitätskosten:** die Bewertung findet auf Basis des entgangenen alternativen Nutzen statt.

Eine **Einteilung der Kostenrechnung** kann nach dem Zeitbezug erfolgen:

- Istkostenrechnung
- Normalkostenrechnung
- Plankostenrechnung

---

[1] In weiterer Folge wird statt dem Begriff „Kosten- und Leistungsrechnung" der Begriff „Kostenrechnung" verwendet.

Die Istkostenrechnung und die Normalkostenrechnung basieren auf Werte, die in der Vergangenheit realisiert wurden. Ziele der Istkostenrechnung und der Normalkostenrechnung sind:

- Erfassung und Verrechnung der realisierten Kosten und Leistungen
- Nachkalkulation der betrieblichen Leistung
- Erfolgsermittlung einer bestimmten Periode
- Periodenvergleich (Ist – Ist)

$$\text{Istkosten} = \text{Istmenge} \times \text{Istpreis}$$

Die Istkostenrechnung ermöglicht eine exakte Nachkalkulation der Leistung und kann ein echtes Periodenergebnis ermitteln. Wird die Istkostenrechnung ohne Plankostenrechnung durchgeführt, fehlt der Vergleich mit Planzahlen. Somit ist eine Kostenkontrolle nur beschränkt möglich.

Zum Unterschied zur Istkostenrechnung verwendet die Normalkostenrechnung anstelle der schwankenden Istkosten durchschnittliche Kosten aus der Vergangenheit. Die Normalkosten könnten zum Beispiel der Durchschnitt der Kosten der letzten drei Jahre sein. Verwendet wird dabei der Mittelwert.

$$\text{Normalkosten} = \text{Normalmenge} \times \text{Normalpreis}$$

Der Vorteil der Normalkostenrechnung liegt in der Beseitigung von Kostenschwankungen. Wird die Normalkostenrechnung der Istkostenrechnung gegenübergestellt so ist zumindest ein Vergleich der Istkosten mit dem Kostendurchschnitt möglich. Es bietet sich zwar die Möglichkeit des Vergleiches an, jedoch ist keine echte Kostenkontrolle möglich. Die Normalkostenrechnung kann auch nicht als exakte Nachkalkulation und zur Ermittlung eines echten Periodenergebnisses verwendet werden.

Die Plankostenrechnung verwendet im Gegensatz zur Istkostenrechnung und zur Normalkostenrechnung keine Vergangenheitswerte. In die Plankostenrechnung gehen die geplanten zukünftigen Kosten und Erlöse ein. Natürlich stellen Kosten der Vergangenheit eine Basis für die geplanten Kosten dar, jedoch sollten diese nicht einfach weitergeschrieben werden (was leider vielfach zu beobachten ist).

$$\text{Plankosten} = \text{Planmengen} \times \text{Planpreise}$$

In der Kostenrechnung stellt sich das Problem, die Kosten auf die Bezugsobjekte zu verrechnen. Bezugsobjekte können Produkte/Leistungen (Kostenträger) oder eine Abteilungen (Kostenstellen) sein. Folgende Zurechnungsprinzipien können verfolgt werden:

- Verursachungsprinzip
- Identitätsprinzip

Das **Verursachungsprinzip** verfolgt die Zurechnung der Kosten nach der Verursachung. Danach dürfen nur dann Kosten einem Bezugsobjekt zugerechnet werden, wenn diese auch vom Bezugsobjekt verursacht wurden.

Das **Identitätsprinzip** fordert die Zurechnung der Kosten auf Basis der getroffenen Entscheidung. Nach diesem Prinzip dürfen Kosten nur dann dem Bezugsobjekt zugerechnet werden, wenn sie durch dieselbe Entscheidung ausgelöst wurden. Somit sind dem Kostenträger nur Einzelkosten zuzurechnen.

1.2. Abgrenzung von Kosten und Leistungen

Die Abgrenzung zwischen Auszahlung und Einzahlung, Ausgabe und Einnahme, Aufwand und Ertrag sowie Kosten und Leistung wurde bereits im Kapitel externes Rechnungswesen dargestellt.

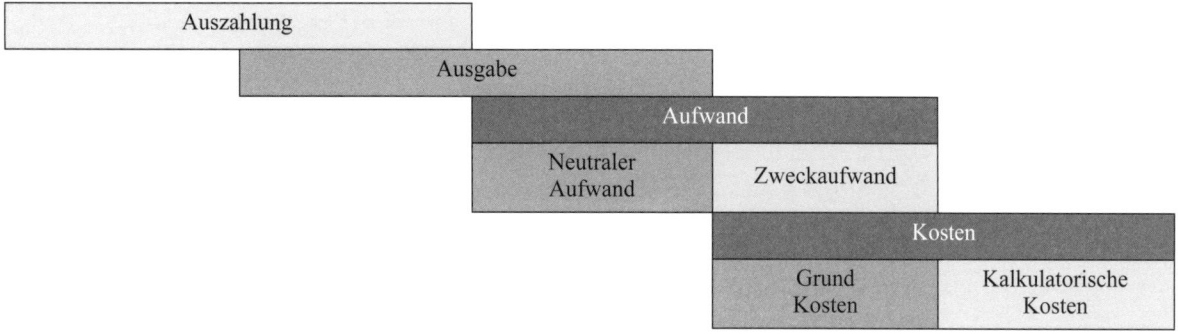

Abb. 1: Differenzierung der Rechnungswesen Grundbegriffe (*M. Schermann,* Foliensammlung zum Rechnungswesen, 2000)

Aus obiger Abbildung ist ersichtlich, dass ein Teil der aus der Finanzbuchhaltung stammenden Aufwendungen auch Kosten darstellt. Ausgeschieden aus den Aufwendungen wird der sogenannte **Neutrale Aufwand**. Unter Neutralem Aufwand sind jene Aufwendungen zu subsumieren, die betriebsfremd, periodenfremd oder außerordentlich sind.

Unter **betriebsfremde Aufwendungen** sind jene Aufwendungen einzuordnen, die nicht für die betriebliche Leistungserstellung notwendig, aber in der Finanzbuchhaltung erfasst werden müssen. Beispiele dafür sind Spenden, Spekulationsverluste oder Reparaturaufwendung für nicht betriebsnotwendige Vermögensgegenstände.

Der Reparaturaufwand wird als Aufwand in der Buchhaltung erfasst und verbucht. Dieser Aufwand mindert auch das Ergebnis, ist jedoch, da es sich um nicht betriebsnotwendiges Vermögen handelt, nicht für die Leistungserstellung nötig.

Periodenfremde Aufwendungen können zwar betriebsbedingte Aufwendungen sein, jedoch sind sie einer anderen Periode zuzuordnen. Das beliebteste Beispiel dafür ist eine Steuernachzahlung.

Als Letztes müssen noch die **außerordentlichen Aufwendungen** gefunden und berücksichtigt werden. Außerordentliche Aufwendungen sind wie die periodenfremden Aufwendungen in der Regel betriebsbedingt, jedoch in der Höhe außerordentlich. Z.B. Ein nicht versichertes Gebäude fällt einem Brand zum Opfer oder das nicht versicherte Auto erleidet durch einen Unfall einen Totalschaden.

Zur Beantwortung der Frage, welche Aufwendungen in die Kostenrechnung übernommen werden und welche nicht, kann nachfolgende Darstellung als Unterstützung dienen.

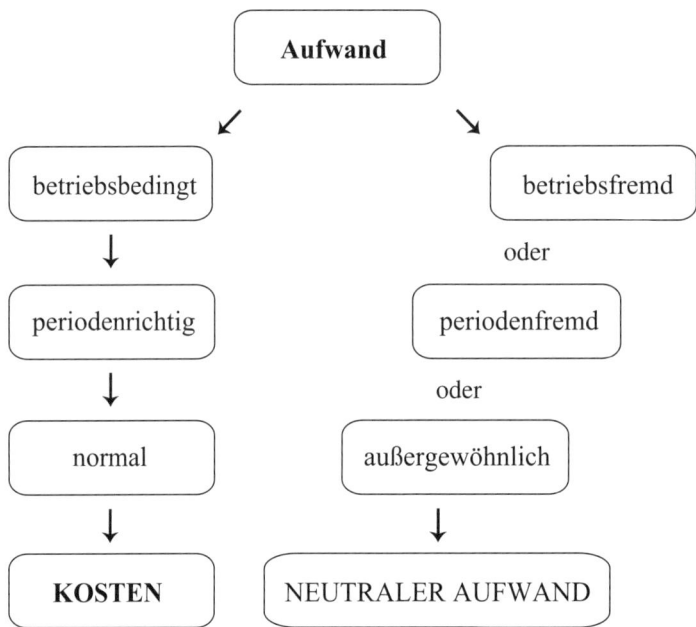

Abb. 2: Aufspaltung des Aufwandes (Quelle: eigene Darstellung)

Ist der zu betrachtende Aufwand betriebsbedingt, periodenrichtig und normal, so wird dieser Aufwand in die Kostenrechnung übernommen. Durch diese Abgrenzung wird erreicht, dass die Kosten die normale betriebliche Tätigkeit widerspiegeln. Würden außergewöhnliche Aufwendungen in die Kalkulation mit einfließen, könnte dies zur Folge haben, dass Produkte zu teuer kalkuliert würden.

Neben den Grundkosten (als Bereinigung der Aufwendungen aus der Finanzbuchhaltung) werden in der Kostenrechnung zusätzlich **kalkulatorische Kosten** verwendet. In der Buchhaltung gilt „Ohne Beleg keine Buchung", die Kostenrechnung berücksichtigt jedoch auch Kosten, denen kein Aufwand gegenübersteht. Die kalkulatorischen Kosten stellen einen Güterverzehr dar, der in der Finanzbuchhaltung nicht erfasst wird, jedoch in der Kostenrechnung, wie jeder andere betriebsbedingte Wertverzehr, berücksichtigt werden muss.

Nach Seicht zählen unbestritten zu den kalkulatorischen Kosten (vgl. *Seicht*, 2001, S. 615):

- kalkulatorische Abschreibungen,
- kalkulatorische Zinsen,
- kalkulatorische Wagnisse und der
- kalkulatorische Unternehmerlohn

Die kalkulatorischen Abschreibungen werden auch als **Anderskosten** bezeichnet. Bei den kalkulatorischen Anderskosten handelt es sich um Kosten, die auch in der Buchhaltung als Aufwand zu finden sind, jedoch mit anderen Wertansätzen in die Kostenrechnung eingehen. Unter den Anderskosten sind üblicherweise hauptsächlich die Abschreibungen zu finden.

> *Beispiel: Aufgrund von steuerrechtlichen Vorgaben wird der PKW auf acht Jahre linear abgeschrieben. Die Kostenrechnung geht jedoch von einer Abschreibung über vier Jahre aus. Somit ist die AfA aus der Buchhaltung in die Kostenrechnung in Form von Kosten eingegangen, jedoch wird der Wert korrigiert.*

Die **kalkulatorischen Zinsen** stellen in der Kostenrechnung die Verzinsung für das gesamte Kapital dar. In der Buchhaltung werden nur die Zinsen für Fremdkapital als Zinsaufwand verbucht, eine Verzinsung des

Eigenkapitals bleibt hingegen unberücksichtigt. Da aber auch das Eigenkapital für die betriebliche Leistungserstellung notwendig ist (in gebunder Form in Vermögensgegenständen) werden in der Kostenrechnung Zinsen für das Fremdkapital als Kosten berücksichtigt. Die Basis zur Berechnung der kalkulatorischen Zinsen stellt das betriebsnotwendige Vermögen (aus Anlage- und Umlaufvermögen) dar.

Die Berücksichtigung des **kalkulatorischen Unternehmerlohns** beruht auf denselben Überlegungen wie die Berücksichtigung von kalkulatorischen Zinsen, nämlich dem Opportunitätsgedanken. Im Falle der kalkulatorischen Zinsen werden die Kapitalgeber ihr Kapital anderswertig veranlagen, sofern die gewünschte Verzinsung/Rendite nicht erwirtschaftet wird. Vergleichbar ist die Situation mit dem Unternehmer, der seine Arbeitskraft am freien Markt anbieten kann und dafür einen entsprechenden Lohn erhält. Aus dieser Möglichkeit heraus seine Arbeitskraft am Markt anbieten zu können wird der kalkulatorische Unternehmerlohn berücksichtigt.

Kalkulatorische Wagniskosten werden zur Abdeckung unternehmerischer Wagnisse in die Kostenrechnung aufgenommen. Diese Kosten dienen dem Unternehmen zur finanziellen Vorsorge für den Eintritt für gewisse Risiken. Damit ähneln die kalkulatorischen Wagnisse den Rückstellungen in der Finanzbuchhaltung und sind vergleichbar mit einer internen Risikoversicherung.

1.3. Grundlagen der Kostentheorie

Neben der Unterscheidung zwischen Aufwendungen in der Finanzbuchhaltung und wertmäßiger Kosten können Kosten noch nach weiteren Kriterien unterschieden werden.

In Abhängigkeit der **betrieblichen Funktion** können zum Beispiel Lagerkosten, Fertigungskosten, Verwaltungs- und Vertriebskosten unterschieden werden.

Nach Art und **Einsatz der Produktionsfaktoren** kann zwischen Personalkosten, Materialkosten, Steuern und Gebühren etc. unterschieden werden.

Nach der **Abhängigkeit von der Beschäftigung** kann zwischen fixen und variablen Kosten unterschieden werden.

Nach der **Bezugsgröße** kann zwischen Stückkosten und Gesamtkosten unterschieden werden.

Nach **ihrer Zurechenbarkeit** kann zwischen Einzelkosten und Gemeinkosten unterschieden werden.

Die wohl wichtigste Unterscheidung der Kosten ist jene in **fixe und variable Kosten**. Zusätzlich zu diesen beiden Kategorien kommen noch die sogenannten sprungfixen oder intervallfixen Kosten hinzu.

Fixkosten sind dabei jene Kosten, die unabhängig von der Beschäftigung in gleichbleibender Höhe anfallen. Dabei handelt es sich in der Regel um Kosten der Leistungsbereitstellung. Sie fallen auch an, wenn im Unternehmen nichts bearbeitet oder produziert wird. Beispiel für fixe Kosten sind: Abschreibung, Gehälter, Miete, etc.

Graphisch können Fixkosten folgendermaßen dargestellt werden:

Abb. 3: Darstellung von Fixkosten (Quelle: eigene Darstellung)

Wie aus Abbildung 3 ersichtlich ist, fallen die Fixkosten an, egal wie hoch der Output ist. Selbst bei keiner Ausbringung sind und bleiben sie in gleicher Höhe konstant vorhanden. Wobei diesbezüglich jedoch zu beachten ist, dass diese Aussage nicht uneingeschränkt gelten kann. Irgendwann werden die bestehenden Produktionskapazitäten nicht ausreichen, um immer höhere Produktionsmengen herzustellen – es werden Kapazitätsgrenzen erreicht. Sind die vorhandenen Kapazitätsgrenzen erreicht, muss die bestehende Kapazität erweitert werden (z.B. Kauf einer zusätzlichen Maschine). Durch die Kapazitätserweiterung entstehen zusätzliche fixe Kosten. Wird wiederum die Grenze erreicht, ist die nächste Erweiterungsinvestition fällig. In diesem Fall werden die entstehenden Kosten als sprungfixe oder intervallfixe Kosten bezeichnet.

Graphisch dargestellt haben sprungfixe Kosten folgenden Verlauf:

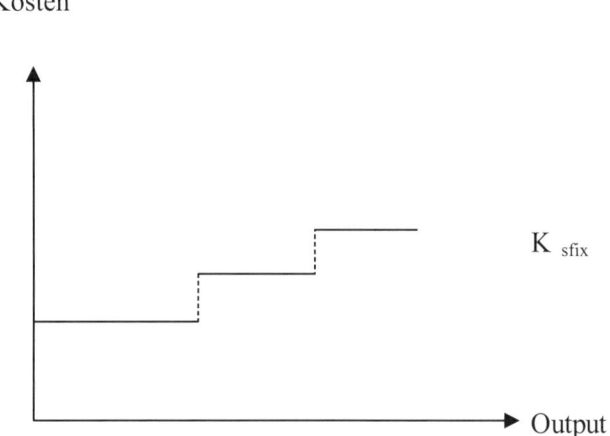

Abb. 4: Graphische Darstellung von sprungfixen Kosten (Quelle: eigene Darstellung)

Wie Abbildung 4 zeigt, verlaufen sprungfixe bzw. intervallfixe Kosten innerhalb einer Ausbringungsmenge konstant. Wird die Kapazitätsgrenze erreicht, steigen die Kosten sprungartig auf ein neues Niveau. Dieses Niveau wird nun gehalten, egal ob zusätzlich produziert wird oder nicht. Das Problem dabei ist, dass bei einem Sinken der Beschäftigung (Auslastung) die Kosten nicht sofort wieder auf ein niedrigeres Niveau zu bringen sind. Wurde eine neue Maschine angeschafft, so stellt die AfA die Kosten dar. Geht die Produktion zurück, wird es nicht sofort möglich sein, die Maschine wieder abzubauen und zu verkaufen. Somit bleibt die AfA auch weiterhin, obwohl die Maschine nicht verwendet wird, bestehen. Sie fällt erst dann weg, wenn der sich der Vermögensgegenstand nicht mehr im Unternehmen befindet (Verkauf der Maschine, bei Leasing ist es von mehreren Faktoren abhängig). Diese Trägheit bzw. diese verzögerte Kostenanpassung wird als **Kostenremanenz** bezeichnet.

Von der Beschäftigung abhängig sind die variablen Kosten. Sie fallen nur dann an, wenn eine Leistung erstellt oder ein Produkt hergestellt wird. Beispiel für variable Kosten: Materialkosten bei der Produktion, Löhne (Akkordlöhne) bei der Produktion, Energieverbrauch bei Benützung, Benzinverbrauch für den Fuhrpark etc.

Variable Kosten können wiederum differenziert werden in:

- proportionale Kosten,
- progressive und
- degressive Kosten.

Proportional sind variable Kosten dann, wenn die Kosten linear zur Ausbringungsmenge steigen. Graphisch stellen sich proportionale Kosten wie folgt dar:

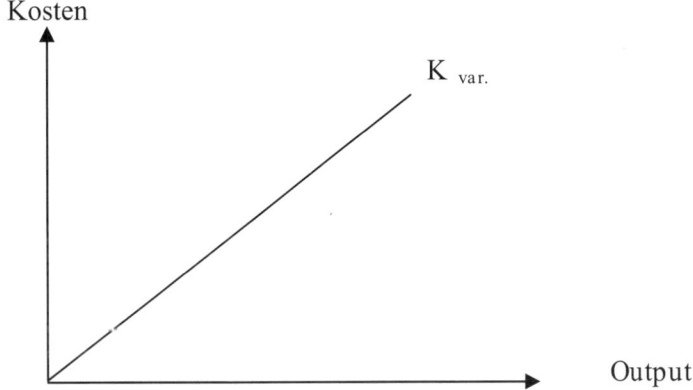

Abb. 5: Kostenverlauf bei proportionalen Kosten (Quelle: eigene Darstellung)

Wie aus der Abbildung ersichtlich, steigen die proportionalen Kosten linear zur Ausbringungsmenge. Beispiel: Akkordlohn. Bei progressiven Kosten steigen die Kosten nicht linear, sondern eben progressiv zur Ausbringungsmenge. Beispiel: Personalkosten, wenn bei sehr hoher Beschäftigung Überstunden gemacht werden müssen.

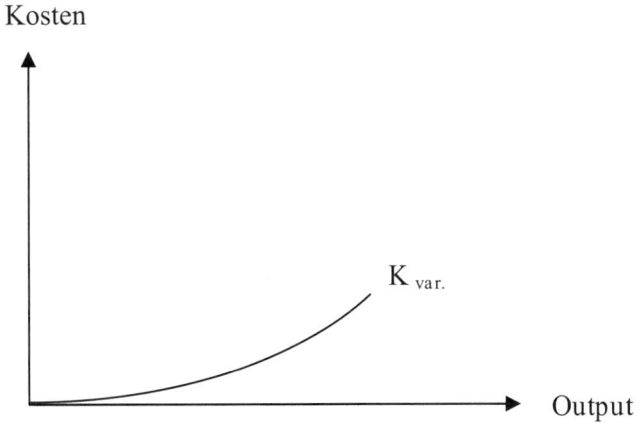

Abb. 6: Progressiver Kostenverlauf (Quelle: eigene Darstellung)

Steigen die Kosten im Vergleich zum Output unterproportional, so spricht man von einem degressiven Kostenverlauf. Zu diesem Kostenverlauf kommt es durch Mengenrabatte im Einkauf, durch den Lerneffekt oder effizientere Nutzung der Ressourcen.

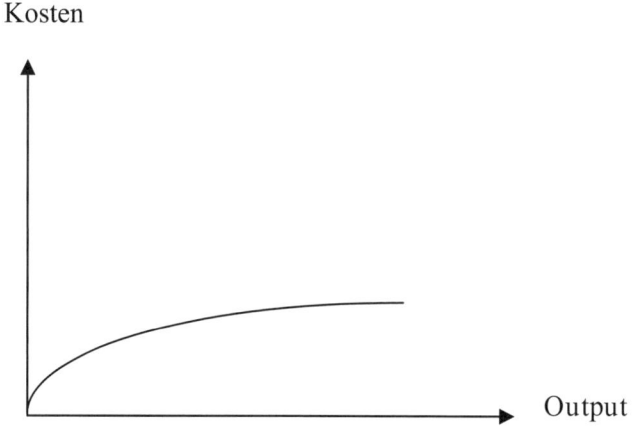

Abb. 7: Degressiver Kostenverlauf (Quelle: eigene Darstellung)

Betrachtet man nun die Gesamtkosten in einem Unternehmen, stellt man fest, dass es sowohl beschäftigungsabhängige, als auch beschäftigungsunabhängige Kosten gibt. Somit sind die Gesamtkosten die Summe aller fixen und variablen Kosten.

$K = K_f + K_{var}$
K = Gesamtkosten
K_f = Fixkosten
K_{var} = Variable Kosten

Unterstellt man einen proportionalen Kostenverlauf der variablen Kosten (in der Praxis wird dies auch meistens so gehandhabt), so ergeben sich die Gesamtkosten graphisch folgendermaßen:

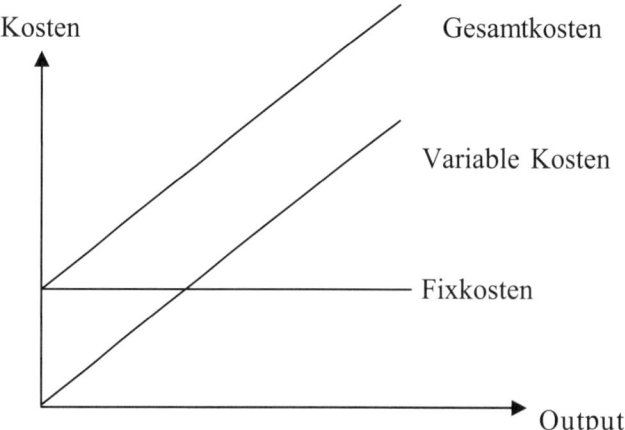

Abb. 8: Gesamtkostenfunktion (Quelle: eigene Darstellung)

Da die variablen Kosten von der Ausbringungsmenge abhängig sind, kann folgender Zusammenhang festgestellt werden:

$$K_{var}(x) = k_v \times x$$

x = Stück

k_v = variable Stückkosten

Setzt man im nächsten Schritt den dargestellten Zusammenhang in die Formel für die Gesamtkosten ein, ergibt sich folgende Darstellung der Gesamtkosten:

$$K(x) = K_f + k_v \times x$$

Die Gleichung gibt den Verlauf der Gesamtkosten in Abhängigkeit von der Outputmenge (x) an. Somit können für alle Outputmengen die Gesamtkosten bestimmt werden.

Nachdem nun die Gesamtkosten in Abhängigkeit von der Outputmenge definiert sind, interessiert im nächsten Schritt, wie sich die Stückkosten verhalten.

Um die **Stückkosten** zu ermitteln, sind die Gesamtkosten durch die Outputmenge zu dividieren:

$$k = (K_f + k_v \times x) / x$$

k = Stückkosten

Die variablen Stückkosten bei einer bestimmten Outputmenge sind:

$$k_v = K_v / x$$

Die fixen Kosten pro Stück ergeben sich bei einer bestimmten Outputmenge durch:

$$k_f = K_f / x$$

Nachdem nun auch die Stückkosten definiert sind, stellt sich die Frage, inwieweit sich die Kosten ändern, wenn der Output um eine Einheit verändert wird. Diese Kosten, die durch die Erhöhung des Outputs um eine Einheit entstehen, werden Grenzkosten genannt. Die **Grenzkosten** sind somit jene Kosten, die bei Erhöhung der Menge um eine Einheit anfallen. Bei einem proportionalen Verlauf der variablen Kosten sind die Grenzkosten konstant.

Nachdem nun die Kostenfunktion mittels fixer und variabler Kosten dargestellt wurde, muss die Frage geklärt werden, wie die Zurechnung der Kosten zu fixen und variablen Kosten erfolgen kann. In einigen Fällen ist die Zuordnung sicher einfach und klar, in manchen Fällen gestaltet sich diese Aufgabe als schwierig.

1.4. Kostenauflösung

Um die Kosten in fixe und variable Kosten aufteilen zu können, stehen mehrere Verfahren zur Verfügung. Zu den deduktiven Methoden zählen die buchtechnische Kostenauflösung und die planmäßige Kostenauflösung. Die mathematische und die statistische Kostenauflösung zählen zu den induktiven Methoden.

Bei der **buchtechnischen Methode** werden die einzelnen Kosten aufgrund der Belege überprüft und es wird mittels Erfahrung oder abgeleiteten logischen Zusammenhängen die Aufspaltung in fixe und variable Kosten vorgenommen. Bei der **planmäßigen Kostenauflösung** werden die geplanten Kosten in Abhängigkeit von der geplanten Beschäftigung sowie der geplanten Verfahren und Produkten geplant. Somit ist die planmäßige Kostenauflösung ein Verfahren, das zukunftsorientiert ist.

Bei der mathematischen und der statistischen Kostenauflösung wird aufgrund von Vergangenheitsdaten die Kostenfunktion abgeleitet.

Die **mathematische Kostenauflösung** errechnet in Form des Differentialquotienten das Steigungsmaß der variablen Kosten.

Zur Erklärung soll nachfolgendes Beispiel 1 dienen:

Periode	Beschäftigung in Stunden	Kosten
1	500	65.000
2	550	70.000
3	570	72.000
4	480	63.000

Das Steigungsmaß der variablen Kosten errechnet sich folgendermaßen:

= **Kostendifferenz / Beschäftigungsdifferenz**

Im ersten Schritt sind die beiden Extremwerte der Beschäftigung zu ermitteln. Im Beispiel 1 sind das die Beschäftigungen in Periode 3 (Maximum) und in Periode 4 (Minimum). Die Frage ist, wie verändern sich die Kosten, wenn sich die Beschäftigung verändert. Setzt man nun die beiden Werte und die dazugehörigen Kosten in die Formel ein, so ergibt sich Folgendes:

= (72.000 – 63.000) / (570 – 480) = (9.000) / (90) = 100

Somit ist das Ergebnis 100 € variable Kosten pro Stunde.

Setzt man die 100 € pro Stunde in die Daten der Periode 4 ein, so ergeben sich (480 x 100) 48.000 € an variablen Kosten. Die fixen Kosten erhält man indem von den Gesamtkosten die variablen abgezogen werden.

Gesamtkosten: 63.000
Variable Kosten: 48.000
Differenz (= Fixkosten): 15.000
Die Kostenfunktion lautet demnach: $K(x) = K_f + k_v \times x = 15.000 + 100 \times x$

Die **statistische Kostenauflösung** ermittelt durch Verwendung der Methode der kleinsten Quadrate jene Trendgerade, bei der die Summe aller Abweichungen von der Trendgeraden minimal ist. Dieselbe Vorgehensweise verwendet die **graphische Methode**, jedoch nicht auf Basis der Statistik, sondern indem versucht wird, die Trendgerade graphisch einzuzeichnen.

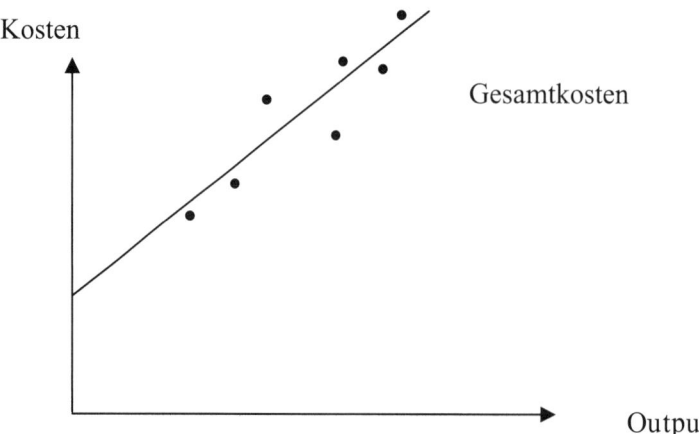

Abb. 9: Kostenauflösung (Quelle: eigene Darstellung)

In diesem Zusammenhang gibt es noch zwei Begriffe die zu klären sind. Zum Ersten ist das der Reagibilitätsgrad. Der **Reagibilitätsgrad** beschreibt wie sich die Kosten verändern, wenn sich die Outputmenge ändert.

Reagibilitätsgrad (R) = %-mäßige Kostenänderung / %-mäßige Beschäftigungsänderung

Ist der Reagibilitätsgrad 0 so sind alle Kosten als fix anzusehen. Ein Reagibilitätsgrad von 1 bedeutet, dass die Kosten zu 100% variabel sind.

Multipliziert man den Reagibilitätsgrad mit dem Faktor 10, erhält man den sogenannten **Variator**. Dieser ist in der flexiblen Plankostenrechnung von Bedeutung.

1.5. Kostengliederung nach der Zurechenbarkeit

Je nachdem, ob Kosten einem Kostenträger direkt zurechenbar sind oder nicht, unterscheidet man zwischen Einzelkosten und Gemeinkosten.

Einzelkosten sind jene Kosten, die direkt dem Kostenträger zugerechnet werden können. Die wichtigsten Einzelkosten sind das Fertigungsmaterial und die Fertigungslöhne. Ist es nicht möglich, die Kosten direkt dem Kostenträger zuzuordnen, spricht man von den **Gemeinkosten**. Sie können nicht auf direktem Weg einem Produkt zugerechnet werden (z.B. Miete, AfA, Gehälter). Von diesen echten Gemeinkosten sind noch die **unechten Gemeinkosten** zu unterscheiden. Unter den unechten Gemeinkosten versteht man Kosten, die zwar einem Kostenträger zugerechnet werden könnten, bei denen es wegen der Wirtschaftlichkeit jedoch unterlassen wird (z.B. Leim für einen Sessel; es wäre möglich, die Menge des Leimes pro Kostenträger – Sessel – aufzuzeichnen, der Aufwand wäre im Vergleich zu den zusätzlichen Erkenntnisse zu hoch). Deshalb werden die unechten Gemeinkosten wie die echten Gemeinkosten behandelt. Um die Gemeinkosten auf Bezugsgrößen verrechnen zu können, sind Schlüsselgrößen erforderlich. Die verursachungsgerechte Verrechnung der Gemeinkosten auf die Kostenträger erfolgt mittels der Kostenstellenrechnung. Fallen im Unternehmen Kosten an, die zwar nicht einem einzelnen Produkt, aber Aufträgen oder Produktarten zurechenbar sind, spricht man von **Sondereinzelkosten**. Die gängigsten dabei sind die Sonderkosten der Fertigung und die Sonderkosten des Vertriebes.

1.6. Teilbereiche und Systeme der Kosten- und Leistungsrechnung

Soll das System der Kosten- und Leistungsrechnung als geschlossenes System ausgestaltet sein, so hat es folgende Teilbereiche zu enthalten (vgl. *Seicht*, 2001, S. 66):

- Kostenartenrechnung
- Kostenstellenrechnung
- Kostenträgerrechnung
- Kostenträgererfolgsrechnung
- Periodenerfolgsrechnung

Die **Kostenartenrechnung** erfasst und systematisiert alle Kosten, die innerhalb einer Periode anfallen. Die Kostenartenrechnung beantwortet die Frage, **welche Kosten** in welcher Höhe anfallen.

Die Aufgabe der **Kostenstellenrechnung** liegt in der Verrechnung der Kosten auf die einzelnen Funktionsbereiche im Unternehmen. Die Kostenstellenrechnung liefert die Antwort auf die Frage, **wo** die Kosten entstehen.

Die Kostenträgerrechnung ermittelt die Kosten der zu kalkulierenden Kostenträger. Kostenträger können sowohl Produkte als auch Leistungen sein. Die **Kostenträgerrechnung** beantwortet die Frage, **wofür** die Kosten anfallen.

Die **Kostenträgererfolgsrechnung** kann entweder als Stückrechnung oder als Periodenrechnung erfolgen. Die Aufgabe der Periodenerfolgsrechnung ist die Ermittlung des Erfolges über eine bestimmte Periode. Da die Periodenerfolgsrechnung in der Regel Perioden kürzer als ein Jahr betrachtet, wird sie auch als kurzfristige Erfolgsrechnung bezeichnet.

Die Kostenträgerstückrechnung hat eine zentrale Bedeutung in der Kostenrechnung und erfüllt die Aufgaben einer Selbstkostenrechnung bzw. Kalkulation.

1.7. Kostenartenrechnung

Kostenarten sind zusammengehörige, homogene und zusammengefasste Kosten. Die Kostenartenrechnung hat die Aufgabe, alle Kosten zu erfassen und zu gliedern. Die Kostenartenrechnung stellt somit die Basis für die Kostenstellenrechnung dar. Voraussetzung ist die Erfassung aller Kosten. Dies geschieht durch die Überleitung der Aufwendungen in Kosten. Dabei werden wie bereits dargestellt die neutralen Aufwendungen ausgeschieden und um die kalkulatorischen Kosten ergänzt.

Wichtige Kostenarten sind Materialkosten, Personalkosten und Abschreibungen.

1.7.1. Materialkosten

Die Materialkosten umfassen die Kosten der Rohstoffe, die Kosten der Hilfsstoffe und die Kosten der Betriebsstoffe. Die Rohstoffe sind jene Materialien, die den Großteil des Produktes ausmachen. Hilfsstoffe gehen ebenfalls ins Produkt ein sind jedoch nicht maßgeblich für das Produkt wie die Rohstoffe. Im Gegensatz zu den Roh- und den Hilfsstoffen gehen die Betriebsstoffe überhaupt nicht in das Produkt ein. Betriebsstoffe dienen lediglich zum Betreiben der Betriebsmittel (Maschinen).

Zu unterscheiden sind die **Einzelkosten Material** und **Gemeinkosten Material**. Um Einzelkosten Material wird es sich dann handeln, wenn das Material dem Kostenträger direkt zurechenbar ist. Ist das Material nicht direkt dem Kostenträger zurechenbar, spricht man vom Gemeinkosten Material. Dieses wird den Kostenstellen zugerechnet und fließt über Zuschlagsätze in den Kostenträger ein.

Von den Gemeinkosten Material sind die **Materialgemeinkosten** zu unterscheiden. Materialgemeinkosten entstehen durch die Beschaffung, Lagerung, Transport, Schwund etc. des Material, werden in einer separaten Kostenstelle erfasst und als Gemeinkostenzuschlag auf die Materialeinzelkosten in die Kostenträgerrechnung miteinbezogen.

1.7.2. Personalkosten

Löhne und Gehälter sind die monetäre Vergütung für Arbeiter und Angestellte. Dabei wird der Lohn in Verbindung mit dem Arbeiter und das Gehalt in Verbindung mit dem Angestellten gebracht. Beide, sowohl Löhne als auch Gehälter, gehen mit den Bruttowerten in die Kostenrechnung ein.

Löhne können sowohl Einzelkosten als auch Gemeinkosten sein. Gehälter sind meistens Gemeinkosten. Fertigungslöhne, Hilfslöhne und Gehälter für die tatsächliche Anwesenheitszeit werden als Anwesenheitslöhne und -gehälter bezeichnet. Die Löhne und Gehälter, die zusätzlich zur Anwesenheit bezahlt werden, nennt man Abwesenheitslöhne und -gehälter. Somit wird jede Anwesenheitszeit mit Kosten der Abwesenheit belastet. Da jedoch auch während der Anwesenheit nicht produktiv gearbeitet wird, müssen die gesamten Kosten auf die produktive Anwesenheitszeit zugerechnet werden. Die Kostenart der Löhne und Gehälter kann folgendermaßen untergliedert werden (vgl. *Seicht*, 2001, S. 89 f.):

1. Löhne
   A. Anwesenheitslohn
      1. Fertigungslohn (Einzelkosten)
      2. Gemeinkostenlohn
   B. Abwesenheitslohn
2. Gehälter
3. Lohn- und Gehaltsnebenkosten
   A. Lohn- und gehaltsabhängige Abgaben
   B. Gesetzlicher Sozialaufwand
   C. Freiwilliger Sozialaufwand

Damit es zu einer korrekten Verrechnung der Löhne und Gehälter in der Kostenrechnung kommt, bedarf es einer richtigen Zuordnung auf die Kostenstellen bzw. die Kostenträger.

1.7.3. Abschreibungskosten

Die Abschreibung hat die Aufgabe, die Wertminderung im Anlagevermögen zu berücksichtigen. Steuerrechtlich ist nur die lineare Abschreibung zulässig. Daraus resultiert in der Praxis sehr oft die Vorgehensweise, dass in der unternehmensrechtlichen Bilanz dieselben Ansätze wie in der steuerrechtlichen Bilanz verwendet werden. Diese Ansätze spiegeln jedoch nicht immer den effektiven Wertverlust.

Die Abschreibungskosten zählen zu den Anderskosten, da sie in der Finanzbuchhaltung und in der Kostenrechnung vorkommen, die Wertansätze jedoch unterschiedlich sind.

In der Finanzbuchhaltung wird noch zwischen planmäßiger und außerplanmäßiger Abschreibung unterschieden. In die Kostenrechnung finden jedoch nur die planmäßigen Abschreibungen Berücksichtigung.

Um die (kalkulatorische) Abschreibung zu berechnen, werden folgende Informationen gebraucht:

- die Abschreibungsbasis,
- die Nutzugsdauer
- und das Abschreibungsverfahren.

Die **Abschreibungsbasis** in der Finanzbuchhaltung sind die Anschaffungskosten bzw. die Herstellungskosten der Vermögensgegenstände. Dieser Ansatz berücksichtigt jedoch nicht, dass sich die Preise innerhalb der Nutzungsdauer ändern können. Nach dem Ausscheiden eines Vermögensgegenstandes soll dieser durch eine erneute Investition ersetzt werden. Es kann dann durchaus der Fall sein, dass die Wiederbeschaffung zu höheren (oder auch niedrigeren) Preisen erfolgen muss. In diesem Fall spricht man von einem **Substanzverzehr**, wenn nach Ablauf der Nutzungsdauer aufgrund inflationärer Entwicklungen nur ein geringwertigerer Vermögensgegenstand angeschafft werden könnte. Um diesem Substanzverzehr entgegenzuwirken, wird in der Kostenrechnung die Abschreibungsbasis, nicht wie in der Finanzbuchhaltung zu Anschaffungskosten, sondern zu Wiederbeschaffungspreisen angesetzt. Das Ziel ist die reale Substanzerhaltung. Wird am Ende der Nutzungsdauer ein Veräußerungserlös erzielt, so ist dieser zu berücksichtigen.

Die Abschreibungsbasis wird über die Nutzungsdauer verteilt. Dabei ist jedoch nicht die Nutzungsdauer der unternehmensrechtlichen oder steuerrechtlichen Vorschriften gemeint, sondern die **tatsächliche Nutzungsdauer**.

Das Abschreibungsverfahren legt nun fest, wie de Abschreibungsbasis über die Nutzungsdauer verteilt wird. Dafür stehen mehrere Verfahren zur Auswahl:

- Lineare Abschreibung
- Degressive Abschreibung
    - Geometrisch degressive Abschreibung
    - Arithmetisch degressive Abschreibung
- Progressive Abschreibung
- Verbrauchsabhängige Abschreibung

Die **lineare Abschreibung** wird errechnet, indem die Abschreibungsbasis durch die Nutzungsdauer dividiert wird. Die jährliche Abschreibungsrate errechnet sich folgendermaßen:

Jährliche Abschreibung = (Wiederbeschaffungswert – Restwerterlös) / wirtschaftliche Nutzungsdauer

Auch die **degressive Abschreibung** verteilt den Wertverzehr auf die Nutzungsdauer, jedoch im Unterschied zur linearen Abschreibung wird bei der degressiven Abschreibung der Wertverzehr in der ersten Jahren höher ausfallen, in den folgenden Jahren dafür sinken. Ein plakatives Beispiel dafür ist der Wertverlust eines Autos. Der Wertverlust ist zu Beginn hoch und nimmt mit der Nutzungsdauer ab. Es können zwei Formen der degressiven Abschreibung unterschieden werden: die geometrische und die arithmetische Abschreibung.

Bei der **arithmetisch degressiven**[2] Abschreibung sinkt der jährliche Abschreibungsbetrag um einen festen Betrag. Dieser Betrag wird als Degressionsbetrag bezeichnet.

Bei der **geometrisch degressiven** Abschreibung sinkt der jährliche Abschreibungsbetrag um einen festen relativen Betrag. Die Abschreibung nimmt daher absolut gesehen jährlich ab.

Bei der **progressiven Abschreibung** werden einfach die durch die degressive Abschreibung ermittelten Werte zeitlich umgedreht.

Die **verbrauchsabhängige Abschreibung** setzt den tatsächlich verbrauchen Wert als Abschreibung an.

1.8. Kostenstellenrechnung

Nachdem in der Kostenartenrechnung die Frage beantwortet wird, welche Kosten anfallen, geht es in der Kostenstellenrechnung darum, **wo** im Unternehmen welche Kosten und welche Erlöse anfallen. Unter Kostenstelle versteht man einen Teilbereich im Unternehmen, der kostenrechnerisch selbständig abgerechnet wird. Im Mittelpunkt der Kostenstellenrechnung steht nun die Verteilung der Kostenarten auf die definierten Kostenstellen. Die Kostenstellenrechnung fungiert somit als Bindeglied zwischen der Kostenarten- und der Kostenträgerrechnung und erfüllt zwei zentrale Aufgaben:

- Verrechnungsaufgabe
- Kontrollaufgabe

Die **Verrechnungsaufgabe** der Kostenstellenrechnung besteht in der Vorbereitung der Kosten für die Weiterverrechnung auf die Kostenträger. Damit soll eine unterschiedliche Nutzung der Kostenstellen durch die

---

[2] Eine andere Bezeichnung dafür ist die „digitale Abschreibung".

Kostenträger berücksichtigt und abgebildet werden. Durch die Kostenstellrechnung werden Gemeinkosten nicht pauschal auf Kostenträger zugeordnet und somit nimmt die Kalkulationsgenauigkeit zu. Zusätzlich führt die Kostenstellenrechnung zu einer höheren Transparenz der Kostenentstehung.

Durch die Gliederung in Kostenstellen wird eine **Kostenkontrolle** am Ort des Entstehens ermöglicht. Auf Ebene der Kostenstellen sollen die erfassten Größen mit Plandaten verglichen werden. Diese Erfassung auf Basis der einzelnen Kostenstellen sichert die Wirtschaftlichkeit der einzelnen Kostenstellen.

1.8.1. Kostenstellenbildung

Die Bildung und Gliederung der Kostenstellen soll den betrieblichen Wertschöpfungsprozess möglichst genau abbilden. Kostenstellpläne sind somit immer das Ergebnis betriebsindividueller Merkmale und Vorgaben. Kostenstellen können gebildet werden nach Funktionsbereichen, der Art der Abrechnung, nach räumlichen Aspekten oder nach organisatorischen Aspekten. Geprägt ist die Kostenstellenrechnung traditionell vom funktionalen Denken und die traditionelle Gliederung erfolgt in die betrieblichen Funktionen wie Beschaffung – Produktion und Absatz. Bei einer funktionalen Gliederung der Kostenstellen wird üblicherweise zwischen

- allgemeinen Kostenstellen[3],
- Materialkostenstellen (Beschaffung und Lagerung),
- Fertigungskostenstellen,
- Vertriebskostenstellen und
- Verwaltungskostenstellen

unterschieden.

Die Tiefe und die Art der Kostenstelleneinteilung hängen in der betrieblichen Praxis von unternehmensspezifischen Faktoren ab:

- Branche
- Betriebsgröße
- Art und Komplexität der Leistungserstellung
- Unternehmensorganisation
- u.v.m.

Daraus ergibt sich die Tatsache, dass es eine allgemein, für alle Unternehmen gültige, Kostenstelleneinteilung nicht geben kann.

Soll die Kostenstellenrechnung jedoch Transparenz im Unternehmen herstellen, sind gewisse Grundsätze bei der Definition der einzelne Kostenstellen zu beachten:

(1) Grundsatz der Homogenität

In einer Kostenstelle sollen nur Funktionen dargestellt werden, die eine ähnliche Kostenstruktur aufweisen. Nur dadurch wird gewährleistet, dass Bezugsgrößen gefunden werden können, die zu den Kosten in einer proportionalen Beziehung stehen. Die Genauigkeit der Kostenrechnung hängt stark davon ab, ob es gelingt, für die Verrechnung der Kosten eine geeignete Bezugsgröße zu finden.

(2) Abgrenzbarkeit der Kostenstelle

Die Kostenstellen sollen einen klar abgegrenzten Verantwortungsbereich definieren und Kompetenzüberschneidungen verhindern. Dafür bedarf es einen Verantwortlichen für die einzelne Kostenstelle, der an der Planung der Kosten mitwirkt und für die Einhaltung verantwortlich zeichnet.

---

[3] Das sind Kostenstellen, die Leistungen für das gesamte Unternehmen erbringen.

(3) Eindeutige Zuordenbarkeit der Kosten

Um eine wahrheitsgetreue Transparenz der Kosten zu erlangen, müssen die Kosten eindeutig einer Kostenstelle zugerechnet werden können. Eine fehlerfreie Zuordnung ist Voraussetzung für eine funktionierende Kostenrechnung. Prinzipiell gilt: Je genauer und feiner die Bildung der Kostenstellen, desto höher ist die Kalkulationsgenauigkeit, desto schwieriger jedoch die Kontierung und desto größer der Abrechnungsaufwand.

Die funktional gegliederten Kostenstellen werden in abrechnungstechnischer Hinsicht in Haupt- und Hilfskostenstellen gegliedert. **Hauptkostenstellen** (auch primäre Kostenstellen) sind jene Kostenstellen, die nicht auf andere Kostenstellen, sondern auf den Kostenträger verrechnet werden. Die Verrechnung erfolgt über leistungsabhängige Bezugsgrößen. Üblicherweise zählen zu den Hauptkostenstellen die Materialkostenstellen, die Fertigungskostenstellen, die Verwaltungskostenstelle und die Vertriebskostenstelle. **Hilfskostenstellen** (auch sekundäre Kostenstellen) sind jene Kostenstellen, die nicht dem Kostenträger, sondern anderen Haupt- oder Hilfskostenstellen verrechnet werden. Hilfskostenstellen erbringen somit keine unmittelbare Leistung für den Kostenträger. Die Verrechnung erfolgt durch die sogenannte innerbetriebliche Leistungsverrechnung.

Können Kosten dem Kostenträger direkt zugerechnet werden, spricht man von Kostenträgereinzelkosten, ansonsten von Kostenträgergemeinkosten. Die Kostenträgergemeinkosten können wiederum in Kostenstelleneinzel- und Kostenstellengemeinkosten unterschieden werden. Bei der Unterscheidung in Kostenstelleneinzel- und Kostenstellengemeinkosten geht es darum, ob bestimmte Kosten einer Kostenstelle direkt zuzuordnen sind oder ob diese geschlüsselt werden müssen.

1.8.2. Kostenstellenabrechnung

Im Mittelpunkt der Kostenstellenrechnung steht der Betriebsabrechnungsbogen (BAB). Der BAB ist eine Tabelle, in der zeilenweise die unterschiedlichen Kostenarten und spaltenweise die unterschiedlichen Kostenstellen ausgewiesen werden.

Kostenarten \ Kostenstelle	Hilfskostenstellen	Hauptkostenstellen
Primäre Gemeinkosten	1. Verteilung der primären Gemeinkosten auf die Kostenstelle nach dem Verursachungsprinzip	
Sekundäre Gemeinkosten	⟶	2. Innerbetriebliche Leistungsverrechnung
		3. Bildung von Kalkulationssätzen für die Hauptkostenstelle

Abb. 10: Betriebsabrechnungsbogen (BAB) (Quelle: eigene Darstellung)

Nach dem **Verursachungsprinzip** werden im ersten Schritt alle Gemeinkosten auf jene Kostenstellen aufgeteilt, die die Kosten auch verursachen. Dabei spielt es keine Rolle, ob die Kostenstelle eine Hilfs- oder Hauptkostenstelle ist. Dieses Prinzip der Verrechnung stellt wohl die beste Rechtfertigung für eine Kostenzuordnung dar und entspricht dem allgemeinen „Gerechtigkeitsgedanken" (vgl. *Rüth*, 2006, Kostenrechnung I, S. 36). Jene Gemeinkosten, die im ersten Schritt einer Kostenstelle zugeordnet werden können, werden als **primäre Gemeinkosten** (oder Kostenstellengemeinkosten) bezeichnet.

Nach der Überleitung der Aufwendungen in Kosten sind für einen Gewerbebetrieb folgende Werte (Jahreswerte) bekannt (Beispiel 2):

Rohstoffkosten	1.750.000
Abschreibungskosten	350.000
Gehaltskosten	1.725.000
Energiekosten	17.500
Versicherungskosten	12.350
Zinskosten	37.550
Mietkosten	58.950

Gemäß der Aufteilung der primären Gemeinkosten nach Verursachung auf die Kostenstellen ergibt sich für den Betrieb folgende Abrechnung bzw. folgende Summen für die einzelnen Kostenstellen.

Kostenarten	Zahlen der Kostenarten-rechnung	Kostenstellen				Hilfskostenstellen	
		Material-bereich	Fertigung I	Fertigung II	Verwaltung & Vertrieb	Gebäude	Küche
Rohstoffkosten	1.750.000	350.000	437.500	402.500	437.500	35.000	87.500
Abschreibungs-kosten	350.000	52.500	101.500	98.000	70.000	10.500	17.500
Gehaltskosten	1.725.000	207.000	465.750	552.000	362.250	69.000	69.000
Energiekosten	17.500	3.150	5.075	6.125	1.400	875	875
Versicherungs-kosten	12.350	5.064	2.100	1.482	2.841	371	494
Zinskosten	37.550	7.886	10.514	11.641	6.008	751	751
Mietkosten	58.950	8.843	11.201	13.559	20.043	1.179	4.127
Summe	**3.951.350**	**634.442**	**1.033.639**	**1.085.306**	**900.042**	**117.676**	**180.247**

Die Summe der Kosten der einzelnen Kostenstellen muss der Summe der Kostenartenrechnung entsprechen.

Nach der Zuordnung der Kosten auf die einzelnen Kostenstellen stellt sich nun die Frage, was mit den Hilfskostenstellen passiert. Hilfskostenstellen sind Kostenstellen, deren Leistungen nicht dem Kostenträger direkt, sondern anderen Kostenstellen verrechnet werden. Dieser Prozess der Kostenumlage (von den Hilfskostenstellen auf die Hauptkostenstellen) wird innerbetriebliche Leistungsverrechnung genannt. Die aus der ILV entstehenden Kosten nennt man **sekundäre Gemeinkosten** (oder Kostenstellengemeinkosten). Im konkreten Beispiel geht es um die 117.676 € in der Kostenstelle Gebäude und um die 180.247 € in der Kostenstelle Küche. Da diese beiden Kostenstellen ihre Leistungen nicht direkt an den Kostenträger erbringen, müssen die Gemeinkostensummen auf jene Kostenstellen aufgeteilt werden, an welche die beiden Hilfskostenstellen ihre Leistung erbringen.

1.8.3. Innerbetriebliche Leistungsverrechnung (ILV)

In Unternehmungen werden regelmäßig Leistungen produziert, die nicht am Markt verkauft werden, sondern im Unternehmen benötigt werden. Grundsätzlich sind zwei Arten dieser Leistungen zu unterscheiden:

(1) Herstellung der Vermögensgegenstände für den Eigenverbrauch:

Darunter versteht man üblicherweise die Erstellung von Anlagevermögen, wie zum Beispiel Gebäude, Werkzeuge oder auch Software. Ähnlich wie bei einem externen Auftrag wird für die Eigenleistung ein Kostenträger eröffnet und werden die anfallenden Kosten diesem Kostenträger verrechnet. Nach Fertigstellung wird, sofern die Nutzungsdauer mehr als ein Jahr betragen wird, der Vermögensgegenstand in der Bilanz aktiviert und über die Nutzungsdauer abgeschrieben.

(2) Innerbetriebliche Leistungen

Ist die Leistung jedoch nicht Aktivierungsfähig muss eine verursachungsgerechte Zuordnung der Kosten durchgeführt werden. Dies ist der Fall, wenn Leistungen nicht verkauft, sondern im Unternehmen genutzt werden. Deshalb müssen die Kosten der Hilfskostenstellen jenen Kostenstellen verrechnet werden, die die Leistungen der Hilfskostenstellen in Anspruch nehmen. Die leistenden Kostenstellen werden entlastet und die empfangenen Kostenstellen werden belastet.

Um die Leistungsverrechnung durchführen zu können werden so genannte Verrechnungssätze gebildet. Diese **Verrechnungssätze** werden errechnet, indem die Summen der Gemeinkosten der Kostenstellen durch jeweilige Bezugsgrößen geteilt werden. Bei der Auswahl der Bezugsgrößen ist jedoch darauf zu achten, dass diese in einem proportionalen Verhältnis zur Entstehung der Gemeinkosten stehen. Berechnet wird der Verrechnungssatz folgendermaßen:

$$Verrechnungssatz = \frac{\Sigma GK(Kostenstelle)}{\Sigma BG(Kostenstelle)}$$

Die Verrechnung soll nun anhand von Beispiel 2 erklärt werden:

Aufgabe der Kostenstelle Gebäude ist die Instandhaltung und die Reinigung der Gebäude. In der Kostenstelle „Gebäude" sind die primären Gemeinkosten gesammelt. Diese beinhalten Instandhaltungsaufwendungen, Abschreibungen, das Gehalt des Hausmeisters, Gehälter des Reinigungspersonals etc. Die Summe der Gemeinkosten der Kostenstelle beträgt: 117.676 €. Diese Kosten sollen nun denjenigen Kostenstellen angerechnet werden, die die Leistung der Kostenstelle Gebäude in Anspruch nehmen.

Die Nutzfläche der Gebäude beträgt in Summe 8.000 m^2. Zu beachten ist jedoch, dass auch die Kostenstelle Gebäude selbst einen Teil der Nutzfläche für sich selbst beansprucht. Im Beispiel sind das 100 m^2. Somit muss die Leistung, die die Kostenstelle erbringt, nicht auf 8.000 m^2, sondern „nur" auf 7.900 m^2 aufgeteilt werden. Dies deshalb weil die 100qm zur Leistungserbringung genutzt werden, und die Hilfskostenstellen alle ihre Kosten an die Hauptkostenstellen verrechnen.

Somit kann der Verrechnungssatz folgendermaßen berechnet werden:

$$Verrechnungssatz = \frac{117.676}{7.900} = 14,89 \text{ € pro m}^2$$

Um die Kosten den beziehenden Kostenstellen verrechnen zu können, muss die benutzte Fläche der jeweiligen Kostenstelle bekannt sein. Die Nutzfläche im Unternehm ist folgendermaßen verteilt:

	Material-bereich	Fertigung I	Fertigung II	Verwaltung & Vertrieb	Gebäude	Küche
Schlüssel für Gebäude (m²)	1.000	2.500	3.750	400	100	250

Die Aufteilung der Kosten erfolgt in Abhängigkeit der von den Kostenstellen genutzten m². Die Verrechnung sieht nun folgendermaßen aus:

	Materialbereich	Fertigung I	Fertigung II	Verwaltung & Vertrieb	Gebäude	Küche
Verrechnung Gebäude	14.896	37.239	55.859	5.958	−117.676	3.724

Die Kostenstelle Material wird für die Nutzung (Leistungsinanspruchnahme) der durch die Kostenstelle Gebäude gewarteten Fläche in der Höhe von 14.896 € belastet (sekundäre Gemeinkosten). Ebenso werden die Stellen Fertigung, Verwaltung & Vertrieb und Küche belastet. Die Kostenstelle Gebäude wird mit den weiterverrechneten Kosten entlastet. Der BAB hat nun folgendes Aussehen:

	Hauptkostenstellen				Hilfskostenstellen	
	Materialbereich	Fertigung I	Fertigung II	Verwaltung & Vertrieb	Gebäude	Küche
Primäre Gemeinkosten	634.443	1.033.640	1.085.307	900.042	117.676	180.247
Sekundäre Gemeinkosten: Umlage Gebäude	14.896	37.239	55.859	5.958	−117.676	3.724
Summe Gemeinkosten	**649.339**	**1.070.879**	**1.141.166**	**906.000**	**0**	**183.971**

In der Praxis ist die Situation jedoch selten so einfach, da meistens Kostenstellen nicht nur Leistung abgeben, sondern auch Leistungen von anderen Kostenstellen beziehen. Auch in diesem Fall würden die Mitarbeiter der Kostenstelle Gebäude Leistungen aus der Betriebsküche beziehen und gleichzeitig Leistung an die Kostenstelle Küche erbringen.

Einseitige Leistungsbeziehungen stellen kein Problem dar. Wie bereit dargestellt, werden dabei die Gemeinkosten über Verrechnungssätze weiterverrechnet. Bestehen jedoch Leistungsverflechtungen zwischen den Kostenstellen ergibt sich folgendes Problem: Um die gesamten Gemeinkosten einer Kostenstelle bestimmen zu können, werden die primären und die sekundären Gemeinkosten benötigt. Diese sind mittels ILV erst dann bestimmbar, wenn die Verrechnungssätze der vorgelagerten Kostenstellen bekannt sind. Diese hängen jedoch wieder von den Verrechnungssätzen der nachgelagerten Kostenstelle ab. Somit liegt ein Zirkelbezug vor, der entweder eine Vereinfachung oder eine gleichzeitige Bestimmung der Verrechnungssätze erfordert. Folgende Verfahren zur Lösung des dargestellten Problems sollen nun näher dargestellt werden:

- das Anbauverfahren,
- das Stufenleiterverfahren,
- das Gleichungsverfahren.

Grundzüge der Kosten- und Leistungsrechnung

1.8.3.1. Anbauverfahren

Das bereits geschilderte Problem der wechselseitigen Leistungsbeziehungen löst das Anbauverfahren, indem die **Leistungsbeziehungen zwischen den Hilfskostenstellen unberücksichtigt bleiben**. Es erfolgt lediglich eine Berücksichtigung der Leistungsbeziehung zwischen Hilfs- und Hauptkostenstellen.

Mittels Anbauverfahren würde die ILV folgendermaßen aussehen:

Die Bezugsgröße der Küche sind die tätigen und damit zu verköstigenden Personen in den jeweiligen Kostenstellen. Die Kostenstellen weisen folgende Beschäftigungszahlen auf:

	Material-bereich	Fertigung I	Fertigung II	Verwaltung & Vertrieb	Gebäude	Küche
Schlüssel für Küche (Personen)	12	22	26	16	4	4

Die Hilfskostenstelle Gebäude verrechnet nach benutzter Fläche in m²:

	Material-bereich	Fertigung I	Fertigung II	Verwaltung & Vertrieb	Gebäude	Küche
Schlüssel für Gebäude (qm)	1.000	2.500	3.750	400	100	250

Da die Leistungsverflechtungen der Hilfskostenstellen untereinander nicht berücksichtigt werden, ergeben sich folgende Verrechnungssätze:

$$Verrechnungssatz\ Küche\ =\ \frac{180.247}{76}\ =\ 2.371,66\ €\ pro\ Person$$

$$Verrechnungssatz\ Gebäude\ =\ \frac{117.676}{7.650}\ =\ 15,38\ €\ pro\ m^2$$

Zu beachten dabei ist, dass die Fläche der Hilfskostenstelle nicht in die Summe der Bezugsgrößen eingerechnet wird. Es werden die primären Gemeinkosten nur auf die Hauptkostenstellen verrechnet. Gleiches gilt bei der Berechnung des Verrechnungssatz für die Küche. Die Summe der Gemeinkosten der Kostenstelle wird auf die Anzahl der Beschäftigen verrechnet, jedoch bleiben die vier Personen in der Hilfskostenstelle Gebäude und die vier Personen in der Küche unberücksichtigt.

Der BAB (nach Verrechnung der Hilfskostenstellen) hat nun folgendes Aussehen:

	Kostenstellen				Hilfskostenstellen	
	Materialbereich	Fertigung I	Fertigung II	Verwaltung & Vertrieb	Gebäude	Küche
Primäre Gemeinkosten	634.442	1.033.639	1.085.306	900.042	117.676	180.247
Umlage Küche	28.460	52.177	61.663	37.947		−180.247
Umlage Gebäude	15.382	38.456	57.684	6.153	−117.676	
Summe Gemeinkosten	**678.284**	**1.124.272**	**1.204.653**	**944.141**	**0**	**0**

Beide Hilfskostenstellen wurden um ihre gesamten Gemeinkosten entlastet und die Leistung an die empfangenen Hauptkostenstellen weiterverrechnet. Somit ist die Summe der Gemeinkosten in den Hilfskostenstellen null und nur die Hauptkostenstellen weisen noch Gemeinkosten auf. Sinn und Zweck der Abrechnung ist der, dass nach ILV nur die Hauptkostenstellen Gemeinkosten aufweisen. Da die Hauptkostenstellen direkt Leistung an den Kostenträger erbringen, können die Kosten der Hauptkostenstellen über Verrechnungs- oder Zuschlagssätze auf den Kostenträger weiterverrechnet werden.

1.8.3.2. Stufenleiterverfahren

Anders als beim Anbauverfahren wird beim Stufenleiterverfahren die Leistungsverflechtung zwischen den Hilfskostenstellen zumindest teilweise berücksichtigt. Die Abrechnung der einzelnen Hilfskostenstellen erfolgt nacheinander, wobei die nachfolgenden Hilfskostenstellen sehr wohl von den zuvor abgerechneten Hilfskostenstellen belastet werden. Somit entstehen auch bei Hilfskostenstellen sekundäre Gemeinkosten. Die nachgelagerte Hilfskostenstelle wird abgerechnet, indem die Summe der Gemeinkosten (inkl. der weiterverrechneten sekundären Gemeinkosten) gebildet wird und diese Summe durch Division der Bezugsgrößen in den Verrechnungssatz einfließt. Somit erfolgt die Abrechnung der Hilfskostenstellen nacheinander. Die ILV sollte bei jener Hilfskostenstelle beginnen, die entweder nur Leistungen abgibt (keine empfängt), bzw. bei jener Kostenstelle, die wertmäßig die geringsten Kosten von anderen Kostenstellen bezieht. Wie auch das Anbauverfahren liefert das Stufenleiterverfahren lediglich einen Näherungswert, da die gegenseitigen Leistungsverflechtungen nicht vollständig berücksichtigt werden. Anhand des Beispiels 2 soll das Stufenleiterverfahren dargestellt werden:

Es sind dabei die Kostenstellen Küche und Gebäude betroffen. Da die Kostenstellen nacheinander abgerechnet werden, stellt sich die Frage: Mit welcher beginnen?

Zwei Aspekte sind dabei zu prüfen: Gibt es eine Kostenstelle, die nur leistet und nicht empfängt? Leider nicht, da sowohl Küche als auch Gebäude leisten und auch Leistungen empfangen. Somit ist im nächsten Schritt zu prüfen, welche Kostenstelle die geringsten Leistungen (wertmäßig) empfängt. Mit dieser Kostenstelle beginnt die Verrechnung:

Die Hilfskostenstelle Küche benutzt 250 m² und die Hilfskostenstelle Gebäude empfängt für vier Mitarbeiter Leistungen aus der Küche. Um diese Leistungen wertmäßig reihen zu können, werden die Verrechnungssätze ohne Leistungsverflechtung verwendet:

Küche: benutzt 250 m² zu 14,9/m² = 3.725

Gebäude: empfängt für vier Personen zu je 2.253 = 9.012 €

Die Hilfskostenstelle Küche ist jene Kostenstelle, die wertmäßig die geringste Leistung bezieht. Somit beginnt die Abrechnung mit der Verrechnung der Kostenstelle Küche:

Im ersten Schritt wird die Summe der Gemeinkosten der Kostenstelle Küche durch die Bezugsgrößensumme dividiert:

$$Verrechnungssatz\ Küche = \frac{180.247}{80} = 2.253{,}09\ €\ pro\ Person$$

Mit diesem Verrechnungssatz werden nun alle Leistungsempfangenden Kostenstellen belastet (inkl. Gebäude) und die Küche entlastet:

	Kostenstellen				Hilfskostenstellen	
	Material-bereich	Fertigung I	Fertigung II	Verwal-tung & Vertrieb	Gebäude	Küche
Primäre Gemeinkosten	634.442	1.033.639	1.085.306	900.042	117.676	180.247
Umlage Küche / sekundäre GK	27.037	49.568	58.580	36.049	9.012	−180.247
Summe Gemeinkosten	**661.478**	**1.083.207**	**1.143.886**	**936.091**	**126.688**	**0**

Durch die Verrechnung entstehen nun auch in der Kostenstelle Gebäude sekundäre Gemeinkosten. Die primären und die sekundären Gemeinkosten ergeben die Summe der Gemeinkosten (auch in der Hilfskostenstelle Gebäude). Im nächsten Schritt wird der Verrechnungssatz der Hilfskostenstelle Gebäude ermittelt:

$$\textit{Verrechnungssatz Küche} = \frac{126.688}{7.650} = 16,56 \text{ € pro Person}$$

Mit diesem Verrechnungssatz erfolgt die Verrechnung der Hilfskostenstelle Gebäude. Der BAB hat nun folgendes Aussehen:

	Kostenstellen				Hilfskostenstellen	
	Material-bereich	Fertigung I	Fertigung II	Verwal-tung & Vertrieb	Gebäude	Küche
Primäre Gemeinkosten	634.442	1.033.639	1.085.306	900.042	117.676	180.247
Umlage Küche (sek. GK)	27.037	49.568	58.580	36.049	9.012	−180.247
Summe Gemeinkosten	**661.478**	**1.083.207**	**1.143.886**	**936.091**	**126.688**	**0**
Umlage Gebäude (sek. GK)	16.561	41.401	62.102	6.624	−126.688	0
Summe Gemeinkosten	**678.039**	**1.124.608**	**1.205.988**	**942.715**	**0**	**0**

Im Vergleich zum Anbauverfahren differieren die Summen der Gemeinkosten in den einzelnen Kostenstellen. Die Summe muss jedoch wieder der Summe aus der Kostenartenrechnung entsprechen (3,951.350 €).

	Kostenstellen				Hilfskostenstellen	
	Material-bereich	Fertigung I	Fertigung II	Verwal-tung & Vertrieb	Gebäude	Küche
Summe GK Anbauverfahren	678.284	1.124.272	1.204.653	944.141	0	0
Summe GK Stufenleiterverfahren	678.039	1.124.608	1.205.988	942.715	0	0

1.8.3.3. Gleichungsverfahren

Anders als in den vorangegangenen Verfahren erfolgt die Abrechnung beim Gleichungsverfahren nicht nacheinander, sondern simultan. Mathematisch gesehen muss ein n-dimensionales Gleichungssystem gelöst wer-

Grundzüge der Kosten- und Leistungsrechnung

den. Das Gleichungsverfahren ist auch jenes Verfahren, welches in der Praxis in ERP-Systemen (wie z.B. SAP) zum Einsatz kommt.

Um die Verrechnung simultan durchführen, ist es notwendig, für jede leistende und empfangende Stelle eine Gleichung aufzustellen. Ziel ist es sämtliche Kosten, inklusive die verrechneten Kosten, weiterverrechnen zu können. Die Gleichung lautet:

Summe der primären GK + Summe der sekundären GK = Output

Für das Unternehmen in Beispiel 2 gibt es zwei Hilfskostenstellen, die nun simultan verrechnet werden sollen – die Gleichung für die Kostenstelle Küche sieht folgendermaßen aus:

Summe der primären GK + Summe der sekundären GK = Output

Die primären GK können aus dem BAB entnommen werden. Die sekundären GK setzen sich aus der in Anspruch genommenen Leistung mal dem Verrechnungspreis zusammen. Dieser Verrechnungspreis steht jedoch noch nicht fest. Für den Verrechnungspreis pro Einheit aus der Kostenstelle Küche wird die Variable k und für den Verrechnungspreis pro Einheit (m^2) der Kostenstelle Gebäude wird die Variable g verwendet.

Somit ergibt sich für die Hilfskostenstelle Küche folgende Gleichung:

Küche: 180.247 + 250g = 80k

Die Gleichung ist nun folgendermaßen zu erklären: Die gesamten Kosten in der Kostenstelle Küche bestehen aus den primären und den sekundären GK. Die primären GK (180.247) sind aus dem BAB zu entnehmen. Weiters konsumiert die Küche 250m^2 an Leistung von der Kostenstelle Gebäude. Der Verrechnungssatz ist noch nicht bekannt, deshalb die Verwendung der Variablen. In Summe entstehen der Kostenstelle Küche nun GK in der Höhe von 180.247 plus die sekundären GK in der Höhe von 250 multipliziert mit dem Verrechnungssatz der Kostenstelle Gebäude. Den gesamten Kosten steht ein Output der Küche gegenüber, nämlich die Verköstigung von 80 Personen. Die Leistungserbringung erfolgt somit an 80 Personen. Durch die Gleichung wird nun sichergestellt, dass der Verrechnungssatz für die 80 Personen in der gleichen Höhe sein muss, wie die Summe der GK (primär und sekundär). Das Ziel ist die Weiterverrechnung sämtlicher Kosten.

Die Gleichung für die Kostenstelle Gebäude sieht folgendermaßen aus:

Gebäude: 117.676 + 4k = 7.900g

Das Gleichungssystem besteht nun aus zwei Gleichungen:

Küche: 180.247 + 250g = 80k
Gebäude: 117.676 + 4k = 7.900g

Eine Auflösung der Gleichung der Kostenstelle Gebäude nach k ergibt:

117.676 + 4k = 7.900g
k = 7.900g/4 – 117.676/4
k = 1.975g – 29.419

Eingesetzt in die Gleichung der Kostenstelle Küche:

180.247 + 250g = 80 x (1.975g – 29.419)
2.533.767 = 157.750g
g = 16,062

Der Verrechnungssatz pro m^2 beträgt bei simultaner Lösung: 16,062 €/m^2

Setzt man den Wert nun in die Gleichung Küche ein, ergibt sich folgender Verrechnungspreis für k:

$180.247 + 250g = 80k$
$180.247 + 4.015,5 = 80 k$
$k = 2.303,28$

Somit ist der exakte Verrechnungspreis 2.303,28 € für die abgebenden Leistungen.

Der BAB sieht nach der ILV mit den errechneten Verrechnungssätzen nun folgendermaßen aus:

	Kostenstellen				Hilfskostenstellen	
	Material-bereich	Fertigung I	Fertigung II	Verwal-tung & Vertrieb	Gebäude	Küche
Primäre Gemeinkosten	634.442	1.033.639	1.085.306	900.042	117.675,5	180.246,5
Umlage Küche (sek. GK)	27.639	50.672	59.885	36.852	9.213	–184.262,0
Umlage Gebäude (sek. GK)	16.062	40.155	60.232	6.425	–126.888,6	4.015
Summe Gemeinkosten	**678.143**	**1.124.466**	**1.205.423**	**943.319**	**0,00**	**0,00**

Im Gegensatz zum Stufenleiterverfahren werden die Kostenstellen nicht nacheinander, sondern gleichzeitig verrechnet. Somit führt diese Methode auch als einzige zum exakten Ergebnis. Nachfolgend sind nun nochmals alle Verrechnungssätze und Gemeinkostensummen in den Hauptkostenstellen dargestellt:

	Kostenstellen			
	Materialbereich	Fertigung I	Fertigung II	Verwaltung & Vertrieb
Summe GK Anbauverfahren	678.284	1.124.272	1.204.653	944.141
Summe GK Stufenleiterverfahren	678.039	1.124.608	1.205.988	942.715
Summe GK Gleichungsverfahren	678.143	1.124.466	1.205.423	943.319

	Hilfskostenstellen	
Verrechnungssätze	Gebäude	Küche
VS Anbauverfahren	15,382	2.371,664
VS Stufenleiterverfahren	16,561	2.253,081
VS Gleichungsverfahren	16,062	2.303,275

1.8.4. Bildung von Gemeinkostensätzen für die Hauptkostenstellen

Nachdem nun alle Hilfskostenstellen abgerechnet wurden, werden im nächsten Schritt die **Gemeinkostenzuschlagssätze** für die Hauptkostenstellen errechnet. Die Gemeinkostenzuschlagssätze dienen dazu die Gemeinkosten der Kostenstellen auf die Kostenträger weiterverrechnen zu können. Dazu müssen Schlüsselgrößen gefunden werden, die die verursachungsgemäße Weiterverrechnung auf die Kostenträger erlauben.

In der Regel erfolgt die Berechnung der Gemeinkostenzuschlagssätze nach folgender Formel:

$$GKZS\ (Kostenstelle) = \frac{\Sigma GK\ (Kostenstelle)}{\Sigma EK\ (Kostenstelle)}$$

GKZS = Gemeinkostenzuschlagssatz für die Kostenstelle
GK = Gemeinkosten der Kostenstelle
EK = Einzelkosten der Kostenstelle

Für die Kostenstellen Verwaltung und Vertrieb werden in der Regel die Herstellkosten als Bezugsgröße verwendet:

$$GKZS\ (Kostenstelle) = \frac{\Sigma GK}{\Sigma Herstellkosten}$$

Die wichtigsten Bezugsgrößen sind:

- **Materialeinzelkosten** für die Kostenstelle Material
- **Fertigungslöhne** für die Kostenstelle Fertigung
- **Maschinenstunden** für die Kostenstelle Fertigung
- **Herstellkosten** für die Kostenstellen Verwaltung & Vertrieb

Folgende Einzelkosten sind im Unternehmen der XY-AG angefallen:

Einzelkosten	
Materialeinzelkosten	2.500.000
Fertigungslöhne I	1.250.000
Fertigungslöhne II	1.570.000

Nachfolgend wird die Berechnung der Gemeinkostenzuschlagssätze dargestellt:

	Kostenstellen				Hilfskostenstellen	
	Materialbereich	Fertigung I	Fertigung II	Verwaltung & Vertrieb	Gebäude	Küche
Primäre Gemeinkosten	634.442	1.033.639	1.085.306	900.042	117.676	180.247
Umlage Küche	27.639	50.672	59.885	36.852	9.213	−184.262
Umlage Gebäude	16.062	40.155	60.232	6.425	−126.889	4.015
Summe Gemeinkosten	**678.143**	**1.124.466**	**1.205.423**	**943.319**	**0,00**	**0,00**

Einzelkosten	2.500.000	1.250.000	1.570.000	
Gemeinkostenzuschlagssatz	**27,13%**	**89,96%**	**76,78%**	

Um den Gemeinkostenzuschlag für Verwaltung und Vertrieb berechnen zu können, werden die Herstellkosten benötigt. Die Berechnung der Herstellkosten des Umsatzes ist in nachfolgender Tabelle dargestellt:

Herstellkosten des Umsatzes	
Fertigungsmaterial	2.500.000
Materialgemeinkosten	678.143
Fertigungslöhne I	1.250.000
Fertigungsgemeinkosten I	1.124.466
Fertigungslöhne II	1.570.000
Fertigungsgemeinkosten II	1.205.423
Herstellkosten	**8.328.031**

Somit kann der BAB der XY-AG vervollständigt werden:

	Kostenstellen				Hilfskostenstellen	
	Materialbereich	Fertigung I	Fertigung II	Verwaltung & Vertrieb	Gebäude	Küche
Primäre Gemeinkosten	634.442	1.033.639	1.085.306	900.042	117.676	180.247
Umlage Küche	27.639	50.672	59.885	36.852	9.213	−184.262
Umlage Gebäude	16.062	40.155	60.232	6.425	−126.889	4.015
Summe Gemeinkosten	**678.143**	**1.124.466**	**1.205.423**	**943.319**	**0,00**	**0,00**

Einzelkosten	2.500.000	1.250.000	1.570.000	8.328.031
Gemeinkostenzuschlagssatz	27,13%	89,96%	76,78%	11,33%

Eingangs des Kapitels wurden zwei Aufgaben für die Kostenstellenrechnung dargestellt:
- Verrechnungsaufgabe
- Kontrollaufgabe

Durch die Ermittlung der Gemeinkostenzuschlagssätze und damit eine Verrechnung der Gemeinkosten auf den Kostenträger ist die Verrechnungsaufgabe erfüllt. Im ersten Schritt erfolgte ein ILV und die Hilfskostenstellen wurden auf die Hauptkostenstellen verrechnet. Diese verrechneten Gemeinkosten und die bereits bestehenden primären Gemeinkosten bilden sodann die Summe der Gemeinkosten in den Hauptkostenstellen und werden in Relation zu den Bezugsgrößen gesetzt. Das Ergebnis sind die Gemeinkostenverrechnungssätze der Hauptkostenstellen.

Die Kontrollaufgabe, als zweite wesentliche Aufgabe der Kostenstellenrechnung, ist durch die Transparenz möglich geworden. Die Kostenstellenrechnung ermöglicht die Gemeinkosten bezüglich ihrer Entstehung und Struktur zu kontrollieren. Es wird im Unternehmen transparent, in welchen Kostenstellen welche Kosten angefallen sind. Die Kostenstellenrechnung ermöglicht nun den Vergleich der Ist-Werte mit den Sollvorgaben oder mit Vergangenheitswerten.

1.9. Kostenträgerrechnung

Die Kostenartenrechnung und die Kostenstellenrechnung haben bereits die Frage beantwortet, welche Kosten wo angefallen sind. Die Kostenträgerrechnung soll im Anschluss die Frage beantworten, **wofür die Kosten** angefallen sind. Kostenträger sind betriebliche Leistungen, durch deren Erstellung Kosten verursacht wurden. Da die Kostenträger die Kosten verursacht haben, sollen sie diese auch tragen.

Kostenträger können sein:

- Für den Absatz bestimmte Produkte oder Leistungen in Form von
  - Kundenaufträgen oder
  - Lageraufträgen
- Innerbetrieblich genutzte Produkte oder Leistungen in Form von
  - Anlagenaufträgen oder
  - Gemeinkostenaufträgen

Unter Kundenauftrag ist eine Fertigung auf Basis eines Kundenauftrags gemeint. Gibt es keinen speziellen Kundenauftrag, so wird vorerst auf Lager produziert, um anschließend die Produkte zu verkaufen.

Unter Anlagenauftrag ist ein innerbetrieblicher Auftrag gemeint, der zu einer Aktivierung des Gegenstandes führt. Im Gegensatz dazu sind Gemeinkostenaufträge solche, bei denen es zu keiner Aktivierung kommt, sondern die Leistung in der gleichen Periode verbraucht wird.

Nach dem **Rechnungsziel** kann die **Kostenträgerrechnung** in eine

- Kostenträgerstückrechnung und in die
- Kostenträgerzeitrechnung

eingeteilt werden.

Die Aufgabe der Kostenträgerstückrechnung besteht in der Ermittlung der Kosten eines Kostenträgers (Kalkulation). Die Kostenträgerzeitrechnung ermittelt über eine bestimmte Periode den Erfolg als Differenz zwischen Kosten und den entsprechenden Umsatzerlösen. Deshalb wird die Kostenträgerzeitrechnung auch als kurzfristige Erfolgsrechnung oder als Ergebnisrechnung bezeichnet.

Folgende Aufgabe hat die Kostenträgerrechnung zu erfüllen:

- Ermittlung der Kosten der Kostenträger (sowohl stück- als auch zeitbezogen)
- Ermittlung des Erfolges der Kostenträger (sowohl stück- als auch zeitbezogen)
- Bereitstellung von Informationen zur Preisgestaltung
  - Angebotspreise (Vollkosten)
  - Kurzfristige Preisuntergrenze (Grenzkosten)
- Kostenkontrolle
- Bereitstellung von Wertansätzen für die Bilanz
- Bereitstellung von Informationen bezüglich einer Make-or-buy-Entscheidung

Um den dargestellten Aufgaben gerecht zu werden, verwendet man unterschiedliche Kalkulationsverfahren. **Alle Verfahren lassen sich prinzipiell als Ist-, Normal und Plankalkulation auf Vollkostenbasis oder auf Teilkostenbasis durchführen.**

Abhängig von der Anzahl und Unterschiedlichkeit der Produkte, von der Fertigungstiefe, vom Ausbau der Kostenrechnung und vom Zweck der Kalkulation können folgende Kalkulationstypen unterschieden werden:

- Divisionskalkulation
- Zuschlagskalkulation
- Kuppelkalkulation

1.9.1. Divisionskalkulation

Die Divisionskalkulation kommt für Unternehmen in Frage, die nur ein Produkt in Massenfertigung herstellen. In einem solchen Unternehmen kann zum Zwecke der Kalkulation die Kostenstellenrechnung entfallen, da der Kostenträger sämtliche Kosten zu tragen hat. Somit ist die Differenzierung in Einzel- und Gemeinkosten zu Kalkulationszwecken nicht notwendig, es können jedoch andere Gründe für eine Kostenstellenrechnung sprechen (z.B. Kostenkontrolle).

Je nachdem, ob Bestandsveränderungen vorliegen, lässt sich die Divisionskalkulation in einer einstufigen, zweistufigen oder mehrstufigen Variante durchführen.

1.9.1.1. Einstufige Divisionskalkulation

Bei der einstufigen Divisionskalkulation ergeben sich die Selbstkosten pro Stück nach folgender Formel:

$$Selbstkosten = \frac{Gesamtkosten}{produzierte\ Menge} = \frac{K}{\chi}$$

Die einstufige, oder auch einfache, Divisionskalkulation ist unter folgenden Voraussetzungen einsetzbar:

- Keine Lagerbestandsveränderungen – die produzierte Menge entspricht der abgesetzten Menge.
- Einstufiger Produktionsprozess – daher gibt es keine Lagerbestandsveränderung an halbfertigen Erzeugnissen. Ist der Produktionsprozess nicht einstufig, kann das Verfahren dann verwendet werden, wenn es keine Lagerbestandsveränderung an halbfertigen Erzeugnissen gibt.

Das Verfahren soll anhand des Beispiels der XY-AG demonstriert werden.

Die XY-AG stellt lediglich ein Produkt her. Lagerbestandsveränderungen treten nicht auf und die Anzahl der erzeugten und abgesetzten Menge sei mit 950.000 Stück angenommen.

Die gesamten Kosten sind:

Materialkosten	2.500.000
Löhne	2.820.000
Rohstoffkosten	1.750.000
Abschreibungskosten	350.000
Gehaltskosten	1.725.000
Energiekosten	17.500
Versicherungskosten	12.350
Zinskosten	37.550
Mietkosten	58.950
Summe	**9.271.350**

Die Erlöse der Periode belaufen sich auf 10.550.000 €.

Die **Selbstkosten** werden nach folgender Formel berechnet:

$$Selbstkosten = \frac{Gesamtkosten}{produzierte\ Menge} = \frac{9.271.350}{950.000} = 9{,}76\ €\ pro\ Stück$$

Das Stückergebnis ergibt sich folgendermaßen:

$$Erlöse\ pro\ Stück = \frac{10.550.000}{950.000} = 11{,}11\ €\ pro\ Stück$$

Somit ist das Nettostückergebnis: 11,11 – 9,76 = 1,35 € pro Stück.

Die Kalkulation in Form der einstufigen Divisionskalkulation gestaltet sich als einfach, in der Praxis ist der Einsatz jedoch auf wenige Anwendungsfälle beschränkt.

1.9.1.2. Zweistufige Divisionskalkulation

Bei der zweistufigen Divisionskalkulation stimmen die hergestellte Menge und die abgesetzte Menge nicht überein. Somit kommt es zu einer Veränderung in den Lagerbeständen an fertigen Erzeugnissen, nicht jedoch an halbfertigen Erzeugnissen. Die zweistufige Divisionskalkulation teilt die Gesamtkosten in Herstellkosten und in die Kosten für Verwaltung und Vertrieb. Die Selbstkosten werden errechnet, indem die Herstellkosten mit den Verwaltungs- und Vertriebskosten pro abgesetzte Einheit addiert werden:

$$Selbstkosten = \frac{GKH\ der\ Periode}{GHM\ der\ Periode} + \frac{KVV\ der\ Periode}{AM\ der\ Periode}$$

GKH = Gesamte Herstellungskosten
GHM = Gesamte Herstellmenge
KVV = Gesamte Verwaltungs- und Vertriebskosten
AM = Absatzmenge

Die Kosten von Verwaltung und Vertrieb werden nur auf die abgesetzte und nicht auf die produzierte Menge gerechnet.

Die Kosten der XY-AG sind nun in Herstellkosten und in die Verwaltungs- und Vertriebskosten aufgeteilt:

Gesamte Herstellkosten	
Fertigungsmaterial	2.500.000
Materialgemeinkosten	678.143
Fertigungslöhne I	1.250.000
Fertigungsgemeinkosten I	1.124.466
Fertigungslöhne II	1.570.000
Fertigungsgemeinkosten II	1.205.423
Herstellkosten	**8.328.031**

Die gesamten Verwaltungs- und Vertriebskosten der Periode belaufen sich auf: 943.319 €

Von den 950.000 produzierten Stück konnten lediglich 900.000 abgesetzt werden.

$$Selbstkosten = \frac{8.328.031}{950.000} + \frac{943.319}{900.000} = 9{,}81\ \euro\ pro\ Stück$$

Durch die Trennung in Herstellkosten und Verwaltungs- und Vertriebskosten ist bei der zweistufigen Divisionskalkulation bereits eine Kostenstellenrechnung notwendig.

1.9.1.3. Mehrstufige Divisionskalkulation

Die mehrstufige Divisionskalkulation wird verwendet, wenn in einem Einproduktbetrieb die Fertigung mehrere Fertigungsstufen durchläuft und sich die Bestände an fertigen und halbfertigen Produkten verändern. Die produzierte Menge entspricht wiederum nicht der abgesetzten Menge.

Die Stückkosten ergeben sich durch Division der Herstellkosten der unterschiedlichen Produktionsstufen durch die hervorgebrachten Mengen. Die Verwaltungs- und Vertriebskosten beziehen sich, wie bei der zweistufigen Divisionskalkulation, auf die abgesetzten Mengen. Die mehrstufige Divisionskalkulation stellt eine höhere Anforderung an die Kostenrechnung, denn für die Fertigung sind, je nach Fertigungsbereich, eigene Kostenstellen einzurichten. Die Stückselbstkosten werden mit nachfolgender Formel berechnet:

$$Stückselbstkosten = \sum_{i=1}^{n} \frac{HK_i}{PM_i} + \frac{KVV}{AM}$$

HK_i = Herstellkosten der Produktionsstufe i
PM_i = produzierte Menge auf der i-ten Produktionsstufe
KVV = Verwaltungs- und Vertriebskosten
AM = abgesetzte Menge

Häufig werden in der mehrstufigen Divisionskalkulation auch Materialkosten und Fertigungskosten getrennt:

$$Stückselbstkosten = Stückmaterialkosten = \sum_{i=1}^{n} \frac{HK_i}{PM_i} + \frac{KVV}{AM}$$

Die Vorgehensweise soll nun wieder anhand eines Beispiels dargestellt werden:

Die XY-AG stellt ihr Produkt in einem zweistufigen Produktionsprozess her. In der ersten Stufe wird das Material in die richtige Form gebracht und in der zweiten Produktionsstufe weiterverarbeitet und gefärbt.

In der ersten Stufe wurden 950.000 Stück hergestellt. Die Kosten der ersten Produktionsstufe betrugen € 2.248.931. In der zweiten Stufe wurden 900.000 Stück weiterverarbeitet und dabei entstanden Kosten in der Höhe von € 2.275.423. Der Materialverbrauch wurde mit € 2.500.000 beziffert. Der Materialgemeinkostenzuschlag betrug 27,13%. Die gesamten Verwaltungs- und Vertriebskosten der Periode belaufen sich auf: € 943.319. 850.000 Stück wurden abgesetzt.

Die Stückmaterialeinzelkosten belaufen sich auf:

$$= \frac{2.500.000}{950.000} = 2{,}63\ \euro\ pro\ Stück$$

Die Stückmaterialkosten betragen somit 2,63 plus Gemeinkostenzuschlag (27,13%).

Stückmaterialkosten = 3,34 €.

$$Stückselbstkosten = 3,34 + \frac{2.248.931}{950.000} + \frac{2.275.423}{900.000} \frac{943.319}{850.000} = 9,35 \text{ € } pro \text{ } Stück$$

1.9.2. Zuschlagskalkulation

Das Prinzip der Zuschlagskalkulation besteht darin, dass die Selbstkosten ermittelt werden, indem die **Einzelkosten direkt dem Kostenträger zugerechnet werden und die Gemeinkosten der einzelnen Kostenstellen mittels Gemeinkostenzuschlagssätze** aus dem Betriebsabrechnungsbogen übernommen werden. Für die Zuschlagskalkulation ist eine Trennung der Einzel- und Gemeinkosten unerlässlich. Die Gemeinkosten werden wiederum den Kostenstellen zugeordnet. Durch die ILV werden auch die sekundären Gemeinkosten auf die Hauptkostenstellen verteilt und durch In-Bezug-Setzen zu einer geeigneten Bezugsgröße entstehen die Zuschlagssätze. Angewendet wird die Zuschlagskalkulation vor allem in Unternehmen mit mehreren Produkten, wobei die einzelnen Kostenträger die Kostenstellen unterschiedlich beanspruchen. Um eine valide Zuschlagskalkulation vornehmen zu können ist eine gut strukturierte und ausgebaute Kostenstellenrechnung notwendig.

Allgemein wird der Zuschlagssatz folgendermaßen berechnet:

$$Zuschlagsatz \text{ } der \text{ } Hauptkostenstelle = \frac{Summe \text{ } der \text{ } Gemeinkosten \text{ } der \text{ } Kostenstelle}{Bezugsgröße \text{ } der \text{ } Kostenstelle}$$

Das grundsätzliche Schema der Zuschlagskalkulation sieht folgendermaßen aus:

Zuschlagskalkulation
Materialeinzelkosten
+ Materialgemeinkosten
= **Materialkosten (1)**
+ Fertigungseinzelkosten
+ Fertigungsgemeinkosten
+ Sondereinzelkosten der Fertigung
= **Fertigungskosten (2)**
= **Herstellkosten (1 +2)**
+ Verwaltungsgemeinkosten
+ Vertriebseinzelkosten
+ Vertriebsgemeinkosten
+ Sondereinzelkosten des Vertriebs
= **Selbstkosten**

Unter **Materialgemeinkosten** werden in der Regel die Kosten für die Beschaffung, die Lagerung, die Prüfung und den Transport des Materials verstanden. Die Bezugsgröße ist das gesamte Material. Somit werden dem Material über den Materialgemeinkostenzuschlag auch die Kosten des Einkaufs, der Lagerung und der Disposition angelastet. Sobald für einen Kostenträger Material verwendet wird, werden dem Kostenträger nicht nur die Materialeinzelkosten, sondern über den Materialgemeinkostenzuschlagssatz auch die Gemeinkosten der Kostenstelle Material angelastet.

Im Bereich der Fertigung werden die Fertigungslöhne üblicherweise als Einzelkosten ausgewiesen. Diese stellen somit die Bezugsgröße bei der Ermittlung des Gemeinkostenzuschlagssatzes dar. Die **Fertigungsgemeinkosten** werden somit in Bezug auf die Fertigungslöhne (als Einzelkosten) gesetzt. Eine weitere Möglichkeit besteht in der Verwendung von Maschinenstunden als Bezugsgröße bei der Berechnung von Verrechnungssätzen.

Unter **Vertriebsgemeinkosten** versteht man sämtliche Gemeinkosten, die in der Kostenstelle Vertrieb anfallen. Üblicherweise werden diese mittels Gemeinkostenzuschlägen pauschal auf die Kostenträger verteilt. Als Bezugsgröße werden die Herstellkosten des Umsatzes verwendet, da die Vertriebskosten für die abgesetzte Menge und nicht für die hergestellten Mengen entstehen.

Die in einer Periode hergestellten Mengen berechnen sich folgendermaßen:

Herstellkosten des Umsatzes
Materialeinzelkosten
+ Materialgemeinkosten
= **Materialkosten (1)**
+ Fertigungseinzelkosten
+ Fertigungsgemeinkosten
+ Sondereinzelkosten der Fertigung
= **Fertigungskosten (2)**
= **Herstellkosten (1 +2) der Produktion**
+/− Bestandsveränderung zu Herstellkosten
− selbsterstellte aktivierungsfähige Vermögensgegenstände
= *Herstellkosten des Umsatzes*

Unter den **Verwaltungsgemeinkosten** werden jene Kosten verstanden, die im administrativen Teil des Unternehmens entstehen. Der Verwaltungsgemeinkostenzuschlag wird berechnet, indem die Gemeinkosten einer oder mehrerer Verwaltungskostenstellen addiert und durch die Herstellkosten des Umsatzes dividiert werden.

Die XY-AG fertigt drei verschieden Produkte an. Folgende Daten sind für die einzelnen Produkte bekannt:

	Standard	Medium	Professional
Materialeinzelkosten	50	70	120
Fertigungslöhne I	70	75	90
Fertigungslöhne II	25	45	60

Mittels Zuschlagkalkulation sollen die Selbstkosten der drei Produkte ermittelt werden – die Gemeinkostenzuschlagssätze wurden bereits ermittelt:

	Kostenstellen				Hilfskostenstellen	
	Material-bereich	Fertigung I	Fertigung II	Verwaltung & Vertrieb	Gebäude	Küche
Primäre Gemeinkosten	634.442	1.033.639	1.085.306	900.042	117.676	180.247
Umlage Küche (sek. GK)	27.639	50.672	59.885	36.852	9.213	−184.262
Umlage Gebäude (sek. GK)	16.062	40.155	60.232	6.425	−126.889	4.015
Summe Gemeinkosten	**678.143**	**1.124.466**	**1.205.423**	**943.319**	**0,00**	**0,00**

Einzelkosten	2.500.000	1.250.000	1.570.000	8.328.031
Gemeinkostenzuschlagssatz	27,13%	89,96%	76,78%	11,33%

Zuschlagskalkulation	Standard	Medium	Professional
Materialeinzelkosten	50,00	70,00	120,00
+ Materialgemeinkosten	13,56	18,99	32,55
= Materialkosten (1)	**63,56**	**88,99**	**152,55**
+ Fertigungseinzelkosten I	70,00	75,00	90,00
+ Fertigungsgemeinkosten I	62,97	67,47	80,96
+ Fertigungseinzelkosten II	25,00	45,00	60,00
+ Fertigungsgemeinkosten II	19,19	34,55	46,07
= Fertigungskosten (2)	**177,16**	**222,02**	**277,03**
= Herstellkosten (1 +2)	**240,73**	**311,01**	**429,58**
+ Verwaltungsgemeinkosten	27,27	35,23	48,66
= *Selbstkosten*	***267,99***	***346,23***	***478,24***

Nach Ermittlung der Selbstkosten kann im nächsten Schritt relativ einfach ein Verkaufspreis kalkuliert werden:

Selbstkosten
+ Gewinnzuschlag
+ Erlösschmälerung
= Angebotspreis Netto
+ Umsatzsteuer
= Angebotspreis Brutto

1.9.3. Kuppelkalkulation

Unter dem Begriff „Kuppelproduktion" versteht man einen Fertigungsprozess, bei dem mehrere Produkte im Zuge des Produktionsprozesses entstehen. Diese Fertigungsprozesse gibt es hauptsächlich in der chemischen

Industrie. Man findet die Kuppelproduktion z.B. auch in Raffinerien; dabei werden bei der Rohöldestillation auch Benzin, Öle und Gase hergestellt.

Ziel der Kuppelkalkulation ist es, die anfallenden Kosten auf alle im Zuge des Produktionsprozesses entstehenden Produkte aufzuteilen. Die Schwierigkeit besteht darin, dass eine eindeutige Zuordnung zwischen den Produkten und den Gesamtkosten verursachungsgerecht nicht möglich ist.

Da eine verursachungsgemäße Zuordnung der Kosten nicht möglich ist, haben sich in der Praxis zwei spezielle Kalkulationsverfahren für Kuppelprodukte entwickelt:

- die Restwertmethode,
- die Verteilungsmethode.

1.9.3.1. Restwertmethode

Die Restwertmethode wird dann angewendet, wenn durch die Erzeugung eines Hauptproduktes ein oder mehrere Nebenprodukte abfallen. In diesem Fall werden die Erlöse der Nebenprodukte, vermindert um die Kosten einer eventuellen Weiterverarbeitung, von den Kosten des Hauptproduktes in Abzug gebracht. Die Kosten, die nach Abzug der Erlöse der Nebenprodukte überbleiben werden im nächsten Schritt auf das Hauptprodukt bezogen.

Die Kuppelkalkulation soll anhand eines kurzen Beispiels dargestellt werden:

Die XY-AG produziert 9.700 kg des Hauptproduktes. Die Herstellkosten belaufen sich in Summe auf 158.000 €. Folgende Zuschlagssätze sind weiters bekannt:

- Verwaltungsgemeinkostenzuschlag 3%
- Vertriebsgemeinkostenzuschlag 4%

Es fallen im Zuge der Produktion des Hauptproduktes zwei Nebenprodukte an. Für diese Nebenprodukte gibt es folgende Informationen:

	Menge in kg	Erlöse/kg	Weiterverarbeitungskosten/kg
Nebenprodukt A	700	7	2
Nebenprodukt B	500	12	3

Im ersten Schritt sind nun die Erlöse der Nebenprodukte zu bestimmen:

	Erlöse-Kosten/kg	Nettoerlöse
Nebenprodukt A	5	3.500
Nebenprodukt B	9	4.500

Im nächsten Schritt werden die Herstellkosten des Hauptproduktes kalkuliert. Dabei werden von den gesamten Herstellkosten die Erlöse der Nebenprodukte abgezogen:

Herstellkosten des Kuppelproduktes: 158.000 €
Abzüglich der Erlöse der Nebenprodukte: –8.000 €
Herstellkosten des Hauptproduktes: 150.000 €

Die Stückselbstkosten werden durch Hinzurechnen der Verwaltungs- und Vertriebsgemeinkosten berechnet:

Herstellkosten pro kg:	15,46 €
VwGK:	0,46 €
VtGK:	0,62 €
Selbstkosten pro kg:	16,72 €

1.9.3.2. Verteilungsrechnung

Entstehen aus dem Kuppelprozess mehrere Hauptprodukte, so wird die Verteilungsrechnung eingesetzt. Die Verteilungsrechnung verteilt auf Basis von Äquivalenzziffern die Gesamtkosten auf die Hauptprodukte. In der Praxis werden in der Regel die Marktpreise als Basis für die Verteilung verwendet. Produkte die einen hohen Marktpreis erzielen sollen auch hohe Kosten tragen und umgekehrt. Aus kostenrechnerischen Betrachtung ist dieses Verfahren sehr ungenau und sollte nur verwendet werden bis eine detaillierte Kostenverursachung ermittelt werden kann.

1.10. Kostenrechnungssysteme auf Teilkostenbasis

In den bisherigen Ausführungen wurde die Kostenrechnung als Vollkostenrechnung auf Istkostenbasis betrachtet. Das heißt, dass eine Unterteilung der Kosten in beschäftigungsabhängige und beschäftigungsunabhängige nicht stattgefunden hat.

Die Ermittlung der Herstellkosten und der Selbstkosten erfolgte immer auf Vollkostenbasis. Ein grundlegendes Problem dabei ist, dass man die **Fixkosten proportionalisiert**. Man unterstellt, dass die Fixkosten erst mit zunehmender Ausbringungsmenge entstehen. Tatsächlich ist es jedoch so, dass Fixkosten beschäftigungsunabhängig sind und deshalb schon alleine durch die Bereitstellung der Infrastruktur im Unternehmen entstehen und nicht erst mit steigender Ausbringungsmenge. Somit werden sämtliche Fixkosten auf die Ausbringungsmenge verteilt. Dies hat jedoch zur Folge, dass bei Absatzrückgängen die Fixkosten auf weniger Ausbringungsmenge verteilt werden müssen und somit die Selbstkosten steigen. Im Falle von rückläufigen Absatzzahlen kann dies zu dem falschen Schluss führen, die Preise zu erhöhen, da ja auch die Selbstkosten gestiegen sind. Bei starker Auslastung und hohen Absatzzahlen werden die Fixkosten auf eine höhere Absatzmenge verteilt. Dies wiederum führt dazu, dass die Herstell- und Selbstkosten der Produkte geringer werden und könnte dazu führen, dass die Unternehmen, trotz sehr hoher Absatzzahlen und Auslastungen, die Preise reduzieren.

Ein weiteres Problem einer Vollkostenrechnung zeigt sich bei der Entscheidung über einen möglichen Zusatzauftrag. Ist ein Unternehmen nicht voll ausgelastet, werden die Fixkosten auf die geringere Absatzmenge gerechnet. Dies führt zu relativ hohen Selbstkosten und kann dazu führen, dass ein Zusatzauftrag auf Vollkostenbasis abgelehnt wird, weil der Auftrag nicht die gesamten Kosten (auf Vollkostenbasis) deckt. Eine Analyse auf Teilkostenbasis kann jedoch ergeben, dass der Auftrag angenommen werden sollte, wenn die Erlöse größer sind als die variablen Kosten. Dies bedeutet nämlich, dass ein Deckungsbeitrag aus dem Auftrag überbleibt.

Auch kann die Vollkostenrechnung zu falschen Ergebnissen bei der Frage „Fremdbezug oder Eigenherstellung?" führen. In diesem Fall dürfen nur die variablen Kosten in den Vergleich eingehen, da die Fixkosten im Unternehmen anfallen, egal ob Eigen- oder Fremdgefertigt wird. Dies kann bei Entscheidungen auf Vollkostenbasis dazu führen, dass die Eigenerstellung als zu teuer schein und deshalb von extern zugekauft wird.

Zusammengefasst kann festgehalten werden, dass eine Kostenrechnung auf Vollkostenbasis nicht immer eine valide Grundlage für betriebliche Entscheidungen bietet.

Die Teilkostenrechnung verzichtet auf eine Verrechnung aller Kosten auf den Kostenträger und versucht dem Verursachungsprinzip besser zu entsprechen, indem nur jene Kosten auf den Kostenträger weiterverrechnet werden, bei denen ein ausreichender Zusammenhang vorliegt. **Wie auch das System der Kostenrechnung weist die Teilkostenrechnung eine Kostenarten, eine Kostenstellen, ein Kostenträger und eine Erfolgsrechnung auf.**

In der Kostenartenrechnung unterscheiden sich die Systeme nicht, da es lediglich um die Erfassung und sinnvolle Gliederung der Kosten geht. Eine Kostenauflösung findet hier noch nicht statt.

In der Kostenstellenrechnung erfolgt ebenfalls wie in der Vollkostenrechnung eine Zuordnung der Kosten auf die Kostenstellen, die Verrechnung zwischen den Kostenstellen und die Ermittlung der Kalkulationssätze. Jedoch erfolgt die Zuordnung nicht zu Vollkosten, sondern auf Basis der Teilkosten. Die Kostenauflösung findet in der Kostenstellen- und nicht in der Kostenartenrechnung statt. Somit hat der BAB nicht nur eine Spalte pro Kostenstelle, sondern zumindest zwei, meistens in der Praxis sogar drei (fix, variabel, gesamt).

Im Zuge der ILV werden auch nur die variablen Gemeinkosten weiterverrechnet, die fixen Gemeinkosten gehen direkt in das Betriebsergebnis ein. Nach der Weiterverrechnung der variablen Gemeinkosten werden die Zuschlagssätze in den Hauptkostenstellen berechnet. Auch diese werden nur zu variablen Kosten kalkuliert. Die fixen Kosten gehen auch hier direkt in das Betriebsergebnis ein.

In der Kostenträgerrechnung werden auch die Selbstkosten auf Basis der variablen Selbstkosten dargestellt. Anteilige Fixkosten sind daher nicht enthalten.

1.10.1. Schwerpunkte der Teilkostenrechnung

Die Schwerpunkte der Teilkostenrechnung liegen auf zwei Anwendungsgebieten:

(1) Ergebnisermittlung und Ergebnisanalyse

Durch die Unterscheidung in fixe und variable Kosten wird ein eine neue Größe, nämlich der Deckungsbeitrag, eingeführt. Der **Deckungsbeitrag** ist die Differenz zwischen den Erlösen und den variablen Kosten. Durch die Verwendung des Deckungsbeitrages in der Betriebsergebnisrechnung gewinnt die Rechnung an Aussagekraft. Sie ermöglicht detailliertere Aussagen bezüglich der Ergebnisse von einzelnen Produkten, Kunden, Regionen oder Vertriebswegen.

(2) Bereitstellung von Informationen für kurzfristige Unternehmensentscheidungen

Fixkosten sind über einen kurzen Zeitraum hinweg nicht veränderbar. Aus diesem Grund sind sie für Entscheidungen, die die nahe Zukunft betreffen, nicht entscheidungsrelevant. Kurzfristige Entscheidungen sind von den variablen Kosten und von Deckungsbeiträgen der Produkte oder Leitungen abhängig. Jedoch muss man sich vor Augen halten, dass die variablen Selbstkosten keine ausreichende Information für eine langfristige Preispolitik liefern, da langfristig nicht nur die variablen sonder auch die Fixkosten gedeckt werden müssen.

1.10.2. System der Deckungsbeitragsrechnung

Die Deckungsbeitragsrechnung ist **eine Systemvariante der Teilkostenrechnung** (vgl. *Deimel/Isemann/Müller*, 2006, Kosten- und Erlösrechnung, S. 280) und beruht auf der Erkenntnis, dass es kurzfristig gesehen sinnvoll sein kann, die Fixkosten in die Kalkulation nicht einzubeziehen. Vor allem in Zeiten der Unterbeschäftigung kann es für das Unternehmen eine Ergebnisverbesserung bringen, indem man auf eine volle Deckung der Fixkosten verzichtet und lediglich einen Teil der Fixkosten deckt.

Der Deckungsbeitrag stellt die zentrale Größe dar und er kann sowohl stück- als auch erzeugnisbezogen betrachtet werden. Der **Stückdeckungsbeitrag** ergibt sich aus der Differenz zwischen dem Preis pro Stück und den variablen Stückkosten. Der **Erzeugnisdeckungsbeitrag** ergibt sich wiederum aus dem Produkt des Stückdeckungsbeitrag und der gesamten Absatzmenge der Erzeugnisse.

1.10.2.1. Deckungsbeitragsrechnung (Direct Costing)

Um zum Deckungsbeitrag zu gelangen, werden im ersten Schritt von jedem Produkt die Rabatte und Skonti abgezogen. Das Ergebnis ist der Nettopreis. Dieser Preis wird anschließend mit der abgesetzten Menge multipliziert und das Ergebnis ist der Nettoerlös des jeweiligen Produktes. Im nächsten Schritt werden von den Nettoerlösen die variablen Kosten je Produktart abgezogen und man erhält den Deckungsbeitrag je Produktart. Der Deckungsbeitrag ist nun jener Betrag den die jeweilige Produktart zur Deckung der Fixkosten bereitstellt. Der Stückdeckungsbeitrag und der Gesamtdeckungsbeitrag werden folgendermaßen berechnet:

Stückdeckungsbeitrag	Gesamtdeckungsbeitrag
Nettopreis (p)	Nettopreis pro Produktart (U)
– variable Stückkosten (kv)	– variable Stückkosten pro Produktart (Kv)
= Stückdeckungsbeitrag (db)	= Stückdeckungsbeitrag pro Produktart (DB)

Im nächsten Schritt werden nun alle Deckungsbeiträge zusammengefasst und von diesem Gesamtdeckungsbeitrag des Unternehmens die Fixkosten in einem Block abgezogen. Das Ergebnis der Rechnung ist ein kalkulatorischer Periodenerfolg.

1.10.2.2. Stufenweise Fixkostendeckungsrechnung

Im Gegensatz zum Direct Costing, bei dem die gesamten Fixkosten als ein Block abgezogen werden, erfolgt in der **Fixkostendeckungsrechnung** die Zuordnung und Berücksichtigung der Fixkosten in unterschiedlichen Verrechnungsstufen. Der Vorteil dieser Methode liegt darin, dass es klarer wird, aus welchen Produkten, Produktgruppen, Vertriebswegen oder Regionen sich das Ergebnis zusammensetzt. Um die stufenweise Fixkostenrechnung durchführen zu können, ist eine **Differenzierung der Fixkosten** unerlässlich. Dabei wird zwischen folgenden Fixkosten unterschieden:

- **Produktfixkosten** sind Fixkosten, die durch eine Produktart verursacht wurden. Die Fixkosten lassen sich zwar nicht den einzelnen Stücken zuordnen, wohl aber der Summe der Produkte. Als Beispiel seien die Entwicklungskosten, die Fertigungskosten oder die Vertriebskosten der Produktarten genannt.
- **Produktgruppenfixkosten** sind Fixkosten, die einer bestimmten Gruppe von Erzeugnissen zuzuordnen sind. Diese Fixkosten können nicht mehr einer einzelnen Produktart, sondern nur mehreren Produktarten zugeordnet werden. Beispiele dafür sind F&E-Kosten für zusammenhängende Produkte, spezielle Fertigungskosten für diese Gruppe von Produkten.
- **Kostenstellenfixkosten** sind Fixkosten, die in einer bestimmten Kostenstelle entstehen.
- **Bereichsfixkosten** sind Fixkosten, die nicht einer einzelnen Kostenstelle, sondern mehreren Kostenstellen zuzurechnen sind. Als Beispiel sei die Verwaltung eines bestimmten Unternehmensbereiches genannt.
- **Unternehmensfixkosten** sind Fixkosten, die den anderen Stufen nicht zugeordnet werden können. Beispiele dafür sind die Unternehmensleitung oder auch zentrale Verwaltungseinheiten.

Grundzüge der Kosten- und Leistungsrechnung

	Tische			Sessel			
	Typ A	Typ B	Typ C	Typ M	Typ N	Typ O	Typ P
Produktions- u. Absatzmenge	500	1.500	250	2.000	2.500	3.500	1.000
Verkaufspreis pro Stück	290	490	790	55	65	80	90
Variable Kosten pro Stück	60	85	150	15	20	30	95
Deckungsbeitrag pro Stück	230	405	640	40	45	50	−5
Deckungsbeitrag	**115.000**	**607.500**	**160.000**	**80.000**	**112.500**	**175.000**	**−5.000**
Produktfixe Kosten	55.000	75.000	125.000	47.000	58.000	87.000	60.000
Deckungsbeitrag II	**60.000**	**532.500**	**35.000**	**33.000**	**54.500**	**88.000**	**−65.000**
Deckungsbeitrag Produktgruppe	627.500			110.500			
Bereichsfixkosten	245.000			125.000			
Deckungsbeitrag III	**382.500**			**−14.500**			
Deckungsbeitrag Bereiche	368.000						
Unternehmensfixkosten	250.000						
Betriebsergebnis	**118.000**						

In diesem Beispiel ist der Deckungsbeitrag des Produktes Typ P negativ. Selbstverständlich ist dadurch auch der DB II negativ. Um das Ergebnis in diesem Fall zu optimieren, wäre das Produkt Typ P aus der Produktion zu nehmen, sofern keine Mindestabsatzmengen vorliegen. Durch diese Maßnahme kann das Ergebnis folgendermaßen verbessert werden:

	Tische			Sessel			
	Typ A	Typ B	Typ C	Typ M	Typ N	Typ O	Typ P
Produktions- u. Absatzmenge	500	1.500	250	2.000	2.500	3.500	
Verkaufspreis pro Stück	290	490	790	55	65	80	
Variable Kosten pro Stück	60	85	150	15	20	30	
Deckungsbeitrag pro Stück	230	405	640	40	45	50	0
Deckungsbeitrag	**115.000**	**607.500**	**160.000**	**80.000**	**112.500**	**175.000**	**0**
Produktfixe Kosten	55.000	75.000	125.000	47.000	58.000	87.000	60.000
Deckungsbeitrag II	60.000	532.500	35.000	33.000	54.500	88.000	−60.000
Deckungsbeitrag Produktgruppe	627.500			115.500			
Bereichsfixkosten	245.000			125.000			
Deckungsbeitrag III	**382.500**			**−9.500**			
Deckungsbeitrag Bereiche	373.000						
Unternehmensfixkosten	250.000						
Betriebsergebnis	**123.000**						

Das Ergebnis verbessert sich um 5.000 € (= DBI). Die Produktfixkosten bleiben vorhanden. Auf lange Sicht sind sicher auch diese abzubauen und damit ist eine weitere Verbesserung des Ergebnisses zu erreichen.

1.10.2.3. Bestimmung des optimalen Absatz- und Produktionsprogrammes

Ein weiterer Anwendungsbereich der Deckungsbeitragsrechnung besteht in der Zurverfügungstellung von Informationen bezüglich des Absatz- und des Produktionsprogrammes. Die Grundregel lautet, dass jedes Produkt welches einen positiven Deckungsbeitrag erwirtschaftet, einen Beitrag zur Deckung der Fixkosten leistet. Solange die Betriebskapazitäten nicht voll ausgelastet sind, wird jedes Produkt mit einem positiven Deckungsbeitrag im Programm verbleiben bzw. in die Produktion aufgenommen. Ist der Deckungsbeitrag jedoch negativ, wird auf die Mindestabsatzmenge reduziert bzw. bei einem Fehlen der Mindestabsatzmenge wird die Produktion eingestellt.

Etwas schwieriger gestaltet sich die Entscheidung in Fällen von Kapazitätsengpässen. In diesem Fall ist nicht der absolute Deckungsbeitrag das Entscheidungskriterium, sondern der relative Deckungsbeitrag. Der **relative Deckungsbeitrag** ist der Deckungsbeitrag bezogen auf eine Engpasseinheit. Im Falle von Engpässen wird das Programm mithilfe des relativen Deckungsbeitrages optimiert. Errechnet wird der relative Deckungsbeitrag folgendermaßen:

$$\text{Relativer Deckungsbeitrag} = \frac{\text{Stückdeckungsbeitrag (db)}}{\text{benötigte Engpasskapazität}}$$

Die Optimierung des Produktions- und Absatzprogrammes mittels relativen Deckungsbeitrags verläuft in folgenden Schritten:

(1) Ermittlung des Engpassfaktors

(2) Ermittlung des relativen DB

(3) Erstellung der Rangordnung

(4) Aufnahme der Produktarten bis zur Kapazitätsgrenze

(5) Berechnung des Betriebsergebnis

Die Vorgehensweise soll anhand des folgenden Beispiels 5 dargestellt werden:

	Tische		
	Typ A	Typ B	Typ C
Erlöse	290	490	790
Variable Kosten	60	85	150
Deckungsbeitrag	230	405	640
Beanspruchung Maschine pro Stück in h	4	6	8
Maximale Absatzmenge	700	1.700	350
Beanspruchung Maschine in h	2.800	10.200	2.800

Die benötigte Kapazität beträgt: 15.800 (2.800 + 10.200 + 2.800) Maschinenstunden. Die Maximalkapazität beträgt 12.000 Stunden.

(1) Ermittlung des Engpassfaktors: In diesem Beispiel ist die Kapazität der Maschine der Engpassfaktor. Die benötigten 15.800 h stehen nicht zur Verfügung, lediglich 12.000 h.

(2) Ermittlung des relativen DB: Der relative Deckungsbeitrag ist der Deckungsbeitrag in Relation zur Engpasseinheit. Die Engpasseinheit sind in diesem Fall die Maschinenstunden. Somit ist der relative Deckungsbeitrag der Deckungsbeitrag, der pro Maschinenstunde erwirtschaftet wird:

	Tische		
	Typ A	Typ B	Typ C
Erlöse	290	490	790
Variable Kosten	60	85	150
Deckungsbeitrag	230	405	640
Beanspruchung Maschine pro Stück in h	4	6	8
Maximale Absatzmenge	700	1.700	350
Beanspruchung Maschine in h	2.800	10.200	2.800
Relativer Deckungsbeitrag	**57,5**	**67,5**	**80,0**

(3) Erstellung der Rangordnung: Da der relative Deckungsbeitrag von Produkt Typ C am höchsten ist, wird dieses Produkt als Erstes hergestellt. Danach folgen Typ B und Typ A.

(4) Aufnahme der Produktarten bis zur Kapazitätsgrenze:

Produkt Typ C wird zuerst produziert. Die maximale Absatzmenge beträgt 350 Stück. Die 350 Stück benötigen 2.800 Maschinenstunden. Somit verbleiben 12.000 – 2.800 = 9.200 h.

Typ B ist das Produkt mit dem zweithöchsten relativen Deckungsbeitrag. Deshalb wird, soweit es die Kapazitäten zulassen, das Produkt Typ B hergestellt: Die maximale Absatzmenge beträgt 1.700 Stück zu je sechs Maschinenstunden. Damit ist die benötigte Kapazität 10.200 h. Da jedoch nur mehr 9.200 h zur Verfügung stehen, ist es nicht möglich, alle absetzbaren Stücke zu produzieren. Es sind maximal 1.533 Stück möglich (9.200 / 6 = 1.533).

Somit werden folgende Stück pro Produkt produziert:

	Tische		
	Typ A	Typ B	Typ C
Produzierte Stück	0	1.533	350

(5) Berechnung des Betriebsergebnisses:

	Tische		
	Typ A	Typ B	Typ C
Produzierte Stück	0	1.533	350
Verkaufspreis pro Stück	290	490	790
Variable Kosten pro Stück	60	85	150
Deckungsbeitrag pro Stück	230	405	640
Deckungsbeitrag I	0	621.000	224.000
Deckungsbeitrag Produkte	845.000		
Fixkosten	500.000		
Deckungsbeitrag II	345.000		

Aufgrund der Reihenfolge des relativen Deckungsbeitrages wird ein Ergebnis von 345.000 € durch die Produktion und den Absatz von 350 Stück vom Typ C und 1.533 Stück vom Typ B erreicht.

1.11. Die Break-even-Point-Analyse

Der **Break-even-Point** ist jener Punkt, in dem der Gewinn gleich null ist. Befindet man sich oberhalb des **Gewinnschwellenpunktes**, ist man in der Gewinnzone, unterhalb in der Verlustzone.

Folgende Abkürzungen werden verwendet:

Kfix   Gesamte **Fixkosten** des Unternehmens (Fixkosten sind grundsätzlich vom Output des Unternehmens unabhängig. D.h.: Egal wie hoch der Output ist, egal wie viel Dienstleistung erbracht wird, diese Kosten sind immer gleich hoch.)

Kvar   Gesamte **variable Kosten** des Unternehmens (Variable Kosten verhalten sich proportional zum Output des Unternehmens. Ist der Output 0, sind auch die variablen Kosten 0. Wird nun produziert bzw. eine Dienstleistung erbracht, steigen diese Kosten proportional zum Output.)

kvar   **Variable Stückkosten**

e   **Erlöse pro Stück**

DB   Der **gesamte Deckungsbeitrag** des Unternehmens (Der DB ist definiert als: DB = Umsatz minus Kvar.)

db   **Deckungsbeitrag pro Stück** (Der db ist definiert als: db = e – kvar.)

DBU   Deckungsbeitrag im Prozent vom Umsatz

x   Kritische Mindestmenge

Die kritische Mindestmenge: $x = K_{fix} / db$ pro Stück
Kritischer Absatzpreis pro Stück = K_{fix} / kritische Mindestmenge + k_{var} pro Mengeneinheit
Kritischer Mindestumsatz = K_{fix} / DBU

Für den Break-even-Point gilt: **Umsatz = Gesamtkosten**

$U = K_{fix} + K_{var}$
$e \times x = K_{fix} + k_{var} \times x$
$e \times x - k_{var} \times x = K_{fix}$
$x \times (e - k_{var}) = K_{fx} \Rightarrow (e - k_{var}) = db$
$x = K_{fix} / db$ = kritische Mindestmenge

Weiters gilt im Break-even-Point:

$K_{fix} = DB$
Jahresüberschuss vor Steuern = 0

Grafisch kann der Gewinnschwellenpunkt wie folgt dargestellt werden:

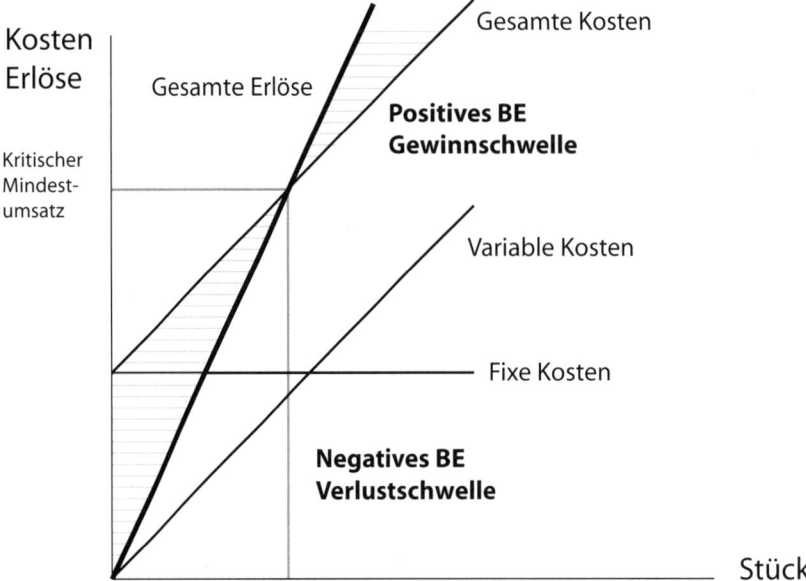

Abb. 11: Die Break-even-Analyse (*M. Schermann*, Foliensammlung zum Controlling, 2003)

Grundzüge der Kosten- und Leistungsrechnung

2. Das System der Kostenrechnung in der Praxis

Nachfolgend wird anhand einer Grafik das System der Grenzplankostenrechnung dargestellt:

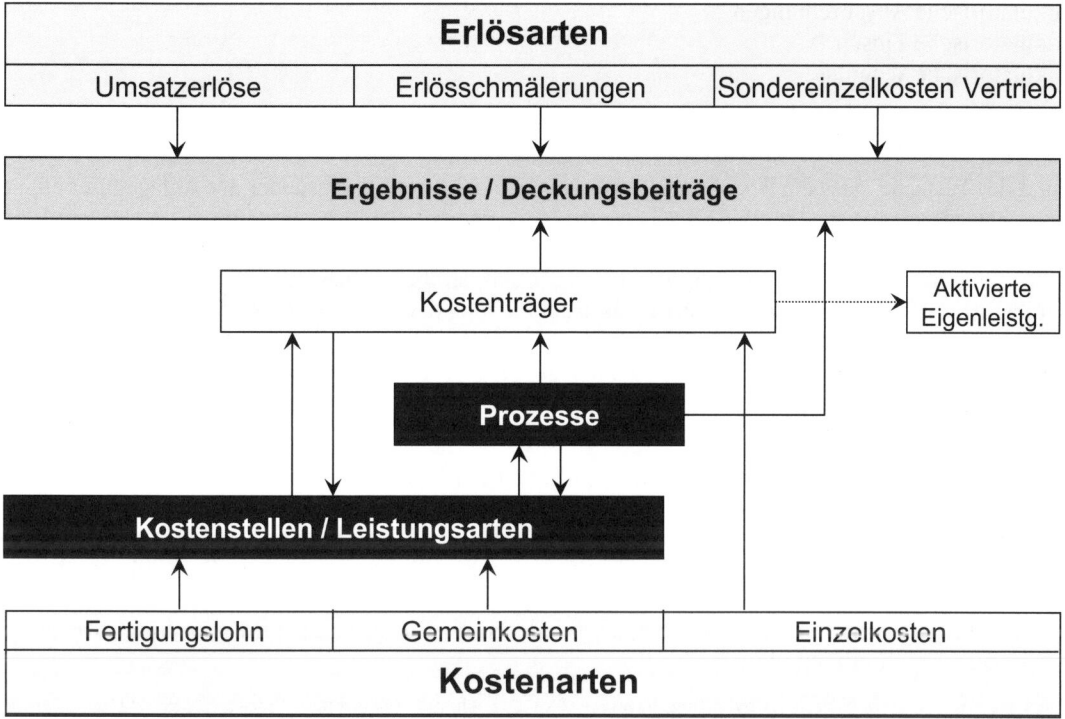

Abb. 12: Das System der Grenzplankostenrechnung nach PLAUT (vgl. *Plaut*, Foliensammlung zur Grenzplankostenrechnung, Wien, 2001)

In den nachfolgenden Kapiteln wird grundsätzlich näher auf die Kostenartenrechnung, die Kostenstellenrechnung und die Kostenträgerrechnung eingegangen.

2.1. Die Kostenartenrechnung

Die Kostenartenrechnung hat die Aufgabe, sämtliche für die Erstellung und Verwertung betrieblicher Leistungen innerhalb einer Periode anfallenden Kosten vollständig, eindeutig und überschneidungsfrei nach einzelnen Kostenarten gegliedert zu erfassen und auszuweisen. Im Zuge der Kostenartenrechnung werden:

1) die Aufwendungen der Buchhaltung in Kosten transformiert und
2) die einzelnen Kostenarten bzw. die Beträge der Kostenarten den Kostenstellen zugewiesen.

Grundzüge der Kosten- und Leistungsrechnung

2.1.1. Transformation der Aufwendungen in Kosten

Die Transformation der Aufwendungen in Kosten wird in der Literatur häufig als Betriebsüberleitungsbogen (BÜB) bezeichnet. Insbesondere werden nachfolgende Aufwendungen der Buchhaltung in kalkulatorische Kosten transformiert:

1. Kalkulatorische Abschreibungen
2. Kalkulatorische Zinsen
3. Kalkulatorische Wagnisse

2.1.1.1. Kalkulatorische Abschreibungen

Aufgrund der Tatsache, dass die Buchhaltung insbesondere bei der Nutzungsdauer der Anlagegüter auf steuerrechtliche Erfordernisse zurückgreifen muss, entspricht die pagatorische Abschreibung oft nicht dem Wert, der im Controlling eigentlich erwünscht wäre. Wenn beispielsweise ein PKW bei einem Anschaffungswert von € 80.000,– steuerrechtlich auf die Nutzungsdauer von acht Jahren abgeschrieben wird, so beträgt die pagatorische Abschreibung € 10.000,– p.a. Wenn jedoch bereits in der Planung bzw. im Controlling festgelegt wird, dass dieser PKW aufgrund der außerordentlich hohen Nutzung bzw. Kilometerleistung tatsächlich nur vier Jahre im Anlagevermögen aufscheint und danach effektiv unbrauchbar ist, so wäre die kalkulatorische Abschreibung € 20.000,– pro Jahr. Daher wird der buchhalterische Aufwand von € 10.000,– in der Kostenrechnung in die tatsächliche (wahrheitsgetreue) kalkulatorische Abschreibung in der Höhe von € 20.000,– transformiert.

Außerdem geht das Controlling im Gegensatz zum externen Rechnungswesen von einem Wiederbeschaffungswert aus. In der Buchhaltung steht primär der Anschaffungswert für die Berechnung der Abschreibung im Vordergrund. Dieser Wert ist in der Kostenrechnung auf einen Wiederbeschaffungswert zu transformieren. Diese Transformation auf den Wiederbeschaffungswert wird meist auf Basis von Preisindizes, die vordergründig die Preissteigerung oder -senkung des Anlagevermögens berücksichtigen, durchgeführt. Dies führt in der Praxis meist zu einem höheren Betrag des Wiederbeschaffungswertes im Controlling, was wiederum zu einer höhere Abschreibung führt.

Positionen des AV	Anschaffungspreis	Anschaffungsdatum	Abschreibungsdauer	Afa p.a.	Bisherige AFA	Betrag 31.12. letztes Jahr	AFA Planjahr	Betrag 31.12. Planjahr
Datenverarbeitungsprogramme	50.000	01.01.Planjahr minus 2	4	12.500	25.000	25.000	12.500	12.500
Firmenwert	500.000	01.01.Planjahr minus 2	15	33.333	66.667	433.333	33.333	400.000
Sonstige Betriebs- und Geschäftsausstattung	5.000	01.01.Planjahr minus 2	4	1.250	2.500	2.500	1.250	1.250
Büroeinrichtung	80.000	01.01.Planjahr minus 2	7	11.429	22.857	57.143	11.429	45.714
Büromaschinen und EDV-Anlagen	50.000	01.01.Planjahr minus 2	3	16.667	33.333	16.667	16.667	0
Personenkraftwagen	1.000	01.01.Planjahr minus 1	5	200	200	800	200	600
GWG	20.000	01.01.Planjahr minus 1	1	20.000	20.000	0	0	0
Summe	**706.000**			**95.379**	**170.557**	**535.443**	**75.379**	**460.064**

Angaben

Positionen des AV	kalk. ND
Datenverarbeitungsprogramme	3
Firmenwert	15
Sonstige Betriebs- und Geschäftsausstattung	4
Büroeinrichtung	5
Büromaschinen und EDV-Anlagen	2
Personenkraftwagen	5
GWG	3
Summe	

GWG	GWG Investitionen	Preisindex	Wiederbeschaffungswert	AfA im Planungsjahr	Restwert zum 31.12. Planjahr
ein Jahr davor	20.000	1,03	20.600	6.867	6.867
zwei Jahre davor	18.000	1,06	19.080	6.360	0
der Jahre davor	21.000	1,09	22.890	0	0
Summe	59.000			13.227	6.867

Grundzüge der Kosten- und Leistungsrechnung

Positionen des AV	Neue Investitionen vor dem 31.06. Planjahr	Neue Investitionen nach dem 31.06. Planjahr	HR AFA neue Investitionen Planjahr	kalk. AFA neue Investitionen Planjahr	HR Restwert neue Investitionen Planjahr	kalk. Restwert neue Investitionen Planjahr
Datenverarbeitungsprogramme	3.000	0	750	1.000	2.250	2.000
Firmenwert	0	0	0	0	0	0
Sonstige Betriebs- und Geschäftsausstattung	6.000	4.000	2.000	2.000	8.000	8.000
Büroeinrichtung	20.000	0	2.857	4.000	17.143	16.000
Büromaschinen und EDV-Anlagen	5.000	0	1.667	2.500	3.333	2.500
Personenkraftwagen	1.000	0	200	200	800	800
GWG	2.000	3.000	5.000	1.167	0	3.833
Summe	**37.000**	**7.000**	**12.474**	**10.867**	**31.526**	**33.133**

Positionen des AV	Anschaffungspreis	Anschaffungsdatum	Preisindex	Wiederbeschaffungswert	kalk. Nutzungsdauer	kalk. AfA Planjahr laufende Investitionen	kumulierte kalk. AfA laufende Investitionen zum 31.12. Planjahr	Restwert laufende Investitionen zum 31.12. Planjahr
Datenverarbeitungsprogramme	50.000	01.01. Planjahr minus 2	1,06	53.000	3	17.667	53.000	0
Firmenwert	500.000	01.01. Planjahr minus 2	1,06	530.000	15	35.333	106.000	424.000
Sonstige Betriebs- und Geschäftsausstattung	5.000	01.01. Planjahr minus 2	1,06	5.300	4	1.325	3.975	1.325
Büroeinrichtung	80.000	01.01. Planjahr minus 2	1,06	84.800	5	16.960	50.880	33.920
Büromaschinen und EDV-Anlagen	50.000	01.01. Planjahr minus 2	1,06	53.000	2	0	53.000	0
Personenkraftwagen	1.000	01.01. Planjahr minus 1	1,03	1.030	5	206	412	618
GWG	20.000	01.01. Planjahr minus 1			3	13.227		6.867
Summe	**706.000**					**84.718**		**466.730**

Abb. 13: Beispiel für die Transformation der buchhalterischen Abschreibung in die kalkulatorische Abschreibung (eigene Darstellung)

2.1.1.2. Kalkulatorische Zinsen

In der Literatur finden sich zahlreiche Beispiele zu unterschiedlichsten Berechnungsformen der kalkulatorischen Zinsen. Aus Sicht der kalkulatorischen Zinsen ist es von fundamentaler Bedeutung, dass in der Buchhaltung wohl Fremdkapitalzinsen, aber keine Zinssätze für die Überlassung des Eigenkapitals als Aufwand angesetzt werden dürfen. Aus Sicht des Eigenkapitalgebers kann jedoch gesagt werden, dass dieser das Eigenkapital, welches er dem gegenständlichen Unternehmen zur Verfügung stellt, wohl auch risikolos am Kapitalmarkt anlegen hätte können. Daraus ergeben sich aus Sicht des Eigentümers Zusatzkosten (= Opportunitätskosten), die in der Buchhaltung jedoch nicht angesetzt werden können.

Einfache Modelle geben sich in der Praxis mit Eigenkapitalkosten im Sinne einer risikolosen Verzinsung des buchhalterischen Eigenkapitals zufrieden. Andere Verfahren (siehe dazu auch die folgende Abbildung) transformieren die Bilanzsumme in das betriebsnotwendige Vermögen zu Wiederbeschaffungspreisen und dieses wiederum in das betriebsnotwendige Kapital. Dieses betriebsnotwendige Kapital wird sodann mit einem kalkulatorischen Zinssatz, der aus dem üblichen Entgelt für Kapitalüberlassung, einer Geldentwertungsvergütung sowie einem Risikozuschlag für die jeweilige Branche besteht, verzinst.

Grundzüge der Kosten- und Leistungsrechnung

Kalkulatorische Zinsen

	Bilanzsumme EB 31.12. Planjahr	870.166
+	betriebsnotwendiges, nicht in der Handelsbilanz enthaltenes Vermögen	100.000
-	betriebsfremdes, in der Handelsbilanz enthaltenes Vermögen	-4.500
-	Wertberichtigungen	0
+/-	Abschreibungskorrekturen	0
+/-	Umwertung auf Wiederbeschaffungspreise laufende Investitionen	-7.382
+/-	Umwertung auf Wiederbeschaffungspreise neue Investitionen	1.263
=	**Betriebsnotwendiges Vermögen zu Wiederbeschaffungspreisen**	**959.546**
-	Verbindlichkeiten aus L&L	-99.126
-	PRA	0
+	Finanzanlagevermögen	110.000
=	**betriebsnotwendiges Kapital**	**970.420**
	Entgelt für Kapitalüberlassung	2,50%
	Geldentwertungsvergütung	1%
	Risikozuschlag für die Trainingsbranch	2,50%
	kalkulatorischer Zinssatz	**6,00%**
	kalkulatorische Zinsen	**58.225**

Abb. 14: Beispiel für die Berechnung von kalkulatorischen Zinsen (Quelle: eigene Darstellung)

2.1.1.3. Kalkulatorische Wagnisse

Kalkulatorische Wagnisse gelten grundsätzlich als ein Ausgleich für den Risikofaktor für das eingesetzt Kapital, welcher aus der Sicht der jeweiligen Branche unterschiedlich gewichtet wird.

Nachfolgendes Berechnungsmodell geht von zwei Faktoren aus:

1. Die kalkulatorischen Wagnisse werden vom betriebsnotwenigen Kapital (zur Berechnung siehe oben),
2. oder vom Umsatz berechnet.

Im nachfolgenden Beispiel geht die Berechnung der kalkulatorischen Wagnisse vom höheren der beiden Werte:

1. 4,5% vom betriebsnotwendigen Kapital,
2. 1,5% vom Umsatz

aus. Die Zinssätze werden gestaffelt je nach Höhe des Risikos vergeben. D.h.: Bei geringem Risiko werden geringe und bei hohem Risiko werden hohe Prozentsätze für die Berechnung der kalkulatorischen Wagnisse herangezogen.

Kalkulatorische Wagnisse

betriebsnotwendiges Kapital	**970.420**
1,5% vom betriebsnotwendigen Kapital	14.556
4,5% vom betriebsnotwendigen Kapital	43.669
Nettoumsatz nach Erlösschmälerung	**2.624.386**
1,5% vom Nettoumsatz	39.366
Tatsächlicher Wert: kalkulatorische Wagnisse	**43.669**

Abb. 15: Beispiel für die Berechnung der kalkulatorischen Wagnisse (Quelle: eigene Darstellung)

2.1.2. Zurechnung der Kostenarten zu den Kostenstellen

Die Zurechnung der einzelnen Kostenarten zu den Kostenstellen wird in der Literatur häufig als Betriebsabrechnungsbogen (BAB) bezeichnet.

2.1.2.1. Einzel- und Gemeinkosten

Grundsätzlich wird im Zusammenhang mit der Zurechnung der Kostenarten auf die jeweiligen Kostenstellen in Einzel- und Gemeinkosten differenziert.

Einzelkosten: Unter Einzelkosten versteht man üblicherweise jene Kostenarten, die den Kostenträgern direkt zugerechnet werden können und unter Berücksichtigung der Wirtschaftlichkeit der Kostenerfassung, auch als solche erfasst werden. Als typische Beispiele für Einzelkosten sind Fertigungsmaterial und Fertigungslohn zu nennen. Einzelkosten können nur variable Kosten sein, aber nicht alle variablen Kosten sind Einzelkosten.

Gemeinkosten: Unter Gemeinkosten werden jene Kosten verstanden, die den Kostenträgern nicht direkt zugerechnet werden, weil entweder kein unmittelbarer Leistungszusammenhang besteht (z.B. beschäftigungsabhängige Energiekosten, Schmiermittelverbräuche, Hilfslöhne, Hilfsmaterialverbräuche usw.) oder weil sie aus Gründen der Wirtschaftlichkeit der Kostenrechnung kostenstellenweise als Gemeinkosten erfasst werden. Bei ihnen ist das Verursachungsprinzip schwerer (oder gar nicht) einzuhalten, weil sie nicht von einer Produkteinheit allein verursacht worden sind. Die Gemeinkosten werden deshalb abrechnungstechnisch über die einzelnen Kostenstellen geleitet und mit Hilfe besonderer Bezugsgrößen oder Leistungsarten (Schlüsselgrößen) verteilt. Während die Einzelkosten direkt der Kostenträgerrechnung zugeordnet werden können, werden die Gemeinkosten über den Umweg der Kostenstellenrechnung und dem dort ermittelten „Tarif" dem Kostenträger zugeführt. Beispiele sind die Gehälter der Unternehmensleitung, die Feuerversicherungsprämien für die Produktionsgebäude oder die Treibstoffkosten des Fuhrparks. Die Gemeinkosten werden den Kostenträgern also indirekt zugeordnet.

In der klassischen Literatur werden die Fertigungslöhne, im Sinne von Akkordlöhnen, immer den Einzelkosten zugeschrieben. Wenn man allerdings die Lohnkosten als Gemeinkosten auf die Kostenstelle verrechnet, hat dies den Vorteil, dass auch die Lohneinzelkosten auf der Kostenstelle zu sehen sind. Dies führt dazu, dass die Lohnkosten auch dem jeweiligen Zuständigkeitsbereich zugerechnet werden. Daher werden die Lohnkosten in der Praxis erst über den Umweg der Kostenstellerechnung dem Kostenträger zugeführt. Auch die zuvor angeführte Abbildung 12 zum System der Grenzplankostenrechnung nach PLAUT zeigt auf, dass die Lohnkosten den Kostenstellen zugerechnet werden.

Grundzüge der Kosten- und Leistungsrechnung

2.1.2.2. Primäre und sekundäre Kostenarten

Primäre Kostenarten: Sie kommen direkt aus der Buchhaltung, wie z.B.: aus der Lohn- und Gehaltsverrechnung, Materialwirtschaft oder Anlagebuchhaltung. D.h.: Primäre Kostenarten werden durch Geschäftsvorfälle direkt in der Buchhaltung abgebildet und sodann den einzelnen Kostenstellen zugerechnet.

Sekundäre Kostenarten: Im Gegensatz dazu werden sekundäre Kostenarten im Zuge der innerbetrieblichen Leistungsverrechnung gebildet und so meistens von Hilfskostenstellen als sekundäre Kostenart auf die Kostenstelle umgelegt.

Hauptkostenstelle eines Trainingsinstituts

Leistungsart:	Anzahl der Teilnehmer		
Leistungsartenmenge:	137		

Kostenart (KOA)	Variabel	Fix	Gesamt
primäre Kostenarten			
Referentenkosten	109.050		109.050
Raumkosten	0		0
Personal- und Personalnebenkosten		61.260	61.260
Fachliteratur		1.200	1.200
Fortbildung		1.800	1.800
			0
			0
			0
			0
			0
			0
			0
			0
			0
Zwischensumme	**109.050**	**64.260**	**173.310**
Verrechnung sekundäre Kostenarten — Leitungskosten		18.946	18.946
Verwaltungskosten		18.821	18.821
Telefonkosten		1.496	1.496
Mietkosten		2.041	2.041
Marketingkosten		11.927	11.927
kalk. Kosten		11.147	11.147
Summe	**109.050**	**128.637**	**237.687**
Tarif	**795,99**	**938,95**	**1.734,94**

Abb. 16: Beispiel einer Kostenstelle (Quelle: eigene Darstellung)

Obiges Beispiel zeigt eine Kostenstelle mit primären und sekundären Kostenarten eines externen Trainingsanbieters. Für den Trainingsanbieter gelten die Referentenkosten, die Raumkosten, die Personalkosten, die Kosten für Fachliteratur und interner Fortbildung als direkt aus der Buchhaltung auf die Kostenstelle zuordenbar; daher gelten diese als primäre Kostenarten. Während die sekundären Kostenarten Leitungskosten, Verwaltungskosten, Telefonkosten, Mietkosten, Marketingkosten und kalkulatorische Kosten in diesem Beispiel von diversen Hilfskostenstellen auf die Hauptkostenstelle verrechnet wurden – sprich sekundäre Kostenarten darstellen.

2.1.3. Betriebsüberleitungsbogen und Betriebsabrechnungsbogen

Nachfolgende Abbildung zeigt ein Beispiel für einen kombinierten BÜB und BAB.

Leistungsbudget-Gesamtunternehmen

Aufwendungen / Kosten in €	GESAMT	Abgrenzung +/-	Leistungen/ Erlöse	Hauptkostenstelle 1	HauptKS 2	HauptKS 3	HauptKS 4	HauptKS 5	HauptKS 6	HauptKS 7	Hilfskostenstelle 1	Hilfs- KS 2	Hilfs- KS 3	Hilfs- KS 4	Hilfs- KS 5	Hilfs- KS 6
Kvar Management offen: Referent	191.800	0	191.800	100%												
Kvar Management offen: Raum	34.020	0	34.020	100%												
K var Management offen Gesamt	**225.820**	**0**	**225.820**													
Kvar Sprachen offen: Referent	109.050	0	109.050		100%											
Kvar Sprachen offen: Raum	0	0	0		100%											
K var Sprachen offen Gesamt	**109.050**	**0**	**109.050**													
Kvar Sprachen Klassen: Referent	92.400	0	92.400			100%										
Kvar Sprachen Klassen: Raum	8.800	0	8.800			100%										
K var Sprachen Klassen Gesamt	**101.200**	**0**	**101.200**													
Kvar Controlling offen: Referent	136.200	0	136.200				100%									
Kvar Controlling offen: Folder	40.860	0	40.860				100%									
Kvar Controlling offen: Prüfung und Rep	41.400	0	41.400				100%									
Kvar Controlling offen: Rest	35.802	0	35.802				100%									
K var Controlling offen Gesamt	**254.262**	**0**	**254.262**													
Kvar Management inner: Referent	475.000	0	475.000					100%								
K var Management inner Gesamt	**475.000**	**0**	**475.000**													
Kvar Sprachen inner: Referent	171.500	0	171.500						100%							
K var Sprachen inner Gesamt	**171.500**	**0**	**171.500**													
Kvar Controlling inner: Referent	169.000	0	169.000							100%						
K var Controlling inner Gesamt	**169.000**	**0**	**169.000**													
K var Gesamt	**1.505.832**	**0**	**1.505.832**													
Direkt zurechenbare Fixkosten (nur Personalkosten)	**GESAMT**															
Gehalt, 13./14., Provision und GNK Management offen	133.286	0	133.286	100%												
Gehalt, 13./14., Provision und GNK Sprachen offen	61.260	0	61.260		100%											
Gehalt, 13./14., Provision und GNK Sprachen Klassen	55.235	0	55.235			100%										
Gehalt, 13./14., Provision und GNK Controlling offen	55.089	0	55.089				100%									
Gehalt, 13./14., Provision und GNK Management inner	59.070	0	59.070					100%								
Gehalt, 13./14., Provision und GNK Sprachen inner	78.774	0	78.774						100%							
Gehalt, 13./14., Provision und GNK Controlling inner	37.100	0	37.100							100%						
Summe direkt zurechenbare Fixkosten	**479.814**	**0**	**479.814**													
Nicht direkt zurechenbare Fixkosten	**GESAMT**															
Gehalt, 13./14. und GNK Leitung und Verwaltung	172.585	0	172.585								68,42%	31,58%				
Summe restliche Gehälter (Leitung und Verwaltung)	**172.585**	**0**	**172.585**													
Instandhaltung	5.000	0	5.000									100%				
Reinigungsmaterial	2.000	0	2.000									100%				
Transporte durch Dritte	10.000	0	10.000									100%				
Telefon	20.000	0	20.000										100%			
Mietaufwand	40.000	0	40.000											100%		
Telefonanlageleasing	2.000	0	2.000										100%			
Energie	5.000	0	5.000									100%				
Aushilfskräfte	3.000	0	3.000									100%				
Büromaterial	15.000	0	15.000									100%				
Versicherungen	2.000	0	2.000									100%				
Büro, Infrastruktur	**104.000**	**0**	**104.000**													
PKW-Betriebskosten	7.600	0	7.600								100%					
Reise und Fahrtspesen	10.000	0	10.000									100%				
Postgebühr	30.000	0	30.000									10%			90%	
Autoleasing	10.000	0	10.000								100%					
Vermittlungsprovisionen	2.000	0	2.000									100%				
Folder und Jahresprogramm	80.000	0	80.000												100%	
Inserate	40.000	0	40.000												100%	
Repr. Spesen	2.000	0	2.000								100%					
Werbung, Marketing, Vertrieb	**181.600**	**0**	**181.600**													
Rechts- und Beratungskosten	10.000	0	10.000									100%				
Steuerberater und Buchhaltung	10.000	0	10.000									100%				
Beratungskosten	**20.000**	**0**	**20.000**													
Gebühren	250	0	250									100%				
Fachliteratur	6.000	0	6.000		20%	80%										
Fortbildung	9.000	0	9.000		20%	80%										
Verbandsbeiträge	2.000	0	2.000									100%				
Spesen des Geldverkehrs	1.000	0	1.000									100%				
Sonstige Fixkosten	**18.250**	**0**	**18.250**													
Afa	75.379	9.339	84.718													100%
Afa neue Investitionen	12.129	-1.263	10.867													100%
Afa	**87.508**	**8.077**	**95.584**													
Fixkosten Gesamt	**583.942**	**8.077**	**592.019**													
Skontoertrag	30.000	-30.000	0													
Ertragszinsen - Finanzanlagevermögen	15.000	-15.000	0													
Aufwandzinsen - Kredite langfristig	-8.875	8.875	0													
Ertragszinsen - Kontokorrent	274	-274	0													
Aufwandzinsen - Kontokorrent	-2.076	2.076	0													
Finanzergebnis	**34.323**	**-34.323**	**0**													
kalkulatorische Zinsen		**-58.225**	**-58.225**													100%
kalkulatorische Wagnisse		**-43.669**	**-43.669**													100%

Abb. 17: Beispiel für einen kombinierten BAB und BÜB (Quelle: eigene Darstellung)

Der BÜB findet seinen Niederschlag in den Abgrenzungen (siehe Spalte Abgrenzungen +/–), hier werden eben Aufwendungen in Kosten transformiert. Insbesondere sollen in den letzten zwölf Zeilen die kalkulatorische Abschreibung, die kalkulatorischen Zinsen und die kalkulatorischen Wagnisse herausgehoben werden.

Der BAB findet seinen Niederschlag auf der rechten Seite der obigen Abbildung. In der obersten Spalte sind dunkel unterlegt jeweils sieben Hauptkostenstellen und hell unterlegt jeweils sechs Hilfskostenstellen zu finden. Die Prozentsätze darunter geben an wie viel Prozent des Wertes der jeweiligen Kostenart den einzelnen Haupt- bzw. Hilfskostenstellen zugerechnet werden.

2.2. Die Kostenstellenrechnung

2.2.1. Haupt- und Hilfskostenstellen

Die Kostenstelle repräsentiert eine separate Lokation, an der Kosten anfallen. Die Differenzierung kann nach folgenden Kriterien vorgenommen werden:

- nach funktionalen Gesichtspunkten: Material, Fertigung, Vertrieb, ...
- nach Verantwortungsbereichen,
- nach Verrechnungskriterien,
- nach bereitgestellten (erbrachten) Leistungen,
- oder nach dem physischen Ort (geographische Gegebenheiten) und/oder Verantwortungsbereich.

Grundsätzlich unterscheidet man Haupt- und Hilfskostenstellen bzw. primäre und sekundäre Kostenstellen. Hauptkostenstellen sind meist jene, die direkt am Kunden Leistungen erbringen, während die Hilfskostenstellen die Hauptkostenstellen unterstützen bzw. servicieren.

Als typische Hauptkostenstellen gelten:

- Materialstellen
  - Beschaffung
  - Rohmateriallager
  - Wareneingangsprüfung
- Fertigungsstellen
  - Fertigungsleitungsstellen
  - Fertigungsunterstützung
  - Fertigungsstellen i.e.S.
  - Maschinen für die Produktion
- Dienstleistungsstellen
  - Jene Einheiten, die direkt am Kunden Leistungen erbringen

Als typische Hilfskostenstellen gelten:

- Allgemeine Stellen
  - Grundstücke und Gebäude
  - Küche/Kantine
- Hilfs- und Nebenstellen
  - Betriebshandwerker
- Konstruktionsentwicklung
- Verwaltungsstellen
  - Unternehmensleitung
  - Finanzbuchhaltung
  - Personalwesen
  - EDV
- Vertriebsstellen
  - Verkauf Inland
  - Verkauf Ausland
  - Werbung, Marketing
- Stellen der Unternehmensführung
- Stellen der Administration

Dabei ist jedoch zu beachten, dass es keine exakten Regeln für die Bildung von primären und sekundären Kostenstellen gibt, sondern dass hauptsächlich die Struktur des Unternehmens Aufschluss auf die Kostenstellengliederung gibt. In der Praxis werden insbesondere in Dienstleistungsbetrieben die Kostenstellen aufgrund von Organigrammen und Prozessabläufen gebildet.

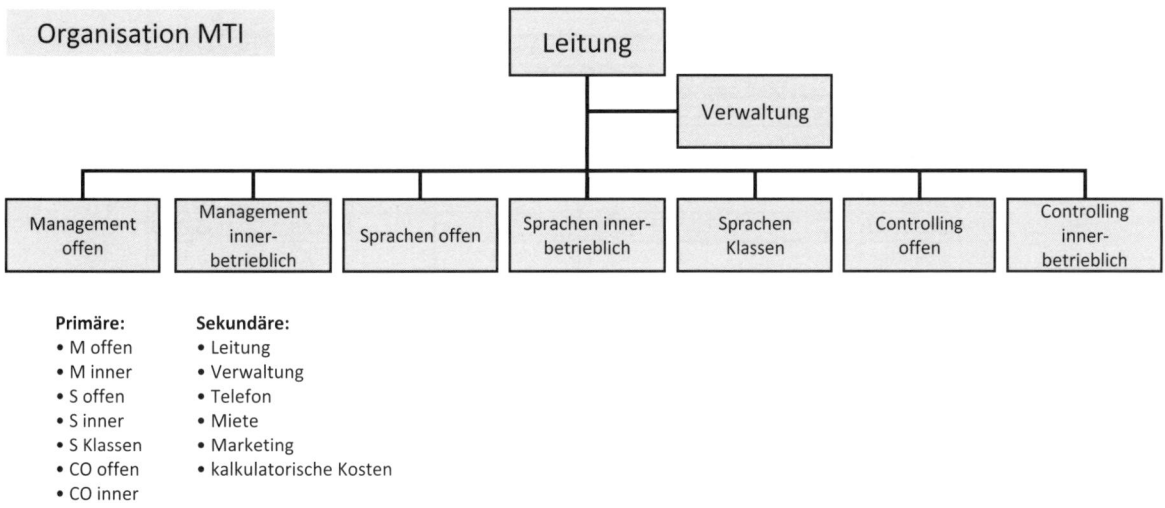

Abb. 18: Beispiel für primäre und sekundäre Kostenstellen (Quelle: eigene Darstellung)

Obige Abbildung zeigt die Aufteilung in Haupt- und Hilfskostenstellen eines Trainingsanbieters auf Basis der Organisationsstruktur bzw. Verantwortungseinheiten.

2.2.2. Aufbau einer Kostenstelle

Abbildung 19 zeigt ein typisches Beispiel für eine sekundäre Kostenstelle. Die Hilfskostenstelle Verwaltung wird mit primären Kostenarten aus der Buchhaltung bebucht und bekommt sekundäre Kostenarten von anderen Hilfskostenstellen verrechnet. Dabei wird des Weiteren in variable und fixe Kosten differenziert. Die vorletzte Zeile der Kostenstelle Verwaltung gibt die sogenannte Kostenstellensumme wider, die über die Gesamtkostenbelastung der Hilfskostenstelle Auskunft gibt. Für das gegenständliche Beispiel kann gesagt werden, dass die Kostenstelle Verwaltung € 173.728,– an Kosten verursacht; jene Kosten sind sodann auch von Kostenstellenverantwortlichen verursacht worden uns auch von diesem zu verantworten.

Nach der Bildung der Kostenstellensumme wird nach einem Leistungstreiber für die Kostenstelle gesucht. Die Bezugsgröße oder Leistungsart gibt darüber Auskunft, welcher Treiber die Kosten wesentlich beeinflusst. Die Leistungsart oder Bezugsgröße definiert die verschiedenen Leistungen, die von einer Kostenstelle bereitgestellt werden. Leistungsarten kategorisieren Fertigungs- und Dienstleistungen, die der Organisation von einer Kostenstelle zur Verfügung gestellt werden und werden zur Kostenverrechnung der internen Leistungen auf die Kostenverursacher verwendet. Es muss ein linearer Zusammenhang zwischen der Leistungsart und den Kosten, welche die Kostenstelle verursacht, bestehen. Weiters muss ein linearer Zusammenhang zu den Empfängern bzw. Kostenträgern bestehen.

Grundzüge der Kosten- und Leistungsrechnung

Verwaltung			
Leistungsart:	Anzahl der Mitarbeiter		
Leistungsartenmenge:	12		
Kostenart (KOA)	**Variabel**	**Fix**	**Gesamt**
primäre Kostenarten			
Personal- und Personalnebenkosten		54.500	54.500
Instandhaltungskosten		5.000	5.000
Reinigungsmaterialkosten		2.000	2.000
Transportkosten		10.000	10.000
Energiekosten		5.000	5.000
Aushilfskosten		3.000	3.000
Büromaterialkosten		15.000	15.000
Versicherungskosten		2.000	2.000
Reise- und Fahrtkosten		10.000	10.000
Postgebühren		3.000	3.000
Vermittlungsprovisionskosten		2.000	2.000
Rechts- und Beratungskosten		10.000	10.000
Steuerberatungs- und BH-Kosten		10.000	10.000
Gebühren		250	250
Verbandsbeiträge		2.000	2.000
Spesen des Geldverkehrs		1.000	1.000
Zwischensumme	**0**	**134.750**	**134.750**
Verrechnung sekundäre Kostenarten	Leitungskosten		29.148	29.148
	Telefonkosten		4.932	4.932
	Mietkosten		4.898	4.898
				0
				0
				0
Summe	**0**	**173.728**	**173.728**
Tarif	**0,00**	**14.477,37**	**14.477,37**

Abb. 19: Beispiel für eine Hilfskostenstelle (Quelle: eigene Darstellung)

Beispiele für Leistungsarten und Leistungsartenmengen von Hauptkostenstellen:

- Fertigung: Maschinenstunden: 1200
- Management-Seminar offen (M-offen): Anzahl der Teilnehmer: 604
- Management-Seminar innerbetrieblich (M-inner): Anzahl der Tage: 300
- Sprachen-Seminar offen (S-offen): Anzahl der Teilnehmer: 100
- Sprachen-Seminar innerbetrieblich (S-inner): Anzahl der Minuten: 250.000
- Sprachen-Seminar Klassen (S-Klassen): Anzahl der Kurse: 100
- Controlling-Seminar offen (CO-offen): Durchschnittliche Anzahl der TN * Anzahl der Durchführung: 100
- Controlling-Seminar innerbertrieblich (CO-inner): Anzahl der Tage: 100

Beispiele für Leistungsarten und Leistungsartenmengen von Hilfskostenstellen:

- Leitung: Anzahl der Mitarbeiter in den empfangenden Kostenstellen (KST): 16
- Verwaltung: Anzahl der Mitarbeiter in den empfangenden KST: 12

- Telefon: Anzahl der (Telefon-)Einheiten: 7.000
- Miete: m^2: 1.000
- Marketing: Bruttoumsatz: 2.000.000
- kalkulatorische Kosten: Bruttoumsatz: 2.000.000
- Stromversorgung: kWh: 2.000
- Werksküche: Anzahl der Mitarbeiter in den empfangenden Kostenstellen: 100

Für obiges Beispiel wurde die Leistungsart Anzahl der Mitarbeiter in den empfangenden Kostenstellen gewählt. Die Leistungsartenmenge gibt sodann die exakte Ausprägung der Leistungsart wieder. Im gegenständlichen Beispiel sind dies die zwölf Mitarbeiter, welche in den empfangenden Kostenstellen verwaltet werden. Grundsätzlich sollte die Leistungsart so gewählt werden, dass die gesamten Kosten der Hilfskostenstelle zur Gänze auf die empfangenden Kostenstellen umgelegt werden können. D.h.: Nach der innerbetrieblichen Leistungsverrechnung dürfen keine Kosten mehr auf den Hilfskostenstellen verbleiben.

Nach Festlegung der Leistungsartenmenge, wird der sogenannte Tarif ermittelt. Dieser entsteht aus Division der Kostenstellensumme durch die Leistungsartenmenge. Der Tarif für die obige Hilfskostenstelle Verwaltung beträgt also € 14.477,37, diese Kosten werden also jährlich durch die Verwaltung eines einzigen Mitarbeiters verursacht.

2.2.3. Verrechnungen innerhalb der Kostenstellenrechnung

Nachfolgende Abbildung zeigt ein Beispiel für die Verrechnung der obigen Hilfskostenstelle Verwaltung:

Daten zur Verrechnung

Verrechnungskostenart:		Verwaltungskosten		
	Anzahl der Mitarbeiter	Entlastung variable	Entlastung fix	Entlastung gesamt
Management offen	2,7	0	39.089	39.089
Management inner	1,3	0	18.821	18.821
Sprachen offen	1,3	0	18.821	18.821
Sprachen inner	1,5	0	21.716	21.716
Sprachen Klassen	1,2	0	17.373	17.373
CO offen	1,2	0	17.373	17.373
CO inner	0,8	0	11.582	11.582
Leitung	2	0	28.955	28.955
Summe	**12**	**0**	**173.728**	**173.728**
Kontrolle				0

Abb. 20: Beispiel für die Verrechnung von Hilfskostenstellen (Quelle: eigene Darstellung)

Das obige Beispiel zeigt, dass die Hilfskostenstelle Verwaltung durch die Belastung der empfangenden Kostenstellen völlig entlastet wird. Beispielsweise wird die Kostenstelle Management offen durch die Multiplikation der Anzahl der Mitarbeiter in dieser empfangenden Kostenstelle (2,7 Mitarbeiter) mit dem in der Hilfskostenstelle errechneten Tarif (€ 14.477,37) belastet (2,7 * € 14.477,37 ergibt € 39.089,–). D.h.: Die Hauptkostenstelle Management offen wird mit € 39.089,– Kosten aus der Hilfskostenstelle Verwaltung belastet – anders ausgedrückt, die Verwaltung der Hauptkostenstelle Management offen verursacht Kosten in der Höhe von € 39.089,–.

Aufgrund der Verrechnung von Hilfskostenstellen entstehen in den empfangenden Kostenstellen also sekundäre Kostenarten – in unserem Beispiel Verwaltungskosten. Diese sekundäre Kostenart Verwaltungskosten, findet sich nun auf allen empfangenden Kostenstellen. Unten stehendes Beispiel für die Hauptkostenstelle „Management offen" zeigt in den unteren Spalten mit der Bezeichnung Verrechnungen – sekundäre Kostenarten exakt den oben berechneten Wert der Verwaltungskosten in der Höhe von € 39.089,–.

Grundzüge der Kosten- und Leistungsrechnung

Management offen			
Leistungsart:	Anzahl der Teilnehmer		
Leistungsartenmenge:	603		

Kostenart (KOA)	Variabel	Fix	Gesamt
primäre Kostenarten			
Referentenkosten	191.800		191.800
Raumkosten	34.020		34.020
Personal- und Personalnebenkosten		133.286	133.286
			0
			0
			0
			0
			0
			0
			0
			0
			0
			0
			0
			0
Zwischensumme	**225.820**	**133.286**	**359.106**
Verrechnung sekundäre Kostenarten — Leitungskosten		39.350	39.350
Verrechnung sekundäre Kostenarten — Verwaltungskosten		39.089	39.089
Verrechnung sekundäre Kostenarten — Telefonkosten		2.943	2.943
Verrechnung sekundäre Kostenarten — Mietkosten		1.633	1.633
Verrechnung sekundäre Kostenarten — Marketingkosten		54.639	54.639
Verrechnung sekundäre Kostenarten — kalk. Kosten		51.066	51.066
Summe	**225.820**	**322.006**	**547.826**
Tarif	**374,49**	**534,01**	**908,50**

Abb. 21: Beispiel für eine Hauptkostenstelle (Quelle: eigene Darstellung)

Für obiges Beispiel einer Hauptkostenstelle kann die Begründung für die Differenzierung der Kostenarten in variable und fixe Kosten aufgezeigt werden, denn durch diese Unterscheidung können nun in Summe drei Tarife gebildet werden:

1. **Vollkostentarif:** Im obigen Beispiel ergibt der Vollkostentarif € 908,50. D.h.: Dieser Tarif geht auch in die Preisgestaltung ein. Will man nun einen Preis finden, der Gewinn produzieren soll, so muss man pro Teilnehmer für offene Seminare mindestens eben diesen Wert erzielen. Wird beispielsweise der Preis pro Teilnehmer für diese Trainingsvariante auf € 1.000,– festgelegt, so liegt man über dem Vollkostensatz von € 908,50 und erzielt konsequenterweise einen Gewinn von € 1.000,– minus € 908,50, also € 91,50 pro Teilnehmer.

2. **Variabler Tarif:** Dieser Tarif gibt die sogenannte kurzfristige Preisuntergrenze (PUG) an. Unter dem variablen Tarif € 374,49 darf nicht angeboten werden, denn sonst ist auch der Deckungsbeitrag negativ. D.h.: Die € 374,49 gelten für diesen Fall als absolute Preisuntergrenze. Wird jedoch der Preis über den variablen Tarif festgelegt, so wird ein jedenfalls ein positiver Deckungsbeitrag erwirtschaftet, also ein Beitrag für die Rekuktion der Fixkosten erwirtschaftet.

3. **Fixer Tarif:** Jenem Tarif fällt in der Praxis eine nur untergeordnete Rolle zu.

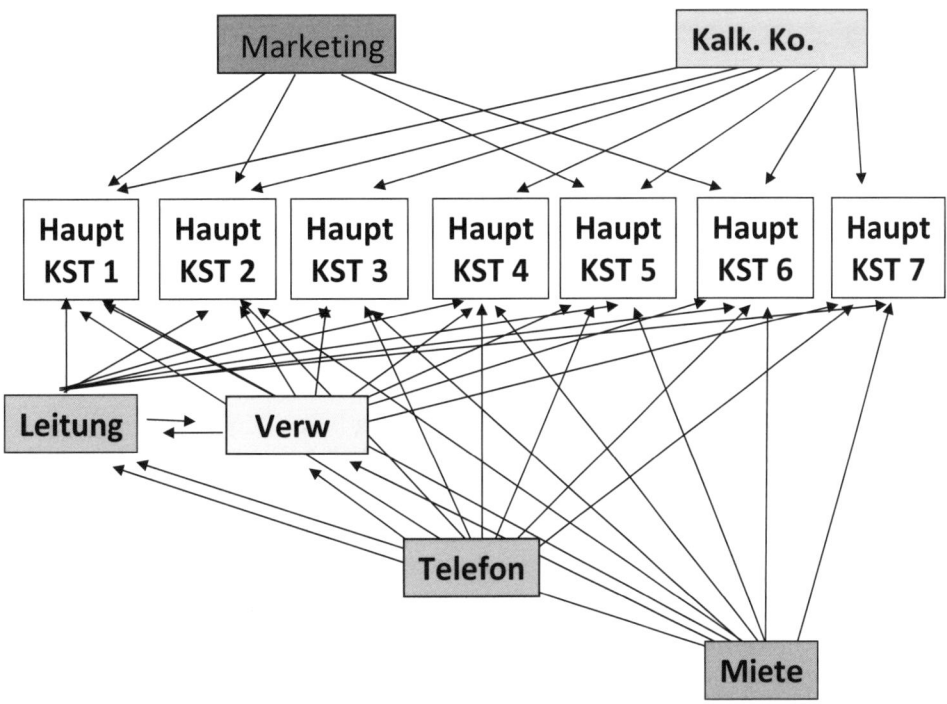

Abb. 22: Beispiel für die Verrechnung von Hilfskostenstellen auf Hauptkostenstellen (Quelle: eigene Darstellung)

Obige Abbildung zeigt die Verrechnung der Hilfskostenstellen (siehe graue Kästchen in der Abbildung) auf die Hauptkostenstellen (siehe weiße Kästchen in der Abbildung). Aus dieser Grafik ist erkennbar, dass bereits bei wenigen Kostenstellen relativ komplexe Verrechnungsbeziehungen entstehen können. Daher empfiehlt es sich hier in Praxis unbedingt, eine grafische Aufbereitung mit den jeweiligen Verrechnungsbeziehungen der einzelnen Kostenstellen untereinander anzufertigen und so die Verrechnungsströme übersichtlich und schlüssig darzustellen.

Ziel der Kostenstellenrechnung ist es, alle Kosten der Hilfskostenstellen zur Gänze auf die empfangenden Kostenstellen zu übertragen. Erst nachdem dieser Schritt erfolgt ist, finden sich alle Kosten nur noch auf den jeweiligen Hauptkostenstellen. Der daraus entstehende Tarif ist nun für die Kostenträgerrechnung bzw. für die (Preis-)Kalkulation von essentieller Bedeutung.

Grundzüge der Kosten- und Leistungsrechnung

2.3. Die Kostenträgerrechnung

Die Kostenträgerrechnung wird in der Praxis oft auch als Kalkulation bezeichnet. Dabei sind die Kostenträgererfolgsrechnung und die Kostenträgerstückrechnung zu unterscheiden.

Kostenträgererfolgsrechnung: Die Kostenträgererfolgsrechnung dient als Instrument der kurzfristigen Erfolgskontrolle. Ihre Aufgabe besteht darin, den Periodenerfolg einer Unternehmung, monatlich oder wöchentlich zu ermitteln und in Erfolgskomponenten zu zerlegen, die einen möglichst detaillierten Einblick in den Prozess der Gewinnerzielung vermitteln.

Kostenträgerstückrechnung: Die Aufgabe der Kostenträgerstückrechnung ist es, die Herstellkosten pro Erzeugniseinheit oder pro Auftrag zu ermitteln. Folgende Kalkulationsarten werden unterschieden:

1. **Vorkalkulationen:** Diese werden für bestimmte Aufträge oder Einzelerzeugnisse aufgrund von Kundenanfragen eben vor der Auftragserteilung und vor Beginn der Produktion bzw. der Erbringung der Dienstleistung erstellt. Die Vorkalkulation dient meist als Grundlage für Preisverhandlungen.

2. **Nachkalkulation:** Nachkalkulationen werden während oder nach Abschluss der Produktion bzw. der Erbringung der Dienstleistung erstellt. Diese dienen der stückbezogenen Kosten- und Erfolgskontrolle.

3. **Plankalkulation:** Diese wird hauptsächlich in Unternehmen mit standardisierten Erzeugnissen verwendet, nicht jedoch für Unternehmen mit Auftrags- oder Einzelfertigung. Hier werden im Voraus geplante Herstellungs- und Selbstkosten pro Erzeugniseinheit ermittelt. Die Kalkulationsergebnisse werden in der laufenden Periode nicht geändert. Die so ermittelten Herstellungs- und Selbstkosten basieren auf konstanten Daten der Kostenplanung. Dabei werden Planpreise für alle von außen bezogenen Produktionsfaktoren ermittelt. Diesbezüglich lassen sich nennen: geplante Lohnsätze und Gehälter, Planvorgaben pro Erzeugniseinheit für die Erzeugnis-Einzelkosten, geplante Kostensätze der Kostenplanung oder geplante Bezugsgrößen pro Erzeugniseinheit.

Die folgende Abbildung gibt die Hauptkostenstelle „Beratungskostenstelle" eines Beratungsunternehmens wieder. Die Leistungen dieser Kostenstelle werden, wie oben zu sehen ist, hauptsätzlich von externen Beratern erbracht. Dabei ist zu beachten, dass diese extern zugekauften Beratungstage grundsätzlich Einzelkosten wären und daher direkt der Kostenträgerrechnung zuzurechnen sind. Hier wurde jedoch entschieden, auch diese Einzelkosten wie Gemeinkosten zu behandeln und diese Kosten aufgrund des Verantwortungsbereiches des Kostenstellenleiters der Beratungskostenstelle zuzurechnen. In diesem Beispiel wurden also auch sämtliche Einzelkosten den Kostenstellen zugeordnet. Dies hat den Vorteil, dass der daraus entstehende Tarif ein „All-inklusive-Tarif" ist, sprich sämtliche relevanten Kosten enthält.

Grundzüge der Kosten- und Leistungsrechnung

Beratungskostenstelle

Leistungsart:	Anzahl der Tage		
Leistungsartenmenge:	310		

Kostenart (KOA)	Variabel	Fix	Gesamt
primäre Kostenarten			
externe Beratungskosten	475.000		475.000
Personal- und Personalnebenkosten		59.070	59.070
			0
			0
			0
			0
			0
			0
			0
			0
			0
			0
Zwischensumme	475.000	59.070	534.070
Verrechnung sekundäre Kostenarten — Leitungskosten		18.946	18.946
Verwaltungskosten		18.821	18.821
Telefonkosten		1.683	1.683
Mietkosten		7.619	7.619
Marketingkosten		51.913	51.913
kalk. Kosten		48.518	48.518
Summe	475.000	206.570	681.570
Tarif	1.532,26	666,36	2.198,61
Nettoumsatz lt. Leistungsbudget			632.104
Differenz KST-Summe und Umsatz			-49.467

Nettoumsatz/Leistungsartenmenge: 2.039

Abb. 23: Beispiel für einen Kostenträgerrechnung anhand einer Beratungskostenstelle (Quelle: eigene Darstellung)

Im obigen Beispiel entsteht ein Vollkostentarif in der Höhe von € 2.198,61. D.h.: Will der Abteilungsleiter dieser Kostenstelle ein Angebot für einen Kunden bzw. für einen ganz bestimmten Auftrag erstellen, so gilt für ihn die Prämisse, dass diese Kosten pro Beratungstag eingespielt werden müssen, um in die Gewinnzone zu kommen. Möchte ein Kunde beispielsweise ein Angebot von zehn Beratungstagen und ist im Unternehmen ein 20%-Gewinnaufschlag zu erreichen, so würde der Abteilungsleiter nachfolgende Kalkulation anstellen:

Anzahl der Beratungstage	10
Tarif pro Beratungstag	2.199
Summe Kosten	21.986
Gewinnaufschlag 20%	4.397
Preis für das Angebot	26.383

Abb. 24: Beispiel für eine Kalkulation eines Auftrags (Quelle: eigene Darstellung)

Dies (€ 26.383,–) wäre also der zu erzielende Preis für dieses spezielle Angebot.

Das System der Kostenrechnung ist jedoch stets vor dem Hintergrund von strategischen Entscheidungen zu sehen, die dazu führen, dass diese Preise am Markt oft nicht erzielt werden können. In der obigen Beratungskostenstelle wurde im Zuge der Kostenträgerrechnung der tatsächliche Nettoumsatz dieser Kostenstelle der Kostenstellensumme gegenübergestellt und ergibt so in dem gegenständlichen Beispiel eine Unterdeckung. D.h.: Die Kostenstelle „Beratungskostenstelle" trägt eigentlich zum Verlust des Unternehmens bei, da die Vollkosten nicht zur Gänze durch die Nettoumsätze gedeckt werden können. Ähnliches sieht man, wenn man sämtliche Nettoumsätze dieser Kostenstelle durch die Leistungsartenmenge dividiert: Nun kann man den Tarif mit jeder zuvor gebildeten Kennzahl vergleichen.

Nettoumsatz / Leistungsartenmenge	2.039,04
Tarif	2.198,61
Differenz	−159,57

Abb. 25: Gegenüberstellung von Kosten und Umsätzen (Quelle: eigene Darstellung)

Das gegenständliche Beispiel zeigt, dass jeder verkaufte Tag zu einen Unterdeckung bzw. zu einem Verlust in der Höhe von € 159,57 für das gesamt Unternehmen geführt hat.

3. Literaturverzeichnis

Fischbach, S.: Grundlagen der Kostenrechnung, 4. Auflage, Landsberg am Lech, 2006.

Deimel, K./Isemann, R./Müller, St.: Kosten- und Erlösrechnung. Grundlagen, Managementaspekte und Integrationsmöglichkeiten der IFRS, München, 2006, S. 11–322.

Joos-Sachse, T.: Controlling, Kostenrechnung und Kostenmanagement, 4. Auflage, Stuttgart, 2006.

Röhrenbacher, H.: Intensivkurs Kosten- und Leistungsrechnung, 3. Auflage, Wien, 1998.

Rüth, D.: Kostenrechnung Band I, 2. Auflage, München, 2006.

Schneider, W.: Kosten- und Leistungsrechnung, Konstanz, 2006.

Seicht, G.: Moderne Kosten- und Leistungsrechnung, 11. Auflage, Wien, 2001.

Investition und Investitionsrechnung

Inhaltsverzeichnis

1. Grundlegendes zur Finanzwirtschaft 192
   1.1. Investition und Investitionsrechenverfahren 192
   1.2. Statische Verfahren 193
      1.2.1. Kostenvergleichsrechnung 194
      1.2.2. Gewinnvergleichsrechnung 196
      1.2.3. Statische Rentabilitätsrechnung 198
      1.2.4. Statische Amortisationsdauer (Pay-off Period) 199
      1.2.5. Zusammenfassung 200
   1.3. Zinsenrechnung 200
      1.3.1. Einfache Verzinsung 200
      1.3.2. Zusammengesetzte Verzinsung 201
      1.3.3. Interne Verzinsung, Rendite 202
      1.3.4. Unterjährige Verzinsung 202
      1.3.5. Rentenrechnung 203
   1.4. Dynamische Verfahren 204
      1.4.1. Kapitalwertmethode 204
      1.4.2. Interner-Zinssatz-Methode 209
      1.4.3. Annuitätenmethode 212
      1.4.4. Dynamische Amortisationsdauer 214
      1.4.5. Modifizierte Interner-Zinssatz-Methode 215
      1.4.6. Vergleich der einzelnen Verfahren 216
         1.4.6.1. Kapitalwert und Annuität 216
         1.4.6.2. Kapitalwert und interner Zinssatz 217
      1.4.7. Berechnung der optimalen Nutzungsdauer (einmalige Investition) 218
      1.4.8. Berechnung der optimalen Nutzungsdauer (mehrmalige Investitionen) 222
   1.5. Verwendung von Excel 223
2. Literaturverzeichnis 225

1. Grundlegendes zur Finanzwirtschaft

Bevor die Begriffe Investition und Finanzierung definiert werden, sollen zuerst einige finanzwirtschaftliche Grundbegriffe erklärt werden. Wichtigster Begriff im Zusammenhang mit dem Thema Investitionen und Finanzierung ist der Begriff der „Zahlung". Darunter versteht man jenen Vorgang, bei dem sich der Geldbestand eines Unternehmens ändert. Unwichtig dabei ist, ob sich der Bargeldbestand oder die Geldbestände auf Konten ändern. Zahlungen, die den Geldbestand im Unternehmen erhöhen, werden als **Einzahlungen**, solche, die den Geldbestand verringern, **Auszahlungen** genannt.

Zahlungen haben in der Finanzwirtschaft typischerweise drei Merkmale:

- die Höhe der Zahlung (Betrag),
- die Richtung der Zahlung (Einzahlung oder Auszahlung),
- den Zeitpunkt der Zahlung.

Werden nun die einzelnen, inhaltlich zusammengehörigen, Zahlungen chronologisch geordnet, entsteht der sogenannte **Zahlungsstrom** (auch Zahlungsreihe genannt).

> **Investition und Finanzierung befassen sich mit der Bewertung und Gestaltung von Zahlungsströmen.**

Zahlungsströme, die mit einer Auszahlung beginnen, werden **Investitionen** genannt.

Beispiel: Kauf einer Maschine zur Erweiterung der Produktion.

Zahlungsströme, die mit einer Einzahlung beginnen, werden als **Finanzierung** bezeichnet.

Beispiel: Kreditaufnahme

Investition und Finanzierung werden häufig unter dem Begriff **Finanzwirtschaft** zusammengefasst. Die Finanzwirtschaft ist ein Teil der Betriebswirtschaftslehre und befasst sich mit der Aufbringung des Kapitals, mit der Verwendung des Kapitals und mit der Rückerstattung des Kapitals.

1.1. Investition und Investitionsrechenverfahren

Unter dem Begriff „Investition" wird die Verwendung von finanziellen Mittel verstanden. Dabei spielt die Mittelherkunft für die Begriffsdefinition keine Rolle. Investitionsentscheidungen sind solche Entscheidungen, die die Struktur und den Umfang des Vermögens beeinflussen. Diese Entscheidungen können sowohl das Anlagevermögen (Kauf oder Verkauf von Maschinen, Gebäuden, Produktionsanlagen oder Beteiligungen) als auch das Umlaufvermögen (Durchschnittsbestand an Rohstoffen, Halb- und Fertigerzeugnisse, Forderungen und liquide Mittel) betreffen.

Wird der Investitionsbegriff enger definiert, werden „nur" Anschaffungen des Anlagevermögens als Investition bezeichnet. Dabei kann man zwischen einer produktionswirtschaftlichen und einer finanzwirtschaftlichen Investition unterscheiden. Produktionswirtschaftliche Entscheidungen betreffen Ersatzinvestitionen, Rationalisierungsinvestitionen, Erweiterungsinvestitionen oder Neuinvestitionen. Entscheidungen über die Veranlagung liquider Mittel oder über Beteiligungen werden als finanzwirtschaftliche Investition bezeichnet.

Grundlage von Investitionsentscheidungen ist die Investitionsrechnung. Die Verfahren der Investitionsrechnung dienen zur Beurteilung von Investitionsprojekten. Dabei kann die absolute oder relative Vorteilhaftigkeit überprüft werden. Voraussetzung für die Beurteilung einer Investition sind Einnahmen und Ausgaben, die dem Projekt zugeordnet werden können.

Investitionsrechnungen geben Informationen über die Vorteilhaftigkeit von Investitionen und über mögliche Kombinationen von Investitionsobjekten. Für die nachfolgenden Verfahren ist es gleich, ob das Bewertungsobjekt Sachanlagevermögen oder Finanzvermögen ist.

Grundsätzlich unterscheidet man zwischen statischen und dynamischen Investitionsrechenverfahren. Bei den **statischen Verfahren** werden die dem Objekt zurechenbaren Einnahmen und Ausgaben periodisiert. Anhand von diesen periodisierten (Durchschnitts-)Werten werden dann die verschiedenen Entscheidungswerte ermittelt. In den statischen Verfahren wird der Faktor Zeit vernachlässigt, d.h. dass der unterschiedliche zeitliche Anfall der Zahlungen nicht berücksichtigt wird. Dies ist auch zugleich der größte Kritikpunkt an den statischen Investitionsrechenverfahren.

Bei den **dynamischen Verfahren** wird der zeitliche Anfall der Einnahmen und Ausgaben durch die Zinseszinsrechnung deutlicher und exakter berücksichtigt. Nicht Kosten (= periodisierte Aufwendungen) und Erträge (= periodisierte Einnahmen), sondern Einzahlungen und Auszahlungen bilden die wesentlichen Bestandteile der dynamischen Investitionsrechnung.

1.2. Statische Verfahren

Das Problem bei den statischen Verfahren ist, dass bei der Berechnung von Kosten- oder Gewinngrößen auch der zu Beginn getätigte Anschaffungswert auf die Nutzungsdauer der Investition verteilt werden muss. Dies erfolgt durch die Periodisierung in Form der Abschreibung. Dabei wird der Aufwand über die Perioden verteilt, die Auszahlung, die bereits zu Beginn der Investition getätigt wurde, bleibt dabei jedoch unberücksichtigt. Um diesen Mangel zu beheben, werden kalkulatorischen Zinsen als Aufwand in die Berechnung eingehen. Trotz dieser Bemühungen gilt, dass die statischen Verfahren den Faktor Zeit nur sehr ungenügend berücksichtigen.

Diese ungenügende Berücksichtigung des Faktors Zeit kann zu falschen Entscheidungen führen. Dies soll anhand des nachfolgenden Beispiels dargestellt werden:

Beispiel

Zwei Objekte (X, Y) sollen beurteilt werden:

Anschaffungsauszahlung jeweils 100.000.

Folgende Periodenerfolge werden über die Nutzungsdauer (fünf Jahre) prognostiziert:

Jahr	1	2	3	4	5	6	Summe
Periodenerfolg (X)	35.000	30.000	25.000	20.000	15.000	10.000	135.000
Periodenerfolg (Y)	10.000	15.000	20.000	25.000	30.000	35.000	135.000

Beide Alternativen verursachen eine Auszahlung von 100.000 und führen über die gesamte Nutzungsdauer gesehen zu kumulierten Periodenerfolgen in der Höhe von 135.000. Der Unterschied zwischen den beiden Alternativen liegt in der Entwicklung des Periodenerfolgs. Die Entscheidung für Objekt (X) führt zu Beginn zu einem höheren Periodenerfolg, der jedoch über die Nutzungsdauer abnimmt. Objekt (Y) ist vom zeitlichen

Investition und Investitionsrechnung

Anfall der Erträge gegengleich zu Objekt (X). Betrachtet man in diesem Beispiel die Faktoren Investitionshöhe, Periodenerfolge (über die Nutzungsdauer) und die Nutzungsdauer, so sind als Ergebnis beide Objekte gleichrangig: Beide Objekte wären somit als gleichwertig anzusehen, obwohl die Investition in Objekt (X) zu einer früheren Rückführung der finanziellen Mittel führt.

Obwohl der fehlende zeitliche Aspekt als einer der wesentlicher Kritikpunkt an den statischen Verfahren gilt, haben diese Verfahren trotzdem ihre Existenzberechtigung, weil sie ohne größeren Rechenaufwand einen ersten Überblick geben können.

Zu den statischen Verfahren zählen:

- die Kostenvergleichsrechnung,
- die Gewinnvergleichsrechnung,
- die statische Rentabilitätsrechnung und
- die statische Amortisationsrechnung.

Diese statischen Verfahren werden anhand eines Beispiels dargestellt und die Ergebnisse diskutiert:

Beispiel 1

	A	B
Investitionsausgabe	1.120.000	1.100.000
Nutzungsdauer in Jahren	5	5
Restwert am Ende der Nutzungsdauer	0	0
Maximale Kapazität pro Jahr	35.000	35.000
geschätzte Absatzmenge	25.000	25.000
Personalkosten	45.000	65.000
Energiekosten	15.000	20.000
Versicherungskosten	60.000	45.000
Sonstige Kosten	5.000	5.000
Variable Kosten pro Stück	10	12
Verkaufspreis pro Stück	29	29
Zinsen	10%	10%

1.2.1. Kostenvergleichsrechnung

Die Kostenvergleichsrechnung ermittelt die Vorteilhaftigkeit mehrere Projekte auf Basis der zurechenbaren Kosten bzw. der Kostenersparnis im Falle einer Rationalisierungsinvestition. In den Vergleich sind grundsätzlich alle Kosten, die durch die Investition entstehen, einzubeziehen. Wesentlich sind im Allgemeinen folgende Kostenarten, die in variable und fixe Kosten zu trennen sind:

- Löhne, Gehälter und Lohnnebenkosten
- Materialkosten
- Personalkosten
- Versicherungskosten
- Energiekosten

- Raumkosten
- Instandhaltungs- und Reparaturkosten
- Kalkulatorische Abschreibung
- Kalkulatorische Zinsen

Die kalkulatorische Abschreibung und die kalkulatorischen Zinsen werden auch als die **kalkulatorischen Kapitalkosten** bezeichnet. Abgesehen von den Kapitalkosten dürften nur geringe Probleme bei der Zuordnung und Bestimmung der Kosten entstehen.

Die kalkulatorischen Zinsen stellen die Zinsbelastung der Fremdkapitalgeber oder die Renditeforderung der Eigenkapitalgeber dar. Da die Kostenvergleichsmethode die durchschnittlichen Periodenkosten in die Berechnung miteinbezieht, müssen auch durchschnittliche kalkulatorische Zinskosten berücksichtigt werden. Deshalb müssen die durchschnittlichen Zinskosten ermittelt werden. In der Literatur wird eine lineare Abnahme des gebundenen Kapitals unterstellt. Somit ergibt sich ein durchschnittliches Kapital in der Höhe der halben Anschaffungskosten:

Durchschnittlich gebundenes Kapital = Investitionssumme / 2

Wird zusätzlich nach der Nutzungsdauer ein Restwert miteinbezogen, ergibt sich das durchschnittlich gebundene Kapital folgendermaßen:

Durchschnittlich gebundenes Kapital = (Investitionssumme + Liquidationserlös) / 2

In diesen beiden Fällen wird eine kontinuierliche Tilgung des Kapitalbedarfs unterstellt. Wird hingegen die Tilgung nur am Jahresende über alle Perioden durchgeführt ergibt sich das durchschnittlich gebundene Kapital folgendermaßen:

Durchschnittlich gebundenes Kapital = (Investitionssumme / 2) + (Investitionssumme / 2T)

(T = Dauer der Investition)

Für die Ermittlung der Abschreibung sind der tatsächliche Wertverzehr, die erwartete Nutzungsdauer, Restwerterlöse und Wiederbeschaffungswerte ausschlaggebend. Wird kein Restwerterlös kalkuliert, ergeben sich die durchschnittlichen Kosten pro Periode folgendermaßen:

Kostenvergleich		
	A	B
Abschreibung	240.000	200.000
Kapitalkosten	60.000	50.000
Fixkosten (leistungsunabhängige Kosten)	125.000	135.000
Fixkosten Gesamt	425.000	385.000
Variable Kosten (leistungsabhängige Kosten)	250.000	300.000
Gesamtkosten	**675.000**	**685.000**
Stückkosten	**27**	**27,40**

Das Ergebnis aus dem Beispiel 1 ergibt eine Vorteilhaftigkeit der Alternative A gegenüber der Alternative B. Diese Vorteilhaftigkeit kann sich jedoch aufgrund von Änderungen in der Absatzerwartung ändern. Aus diesem Grund ist es interessant, ab welchen Absatzmengen welche Alternative die „bessere" ist. Dazu wird die sogenannte **kritische Menge** berechnet. Die kritische Menge ist jene Menge, bei der beide Verfahren die gleichen Kosten aufweisen. Berechnet wird die kritische Menge, indem beide Kostenfunktionen gleichgesetzt werden.

Kostenfunktion (A) = Kfix + kvar × Absatzmenge
K(A) = 425.000 + 10x
K(B) = 385.000 + 11x
425.000 + 10x = 385.000 + 12x

x = 20.000 Stück – d.h., dass bei einer Menge von 20.000 Stück die Kosten beider Varianten gleich sind. Zur Kontrolle werden nun die Kosten für jeweils 20.000 Stück gerechnet:

Kritische Menge	A	B
Stück	20.000	20.000
Kfix	425.000	385.000
kvar pro Stück	*10*	*12*
Kvar gesamt	200.000	240.000
Kosten gesamt bei 20.000 Stück	625.000	625.000

Angewendet wird die Kostenvergleichsrechnung hauptsächlich bei der Beurteilung von Ersatzinvestitionen.

1.2.2. Gewinnvergleichsrechnung

Die Gewinnvergleichsrechnung kann verwendet werden, wenn die zur Auswahl stehenden Objekte nicht nur eine unterschiedliche Kostenstruktur, sondern auch unterschiedliche Absatzpreise aufweisen. Sind die Absatzpreise gleich, kommt die Gewinnvergleichsrechnung zum selben Ergebnis wie die Kostenvergleichsrechnung. Die Gewinnvergleichsrechnung ist einer Weiterführung der Kostenvergleichsrechnung. Der Gewinn wird durch die Gegenüberstellung von Erlösen und Kosten ermittelt. Diejenige Alternative, die den höchsten durchschnittlichen Gewinn aufweist, ist die vorteilhafteste Alternative. Dabei wird der Gewinn als absolute Größe dargestellt:

Gewinnvergleich	A	B
Absatzmenge	25.000	25.000
Erlös pro Stück	29	29
Gesamterlös	725.000	725.000
– Kvar (bei 25.000 Stück)	250.000	300.000
= Deckungsbeitrag	475.000	425.000
– Kfix	425.000	385.000
= Gewinn	**50.000**	**40.000**

Im Beispiel 1 ist der absolute Gewinn bei Variante A höher als bei Variante B – daher ist nach der Gewinnvergleichsmethode Variante A vorzuziehen. Da in vielen Fällen die Absatzmengen nur schwer prognostizierbar sind, besteht die Möglichkeit das Verfahren umzukehren und die kritische Menge zu berechnen. Die **kritische Menge**, auch als Break-even-Menge bezeichnet, ist jene Menge, bei der das Ergebnis null ist. Dazu ist im ersten Schritt der Deckungsbeitrag pro Stück zu ermitteln. Der Deckungsbeitrag ist die Differenz zwischen dem Erlös pro Stück und den variablen Kosten pro Stück:

DB/Stück	A	B
Erlös/Stück	29	29
variable Kosten/Stück	10	12
= DB pro Stück	**19**	**17**

Investition und Investitionsrechnung

Der Ergebnis ist nun folgendermaßen zu interpretieren: Pro Stück A bleibt nach Abzug der variablen Kosten ein Betrag von 15 über, um die restlichen Fixkosten zu decken. Im Fall von Alternative B sind es 14 pro Stück. Dividiert man im nächsten Schritt die Fixkosten durch den Deckungsbeitrag pro Stück, erhält man die kritische Menge (= Break-even-Point):

kritische Menge	A	B
DB/Stück	19	17
Fixkosten	425.000	385.000
= kritische Menge	**22.369**	**22.648**

Variante A erreicht den Break-even-Point bei 22.369 Stück, Variante B erst bei 22.648 Stück.

Im nächsten Schritt kann der kritische Umsatz ausgerechnet werden. Dies ist jener Umsatz, bei dem das Ergebnis wiederum null ist. Dazu wird die kritische Menge pro Stück mit dem Erlös pro Stück multipliziert:

kritischer Umsatz	A	B
kritische Menge	22.369	22.648
Erlös pro Stück	29	29
= kritischer Umsatz	**648.701**	**656.792**

Wie bereits definiert, ist der kritische Umsatz, jener Umsatz bei dem das Ergebnis null ist. Zur Kontrolle wird dies nachgerechnet:

	A	B
Absatz in Stück	22.369	22.648
kritischer Umsatz	648.701	656.792
Deckungsbeitrag pro Stück	19	17
Deckungsbeitrag (+/− Rundungsdifferenz)	425.000	385.000
Fixkosten	425.000	385.000
Gewinn	**0**	**0**

Werden kritische Menge bzw. kritischer Umsatz als Kriterium zur Entscheidung verwendet, so ist Alternative A vorzuziehen. Dies deshalb, da (A) den Break-even-Point früher erreicht als (B). Der Break-even-Point ist jener Umsatz bei dem die Kosten den Erlösen entsprechen:

Investition und Investitionsrechnung

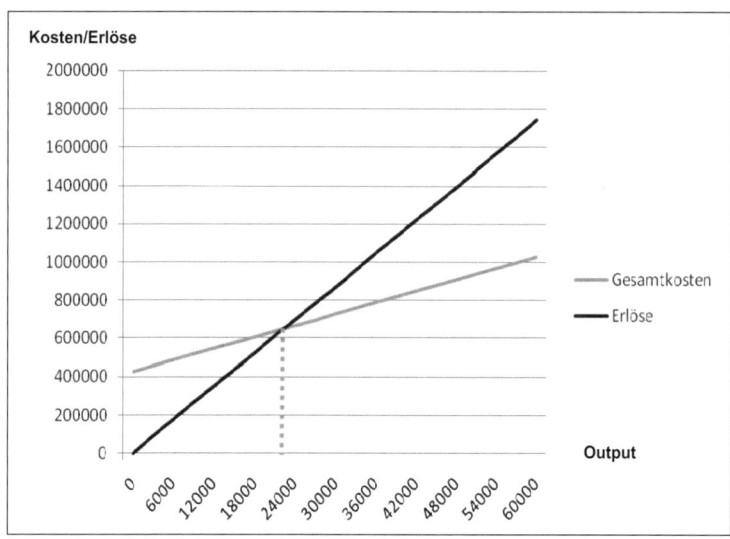

Abb. 1: Break-even-Point (Quelle: eigene Darstellung)

Mit jedem Umsatz über dem Break-Even-Point und jedem Stück über der kritischen Menge wird das Gesamtergebnis positiv. Dies gilt jedoch nur, solange sich die Fixkosten nicht ändern.

1.2.3. Statische Rentabilitätsrechnung

In der Gewinnvergleichsrechnung sind sowohl die Kosten als auch die Erlöse in die Berechnung eingegangen. Es wurden dabei aber lediglich Kapitalkosten in Form von Zinsen berücksichtigt, doch fand die Höhe des Kapitaleinsatzes keine Beachtung in der Rechnung. Im Beispiel 1 ist aufgrund der Kostenvergleichsrechnung und der Gewinnvergleichsrechnung Alternative (A) zu bevorzugen, jedoch ist bei dieser Alternative (A) ein höherer Kapitaleinsatz notwendig. Als Lösung bietet sich nun an, den Gewinn in Relation zu den eingesetzten Mittel zu setzen. Das Ergebnis der statischen Rentabilität wird nun mit den Finanzierungskosten verglichen. Liegt die Rentabilität über den Finanzierungskosten, wirkt die Investition ergebnisverbessernd. Als Kosten der Finanzierung wird in der Regel der Grenzkapitalkostensatz verwendet. Der Vergleich mit den Finanzierungskosten macht es aber erforderlich, dass der Gewinn um die darin enthaltenen Finanzierungskosten korrigiert wird. Daher wird die statische Rentabilität nach folgender Formel berechnet:

Statische Rentabilität = Gewinn (vor Finanzierungskosten) / durchschnittlich gebundenes Kapital

Das durchschnittlich gebundene Kapital berechnet sich hier wie folgt: (Anfangsbestand + Endbestand) / 2. Für Variante A würde dies bedeuten: (1.200.000 + 0) /2 = 600.000.

Statische Rentabilität	A	B
Gewinn (nach Zinsen)	50.000	40.000
+ Zinskosten	60.000	50.000
Gewinn (vor Finanzierungskosten)	110.000	90.000
durchschnittlich gebundenes Kapital	600.000	500.000
Statische Rentabilität	**18,3%**	**18,0%**

Die Zinsen werden wieder addiert, da sie im Gewinn/Verlust bereits als Aufwand berücksichtigt wurden.

Beide Alternativen weisen eine größere Rentabilität als die Kapitalkosten auf. Daher sind aus dieser Sichtweise beide Alternativen für das Unternehmen gewinnbringend. Alternative (A) weist eine höhere Rendite als (B) auf. Aus dieser Sichtweise heraus wäre (A) die bessere Alternative. Ist das Kapital auch für die teuerste Alternative vorhanden und gibt es keine zusätzlichen Investitionsmöglichkeiten, so wird jene Alternative die interessantere sein, die den höchsten absoluten Gewinn und nicht die höchste Rentabilität aufweist.

1.2.4. Statische Amortisationsdauer (Pay-off Period)

Die Amortisationsrechnung verwendet, anders als die bisherigen Verfahren, nicht buchhalterische Größen, sondern basiert auf Zahlungsströmen. Das Ergebnis der statischen Amortisationsrechnung ist eine Periode, in der die Investitionsauszahlungen wieder zurückgeflossen sind. Dabei wird in dem Verfahren ein konstanter jährlicher Rückfluss angenommen. Dieser Cashflow geht vom Gewinn aus und korrigiert diesen um unbare Aufwände und Erträge. Genauer gesagt wird eigentlich der Cashflow from operating activities genommen, da Veränderungen im Working Capital unberücksichtigt bleiben. Errechnet wird die Amortisationsdauer, indem die Investitionsauszahlung durch den durchschnittlichen jährlichen Cashflow dividiert wird:

$$\text{Statische Amortisationsdauer} = \frac{\text{Investitionsauszahlung}}{\text{jährlicher Cashflow}}$$

Berechnung des Cashflow:

Cashflow p.a.	A	B
jährlicher Gewinn	50.000	40.000
+ AfA	240.000	200.000
Cashflow p.a.	**290.000**	**240.000**

Es ist jenes Projekt am vorteilhaftesten, dessen Rückflusszeitraum am geringsten ist:

Statische Amortisationsdauer	A	B
Investitionsausgabe	1.200.000	1.000.000
Cashflow p.a.	290.000	240.000
Amortisationsdauer in Jahren	**4,14**	**4,17**

In dem Beispiel ist die Alternative (A) der Alternative (B) vorzuziehen, da der Rückfluss der gesamten Investitionssumme früher stattfindet.

Die Amortisationsdauer liefert wichtige Inputs für die Finanz- und Liquiditätsplanung. Es ist ersichtlich, ob das Unternehmen seinen Zahlungsverpflichtungen termingerecht nachkommen kann, sollte diese Investition auf Kreditbasis finanziert worden sein. Zusätzlich gibt sie Auskunft, ob über die Verpflichtung hinaus Liquidität fürs Unternehmen übrigbleibt.

Folgendes Beispiel soll dies verdeutlichen:

	(X)	(Y)
Investitionssumme	650.000	800.000
Nutzungsdauer in Jahren	5	5
Cashflow p.a.	100.000	100.000
statische Amortisationsdauer	**6,5**	**8**

In diesem Fall ist zwar Variante (X) besser im Sinne der statischen Amortisationsdauer, es ist jedoch zu beachten, dass die Amortisationsdauer höher als die Nutzungsdauer ist. Damit gelingt es nicht, innerhalb der Nutzungsdauer die Investitionssumme in Form von Cash zurückzubekommen.

1.2.5. Zusammenfassung

Der größte Kritikpunkt der statischen Verfahren liegt in der Vernachlässigung des Faktors Zeit. Dies führt dazu, dass Gewinne, egal in welcher Periode sie auch anfallen, gleich behandelt werden. Da bei den statischen Verfahren mit nominellen Größen gerechnet wird, macht sich die Nichtberücksichtigung des Zinseszinseffektes umso stärker bemerkbar, je länger die Laufzeit des Projektes ist. Je länger die Laufzeit, desto größer der Mangel bei den statischen Verfahren.

Ein weiterer Fehler wird häufig begangen, indem nur das Jahr der Anschaffung analysiert wird. Für die restliche Zeit der Nutzungsdauer werden dann dieselben Annahmen getroffen, obwohl Löhne, Rohstoffpreise, Erlöse etc. im Zeitablauf Schwankungen unterliegen. Aus diesem Grund muss die Planung über die Totalperiode erfolgen und diesen Totalerfolg auf die einzelnen Perioden aufgeteilt werden. Damit erhält man zumindest wahrheitsgetreuere Durchschnittswerte. Trotzdem bleibt der Zeitaspekt unzureichend berücksichtigt.

1.3. Zinsenrechnung

Einer der wichtigsten Grundsätze der Finanzmathematik ist die Tatsache, dass ein Euro heute mehr wert ist als ein Euro in einem Jahr. Der Grund dafür liegt in der Möglichkeit der Veranlagung dieses Euros. Innerhalb des Jahres bekommt man zu dem Euro Zinsen und somit ist das Kapital am Ende des Jahres ein Euro plus Zinsen.

Zusätzlich besteht auch die Möglichkeit, mit diesem Euro einen Kredit früher zu tilgen und somit kommt es zu einer Zinsersparnis. Auch dies bedeutet, dass der Euro heute mehr wert ist als ein Euro in einem Jahr. Daraus resultiert aber das Problem, dass Zahlungen zu unterschiedlichen Zeitpunkten nicht direkt verglichen werden können. Die Finanzmathematik stellt nun Verfahren zur Verfügung, die es ermöglichen, Zahlungen zu unterschiedlichen Zeitpunkten vergleichbar zu machen. Dabei werden die unterschiedlichen Zeitpunkte und Auswirkungen der Zinsen berücksichtigt.

Legt ein Sparer einen gewissen Geldbetrag an oder verborgt er sein Geld, so werden für die Überlassung **Zinsen** bezahlt. Die Fälligkeitszeitpunkte der Zinsen werden **Zinstermine** genannt. Der Zeitraum zwischen zwei Zinsterminen wird **Zinsperiode** genannt. Der Zinssatz wird mit i bezeichnet (engl. *interest*).

Die Höhe der zu zahlenden Zinsen hängt von folgenden Faktoren ab:

- Vereinbarter Zinssatz
- Laufzeit = Dauer der Kapitalüberlassung und wird mit N bezeichnet
- Art der Zinsberechnung

1.3.1. Einfache Verzinsung

Bei der einfachen Verzinsung fallen Zinsen nur auf das anfangs überlassene Kapital an. Die auf das Kapital angefallenen Zinsen werden in den Folgeperioden nicht weiter verzinst.

Das zu Beginn angelegte Kapital wird K_0 bezeichnet und das Kapital nach n Jahren wird K_n bezeichnet.

K_0 = Anfangskapital
K_n = Endwert des Kapitals K_0 nach n Jahren

Investition und Investitionsrechnung

Beispiel

Ein Investor veranlagt heute (zum Zeitpunkt t = 0) einen Betrag von 100 Euro mit einer Laufzeit von fünf Jahren. Der entsprechende Zinssatz beträgt 5% p.a. bei einfacher Verzinsung. Wie entwickelt sich das Vermögen im Zeitablauf?

Zeitpunkt t	Kapital K_t	Zinsen für die Periode
0	100	5
1	105	5
2	110	5
3	115	5
4	120	5
5	125	5

Die jährlichen Zinsen werden nur vom Anfangskapital berechnet und sind daher konstant.

1.3.2. Zusammengesetzte Verzinsung

Werden die Zinsen dem Kapital am Ende einer Periode zugeschlagen und in der nächsten Periode verzinst, spricht man von zusammengesetzter oder exponentieller Verzinsung. Die Zinsen, die auf zuvor angefallene Zinsen verrechnet werden, bezeichnet man als **Zinseszinsen**.

Das Anfangskapital K_0 entwickelt sich bei einem Zinssatz von *i* folgendermaßen:

Nach einem Jahr: $\quad K_1 = K_0 + K_0 \times i = K_0 \times (1 + i)$
Nach zwei Jahren: $\quad K_2 = K_1 + K_1 \times i = K_0 \times (1 + i)^2$
Nach drei Jahren: $\quad K_3 = K_2 + K_2 \times i = K_0 \times (1 + i)^3$
Nach vier Jahren: $\quad K_4 = K_3 + K_3 \times i = K_0 \times (1 + i)^4$

Nach N Jahren: $\quad K_N = K_{N-1} + K_{N-1} \times i = K_0 \times (1 + i)^N$

Den Term $(1 + i)^N$ bezeichnet man als Aufzinsungsfaktor.

Beispiel

Ein Investor veranlagt heute (zum Zeitpunkt t = 0) einen Betrag von 100 Euro mit einer Laufzeit von fünf Jahren. Der entsprechende Zinssatz beträgt 5% p.a. bei zusammengesetzter Verzinsung. Wie entwickelt sich das Vermögen im Zeitablauf?

Zeitpunkt t	Kapital K_t	Zinsen für die Periode
0	100,00	5,00
1	105,00	5,00
2	110,25	5,25
3	115,76	5,51
4	121,55	5,79
5	127,63	6,08

Aufgrund der Zinseszinsen wächst das Vermögen schneller.

Investition und Investitionsrechnung

Der **Endwert** (= Wert nach N Jahren) wird folgendermaßen berechnet:

$K_N = K_{N-1} + K_{N-1} \times i = K_0 \times (1 + i)^N = 100 \times (1 + 0{,}05)^5 = 127{,}628156$

Der Endwert ist der Wert des Vermögens nach N Jahren.

Der **Barwert** ist der heutige Wert von Zahlungen, die erst in Zukunft anfallen werden. Die Formel zur Berechnung des Barwertes lautet folgendermaßen:

$K_0 = K_N \times (1 + i)^{-N}$

Den Term $(1 + i)^{-N}$ bezeichnet man als Abzinsungsfaktor.

Beispiel

In drei Jahren will der Anleger einen Betrag von 10.000 € haben. Der Zinssatz beträgt 3%. Wie viel muss er heute investieren, damit er in fünf Jahren den gewünschten Betrag erhält?

Der Barwert ist jener Betrag, den der Investor heute veranlagen muss, damit er in fünf Jahren bei einer 3%-tigen Verzinsung p.a. den gewünschten Betrag von 10.000 € erhält.

Dafür wird der Endwert (10.000) auf den Zeitpunkt t_0 abgezinst.

$K_0 = K_N \times (1 + i)^{-N} = 10.000 \times (1 + 0{,}03)^{-5} = 8.626{,}088$

Der Anleger muss heute 8.826,088 € investieren, damit er in fünf Jahren den Betrag von 10.000 € erhält.

1.3.3. Interne Verzinsung, Rendite

Wird ein Betrag K_0 für einen Zeitraum von N Jahren angelegt, so wächst dieser zu K_N an. Der dieser Steigerung entsprechende jährliche prozentuelle Kapitalzuwachs wird durch den effektiven Zinssatz angegeben. Dieser Zinssatz wird auch als interner Zinssatz oder Rendite bezeichnet.

Abgeleitet kann der effektive Zinssatz aus der Formel für den Endwert werden:

$K_N = K_{N-1} + K_{N-1} \times i = K_0 \times (1 + i_{eff.})^N$

$i_{eff} = \sqrt[N]{\dfrac{K_N}{K_0}} - 1$

Beispiel
Ein Investor veranlagt heute 5.000 €. In zehn Jahren wird ihm ein Gesamtkapital von 8.500 € versprochen. Wie hoch ist die effektive Verzinsung?

$i_{eff} = \sqrt[10]{\dfrac{8.500}{5.000}} - 1 = 0{,}05449 = 5{,}45\%$

Probe – der Betrag von 5.000 wird auf zehn Jahre mit 5,45% aufgezinst:
Endwert = $5.000 \times (1+ 0{,}05449)^{10} = 8.500$

1.3.4. Unterjährige Verzinsung

In der Praxis werden oft unterjährig Zinsen verrechnet: quartalsweise Verrechnung der Kreditzinsen, Halbjährliche Zinszahlungen bei Anleihen.

Bei einem Kredit wird dem Kreditnehmer beispielsweise der nominelle Jahreszinssatz ausgewiesen. Die Verzinsung erfolgt jedoch quartalsweise. Daher tritt der Zinseszinseffekt bereits nach drei Monaten und nicht wie bisher dargestellt nach einem Jahr auf.

Bei einer unterjährigen Verzinsung wird das Jahr in m gleich lange Zinsperioden unterteilt. Nach jeder dieser Periode wird dem Kapital $1/m$ des nominellen Jahreszinssatzes i_{nom} zugeschlagen. Bei einer unterjährigen Verzinsung mit m Zinsterminen ergibt sich nach einem Jahr folgender Endwert:

$$K_1 = K_0 \times \left(1 + \frac{i_{nom}}{m}\right)^m$$

Wird das Kapital länger als eine Zinsperiode angelegt so ergibt sich folgende Formel für die Veranlagung mit N Jahren und m Zinsperioden:

$$K_N = K_0 \times \left(1 + \frac{i_{nom}}{m}\right)^{(m \times N)}$$

Beispiel
Ein Investor kauft eine Anleihe mit einer Verzinsung von 5% p.a. Die Verzinsung erfolgt quartalsweise, die Laufzeit beträgt fünf Jahre und sein Investment beträgt 10.000 €.

Wie hoch ist der Endwert seiner Veranlagung?

$$K_N = K_0 \times \left(1 + \frac{i_{nom}}{m}\right)^{(m \times N)} = 10.000 \times \left(1 + \frac{0{,}05}{4}\right)^{(4 \times 5)} = 12.820{,}37$$

1.3.5. Rentenrechnung

Unter einer **Rente** versteht man eine periodische Zahlung. Der Abstand zwischen zwei Rentenzahlungen nennt man Rentenperiode. Die Laufzeit der Rente bezeichnet die Anzahl der Rentenzahlungen. Weiters unterscheidet man zwischen einer Rente mit endlicher Laufzeit und einer **unendlichen Rente**. Die gleichbleibende Zahlung wird **Annuität** genannt und mit A bezeichnet.

Der **Rentenbarwert** wird nach folgender Formel berechnet:

$$K_0 = A \times \frac{q^N - 1}{(q-1)}$$

$$q = (1 + i)$$

Beispiel
Wie hoch ist der Betrag den ein Sparer auf sein Sparbuch legen muss, damit er zehn Jahre lang am Jahresende 5.000 € entnehmen kann? Der Zinssatz ist 4% p.a.

$$q = (1{,}04)$$

$$K_0 = 5.000 \times \frac{1{,}04^{10} - 1}{1{,}04^{10} \times (1{,}04 - 1)} = 40.554{,}48$$

Soll anstatt des Rentenbarwertes die **Annuität** berechnet werden, so muss lediglich die Formel des Rentenbarwertes umgeformt werden:

$$A = K_0 \times \frac{q^N \times (q-1)}{q^N - 1}$$

$$q = (1 + i)$$

Der Ausdruck $\frac{q^N \times (q-1)}{q^N - 1}$ wird auch **Annuitätenfaktor** genannt.

Beispiel
Ein Investor veranlagt 50.000 € für zehn Jahre. Der Zinssatz beträgt 5%. Wie viel kann der Investor am Ende jeden Jahres entnehmen, sodass das Anfangskapital zur Gänze verbraucht ist?

$$A = 50.000 \times \frac{1{,}05^{10} \times (0{,}05)}{1{,}05^{10} - 1} = 6.475{,}23$$

1.4. Dynamische Verfahren

Ausgangspunkt bei den dynamischen Rechenverfahren sind die Zahlungsströme und nicht durchschnittliche buchhalterische Größen. Die dynamischen Verfahren berücksichtigen den zeitlichen Unterschied zwischen den Einzahlungen und Auszahlungen und machen Zahlungsströme vergleichbar, indem entweder auf den Endzeitpunkt aufgezinst (Endwert) oder auf den Investitionszeitpunkt abgezinst (Barwert) wird. Damit werden alle Zahlungen auf einen Zeitpunkt transformiert und können somit addiert, subtrahiert und verglichen werden.

Alle in Anschluss dargestellten Verfahren beruhen auf finanzmathematischen Überlegungen und benötigen einen geeigneten Zinssatz (Kalkulationszinssatz). Mit diesem Kalkulationszinssatz werden sodann alle Zahlung auf einem Zeitpunkt ab- bzw. aufgezinst. Wie später noch gezeigt wird, hat der Zinssatz einen entscheidenden Einfluss auf die Ergebnisse der dynamischen Verfahren.

Folgende Annahmen müssen noch für die dynamischen Verfahren getroffen werden:

- Man unterstellt einen vollkommenen und vollständigen Kapitalmarkt. Das bedeutet, dass es einen allgemein gültigen risikolosen Zinssatz gibt und sämtliches Kapital zu diesem Zinssatz aufgenommen bzw. veranlagt werden kann.
- Kapital ist uneingeschränkt vorhanden und steht für die zu betrachtenden Investitionsprojekte zur Verfügung.
- Der Kalkulationszinssatz entspricht jenem Zinssatz, zu dem Geld am Kapitalmarkt veranlagt werden könnte. Der Investor steht nun vor der Entscheidung, das Kapital am Kapitalmarkt zu veranlagen oder in das zu untersuchende Projekt zu investieren.
- Wird für alle Projekte Sicherheit unterstellt, so ist der Kalkulationszinssatz für alle Projekte gleich. Besteht aber Unsicherheit, so wird zu dem Kalkulationszinssatz ein Risikozuschlag hinzugezählt, der wiederum für unterschiedliche Projekte unterschiedlich hoch sein kann. Der Zuschlag wird als Risikozuschlag bezeichnet.

1.4.1. Kapitalwertmethode

Der Kapitalwert ist die Summe der Barwerte aller Zahlung. Unter Zahlungen werden in Zukunft immer nur die Zahlungen in Verbindung mit der Investition gemeint sein. Berechnet wird der Kapitalwert mit folgender Formel:

Investition und Investitionsrechnung

Kapitalwert $= \sum_{t=0}^{N} \frac{Kt}{(1+i)^t}$

Mittels Kapitalwert kann nun sowohl eine absolute aber auch eine relative Vorteilhaftigkeit berechnet werden. Absolute Vorteilhaftigkeit bedeutet, dass eine Investition mit positivem Kapitalwert absolut vorteilhaft ist. Vergleicht man mehrere Investitionen mittels Kapitalwert, so kann eine relative Vorteilhaftigkeit dargestellt werden. Weisen mehrere Projekte einen positiven Kapitalwert auf, so ist jenes mit dem größten Kapitalwert das vorteilhafteste.

Kapitalwerte für Beispiel 1:

Alternative (A)						
Jahre	0	1	2	3	4	5
Nettoerlös pro Stück		29	29	29	29	29
– variable Kosten pro Stück		10	10	10	10	10
= DB pro Stück		19	19	19	19	19
geplante Absatzmenge		25.000	25.000	25.000	25.000	25.000
= Deckungsbeitrag		475.000	475.000	475.000	475.000	475.000
– zahlungswirksame Fixkosten[1]		–125.000	–125.000	–125.000	–125.000	–125.000
Einnahmenüberschüsse		350.000	350.000	350.000	350.000	350.000
Investitionsauszahlung	–1.200.000					
Zahlungsreihe	**–1.200.000**	**350.000**	**350.000**	**350.000**	**350.000**	**350.000**

Abzinsungsfaktor		0,90909	0,82645	0,75131	0,68301	0,62092
Barwerte		318.182	289.256	262.960	239.055	217.322
Summe der Barwerte	1.326.775					
Investitionsauszahlung	–1.200.000					

= Kapitalwert	**126.775**

Jede Zahlung wird auf den Zeitpunkt t_0 abgezinst. Abschließend wird die Summe der abgezinsten Werte um die Anfangsauszahlung vermindert. Der positive Kapitalwert (126.775) zeigt, dass das Investitionsobjekt für den Investor als positiv zu bewerten ist. Der positive Kapitalwert bei einem unterstellten Kalkulationszinssatz von 10% bedeutet, dass das Projekt, bzw. die Zahlungsströme, eine höhere (positive) Verzinsung als die 10% des Kalkulationszinssatzes erwirtschaftet. Das bedeutet, dass eine absolute Vorteilhaftigkeit des Investitionsprojektes gegeben ist.

---

[1] Zahlungswirksame Fixkosten = Fixkosten ohne AfA und ohne kalkulatorische Kapitalkosten, da beide zu keiner Auszahlung führen.

Investition und Investitionsrechnung

Alternative (B)						
Jahre	0	1	2	3	4	5
Nettoerlös pro Stück		29	29	29	29	29
– variable Kosten pro Stück		12	12	12	12	12
= DB pro Stück		17	17	17	17	17
geplante Absatzmenge		25.000	25.000	25.000	25.000	25.000
= Deckungsbeitrag		425.000	425.000	425.000	425.000	425.000
– zahlungswirksame Fixkosten		–135.000	–135.000	–135.000	–135.000	–135.000
Einnahmenüberschüsse		290.000	290.000	290.000	290.000	290.000
Investitionsauszahlung	–1.000.000					
Zahlungsreihe	**–1.000.000**	**290.000**	**290.000**	**290.000**	**290.000**	**290.000**

Abzinsungsfaktor		0,90909	0,82645	0,75131	0,68301	0,62092
Barwerte		263.636	239.669	217.881	198.074	180.067
Summe der Barwerte	1.099.328					
Investitionsauszahlung	–1.000.000					

= **Kapitalwert**	99.328

Auch Alternative (B) erzielt einen positiven Kapitalwert. Daher ist (B) absolut gesehen als Projekt vorteilhaft, da die Verzinsung höher ist als der Kalkulationszinssatz.

Im Vergleich beider Alternativen ist (A) vorzuziehen, da der Kapitalwert höher ist als bei (B).

In den Auszahlungen sind die kalkulatorischen Zinsen nicht berücksichtigt, da die Kapitalkosten im Kalkulationszinssatz abgebildet werden. Daher dürfen Zinsaufwendungen bzw. Zinszahlungen nicht nochmals in dem Zahlungsstrom berücksichtigt werden. Auch die AfA geht nicht in den Zahlungsstrom ein, da die gesamte Investitionsauszahlung in der Periode 0 in die Kalkulation einfließt.

Ist am Ende der Nutzungsdauer ein Restwerterlös aus dem Verkauf der Anlage zu erzielen wird dieser Erlös, wie alle anderen Ein- und Auszahlungen, in den Zahlungsstrom aufgenommen und auf den Zeitpunkt t_0 abgezinst.

Das Ergebnis kann nun folgendermaßen interpretiert werden. Nach Abzug aller Auszahlungen und Befriedigung aller Kapitalgeber bleibt dem Unternehmen ein Kapitalwert von 126.775 (A) und 99.328 (B) über. Folgendes Beispiel soll dies nochmals verdeutlichen:

Um die Investition (B) zu finanzieren wird ein Kredit in der Höhe von 1.000.000 aufgenommen. Es handelt sich dabei um ein Annuitätendarlehen, mit einem Zinssatz von 10%. In nachfolgender Abbildung ist der Tilgungsplan dieses Kredites dargestellt.

Investition und Investitionsrechnung

	1	2	3	4	5
Kreditsaldo Jahresanfang	−1.000.000	−836.203	−656.025	−457.830	−239.816
Annuität	−263.797	−263.797	−263.797	−263.797	−263.797
Zinsen	−100.000	−83.620	−65.603	−45.783	−23.982
Tilgung	163.797	180.177	198.195	218.014	239.816
Kreditsaldo Jahresende	−836.203	−656.025	−457.830	−239.816	0

Die Annuität beträgt 263.797 pro Jahr. Diese Annuität muss durch die Einzahlungen aus dem Investitionsprojekt bezahlt werden und ist in nachfolgender Abbildung als Auszahlung dargestellt. Stellt man nun die Einzahlungen und die Auszahlungen (Annuität) gegenüber, erhält man die Differenz zwischen Ein- und Auszahlungen. Wird diese Differenz wiederum abgezinst, ergibt das einen Kapitalwert von 99.328.

	1	2	3	4	5
Einzahlungen	290.000	290.000	290.000	290.000	290.000
Auszahlungen	−263.797	−263.797	−263.797	−263.797	−263.797
Differenz	26.203	26.203	26.203	26.203	26.203
Abzinsungsfaktor	0,90909	0,82645	0,75131	0,68301	0,62092
Barwerte	23.820	21.655	19.686	17.897	16.270
Summe der Barwerte	**99.328**				

Die Annahme ist, dass das Darlehen von allen Kapitalgebern gegeben und der Zinssatz von 10% den gewichteten Kapitalkostensatz darstellt. In diesem Fall wurden die Kapitalgeber befriedigt und der Kapitalwert ist positiv (99.328). Daraus folgt, dass die Investition absolut gesehen vorteilhaft ist.

Einer der wesentlichsten Kritikpunkte an den statischen Verfahren ist die fehlende Berücksichtigung des Faktors Zeit. Welchen Einfluss dieser Faktor auf Investitionsprojekte hat soll nun dargestellt werden. Dafür stehen drei Alternativen zur Verfügung:

Alle Alternativen (X, Y, Z) erfordern eine Investitionsauszahlung in der Höhe von 110.000. Die Nutzungsdauer beträgt drei Jahre und der Rückfluss aller drei Alternativen beträgt über die gesamte Nutzungsdauer 150.000. Der relevante Zinssatz beträgt 10%. Der Unterschied der drei Alternativen liegt lediglich in der zeitlichen Struktur der Rückflüsse:

Alternative X	0	1	2	3	4	5
Einzahlungsüberschüsse		30.000	30.000	30.000	30.000	30.000
Investitionsauszahlung	−110.000					
Kapitalwert	**3.724**					

Investition und Investitionsrechnung

Alternative Y	0	1	2	3	4	5
Einzahlungsüberschüsse		50.000	40.000	30.000	20.000	10.000
Investitionsauszahlung	−110.000					
Kapitalwert	**10.921**					

Alternative Z	0	1	2	3	4	5
Einzahlungsüberschüsse		10.000	20.000	30.000	40.000	50.000
Investitionsauszahlung	−110.000					
Kapitalwert	**−3.474**					

Unter dieser Annahme ist Alternative Z als absolut unvorteilhaft anzusehen, da der Kapitalwert negativ ist. Den höchsten Kapitalwert weist Alternative Y auf, da in den ersten Perioden die Rückflüsse höher sind. Die Rückflüsse in den ersten Perioden werden weniger abgezinst als in späteren Perioden und deshalb ist der Kapitalwert bei Alternative Y am höchsten. Auf Basis der Kapitalwertmethode wäre nun Alternative Y zu wählen. Die statischen Verfahren (Kostenvergleich, Gewinnvergleich und statische Rentabilität) hätten für alle Alternativen zum selben Ergebnis geführt.

Der Einfluss der zeitlichen Struktur der Rückflüsse wurde gerade dargestellt. Nun soll noch der Einfluss des Kapitalkostensatzes dargestellt werden. Wieder werden die Alternativen (X), (Y) und (Z) betrachtet. Es bleiben alle Faktoren gleich, außer der Kapitalkostensatz wird auf 12% erhöht:

Alternative X	0	1	2	3	4	5
Einzahlungsüberschüsse		30.000	30.000	30.000	30.000	30.000
Investitionsauszahlung	−110.000					
Kapitalwert	**−1.857**					

Alternative Y	0	1	2	3	4	5
Einzahlungsüberschüsse		50.000	40.000	30.000	20.000	10.000
Investitionsauszahlung	−110.000					
Kapitalwert	**6.269**					

Alternative Z	0	1	2	3	4	5
Einzahlungsüberschüsse		10.000	20.000	30.000	40.000	50.000
Investitionsauszahlung	−110.000					
Kapitalwert	**−9.982**					

Durch die Erhöhung des Kapitalkostensatzes von 10% auf 12% verschlechtert sich das Ergebnis aller Alternativen, da der Barwert der zukünftigen Zahlungen durch den höheren Zinssatz geringer wird. Lediglich Alternative (Y) weist noch einen positiven Kapitalwert auf.

Eine Verringerung des Kalkulationszinssatzes wirkt gegenteilig und verbessert alle Kapitalwerte. Wird der Kalkulationszinssatz mit 8% angenommen, ergibt sich folgendes Ergebnis:

Alternative X	0	1	2	3	4	5
Einzahlungsüberschüsse		30.000	30.000	30.000	30.000	30.000
Investitionsauszahlung	–110.000					
Kapitalwert	**9.781**					

Alternative Y	0	1	2	3	4	5
Einzahlungsüberschüsse		50.000	40.000	30.000	20.000	10.000
Investitionsauszahlung	–110.000					
Kapitalwert	**15.911**					

Alternative Z	0	1	2	3	4	5
Einzahlungsüberschüsse		10.000	20.000	30.000	40.000	50.000
Investitionsauszahlung	–110.000					
Kapitalwert	**3.651**					

Alle Alternativen weisen einen positiven Kapitalwert auf und wären als vorteilhaft einzustufen, wobei Alternative (Y) weiterhin die beste Alternative auf Basis des Kapitalwertes wäre.

Die Kapitalwertmethode unterstellt, dass zum Kalkulationszinssatz jede Menge an Kapital zur Verfügung steht. Daher stellt die Finanzierung der Projekte kein Problem dar. Ein positiver Kapitalwert stellt eine absolute Vorteilhaftigkeit dar und Projekte, die einander nicht ausschließen und einen positiven Kapitalwert haben, könnten realisiert werden. Schließen Investitionen einander aus, so ist jene mit dem größten Kapitalwert die Vorteilhafteste.

1.4.2. Interner-Zinssatz-Methode

Bei Verwendung der Interner-Zinssatz-Methode wird prinzipiell von einer Kapitalknappheit ausgegangen. Nicht ein positiver Kapitalwert stellt die Basis der Entscheidung dar, sondern eine Verzinsung des für die Investition benötigten Kapitals.

Die Interner-Zinssatz-Methode liefert als Ergebnis jenen Zinssatz, bei dem der Kapitalwert null ist. Je höher der Zinssatz, desto geringer ist der Kapitalwert. Die Interner-Zinssatz-Methode gibt die Verzinsung des jeweils gebundenen Kapitals wieder. Der interne Zinssatz entspricht nach dieser Diktion der Verzinsung des Investitionsprojektes und zeigt, wie hoch die Kapitalkosten maximal sein dürfen, damit der Kapitalwert nicht negativ wird. Da genau jener Kapitalwert gesucht wird, bei dem der Zinssatz null ist, sind in folgender Abbildung die Kapitalwerte beider Alternativen (A, B) in Abhängigkeit vom Zinssatz dargestellt:

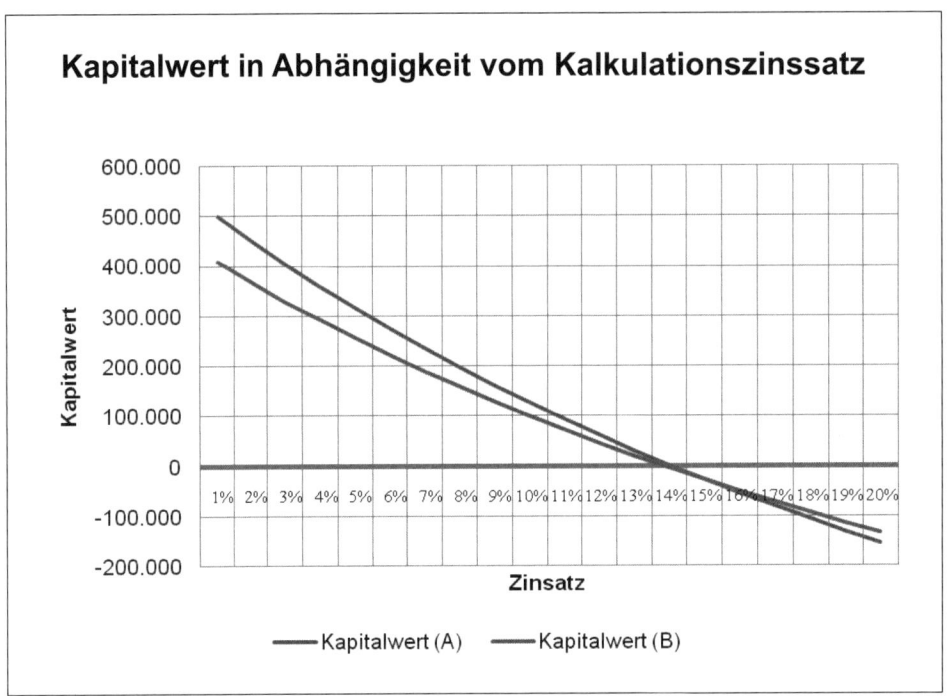

Abb. 2: Kapitalwert in Abhängigkeit vom Kalkulationszinssatz (Quelle: eigene Darstellung)

Aus der Abbildung ist ersichtlich, dass beide Kapitalwerte bei einem Zinssatz zwischen 13% und 15% negativ werden. Daher muss der interne Zinssatz in diesem Bereich liegen.

Um den internen Zinssatz zu berechnen, wird der Kapitalwert auf null gesetzt und die Gleichung nach dem internen Zinssatz gelöst:

$$\sum_{t=0}^{n}(E_t - A_t) \times \frac{1}{(1+r)^t} = 0$$

Die Lösung der Gleichung kann Schwierigkeiten bereiten, da eine Gleichung n-ten Grades vorliegt. Für eine quadratische Gleichung stellt die Lösung kein Problem dar. Bei mehreren Zahlungsperioden bereitet die Lösung erhebliche Probleme und ab dem Polynom 5. Grades kann meist gar keine Lösung gefunden werden. Aus diesem Grund behilft man sich mit damit, dass man durch lineare Interpolation sich dem Ergebnis nähert. Dabei geht man von zwei Zinssätzen, die jeweils einen positiven und einen negativen Kapitalwert verursachen, aus und interpoliert auf den Kapitalwert von null.

Betrachten wir nun wieder das Investitionsobjekt (A), dann sieht man, dass der interne Zinssatz zwischen 13% und 15% liegen muss:

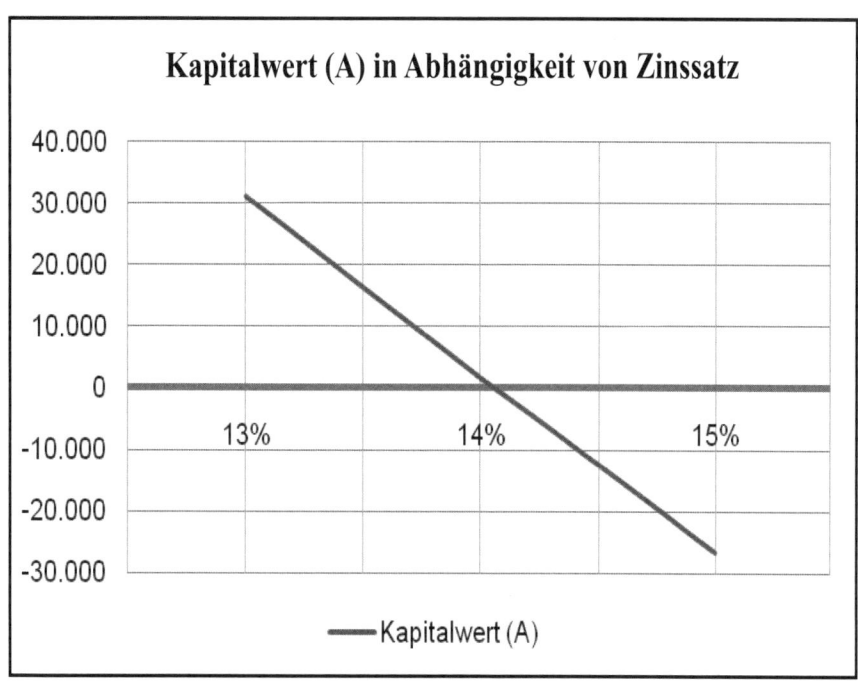

Abb. 3: Berechnung interner Zinssatz (Quelle: eigene Darstellung)

Unter Zuhilfenahme des zweiten Strahlensatzes kann nun folgende Gleichung aufgestellt werden:

$$\frac{i^{int} - i^*}{i^- - i^+} = \frac{KW^+}{KW^+ - KW^-}$$

i^{int} ... der interne Zinssatz
i^+ ... der Zinssatz, zu dem der Kapitalwert noch positiv ist
i^- ... der Zinssatz, zu dem der Kapitalwert negativ ist
KW^+ ... positiver Kapitalwert
KW^- ... negativer Kapitalwert

Werden nun die Werte für das Objekt (A) eingesetzt, ergibt sich folgender interner Zinssatz:

$$\frac{i^{int} - 0{,}13}{0{,}15 - 0{,}13} = \frac{31.031}{31.031 - (-26.746)}$$

$i^{int} = 0{,}14074 = 14{,}074\%$

Die Lösung ist noch keine exakte, sondern lediglich ein Näherungswert.

Um den Wert genauer zu bestimmen, wird mit dem ermittelten Wert weiter gerechnet werden. Dies geschieht, indem der Kapitalwert mit dem errechneten Zinssatz bestimmt wird.

Der mit 14,074% errechnete Kapitalwert ist –556.

$$\frac{i^{int} - 0{,}13}{0{,}14074 - (0{,}13)} = \frac{31.031}{31.031 - (-556)}$$

$i^{int} = 0{,}14055 = 14{,}055\%$

Verwendet man wiederum den errechneten Zinssatz und bestimmt damit den Kapitalwert, erhält man den Wert von –8. Setzt man diesen Zinssatz wieder ein, so ist das Ergebnis 14,0547%. Dies ist auch jener Zinssatz, bei dem der Kapitalwert null ist.

Der interne Zinssatz für die Alternative (B) ist 13,8165%. Für beide Projekte gilt, dass der interne Zinssatz höher ist als der Kalkulationszinssatz und absolut gesehen beide Alternativen als positiv zu bewerten sind.

Im Vergleich beider Alternativen ist auf Basis der internen Zinssatz Methode Alternative (A) gegenüber Alternative (B) vorteilhafter, da die interne Verzinsung höher ist.

Aus der Definition des internen Zinssatzes ergibt sich, dass alle Zahlungen mit dem internen Zinssatz abgezinst werden. Daher wird auch unterstellt, dass alle Zahlungen des Projektes zum internen Zinssatz veranlagt bzw. beschafft werden.

Ist nun der interne Zinssatz größer als der Kalkulationszinssatz, so wird unterstellt, dass Zahlungen, die aus dem Investitionsobjekt resultieren, zu besseren Bedingungen am Kapitalmarkt wiederveranlagt werden können. Diese Wiederveranlagungsprämisse ist sehr fragwürdig und in der Literatur werden einige Verfahren genannt, die diese Mängel zu beheben versuchen.

Als eine dieser Methoden sei der modifizierte interne Zinssatz genannt, bei dem ein weiterer „Veranlagungszinssatz" in die Kalkulation miteinbezogen wird. Ziel ist es, dass die Zahlungen verschiedener Projekte nicht mit dem jeweiligen internen Zinssatz, sondern mit dem zusätzlichen Zinssatz veranlagt werden. Auf diese weiterführenden Modelle wird hier verzichtet.

1.4.3. Annuitätenmethode

Die Annuitätenmethode wird als Spezialfall der Kapitalwertmethode bzw. als eine Ergänzung der Kapitalwertmethode bezeichnet. Die Bedeutung dieser Methode liegt in der Beurteilung von mehrmaligen Projekten mit unterschiedlichen Laufzeiten.

Die Annuität selbst ist eine gleich bleibende Zahlung über einen definierten Zeitraum. Die Barwerte der einzelnen Annuitäten ergeben wieder den Kapitalwert. Anders formuliert stellt die Annuität den maximal entnehmbaren Betrag dar, sodass der Kapitalwert der restlichen Zahlungen null beträgt.

In diesem Sinne gibt die Annuität jenen Betrag an, der über die Laufzeit des Projektes aus dessen Rückflüssen entnehmbar ist und der Kapitalwertgenau null wird. Damit wird die Verzinsung auf Basis des Kalkulationszinssatzes erreicht.

Die Annuität lässt sich mit Hilfe des Annuitätenfaktors berechnen:

$A = K_0 \times \dfrac{q^N \times (q-1)}{q^N - 1}$

$q = (1 + i)$

Für das Beispiel Vergleich von zwei Projekten auf Basis der Kapitalwertmethode errechnen sich folgende Annuitäten bei einem Zinssatz von 10%:

Investition und Investitionsrechnung

Annuität (A): $126.775 \times \dfrac{(1{,}1)^5 \times (1{,}1-1)}{(1{,}1)^5 - 1} = 33.443{,}0$

Annuität (B): $99.328 \times \dfrac{(1{,}1)^5 \times (1{,}1-1)}{(1{,}1)^5 - 1} = 26.202{,}5$

Eine Annuität von 33.443,0 bedeutet, dass aus diesem Investitionsprojekt jährlich 33.443,0 entzogen werden können und der Kapitalwert null beträgt, d.h. dass die Verzinsung zum Kalkulationszinssatz erreicht wird und die Beträge, die über dieser Verzinsung liegen, entnommen werden können:

Alternative (A)						
Jahre	0	1	2	3	4	5
Zahlungsreihe	−1.200.000	350.000	350.000	350.000	350.000	350.000
Entnahme in Höhe der Annuität		**−33.443**	**−33.443**	**−33.443**	**−33.443**	**−33.443**
Zahlungsreihe	−1.200.000	316.557	316.557	316.557	316.557	316.557
Abzinsungsfaktor		0,90909	0,82645	0,75131	0,68301	0,62092
Barwerte		287.779	261.617	237.834	216.213	196.557
Summe der Barwerte	1.200.000					
Investitionsauszahlung	−1.200.000					
= Kapitalwert	**0**					

In obiger Tabelle ist dies anhand der Zahlen dargestellt. Jedes Jahr wird die Annuität aus dem Zahlungsstrom entnommen. Der verbleibende Zahlungsstrom wird auf den Zeitpunkt t_0 abgezinst. Das Ergebnis ist ein Kapitalwert von Null.

Alternative (B)						
Jahre	0	1	2	3	4	5
Zahlungsreihe	−1.000.000	290.000	290.000	290.000	290.000	290.000
Entnahme in Höhe der Annuität		**−26.203**	**−26.203**	**−26.203**	**−26.203**	**−26.203**
Zahlungsreihe	−1.000.000	263.797	263.797	263.797	263.797	263.797
Abzinsungsfaktor		0,90909	0,82645	0,75131	0,68301	0,62092
Barwerte		239.816	218.014	198.195	180.177	163.797
Summe der Barwerte	1.000.000					
Investitionsauszahlung	−1.000.000					
= Kapitalwert	**0**					

Auf Basis der Annuität ist Projekt (A) der Alternative (B) vorzuziehen, wobei bei gleicher Nutzungsdauer keine zusätzliche Information geschaffen wurde. Interessant ist die Annuität, wenn beide Projekte unterschiedliche Laufzeiten haben und somit der Kapitalwert nicht mehr als Basis des Vergleiches dienen kann.

Investition und Investitionsrechnung

Die Annuität beruht, wie bereits dargestellt, auf dem Kapitalwert. Ist der Kapitalwert positiv, so liegt eine absolute Vorteilhaftigkeit des Projektes vor. Werden nun mehrere Projekte verglichen, die nur einmal realisiert werden, so kann jenes mit dem höchsten Kapitalwert als das relativ vorteilhafteste bestimmt werden.

Werden diese Investitionen jedoch mehrmals durchgeführt, liegt eine sogenannte Investitionskette vor. Sind die Nutzungsdauern der Investitionsketten unterschiedlich, so stellt die Annuität das bessere Instrument zur Beurteilung von Investitionen dar. Sind die Nutzungsdauern ident, kann auch wieder die Kapitalwertmethode herangezogen werden.

1.4.4. Dynamische Amortisationsdauer

Als nächstes Investitionsrechenverfahren soll auf die dynamische Amortisationsdauer eingegangen werden. Bei dieser Methode wird, unter Berücksichtigung von Zinsen und Zinseszinsen, jener Zeitraum bestimmt, innerhalb dessen die Investitionsauszahlung in Form von Cash zurückgeflossen ist. Dabei stellt die Kennzahl eine Risikobeurteilung dar. Um die dynamische Amortisationsdauer zu ermitteln werden die Einzahlungsüberschüsse abgezinst und solange kumuliert bis die kumulierten Rückflüsse die Höhe der Investitionsausgabe erreicht haben. Bei der statischen Amortisationsdauer wurde von durchschnittlichen Rückflüssen ausgegangen. Weiters wurde auch der zeitliche Aspekt nicht berücksichtigt. Bei der dynamischen Amortisationsdauer wird nun jede Periode einzeln betrachtet und die Rückflüsse werden auf den Zeitpunkt t_0 abgezinst. Somit wird der unterschiedliche zeitliche Anfall der Zahlungen berücksichtigt:

A: Auszahlung = –1.200.000

(A)	Zahlungen	Barwert	kumulierter Barwert
1. Jahr	350.000	318.181,82	318.181,82
2. Jahr	350.000	289.256,20	607.438,02
3. Jahr	350.000	262.960,18	870.398,20
4. Jahr	350.000	239.054,71	1.109.452,91
5. Jahr	350.000	217.322,46	1.326.775,37

B: Auszahlung = –1.000.000

(B)	Zahlungen	Barwert	kumulierter Barwert
1. Jahr	290.000	263.636,36	263.636,36
2. Jahr	290.000	239.669,42	503.305,79
3. Jahr	290.000	217.881,29	721.187,08
4. Jahr	290.000	198.073,90	919.260,98
5. Jahr	290.000	180.067,18	1.099.328,16

Bei beiden Projekten ist die kumulierte Barwertsumme erst im letzten Jahr über der Investitionsauszahlung. Daher amortisieren sich beide Alternativen erst im fünften Jahr.

1.4.5. Modifizierte Interner-Zinssatz-Methode

Bei der Interner-Zinssatz-Methode wird unterstellt, dass sämtliche Rückflüsse an Zahlungen wiederum zum internen Zinssatz veranlagt werden können. Da dies in der Praxis nicht immer möglich ist, hat man versucht, die Interner-Zinssatz-Methode zu verbessern, indem ein zweiter Kalkulationszinssatz für die Wiederveranlagung der Rückflüsse verwendet wird. Damit werden sämtliche Rückflüsse zum einheitlich vorgegebenen Zinssatz veranlagt und somit werden alle Rückflüsse rechnerisch gleich behandelt. Empfohlen wird die Verwendung der Kapitalgrenzkosten (vgl. *Seicht*, 2001, S. 115) als Zinssatz für die Zwischenveranlagung.

Die Berechnung des modifizierten internen Zinssatzes erfolgt, indem im ersten Schritt alle Rückflüsse auf das Ende der Nutzungsdauer mit dem vorgegebenen Zinssatz (Veranlagung) aufgezinst werden. Im zweiten Schritt ist nun jener Diskontierungssatz zu suchen, mit dem die aufgezinsten Endwerte abgezinst werden und die Summe der Barwerte der Höhe der Investitionsauszahlung entspricht. Als Alternativzinssatz werden 8% angenommen:

Alternative (A)						
Jahre	0	1	2	3	4	5
Einnahmenüberschüsse		350.000	350.000	350.000	350.000	350.000
Investitionsauszahlung	–1.200.000					
Zahlungsreihe	–1.200.000	350.000	350.000	350.000	350.000	350.000
Aufzinsungsfaktor		1,3605	1,2597	1,1664	1,0800	1,0000
Endwerte der Zahlungsüberschüsse		476.171	440.899	408.240	378.000	350.000
Summe der Endwerte	2.053.310					

Im ersten Schritt werden für Alternative (A) die Zahlungsüberschüsse auf das Ende der Nutzungsdauer aufgezinst. Die Summe der aufgezinsten Einnahmenüberschüsse beträgt 2.053.310.

Die Effektivverzinsung wird nach folgender Formel berechnet.

$$i_{eff} = \left(\sqrt[N]{\frac{K_N}{K_0}} - 1 \right) \times 100$$

Für das Projekt (A) ergibt sich folgende interne Verzinsung:

$$i_{eff} = \left(\sqrt[5]{\frac{2.053.310}{1.200.000}} - 1 \right) \times 100 = 11{,}341\%$$

Damit ist der modifizierte interne Zinssatz geringer als der zuvor ermittelte interne Zinssatz. Der interne Zinssatz für die Alternative (A) beträgt 14,055%. Dies deshalb weil die Rückflüsse nicht mehr zum internen Zinssatz sondern zum Alternativzinssatz von 8% veranlagt wurden.

Investition und Investitionsrechnung

Berechnung des modifizierten internen Zinssatzes für Projekt (B):

Alternative (B)						
Jahre	0	1	2	3	4	5
Einnahmenüberschüsse		290.000	290.000	290.000	290.000	290.000
Investitionsauszahlung	–1.000.000					
Zahlungsreihe	–1.000.000	290.000	290.000	290.000	290.000	290.000
Aufzinsungsfaktor		1,3605	1,2597	1,1664	1,0800	1,0000
Endwerte der Zahlungsüberschüsse		394.542	365.316	338.256	313.200	290.000
Summe der Endwerte	1.701.314					

$$i_{eff} = \left(\sqrt[5]{\frac{1.701.314}{1.000.000}} - 1 \right) \times 100 = 11,213\%$$

Auch bei Alternative (B) ist der modifizierte Zinssatz geringer, da die Zahlungsüberschüsse mit einem geringeren Kalkulationszinssatz wiederveranlagt werden.

Übereinstimmung zwischen dem internen und dem modifizierten Zinssatz kann es nur geben, wenn der Wiederveranlagungszinssatz dem internen Zinssatz entspricht.

1.4.6. Vergleich der einzelnen Verfahren

1.4.6.1. Kapitalwert und Annuität

Eine Beurteilung mehrerer Investitionsalternativen auf Basis des Kapitalwertes bzw. auf Basis der Annuität wird bei gleicher Nutzungsdauer der Alternativen immer zum selben Ergebnis führen. In diesem Fall werden die unterschiedlichen Kapitalwerte mit dem gleichen Annuitätenfaktor multipliziert um die Annuität zu ermitteln. Problematisch wird es hingegen bei unterschiedlicher Nutzungsdauer. Um die Problematik darzustellen wird folgendes Beispiel gewählt:

Alternative (X)	0	1	2	3
	–100.000	45.000	42.000	50.000
Kapitalwert	13.186			
Annuität	5.302			

Alternative (Y)	0	1	2	3	4	5	6
	–250.000	77.000	65.000	57.000	55.000	55.000	68.000
Kapitalwert	26.645						
Annuität	6.118						

Zwei Alternativen stehen zur Auswahl. Alternative (X) ist in der Anschaffung im Vergleich zu Alternative (Y) günstiger. Die Nutzungsdauer ist jedoch bei Alternative (Y) doppelt so lang wie bei Alternative (X).

Wird ausschließlich der Kapitalwert betrachtet, so wäre Alternative (Y) aufgrund des höheren Kapitalwertes vorzuziehen. Problematisch ist dies jedoch aufgrund der sehr unterschiedlichen Nutzungsdauer beider Objekte.

Für den Fall, dass beide Anlagen nach Ende der Nutzungsdauer nicht mehr ersetzt werden und die mit den Anlagen erzeugten Produkte eingestellt werden, wäre der Kapitalwert ein valides Entscheidungskriterium. Die Situation ist aber eher die Ausnahme und es ist nicht davon auszugehen, dass dies oft passiert.

In der Praxis relevanter ist sicher die Annahme, dass nach Ablauf der Nutzungsdauer neue Anlagen angeschafft werden und die Produktion nicht mit Ablauf der Nutzungsdauer beendet wird. Alternative (X) hat eine Nutzungsdauer von drei Jahren und muss danach ersetzt werden. Erfolgt eine Ersatzinvestition nach Ablauf der Nutzungsdauer für die Dauer von weiteren drei Jahren, ergibt sich eine gesamte Nutzungsdauer von sechs Jahren. Dabei wird unterstellt, dass sich Preise, Absatzmengen und Kosten nicht ändern:

Alternative (X)	0	1	2	3	4	5	6
	−100.000	45.000	42.000	50.000			
				−100.000	45.000	42.000	50.000
Zahlungsstrom	−100.000	45.000	42.000	−50.000	45.000	42.000	50.000
Kapitalwert	23.092						
Annuität	5.302						

Alternative (Y) ist noch immer günstiger als Alternative (X), da der Kapitalwert von (Y) größer ist als jener von (X) nach einmaligen Ersetzten der Anlage. Um die beiden Alternativen mittels Kapitalwert vergleichbar machen zu können, ist es notwendig Ersatzinvestitionen auf die gleiche Nutzungsdauer vorzunehmen.

Um dieses Problem effizienter zu lösen kann auf die Annuitätenmethode zurückgegriffen werden. Unter der Annahmen der identischen Reinvestition ist es nicht nötig, die Kapitalwerte für die kleinste gemeinsame Nutzungsdauer zu rechnen, sondern es ist ausreichend in diesem Fall die Gewinnannuität zu ermitteln. Unter identischer Reinvestition ist gemeint, dass die Ersatzinvestition mit gleicher Nutzungsdauer, gleichem Kapitaleinsatz und gleicher Rückflussstruktur getätigt werden muss.

Kann man nicht identische Reinvestition unterstellen, hilft die Gewinnannuität zur leichteren Entscheidungsrechnung nicht weiter. In diesem Fall können die Annuitäten erst nach Berechnung der Kapitalwerte auf Basis der gleichen Nutzungsdauer errechnet werden.

1.4.6.2. Kapitalwert und interner Zinssatz

Nachfolgend sollen nun Kapitalwerte und interne Zinssätze verglichen werden. Es wird davon ausgegangen, dass die Kapitalwerte alternativer Projekte auf eine gemeinsame Planungsperiode bezogen werden.

Zur Berechnung des Kapitalwertes wird ein Diskontierungszinssatz benötigt, mit dem zukünftige Zahlungen abgezinst werden. Dies ist für die Methode des internen Zinssatzes augenscheinlich nicht nötig. Das Ergebnis der Methode des internen Zinssatzes ist die Verzinsung des eingesetzten Kapitals. Damit das Ergebnis Aussagekraft besitzt, wird jedoch wiederum ein Vergleichszinssatz benötigt. Ist die interne Verzinsung einer Alternative 5% und die Verzinsung der zweiten Alternative 6%, so ist die zweite Alternative, verglichen mit der ersten die vorteilhaftere. Wird jedoch eine Mindestrendite von 8% gefordert bzw. ist der Grenzkapitalkostensatz 8%, dann ist zwar Alternative zwei gegenüber Alternative eins vorteilhaft, jedoch kann nicht die geforderte Verzinsung erreicht werden. Daher ist auch für die Interner-Zinssatz-Methode ein Kapitalkostensatz nötig, um das Ergebnis mit diesem Zinssatz vergleichen zu können. Daraus ergibt sich folgende Schlussfolgerung: Stellt sich die Frage, ob ein Projekt realisiert werden soll oder als Alternative nichts gemacht werden soll, so

Investition und Investitionsrechnung

führen beide Methoden (Kapitalwert, interner Zinssatz) zu einem identen Ergebnis. Dies deshalb, da durch den positiven Kapitalwert zum Ausdruck gebracht wird, dass die Verzinsung höher als der Kapitalisierungszinssatz ist. Zum selben Ergebnis kommt man durch die Interner-Zinssatz-Methode, wenn der errechnete interne Zinssatz höher als der Kalkulationszinssatz ist.

Die Verwendung des internen Zinssatzes kann bei Objekten mit unterschiedlichem Kapitaleinsatz sehr problematisch sein. Als Beispiel sollen zwei Alternativen betrachtet werden:

X: Anschaffungsauszahlung: 10.000
    Jährliche Rückflüsse: 5.000
    Nutzungsdauer: zehn Jahre
Y: Anschaffungsauszahlung: 100.000
    Jährliche Rückflüsse: 25.000
    Nutzungsdauer: zehn Jahre
    Zinssatz: 10%

X		0	1	2	3	4	5	6	7	8	9	10
	49,08%	–10.000	5.000	5.000	5.000	5.000	5.000	5.000	5.000	5.000	5.000	5.000

Kapitalwert: 20.723

Y		0	1	2	3	4	5	6	7	8	9	10
	21,41%	–100.000	25.000	25.000	25.000	25.000	25.000	25.000	25.000	25.000	25.000	25.000

Kapitalwert: 53.614

Der interne Zinssatz bei Alternative X ist mit 49,08% höher als der bei Alternative Y (21,41%). Daher wäre auf Basis der Interner-Zinssatz-Methode die Alternative X vorzuziehen. Nach der Kapitalwertmethode wäre hingegen Alternative Y vorzuziehen. Ist in diesem Fall das nötige Kapital vorhanden, wäre eine Bevorzugung der Alternative Y die logische Konsequenz. Zwar erwirtschaftet X die höhere Rendite, jedoch wirft Y den absolut höheren Betrag ab. Somit kann es sinnvoller sein, eine Investition zu tätigen, die zwar eine geringere Verzinsung abwirft, bei der der absolute Gewinn jedoch höher ist.

Ist der Kapitaleinsatz bei gleicher Nutzungsdauer ähnlich, können die Alternativen auf Basis des internen Zinssatzes am sinnvollsten miteinander verglichen werden. In diesem Fall führt aber auch die Kapitalwertmethode zu vergleichbaren Ergebnissen.

1.4.7. Berechnung der optimalen Nutzungsdauer (einmalige Investition)

In den behandelten Beispielen war die Nutzungsdauer als fixe Größe gegeben. Nun soll das Problem der optimalen Nutzungsdauer behandelt werden. Dabei wird die Nutzungsdauer nun selbst zum Entscheidungsproblem.

Die optimale Nutzungsdauer der Investition ist jene Nutzungsdauer, bei der der Kapitalwert ein Maximum erreicht. Dies jedoch unter der Annahmen, dass es keine Reinvestition gibt, und der Prämisse des elastischen Kapitalmarktes. Der Investor steht nun vor dem Problem, wie viele Perioden die Investition genutzt werden soll.

Dazu wird folgende Alternative (X) betrachtet:

Die Investitionsauszahlung beträgt 10.000 und der Planungszeitraum sieben Jahre. Der Kalkulationszinssatz beträgt 10%. Der Investor steht vor der Möglichkeit die Investition mit folgendem Zahlungsstrom durchzuführen. Zusätzlich ist der erwartete Liquidationserlös in der jeweiligen Periode gegeben:

Alternative (X)	0	1	2	3	4	5	6	7
Zahlungsreihe	−10.000	4.500	4.000	2.500	2.500	2.000	1.000	500
Liquidationserlös	10.000	7.000	5.000	4.000	3.000	2.000	1.000	500

Der Kapitalwert der Investition beträgt 3.045. Daher ist die Investition, unter Bezugnahme des Kapitalwertes als Entscheidungskriterium, als vorteilhaft für den Investor zu beurteilen.

Die optimale Nutzungsdauer wird nun ermittelt, indem für jede Nutzungsdauer der Kapitalwert berechnet wird.

Nutzungsdauer	Zahlungszeitpunkte							
	0	1	2	3	4	5	6	7
0	0							
1	−10.000	11.500						
2	−10.000	4.500	9.000					
3	−10.000	4.500	4.000	6.500				
4	−10.000	4.500	4.000	2.500	5.500			
5	−10.000	4.500	4.000	2.500	2.500	4.000		
6	−10.000	4.500	4.000	2.500	2.500	2.000	2.000	
7	−10.000	4.500	4.000	2.500	2.500	2.000	1.000	1.000

In der Tabelle ist für die unterschiedliche Nutzungsdauer der Zahlungsstrom dargestellt. Dabei findet ein eventueller Liquidationserlös Berücksichtigung und wird ebenfalls mit dem Kalkulationszinssatz abgezinst.

Die Kapitalwerte für die unterschiedliche Nutzungsdauer sind nachfolgend dargestellt:

Nutzungsdauer	Kapitalwerte
0	0
1	455
2	1.529
3	2.280
4	3.032
5	**3.466**
6	3.353
7	3.302

Es ist ersichtlich, dass die optimale Nutzungsdauer fünf Perioden beträgt, da der Kapitalwert in der Periode 5 sein Maximum erreicht. Für den Investor bedeutet das Ergebnis, dass er die Alternative (X) realisieren und nach fünf Perioden beenden soll.

Wie zuvor erwähnt, wird die optimale Nutzungsdauer bei jener Nutzungsdauer liegen, bei der der Kapitalwert ein Maximum erreicht. Diese Bedingung ist auch erfüllt, wenn die Grenzrendite dem Kalkulationszinssatz gleicht. Der zeitliche Grenzgewinn ist vor dem Zeitpunkt der optimalen Nutzungsdauer positiv, im Zeitpunkt der optimalen Nutzungsdauer null und danach negativ. Was ist nun aber der Grenzgewinn?

Investition und Investitionsrechnung

Der Grenzgewinn ist die Veränderung des Kapitalwertes zwischen zwei Nutzungsalternativen. Dabei stellt sich die Frage, ob es sich wirtschaftlich „rechnet", die Nutzungsdauer um eine weitere Periode zu verlängern.

Der Grenzgewinn zwischen einer Nutzung von n und einer Nutzung von n+1 Jahren ist:

$\Delta K = K_{(n)} - K_{(n-1)}$

Die Formel soll anhand des obigen Beispiels dargestellt werden:

Alternative (X)	0	1	2	3	4	5	6	7
Zahlungsreihe	−10.000	4.500	4.000	2.500	2.500	2.000	1.000	500
Liquidationserlös	10.000	7.000	5.000	4.000	3.000	2.000	1.000	500

Wir betrachten nun die Nutzungsdauer zwei und drei Jahre. Der Zinssatz beträgt 10%. Die Frage stellt sich, ob eine Nutzungsdauer von zwei oder von drei Perioden wirtschaftlich sinnvoller ist?

$\Delta K = K_{(3)} - K_{(2)}$

$\Delta K = 4.500 \times (1,1)^{-1} + 4.000 \times (1,1)^{-2} + 2.500 \times (1,1)^{-3} + 4.000 \times (1,1)^{-3}$
$\quad - [4.500 \times (1,1)^{-1} + 4.000 \times (1,1)^{-2} + 5.000 \times (1,1)^{-2}]$

$\Delta K = \underbrace{+ 2.500 \times (1,1)^{-3} + 4.000 \times (1,1)^{-3}}_{\text{Zahlung der Periode (n)}} \underbrace{- 5.000 \times (1,1)^{-2}}_{\text{Liquidationserlös der Periode (n-1)}}$

$\Delta K = \mathbf{2.280 - 1.529 = 751}$

Da die Veränderung des Kapitalwertes positiv ist, ist es sinnvoll, die Nutzungsdauer von zwei auf drei Perioden zu verlängern.

Die gleiche Aussage kann noch vereinfacher getroffen werden, indem der Grenzgewinn mit dem Aufzinsungsfaktor $(1 + i)^n$ multipliziert wird.

Nach dem Aufzinsen kann folgende Aussage getroffen werden:

Die Verlängerung der Nutzungsdauer um eine Periode ist dann wirtschaftlich sinnvoll, wenn der aufgezinste Liquidationserlös der vorherigen Periode kleiner ist als die Zahlungen dieser Periode.

Die zeitlichen Grenzgewinne sind in nachfolgender Tabelle dargestellt:

Nutzungsdauer	Nettozahlung des letzten Jahres	Liquidationserlös des Vorjahres	aufgezinster Liquidationserlös	Grenzgewinn (aufgezinst)
(1)	(2)	(3)	(4)	(5)
1	11.500	10.000	11.000	500
2	9.000	7.000	7.700	1.300
3	6.500	5.000	5.500	1.000
4	5.500	4.000	4.400	1.100
5	**4.000**	**3.000**	**3.300**	**700**
6	2.000	2.000	2.200	−200
7	1.000	1.000	1.100	−100

In Spalte (1) ist die alternative Nutzungsdauer dargestellt. Spalte (2) enthält die Zahlungen der letzten Periode. Damit ist gemeint, dass bei einer Nutzungsdauer von vier Perioden die Zahlungen der letzten (vierten) Periode dargestellt werden. Diese Zahlungen enthalten auch den potentiellen Liquidationserlös. Spalte (3) stellt nur den Liquidationserlös der Vorperiode dar. In Spalte (4) wird der Liquidationserlös von Spalte (3) um eine Periode aufgezinst. Der Grenzgewinn, Spalte (5), ist die Differenz zwischen der Nettozahlung der jeweiligen Periode (2) und dem aufgezinsten Liquidationserlös der Vorperiode.

Es ist nun ersichtlich, dass die optimale Nutzungsdauer fünf Jahre beträgt, da der Grenzgewinn im darauffolgenden Jahr negativ wird und in der Periode 5 noch positiv ist. Daher ist die optimale Nutzungsdauer fünf Jahre.

Nicht ganz so einfach ist die Situation bei folgender Darstellung:

Alternative (X)	0	1	2	3	4	5	6	7
Zahlungsreihe	−10.000	4.500	4.000	2.500	2.500	1.000	1.000	500
Liquidationserlös	10.000	7.000	5.000	4.000	3.000	2.000	2.000	500

Die einzige Änderung gegenüber dem vorherigen Beispiel ist, dass die Zahlung in Periode 5 statt 2.000 nur mehr 1.000 beträgt. Der Liquidationserlös in Periode 6 der gleiche wie in Periode 5 ist. Aufgrund dieser Änderungen ergibt sich nachfolgende Situation bezüglich der optimalen Nutzungsdauer:

Nutzungsdauer	Nettozahlung des letzten Jahres	Liquidationserlös des Vorjahres	aufgezinster Liquidationserlös	Grenzgewinn (aufgezinst)	Abzinsungsfaktor	Grenzgewinn
(1)	(2)	(3)	(4)	(5)	(6)	(7)
1	11.500	10.000	11.000	500	0,90909	455
2	9.000	7.000	7.700	1.300	0,82645	1.074
3	6.500	5.000	5.500	1.000	0,75131	751
4	5.500	4.000	4.400	1.100	0,68301	751
5	3.000	3.000	3.300	−300	0,62092	−186
6	3.000	2.000	2.200	800	0,56447	452
7	1.000	2.000	2.200	−1.200	0,51316	−616

Die obige Tabelle wurde um die Spalten „Abzinsungsfaktor" und „Grenzgewinn" erweitert. In der Spalte (7) wird der in Spalte (5) dargestellte aufgezinste Grenzgewinn auf den Zeitpunkt t_0 abgezinst.

Nach der bisherigen Ausführung wäre die optimale Nutzungsdauer auf Basis des aufgezinsten Grenzgewinnes vier Perioden, da in der fünften Periode der Grenzgewinn negativ wird. Jedoch wird der aufgezinste Grenzgewinn in der Periode 6 wieder positiv. Die Frage ist nun, ob der aufgezinste Grenzgewinn in Periode 6 den negativen Grenzgewinn in Periode 5 abdecken kann. Um Zahlungen, die zu unterschiedlichen Zeitpunkten anfallen, vergleichbar zu machen, müssen diese auf einen gleichen Zeitpunkt gebracht werden. Dies geschieht nun in der Spalte (/). In dieser Spalte wird der jeweilige aufgezinste Grenzgewinn auf den Zeitpunkt t_0 abgezinst um so die Zahlungen vergleichbar zu machen.

Werden nun die Zahlungen abgezinst, ergibt sich folgende Situation:

Der abgezinste Grenzgewinn der Periode 5 beträgt −186. Der abgezinste Grenzgewinn der nachfolgenden Periode beträgt jedoch +452. Somit kann der Verlust von −186 durch den Grenzgewinn von 452 kompensiert werden und es bleibt eine positive Differenz von 266. Somit beträgt die optimale Nutzungsdauer sechs Perioden.

Investition und Investitionsrechnung

Zur Probe kann das Kapitalwertmaximum berechnet werden:

Nutzungsdauer	Kapitalwerte
0	0
1	455
2	1.529
3	2.280
4	3.032
5	2.845
6	**3.297**
7	2.681

Das Kapitalwertmaximum wird in Periode 6 mit einem Kapitalwert von 3.297 erreicht.

1.4.8. Berechnung der optimalen Nutzungsdauer (mehrmalige Investitionen)

Im Fall der einmaligen Investition wird davon ausgegangen, dass der Investor eine einmalige Investition tätigt und die Dauer der Investition sich nach der optimalen Nutzungsdauer richtet. Dabei wird unterstellt, dass keine weitere Investition getätigt wird. Dieser Ansatz wird für ein Unternehmen ein wenig weltfremd anmuten, da üblicherweise ständig Investitionen getätigt werden müssen, um den Bedürfnissen der Märkte entsprechen zu können. Daher wird in der Regel nach Ablauf der einen Investition eine weitere folgen. Dieser Fall soll nun in Bezug auf die optimale Nutzungsdauer betrachtet werden.

Unterstellt man unendliche Reinvestition mit gleichen Zahlungsströmen, ist die optimale Nutzungsdauer dort, wo die Gewinnannuität ihr Maximum erreicht. Bei der Reinvestition geht es weniger um technische Zahlen und Werte, sondern darum, dass die Reinvestition die gleichen Zahlungsströme produziert und man somit eine identische Reinvestition unterstellen kann (unendliche Wiederholung selbiger Investition).

Die Annuität wird berechnet, indem der Kapitalwert mit dem Wiedergewinnungsfaktor multipliziert wird:

$$A = K_0 \times \frac{q^N \times (q-1)}{q^N - 1}$$

$q = (1 + i)$

Zur Verdeutlichung wird wieder das Beispiel (X) gewählt.

Alternative (X)	0	1	2	3	4	5	6	7
Zahlungsreihe	−10.000	4.500	4.000	2.500	2.500	2.000	1.000	500
Liquidationserlös	10.000	7.000	5.000	4.000	3.000	2.000	1.000	500

Nutzungsdauer	Kapitalwerte
0	0
1	455
2	1.529
3	2.280
4	3.032
5	3.466
6	3.353
7	3.302

Bei einmaliger Investition ist die optimale Nutzungsdauer durch das Kapitalwertmaximum bestimmt. In diesem Beispiel beträgt die optimale Nutzungsdauer fünf Perioden.

Die optimale Nutzungsdauer bei unendlicher Reinvestition ist die Nutzungsdauer, bei der die Gewinnannuität ein Maximum ist. In nachstehender Tabelle werden zu den bereits errechneten Kapitalwerten die Annuitäten bestimmt:

Nutzungsdauer	Kapitalwerte	WGF	Gewinn-Annuität
1	455	1,1000	500
2	1.529	0,5762	881
3	2.280	0,4021	917
4	**3.032**	**0,3155**	**956**
5	3.466	0,2638	914
6	3.353	0,2296	770
7	3.302	0,2054	678

Das Maximum der Gewinn-Annuität wird in der Periode 4 erreicht. Die optimale Nutzungsdauer beträgt (bei unendlicher Reinvestition) vier Perioden.

1.5. Verwendung von Excel

Excel bietet eine Fülle von mathematischen Funktionen, die in der Berechnung, vor allem der dynamischen Verfahren, eine große Erleichterung bieten. Nachfolgend sind wichtige Excel-Funktionen für das Investitionsthema dargestellt und erläutert:

BW: Die Funktion BW gibt als Ergebnis den Barwert zukünftiger Zahlungen an. Diese Funktion ist nützlich, wenn regelmäßige Zahlungen in gleicher Höhe anfallen. Excel verwendet anstatt des Begriffs der Annuität den Begriff der „regelmäßigen Zahlung". Als Funktionsargumente sind der Zinssatz pro Periode (Zins), die Anzahl der Perioden (Zzr) und die regelmäßige Zahlung = Annuität (Rmz) einzugeben.

NBW: Diese Funktion gibt den Nettobarwert einer Investition für eine Reihe von Zahlungen wieder. Diese Funktion verlangt die Eingabe des Zinssatzes und die Eingabe des Zahlungsstromes. Das Ergebnis ist der Nettobarwert einer Investition. Um zum Kapitalwert zu gelangen ist von diesem Nettobarwert die Investitionsauszahlung abzuziehen.

IKV: Hinter dieser Funktion verbirgt sich der interne Zinssatz – im Excel als interne Kapitalverzinsung bezeichnet. Um den internen Zinssatz zu errechnen, ist lediglich der Zahlungsstrom einzugeben.

QIKV: gibt den modifizierten internen Zinssatz wieder. Dabei ist zusätzlich zum IKV ein alternativer Zinssatz für die Veranlagung der zwischenzeitlichen Cashflows einzugeben.

2. Literaturverzeichnis

Kruschwitz, L.: Investitionsrechnung, 11 Auflage, München, 2007.

Lechner, K./Egger, A./Schauer, R.: Einführung in die Allgemeine Betriebswirtschaftlehre, 23. Auflage, Wien, 2006.

Perridon, L./Steiner, M.: Finanzwirtschaft der Unternehmung, 14. Auflage, München, 2007.

Röhrenbacher, H.: Finanzierung und Investition (mit Excel), 2. Auflage, Wien, 2006.

Seicht, G.: Investition und Finanzierung, 10. Auflage, Wien, 2001.

Swoboda, P.: Investition und Finanzierung, 5. Auflage, Göttingen, 1996.

Grundlagen der Finanzierung

Inhaltsverzeichnis

1. Grundlagen der Finanzierung 231
  1.1. Systematisierung der Finanzierungsformen 231
      1.1.1. Innenfinanzierung 232
           1.1.1.1. Offene Selbstfinanzierung 232
           1.1.1.2. Stille Selbstfinanzierung 232
           1.1.1.3. Finanzierung aus Abschreibung 233
           1.1.1.4. Finanzierung aus Rückstellung 234
           1.1.1.5. Vermögensumschichtung 234
      1.1.2. Außenfinanzierung 234
           1.1.2.1. Eigen- und Beteiligungsfinanzierung 234
                 1.1.2.1.1. Einzelunternehmen 234
                 1.1.2.1.2. Offene Gesellschaft (OG) und Kommanditgesellschaft (KG) 236
                 1.1.2.1.3. Gesellschaft mit beschränkter Haftung (GmbH) 236
                        1.1.2.1.3.1. Gründung einer GmbH 237
                        1.1.2.1.3.2. Kapitalerhöhung 238
                        1.1.2.1.3.3. Gesellschafterdarlehen 238
                        1.1.2.1.3.4. Steuern 239
                 1.1.2.1.4. Aktiengesellschaft 239
                        1.1.2.1.4.1. Gründung einer Aktiengesellschaft 241
                        1.1.2.1.4.2. Kapitalerhöhung 242
                               1.1.2.1.4.2.1. Ordentliche Kapitalerhöhung 242
                               1.1.2.1.4.2.2. Nominelle Kapitalerhöhung 243
                        1.1.2.1.4.3. Bedingte Kapitalerhöhung 244
                        1.1.2.1.4.4. Genehmigtes Kapital 244
                 1.1.2.1.5. Steuern 244
      1.1.3. Buy-out-Finanzierungen 244
           1.1.3.1. Management Buy-out (MBO) 244
           1.1.3.2. Leveraged Buy-out 245
           1.1.3.3. Management Buy-in 245
      1.1.4. Fremdfinanzierung 246
           1.1.4.1. Exkurs Basel II 246
                 1.1.4.1.1. Die drei Säulen von Basel II 247
                 1.1.4.1.2. Internes/externes Rating 248
           1.1.4.2. Kreditfinanzierung 248
                 1.1.4.2.1. Besicherung 249
                 1.1.4.2.2. Kurzfristige Kredite 250
                        1.1.4.2.2.1. Lieferantenkredit 250
                        1.1.4.2.2.2. Kundenkredit 250
                        1.1.4.2.2.3. Kontokorrentkredit 250
                        1.1.4.2.2.4. Lombardkredit 251
                        1.1.4.2.2.5. Diskontkredit 251
                        1.1.4.2.2.6. Akzeptkredit 251
                        1.1.4.2.2.7. Avalkredit 251

1.1.4.2.3. Langfristige Kredite 252
    1.1.4.2.3.1. Darlehen 252
        1.1.4.2.3.1.1. Annuitätendarlehen 252
        1.1.4.2.3.1.2. Ratendarlehen 254
        1.1.4.2.3.1.3. Festdarlehen 254
    1.1.4.2.3.2. Schuldverschreibungen 255
        1.1.4.2.3.2.1. Wandelschuldverschreibungen
                      (Convertible Bonds) 256
        1.1.4.2.3.2.2. Optionsschuldverschreibungen
                      (Optionsanleihen, Warrants) 257
        1.1.4.2.3.2.3. Gewinnschuldverschreibung 257
    1.1.4.2.3.3. Kreditsubstitute 258
        1.1.4.2.3.3.1. Factoring 258
        1.1.4.2.3.3.2. Leasing 259
            1.1.4.2.3.3.2.1. Operating Leasing 259
            1.1.4.2.3.3.2.2. Financial Leasing 259
        1.1.4.2.3.3.3. Asset Backed Securities (ABS) 261
1.1.5. Spezielle Formen der Finanzierung 261
    1.1.5.1. Venture Capital 261
    1.1.5.2. Mezzanine-Kapital 262
    1.1.5.3. Private Equity 262
1.2. Zahlungsunfähigkeit und Überschuldung – Insolvenzverfahren 263
    1.2.1. Sanierungsplan 264
    1.2.2. Insolvenzverfahren 265

2. Literatur- bzw. Quellenverzeichnis 268

1. Grundlagen der Finanzierung

Im folgenden Kapitel werden die verschiedenen Finanzierungsmöglichkeiten dargestellt. Es ist gedacht, einen systematischen Überblick über die unterschiedlichsten Finanzierungsformen zu geben. Ergänzt wird das Kapitel durch kurze Exkurse zu Basel II und das Thema Insolvenzrecht. Sowohl die Grundzüge von Basel II als auch Begrifflichkeiten wie Überschuldung im insolvenzrechtlichen Sinn und Zahlungsunfähigkeit sollen erläutert werden.

1.1. Systematisierung der Finanzierungsformen

Nach der **Rechtsstellung der Kapitalgeber** kann zwischen Fremd- und Eigenkapitalfinanzierung unterschieden werden. Unter Eigenkapitalfinanzierung versteht man die Zuführung von Eigenkapital durch die Unternehmenseigner oder durch Einbehaltung des Gewinnes. Das Eigenkapital haftet für Verbindlichkeiten der Unternehmung gegenüber Dritten und wird daher auch als Haftungskapital bezeichnet. Je nach Unternehmensform ist die nominelle Höhe des Eigenkapitals unterschiedlich.

Fremdkapital haftet im Gegensatz zu Eigenkapital nicht für die Verpflichtungen des Unternehmens, sondern die Gewährung von Fremdkapital verpflichtet das Unternehmen zu Zinszahlungen und zur Tilgung. Daher entsteht nur eine Verbindlichkeit gegenüber dem Fremdkapitalgeber.

Diese Trennung in Eigenkapital und Fremdkapital ist nicht immer leicht zu definieren. Als Beispiel sei die Wandelschuldverschreibung angeführt. Diese stellt zuerst Fremdkapital und bei Wandlung Eigenkapital dar. Ähnliches gilt für die Optionsanleihe. Dieses Instrument kombiniert Fremd- und Eigenkapitalfinanzierung, sofern die Option ausgeübt wird.

Eine weitere Möglichkeit zur Systematisierung der Finanzierungsformen stellt das Kriterium der **Fristigkeit** dar. Dabei wird zwischen kurzfristigem, mittelfristigem und langfristigem Kapital unterschieden. Das UGB kennt folgende Fristigkeiten (§§ 225, 237):

- Verbindlichkeiten bis zu einem Jahr
- Verbindlichkeiten zwischen einem und fünf Jahren
- Verbindlichkeiten von mehr als fünf Jahren

Aus **Sicht des Unternehmens** kann man zwischen Innen- und Außenfinanzierung unterscheiden.

Unter Außenfinanzierung wird die Mittelaufbringung von außerhalb des Unternehmens verstanden. Dies kann durch Einlagen der Anteilseigner, durch Beteiligung oder durch Bereitstellung von Fremdkapital durch Gläubiger erfolgen.

Die Innenfinanzierung bezeichnet die Mittelaufbringung aus dem Unternehmensbereich. Selbstfinanzierung durch Gewinne, Finanzierung aus Abschreibung, Finanzierung aus Rückstellung und Vermögensumschichtung werden zur Innenfinanzierung gezählt.

Nachfolgend wird die Differenzierung zwischen Innen- und Außenfinanzierung verwendet:

1.1.1. Innenfinanzierung

Im Zuge der Innenfinanzierung erfolgt keine Kapitalzuführung von außen. Stattdessen wird gebundenes Kapital in verfügbare Zahlungsmittel umgewandelt. Diese verfügbaren Zahlungsmittel können über die betrieblichen Umsatzerlöse oder durch sonstige Kapitalfreisetzung entstehen. Der finanzielle Überschuss ist die Differenz zwischen den Einzahlungen und den Auszahlungen während der Betrachtungsperiode. Üblicherweise wird der finanzielle Überschuss oder Bedarf mittels Cashflow-Berechnung eruiert. Um den Zahlungsmittelbedarf bzw. Zahlungsmittelüberschuss zu berechnen, stehen die direkte und die indirekte Methode zur Verfügung.

Bei der **direkten Methode** werden sämtliche Ein- und Auszahlungen der Periode aufgezeichnet und am Ende der Saldo berechnet. Diese Methode scheint plausibel, jedoch wird in der betrieblichen Praxis üblicherweise die indirekte Methode bevorzugt.

Die **indirekte Methode** nimmt den Jahresüberschuss als Ausgangsbasis und korrigiert diesen um die nicht zahlungswirksamen Aufwände und Erträge. Der Vorteil dieser Methode liegt darin, dass die Daten aus der Buchhaltung übernommen werden können und es keiner zusätzlichen Aufzeichnung von Ein- und Auszahlungen bedarf.

1.1.1.1. Offene Selbstfinanzierung

Die offene Selbstfinanzierung erfolgt aus dem in der Bilanz ausgewiesenen Gewinn. Der Gewinn unterliegt sowohl in Kapital- als auch in Personengesellschaften einer Besteuerung. Die relevanten Steuern sind die Kapitalertragsteuer für Kapitalgesellschaften und die Einkommensteuer für Einzelunternehmer und Personengesellschaften.

Bei Personengesellschaften und bei Einzelunternehmen wird der nicht entnommene Gewinn auf die Kapitalkonten gebucht. Bei Kapitalgesellschaften wird der einbehaltene Gewinn den offenen Rücklagen zugeführt.

Folgende Rücklagen sieht das UGB für Kapitalgesellschaften vor:

- Kapitalrücklagen
  - Gebundene
  - Nicht gebundene
- Gewinnrücklagen
  - Gesetzliche Rücklagen
  - Satzungsmäßige Rücklagen
  - Freie Rücklagen

Die Bildung der gesetzlichen Rücklage ist den Aktiengesellschaften im Aktiengesetz (§ 130) vorgeschrieben. Dabei ist ein Betrag in die gesetzliche Rücklage einzustellen, der mindestens dem zwanzigsten Teil des um einen Verlustvortrag geminderten Jahresüberschuss nach Berücksichtigung der Veränderung unversteuerter Rücklagen entspricht, bis der Betrag der gebundenen Rücklage insgesamt den zehnten oder den in der Satzung bestimmten höheren Teil des Nennkapital erreicht hat, sprich 5% vom Gewinn bis 10% des Nennkapitals erreicht wird.

1.1.1.2. Stille Selbstfinanzierung

Die stille Selbstfinanzierung erfolgt durch Einbehaltung des nicht ausgewiesenen Gewinns. Dabei wird der ausgewiesene Gewinn durch bilanzpolitische Maßnahmen reduziert und es entstehen sogenannte stille Reserven. Durch die Reduktion des ausgewiesenen Gewinnes reduziert sich die auf den Gewinn zu entrichtende

Steuerlast. Der „Finanzierungseffekt" entsteht dabei durch eine Steuerstundung. Dies ist nicht der Fall, wenn der Gewinn ausgewiesen wird (offene Selbstfinanzierung). Die Versteuerung erfolgt erst dann, wenn die stillen Reserven gewinnerhöhend aufgelöst werden. Durch die zeitliche Verschiebung der Steuerlast behält das Unternehmen Liquidität, da die Steuer erst im Falle der Realisation abzuführen ist. Zusätzlich zu dem liquiditätserhaltenden Effekt entsteht ein Zinsgewinn für das Unternehmen, da die behaltene Liquidität entweder veranlagt werden kann, oder dadurch das Fremdkapital reduziert und somit die Zinszahlungen verringert werden können. Die Bildung von stillen Reserven kann entweder durch eine Unterbewertung der Aktiva oder durch eine Überbewertung der Passiva entstehen.

Die Selbstfinanzierung stellt für viele Unternehmen die einzige Finanzierungsform dar, weil entweder keine Mittelzuführung von außen möglich ist oder aufgrund mangelnder Sicherheiten Fremdkapital nicht gewährt werden kann. Die Selbstfinanzierung bewirkt eine Stärkung der Eigenkapitalbasis. Dies kann wiederum dazu führen, dass die Kreditwürdigkeit vom Unternehmen gefördert werden kann. Zusätzlich können sich dadurch wieder Zinseinsparungseffekte für Fremdkapital ergeben, wenn dadurch das Rating verbessert werden kann. Die Selbstfinanzierung hat den weiteren Vorteil, dass keine zusätzlichen Kapitalgeber oder Eigentümer hinzukommen. Daher kommt es auch zu keiner Verschiebung der Eigentumsverhältnisse.

Ein Kritikpunkt, der im Zusammenhang mit der Selbstfinanzierung oft gebracht wird ist, dass aufgrund mangelnder Prüfung von Investitionen, in Projekte investiert wird, welche nicht die nötige Rentabilität aufweisen. Dies wird vor allem dadurch argumentiert, dass wegen dem Fehlen von Zinszahlungen und Tilgungszahlungen die Investitionen nicht ausreichend geprüft werden.

1.1.1.3. Finanzierung aus Abschreibung

Eingangs ist zu erwähnen, dass die Finanzierung aus Abschreibung keine echte Finanzierung darstellt, sondern dass eine Mittelaufbringung durch Devestition und Mittelzufluss über den Umsatzerlös erfolgt. Durch die buchhalterische Durchführung der Abschreibung selbst werden keine finanziellen Mittel aufgebracht.

Die Abschreibung hat die Aufgabe, die Wertminderung des abnutzbaren Vermögens als periodenbezogenen Aufwand zu erfassen und über die Nutzungsdauer zu verteilen. Die Abschreibung geht als Aufwand in die Gewinn- und Verlustrechnung ein und mindert den bilanziellen Gewinn. In der Kostenrechnung erfolgt der Ansatz der Abschreibung über kalkulatorische Abschreibungen. Somit sind Abschreibungen als Kostenfaktor zu sehen.

Ein Finanzierungseffekt tritt dann auf, wenn die Umsatzerlöse den Abschreibungen gegenüberstehen. Dann entsteht eine Vermögensumschichtung, da das abnutzbare Anlagevermögen weniger wird und dafür die liquiden Mittel ansteigen. Somit kommt es zu einer Umschichtung von Anlagevermögen hin zu Umlaufvermögen. Die liquiden Mittel müssen nicht gleich angespart werden, sondern werden erst bei einer Ersatzinvestition benötigt. Daher können diese finanziellen Mittel in der Zwischenzeit anderweitig verwendet werden. Erst nach Ende der Nutzungsdauer der alten Anlage muss das Unternehmen die Finanzierung der neuen bewerkstelligen können.

Mit der Abschreibung ist jedoch keine überhöhte Abschreibung gemeint. Eine überhöhte Abschreibung würde nämlich zu einer stillen Selbstfinanzierung führen.

Müssen die zurückfließenden liquiden Mittel nicht zweckgebunden zur Ersatzbeschaffung verwendet und reinvestiert werden, so können dies Mittel zur Erweiterungsinvestition verwendet werden. Somit kann das freigesetzte Kapital zu einer Kapazitätserweiterung führen. Diese Kapazitätserweiterung über den Kapitalfreisetzungseffekt der Abschreibung wird als Lohmann-Ruchti-Effekt bezeichnet.

1.1.1.4. Finanzierung aus Rückstellung

Ähnlich wie bei der Finanzierung aus Abschreibung ergibt sich der Finanzierungseffekt dadurch, dass die Rückstellungsbeträge in die Absatzpreise eingepreist und verdient wurden. Ist dies der Fall, so stehen dem Unternehmen bis zur Inanspruchnahme der Rückstellung die Rückstellungsbeträge zur Verfügung. Je größer der zeitliche Abstand zwischen der Bildung und der Inanspruchnahme der Rückstellung, desto größer ist auch der Finanzierungseffekt. Aus diesem Grund bilden gerade die langfristigen Rückstellungen den Kern dieser Finanzierungsform. Zu den langfristigen Rückstellungen werden vor allem die Abfertigungsrückstellung, die Pensionsrückstellung und die Jubiläumsrückstellung gezählt (vgl. *Lechner/Egger/Schauer*, 2006, S. 236).

1.1.1.5. Vermögensumschichtung

Werden nicht mehr benötigte Vermögensgegenstände des Anlage- oder des Umlaufvermögens verkauft, werden durch diese Transaktion liquide Mittel freigesetzt. Diese Art der Finanzierung wird als Finanzierung aus Vermögensumschichtung oder als Kapitalfreisetzung bezeichnet.

Häufig werden Vermögensgegenstände des Anlagevermögens zur Beschaffung von Liquidität veräußert, wenn diese Vermögensgegenstände zur betrieblichen Leistungserstellung nicht nötig sind. Zu den traditionellen Formen der Kapitalfreisetzung zählt das Sale-and-Lease-back-Verfahren. Dabei wird der Vermögensgegenstand veräußert und anschließen wieder geleast. Durch den Verkauf erhöht das Unternehmen seine Liquidität.

Eine neuere Form der Kapitalfreisetzung sind die Asset Backed Securities (ABS). Dabei werden Forderungen des Umlaufvermögens vor ihrer Fälligkeit verkauft und auf diesem Weg Liquidität vor Fällig werden der Forderungen geschaffen. Eine genauere Darstellung findet sich im späteren Teil.

1.1.2. Außenfinanzierung

Unter Außenfinanzierung wird die Kapitalaufbringung von außerhalb des Unternehmens verstanden. Sowohl eine Erhöhung des Eigenkapitals als auch eine zusätzliche Kreditaufnahme oder eine Anleiheemission fallen unter diesen Begriff. Grundsätzlich kann die Außenfinanzierung in eine Eigenkapital bzw. Beteiligungsfinanzierung, in Fremdfinanzierung und in hybride Finanzierungsprodukte unterschieden werden. Hybride Produkte weisen sowohl Eigen- als auch Fremdkapitalfinanzierungselemente auf. Als Beispiel sei vorweg die Optionsanleihe genannt.

1.1.2.1. Eigen- und Beteiligungsfinanzierung

Die Eigen- und die Beteiligungsfinanzierung umfasst alle Formen der Eigenkapitalbeschaffung. Dies kann entweder durch die bereits bestehenden Eigentümer oder durch neu hinzukommende Gesellschafter geschehen. Die Finanzierungsform findet bei Gründung aber auch in einem späteren Stadium des Unternehmens statt. Entscheidenden Einfluss auf die Eigen- und Beteiligungsfinanzierung hat die Rechtsform des Unternehmens. Deshalb soll nun nachfolgend diese Finanzierungsform anhand der unterschiedlichen Gesellschaftsformen dargestellt werden.

1.1.2.1.1. Einzelunternehmen

Die Haftung des Einzelunternehmers für Geschäftsverbindlichkeiten ist unbeschränkt. Die Beschaffung von Eigenkapital bereitet insofern Schwierigkeiten, als primär nur das Vermögen des Einzelunternehmers zur Verfügung steht. Der Unternehmer kann das Eigenkapital durch Zuführung aus seinem privaten Vermögen erhöhen, aber auch durch Privatentnahmen wieder verringern. Daher kommt vor allem der Innenfinanzierung größte Bedeutung zu. Durch die Nichtentnahme von Gewinnen kann die Kapitalbasis gestärkt werden.

Soll die bestehende Gesellschaftsform beibehalten werden, steht nur die stille Beteiligung als Beteiligungsfinanzierung zur Verfügung. Bei der stillen Gesellschaft (§§ 179–188 UGB) handelt es sich um eine reine Innengesellschaft, die nach außen hin nicht in Erscheinung tritt. Der stille Gesellschafter kann am Gewinn nicht ausgeschlossen werden, die Verlustbeteiligung kann jedoch ausgeschlossen werden. Ist im Gesellschaftsvertrag jedoch nur der Anteil am Gewinn oder am Verlust definiert, so gilt im Zweifel die Bestimmung für den Gewinn und den Verlust. Der stille Gesellschafter ist nur mit seiner Einlage am Verlust beteiligt. Entsteht in Zukunft ein Verlust, so ist der stille Gesellschafter nicht verpflichtet, seine zuvor erhaltenen Gewinne zurückzuzahlen. Im Falle eines Insolvenzverfahrens ist der stille Gesellschafter berechtigt, seine Einlage nach Abzug des auf ihn entfallenen Verlustes als Insolvenzgläubiger geltend zu machen.

Eine Erschwernis der Finanzierung aus einbehaltenen Gewinnen stellt die Tatsache dar, dass bei Einnahmen-Ausgaben-Rechner der Gewinn besteuert wird, egal ob eine Ausschüttung oder eine Thesaurierung stattfindet. Die Besteuerung des Einzelunternehmers erfolgt durch die Einkommensteuer. Dabei wird der ermittelte Gewinn dem progressiven Tarif unterworfen. Die Höhe der Einkommensteuer ist prinzipiell unabhängig davon, ob der Gewinn einbehalten oder ausgeschüttet wird.

Eine Ausnahme stellt § 10 EStG dar. Seit dem Jahr 2007 gibt es einen Freibetrag für nicht entnommene und investierte Gewinne in der Höhe von 10% des Gewinnes des laufenden Jahres. Mit 1.1.2010 wurde der Freibetrag auf 13% erhöht. Dieser Freibetrag ist ausschließlich für Einnahmen-Ausgaben-Rechner mit Einkünften aus selbständiger Arbeit, Land- und Forstwirtschaft und Gewerbebetrieb gedacht. Der Freibetrag gilt sowohl für Einzelunternehmer als auch für Gesellschafter einer Personengesellschaft. Der maximale Jahresgewinn für diese Begünstigung beträgt 100.000 €. Mit dem maximalen Jahresgewinn kann der Freibetrag bis zu 13.000 € genützt werden. Geltend gemacht werden kann der Freibetrag jedoch nur im Jahr der Anschaffung oder der Investition. Die Voraussetzungen zur Nutzung des Freibetrages sind Anschaffungen neuer, abnutzbarer Anlagegüter oder Wertpapiere, die mindestens vier Jahre dem Anlagevermögen gewidmet werden. Die Wertpapiere müssen den Voraussetzungen des § 14 Abs. 5 Z 4 EStG entsprechen. Bei Ausscheiden innerhalb von vier Jahren erfolgt eine Nachversteuerung in der Höhe des bei Anschaffung geltend gemachten Freibetrages.

Der progressive Einkommensteuertarif findet sich in § 33 EStG. Danach beträgt die Einkommensteuer jährlich:

Bei einem Einkommen von:	Einkommensteuer	Steuersatz
10.000 € und darüber	0 €	0,0%
25.000 €	5.110 €	20,44%
60.000 €	20.235 €	33,725%

Für Einkommensteile über 51.000 € beträgt der Steuersatz 50%. Berechnet wird die Einkommensteuer bei einem Einkommen von mehr als 10.000 € wie folgt:

Einkommen	Einkommensteuer in €
Über 11.000 € bis 25.000 €	((Einkommen − 11.000) × 5.110 / 14.000)
Über 25.000 € bis 60.000 €	((Einkommen − 25.000) × 15.125 / 26.000) + 5.130
Über 60.000 €	(Einkommen − 60.000) × 0,5 + 20.235

Von der errechneten Steuer sind noch die Absetzbeträge abzuziehen. Die wichtigsten Absetzbeträge sind der Arbeitnehmerabsetzbetrag, der Alleinverdiener- und Alleinerzieherabsetzbetrag und der Kinderabsetzbetrag.

1.1.2.1.2. Offene Gesellschaft (OG) und Kommanditgesellschaft (KG)

Bei der offenen Gesellschaft kann die Beteiligungsfinanzierung entweder durch Einbringung von Kapital der bisherigen Gesellschafter oder durch Aufnahme neuer Gesellschafter erfolgen. Eine Aufnahme von neuen Gesellschaftern kann zwar dazu führen, dass neues Kapital in das Unternehmen eingebracht wird, der Nachteil liegt in der steigenden Anzahl an Gesellschafter. Wird im Gesellschaftsvertrag nicht anderes geregelt, so sind prinzipiell alle Gesellschafter zur Geschäftsführung berechtigt und verpflichtet. In der Praxis hat eine OG in der Regel zwischen zwei und vier Gesellschafter, da bei einer größeren Anzahl leicht Konflikte auftreten können. Die Haftung der Gesellschafter ist solidarisch und unbeschränkt. Ist die Unternehmensform die KG, so haften die Komplementäre solidarisch und unbeschränkt, die Kommanditisten mit ihrer Kapitaleinlage. Die Kommanditisten sind von der Geschäftsführung ausgeschlossen und die Haftung ist auf die Kapitaleinlage beschränkt. Aufgrund des Ausschlusses aus der Geschäftsführung und der beschränkten Haftung besitzt die KG Vorteile gegenüber der OG, wenn es darum geht, zusätzliches Eigenkapital zu bekommen. Um zusätzliche Kommanditisten zu gewinnen, ist die Vermögenslage der Komplementäre entscheidend. Als reine Kapitalbeteiligungsgesellschaft ist vor allem die Fungibilität der Anteile als Nachteil gegenüber anderen Gesellschaftsformen zu nennen. Unter Fungibilität ist die leichte Austauschbarkeit und damit Handelsfähigkeit gemeint. Die Komplementäre können unbeschränkt Entnahmen tätigen, sofern die anderen Gesellschafter zustimmen, die Entnahmemöglichkeit des Kommanditisten ist jedoch beschränkt. Er hat nur Anspruch auf Auszahlung des ihm zustehende Gewinnes.

Personengesellschaften selbst sind kein Steuersubjekt. Nicht die Gesellschaft, sondern ausschließlich die Gesellschafter werden besteuert. Gewinne werden, unabhängig davon, ob sie nun ausgeschüttet werden oder nicht, auf Ebene der Gesellschafter der Einkommensteuer unterworfen. Damit ist die ertragsteuerliche Behandlung der Personengesellschaft völlig unterschiedlich zur Behandlung von Kapitalgesellschaften und ist eher mit einer natürlichen Person, die ein Einzelunternehmen betreibt, vergleichbar. Der Gewinn des Betriebs wird ermittelt und anschließend anteilig auf Ebene der Gesellschafter besteuert.

1.1.2.1.3. Gesellschaft mit beschränkter Haftung (GmbH)

Die GmbH ist eine juristische Person, deren Gesellschafter eine Vermögenseinlage (Stammeinlage) erbringen müssen. Bei einer GmbH ist die Haftung der Gesellschafter auf die Erbringung ihrer Einlage beschränkt. Eine Ausnahme davon wäre eine eventuelle Nachschusspflicht. Diese Nachschusspflicht muss jedoch im Gesellschaftsvertrag geregelt sein, ansonsten besteht sie nicht.

Für die Verbindlichkeiten der GmbH haftet nur das Gesellschaftsvermögen. Daher ist die Aufnahme zusätzlicher Gesellschafter aufgrund der Haftungsbeschränkung leichter als zum Beispiel bei einer OG, der Nachteil ist jedoch die Übertragbarkeit der Anteile. Es gibt keinen geregelten Markt, an dem GmbH-Anteile gehandelt werden. Daher haben GmbH-Anteile aufgrund der erschwerten Handelbarkeit einen Nachteil gegenüber Aktien, für die ein geregelter Markt vorhanden ist.

Gegründet werden kann eine GmbH mit einem Mindeststammkapital von 35.000 €, wobei die Mindesteinlage pro Gesellschafter 70 € betragen muss. Wie bei der Aktiengesellschaft müssen die Gesellschafter mindestens 25% der Bareinlage bei Gründung sofort einzahlen, wobei die Summe der Bareinlagen zumindest die Hälfte (17.500 €) betragen muss. Die Gesellschafter haben keinen Anspruch, ihre Stammeinlage zurückzufordern. Anspruch haben die Gesellschafter auf den Bilanzgewinn, soweit dieser nicht aus dem Gesellschaftsvertrag oder durch einen Beschluss der Gesellschafter von der Verteilung ausgeschlossen ist.

Zusätzlich zur Gründung durch Bareinlagen sind auch Gründungen durch Einbringung von Sacheinlagen möglich. In diesem Fall werden von einem oder mehreren Gesellschaftern nicht Bareinlagen, sondern Vermögensgegenstände eingebracht. Prinzipiell muss mindestens die Hälfte des Stammkapitals durch Bareinlagen aufgebracht werden. Eine Sacheinlage mit mehr als 50% ist möglich, es bedarf aber einer (aktienrechtlichen) Gründungsprüfung. Eine weitere Ausnahme (mehr als 50% Sacheinlage) besteht in der Fortführung eines bestehenden Familienbetriebes.

Derzeit gibt es aber Überlegungen, den Betrag des Mindeststammkapitals herabzusetzen. Ziel dieser Maßnahme ist es die GmbH auch für kleinere Unternehmen zu öffnen. Gesellschafter einer GmbH können sowohl Personengesellschaften als auch natürliche und juristischen Personen sein. Seit 1996 ist es auch möglich eine Einmann GmbH zu gründen.

Beispiel zur Gründung einer GmbH (Bargründung)

Stammkapital: 35.000 €
Übernommene Stammeinlage A: 20.000 €
Übernommene Stammeinlage B: 15.000 €

A möchte die Mindesteinzahlung leisten:

25% der vereinbarten Bareinlage müssen sofort bezahlt werden und die Summe der Bareinzahlungen aller Gründer muss mindestens 17.500 € betragen.

Wenn A nur ein Viertel zahlen will (5.000), so muss B zumindest 12.500 sofort bar leisten.

Beispiel zur Gründung einer GmbH (Bargründung)

Stammkapital: 35.000 €
Übernommene Stammeinlage A: 34.930 €
Übernommene Stammeinlage B: 70 €

B möchte die Mindesteinzahlung leisten:

B muss die 70 € bar leisten und A 17.430 bar einzahlen.

Beispiel zur Gründung einer GmbH (Sacheinlage)

Stammkapital: 35.000 €
Übernommene Stammeinlage A: 20.000 €
Übernommene Stammeinlage B: 15.000 €

B leistet eine Sacheinlage im Wert von 2.000 € und will die Mindestbareinzahlung leisten:

Die Sacheinlage ist von B sofort einzubringen. Darüber hinaus muss er 25% von der Bareinlage einbringen (= 3.250). A muss daher mindestens 14.250 in bar einbringen.

1.1.2.1.3.1. Gründung einer GmbH

Um eine GmbH zu gründen, sind folgende Schritte notwendig:

1. (Fakultativer) Abschluss eines Vorvertrages der Gesellschafter

Aufgrund des Vorvertrages entsteht eine Vorgründungsgesellschaft. In diesem Stadium ist es aber noch nicht möglich, für die spätere GmbH zu handeln und sie zu verpflichten.

2. Abschluss des Gesellschaftervertrages

Für den Abschluss des Gesellschaftsvertrages ist ein Notariatskat nötig. Der notwendige Inhalt des Gesellschaftsvertrages muss sein:

- Firma und Sitz der Gesellschaft
- Gegenstand des Unternehmens

- Höhe des Stammkapitals
- Betrag, der von jedem Gesellschafter auf das Stammkapital zu leistende Einlage (Stammeinlage)

3. Wahl und Bestellung von Geschäftsführern und Aufsichtsratsmitgliedern

Zur Bestellung eines Aufsichtsrates sei auf das GmbHG verwiesen.

4. Einholung einer steuerlichen Unbedenklichkeitserklärung

5. Einzahlung der Einlagen

6. Einholung allfälliger behördlicher Genehmigungen

7. Anmeldung zum Firmenbuch, Eintragung und Veröffentlichung

1.1.2.1.3.2. Kapitalerhöhung

Um zusätzliches Kapital für die Gesellschaft zu generieren, besteht die Möglichkeit einer Kapitalerhöhung. Dabei wird zwischen einer ordentlichen und einer nominellen Kapitalerhöhung unterschieden.

Die **ordentliche** Kapitalerhöhung setzt einen Beschluss mit Dreiviertelmehrheit voraus, welcher auch notariell beurkundet werden muss. Die neue Stammeinlage kann sowohl von den Gesellschaftern als auch von anderen Personen übernommen werden. Nach § 52 Abs. 3 GmbHG besteht für die Gesellschafter ein vorrangiges Bezugsrecht. Das Recht steht den Gesellschaftern nach Maßgabe ihrer bisherigen Beteiligungsquote zu. Es ist aber keine Pflicht. Dieses Recht besteht deshalb, damit es den Gesellschaftern ermöglicht wird, ihre bisherige Quote am Unternehmen weiterhin zu halten. Die Kapitalerhöhung ist anzumelden, sie wird im Firmenbuch eingetragen und durch die Eintragung wirksam.

Die **nominelle** Kapitalerhöhung bewirkt eine Kapitalerhöhung aus Gesellschaftsmitteln. Dabei werden offene Rücklagen in das Stammkapital der Gesellschaft umgewandelt. Das Vermögen bleibt dabei unverändert. Es ändert sich lediglich die Zusammensetzung der Passiv-Seite, indem Rücklagen vermindert und das Stammkapital erhöht wird. Die sich daraus neu ergebenden Anteilsrechte wachsen zwingend den Gesellschaftern in ihrer bisherigen Beteiligungsquote zu. Der Vorteil der Umwandlung von Rücklagen in Stammkapital ist, dass sich die Kreditwürdigkeit verbessert, da durch die Umwandlung die Mittel in der Gesellschaft gebunden bleiben. Auch die nominelle Kapitalerhöhung ist zum Firmenbuch anzumelden und wird mit der Eintragung wirksam.

1.1.2.1.3.3. Gesellschafterdarlehen

Um in Krisensituationen neues Kapital zuzuführen, können die Gesellschafter der Gesellschaft einen Kredit gewähren. Gewähren die Gesellschafter diesen Kredit, so haben sie eine schuldrechtliche Forderung gegenüber der Gesellschaft. Diese Kredite werden nach herrschender Ansicht, solange die Krise dauert, wie Eigenkapital behandelt und daher besteht für die Gesellschafter in dieser Zeit keine Möglichkeit, den Kredit zurückzufordern. Dementsprechend ist auch eine Geltendmachung im Konkurs nicht möglich. Erst wenn das Unternehmen saniert bzw. die Krisensituation ausgestanden hat ist eine Rückführung an die Gesellschafter möglich und zulässig. Der Vorteil für die Gesellschafter besteht darin, dass eine Rückführung möglich ist. Würde die Gesellschafter die Mittel mittels ordentlicher Kapitalerhöhung aufbringen, ist die Rückführung schwierig. Dafür wäre wiederum eine Kapitalherabsetzung nötig.

Wie bereits erwähnt, sind jene Kredite (insolvenzrechtlich) relevant, die im Zuge einer Krise gewährt werden Als Krise wird Zahlungsunfähigkeit, Überschuldung oder Reorganisationsbedarf gesehen. Zusammenfassend kann festgehalten werden, dass Gesellschafterdarlehen zwar wieder an die Gesellschafter rückbezahlt werden können, jedoch in den genannten Krisensituation wird das Darlehen wie Eigenkapital behandelt und den Gesellschaftern erwachsen keine Forderungsrechte.

1.1.2.1.3.4. Steuern

Körperschaften (und damit die GmbH) unterliegen der Körperschaftsteuer. Der Körperschaftsteuersatz beträgt 25%. Bei Privatstiftungen gibt es dazu Sonderregelungen. Für die Erhebung der Körperschaftsteuer gilt Ähnliches wie bei der Einkommensteuer. Nach Ende des Veranlagungszeitraumes hat die Körperschaft die Körperschaftsteuererklärung abzugeben und das Finanzamt erlässt den Steuerbescheid. Das Unternehmen hat Steuervorauszahlungen zu leisten, die auf die endgültige Steuer angerechnet werden.

Auch wenn das Unternehmen keinen Gewinn erwirtschaftet, fällt eine Mindestkörperschaftsteuer an. Diese beträgt 5% eines Viertels der gesetzlichen Mindesthöhe des Stammkapitals und wird für jedes volle Kalenderviertejahr erhoben. Die Mindesthöhe des Stammkapitals beträgt 35.000 €; davon ein Viertel mit 5% besteuert ergibt eine quartalsweise Mindeststeuer von 437,50 €.

Wird ein Bilanzgewinn an die Gesellschafter ausgeschüttet, so fällt darauf die Kapitalertragsteuer an. Die Steuer ist vom Schuldner der Kapitalerträge einzubehalten und abzuliefern. Der Satz der Kapitalertragsteuer beträgt 25%.

Damit ergibt sich folgende Gesamtbelastung im Falle einer Ausschüttung:

Gewinn im Geschäftsjahr von:	100.000 €
Basis für die Körperschaftsteuer:	100.000 €
Körperschaftsteuer:	25.000 €
Gewinn nach Steuer:	75.000 €
Ausschüttung an die Gesellschafter:	75.000 €
Kapitalertragsteuer (KESt):	18.750 €
Versteuertes Kapital f. Gesellschafter:	56.250 €
Steuer gesamt:	43.750 €
Entspricht einer Besteuerung von:	43,750%

Der Vorteil gegenüber dem Einzelunternehmen besteht darin, dass thesaurierte Gewinne „nur" der Körperschaftsteuer unterworfen werden. Erst bei Ausschüttung kommt die Kapitalertragsteuer hinzu.

1.1.2.1.4. Aktiengesellschaft

Die Aktiengesellschaft ist eine Gesellschaft mit eigener Rechtspersönlichkeit, deren Gesellschafter mit Einlagen auf das in Aktien zerlegte Grundkapital beteiligt sind, ohne persönlich für die Verbindlichkeiten der Gesellschaft zu haften (Legaldefinition des § 1 AktG).

Die Aktiengesellschaft ist eine juristische Person und die bevorzugte Unternehmensform für Unternehmen mit hohem Kapitalbedarf. In Österreich notieren rund 10% der Aktiengesellschaften an einer Wertpapierbörse. Im Vordergrund steht bei einer Aktiengesellschaft nicht der Gesellschafter (in der Regel sind sehr viele vorhanden), sondern die Kapitalaufbringung. Der Vorteil einer Aktiengesellschaft liegt in der Fungibilität ihrer Anteile und in der Möglichkeit einer Börsennotierung.

Gesellschafter können genauso wie bei der GmbH Personengesellschaften, natürliche und juristische Personen sein. Die Geschäftsführung und die Vertretung nach außen obliegen dem Vorstand, der weisungsfrei gegenüber den Gesellschaftern und in der Regel Drittorgan ist. Das Prinzip der Drittorganschaft bedeutet jedoch nicht, dass nicht auch der Vorstand Aktien besitzen darf.

Das Mindestgrundkapital der Aktiengesellschaft beträgt 70.000 €, wobei für bestimmte Geschäftsgegenstände Sondervorschriften bestehen. Beim Grundkapital handelt es sich, ähnlich dem Stammkapital der GmbH, um eine starre Rechnungsgröße, die in der Bilanz auf der Passivseite im Eigenkapital ausgewiesen ist.

Anders als bei Personengesellschaften gibt das UGB für die Bilanzierung von Eigenkapital von Kapitalgesellschaften konkrete Bilanzausweisvorschriften vor. Nach § 224 Abs. 2 UGB ist eine Aufgliederung des Eigenkapitals zumindest in folgende Positionen vorzunehmen:

A. Eigenkapital:
  I. Nennkapital (Grund- bzw. Stammkapital)
  II. Kapitalrücklagen:
    1. gebundene;
    2. nicht gebundene;
  III. Gewinnrücklagen:
    1. gesetzliche Rücklage;
    2. satzungsmäßige Rücklage;
    3. andere Rücklagen (freie Rücklagen)
  IV. Bilanzgewinn (Bilanzverlust);
    Davon Gewinnvortrag/Verlustvortrag

Das Grundkapital ergibt sich aus der Summe aller Nennwerte der gezeichneten Aktien. Dabei ist es nicht relevant, ob der Gegenwartswert der Aktien einbezahlt wurde oder nicht. Die einzelnen Anteile am Grundkapital werden Aktien genannt.

Werden die Aktien zu einem höheren Wert als dem Nennwert begeben, so wird diese Differenz (Agio oder Aufgeld genannt) in die Kapitalrücklage der Gesellschaft gestellt. Für einen geringeren Wert als den Nominalwert dürfen die Aktien nicht ausgegeben werden. Eine Ausgabe unter dem Nennwert wird als **Unter-pari-Emission** und eine Ausgabe über dem Nennwert als **Über-pari-Emission** bezeichnet. Unter-pari-Emissionen können zum Beispiel bei Anleihen vorkommen.

Eine Aktie ist ein Wertpapier, welches ein Miteigentum des Aktionärs am Unternehmen verbrieft. Der Inhaber ist Gesellschafter des jeweiligen Unternehmens. Mit der Aktie sind verschieden Recht verbunden:

- Vermögensrechte
  - Anspruch auf Ausschüttung des Bilanzgewinnes. Der Gewinnanteil bestimmt sich nach den Anteilen am Grundkapital (außer die Satzung sieht anderes vor). Der Gewinnbeteiligungsanspruch wird als Dividende bezeichnet. Nicht zu verwechseln sind die Begriffe Dividende und Dividendenrendite. Die Dividende stellt einen Ertrag auf Basis des Nennbetrages dar. Die Dividendenrendite errechnet den prozentuellen Ertrag zwischen der Dividende und dem Kurs der Aktie.
  Beispiel: Nennbetrag 100 €, Aktienkurs 200 €, Ausschüttung einer Dividende in der Höhe von 5%. Die 5% der Dividende beziehen sich auf den Nennbetrag. Somit werden 5 € pro Anteilsschein ausgeschüttet. Die Dividendenrendite beträgt 2,5%.
  - Anspruch auf Liquidationserlös
- Verwaltungsrechte
  - Einsichtnahme in den Jahresabschluss
  - Teilnahme an der Hauptversammlung
  - Stimmrecht (sofern keine stimmrechtslosen Aktien)
  - Auskunftsrecht
  - Bezugsrecht im Falle einer Kapitalerhöhung
  - Minderheitsrechte

Aktien können entweder als **Nennbetragsaktien** oder als **Stückaktien** begründet werden. Beide Aktienarten dürfen jedoch nicht nebeneinander bestehen. Die Satzung muss festlegen, welche Aktien vorgesehen sind. Nennbetragsaktien müssen zumindest auf einen Euro oder auf ein Vielfaches davon lauten. Der Anteil am Grundkapital bestimmt sich nach dem Verhältnis des Nennbetrages zum Grundkapital. Zu beachten dabei ist, dass der Nennbetrag der Aktie keineswegs den Wert der Beteiligung ausdrückt. Der Kurs der Aktie (falls börsennotiert) wird in der Regel über dem Nennwert liegen.

Stückaktien haben keinen Nennbetrag. Jede Stückaktie ist am Grundkapital in gleichem Umfang beteiligt. Der Anteil bestimmt sich nach der Zahl der ausgegebenen Aktien. Der auf eine einzelne Aktie entfallende anteilige Betrag des Grundkapitals muss mindestens einen Euro betragen. Alle nennwertlosen Aktien sind im gleichen Umfang am Grundkapital beteiligt. Bei Nennbetragsaktien können jedoch Aktien mit unterschiedlichen Nennbeträgen nebeneinander stehen.

Einzelne Gattungen von Aktien können unterschiedliche Rechte und Pflichten aufweisen. Dabei wird zwischen **Stamm- und Vorzugsaktien** unterschieden. Vorzugsaktien sind mit besonderen Rechten gegenüber den Stammaktien ausgestattet. Dies manifestiert sich in der Gewinnausschüttung (etwa eine vorrangige Gewinnausschüttung) und/oder der Beteiligung am Liquidationserlös.

Einen Sonderfall stellen die stimmrechtslosen Vorzugsaktien dar. Für Aktien, die mit einem nachzuzahlenden Vorzug bei der Verteilung des Gewinnes ausgestattet sind, kann das Stimmrecht ausgeschlossen werden. Somit haben die Vorzugsaktionäre Anspruch auf eine Vorzugsdividende bei der Gewinnausschüttung. Der nachzuzahlende Vorzug bestimmt, dass ein Anspruch auf Nachzahlung von Rückständen auf die Vorzugsdividende besteht (aus gewinnlosen Jahren). Die Ausgabe von stimmrechtslosen Vorzugsaktien ist nur bis zu einem Drittel des Grundkapitals gestattet.

Das Aktienrecht gestattet dem Unternehmen eigene Aktien zu erwerben. Der Erwerb stellt eine Rückzahlung der Einlagen an die Aktionäre dar. Allerdings ist der Rückkauf der eigenen Anteile nur unter bestimmten Voraussetzungen möglich. In § 65 AktG sind diese Voraussetzungen definiert. Die häufigsten Gründe sind die Abwehr eines drohenden Schadens oder die Vergütung von leitenden Angestellten durch eigene Aktien. Unter einem drohenden Schaden ist zum Beispiel ein Kursverfall an der Börse gemeint, der durch andere Maßnahmen nicht gestoppt werden kann.

1.1.2.1.4.1. Gründung einer Aktiengesellschaft

Der Gründungsvorgang im Überblick:

Prinzipiell wird zwischen einer **Einheitsgründung** und einer **Stufengründung** unterschieden. Da die Stufengründung in der Praxis eine geringe Bedeutung hat, wird sie im Folgenden nicht dargestellt. Eine weitere Gründungsform ist die Mantel- oder Vorratsgründung. Dabei wird eine Gesellschaft gegründet, die den angegebenen Unternehmenszweck nicht verwirklichen will. Ziel ist es, später ein Unternehmen zu übernehmen. Diese Form der Gründung unterliegt jedoch rechtlichen Einschränkungen.

Einheitsgründung:

- Abschluss eines Vorvertrages
- Feststellung der Satzung (= Gesellschaftsvertrag)
- Übernahme der Aktien durch den/die Gründer (eine Einmanngründung ist wie bei der GmbH möglich)
- Bestellung des Aufsichtsrates und der Abschlussprüfer durch die Gründer. Bestellung des Vorstandes durch den Aufsichtsrat.
- Erstellung des Gründungsberichtes durch die Gründer
- Prüfung der Gründung durch Vorstand und Aufsichtsrat
- Einholung der steuerlichen Unbedenklichkeitsbescheinigung

Grundlagen der Finanzierung

- Leistung der Bareinlagen
- Anmeldung der Gesellschaft
- Prüfung durch das Firmenbuchgericht
- Eintragung und Veröffentlichung (mit der Veröffentlichung entsteht die Aktiengesellschaft wirksam).

Hinsichtlich der Ausgabe von Aktien müssen Erstemissionen und Kapitalerhöhungen unterschieden werden. Unter Erstemission (*going public*) wird der erstmalige Verkauf von verbrieften Wertpapieren (Aktien) verstanden. Dabei kommt der Verkaufserlös dem Unternehmen zugute und erhöht die Eigenkapitalbasis.

1.1.2.1.4.2. Kapitalerhöhung

Kapitalerhöhungen dienen ebenfalls zur Eigenkapitalverbesserung. Das Aktiengesetz unterscheidet mehrere Arten einer Kapitalerhöhung:

1.1.2.1.4.2.1. Ordentliche Kapitalerhöhung

Bei einer ordentlichen Kapitalerhöhung kommt es zu einer Erhöhung des Grundkapitals. Dies erfolgt durch Ausgabe neuer Aktien (junge Aktien). Die bisherigen Aktionäre besitzen entsprechend ihrer bisherigen Beteiligung ein Bezugsrecht. Dieses Bezugsrecht soll sicherstellen, dass nach Ausgabe der neuen Aktien jeder Gesellschafter weiterhin den gleichen Anteil am Unternehmen besitzt. Ansonsten würde es zu einem Verwässerungseffekt kommen, wobei der effektive Anteil am Unternehmen sinken würde.

Unter Verwässerungseffekt versteht man das Sinken des Aktienkurses durch die Ausgabe von jungen Aktien. Um eben diesem Effekt entgegenzuwirken, sieht das Aktienrecht ein Bezugsrecht für die bestehenden Gesellschafter vor.

Die Kapitalerhöhung erfordert eine Drei-Viertel-Mehrheit in der Hauptversammlung, das Bezugsrecht kann mit derselben Mehrheit ausgeschlossen werden.

Der Wert des Bezugsrechtes wird von nachstehenden Faktoren beeinflusst:

- Bezugsverhältnis
- Bezugskurs der neuen/jungen Aktien
- Börsenkurs der alten Aktien

Das Bezugsverhältnis entsteht aus der Relation des alten Grundkapitals zum Erhöhungskapital. Das Verhältnis drückt aus, wie viele Aktien erforderlich sind, um eine neue Aktie beziehen zu können. Wird das Grundkapital um 25% erhöht, ergibt sich ein Bezugsverhältnis von 4:1. Ist das Bezugsverhältnis 4:1, kann für vier alte Aktien eine neue Aktie bezogen werden.

Berechnet wird der rechnerische Wert des Bezugsrechtes nach folgender Formel:

$$Bezugsrecht = \frac{Börsenkurs\ der\ altem\ Aktien - Bezugskurs\ der\ jungen\ Aktien}{Bezugsverhältnis + 1}$$

Zur Verdeutlichung soll folgendes Beispiel dienen:

Aktienkapital bisher: 4.000.000 €
Nennwert Aktie: 1 €
Anzahl der Aktien: 4.000.000 Stück
Erhöhung des Kapitals um: 1.000.000 €
Börsenkurs alte Aktie: 12 €
Ausgabekurs neue Aktie: 10 €

Der alte Börsenkurs beträgt 12 €. Durch die Emission der neuen Aktien ergibt sich ein neuer Börsenkurs der sich im Verhältnis 4:1 aus dem gewichteten bisherigen Kurs und dem Emissionskurs ergibt:

Kurs (neu) = (4 × 12 + 1 × 10) / 5 = 11,6

Der Verwässerungseffekt beläuft sich somit auf (12 – 11,6) 0,4 €/Aktie

Der Wertverlust der bisherigen Aktie und damit der rechnerische Wert des Bezugsrechts ist 0,4 € pro Aktie. Das gleiche Ergebnis ergibt sich durch Verwendung der Bezugsrechtsformel:

$$\text{Bezugsrecht} = \frac{12-10}{(4:1) + 1} = 0{,}4$$

Die Bezugsrechte selbst können auch gekauft und verkauft werden. Bei börsennotieren Gesellschaften wird auch das Bezugsrecht eigenständig gehandelt. Der gehandelte Wert des Bezugsrechts ergibt sich aus dem Angebot und der Nachfrage an der Börse. Daher kann der tatsächliche Wert sehr stark vom rechnerischen Wert abweichen. Faktoren, die das Bezugsrecht beeinflussen, sind sicher die Erwartungshaltung des Marktes an das jeweilige Unternehmen, die allgemeine Börsensituation, das Zinsniveau, die gesamtwirtschaftliche Entwicklung etc.

1.1.2.1.4.2.2. Nominelle Kapitalerhöhung

Von einer nominellen Kapitalerhöhung spricht man, wenn Rücklagen in Grundkapital umgewandelt werden. Dabei werden dem Unternehmen keine zusätzlichen finanziellen Mittel zugeführt. Deswegen ist die nominale Kapitalerhöhung eigentlich keine Beteiligungsfinanzierung, sondern lediglich ein Passivtausch.

Für das erhöhte Grundkapital erhalten die Aktionäre zusätzliche Aktien, welche im Verhältnis des Grundkapitals vor und nach der Kapitalerhöhung, ausgegeben werden. Diese Aktien werden häufig als Gratisaktien bezeichnet. Die Bezeichnung Gratisaktien ist nicht wirklich treffend, da durch die Ausgabe dieser Aktien der Verlust der Aktionäre ausgeglichen wird. Der Aktionär wird durch die Ausgabe der Aktien vermögensmäßig der Situation vor der Kapitalerhöhung gleichgestellt. Auch das Gesellschaftsvermögen bleibt gleich. Somit sind Gratisaktien keine zusätzlichen Aktien, die den Wert der Beteiligung erhöhen, sondern solche, die lediglich den Verlust ausgleichen, der dem Investor entstanden wäre.

Eine nominelle Kapitalerhöhung kann aus folgenden Gründen stattfinden:

- Erhöhung des Grundkapitals durch Umwandlung von Rücklagen: Die Auflösung vom Grundkapital ist weit schwieriger als von Rücklagen – damit wird das Kapital stärker gebunden.
- Senkung des Börsenkurses: Durch die Ausgabe von Gratisaktien wird das bestehende Grundkapital auf mehr Aktien aufgeteilt. Somit sinkt der Kurs der Aktie und die Handelbarkeit kann sich erhöhen.
- Senkung von hohen Dividendensätzen

Die gesetzliche Rücklage darf jedoch nicht unter 10% des Grundkapitals sinken

Vereinfachtes Beispiel für eine Nominelle Kapitalerhöhung (Senkung des Börsenkurses):

Vor einer nominellen Kapitalerhöhung sieht die Bilanz der A-Aktiengesellschaft folgendermaßen aus:

Bilanz der A-Aktiengesellschaft			
Anlagevermögen	11.000.000	*Grundkapital*	1.000.000
Umlaufvermögen	4.000.000	*Gewinnrücklagen*	5.000.000
		Fremdkapital	9.000.000
Bilanzsumme	15.000.000	*Bilanzsumme*	15.000.000

Der Nennwert der Aktien beträgt 1.000 €. Ein Investor besitzt 100 Aktien mit einem Nominalwert von 100.000 €. Der Buchwert der Aktie beträgt somit 6.000 und der Gesamtwert seiner Aktien 600.000 €. Nach der nominellen Kapitalerhöhung sieht die Bilanz folgendermaßen aus (Rücklagen werden aus Vereinfachungsgründen weggelassen):

Bilanz der A-Aktiengesellschaft			
Anlagevermögen	11.000.000	Grundkapital	6.000.000
Umlaufvermögen	4.000.000	Fremdkapital	9.000.000
Bilanzsumme	15.000.000	Bilanzsumme	15.000.000

Im Zuge der Kapitalerhöhung werden dem Aktionär Gratisaktien im Verhältnis 5:1 ausgegeben. Der Investor besitzt nun 600 Aktien. Der Buchwert der Aktie beträgt nun 1.000 und der Gesamtnominalwert seiner Aktien weiterhin 600.000 €. Somit hat der Investor zwar mehr Stück an Aktien, der Buchwert seiner Aktien hat sich jedoch nicht verändert. Verändert hat sich der Buchwert der Aktie von 6.000 auf 1.000 € .

1.1.2.1.4.3. Bedingte Kapitalerhöhung

Eine bedingte Kapitalerhöhung ist von einer Bedingung abhängig. Unter eine bedingte Kapitalerhöhung fallen Kapitalerhöhungen, die den Umtausch von Wandelschuldverschreibungen oder die Einräumung von Bezugsrechten bei Aktienoptionen ermöglichen, und Kapitalerhöhungen zur Vorbereitung eines Zusammenschlusses von mehreren Unternehmen.

Wegen der besonderen Ausgabegründe besteht bei der bedingten Kapitalerhöhung für die Gesellschafter kein Bezugsrecht.

1.1.2.1.4.4. Genehmigtes Kapital

Bis zur halben Höhe des Grundkapitals kann der Vorstand ermächtigt werden, das Grundkapital durch Ausgabe von neuen Aktien zu erhöhen. Prinzipiell besteht für die Aktionäre ein Bezugsrecht, diese kann aber auch ausgeschlossen werden. Durch das genehmigte Kapital sollen günstige Verhältnisse am Kapitalmarkt ausgenutzt werden können.

1.1.2.1.5. Steuern

Die Aktiengesellschaft ist wie die GmbH eine Körperschaft und unterliegt ebenso der Körperschaftsteuer. Werden Gewinne (Dividenden) an die Gesellschafter ausgeschüttet, so unterliegen diese der Kapitalertragsteuer.

1.1.3. Buy-out-Finanzierungen

Von einer Buy-out-Finanzierung wird dann gesprochen, wenn die Mehrheit der Unternehmensanteile durch eine oder mehrere dem Unternehmen nahestehende Person(en) erworben wird. Nachfolgend werden die wichtigsten Buy-out-Finanzierungen kurz dargestellt.

1.1.3.1. Management Buy-out (MBO)

Beim Management Buy-out erwirbt das bestehende Management das Unternehmen bzw. Unternehmensanteile. Wird der Kaufpreis überwiegend mit Fremdkapital finanziert, so spricht man von einem Leveraged Buy-out.

Das Management spielt dabei die zentrale Rolle, da es für die Rückführung des benötigten Kapitals verantwortlich ist. Da in der Regel bei einem Management Buy-out der Kapitalbedarf sehr hoch ist, wird das Management zusätzliches Eigenkapital für die Finanzierung benötigen. Zu diesem Zweck werden sehr oft Privat-Equity-Gesellschaften zur Finanzierung eingeschaltet. Der Vorteil der Übernahme durch das Management liegt darin, dass das Management das Unternehmen bereits geführt hat und dadurch über Stärken und Schwächen genau Bescheid weiß. Wird die Akquisition mit einer Private-Equity-Gesellschaft durchgeführt, so bilden das Management und die Kapitalgebergesellschaft die neue Eigentümerstruktur. Interessant für das Management ist ein Buy-out in der Situation, in der das Unternehmen unterbewertet ist. Im Stadium dieser Unterbewertung wird dann das Unternehmen gekauft. Durch Auflösung stiller Reserven kann sogar ein Teil des Kaufes finanziert werden.

Management Buy-outs haben sich vor allem im angloamerikanischen Raum etabliert. In der Literatur findet sich vor allem die Lösung der Nachfolgeproblematik als Beispiel für MBOs. Dabei wird frühzeitig ein Management aufgebaut, das bereit ist, in Zukunft das Unternehmen von den Alteigentümern zu übernehmen.

Auch Banken stehen einem MBO prinzipiell positiv gegenüber, da das bestehende Management bereits das Unternehmen und die Strukturen, wichtige Kunden- und Lieferantenbeziehungen, die Absatzmärkte und die Konkurrenzsituation kennt.

Ein weiterer Vorteil liegt in der Akzeptanz der Arbeitnehmer bezüglich des bereits bestehenden Managements. Für Kapitalgeber liegt der Vorteil darin, dass das Management selbst an das Unternehmen und die Prognosen glaubt. Planrechnungen und Prognosen haben dadurch, dass sie durch das bestehende Management erstellt wurden einen hohen Wert für die Kapitalgeber, da sie sich auf die Cashflow-Prognose verlassen können. Die Planung der Liquidität ist vor allem für die Rückführung des Kapitals notwendig.

1.1.3.2. Leveraged Buy-out

Ein Leveraged Buy-out ist eine Übernahme, welche überwiegend mit Fremdkapital finanziert wird. Erfolgt die fremdfinanzierte Übernahme durch das eigene Management, bezeichnet man dies als Leveraged Management Buy-out. Der Begriff „Leveraged Buy-out" ist auf die Hebelwirkung des Fremdkapitals zurückzuführen. Damit ist gemeint, dass der Käufer mit geringem Eigenkapitaleinsatz eine große Transaktion durchführen kann. Dabei steigt die Rentabilität des Eigenkapitals überproportional an, wenn die Gesamtkapitalrentabilität über dem Zinssatz für Fremdkapital liegt. Als Eigenkapitalgeber treten in der Regel Private-Equity-Investoren auf, die sich nach einem gewissen Zeitraum wieder von der Beteiligung trennen wollen – natürlich mit hohem Gewinn.

1.1.3.3. Management Buy-in

Beim MBI ist sehr häufig ein externer Eigenkapitalgeber an der Akquisition beteiligt. Im Zuge eines Management Buy-in in wird ein neues Management im Unternehmen etabliert. Dies ist vor allem dann der Fall, wenn nach Ansicht der Kapitalgeber kein geeignetes Management zur Verfügung steht. In der Vergangenheit sind solche Transaktionen nicht immer erfolgreich umgesetzt worden. Der Grund lag sehr oft darin, dass dem Management die Branchenkenntnisse fehlten, dass die Mitarbeiter dem neuen Führungsgremium sehr skeptisch gegenüberstanden und dass die Akquisitionsfinanzierung so ambitioniert war, dass kurzfristige Schwächen in der Entwicklung nicht verzeihbar waren.

Aus den genannten Gründen stehen sowohl Eigen- als auch Fremdkapitalgeber einem MBI sehr skeptisch gegenüber.

Grundlagen der Finanzierung

1.1.4. Fremdfinanzierung

Bei der Fremdfinanzierung/Kreditfinanzierung wird Fremdkapital von außen ins Unternehmen gebracht. Durch diese Form der Finanzierung entstehen Gläubigerrechte. Im Gegensatz zur Eigen- oder Beteiligungsfinanzierung entsteht durch die Kapitalüberlassung kein Mitspracherecht, wie dies zum Beispiel bei Aktionären der Fall ist.

Der Gläubiger hat Anspruch auf die Rückerstattung und eine Zinszahlung, jedoch beschränkt sich seine Position darauf. Ein weiterer Unterschied besteht zwischen Eigen- und Fremdkapital in der Fristigkeit der Kapitalüberlassung. Eigenkapital ist langfristig dem Unternehmen überlassen, Fremdkapital kann kurz oder langfristig sein. Auch wenn Aktien manchmal mehrmals am Tag den Besitzer wechseln, so bleibt das Grundkapital im Unternehmen konstant. Die Fristigkeit für Fremdkapital ist üblicherweise bereits mit Überlassung festgelegt. Dem Schuldner trifft die Verpflichtung, das Fremdkapital zum vereinbarten Zeitpunkt zu tilgen. Dabei ist es unerheblich, ob das Unternehmen Gewinne oder Verluste erwirtschaftet hat.

Der Gläubiger hat keinen Anspruch auf Vermögenszuwächse, auf den Gewinn oder auch auf die stillen Reserven des Unternehmens. Üblicherweise hat der Gläubiger Anspruch auf einen vereinbarten und fixierten Zinssatz.

1.1.4.1. Exkurs Basel II

Im Jahr 1974 wurde durch die Mitgliedsländer des Internationalen Währungsfond der Basler Ausschuss für Bankenaufsicht eingerichtet. Der Ausschuss koordiniert die Zuständigkeiten der Bankenaufsicht aller Behörden um eine wirksame Aufsicht über die Bankengeschäfte zu gewährleisten. Die Solvenz der Banken und die Stabilität des Bankwesens stehen dabei im Mittelpunkt des Interesses. In der Basler Eigenkapitalvereinbarung von 1998 wurde eine Mindestkapitalausstattung der Banken von 8% festgelegt. Die 8% beziehen sich dabei auf die von der Bank vergebenen Kreditsumme. Das Regelwerk hat den Zweck, dass das Eigenkapital als Risikopuffer dienen und sicherstellen soll, dass Banken nicht in finanzielle Schwierigkeiten geraten, sollten mehrere Kreditnehmer zahlungsunfähig werden. Somit stellt Basel I eine Insolvenzprophylaxe für Banken dar. Die Hinterlegung von Eigenkapital ist auch der wesentlichste Inhalt der Vereinbarung, welche 1992 in Kraft getreten ist.

Der Nachteil an der Vereinbarung war, dass die Eigenkapitalhinterlegung für alle Kredite immer die gleichen Kosten nach sich gezogen hat, egal wie „sicher" die Kreditvergabe war. Damit ist gemeint, dass die Kosten für die Bank gleich hoch waren, egal ob das kreditsuchende Unternehmen hohe oder sehr niedrige Sicherheiten bieten konnte. Eigentlich hätten ja Unternehmen mit schlechter Bonität einen höheren Risikoaufschlag bekommen müssen, als Kunden mit höherer Bonität. Nach Basel I wurden jedoch alle Kreditvergaben gleich behandelt.

Diese Manko wurde durch Basel II beseitigt und muss seit 1.1.2007 von allen EU-Mitgliedsländern bzw. deren Banken angewendet werden. Das wesentlichste Ziel der Regelung ist es, die Kapitalanforderungen an Banken stärker als bisher vom Risiko abhängig zu machen. Um das Risiko schätzen zu können, wird ein sogenanntes Rating durchgeführt. Durch das Rating kann der Prozentsatz von 8% erhöht oder auch gesenkt werden. Für Unternehmen mit einem guten Rating muss somit die Bank weniger Eigenkapital hinterlegen, was sich wiederum durch bessere Konditionen für jene Unternehmen auswirkt. Unternehmen mit schlechterer Bonität werden dafür mit einem höheren Risikoaufschlag „bestraft", da die Bank mehr Eigenkapital hinterlegen muss. Somit werden nicht alle Unternehmen gleich behandelt, sondern aufgrund der Bonität differenziert betrachtet und die Kosten für den Kreditnehmer von seiner Bonität abhängig.

1.1.4.1.1. Die drei Säulen von Basel II

Basel II beruht auf drei Säulen:

- Mindestkapitalanforderung
- Aufsichtliches Überprüfungsverfahren
- Regelungen zur Offenlegung

Mindestkapitalanforderung:

Nach Basel II müssen Banken 8% der vergebenen Kreditsumme als Eigenkapitalausstattung aufweisen. Dieser Satz ist jedoch abhängig vom Risiko des Geschäftes und kann sowohl höher als auch niedriger ausfallen. Im Schnitt muss jedoch über alle Geschäfte eine Quote von 8% hinterlegt sein. Damit orientiert sich die Eigenkapitalhinterlegung am Kreditrisiko und an der Bonität des Kunden. Bis Basel II musste nur das Kreditrisiko und das Marktrisiko mit Eigenkapital hinterlegt werden. In Zukunft wird auch das operationelle Risiko in die Bewertung einfließen.

Für die Bestimmung des Kreditrisikos gibt es zwei Ansätze. Zum Ersten kann das Kreditrisiko auf Grundlage eines externen Ratings evaluiert werden. Diese Methode ist der einfachere Standardansatz und das Rating wird von externen Agenturen vergeben. Für Unternehmen, die kein externes Rating aufweisen können, kommt weiterhin ein pauschaler Satz für die Risikogewichtung zur Anwendung.

Der zweite Methode zur Bestimmung des Kreditrisikos ist der Internes-Rating-Ansatz (IRB), welcher auf bankinternen Einschätzungen beruht. Da bei diesem Ansatz die Palette der Risikogewichte viel breiter ist, kann das Risiko auch differenzierter eingeschätzt werden. Somit stellt das interne Rating eine gerechtere Einschätzung des Risikos dar.

Bei einem Kredit in der Höhe von € 100.000,–				
Bisher	**Standardsatz nach Basel II**			
	Internationale Ratingstufen	Gewichtung	EK-Hinterlegung der Bank	bei € 100.000
Einheitliche EK-Unterlegungsquote von 8%	AAA bis AA-	20%	1,60%	1.600
	A+ bis A-	50%	4,00%	4.000
	BBB+, BB-	100%	8,00%	8.000
	unter BB-	150%	12,00%	12.000
	ohne Rating	100%	8,00%	8.000

Abb. 1: Eigenkapitalhinterlegung für Banken bei externen Ratings

Bei einem Kredit in der Höhe von € 100.000,–				
Bisher	**Standardsatz nach Basel II**			
	Internationale Ratingstufen	Gewichtung	EK-Hinterlegung der Bank	bei € 100.000
Einheitliche EK-Unterlegungs-quote von 8%	AAA bis AA-	18%	1,44%	1.440
	A+ bis A-	29%	2,32%	2.320
	BBB+, BBB	51%	4,08%	4.080
	BBB-, BB+	100%	8,00%	8.000
	BB	153%	12,24%	12.240
	B	360%	28,80%	28.800
	CCC	360%	28,80%	28.800

Abb. 2: Eigenkapitalhinterlegung für Banken bei internen Ratings

Für keine und mittlere Unternehmen, deren Kreditbedarf unter 1 Mio. Euro liegt, dürfen Banken das Kreditansuchen wie bei Privatkunden behandeln. In diesem Fall gelten geringere Anforderungen an die Eigenkapitalausstattung und deshalb können die Konditionen besser ausfallen.

Die zweite und die dritte Säule von Basel II betreffen hauptsächlich bankinterne und bankenaufsichtliche Probleme und werden daher nicht näher betrachtet.

1.1.4.1.2. Internes/externes Rating

Das Rating kann sowohl durch das kreditgebende Institut als auch durch eine externe Ratingagentur erfolgen. Ein Rating durch das kreditgebende Institut hat den Vorteil, dass es kostengünstiger ist als eine Beurteilung durch eine Ratingagentur. Daher kommt vor allem für kleine und mittlere Unternehmen nur ein Rating durch die Bank selbst in Frage. Der Nachteil durch ein internes Rating liegt aber darin, dass dieses Rating bei anderen Banken nicht anerkannt wird, da jedes Institut ein eigenes Ratingsystem und einen eigenen Ratingprozess konzipiert hat. Das Ergebnis gilt somit nur für das Institut, welches das Rating durchgeführt hat.

Ein externes Rating kommt für jene Unternehmen in Frage, die sich über internationale Finanzmärkte finanzieren wollen. Schon vor Basel I und Basel II gab es internationale Ratingagenturen, deren bekannteste Vertreter Standard & Poor's und Moody's sind. Die Kosten für ein externes Rating sind bei weitem höher, der Vorteil liegt aber vor allem in der internationalen Akzeptanz, gerade dann, wenn das Rating von einem der renommierten Unternehmen erstellt wurde.

Für interne als auch externe Ratings gilt, dass, je besser die Einstufung, desto günstiger der Kredit und desto höher das mögliche Kreditvolumen ist. Sowohl Banken als auch Ratingagenturen arbeiten mit quantitativen und mit qualitativen Faktoren zur Evaluierung des Risikos.

1.1.4.2. Kreditfinanzierung

Der Kredit ist ein Vertrag zwischen einem Gläubiger und einem Schuldner. Der Kreditgeber stellt dem Kreditnehmer einen Betrag zur Verfügung und erwartet sich vom Kreditnehmer die fristgerechte Bezahlung der Zinsen und der vereinbarten Tilgung. Folgende Merkmale sind typisch für eine Kreditfinanzierung:

- Gläubigerstellung
- Anspruch auf Zins- und Tilgungszahlungen
- Kein Mitspracherecht
- Befristetes Kapital
- Steuerliche Wirksamkeit der Fremdkapitalzinsen
- Besicherung

1.1.4.2.1. Besicherung

Kredite sind in der Regel besichert. Unbesicherte Kredite werden als Blankokredite bezeichnet. Sicherheiten sollen den Gläubiger vor den negativen Folgen eines Zahlungsausfalles schützen und sein Risiko auf den unbesicherten Teil reduzieren. Je höher die Besicherung, desto geringer der Risikoaufschlag auf den risikolosen Zinssatz.

Nach der Sicherungsart lassen sich **Realsicherheiten** und **Personalsicherheiten** unterscheiden. Bei Realsicherheiten dient eine Sache als Sicherheit für den Gläubiger und bei Personalsicherheiten fungiert eine Person zur Besicherung. Die Person verpflichtet sich zur Zahlung an den Gläubiger, sollte der Schuldner seinen Verpflichtungen nicht nachkommen. Der Wert dieser Sicherheit ist abhängig von der Bonität der dritten Person, die im Falle des Ausfalles haftet.

Die häufigsten Personalsicherheiten sind die Bürgschaft und die Garantie. Die Bürgschaft ist im AGBG geregelt und die Verpflichtungserklärung des Bürgen muss schriftlich abgegeben werden, damit der Bürgschaftsvertrag Gültigkeit erlangt. Der Bürge verpflichtet sich für die Verbindlichkeiten des Schuldners einzustehen. Der Umfang der Haftung des Bürgen richtet sich nach dem Umfang der Hauptschuld.

Bei der **gewöhnlichen Bürgschaft** kann der Bürge erst in Anspruch genommen werden, wenn der Gläubiger seiner Verpflichtung trotz Mahnung nicht nachkommt, der Hauptschuldner in Konkurs verfällt oder sein Aufenthaltsort unbekannt ist.

Verpflichtet sich der Bürge jedoch als **Bürge und Zahler**, so haftet er als ungeteilter Mitschuldner für die gesamte Schuld. Das bedeutet, dass der Kreditgeber fällige Zahlungen sofort vom Bürgen und Zahler einfordern kann. Es hängt somit vom Gläubiger ab, ob er zuerst den Hauptschuldner, den Bürgen oder beide zugleich belangen will. Dies Form ist die gängigste in der Praxis und senkt das Risiko des Gläubigers durch eine zweite haftende Person wesentlich; für den Bürgen und Zahler ist diese Form der Bürgschaft die gefährlichste, da er jederzeit vom Gläubiger belangt werden kann.

Die mildeste Art der Bürgschaft ist die **Ausfallsbürgschaft**. Dabei muss der Gläubiger vor Inanspruchnahme des Bürgen die Forderung gegenüber dem Hauptschuldner einklagen und gegen diesen Exekution führen.

Anders als bei der Bürgschaft ist die **Garantie** nicht gesetzlich geregelt. Dabei garantiert der Garantiegeber dem Garantienehmer für einen zukünftigen Erfolg einzustehen. Im Falle des Kredites garantiert er dem Kreditgeber die Zahlung von Zinsen und Tilgung. Im Gegensatz zur Bürgschaft ist die Garantie jedoch nicht akzessorisch und damit unabhängig vom Bestand der Hauptschuld.

Unter den Sachsicherheiten ist bei den Lieferantenkrediten vor allem der **Eigentumsvorbehalt** sehr verbreitet. Durch den Eigentumsvorbehalt behält der Käufer bis zur vollständigen Bezahlung des Kaufpreises das Eigentum daran. Für den Kunden führt der Eigentumsvorbehalt dazu, dass er die Sache zwar nutzen, nicht aber verkaufen darf.

Wird zur Besicherung des Kredites eine bewegliche Sache verpfändet, so spricht man von der Gewährung eines **Pfandrechtes**. Der verpfändete Gegenstand ist dem Gläubiger auszuhändigen. Häufig werden an der Börse gehandelte Wertpapiere verpfändet. Ist der Schuldner nicht in der Lage seine Verbindlichkeiten nachzukommen, so kann der Gläubiger aus der verpfändeten Sache seine Forderungen befriedigen.

Das Pfandrecht an einem Grundstück nennt man **Hypothek**. Dieses Recht wird im Grundbuch, im Lastenblatt, vermerkt. Um die Kosten der Eintragung zu vermeiden, kann dem Gläubiger auch eine Pfandurkunde ausgestellt werden. In dieser verpflichtet sich der Schuldner das Grundstück weder zu verkaufen noch zu belasten.

Eine Einteilung der Kreditarten erfolgt üblicherweise nach den Kriterien der Laufzeit, dem Verwendungszweck, den Kreditgebern und der rechtlichen Stellung des Kreditnehmers.

1.1.4.2.2. Kurzfristige Kredite

Kurzfristige Kredite haben in der Regel eine Laufzeit von bis zu zwölf Monaten. Dabei kann zwischen **Handelskrediten** und **Bankkrediten** unterschieden werden.

Zu den Handelskrediten zählen der Lieferanten und der Kundenkredit. Zu den kurzfristigen Bankkrediten zählen der Kontokorrentkredit, der Lombardkredit, der Diskontkredit, der Akzeptkredit und der Avalkredit.

1.1.4.2.2.1. Lieferantenkredit

Der Lieferantenkredit entsteht, indem dem Abnehmer von Produkten oder Leistungen ein bestimmtes Zahlungsziel zur Begleichung der Rechnung eingeräumt wird. Üblicherweise beträgt dieses Zahlungsziel 30 Tage.

Um den Schuldner zu motivieren, das Zahlungsziel nicht zu nutzen, wird in der Praxis oft ein Skonto angeboten. Gewährt wird der Skonto vom Verkäufer für das Ersparen von Zinsen, Risiken und auch Verwaltungskosten.

Unter Skonto ist ein Preisnachlass zu verstehen, der bei frühzeitiger Bezahlung der offenen Rechnung gewährt wird. Ein Skonto wird üblicherweise für die Bezahlung der Rechnung innerhalb von einer bis zu zwei Wochen gewährt. In der Regel beträgt der Skonto 2–3% des Rechnungsbetrages.

1.1.4.2.2.2. Kundenkredit

Bezahlt der Kunde im Vorhinein die Leistung oder das Produkt, so gewährt er dem Verkäufer einen Kredit. In der Praxis tritt dies hauptsächlich bei Spezialanfertigungen und kapitalintensiven, langen Projekten auf. Dabei wird oft bei Vertragsunterzeichnung eine Anzahlung vom Kunden erwartet. Diese Anzahlung hat für das leistende Unternehmen einige Vorteile. Zum ersten reduziert die Anzahlung einen möglichen totalen Forderungsausfall. Das maximale Risiko ist somit der gesamte Rechnungsbetrag abzüglich der Anzahlung. Zweitens bringt es Liquidität für das Unternehmen, welches seine Leistung verkauft. Damit erspart sich dieses Unternehmen möglicherweise eine anderwärtige Finanzierungsform. Zusätzlich reduziert sich das Risiko, dass der Käufer die Leistung bzw. das Produkt nicht abnehmen will.

1.1.4.2.2.3. Kontokorrentkredit

Beim Kontokorrentkredit stellt die Bank durch ein Kreditlimit einen bestimmten Betrag zur Verfügung. Dadurch besteht die Möglichkeit, den Kredit bis zu dem fixierten Betrag zu verwenden. Der Kontokorrentkredit soll zur Überbrückung von kurzfristigen Liquiditätsengpässen und nicht zur langfristigen Finanzierung verwendet werden. Die Gefahr besteht, dass der Kreditgeber die Kreditlinie reduziert und dadurch das Unternehmen in Liquiditätsprobleme kommen kann. Mit Reduzierung der Kreditlinie ist oft eine Kettenreaktion verbunden, die bis zur Insolvenz führen kann.

Die Vorteile des Kontokorrentkredites sind die Flexibilität, die nicht nötige Zweckgebundenheit und eine mögliche Liquiditätsreserve. Als Nachteil sind vor allem die hohen Kosten, im Vergleich zu anderen Finanzierungsformen, und das Risiko der einseitigen Verminderung durch den Kreditgeber zu nennen.

1.1.4.2.2.4. Lombardkredit

Der Lombardkredit ist ein Kredit, welcher durch Pfandrecht an einer beweglichen Sache oder einem verbrieften Recht gesichert ist. Verpfändet werden in der Regel Vermögensgegenstände die leicht liquidierbar und bewertbar sind. Am besten entsprechen Wertpapiere diesen Kriterien.

Nach Art der verpfändeten Vermögensgegenstände unterscheidet man folgende Lombardkredite:
- Effektenlombard[1]
- Wechsellombard
- Warenlombard
- Forderungslombard
- Edelmetalllombard

Die bedeutendste Form des Lombardkredites ist der Effektenlombard. Dabei handelt es sich um einen Kredit, der durch Effekten besichert ist. Die Beleihungshöhe der einzelnen Effekten differiert sehr stark und ist abhängig von der Art und den wirtschaftlichen Verhältnissen des Emittenten. Werden die Effekten nicht an der Börse gehandelt, so ist die Beleihungshöhe grundsätzlich eine niedrigere, als wenn die Wertpapiere an der Börse gehandelt werden.

1.1.4.2.2.5. Diskontkredit

Die Grundlage für diese Finanzierungsform bildet der Wechsel. Der Wechsel ist ein schuldrechtliches Wertpapier, das abstrakt und unbedingt auf Zahlung einer bestimmten Geldsumme lautet.

Der Wechsel kann vom Inhaber vor Fälligkeit bei einem Kreditinstitut eingereicht werden. Dabei wird dem Einlösenden der Betrag abzüglich des Diskonts zur Verfügung gestellt. Unter Diskont sind die Zinsen der Restlaufzeit zu verstehen. In diesem Fall bekommt der Inhaber vor Fälligkeit den Betrag, muss jedoch für die frühere Inanspruchnahme einen Abzug in Kauf nehmen.

1.1.4.2.2.6. Akzeptkredit

Der Akzeptkredit ist eine Kreditleihe. Bei einer Kreditleihe wird kein Geldbetrag zur Verfügung gestellt, sondern das Kreditinstitut stellt seine eigene Kreditwürdigkeit zur Verfügung. Der Akzeptkredit wird gewährt, indem sich das Kreditinstitut verpflichtet, den vom Kreditnehmer ausgestellten und auf sie bezogenen Wechsel zu akzeptieren und den Wechselbetrag bei Fälligkeit auszuzahlen. Das Kreditinstitut geht eine wechselrechtliche Verpflichtung ein und ist jedem, der ihm den Wechsel vorlegt, zur Auszahlung verpflichtet.

1.1.4.2.2.7. Avalkredit

Der Avalkredit ist wie der Akzeptkredit eine Kreditleihe. Beim Avalkredit übernimmt die Bank, als Avalkreditgeber, die Haftung für die Verbindlichkeiten des Kunden gegenüber einem Dritten. Dies geschieht entweder in Form einer Bürgschaft oder in Form einer Garantie. Bedeutung hat der Avalkredit im internationalen Handel, da für ein kreditgewährendes Unternehmen die Überprüfung der Bonität des möglichen Schuldners sich oft als sehr schwierig erweist, wenn dieser aus einem anderen Land kommt. Um in diesem Fall den internationalen Handel zu erleichtern, übernimmt die Bank für ihren Kunden die Bürgschaft oder Garantie und somit ist auch die Überprüfbarkeit für den gewährenden Unternehmer leichter.

---

[1] Unter Effekten versteht man am Kapitalmarkt handelbare Wertpapiere.

1.1.4.2.3. Langfristige Kredite

Als langfristige Kredite werden jene Finanzierungsinstrumente bezeichnet, deren Laufzeit mehr als fünf Jahre beträgt. Die wesentlichsten Formen langfristiger Kredite sind das Darlehen und Schuldverschreibungen. Die bedeutendste Form stellt in der Praxis das Darlehen dar. Sowohl im betrieblichen als auch im privaten Bereich ist diese Form der Finanzierung die beliebteste.

1.1.4.2.3.1. Darlehen

Aufgrund von Unterschieden hinsichtlich der Zinszahlungen und der Tilgungszahlungen werden verschieden Arten des Darlehens unterschieden.

1.1.4.2.3.1.1. Annuitätendarlehen

Eine Annuität ist eine gleichbleibende Zahlung. In der Annuität sind sowohl Zinszahlungen als auch Tilgungszahlungen enthalten. Zu Beginn der Rückzahlung ist der Zinsanteil höher, nimmt aber mit dem Zeitablauf ab und der Tilgungsanteil erhöht sich im Zeitablauf.

Zur Verdeutlichung zeigt Abbildung 3 ein Annuitätendarlehen in der Höhe von 100.000 €. Der Zinssatz ist 10% und die Laufzeit 25 Jahre:

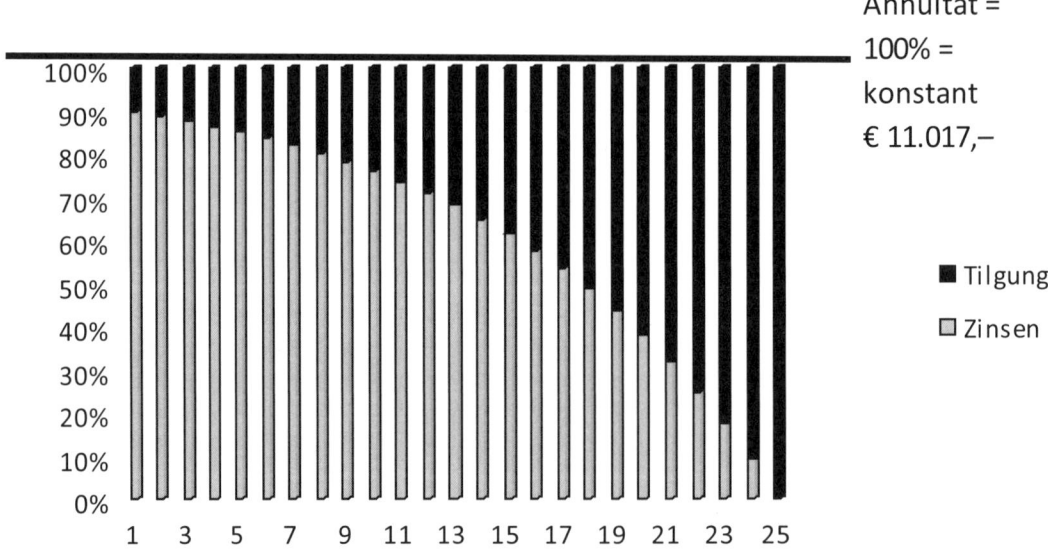

Abb. 3: Annuitätendarlehen (Quelle: eigene Darstellung)

Aus der Abbildung ist ersichtlich, dass zu Beginn des Darlehens der Großteil der Annuität für die Bedienung der Zinsen verwendet wird. Nur ein geringer Teil bleibt für die Tilgung über. Erst nach rund 19 Jahren ist der Anteil der Tilgung gleich groß wie jener der Zinsen. Je höher der Zinssatz, desto geringer der Tilgungsanteil der Annuität.

Beispiel: Darlehen für die A-GmbH

Die A-GmbH benötigt ein Darlehen von 100.000 €. Das Darlehen soll in Form eines Annuitätendarlehen gewährt werden. Die Laufzeit beträgt sechs Jahre und der Zinssatz ist EURIBOR (zwölf Monate) + 2%. Die Annuität ist jährlich fällig.

Wie bereits zuvor dargestellt schlägt sich das Risiko für die Bank im Aufschlag auf den risikolosen Zins für den Kreditnehmer zu Buche. Der risikolose Zins ist in diesem Fall der EURIBOR.

Der EURIBOR (Euro Interbank Offerte Rate) ist ein für Termingelder in Euro ermittelter Zinssatz. Der EURIBOR ist ein Zwischenbanken-Zinssatz. Um ihn zu berechnen, melden täglich bis zu 57 Kreditinstitute die Angebotssätze für Ein- bis Zwölfmonatsgelder. Nach der Meldung wird daraus ein durchschnittlicher Satz errechnet. Für die Zinsberechnung gilt die für Geldmarktgeschäfte übliche Methode *actual/360*.

Für die unterschiedlichen Fristigkeiten gibt es unterschiedliche Zinssätze. Banken verleihen das Geld zu den EURIBOR Sätzen plus einen Aufschlag. Üblicherweise beträgt der Aufschlag zwischen 0,5 und 2 Prozentpunkte.

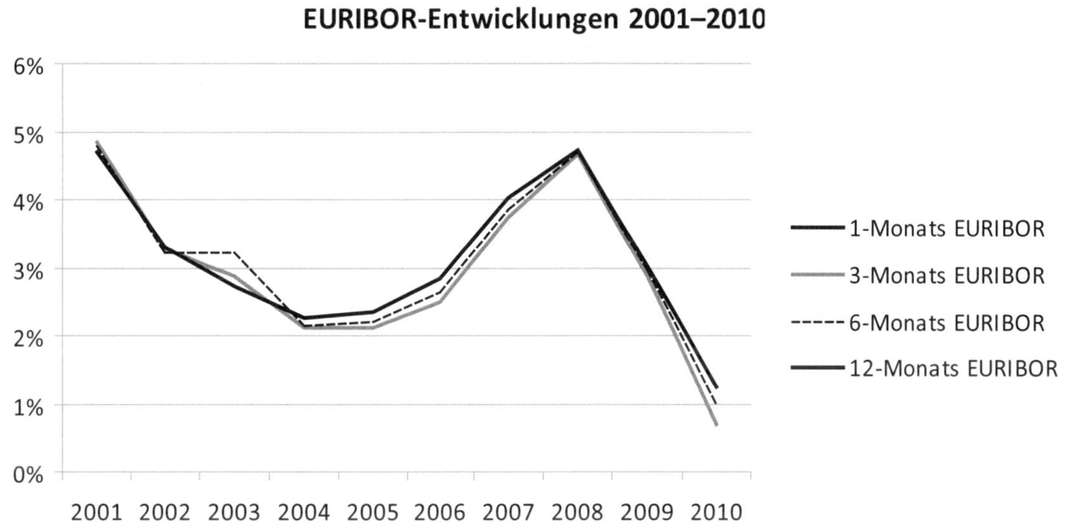

EURIBOR-Entwicklungen 2001–2010

Abb. 4: EURIBOR-Entwicklungen 2001–2010 (Quelle: eigene Darstellung in Anlehnung an: http://de.euribor-rates.eu)

Die Annuität wird ermittelt, indem der Barwert des Darlehens mit dem Annuitätenfaktor multipliziert wird.

Betrag:	100.000
Laufzeit in Jahren:	6
Basiszinssatz:	5,39%
Aufschlag:	2,00%
Zinssatz:	7,39%
Annuität:	21.233

Grundlagen der Finanzierung

Der Tilgungsplan sieht folgendermaßen aus:

Jahr	Restschuld am Jahresanfang	Zinsen	Tilgung	Annuität	Restschuld am Jahresende
1	100.000	7.390	13.843	21.233	86.157
2	86.157	6.367	14.866	21.233	71.291
3	71.291	5.268	15.964	21.233	55.327
4	55.327	4.089	17.144	21.233	38.183
5	38.183	2.822	18.411	21.233	19.772
6	19.772	1.461	19.772	21.233	0
Summe		27.397	100.000	127.397	

1.1.4.2.3.1.2. Ratendarlehen

Bei Ratendarlehen bleibt der Betrag für die Tilgung konstant. Zu diesem gleich bleibenden Tilgungsbetrag kommen die Zinsen noch hinzu. Dadurch ist die Gesamtbelastung zu Beginn des Kredites am höchsten, sinkt aber im Zeitablauf.

Für die A-GmbH sieht das Ratendarlehen folgendermaßen aus:

Jahr	Restschuld am Jahresanfang	Zinsen	Tilgung	jährliche Rückzahlung	Restschuld am Jahresende
1	100.000	7.390	16.667	24.057	83.333
2	83.333	6.158	16.667	22.825	66.667
3	66.667	4.927	16.667	21.593	50.000
4	50.000	3.695	16.667	20.362	33.333
5	33.333	2.463	16.667	19.130	16.667
6	16.667	1.232	16.667	17.898	0
Summe		25.865	100.000	125.865	

Die Gesamtbelastung ist beim Ratendarlehen die ersten zwei Jahre höher als bei Annuitätendarlehen. Danach sinkt die Belastung unter jener der Annuität. Die jährliche Rückzahlung ergibt sich aus dem Kreditbetrag geteilt durch die Laufzeit.

1.1.4.2.3.1.3. Festdarlehen

Die dritte Form des Darlehens ist das Festdarlehen. Bei dieser Form werden während der Laufzeit nur die Kreditzinsen bedient. Der aushaftende Betrag wird am Ende der Laufzeit auf einmal zurückbezahlt.

Für die A-GmbH hätte das Festdarlehen folgenden Tilgungsplan:

Jahr	Restschuld am Jahresanfang	Zinsen	Tilgung	jährliche Rückzahlung	Restschuld am Jahresende
1	100.000	7.390	0	7.390	100.000
2	100.000	7.390	0	7.390	100.000
3	100.000	7.390	0	7.390	100.000
4	100.000	7.390	0	7.390	100.000
5	100.000	7.390	0	7.390	100.000
6	100.000	7.390	100.000	107.390	0
Summe		44.340	100.000	144.340	

Die Gesamtbelastung ist für die A-GmbH beim Festdarlehen am höchsten. Diese Tatsache verwundert nicht, wenn man bedenkt, dass in diesem Fall fünf Jahre lang nicht getilgt wurde und damit der gesamte Kreditbetrag über die gesamte Laufzeit verzinst wird.

1.1.4.2.3.2. Schuldverschreibungen

Schuldverschreibungen (Obligationen, Anleihen, Rentenwerte, engl. Bonds) sind Wertpapiere, die dem Inhaber gewisse Gläubigerrechte verbriefen. In der Regel verbriefen die Wertpapiere das Recht auf Rückzahlung eines festgelegten Betrages und das Recht auf Verzinsung während einer entsprechenden Laufzeit. Der Zeichner einer Schuldverschreibung stellt dem Emittenten langfristig einen bestimmten Betrag zur Verfügung. Daher stellt die Anleihe lediglich eine besondere Form der Kreditaufnahme dar. Der Vorteil einer Anleihe ist die Stückelung des gesamten Volumens in kleinere Teilbeträge. Somit besteht die Möglichkeit, das benötigte Volumen nicht nur von einem, sondern von mehreren Gläubigern zur Verfügung gestellt zu bekommen. Die geschieht dadurch, dass das gesamte Volumen in viele Teile gestückelt wird. Über jeden dieser Teile stellt der Emittent ein Wertpapier aus. Dieses Wertpapier wird Teilschuldverschreibung genannt. Die gesamte Kreditsumme wird aufgebracht, wenn sämtliche Teilschuldverschreibungen verkauft werden. Der Verkaufspreis kann unter oder über dem Nennwert liegen. Liegt der Preis unter dem Nennwert spricht man von einer Unter-pari-Emission, liegt er darüber von einer Über-pari-Emission. Ausgedrückt wird der Preis in Prozent vom Nennwert. Wird die Anleihe über dem Nennwert begeben, bezeichnet man den Differenzbetrag (zum Nennwert) als Agio; wird sie unter dem Nennwert begeben, wird der Differenzbetrag (zum Nennwert) als Disagio bezeichnet.

Ein Emissionskurs von 97% bedeutet, dass für das Wertpapier 97% des jeweiligen Nennwertes zu zahlen ist. Beträgt der Nennwert 100 €, so beträgt der Kaufpreis 97 € (exkl. Spesen und Gebühren).

Der Emittent wendet sich in der Regel an den Kapitalmarkt, um dort seine Wertpapiere platzieren zu können. Als Emittenten treten sowohl die öffentliche Hand (Bund, Länder, Gemeinden) als auch private Unternehmen auf. Der wichtigste Emittent in Österreich ist die Republik Österreich, gefolgt von den Banken. Rund 90% der am Markt befindlichen Wertpapiere sind von der Republik und Banken begeben worden.

Für die Ausgestaltung der Anleihen gibt es vielfältige Gestaltungsformen. Dabei nimmt der Zinssatz eine wesentliche Rolle ein. Wie für andere Kreditformen auch, spielt die Bonität des Emittenten eine wesentliche Rolle. Je schlechter die Bonität, desto höhere Zinsen wird der Emittent dem potentiellen Käufer bieten müssen. Eine Anleihe kann entweder als **Kupon** oder als **Null-Kupon-Anleihe** (engl. *zero bonds*) begeben werden.

Im ersten Fall verpflichtet sich der Emittent zu regelmäßigen Zinszahlungen (Kupons). In der Regel werden die Zinsen im Nachhinein gemeinsam mit der Tilgung bezahlt.

Der zugrunde liegende Zinssatz kann entweder **fix** oder **variabel** sein. Für variabel verzinste Anleihen wird häufig der Begriff **Floating Rate Note** verwendet. Der Emittent legt bei Ausgabe der Anleihe einen Referenzzinssatz und in der Regel den sogenannten Spread fest. Als Referenzzinssatz wird zum Beispiel der EURIBOR verwendet. Der Spread ist der Aufschlag zum EURIBOR, ist anhängig von der Bonität des Emittenten und wird als fester Satz in Prozentpunkten angegeben.

Bei variabel verzinsten Anleihen ändert sich die Verzinsung, sobald sich der Referenzzinssatz ändert. Somit kann sich für den Investor die Verzinsung erhöhen aber auch geringer werden.

Bei fix verzinsten Anleihen wird bei Emission ein fixer Zinssatz festgelegt, der sich auf bei Änderung des Zinsniveaus nicht verändert. Bei fallenden Zinsen ist der fixierte Zinssatz für den Investor vorteilhaft, bei steigenden Zinsen nicht.

Werden während der Laufzeit keine Zinsen bezahlt, spricht man von einer Null-Kupon-Anleihe. Der bekanntere und gängigere Begriff dafür ist **Zero Bond**. Bei einem Zero Bond erhält der Investor am Laufzeitende die gesamte Tilgung und die Zinsen. Die Differenz zwischen dem niedrigeren Kaufpreis und dem Rückzahlungsbetrag am Ende der Laufzeit ist der Gegenwert der Zinsen.

Die Tilgung erfolgt bei Anleihen üblicherweise am Ende der Laufzeit. Zu einem bereits bei Emission festgelegten Zeitpunkt wird der gesamte Betrag getilgt. Der Emittent hat jedoch auch die Möglichkeit die Rückzahlung am Ende der Laufzeit einmalig, sondern während der Laufzeit mittels Annuitäten zu tilgen. Die Annuitäten beinhalten nicht nur Zinsen, sondern auch die Tilgung.

Die Schuldverschreibungen von privaten Unternehmen werden als **Industrieobligationen** bezeichnet. Da sich dieser Terminus am Markt durchgesetzt hat, werden auch Anleihen von Handelsunternehmen als Industrieobligation bezeichnet. Die Bezeichnung hat sich deshalb im Sprachgebrauch gefestigt, da der Großteil der Emissionen privater Unternehmen aus dem Industriebereich kommt.

Durch die Börsenfähigkeit besitzen auch Industrieobligationen hohe Fungibilität für den Investor. Die durchschnittlichen Laufzeiten sind zwischen sieben und 15 Jahren. Im Vergleich zu Bundesanleihen kann die Bonität bei privaten Unternehmen sehr stark schwanken. Dies führt dazu, dass die Investoren bei einer Verschlechterung der Bonität eine höhere Verzinsung erwarten. Dies führt entweder zu einem fallenden Kurs der Anleihe oder der Emittent erhöht den Zinssatz. Eine Erhöhung der Verzinsung würde jedoch für das Unternehmen höhere Kosten bedeuten.

Nachfolgend sind einige spezielle Varianten von Schuldverschreibungen dargestellt.

1.1.4.2.3.2.1. Wandelschuldverschreibungen (Convertible Bonds)

Bei Wandelschuldverschreibungen handelt es sich um Industrieobligationen, bei denen dem Investor ein zusätzliches Recht, das Recht auf Wandlung, zusteht. Gemeint ist damit, dass der Investor das Recht hat, die Wandelschuldverschreibung in Aktien des Unternehmens zu wandeln. Nimmt der Investor das Recht nicht wahr, wird ihm nach Ablauf der Anleihe diese zum Nennwert getilgt. Die Verzinsung ist gegenüber normalen Anleihen geringer, da der Investor ein zusätzliches Recht, das Recht der Wandlung besitzt. Nützt er dieses nicht, so liefert ihm die Wandelschuldverschreibung eine geringere Rendite als er mit einer normalen Obligation erzielt hätte.

Da Wandelschuldverschreibungen eine bedingte Kapitalerhöhung darstellen, ist dafür ein Beschluss der Hauptversammlung mit einer Drei-Viertel-Mehrheit des Grundkapitals nötig. Die Altaktionäre haben ein gesetzliches Bezugsrecht auf die Wandelschuldverschreibung.

Werden Wandelschuldverschreibungen ausgegeben, so sind aufgrund ihres zusätzlichen Rechtes neben den Konditionen für normale Industrieobligationen besondere Konditionen festzulegen:

- das Wandlungsverhältnis,
- eine mögliche Zuzahlung und
- die Umtauschfirst

Das **Wandlungsverhältnis** legt fest, wie viele Schuldverschreibungen benötigt werden, um eine Aktie zu erhalten.

Es ist auch möglich, dass eine Wandlungsverhältnis 1:1 besteht, der Investor jedoch zusätzlich zur Wandelschuldverschreibung eine **Zuzahlung** leisten muss. Diese Zuzahlung kann auch nach Fristen gestaffelt sein.

Zusätzlich ist auch festzulegen, wann bzw. innerhalb welchen Zeitraumes eine Wandlung möglich ist.

Für das Unternehmen ändert sich bei Wandlung das Kapital von Fremdkapital in Eigenkapital und der ehemalige Inhaber einer Gläubigerposition wird nun Miteigentümer der Gesellschaft. Der Vorteil des emittierenden Unternehmens kann im günstigeren Zinssatz als bei einer normalen Anleihe liegen. Zusätzlich kann es dem Unternehmen auch gelingen, einen Ausgabekurs der jungen Aktien über dem derzeitigen Marktniveau zu erzielen.

1.1.4.2.3.2.2. Optionsschuldverschreibungen (Optionsanleihen, Warrants)

Bei einer Optionsanleihe erwirbt der Käufer das Recht auf Tilgung und Zinszahlung, ähnlich einer normalen Anleihe. Zusätzlich erwirbt er aber auch ein Recht (Option) zu vorab definierten Bedingung, die Aktien des Unternehmens zu erwerben. Dieses Recht steht ihm üblicherweise innerhalb einer bestimmten Frist zur Verfügung.

Der Unterschied zu einer Wandelanleihe liegt darin, dass die Anleihe bei Ausübung der Option nicht erlischt. Wandelt der Inhaber einer Wandelschuldverschreibung, so wandelt er seine Anleihe in die Aktie. Bei der Optionsschuldverschreibung bleibt die Anleihe aufrecht und durch Ausüben der Option erwirbt der Investor zusätzlich Aktien des Unternehmens. Mit Erwerb hat er damit eine Gläubigerposition, bei Ausübung der Option wird er auch Miteigentümer. Somit stellt er dem Unternehmen sowohl Fremd- als auch Eigenkapital zur Verfügung.

Der Unterschied zur Wandelanleihe für das Unternehmen ist, dass nicht Fremd- in Eigenkapital gewandelt wird, sondern dass zusätzlich zum Fremdkapital Eigenkapital geschaffen wird.

Die Ausgabe der Optionsanleihe bedarf einer Genehmigung durch die Hauptversammlung, da es sich auch in diesem Fall um eine bedingte Kapitalerhöhung handelt.

Bei einer Wandelschuldverschreibung müssen zusätzlich zu den Konditionen normaler Anleihen folgende Bedingungen festgelegt werden:

- Kurs, zu dem die Aktien bei Ausübung der Option bezogen werden können,
- die Anzahl der Optionen die nötig sind um eine Aktie zu beziehen,
- die Frist in der die Option ausgeübt werden kann.

1.1.4.2.3.2.3. Gewinnschuldverschreibung

Die Gewinnschuldverschreibung stellt einen speziellen Fall der Industrieanleihe dar. Der Unterschied zu einer normalen Industrieanleihe liegt in der Gewinnbeteiligung des Obligationärs. Bei der Gewinnschuldverschreibung ist der Zinssatz niedriger als bei einer normalen Anleihe, dafür erhält der Inhaber jedoch eine Gewinnausschüttung. Es gibt auch Gewinnschuldverschreibungen, bei denen überhaupt kein Zins vereinbart wird. In dieser Konstellation erhält der Inhaber einen Gewinnanteil. Erwirtschaftet das Unternehmen keinen Gewinn, bzw. wird ein Gewinn thesauriert, so erhält der Obligationär keinen Gewinnanteil und geht leer aus. Im Unterschied zum Aktionär partizipiert er nicht von der Wiederveranlagung und einen damit verbundene höheren Unternehmenswert, da er nur Gläubiger und kein Miteigentümer ist.

1.1.4.2.3.3. Kreditsubstitute

Neben den unterschiedlichen Formen von Krediten haben sich in den letzten Jahren Finanzierungsinstrumente durchgesetzt, die herkömmliche Kredite substituieren können. Zu den wichtigsten Kreditsubstituten zählen Leasing, Factoring und Asset Backed Securities (ABS), die eine sehr spezielle Form von verzinslichen Wertpapieren beschreiben.

1.1.4.2.3.3.1. Factoring

Unter Factoring versteht man den Verkauf von Forderungen aus Lieferung und Leistung, meist noch vor deren Fälligkeit. Die Forderungen werden an eine Bank oder an ein spezielles Factoring-Institut verkauft (Factor). Das Unternehmen kann dem Factor die gesamte Debitorenbuchhaltung, das Inkasso- und das Mahnwesen übertragen. Übernimmt der Factor auch noch das Ausfallsrisiko, kommt zu der Finanzierungs- und Dienstleistungsfunktion noch die Kreditsicherungsfunktion hinzu (vgl. *Perridon/Steiner*, 2007, S. 434 f.).

Das Factoring hat somit folgende Funktionen:

- Finanzierungsfunktion (durch Ankauf der Forderungen)
- Dienstleistungsfunktion (durch Verwaltung des Forderungsbestandes)
- Kreditversicherungsfunktion (Delkrederefunktion)

Nach Übernahme des Kreditrisikos durch den Factor kann unterschieden werden zwischen
- echtem Factoring und
- unechtem Factoring.

Beim **echten Factoring** übernimmt der Factor auch das Delkredererisiko. Damit kauft er die Forderungen ohne ein Rückgriffsrecht auf den Verkäufer.

Beim **unechten Factoring** hingegen bleibt das Ausfallsrisiko beim Verkäufer. Das unechte Factoring stellt nur eine Kreditgewährung unter Sicherungsübereignung der Forderungen dar.

Für den Verkäufer der Forderungen ergeben sich folgende Vorteile:

- Durch Factoring erfolgt eine Finanzierung, ohne dass ein herkömmlicher Kredit in Anspruch genommen wird. In der Bilanz ergibt sich eine Verschiebung im Umlaufvermögen von der Position Forderungen aus Lieferung und Leistung hinzu liquiden Beständen.
- Werden die Debitorenbuchhaltung, das Inkasso und Mahnwesen an den Factor übertragen, erspart sich das Unternehmen viel an Verwaltungsaufwand.
- Die Einsparung an Verwaltungsaufwand wird zu einer Reduzierung der Kosten führen.
- Durch den Abbau von Außenständen wird Kapital im Unternehmen freigesetzt.
- Wegfall der Kosten für die Betreibung der Forderung

Trotz der Kosten, die sich durch das Factoring ergeben, kann es aufgrund der Kosteneinsparungen eine günstige Alternative darstellen. Gerade für Klein- und Mittelbetriebe kann das Factoring unter Kostengesichtspunkten sinnvoll sein; vor allem, wenn der Factor die Debitorenbuchhaltung günstiger abwickeln kann.

1.1.4.2.3.3.2. Leasing

Generell kann festgehalten werden, dass jede Investition finanziert werden muss. Gleichzeitig muss auch die Entscheidung getroffen werden, ob durch die Investition auch zwingend Eigentumsverhältnisse hergestellt werden sollen/müssen. Ist dies nicht der Fall, so bietet sich als Finanzierungsmöglichkeit prinzipiell das Leasing an.

Das Wort Leasing stammt aus dem Englischen und bedeutet Mieten oder Pachten. Leasing kann jedoch nicht als reine Miete gesehen werden, da üblicherweise dem Leasingnehmer auch Pflichten auferlegt werden, die sonst eher den Eigentümer treffen.

Unter Leasing wird prinzipiell die Nutzungsüberlassung eines bestimmten Wirtschaftsgutes gegen Entgelt verstanden. Von der Miete unterscheidet sich das Leasing durch eine größere rechtliche Gestaltungsfreiheit. Bei der Miete entsteht das Vertragsverhältnis zwischen dem Mieter und dem Vermieter, beim Leasing wird üblicherweise eine Leasinggesellschaft als Käufer und Vermittler zwischengeschaltet. Wird der Vermögensgegenstand vom Hersteller verleast, spricht man vom **direkten Leasing**; wird eine Leasinggesellschaft zwischengeschaltet, spricht man vom **indirekten Leasing**.

Beim **Sale-and-lease-back-**Verfahren verkauft ein Unternehmen einen oder mehrere Vermögensgegenstände an eine Leasinggesellschaft mit dem Anspruch diese Vermögensgegenstände wieder zu leasen. Ein Vorteil dabei ist, dass das Unternehmen Liquidität freisetzt und damit seine liquiden Mittel erhöht. Wurde der Vermögensgegenstand mittels Fremdkapital finanziert und wird diese Verbindlichkeit bei Verkauf getilgt, verbessert das Unternehmen die Eigenkapitalquote, was wiederum zu einer höheren Bonitätseinstufung bei Banken führen kann. Durch die verbesserte Bonität reduziert sich auch der Aufschlag und somit kann das Unternehmen günstiger Fremdkapital aufnehmen.

Ein weiterer Vorteil kann sich aus der Aufdeckung von stillen Reserven im Anlagevermögen ergeben.

Nach dem Verpflichtungscharakter des Leasings können zwei Formen unterschieden werden:
- Operating Leasing und
- Financial Leasing.

1.1.4.2.3.3.2.1. Operating Leasing

Das Operating Leasing unterscheidet sich nicht wesentlich von einer Miete, da der Vermögensgegenstand nur auf gewisse Zeit gemietet wird. Der Eigentumserwerb steht dabei nicht im Vordergrund. In der Regel sind Operating-Leasing-Verträge von der Fristigkeit her eher kurze und von beiden Seiten, unter Einhaltung der Kündigungsfrist, jederzeit kündbar. Die Wartung und die Instandhaltung erfolgt durch den Leasinggeber. Der Leasinggeber trägt auch das Risiko des Unterganges und das Investitionsrisiko.

Unter **Investitionsrisiko** versteht man das Risiko der Amortisation. Es kann durchaus sein, dass der Vermögensgegenstand mehrmals verleast werden muss, bevor für den Leasinggeber sich die Investition amortisiert. Aufgrund der großen Ähnlichkeit zu einer herkömmlichen Mietkonstellation spricht man beim Operating Leasing auch vom **unechten Leasing**.

1.1.4.2.3.3.2.2. Financial Leasing

Beim Financial Leasing wird der Leasingvertrag zwischen dem Leasinggeber und dem Leasingnehmer auf eine bestimmte Zeit geschlossen und ist in dieser Zeit von beiden Vertragsparteien nicht kündbar. Die vereinbarte Grundmietzeit ist in der Regel kürzer als die Nutzungsdauer des Vermögensgegenstandes. Von der Fristigkeit gesehen sind Financial-Leasing-Verträge mittel- bis langfristig.

Je nach Gestaltung der Leasingarten während der Grundmietzeit ist zwischen Vollamortisationsverträgen und Teilamortisationsverträgen zu unterscheiden.

Von **Vollamortisationsverträgen** spricht man, wenn innerhalb der Grundmietzeit dem Leasingeber durch die Leasingraten die Anschaffungs- bzw. Herstellkosten, sonstige angefallene Kosten und der Gewinnanspruch ersetzt werden.

Werden dem Leasinggeber nicht sämtliche Kosten innerhalb der Grundmietzeit durch die Leasingraten ersetzt, spricht man von einem **Teilamortisationsvertrag**. In diesem Fall bleibt nach der vertraglich festgelegten Grundmietzeit ein Restwert über.

Bezüglich des Restwertes gibt es mehrere Varianten, die vereinbart werden können:
- Der Leasingnehmer retourniert den Leasinggegenstand an den Leasinggeber;
- die Möglichkeit, den Leasinggegenstand zu kaufen (Restwert oder Zeitwert);
- oder die Möglichkeit, den Gegenstand weiter zu leasen.

Um das Ausfallsrisiko zu verringern, verlangen Leasinggesellschaften häufig eine sogenannte Depotzahlung. Diese kann verzinst oder unverzinst verlangt werden und dient als Sicherstellung. Wird eine Vorauszahlung auf die Leasingraten angerechnet, spricht man von einer Mietvorauszahlung.

1.1.4.2.3.3.2.2.1. Bilanzierung von Leasingverträgen

Die Bilanzierung des Leasinggegenstandes ist abhängig von der Zurechnung. Die Frage ist: Wem wird der Vermögensgegenstand zugerechnet? Da ein und derselbe Vermögensgegenstand nur in einer Bilanz vorkommen darf, stellt sich grundsätzlich die Frage der Zurechnung.

Konkrete Hinweise finden sich nicht in gesetzlichen Vorschriften, sondern wurden in der Literatur und der Judikatur entwickelt. Da der Jahresabschluss ein möglichst getreues Bild über die Vermögens- und Ertragslage des Unternehmens zu geben hat, sind sämtliche Vermögensgegenstände und Schulden in der Bilanz auszuweisen. Unter „sämtlich" wird nicht nur die rechtliche, sondern auch die wirtschaftliche Betrachtungsweise subsumiert. Aus diesem Aspekt sind auch Vermögensgegenstände in die Bilanz aufzunehmen, bei denen das Unternehmen nicht als rechtlicher, aber als wirtschaftlicher Eigentümer anzusehen ist. Jedoch ist auch der Begriff „wirtschaftlicher Eigentümer" nicht näher bestimmt. Als wirtschaftlicher Eigentümer wird derjenige bezeichnet, der den Vermögensgegenstand besitzt und die Herrschaft darüber ausübt. Besitzt das Unternehmen neben dem Gebrauchs- und Nutzungsrecht auch das Verwertungsrecht, so wird der Vermögensgegenstand dem Unternehmen zuzurechnen sein. Um die Frage der Zurechnung beantworten zu können, wird es nötig sein, den jeweiligen Leasingvertrag unter den angeführten Aspekten zu prüfen (vgl. *Frick*, 2007, S. 170 ff.).

1.1.4.2.3.3.2.2.2. Steuerliche Zuordnung des Leasinggegenstandes

Wie bei der unternehmensrechtlichen Zuordnung wird bei der steuerrechtlichen Beurteilung auf den wahren wirtschaftlichen Gehalt und nicht auf die äußere Erscheinungsform abgestellt (§ 21 BAO). Nach § 24 BAO Abs. 1 sind Wirtschaftsgüter, über die jemand die Herrschaft gleich einem Eigentümer ausübt, diesem auch zuzurechnen. Präziser wurde diese Formulierung in den ETR 2000 definiert. Nach dieser Definition ist der geleaste Vermögensgegenstand in der Regel dem Leasinggeber zuzuordnen, außer in folgenden Fällen:

- Vollamortisationsverträge:
  - Grundmietzeit > 90% der Nutzungsdauer
  - Grundmietzeit < 40% der Nutzungsdauer
  - Grundmietzeit zwischen 40% und 90% der Nutzungsdauer und Kauf- oder Verlängerungsoption
  - Spezialleasing
- Teilamortisationsleasing
  - Grundmietzeit entspricht der Nutzungsdauer
  - Leasingnehmer trägt Veränderung Risiko der Wertänderung
  - Spezialleasing

Wird der Leasinggegenstand dem Leasinggeber zugerechnet, muss ihn dieser Aktivieren und über die gewöhnliche Nutzungsdauer abschreiben. Beim Leasingnehmer stellen die Leasingraten Aufwand dar und dieser ist in der Gewinn und Verlustrechnung zu berücksichtigen.

Wird hingegen der Leasinggegenstand dem Leasingnehmer zugerechnet, so hat er diesen Vermögensgegenstand zu aktivieren. Für den Leasinggeber ergibt sich in dieser Konstellation ein Umsatzerlös.

Der Anschaffungswert ist in diesem Fall jedoch nicht die Summe der Zahlungen, sondern der Barwert der gesamten Leasingraten. Dem Vermögensgegenstand steht eine Verbindlichkeit in selbiger Höhe gegenüber. Bei Rückzahlung der Verbindlichkeit muss die Zahlung in einen Tilgungs- und eine Zinsanteil zerlegt werden. Der Zinsanteil entspricht dabei der Verzinsung der Leasingverbindlichkeiten und ist als solcher als Zinsaufwand geltend zu machen (vgl. *Frick*, 2007, S. 174 f.).

1.1.4.2.3.3.3. Asset Backed Securities (ABS)

Asset Backed Securities sind zwar ein relativ junges Finanzierungsinstrument, haben jedoch als Alternative zur Anleihe oder zum Factoring stark an Bedeutung gewonnen. Ausgehend aus den USA haben sich die ABS als Finanzierungsinstrument erst ab 1990 im europäischen Raum durchgesetzt. Vor allem Banken haben durch diese Konstruktion versucht, die Risiken aus der Kreditvergabe an Dritte weiterzugeben und damit die Refinanzierung eines Kreditportfolios über den Kapitalmarkt durchgeführt.

ABS sind verzinsliche Wertpapiere und übersetzt bedeutet ABS „mit Vermögensgegenständen unterlegte Wertpapiere".

Das Grundkonzept sieht folgendermaßen aus:

Ein Unternehmen verfügt über Forderungen, die bei Erfüllung zu Liquidität führen. Das Unternehmen generiert bei Bezahlung der Forderungen liquide Mittel.

Bei Banken sind dies zum Beispiel Forderungen aus Krediten, bei Industrieunternehmen werden es üblicherweise Forderungen aus Lieferung und Leistung sein. Das Problem an den Forderungen ist jedoch, dass die Liquidität erst in Zukunft dem Unternehmen zufließt. Aus diesem Grund verpacken Unternehmen ihre Forderungen und verkaufen sie, um mit einem Schlag Liquidität zu bekommen. Verkauft werden diese Forderungen an eine zu diesem Zweck gegründete Gesellschaft (Special Purpose Company = SPC). Diese Zweckgesellschaft ist in der Regel mit sehr geringem Eigenkapital ausgestattet. Somit werden sämtliche Forderungen bei der SPC gepoolt und sämtliche Ansprüche aus den Forderungen gehen auf die SPC über. Im nächsten Schritt begibt die SPC Wertpapiere in der Höhe des ungefähren Nennwertes der Forderungen. Diese Wertpapiere sind nun die sogenannten ABS. Der Erlös wird wiederum benutzt, um den ursprünglichen Kauf zu finanzieren. Käufer dieser Wertpapiere sind vor allem Versicherungsgesellschaften, Investmentgesellschaften, Pensionsfonds oder sonstige institutionelle Investoren.

Die Bedienung der Forderungen führt zu liquiden Mittel in der SPC, die diese wiederum an die Investoren weitergibt.

Die Veräußerung der Forderungen führt nicht nur zur sofortigen Liquidität, sondern verbessert das Bilanzbild. Werden mit der Liquidität Verbindlichkeiten zurückgezahlt, verbessert sich wiederum die Eigenkapitalquote.

1.1.5. Spezielle Formen der Finanzierung

1.1.5.1. Venture Capital

Venture Capital, auch als Risiko- oder Wagniskapital bezeichnet, ist Kapital, das in der Regel durch eine Venture Capital Gesellschaft, jungen, noch nicht börsefähigen Unternehmen bereitgestellt wird. In den meisten

Fällen wird das Kapital dem jungen, wachstums- und technologieorientierten Unternehmen als Eigenkapital zur Verfügung gestellt. Venture-Capital-Investoren haben stets einen befristeten Investitionshorizont, d.h., dass es Ziel der Investoren ist es, die jeweiligen Anteile nach einer bestimmten Frist wieder zu verkaufen. Im Idealfall wurde das bisher nicht börsenfähige Unternehmen an die Börse gebracht und der Venture Capitalist verkauft über diesen Weg seine Anteile.

Venture-Capital-Gesellschaften werden auch als Finanz-Intermediäre bezeichnet, da sie das Geld von Investoren sammeln, mit diesem einen Kapital-Fonds errichten und in aufstrebende Unternehmen investieren. Durch die Bildung des Fonds und durch die Streuung der Investitionen, soll das Risiko für die Investoren verringert werden.

1.1.5.2. Mezzanine-Kapital

Mezzanine sind rechtlich und wirtschaftlich Finanzierungsformen, die eine Zwischenstellung zwischen Eigen- und Fremdkapital einnehmen. Üblicherweise wird dem Unternehmen zwar bilanzielles Eigenkapital zugeführt, Stimmrechte werden jedoch ausgeschlossen.

Wird das Mezzanine-Kapital in Form von Genussrechten, Genussscheinen oder stillen Beteiligungen zugeführt, so spricht man vom Equity Mezzanine. Formen, die eher dem Fremdkapital zuzurechnen sind, wären zum Beispiel Wandel- und Optionsanleihen oder nachrangigen Darlehen. Da das Mezzanine-Kapital in der Regel jedoch dem Eigenkapital zugerechnet wird, ermöglicht eine Kapitalerhöhung durch Mezzanine eine Besserstellung zur Erlangung von Fremdkapital. Durch die Mezzanine-Kapitaleinbringung und die damit bedingte bilanzelle Besserstellung kann also zusätzliches Fremdkapital aufgenommen werden (Mischfinanzierung). Entstanden ist diese Form der Kapitalaufbringung hauptsächlich durch eine strengere Kreditvergabe der Banken aufgrund von Basel II und der daraus resultierenden, strengeren Bonitätsprüfung. Da aber auch Banken das Mezzanine eher dem Eigenkapital zurechnen, erhöht diese Art der Finanzierung die Eigenkapitalquote und erleichtert somit die zusätzliche Aufnahme von Fremdkapital. Ein weiterer Vorteil ist, dass nicht nur die Aufnahme von Fremdkapital erleichtert wird, sondern auch die Kosten des Fremdkapitals dadurch positiv beeinflusst (sprich durch günstigere Zinssätze verringert) werden können.

1.1.5.3. Private Equity

Private Equity ist eine Form der Eigenkapitalfinanzierung, wobei dieses Eigenkapital nicht an einer Börse gehandelt wird. Ähnlich wie bei Venture Capital sammeln Kapitalanlagegesellschaften das Kapital zahlreicher Investoren und investieren dieses in erfolgsversprechende Projekte. Investiert wird in der Regel wieder in sehr junge bzw. auch in noch zu gründende Gesellschaften – vor allem aber in jene Branchen, deren Produkte im Sinne des Produktlebenszyklus noch am Anfang stehen. Aufgrund dieser Investitionsstrategien sind die Risiken des Investments naturgemäß relativ hoch – weshalb in der Praxis auch eine Streuung der Risiken erfolgt. Vor allem Banken, Versicherungen und andere Großinvestoren stellen Private-Equity-Fonds Geld zur Verfügung. Die Strategie der Kapitalgeber ist der Strategie der Venture-Capitalisten nicht unähnlich. Das Ziel ist, die Beteiligung nach drei bis fünf Jahren wieder zu verkaufen. Anders als beim Venture Capital wird in der Regel jedoch eine Mehrheitsbeteiligung angestrebt. Ein Einfluss auf das operative Geschäft wird sowohl bei Venture Capital als auch bei Private Equity angestrebt.

1.2. Zahlungsunfähigkeit und Überschuldung – Insolvenzverfahren

Nach dem Überblick über die Möglichkeiten der betrieblichen Finanzierung soll im letzten Teil des Kapitels auf die Auswirkungen von Zahlungsunfähigkeit und Überschuldung eingegangen werden. Ziel ist es, dem Leser einen Überblick darüber zu geben, was im Falle einer Zahlungsunfähigkeit oder einer Überschuldung passiert bzw. passieren muss und wer welche Schritte einleiten darf bzw. muss. Weiters sollen auch die Auswirkungen und die wesentlichen Faktoren einer Insolvenz dargelegt werden.

Bevor aber auf das Insolvenzverfahren eingegangen wird, müssen vorweg ein paar Begriffe definiert werden:

Zahlungsunfähigkeit: Zahlungsunfähigkeit liegt dann vor, wenn die notwendigen Zahlungsverpflichtungen nicht mehr fristgerecht erfüllt werden können. Das heißt, dass die fälligen Zahlungen nicht mehr geleistet werden können. Illiquidität ist somit eine zeitpunktbezogene Eigenschaft.

Überschuldung: Von einer solchen spricht man, wenn die Schulden höher sind als das Vermögen. Die Überschuldung ist kein zeitpunktbezogenes, sondern ein zeitraumbezogenes Phänomen. Die genannte Überschuldung ist eine formelle und nicht eine Überschuldung im insolvenzrechtlichen Sinn. Von Überschuldung im insolvenzrechtlichen Sinn (materielle Überschuldung) ist erst dann zu sprechen wenn (kumulativ)

- zu Liquidationswerten die Schulden über das Vermögen hinausgehen,
- keine positive Fortbestandsprognose abgegeben werden kann.

Die Überschuldung allein reicht aber nicht aus, um über das Vermögen einer juristischen Person ein Insolvenzverfahren zu eröffnen. Relevant hingegen ist die Tatsache, dass es keine positive Fortbestandsprognose gibt. Die Überschuldung bildet unter diesen Voraussetzungen nur bei juristischen Personen (AG, GmbH, Verein) und bei Handelsgesellschaften (GmbH & Co KG), bei denen kein persönlich haftender Gesellschafter eine natürliche Person ist, eine Grundlage zur Eröffnung eines Insolvenzverfahrens.

Zahlungsstockung: Diese bezeichnet eine vorübergehende Unfähigkeit, Zahlungen fristgerecht leisten zu können. Dieser Zustand ist keine ausreichende Grundlage für die Eröffnung eines Insolvenzverfahrens, da noch immer die begründete Hoffnung besteht, diesen Rückstand beheben zu können.

Mit 1.7.2010 ist das IRÄG 2010 in Kraft getreten. Ziel dieser Reform war es, eine rechtzeitige Eröffnung eines Insolvenzverfahrens zu erreichen, um im Rahmen der um 2010 stattfindenden Wirtschaftskrise Unternehmenssanierungen zu erleichtern. Aus diesem Grund wurde ein einheitliches Insolvenzverfahren geschaffen, das bei rechtzeitiger Vorlage eines Sanierungsplans als Sanierungsverfahren, ansonsten als Insolvenzverfahren bezeichnet wird. Die Ausgleichsordnung wurde zur Gänze aufgehoben und damit die Doppelgleisigkeit zwischen Konkurs und Ausgleich beseitigt.

Der Ablauf des Insolvenzverfahrens bleibt im Wesentlichen unverändert. Es gibt somit seit 1.7.2010 drei Verfahrensarten:

1. Sanierungsverfahren mit Eigenverantwortung
2. Sanierungsverfahren ohne Eigenverantwortung
3. Insolvenzverfahren

Der Zwangsausgleich wird nun als Sanierungsplan bezeichnet, da beim Begriff „Zwangsausgleich" der *positive* Sanierungscharakter nicht zum Ausdruck kommt und das Zustandekommen eines Zwangsausgleichs daher nicht als erfolgreicher Sanierungsschritt zu verstehen ist.

Wesentlicher Unterschied zwischen Sanierungs- und Insolvenzverfahren: Im Insolvenzverfahren kann es nur zu einer Schlussverteilung des Verwertungserlöses an die Gläubiger kommen. Der Unternehmensträger wird daher nicht saniert.

Zur Verwertung kann es allerdings in beiden Verfahren kommen. Im Sanierungsverfahren kommt dies dann in Betracht, wenn der Erlös aus der Verwertung eines Unternehmensteils benötigt wird, um die für den Sanierungsplan vorgesehene Mindestquote zu erreichen.

Im Insolvenzverfahren wird generell ein Insolvenzverwalter tätig (Prinzip der Fremdverwaltung).

Allerdings ist hervorzuheben, dass der Schuldner während des Insolvenzverfahrens die Möglichkeit hat, einen Sanierungsplan (vorher Zwangsausgleich) vorzulegen.

1.2.1. Sanierungsplan

Der bisherige Zwangausgleich wurde in Sanierungsplan umbenannt und ermöglicht eine Sanierung des Schuldners. Der Sanierungsplan mit Eigenverwaltung wird hier insbesondere für jene insolventen Unternehmen in Betracht kommen, die ohne Verschulden (aufgrund der Wirtschaftskrise) in eine Insolvenz geschlittert sind und diese nicht abwenden konnten.

Die Annahme des Sanierungsplans soll nach den neuen Regelungen dadurch erleichtert werden, dass die Kapitalquote von derzeit drei Viertel auf die einfache Mehrheit reduziert wird.

Weiters soll nach vollständiger Erfüllung des Sanierungsplans dem Schuldner die Möglichkeit gegeben werden, eine Löschung aus dem Firmenbuch und aus der Insolvenzdatei zu erwirken, um im Geschäftsverkehr nicht mehr durch die Bekanntmachung eines früheren Insolvenzverfahrens beeinträchtigt zu sein.

Ein Insolvenzverfahren wird dann als Sanierungsverfahren bezeichnet, wenn der Schuldner vor Eröffnung des Verfahrens einen Sanierungsplan vorlegt. Eine Eigenverwaltung setzt daher ein vorbereitetes Verfahren voraus. § 169 IO beinhaltet die diesbezüglichen Voraussetzungen:

- Im Sanierungsverfahren erhält der Schuldner die Eigenverwaltung unter Aufsicht eines Sanierungsverwalters.
- Die Mindestquote soll einerseits (um den Zugang zum eigenverwalteten Sanierungsverfahren zu erleichtern) niedriger sein als im Ausgleichsverfahren, andererseits, um Missbrauch zu vermeiden, höher als beim Zwangsausgleich sein.
- Der Schuldner muss einen Sanierungsplan vorlegen, in dem den Insolvenzgläubigern angeboten wird, innerhalb von längstens zwei Jahren vom Tag der Annahme des Sanierungsplans, mindestens 30 % der Forderungen zu zahlen.
- Diese Anforderungen sollen dadurch ergänzt werden, als der Schuldner einen Finanzplan vorlegen muss, in dem er darstellt, wie die in den nächsten drei Monaten voraussichtlich fällig werdenden Forderungen beglichen werden sollen. Es soll dadurch verhindert werden, dass Forderungen, die während des Verfahrens anfallen, nicht gezahlt werden können.
- Das Gericht hat mit der Eröffnung des Sanierungsverfahrens eine Sanierungsplantagsatzung anzuberaumen, diese findet in der Regel zwischen 60 bis 90 Tage nach der Eröffnung statt.
- Innerhalb dieser Frist besteht eine Verwertungssperre.

In diesem Verfahren steht dem Schuldner die Eigenverantwortung unter Aufsicht eines Sanierungsverwalters zu. Er darf sämtliche Rechtshandlungen vornehmen, die zum gewöhnlichen Unternehmensbetrieb gehören, es sei denn, der Verwalter erhebt dagegen Einspruch. Alle Maßnahmen, die nicht zum gewöhnlichen Unternehmensbetrieb gehören, bedürfen einer Genehmigung des Sanierungsverwalters.

§ 170 IO regelt die Umstände, bei deren Vorliegen dem Schuldner die Eigenverantwortung zu entziehen ist.

Die Eigenverwaltung ist grundsätzlich zu entziehen, wenn die Eigenverwaltung zu Nachteilen für die Gläubiger führt.

Davon ist grundsätzlich auszugehen, wenn der Schuldner Mitwirkungs- oder Auskunftspflichten verletzt bzw. Verfügungsbeschränkungen oder den Interessen der Gläubiger zuwiderhandelt. Ein Nachteil für die Gläubiger ist auch dann zu befürchten, wenn die Voraussetzungen für die Erteilung der Eigenverantwortung nicht vorliegen, wenn der Finanzplan nicht eingehalten werden kann und wenn die Masseforderungen nicht pünktlich erfüllt werden können.

Kommt innerhalb von 90 Tagen kein Sanierungsplan zustande, so bedarf es nicht des Abbruchs des Sanierungsverfahrens, sondern lediglich der Entziehung der Eigenverwaltung. Der Sanierungsplan wird aber auch bei Entziehung der Eigenverwaltung weitergeführt, solange der Sanierungsplan von den Gläubigern nicht abgelehnt wird oder das Gericht ihm die Bestätigung versagt. Eine Entziehung der Eigenverwaltung bedeutet daher nicht, dass ein Sanierungsplan gescheitert ist. Es wird lediglich ein Insolvenzverwalter bestellt. Wird die Eigenverwaltung entzogen, so wird dieser Umstand jedoch in der Insolvenzdatei bekannt gemacht.

Das Sanierungsverfahren wird zu einem Insolvenzverfahren, wenn der Sanierungsverwalter anzeigt, dass die Insolvenzmasse nicht ausreichend ist, um die Masseforderung zu erfüllen, der Schuldner den Antrag zurückzieht, das Gericht den Antrag zurückweist, der Sanierungsplan von den Gläubigern abgelehnt wird oder das Gericht dem Sanierungsplan die Bestätigung versagt.

1.2.2. Insolvenzverfahren

Ausgangspunkt eines Insolvenzverfahrens ist die Zahlungsunfähigkeit des Schuldners. Die Gläubiger bilden eine Verlustgemeinschaft und sollen zumindest gleichmäßig befriedigt werden. Es gilt der **Paritätsgrundsatz**, welcher besagt, dass im Stadium der Insolvenz kein Gläubiger aus einem zufälligen Vorsprung Vorteile ziehen kann und darf. Die Gläubiger werden in einem kollektiv ausgestalteten Verfahren zusammengefasst, damit alle eine quotenmäßig gleiche Befriedigung aus der Insolvenzmasse erlangen. Dieser Grundsatz gilt jedoch nur für unbesicherte Insolvenzgläubiger. Nachrangig zu behandeln sind die Forderungen von Gesellschaftern aus Eigenkapital ersetzenden Leistungen (Gesellschafterdarlehen), vorrangig zu behandeln sind Gläubiger, die bereits vor Eröffnung des Insolvenzverfahrens Sicherheiten erlangt haben, sofern ihre Ansprüche im Wert dieser Sicherheiten gedeckt sind. Privilegiert sind auch die Ansprüche Dritter, die erst nach Eröffnung des Insolvenzverfahrens Forderungen begründet haben. Dabei handelt es sich um Masseforderungen, die in der Regel zur Gänze aus der Insolvenzmasse zu befriedigen sind. Sobald ein Insolvenzverfahren anhängig ist, bleibt den Insolvenzgläubigern der individuelle Zugriff auf die Insolvenzmasse verwehrt.

Die Eröffnung des Insolvenzverfahrens erfolgt grundsätzlich nur auf Antrag. Der **Schuldner** muss ohne schuldhaftes Zögern, spätestens aber 60 Tage nach dem Eintritt der Zahlungsunfähigkeit einen Antrag stellen. Es können sowohl der Schuldner als auch jeder Insolvenzgläubiger einen Insolvenzantrag stellen. Abhängig von der Person des Antragstellers (Schuldner oder Gläubiger) gibt es Unterschiede im Verfahren.

Wenn einer der **Gläubiger** den Antrag stellt, muss er dem Gericht glaubhaft machen, dass er einen Anspruch auf diese Forderungen hat. Sie müssen nicht fällig sein und ein Exekutionstitel ist auch nicht erforderlich. Voraussetzung ist jedoch die Zahlungsunfähigkeit des Schuldners. Auf Antrag des Schuldners ist das Insolvenzverfahren jedoch unverzüglich zu eröffnen.

Eine Eröffnung des Insolvenzverfahrens ist mit Edikt öffentlich bekannt zu machen und dessen Ausfertigung ist an jeden Insolvenzgläubiger zuzustellen. Die Punkte, die das Edikt zu enthalten hat, sind taxativ in § 74 Abs. 2 IO aufgezählt.

Voraussetzung für eine Eröffnung des Insolvenzverfahrens ist, dass ein **kostendeckendes Vermögen** vorhanden ist, das zumindest ausreichen muss, damit die Anlaufkosten des Verfahrens gedeckt werden können. Diese Kosten werden bei Unternehmen auf rund 4.000 € veranschlagt. Nicht erforderlich ist Barvermögen, es sind auch Sachwerte wie zum Beispiel ein Warenlager, Forderungen des Schuldners oder Anfechtungsansprüche gem. §§ 27 ff. IO zur Kostendeckung heranzuziehen. Falls eine Schätzung der Vermögenswerte notwendig ist, ist vom voraussichtlichen Veräußerungswert auszugehen, wobei dann die zu erwartenden Verwertungskosten in Abzug gebracht werden.

Bei den Forderungen des Schuldners ist zu beachten, dass diese einbringlich sind. Besteht das Vermögen des Schuldners nur aus Forderungen, die voraussichtlich gar nicht oder nur mit großem Aufwand einbringlich sein dürften, so werden diese nicht zur Kostendeckung herangezogen. Fehlt es voraussichtlich an kostendeckenden Vermögen, hat das Gericht dem Antragsteller den Erlag eines Kostenvorschusses aufzuerlegen. Hierfür wird eine Frist gesetzt. Wenn der Kostenvorschuss fristgerecht erlegt wird, hat das Gericht das Insolvenzverfahren zu eröffnen. Bei nicht rechtzeitigem Erlag wird der Antrag mangels kostendeckenden Vermögens abgewiesen.

Falls ein Schuldner betroffen ist, dessen Firma im Firmenbuch eingetragen ist, wird die Abweisung mangels hinreichenden Vermögens dort vermerkt. Diese Abweisung kann von jeder Person, die dadurch in ihren Rechten berührt wird, mit Rekurs angefochten werden. Weiters gilt eine Sperrfrist von sechs Monaten. Dies bedeutet, dass innerhalb dieser Zeit jeder Gläubiger einen neuen Antrag einbringen kann, wenn er beweist, dass nun doch kostendeckendes Vermögen vorhanden ist. Als Alternative dazu kann er selbst einen Kostenvorschuss erlegen. Für juristische Personen gibt es Sonderbestimmungen. Ungeachtet des Fehlens von kostendeckendem Vermögen ist das Insolvenzverfahren auch dann zu eröffnen, wenn die organschaftlichen Vertreter einen Kostenvorschuss leisten oder wenn feststeht, dass diese Personen über Privatvermögen verfügen, das zur Kostendeckung ausreicht. Organschaftliche Vertreter sind vorwiegend die Geschäftsführer oder die Liquidatoren von GmbHs. Der Antrag des Gläubigers ist dann abzuweisen, wenn auch diese Voraussetzungen nicht vorliegen (§ 72 IO).

Ein weiteres Organ im Insolvenzverfahren ist der **Insolvenzverwalter**. Unter Insolvenzverwalter versteht man jene Person, dem die praktische Durchführung des Insolvenzverfahrens unter Wahrung des gemeinschaftlichen Interesses aller Beteiligten obliegt. Er ist vor allem für die Verwaltung der Insolvenzmasse verantwortlich, er macht Anfechtungsansprüche geltend und kümmert sich um die Einbringlichkeit der Ansprüche. Er haftet gem. § 1299 ABGB als Sachverständiger und ist allen Beteiligten für Vermögensnachteile, die er durch eine pflichtwidrige Führung verursacht hat, verantwortlich.

Sowohl die Verwaltung als auch die Verwertung der Insolvenzmasse erfolgen durch den Insolvenzverwalter. In Verbindung mit dem Gläubigerausschuss entscheidet letztendlich der Insolvenzverwalter, was die beste und lukrativste Lösung für alle Beteiligten darstellt. Die Verteilung des Masseerlöses wird in den §§ 124–138 IO geregelt. Als Masseerlös wird der Erlös aus der allgemeinen Insolvenzmasse verstanden. Die Insolvenzgläubiger werden quotenmäßig befriedigt.

Die **Gläubigerversammlung** dient als Kontrollorgan und besteht aus allen am Verfahren beteiligten Insolvenzgläubigern. Geht es in einem Insolvenzverfahren darum, ein Unternehmen zu veräußern oder zu verpachten, ist ein **Gläubigerausschuss** zu bestellen, der vom Gericht ernannt wird und die Aufgabe hat, den Insolvenzverwalter zu überwachen und zu unterstützen.

Nach Eröffnung des Insolvenzverfahrens melden alle Gläubiger ihre Forderungen an. Der Gemeinschuldner verliert zu diesem Zeitpunkt alle Verwaltungs- und Verfügungsbefugnis über das massezugehörige Vermögen. Er bleibt zwar Eigentümer, allerdings erlangt der Insolvenzverwalter die Befugnis zur Verwaltung und Vertretung der Insolvenzmasse. Lediglich über sein insolvenzfreies Vermögen – das bezeichnet alles, was nicht der Exekution unterliegt – bleibt der Schuldner dispositionsfähig. Geldleistungen, die von Dritten an den Gemeinschuldner gezahlt werden, gelten nicht mehr als schuldbefreiend, sobald das Insolvenzverfahren eröffnet wurde. Ausnahmen gibt es nur dann, wenn die Leistung nachträglich in die Insolvenzmasse fließt und dem Dritten zum Zeitpunkt der Zahlung die Eröffnung des Insolvenzverfahrens nicht bekannt war.

Der Schuldner hat keinen Unterhaltsanspruch aus der Masse. Allerdings bleibt ihm die Möglichkeit, während dieser Zeit einem Erwerb nachzugehen. Diese Einkünfte fließen in die Insolvenzmasse, aber das hiervon errechnete Existenzminimum ist direkt an den Schuldner auszuzahlen. Bewohnt der Schuldner mit seiner Familie ein Haus oder eine Eigentumswohnung, die zur Insolvenzmasse gehört, so sind seiner Familie und ihm diese Wohnräume vorerst zu überlassen, jedoch nur so lange, bis diese im Insolvenzverfahren verwertet wird.

Es gibt Gegenstände, die sich zwar beim Schuldner befinden, ihm aber ganz oder teilweise nicht gehören.

Diese Aussonderungsrechte verschaffen einem Dritten Zugriff auf Sachen, die sich beim Schuldner befinden.

In Verbindung dazu gibt es Absonderungsrechte. Es handelt sich dabei um Pfandrechte an beweglichen und unbeweglichen Sachen. Diese Forderungen der Gläubiger gehen, soweit sie Deckung in der Insolvenzmasse finden, den anderen Insolvenzgläubigern vor.

Weiters kennt das Insolvenzverfahren noch den Begriff der **Insolvenzforderungen**. Dabei handelt es sich um Ansprüche gegen die Insolvenzmasse, die vorweg vor allen befriedigt werden müssen. Diese beinhalten die Kosten des Insolvenzverfahrens, die sogenannten Verwaltungskosten, Steuern, Gebühren, Zölle, Ansprüche der Arbeitnehmer auf das laufende Entgelt etc.

Einer der wichtigsten Grundsätze und Ziele im Insolvenzverfahren ist die **Unternehmensfortführung**. Eine Unternehmensschließung soll erst als letzte Möglichkeit gewählt werden. Gibt es aber keine andere Möglichkeit, so soll die günstigste Art der Verwertung bestimmt werden. Zu prüfen gilt, ob die Gesamtveräußerung des Unternehmens vorteilhafter ist als die Zerschlagung.

Eines der wichtigsten Instrumente in der österreichischen Insolvenzordnung ist der **Sanierungsplan (vorher Zwangsausgleich)**. Ein entsprechender Antrag kann jederzeit bis zur Aufhebung des Insolvenzverfahrens gestellt werden. Es gibt eine gesetzliche Mindestquote von 20% an Forderungen, welche die Gläubiger innerhalb von zwei Jahren ab Annahme des Sanierungsplans erhalten müssen. Diesbezüglich neu ist, dass die zweijährige Frist auch für den die Mindestquote übersteigenden Teil nicht überschritten werden darf.

Allen Schuldnern steht die Möglichkeit eines Sanierungsplans offen, sowohl natürlichen als auch juristischen Personen, Handelsgesellschaften und Verlassenschaften. Ausgenommen sind nur Versicherungsgesellschaften und Banken. Nichtunternehmer können wie bisher eine längere, allerdings fünf Jahre nicht überschreitende Zahlungsfrist in Anspruch nehmen.

2. Literatur- bzw. Quellenverzeichnis

Beike, R./Schlütz, J.: Finanznachrichten lesen - verstehen - nutzen, 4. Auflage, Stuttgart, 2005.

Eayrs, W.-E./Ernst, D. / Prexl, S.: Corporate Finance Training - Planung, Bewertung und Finanzierung von Unternehmen, Stuttgart, 2007.

Fink, H.: Insolvenzrecht, 5. Auflage, Wien, 2007.

Frick, W.: Bilanzierung nach dem Unternehmensgesetz - mit Fallbeispielen, 8. Auflage, Heidelberg, 2007.

Geyer, A. et al.: Grundlagen der Finanzierung, 2. Auflage, Wien, 2006.

Grünwald, A./Schummer G.: Wertpapierrecht, 3. Auflage, Wien, 2001.

Haunerdinger, M.: Unternehmensrating leicht gemacht, Bielefeld, 2007.

Lechner, K./Egger, A./Schauer, R.: Einführung in die Allgemeine Betriebswirtschaftlehre, 23. Auflage, Wien, 2006.

Perridon, L./Steiner, M.: Finanzwirtschaft der Unternehmung, 14. Auflage, München, 2007.

Röhrenbacher, H.: Finanzierung und Investition (mit Excel), 2. Auflage, Wien, 2006.

Seicht, G.: Investition und Finanzierung, 10. Auflage, Wien, 2001.

Swoboda, P.: Investition und Finanzierung, 5. Auflage, Göttingen, 1996.

Werner, H.-S.: Eigenkapitalfinanzierung, Köln, 2006.

Internetquellen

http://de.euribor-rates.eu

Planung und Budgetierung

Inhaltsverzeichnis

1. Operative Planung und Budgetierung 272
   1.1. Allgemeines zur Planung 272
   1.2. Die integrierte Planung 275
       1.2.1. Grundbegriffe des Rechnungswesens 275
       1.2.2. Das Leistungsbudget 277
       1.2.3. Die Finanzplanung 280
       1.2.4. Die Planbilanz 283
       1.2.5. Der Zusammenhang zwischen Leistungsbudget, Kapitalflussrechnung und Planbilanz 284
       1.2.6. Die Bedeutung der Liquidität im Planungsprozess 285
   1.3. Der Budgetierungsprozess 285
   1.4. Das Planungspanorama 289

2. Literaturverzeichnis 290

1. Operative Planung und Budgetierung

1.1. Allgemeines zur Planung

Planung bedeutet „sich etwas vornehmen", „sich Ziele setzen" und dazu Schritte und Maßnahmen festzulegen, um die festgelegten Ziele zu den definierten Zeitpunkten zu erreichen, also:

- eine Auseinandersetzung mit der Zukunft,
- mit Betroffenen kommunizieren und kooperieren,
- eine flexible Gestaltung der Grundlagen, wenn aktuelle Entwicklungen veränderte oder weitergehende Maßnahmen erfordern,
- die Ergebnisse auf die Zielsetzungen abstimmen.

Die folgende Abbildung soll die Komplexität der Planung in der Praxis zeigen.

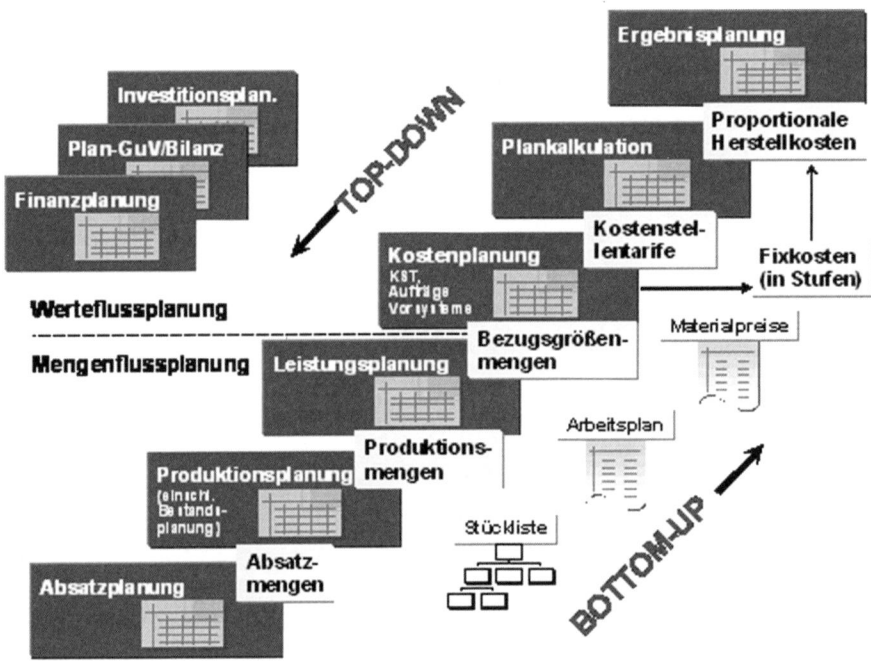

Abb. 1: Die Komplexität der Planung in der Praxis (in Anlehnung an *K. Zehetner,* Prozesskonforme Grenzplankostenrechnung – C5, 2000, S. 15)

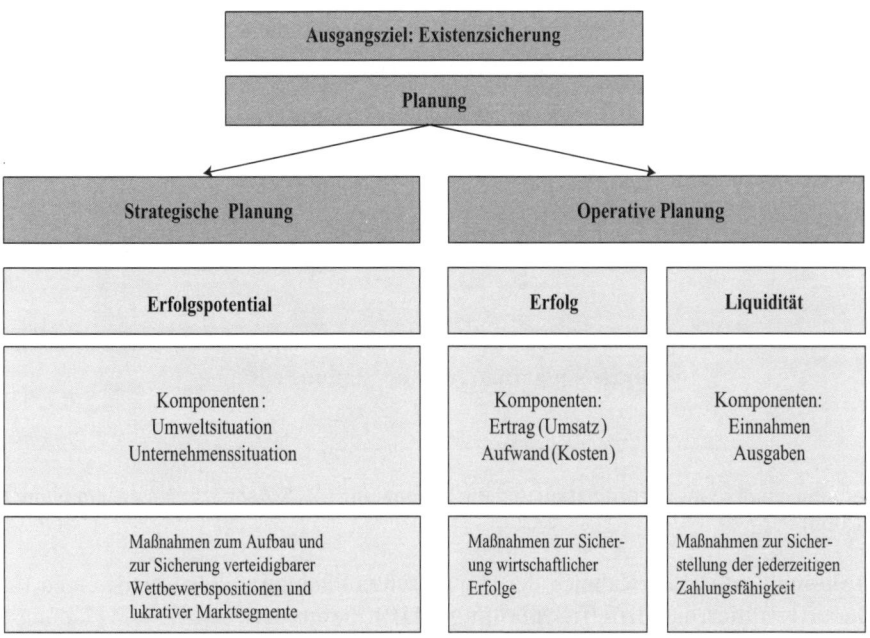

Abb. 2: Die Systematik der Planung (in Anlehnung an *P. Baier,* 2000, S. 444)

Die Bedeutung der Planung für die Unternehmensführung kann wie folgt zusammengefasst werden:
- Zwang zur **klaren Zielformulierung**; Planung kann erst dann einsetzen, wenn das künftige Ziel klar formuliert ist:
  - Inhalt,
  - Ausmaß und
  - Zeitbezug müssen bestimmt sein.
- **Denken in Systemzusammenhängen:** Jede Entscheidung in einem Bereich des Unternehmens hat mittelbare oder unmittelbare Auswirkungen auf andere Bereiche des Betriebs. => Daher: Notwendigkeit einer **integrierten Gesamtplanung zur Vermeidung von Ressortegoismus.**
- Erhöhung der **betrieblichen Flexibilität**: Kündigen sich gegenüber der Planung Abweichungen an, kann bereits frühzeitig gegengesteuert werden und es können Anpassungsmaßnahmen eingeleitet werden.
- Die Planung verlangt **Wahrscheinlichkeitsüberlegungen**: Entscheidungen der Unternehmensführung sind wegen der Vielzahl der zu berücksichtigenden Einflussfaktoren, Entscheidungen unter Unsicherheit. Aus diesem Grund zwingt die Planung zu einer intensiven Auseinandersetzung mit den Chancen und Risiken der Zukunft.

Grundsätzlich muss die Planung nachfolgenden Faktoren entsprechen:
- **Vollständigkeit:** Alle wichtigen Daten sind miteinzubeziehen.
- **Eindeutigkeit:** Jede/-r Mitarbeiter/-in (zumindest die Führungskräfte) soll die Pläne verstehen können und so auch das Planungsoptimum erfüllen.
- **Kontinuität:** Nur eine Planung, die ständige Einrichtung ist, kann zur optimalen Steuerung des Unternehmens beitragen.
- **Elastizität:** Planungsreserven, Eventualpläne, ...
- **Wirtschaftlichkeit:** Die Kosten der Kostenrechnung zu optimieren – dies gilt auch für die Kosten der Planung. Hier steht die Frage im Mittelpunkt: „Bietet die Information, die durch die Planung generiert wurde, mehr, als diese gekostet hat?"

Planung und Budgetierung

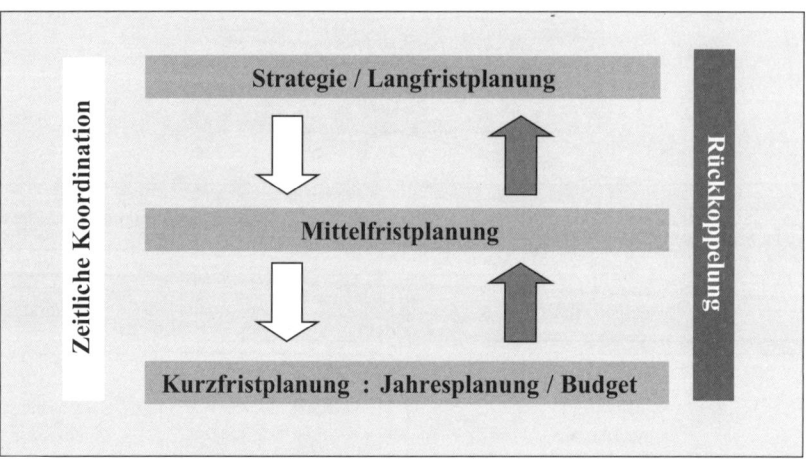

Abb. 3: Die Unternehmensplanung: Koordination und Rückkoppelung (*M. Schermann,* Foliensammlung zum Rechnungswesen, 2003)

Die **Langfristplanung** erfolgt im Rahmen der strategischen Planung und hat meist einen Horizont von ca. fünf Jahren. Daraus resultiert die **Mittelfristplanung (MIP),** die aus der strategischen Planung abgeleitet wird. Wiederum aus der Mittelfristplanung wird die **Jahresplanung**, die sich grundsätzlich mit dem kommenden Planungsjahr beschäftigt, abgeleitet. Die **Ableitung der Ziele** erfolgt somit eindeutig **top-down**. Auf Grund der Ergebnisse der Jahresplanung oder auf Grund von klassischen **Plan-Ist-Abweichungen,** kann es jedoch zu **Rückschlüssen auf die Mittelfrist- und Langfristplanung** kommen, dies wird in der Fachsprache des/der Controllers/Controllerin als **Rückkoppelung** bezeichnet.

Nachfolgende Grafik soll dies noch weiter verdeutlichen.

Abb. 4: Langfrist-, Mittelfrist- und Kurzfristplanung (in Anlehnung an *A. Matje,* 1998, S. 32)

1.2. Die integrierte Planung

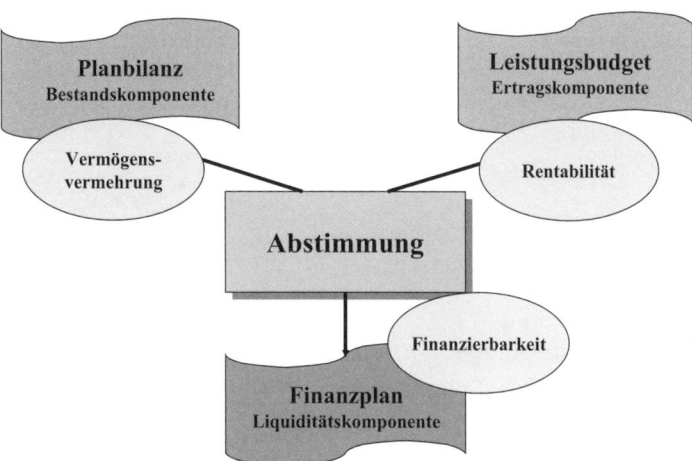

Abb. 5: Zusammenhang der integrierten Planung (*M. Schermann*, Foliensammlung zum Controlling, 2003)

Unter integrierter Planung wird in der Praxis die **Planung des Leistungsbudgets** (Plan GuV), des **Finanzplans** und der **Planbilanz** verstanden. Beim Leistungsbudget steht dabei die Ertragskomponente, beim Finanzplan die Liquiditätskomponente und bei der Planbilanz die Bestandskomponente im Vordergrund.

1.2.1. Grundbegriffe des Rechnungswesens

Nachfolgende Grundbegriffe können unterschieden werden (siehe auch INFRA.lernskriptum, Modul W1 „Mit Finanzen und Rechnungswesen managen und steuern"):

- **Einzahlung:** Vorgang, bei dem sich der Bestand an Bargeld oder sofort fälliger Bankguthaben erhöht ⇒ Liquiditätsbegriff.
- **Einnahmen:** Wert, der für die Veräußerung von Gütern und Dienstleistungen am Markt erzielt wird (Einzahlungen, Forderungszugang, Schuldenabgang).
- **Ertrag:** der durch erfolgswirtschaftliche Geschäftsvorfälle erwirtschaftete Wertzuwachs ⇒ Buchhaltungsbegriff.
- **Leistung:** Wertzuwachs einer Periode, der aus dem eigentlichen Betriebszweck resultiert ⇒ Kostenrechnungsbegriff.
- **Auszahlung:** Vorgang, bei dem sich der Bestand an Bargeld oder sofort fälliger Bankguthaben verringert ⇒ Liquiditätsbegriff.
- **Ausgabe:** Wert, der für den Ankauf von Gütern und Dienstleistungen verausgabt wird (Auszahlungen, Verbindlichkeitszugang, Forderungsabgang).
- **Aufwand:** der mit Anschaffungspreisen bewertete Verbrauch von Gütern und Dienstleistungen ⇒ Buchhaltungsbegriff.
- **Kosten:** der mit kalkulatorischen Werten (z.B.: Wiederbeschaffungspreis) bewertete Verbrauch von Gütern und Dienstleistungen zur betrieblichen Leistungserstellung ⇒ Kostenrechnungsbegriff.

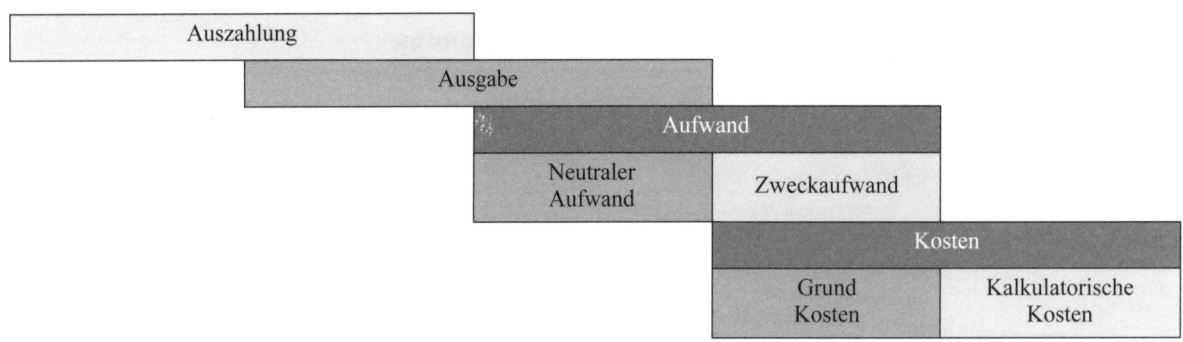

Abb. 6: Differenzierung der Rechnungswesen-Grundbegriffe (*M. Schermann*, Foliensammlung zum Rechnungswesen, 2000)

Neutraler Aufwand wird wie folgt definiert:

- betriebsfremd (Spenden, Spekulationsverluste),
- periodenfremd (Nachzahlung von Steuern),
- außerordentlich (ein nicht durch die Versicherung gedeckter Schaden).

Zweckaufwand (= Grundkosten) wird wie folgt definiert:

Der Zweckaufwand ist derjenige Aufwand aus der Buchhaltung, der zur Leistungserstellung im Sinne des Geschäftsgegenstandes notwendig ist.

Kalkulatorische Kosten werden wie folgt definiert:

- **Zusatzkosten:** jene Kosten, die in der Buchhaltung auf Grund gesetzlicher Bestimmungen nicht angesetzt werden dürfen (Eigenkapitalzinsen).
- **Anderskosten:** Diese Kosten unterscheiden sich durch die Höhe von den Werten der Buchhaltung, diese entstehen bspw. Auf Grund verschiedener Bewertungsverfahren.

Bezieht man nun die Rechnungswesengrundbegriffe auf die Bestandteile der integrierten Planung, kann festgehalten werden, dass sich die Plan-GuV mit den Aufwendungen und Erlösen, das Leistungsbudget mit Kosten und Leistungen und die Finanzplanung mit Ausgaben und Auszahlungen beschäftigt.

Die folgende Abbildung verdeutlicht dies:

Planung und Budgetierung

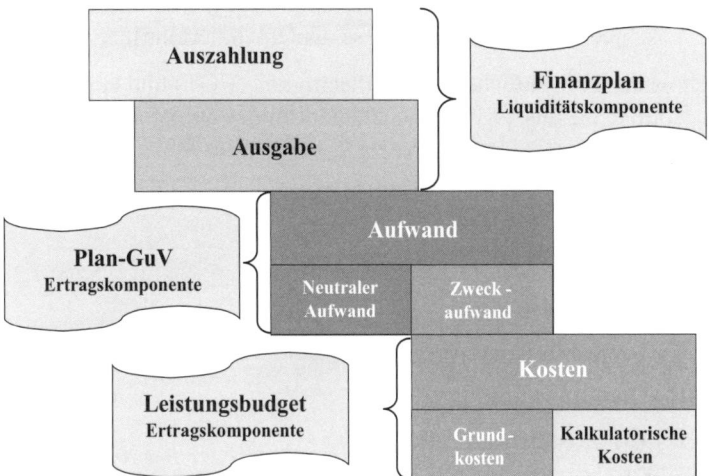

Abb. 7: Die Rechnungswesengrundbegriffe in Kombination mit den Bestandteilen der integrierten Planung (*M. Schermann*, Foliensammlung zum Controlling, 2003)

1.2.2. Das Leistungsbudget

Bei der **Erstellung des Leistungsbudgets** sind nachfolgende Punkte zu berücksichtigen (vgl. *R. Eschenbach*, 1995, 406 ff):

Liegen sämtliche Daten vor, kann das Leistungsbudget erstellt werden. Dafür stehen zwei alternative Verfahren zur Auswahl – das Umsatzkosten- und das Gesamtkostenverfahren.

Das **Gesamtkostenverfahren** weist sämtliche Kosten der erstellten Menge aus. Die Leistung muss um die Bestandsveränderungen (wird auf Lager produziert oder wird vom Lager verkauft) korrigiert werden. Dabei ist sicherzustellen, dass die Bestandsveränderungen zu variablen Kosten kalkuliert sind. (Variable Kosten sind jene Kosten, die vom Output abhängig sind. Sie verändern sich grundsätzlich proportional zum Output. Als Beispiel finden sich hier das Fertigungsmaterial und die Fertigungslöhne.) Nur dann werden die entstandenen Periodenfixkosten im Periodenergebnis richtig ausgewiesen. (Fixkosten sind im Gegensatz zu den variablen Kosten nicht vom Output abhängig. Egal wie viel produziert wird, die Fixkosten sind bei null Stück gleich hoch wie bei mehreren tausend Stück Output. Beispiele für Fixkosten sind: Gehälter und Gehaltsnebenkosten, Versicherungen, Mieten, …)

Beim **Umsatzkostenverfahren** werden die Bestandsveränderungen nicht gesondert ausgewiesen. In die Leistungsbudgetierung werden nur die variablen Herstellkosten der abgesetzten Menge einbezogen. Herstellkosten sind die Kosten, die für die Herstellung eines Gegenstandes, seine Erweiterung oder für eine über seinen ursprünglichen Zustand hinausgehende wesentliche Verbesserung entstehen (z.B. Fertigungsmaterial, Fertigungslöhne). Die Darstellungsform des Leistungsbudgets nach dem Umsatzkostenverfahren ist klarer als jene des Gesamtkostenverfahrens. In der Regel unterlaufen bei der Berechnung von Kennzahlen weniger Fehler.

Die Durchführung des Umsatzkostenverfahrens stellt höhere Anforderungen an die Kostenrechnung (die insbesondere von Klein- und Mittelbetrieben nicht immer erfüllt werden), da die variablen Kosten der abgesetzten Menge ausgewiesen werden müssen.

Eine Überleitung zur Gewinn- und Verlustrechnung (GuV) lässt sich durch Neutralisierung kalkulatorischer Positionen herstellen. Voraussetzung für die Zurechnung von Aufwendungen zu den Herstellkosten ist, dass sie nicht nur Aufwendungen der Abrechnungsperiode sind, sondern auch Kostencharakter haben. Damit scheiden die neutralen Aufwendungen (betriebsfremde, periodenfremde, außerordentliche) ebenso aus wie die Zusatzkosten (kalkulatorische Abschreibung, Zinsen, Wagnisse, Unternehmerlohn).

Man gelangt zum Ergebnis der gewöhnlichen Geschäftstätigkeit (EGT) und zum Ergebnis nach Steuern, das wiederum den Ausgangspunkt für das Cashflow-Statement bildet. Es ist also möglich, beginnend mit dem Umsatzbudget bis zum Finanzbedarf zu kommen.

Umsatz
- Erlösschmälerung
= Nettoumsatz
- Kvar (variable Kosten)
= **DB (Deckungsbeitrag)**
- Kfix (Fixkosten)
= **Betriebsergebnis**
+/- Finanzergebnis
= **operatives Ergebnis**
+/- sonstiger Ertrag/Aufwand
= **EGT (Ergebnis der gewöhnlichen Geschäftstätigkeit)**
+/- außerordentliche Erträge/Aufwände
= **Jahresüberschuss vor Steuern**
- Steuern
= **Jahresüberschuss nach Steuern**
+/- Dotierung/Auflösung Rücklagen
+/- Gewinn-/Verlustvortrag
= **Bilanzergebnis**

Abb. 8: Grundsätzliches Schema des Leistungsbudgets (*M. Schermann*, Foliensammlung zum Controlling, 2003)

Das oben angeführte allgemeine Schema des Leistungsbudgets wird in der Praxis auf Monate bzw. sogar Wochen oder Tagesbasis heruntergebrochen:

Planung und Budgetierung

Leistungsbudget-Gesamtunternehmen

in €	GESAMT	Jän	Feb	Mrz	Apr	Mai	Jun	Jul	Aug	Sep	Okt	Nov	Dez
Umsatz Gesamt	2.727.040	104.288	50.693	215.238	306.275	196.775	307.239	130.840	100.091	268.056	515.418	428.077	104.050
Rabatte Gesamt	89.467	4.165	2.002	7.644	10.639	4.054	8.123	3.532	784	9.235	21.603	15.149	2.538
Umsatz minus Rabatte Gesamt	2.637.574	100.123	48.691	207.594	295.636	192.722	299.117	127.308	99.307	258.821	493.815	412.928	101.512
ERLÖSSCHMÄLERUNG-Skonto	3.640	303	303	303	303	303	303	303	303	303	303	303	303
ERLÖSSCHMÄLERUNG-Forderungsausfall	9.548	796	796	796	796	796	796	796	796	796	796	796	796
Erlösschmälerung Gesamt	13.188	1.099	1.099	1.099	1.099	1.099	1.099	1.099	1.099	1.099	1.099	1.099	1.099
Nettoumsatz Management offen	669.236	-280	17.918	105.896	133.795	11.728	56.423	22.468	-280	23.546	164.784	104.237	29.001
Nettoumsatz Sprachen offen	145.975	-61	-61	27.988	-61	-61	-61	31.105	-61	-61	36.347	51.024	-61
Nettoumsatz Sprachen Klassen	293.525	36.752	-123	36.752	36.752	36.752	36.752	-123	-123	-123	36.752	36.752	36.752
Nettoumsatz Controlling offen	308.480	-129	-129	-129	9.733	49.181	59.043	-129	9.733	59.043	29.457	83.073	9.733
Nettoumsatz Management inner	632.104	20.228	20.228	20.228	75.559	63.263	98.101	16.130	14.080	100.151	89.904	94.003	20.228
Nettoumsatz Sprachen inner	366.260	-153	9.847	15.847	38.847	30.847	47.847	56.847	74.947	38.847	38.847	8.847	4.847
Nettoumsatz Controlling inner	208.807	42.668	-87	-87	-87	-87	-87	-87	-87	36.320	96.626	33.893	-87
NETTOUMSATZ	2.624.386	99.024	47.592	206.495	294.537	191.623	298.018	126.209	98.208	257.722	492.716	411.829	100.413
K var Management offen Gesamt	225.820	0	6.110	35.648	45.015	4.032	19.038	7.637	0	7.999	55.419	35.091	9.831
K var Sprachen offen Gesamt	109.050	0	0	20.849	0	0	0	23.166	0	0	27.062	37.972	0
K var Sprachen Klassen Gesamt	101.200	12.650	0	12.650	12.650	12.650	12.650	0	0	0	12.650	12.650	12.650
K var Management inner Gesamt	475.000	15.323	15.323	15.323	56.694	47.500	73.548	12.258	10.726	75.081	67.419	70.484	15.323
K var Sprachen inner Gesamt	171.500	0	4.659	7.454	18.170	14.443	22.363	26.557	34.990	18.170	18.170	4.193	2.330
K var Controlling inner Gesamt	169.000	34.431	0	0	0	0	0	0	0	29.319	77.884	27.365	0
K var Gesamt	1.505.832	63.813	33.136	100.378	138.460	109.669	171.640	73.845	60.100	167.565	276.399	264.742	46.064
DB I Gesamt	1.118.554	35.211	14.456	106.117	156.077	81.933	126.378	52.364	38.108	90.157	216.317	147.087	54.348
DBU I Management offen	62,88%	0,00%	61,89%	63,10%	63,16%	61,13%	62,89%	62,18%	0,00%	62,23%	63,19%	63,10%	62,44%
DBU I Sprachen offen	23,99%	0,00%	0,00%	24,26%	0,00%	0,00%	0,00%	24,28%	0,00%	0,00%	24,30%	24,35%	0,00%
DBU I Sprachen Klassen	65,19%	65,36%	0,00%	65,36%	65,36%	65,36%	65,36%	0,00%	0,00%	0,00%	65,36%	65,36%	65,36%
DBU I Controlling offen	17,49%	0,00%	0,00%	0,00%	38,55%	36,74%	25,35%	0,00%	-47,17%	37,26%	39,42%	7,32%	38,55%
DBU I Management inner	23,45%	22,70%	22,70%	22,70%	23,59%	23,53%	23,67%	22,39%	22,17%	23,67%	23,64%	23,66%	22,70%
DBU I Sprachen inner	52,91%	0,00%	51,88%	52,45%	53,02%	52,91%	53,09%	53,14%	53,21%	53,02%	53,02%	51,71%	50,34%
DBU I Controlling inner	17,71%	17,98%	0,00%	0,00%	0,00%	0,00%	0,00%	0,00%	0,00%	17,95%	18,09%	17,93%	0,00%
DBU I Gesamt	41,02%	33,76%	28,52%	49,30%	50,96%	41,64%	41,13%	40,02%	38,07%	33,63%	41,97%	34,36%	52,23%

Abb. 9: Leistungsbudget bis zum Deckungsbeitrag I (Quelle: eigene Darstellung)

Wichtig bezüglich der oben angeführten, allgemeinen Formel zum Leistungsbudget ist, dass die Ermittlung des Deckungsbeitrags in der Praxis durchaus noch weiter untergliedert wird. Der wichtige Deckungsbeitrag I (Erträge minus variable Kosten) bildet die Ausgangsbasis für den Abzug der direkt zurechenbaren Fixkosten (führt zu Deckungsbeitrag II) und der nicht direkt zurechenbaren Fixkosten (führt zu Deckungsbeitrag III = Betriebsergebnis). Von diesem Betriebsergebnis ausgehend, lässt sich die Berechnungsformel dann problemlos bis hin zum Bilanzergebnis anwenden.

Direkt zurechenbare Fixkosten (nur Personalkosten)	GESAMT	Jän	Feb	Mrz	Apr	Mai	Jun	Jul	Aug	Sep	Okt	Nov	Dez
DB II Gesamt	638.739	-3.650	-24.003	65.882	114.875	42.167	85.751	13.171	-809	50.231	173.948	106.059	15.117
DBU II Management offen	43,98%	0,00%	6,23%	52,55%	54,54%	-22,59%	44,19%	17,41%	0,00%	19,43%	55,97%	52,40%	27,39%
DBU II Sprachen offen	-15,81%	0,00%	0,00%	6,64%	0,00%	0,00%	0,00%	8,38%	0,00%	0,00%	10,63%	14,47%	0,00%
DBU II Sprachen Klassen	46,47%	52,45%	0,00%	52,45%	52,45%	52,45%	52,45%	0,00%	0,00%	0,00%	52,45%	52,45%	52,45%
DBU II Controlling offen	-0,28%	0,00%	0,00%	0,00%	-7,86%	26,90%	17,25%	0,00%	-91,92%	28,93%	23,44%	1,76%	-7,86%
DBU II Management inner	14,63%	0,66%	0,66%	0,66%	17,30%	16,10%	18,71%	-5,05%	-9,12%	18,81%	18,28%	18,50%	0,66%
DBU II Sprachen inner	31,51%	0,00%	-11,63%	12,37%	35,96%	31,73%	39,04%	41,15%	43,85%	35,96%	35,96%	-18,74%	-75,64%
DBU II Controlling inner	1,20%	11,02%	0,00%	0,00%	0,00%	0,00%	0,00%	0,00%	0,00%	9,84%	14,82%	9,27%	0,00%
DBU II Gesamt	23,42%	-3,50%	-47,35%	30,61%	37,51%	21,43%	27,91%	10,07%	-0,81%	18,74%	33,75%	24,78%	14,53%

Nicht direkt zurechenbare Fixkosten	GESAMT	Jän	Feb	Mrz	Apr	Mai	Jun	Jul	Aug	Sep	Okt	Nov	Dez
Summe restliche Gehälter (Leitung und Verwaltung)	172.585	14.382	14.382	14.382	14.382	14.382	14.382	14.382	14.382	14.382	14.382	14.382	14.382
Büro, Infrastruktur	104.000	8.667	8.667	8.667	8.667	8.667	8.667	8.667	8.667	8.667	8.667	8.667	8.667
Werbung, Marketing, Vertrieb	181.600	32.467	32.467	8.467	8.467	8.467	8.467	8.467	8.467	8.467	8.467	8.467	40.467
Beratungskosten	20.000	1.667	1.667	1.667	1.667	1.667	1.667	1.667	1.667	1.667	1.667	1.667	1.667
Sonstige Fixkosten	18.250	1.521	1.521	1.521	1.521	1.521	1.521	1.521	1.521	1.521	1.521	1.521	1.521
Afa	87.508	6.740	6.773	7.773	6.823	7.844	6.898	7.898	6.932	7.932	6.965	7.965	6.965
Fixkosten Gesamt	583.942	65.443	65.476	42.476	41.526	42.547	41.601	42.601	41.634	42.634	41.668	42.668	73.668
DB III - Betriebsergebnis	54.797	-69.092	-89.479	23.406	73.349	-380	44.150	-29.430	-42.444	7.597	132.280	63.391	-58.551
Operatives Ergebnis	89.120	-66.344	-86.871	26.182	76.227	2.538	47.026	-26.610	-39.716	10.279	135.275	66.567	-55.431
Ergebnis der gewöhnlichen Geschäftstätigkeit	89.120	-66.344	-86.871	26.182	76.227	2.538	47.026	-26.610	-39.716	10.279	135.275	66.567	-55.431
Jahresüberschuss vor Steuern	89.120	-66.344	-86.871	26.182	76.227	2.538	47.026	-26.610	-39.716	10.279	135.275	66.567	-55.431
Jahresüberschuss nach Steuern	66.840	-68.200	-88.728	24.325	74.370	681	45.170	-28.467	-41.573	8.422	133.418	64.710	-57.288
Bilanzergebnis	66.840	-68.200	-88.728	24.325	74.370	681	45.170	-28.467	-41.573	8.422	133.418	64.710	-57.288

Abb. 10: Weiterführung des obigen Leistungsbudgets bis hin zum Bilanzergebnis (Quelle: eigene Darstellung)

1.2.3. Die Finanzplanung

Grundsätzlich kann bei der Differenzierung der Finanzplanung zwischen einer **direkten** und einer **indirekten Methode der Ermittlung der Liquidität** unterschieden werden.

Finanzplan = direkt		Cashflow-Statement = indirekt	
	Liquiditätsstand Periodenanfang		Bilanzgewinn/-verlust
+	Einnahmen der Periode (Umsatz, Anzahlungen, Zinsen Dividenden, Devestitionen, ...)	+/−	Abschreibungen vom/Zuschreibung zum Anlagevermögen
		+	Buchwerte ausgeschiedener Anlagen
−	Ausgaben der Periode (Kreditoren, Löhne + Gehälter, Zinsen, Steuer, Dividenden, Investitionen, ...)	−	Erlöse aus der Veräußerung von Anlagen
		+/−	Zuführung/Auflösung von RSt
		+/−	Zuführung/Auflösung von RL
=	Finanzüberschuss/-bedarf	=	**operativer CF auf Basis NWC**
+	Kapitalaufnahme	+/−	Verminderung/Erhöhung des NWC (exkl. Kassa, Bank, kurzfr. Bankverb.)
−	Kapitalrückzahlung		
=	Liquiditätsstand Periodenende	=	**operativer CF auf Basis liquider Mittel 1. Grades**
		+/−	Erlöse aus Veräußerung von Anlagen/Investitionen
		+/−	Fremdkapitalaufnahme/-tilgung
		+/−	EK-Erhöhung/Gewinnausschüttung
		=	ZMÜ/ZMB

Abb. 11: Die direkte und indirekte Methode der Ermittlung des Kapitalbedarfs (in Anlehnung an *A. Egger/M. Winterheller,* 2004, S. 66)

Die Kapitalflussrechnung (Cashflow-Statement, indirekte Finanzplanung; vgl. *R. Eschenbach,* 1995, S. 408):

Im Rahmen der Kapitalflussrechnung werden die Veränderungen zwischen der erwarteten Schlussbilanz der laufenden Periode und der Planbilanz der Folgeperiode gegenübergestellt. Dabei unterscheidet man zwischen **Mittelherkunft** und **-verwendung**. Gegenstand der Kapitalflussrechnung und Bilanzplanung sind drei wesentliche Bestimmungsgrößen des Alltagsgeschäfts: das Ergebnis, die Entwicklung im Working Capital und die Investitionen. Das Ergebnis geht aus den Plan-GuV-Rechnungen bzw. aus dem Leistungsbudget hervor, die Rückstellungserfordernisse werden aus den Einzelplänen abgeleitet. Die Entwicklung des Working Capitals errechnet sich aus dem Zahlungsverhalten der Kunden und der eigenen Liquiditätspolitik. Die Investitionen müssen aus der Investitionsplanung entnommen werden.

Wird die Kapitalflussrechnung in geeigneter Form gegliedert, lassen sich mehrere Cashflow-Stufen ermitteln. Die einzelnen Positionen der Mittelherkunft und -verwendung sind beliebig detaillierbar; dadurch wird das Cashflow-Statement v.a. bei komplexen Konzernstrukturen zu einer unentbehrlichen Planungsstütze. Ein aussagekräftiges Cashflow-Statement gilt vielfach als das wichtigste Planungsinstrument, da im Cashflow alle Vermögens- und Ertragspositionen ihren Niederschlag finden.

Die Kapitalflussrechnung ist ein mittelfristiges beziehungsweise periodenbezogenes Planungsinstrument, das zur Abstimmung der operativen Planung notwendig ist. Wertveränderungen schlagen sich liquiditätsmäßig erst langfristig nieder und machen eine monats-, wochen- oder sogar tagesgenaue Liquiditätsplanung mit der Kapitalflussrechnung unmöglich. Für die Sicherstellung der tagesgenauen Zahlungsfähigkeit ist aber eine genauere, direkte Finanzplanung notwendig.

Planung und Budgetierung

		Jahresüberschuss nach Steuer
	+	nicht ausgabenwirksame Aufwendungen
	–	nicht einnahmenwirksame Erträge
	=	**Cashflow**
	+	erfolgsneutrale Zahlungseingänge
	+	Senkung der Aktiven
	+	Erhöhung der Passiven
	+	Einzahlung durch den Gesellschafter
	–	erfolgsneutrale Zahlungsausgänge
	–	Erhöhung der Aktiven
	–	Senkung der Passiven
	–	Auszahlungen an den Gesellschafter
	=	**ZMB (Zahlungsmittelbedarf)**

Abb. 12: Grundsätzliches Schema der Kapitalflussrechnung (*M. Schermann*, Foliensammlung zum Controlling, 2003)

	1		Unternehmensergebnis nach Steuer
	2	+	Abschreibung
	3	+/–	Dotierung/Auflösung erfolgswirksame langfr. Rückstellungen
	4	+	sonstige nicht ausgabenwirksame Aufwendungen
	5	–	sonstige nicht einnahmenwirksame Erträge
6: Summe 1–5		=	**Cashflow aus dem geplanten Unternehmensergebnis**
	7	+/–	Senkung/Erhöhung des Materialbestandes
	8	+/–	Senkung/Erhöhung der unfertigen und fertigen Erzeugnisse
	9	+/–	Senkung/Erhöhung der Lieferforderungen
	10	+/–	Senkung/Erhöhung des sog. Umlaufvermögens und aktiven Rechnungsabgrenzungen
	11	+/–	Erhöhung/Senkung der kurzfr. Rückstellungen
	12	+/–	Erhöhung/Senkung der Lieferantenkredite
	13	+/–	Erhöhung/Senkung der sog. Verb. und passiven Rechnungsabgrenzungen
14: Summe 7–13		=	**Cashflow aus der Veränderung des Working Capitals**
15: Summe 6+14		=	**Cashflow aus der laufenden Geschäftstätigkeit**
	16	+/–	Veräußerung/Anschaffung von Sachanlagevermögen
	17	+/–	Veräußerung/Anschaffung von Finanzanlagevermögen
	18	+/–	Rückzahlung/Gewährung gegebener Darlehen
	19	+/–	Senkung/Erhöhung so. Veranlagungen
20: Summe 16–19		=	**Cashflow aus dem Investitionsbereich**
	20	+/–	Erhöhung/Senkung Bankkontokorrent
	21	+/–	Aufnahme/Tilgung langfr. Bankkredite
	22	+/–	Aufnahme/Tilgung so. Darlehen
	23	+	Kapitalerhöhung
	24	–	Dividenden
	25	+/–	Privateinlagen/-entnahmen
	26	+	sog. Kapitaleinzahlung
27: Summe 20–26		=	**Cashflow aus dem Finanzierungsbereich**
28: Summe 15+20+27		=	**Zahlungsmittelbedarf/Zahlungsmittelüberschuss**

Abb. 13: Das detaillierte Schema der Kapitalflussrechnung (Cashflow-Statement) (*M. Schermann*, Foliensammlung zum Controlling, 2003)

Planung und Budgetierung

In Anlehnung an das zuvor angeführte Leistungsbudget könnte die dazugehörige Kapitalflussrechnung wie folgt aussehen:

Kapitalflussrechnung

Text	Gesamt	Jän	Feb	Mär	Apr	Mai	Jun	Jul	Aug	Sep	Okt	Nov	Dez
Jahresüberschuss nach Steuern	66.840	-68.200	-88.728	24.325	74.370	681	45.170	-28.467	-41.573	8.422	133.418	64.710	-57.288
AFA	75.379	6.282	6.282	6.282	6.282	6.282	6.282	6.282	6.282	6.282	6.282	6.282	6.282
AFA neue Investition	12.129	458	492	1.492	542	1.563	617	1.617	650	1.650	683	1.683	683
ABFERTIGUNGSRÜCKSTELLUNG	0	0	0	0	0	0	0	0	0	0	0	0	0
Operativer Cashflow (NWC)	**154.348**	**-61.461**	**-81.954**	**32.098**	**81.194**	**8.525**	**52.068**	**-20.569**	**-34.641**	**16.353**	**140.383**	**72.675**	**-50.323**
Veränderung Forderungen aus L&L	74.900	98.921	75.879	-29.785	-102.686	6.834	-68.756	78.714	39.589	-109.618	-172.610	29.435	228.983
Veränderung Verbindlichkeiten aus L&L	-50.622	-55.713	-36.767	47.028	41.798	-11.625	50.566	-80.575	-35.249	79.910	106.318	18.903	-175.217
Aufwandsinsen Kredite langfristig	0	740	740	-1.573	740	740	-1.510	740	740	-1.448	740	740	-1.385
Ertragszinsen Finanzanlage	0	-1.250	-1.250	-1.250	-1.250	-1.250	-1.250	-1.250	-1.250	-1.250	-1.250	13.750	-1.250
Veränderung Steuerrückstellung 2000	-2.081	0	0	0	0	0	0	0	0	0	0	-2.081	0
Veränderung sonstiger Rückstellungen	-6.000	0	0	-6.000	0	0	0	0	0	0	0	0	0
Veränderung 13./14. Gehalt inkl GNK	0	7.397	7.397	7.397	7.397	7.397	-36.987	7.397	7.397	7.397	7.397	-36.987	7.397
Veränderung der Provision inkl GNK	0	682	280	2.056	3.024	1.587	2.448	1.014	738	1.747	4.191	2.849	-20.616
Veränderung Steuerrückstellung 2001	4.199	1.857	1.857	-2.664	1.857	1.857	-2.664	1.857	1.857	-2.664	1.857	1.857	-2.664
Operativer Cashflow (Liquide Mittel 1. Grades)	**174.744**	**-8.826**	**-33.819**	**47.308**	**32.073**	**14.065**	**-6.084**	**-12.671**	**-20.819**	**-9.572**	**87.025**	**101.140**	**-15.075**
Investitionen	-44.000	-26.000	-2.000	-1.000	-3.000	-2.000	-3.000	-1.000	-2.000	-1.000	-2.000	-1.000	0
Investitionen - Finanzanlagen	-10.000	0	0	0	0	0	0	0	0	0	0	0	-10.000
Cashflow – Investitionssphäre	**-54.000**	**-26.000**	**-2.000**	**-1.000**	**-3.000**	**-2.000**	**-3.000**	**-1.000**	**-2.000**	**-1.000**	**-2.000**	**-1.000**	**-10.000**
langfristige Kredite – Aufnahme	0	0	0	0	0	0	0	0	0	0	0	0	0
langfristige Kredite – Tilgung	-20.000	-1.667	-1.667	-1.667	-1.667	-1.667	-1.667	-1.667	-1.667	-1.667	-1.667	-1.667	-1.667
Gewinnausschüttung	-15.000	0	0	0	0	0	0	0	0	0	0	-15.000	0
Kapitalerhöhung	0	0	0	0	0	0	0	0	0	0	0	0	0
Cashflow – Finanzierungssphäre	**-35.000**	**-1.667**	**-1.667**	**-1.667**	**-1.667**	**-1.667**	**-1.667**	**-1.667**	**-1.667**	**-1.667**	**-1.667**	**-16.667**	**-1.667**
Zahlungsmittelüberschuss/-bedarf	**85.744**	**-36.493**	**-37.485**	**44.641**	**27.406**	**10.399**	**-10.751**	**-15.338**	**-24.486**	**-12.239**	**83.358**	**83.474**	**-26.742**

Abb. 14: Indirekte Ermittlung des Cashflows (Quelle: eigene Darstellung)

Finanzplan (direkte Finanzplanung) (vgl. R. *Eschenbach*, 1995, S. 409):

Im Regelfall reicht eine Cashflow-Übersicht, welche die Liquiditätsveränderung im definierten Zeitraum angibt, nicht aus, um das Unternehmen liquiditätsmäßig durch ein Geschäftsjahr zu steuern: Der Cashflow unterliegt zeitlich gesehen zu großen Sprüngen. Eine Detaillierung würde entsprechend häufig Zwischenbilanzen voraussetzen, aus denen sich Cashflows ableiten lassen. Mit direkter Finanzplanung, die an den erwarteten Einnahmen und Ausgaben der Planperiode anknüpft, kann man diesen Arbeitsaufwand umgehen.

Die erwarteten Zahlungsströme werden – ausgehend vom Liquiditätsstand zum Periodenanfang – nach ihrem Ursprung katalogisiert und auf Tages-, Wochen- oder Monatsbasis fortgeschrieben. Es empfiehlt sich, die Zeitreihe zu staffeln, z.B. den laufenden Monat auf Tagesbasis, die sechs Folgemonate auf Wochenbasis und bis zum Periodenende auf Monatsbasis (**rollierende Finanzplanung**).

Die Einzahlungen der Kunden können unter Berücksichtigung der Zahlungsziele und Zahlungsgewohnheiten anhand der Planumsätze je Monat geplant werden. Die Auszahlungsplanung erfolgt durch die Fachabteilungen – im Wesentlichen die Kreditorenbuchhaltung und die Lohn- und Gehaltsabrechnung. Investitionsausgaben werden aus der Investitionsplanung abgeleitet. Vom Treasury erhält man langfristig fixierte Aus- und Einzahlungen, die durch die Finanzierung bedingt sind etc.

Im Idealfall stimmt die Differenz der so geplanten Ein- und Ausgaben am Ende der Planperiode mit dem vorliegenden Plan-Cashflow (auf der untersten Cashflow-Stufe) überein. Auf eine Abstimmung beider Rechenwerke wird aber in der Regel verzichtet.

Die Bedeutung des Finanzplans liegt in der Darstellungsmöglichkeit von Liquiditätsspitzen. Während das Cashflow-Statement die jeweilige Liquiditätsveränderung zwischen zwei Bilanzstichtagen erkennbar macht, kann der Finanzplan die dazwischen liegenden Liquiditätsspitzen – auch tagesgenau – abbilden und als Grundlage für Finanzierungsüberlegungen dienen.

Der Finanzplan wird um die Finanzierungsquellen ergänzt, sobald der Tages-, Wochen- oder Monatsbedarf errechnet ist, oder es wird im Fall eines Liquiditätsüberschusses die Veranlagungspolitik festgelegt.

1.2.4. Die Planbilanz

Die Planbilanz ergibt sich aus der Plan-GuV bzw. aus dem Leistungsbudget und aus der Kapitalflussrechnung. Die Planbilanz dient in der Praxis einerseits der Kontrolle: Die Aktivseite der Planbilanz minus der Passivseite der Planbilanz muss immer null ergeben. Andererseits dient sie als Grundlage für die Berechnung von Kennzahlen.

Anlagevermögen (AV)
Immaterielle Vermögensgegenstände
  Konzessionen, gewerbliche Schutzrechte, Lizenzen
  Firmenwerte
  geleitete Anzahlungen
Sachanlagen
  Grundstücke
  Maschinen und technische Anlagen
  Betriebsausstattung
  geleistete Anzahlungen und Anlagen in Bau
Finanzanlagen
  Anteile an verbundenen Unternehmen
  Ausleihungen an verbundenen Unternehmen
  Beteiligungen
  Ausleihungen an Unternehmen, mit denen ein Beteiligungsverhältnis besteht
  Wertpapiere des AV
  sonstige Ausleihungen

Umlaufvermögen (UV)
Vorräte
  Roh-, Hilfs- und Betriebsstoffe
  unfertige Erzeugnisse
  fertige Erzeugnisse und Waren
  noch nicht abrechenbare Leistungen
  geleistete Anzahlungen
Forderungen und sonstige Vermögensgegenstände
  Forderungen aus Lieferung und Leistung
  Forderungen gegenüber verbundenen Unternehmen
  Forderungen gegenüber Unternehmen, mit denen ein Beteiligungsverhältnis besteht
  sonstige Forderungen und Vermögensgegenstände
Wertpapiere und Anteile
  Anteile an verbundenen Unternehmen
  sonstige Wertpapiere und Anteile
Kassenbestand, Schecks, Guthaben bei Kreditinstituten

Rechnungsabgrenzungsposten (ARA)

Eigenkapital (EK)
Nennkapital (Grund- und Stammkapital)
Kapitalrücklagen
  gebundene
  nicht gebundene
Gewinnrücklagen
  gesetzliche Rücklagen
  satzungsmäßige Rücklagen
  freie Rücklagen
Bilanzgewinn (Bilanzverlust)
  davon Gewinnvortrag/Verlustvortrag

Unversteuerte Rücklagen
Bewertungsreserven auf Grund von Sonderabschreibungen
sonstige unversteuerte Rücklagen

Rückstellungen
Rückstellungen für:
  Abfertigungen
  Pensionen
  Steuern
  Sonstige

Verbindlichkeiten
Anleihen
Verbindlichkeiten gegenüber Kreditinstituten
erhaltene Anzahlungen auf Bestellungen
Verbindlichkeiten aus Lieferung und Leistung
Verbindlichkeiten aus der Annahme gezogener Wechsel
Verbindlichkeiten gegenüber verbundener Unternehmen
Verb. gegenüber Unternehmen (Beteiligungsverhältnis)
sonstige Verbindlichkeiten davon
  aus Steuern
  im Rahmen der sozialen Sicherheit*

Rechnungsabgrenzungsposten (PRA)

Abb. 15: Die Planbilanz (*M. Schermann*, Foliensammlung zum Controlling, 2003)

Planung und Budgetierung

1.2.5. Der Zusammenhang zwischen Leistungsbudget, Kapitalflussrechnung und Planbilanz

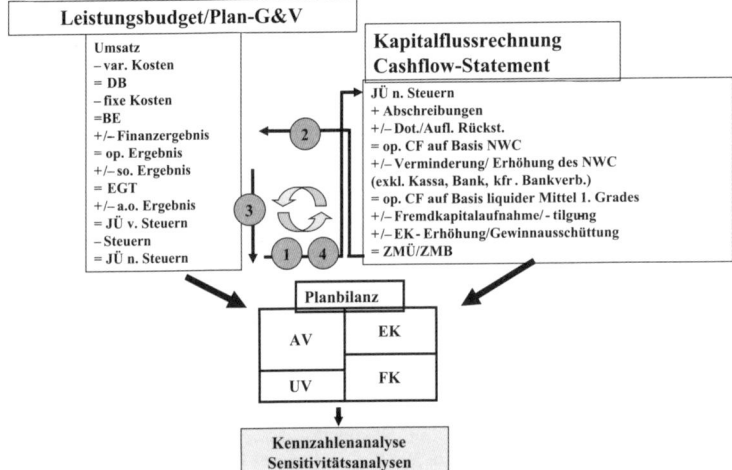

Abb. 16: Zusammenhang zwischen Leistungsbudget, Kapitalflussrechnung und Planbilanz (M. Schermann, Foliensammlung zum Controlling, 2003)

Ist man im Leistungsbudget bei dem Finanzergebnis angelangt und strebt man eine indirekte Berechnung der Liquidität an, muss festgehalten werden, dass das Ergebnis des Cashflow-Statements das Finanzergebnis wesentlich beeinflussen wird. Ergibt bspw. das Cashflow-Statement einen Zahlungsmittelbedarf in der Höhe von € 1.000.000,– und wird dieser Kapitabedarf über ein Girokonto abgerufen, so sind für diesen Kapitalbedarf Zinsen zu bezahlen. Betragen diese Zinsen bspw. 5%, wird dadurch das Finanzergebnis mit € 50.000,– negativ belastet.

Erstellt man die integrierte Planung in MS Excel, empfiehlt es sich, an dieser Stelle die Iteration zu aktivieren (Befehl: Extras/Optionen/Berechnen/Iteration aktivieren). Wird die Iteration nicht aktiviert, kommt eine Fehlermeldung „Kann Zirkelbezug nicht auflösen" und das Ergebnis ist nicht richtig berechnet.

Verfolgt man nun oben beschriebenes Beispiel vor dem Hintergrund der Iteration, so folgt, dass, wenn sich das Finanzergebnis um € 50.000,– verschlechtert, sich dadurch auch der Jahresüberschuss verschlechtert und weiters auch wieder der Zahlungsmittelbedarf. Wird der Zahlungsmittelbedarf nun genau um das zusätzliche negative Finanzergebnis verschlechtert, führt dies dazu, dass auf dieses weitere negative Ergebnis wiederum Zinsen auf dem Girokonto zu zahlen sind und diese wiederum das Finanzergebnis negativ beeinflussen.

Die Schleife kann nun endlos durchgespielt werden, bis das Ergebnis 100% richtig ist. In MS Excel kann man die Anzahl der Iterationsschleifen oder die Kommastelle auswählen, bis zu der das Ergebnis richtig gerechnet werden soll. Grundsätzlich genügen 100 Iterationsschleifen, um ein exaktes Ergebnis auf zwei Kommastellen genau zu ermitteln.

Erst wenn das Leistungsbudget und das Cashflow-Statement vollständig berechnet wurden, kann die Planbilanz aus beiden Ergebnissen abgeleitet werden.

1.2.6. Die Bedeutung der Liquidität im Planungsprozess

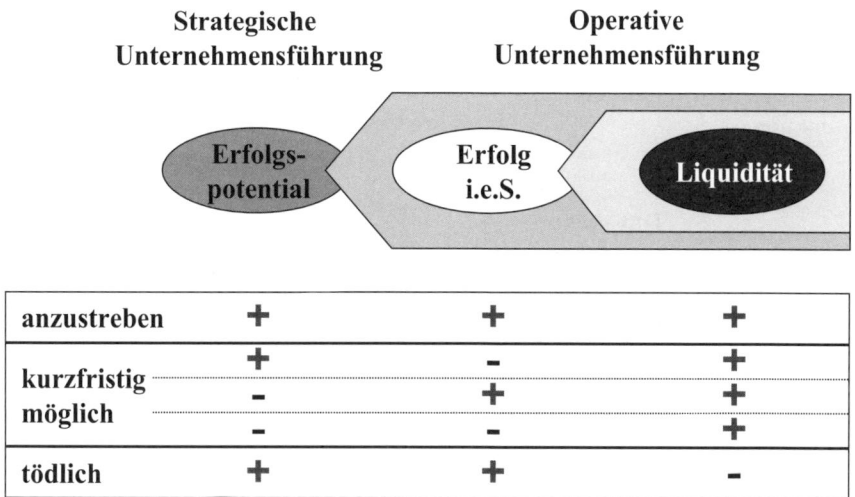

Abb. 17: Die Bedeutung der Liquidität für den Planungsprozess (*M. Schermann*, Foliensammlung zum Controlling, 2003)

Abbildung 14 soll die Bedeutung der Liquidität zeigen. Ohne Liquidität kann das Unternehmen nicht überleben, daher muss der Zahlungsmittelbedarf bzw. Zahlungsmittelüberschuss stets gewissenhaft geplant werden, um danach den entsprechenden Eigen- oder Fremdkapitalrahmen bereitzustellen. Grundsätzlich sind natürlich Erfolgspotentiale, Erfolg und Liquidität im Unternehmen anzustreben, doch **von immanenter Wichtigkeit ist die Liquidität.**

1.3. Der Budgetierungsprozess

Der Budgetierungsprozess ist durch nachfolgende Kriterien gekennzeichnet:

- einen gegebenen strategischen Plan als Ausgangsbasis,
- eine Vielzahl von Beteiligten,
- ein oft paralleles Nebeneinander zentraler und dezentraler Planungstätigkeiten,
- zahlreiche Einzelpläne, die einerseits aufeinander abgestimmt und andererseits zu Gesamtplänen verdichtet werden müssen,
- die notwendige Einhaltung terminlicher Vorgaben und
- die Abhängigkeit von anderen Controllingprozessen.

Die **Strukturierungsmerkmale eines Budgets** können wie folgt unterschieden werden:

- **Differenziertheit:** Grad der Aufteilung des Gesamtbudgets
- **Vollständigkeit:** totales oder partielles Budget
- **Detaillierung:** Grad der sachlichen/zeitlichen Spezifikation
- **Bedeutung/Tragweite:** strategisch, operativ, taktisch
- **Wertdimension:** Auszahlung/Einzahlung, Aufwand/Ertrag, Kosten/Erlöse
- **Verbindlichkeit:** qualitative, quantitative, zeitliche und organisatorische

Planung und Budgetierung

- **Flexibilität:** absolut starres Budget, Toleranzgrenzen, Planungsreserven: flexible Budgets, Ergänzungsbudgets, Eventualbudgets
- **Funktionen** von Budgets:
  - Motivationsfunktion
  - Planungs- und Steuerungsfunktion
  - Vorgabefunktion

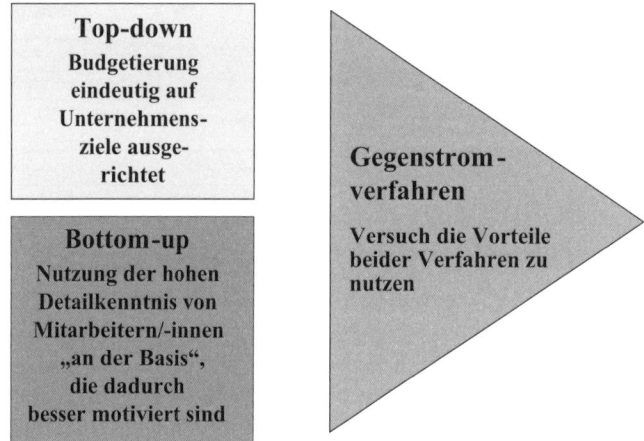

Abb. 18: Der Budgetierungsprozess – Top-down-, Bottom-up- und Gegenstromverfahren (in Anlehnung an *A. Matje*, 1998, S. 28)

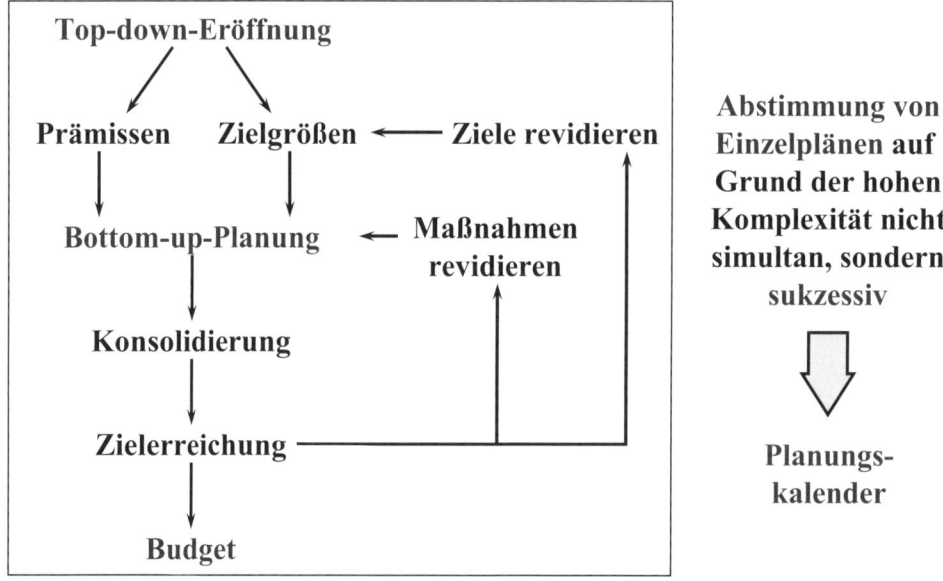

Abb. 19: Der Budgetierungsprozess – das Gegenstromverfahren (in Anlehnung an *A. Matje*, 1998, S. 29)

Grundsätzlich wird bei der **Budgetierung** wie folgt vorgegangen:

1. **Top-down-Verfahren:** Der Budgetierungsprozess wird primär von den Inhalten des Top-Managements dominiert und die Budgetzahlen werden vom Top-Management vorgegeben. Der Vorteil dieser Variante der Budgetierung ist darin zu sehen, dass die Übereinstimmung des strategischen Budgets mit dem operativen Budget meist gewährleistet wird. Außerdem ist das Budget so stärker aus Sicht des Gesamtunternehmens geprägt. Als wesentlicher Nachteil ist bei diesem Verfahren die mangelnde Motivation der Mitarbeiter/-innen zu nennen, da die Bereichs- und Abteilungsleiter/-innen mit vorgegebenen Budgets leben müssen und nur sehr rudimentär in den Budgetierungsprozess eingebunden sind.
2. **Bottom-up-Verfahren:** Während das Top-down-Verfahren von oben nach unten vorgeht, versucht das Bottom-up-Verfahren die Detailkenntnisse der Mitarbeiter/-innen auf Abteilungsebene zu nutzen, um ein bestmögliches Budget zu erzielen. Hier erfolgt die Vorgabe der Budgetwerte durch die unterste Führungsebene im Unternehmen.
3. Das **Gegenstromverfahren:** Dieses Verfahren versucht die Vorteile beider Budgetierungsverfahren in einer Methode zu vereinen. Dabei wird in der Praxis meist mit einer Top-down-Eröffnung begonnen, die dann die Wünsche und Bedürfnisse der unteren Führungsebene – eben bottom-up – miteinbezieht. Dabei steht der „Knetungsprozess" zwischen Top-, Middle- und Lower-Management im Vordergrund. Am Ende des Budgetierungsverfahrens sollen sämtliche Führungsebenen einen Konsens über das Budget erreichen.

	Abgabe der Vorschläge	Überprüfung und Koordination	Fertigstellung des operativen Gesamtplans	Verabschiedung des operativen Gesamtplans
Geschäftsführung		Überprüfung des operativen Gesamtplans, Erteilung von Änderungswünschen		Genehmigung und Verabschiedung des operativen Gesamtplans
Controlling	Formelle Prüfung und Zusammenfassung der Vorschläge zum vorläufigen operativen Gesamtplan	Rückfragen Besprechungen	Erstellung des endgültigen operativen Gesamtplans	
Bereiche/ Abteilungen	Abgabe von Vorschlägen für die operativen Bereichspläne auf Grundlage der strategischen Planvorgaben	Berücksichtigung der Änderungswünsche in den operativen Bereichsplänen		Ausführung der operativen Bereichspläne durch die Geschäftsbereiche

Abb. 20: Der Budgetierungsprozess – der Ablauf zwischen Lower-Management, dem/der Controller/-in und dem Top-Management (in Anlehnung an *R. Eschenbach*, 1995, S. 400)

Aus obiger Abbildung ergeben sich die **Aufgaben des/der Controllers/Controllerin im Budgetierungsprozess** (vgl. *W. Großeibel,* 1997, S. 16f.):

- Zurverfügungstellung der erforderlichen instrumentellen Hilfsmittel (DV-gestütztes Budgetierungssystem, Planungs- und Kontrollsystem)
- Erarbeitung von Budgetierungsprämissen (gemeinsam mit der Geschäftsführung [GF]) und Ausarbeitung von extern und intern gewonnenen Orientierungshilfen als Grundlage für die Budgetierung
- Terminisierung der Budgetierungsarbeiten (siehe Budgetierungs-Timetable)
- Überwachung des Budgetierungsfortschritts
- Motivation der Budgetierungsverantwortlichen zur Mitarbeit

- Budgetentwürfe sammeln und bewerten
- Budgetentwürfe zur Entscheidungsvorlage aufbereiten
- Führung von „Knetungsgesprächen" (gemeinsam mit Bereichsverantwortlichen und Geschäftsführern/-innen)
- Koordination und Integration der Teilbudgets zum Gesamtbudget.
- Sicherstellen, dass das operative Budget in Übereinstimmung mit der strategischen Planung steht
- Darstellung und Interpretation der Ergebnisse der Budgetierung gegenüber internen und externen Adressaten

Zusammenfassend kann man festhalten, dass der/die Controller/-in für die Planung, Organisation, Koordination und Überwachung der Budgetierung verantwortlich ist. Er/sie trägt demnach die Prozess- bzw. Durchführungsverantwortung.

Die **Anforderungen an das Budget** können wie folgt zusammengefasst werden (vgl. *W. Großeibel*, 1997, S. 15 f):

- Budgetwerte müssen herausfordernd, aber auch erreichbar sein.
- Nur ein einziges Budget pro Verantwortungsbereich, keine „Schattenbudgets"
- Partizipation der Budgetverantwortlichen am Budgetierungsprozess (Budgets als Gehaltsbasis verwenden)
- Keine Änderungen der Budgetwerte während der Planungsperiode (Anpassungen an geänderte Rahmenbedingungen über die Erwartungsrechnung)
- Budgetalternativen sind zu erstellen und zu prüfen.
- Das Gesamtbudget muss mit der strategischen Planung vereinbar sein (zeitliche Integration).
- Dauer: ¼ bis ½ Jahr, Fertigstellung: im Herbst, Planungsverantwortliche möglichst wenig zusätzlich belasten.

Vor Beginn der Planungsarbeiten sollte die **Plan-Ist-Abweichungsanalyse für das Vorjahr** vorliegen. Die Erkenntnisse daraus sind ein wesentlicher Faktor für die Verbesserung der Planungsqualität. Unterjährige, den Plan für das laufende Jahr aktualisierende **Erwartungsrechnungen** liefern wertvolle Daten für die Planung (z.B. über die Marktsituation). Diese Arbeiten laufen parallel zur operativen Planung. Das **Berichtswesen** muss mit den Planungsterminen so abgestimmt werden, dass die Planungstätigkeit durch die jeweils letztgültigen Daten unterstützt wird.

Beeinflussend auf die **Planungsqualität** beim Budgetierungsprozess wirken:

- Qualifikation der Planer/-innen
- Qualität der Daten:
  - intern
  - extern
- Qualität der Methoden und Verfahren

Planung und Budgetierung

1.4. Das Planungspanorama

Die folgende Abbildung soll die Zusammenhänge zwischen den einzelnen Planungsinstrumenten zeigen:

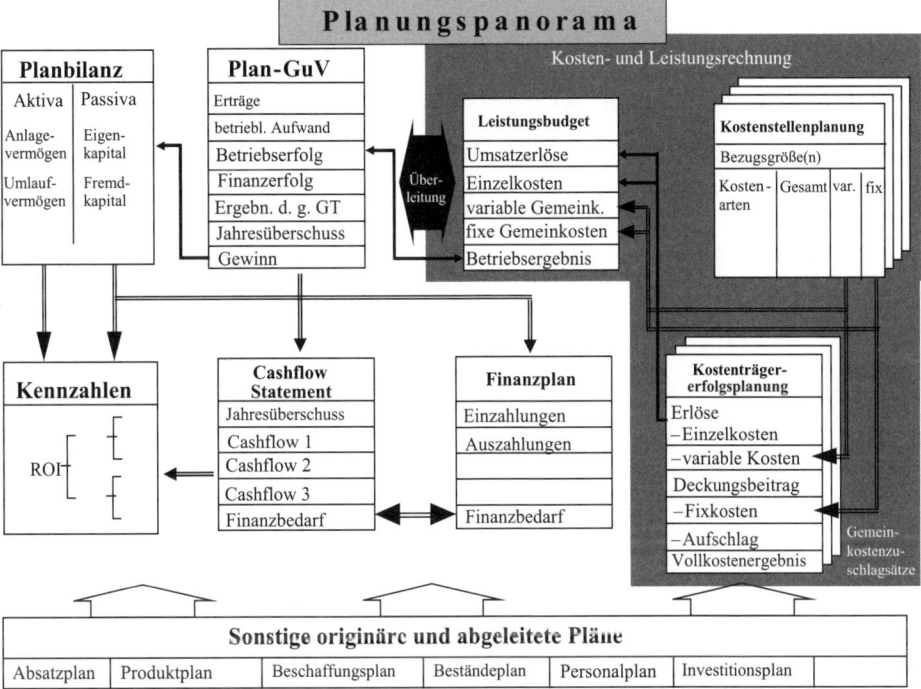

Abb. 21: Das Planungspanorama (in Anlehnung an *R. Eschenbach*, 1995, S. 74)

2. Literaturverzeichnis

Egger, A./Winterheller, M.: Kurzfristige Unternehmensplanung, Budgetierung, 6. Auflage, 2004, Wien.

Eschenbach, R.: Controlling, 1995, Stuttgart.

Matje, A.: Foliensammlung zum Controlling, 1998, Wien.

Schermann, M. P.: Foliensammlung zum Rechnungswesen, 2000, Wien.

Zehetner, K.: Plaut Foliensammlung Prozesskonforme Grenzplankostenrechnung – C5, 2000, Wien.

Strategische Dienstleistungen und der Strategiebindungsprozess anhand eines Beispiels aus der Praxis

Inhaltsverzeichnis

1. **Strategiedefinition und Strategieprozess** 295
    1.1. Umfeldanalyse 296
        1.1.1. Analyse des globalen Umfelds 297
        1.1.2. Stakeholderanalyse 297
        1.1.3. Branchenanalyse 298
    1.2. Stärken-/Schwächenanalyse 299
    1.3. Potenzialanalyse 299
    1.4. Portfolioanalyse 300
2. **Praxisbeispiel eines Strategiefindungsprozesses** 302
3. **Literaturverzeichnis** 312

1. Strategiedefinition und der Strategieprozess

In der heutigen dynamischen Zeit sind Unternehmungen mit raschen, permanenten Veränderungen und Diskontinuitäten konfrontiert. Sich permanent ändernde Marktentwicklungen, die Konzentration der Unternehmen in gewissen Branchen, der Wegfall von Eintrittsbarrieren und der immer kürzer werdende Zyklus von Produktinnovationen stellt die Unternehmen vor immer größer werdende Herausforderungen. Wer sich diesen Herausforderungen erfolgreich stellen will, muss in der Lage sein, gewisse Trends und zukünftige Entwicklungen zu antizipieren, um bei Eintritt darauf vorbereitet zu sein bzw. das Unternehmen aktiv zu steuern. In der heutigen Literatur überwiegt die Sichtweise, dass Strategien komplexe Maßnahmenbündel zur Zielerreichung darstellen. Es wird davon ausgegangen, dass diese Maßnahmen zueinander im Verhältnis stehen und sich gegenseitig beeinflussen. Die Strategie besteht also aus einer Vielzahl von Einzelentscheidungen, die sich gegenseitig beeinflussen. Ziel dieser Maßnahmen ist die Schaffung, die Erhaltung und der Ausbau von Erfolgspotentialen. Im Zentrum der Betrachtung steht der langfristige Unternehmenserfolg, die Sicherung der Liquidität und somit die Sicherstellung des langfristigen Überlebens des Unternehmens. Es geht darum, langfristig die richtigen Dinge zu tun – „do the right things". Die operative Tätigkeit setzt den Schwerpunkt auf die richtige Umsetzung der Aufgaben – „do the things right".

In Unternehmungen gibt es Strategien auf mehreren Ebenen. Die Unternehmensstrategie bezeichnet dabei die Gesamtstrategie des Unternehmens. Diese Strategie kann sich zum Beispiel als Kostenführerstrategie oder auch als Differenzierungsstrategie äußern. Die Geschäftsbereichsstrategie bezieht sich auf die Strategie von Geschäftsbereichen, Divisionen oder auch auf strategische Geschäftsfelder (SGF). Unter der funktionalen Strategie ist die abgeleitete Strategie der einzelnen funktionalen Einheiten zu verstehen (Marketingstrategie, Produktstrategie etc.).

Diese Unterscheidung besitzt eine sehr hohe Relevanz, weil nur durch eine klare analytische Trennung auf der richtigen Ebene gedacht, gehandelt und darüber kommuniziert werden kann (vgl. *Volcic/Schermann/Siller*, 2010, S. 17).

In der unternehmerischen Praxis entstehen Strategien entweder geplant, in einem strukturierten Strategieprozess, oder ungeplant in Phasen der Strategiebearbeitung bzw. -verfolgung. Der formalisierte und strukturierte Strategieprozess stellt ein Instrument zur Konsolidierung der Strategieinitiativen dar, in dem strategische Entscheidungen in einem strukturierten Prozess auf Basis von Analysen getroffen werden (vgl. *Volcic/Schermann/Siller*, 2010, S. 17).

Trotz der strukturierten Vorgehensweise darf nicht der Eindruck entstehen, dass durch die strategischen Analysen alleine eine perfekte Strategie abgeleitet werden kann. Kreativität, Mut und das Überschauen des eigenen Tellerrandes sind unumgängliche Ergänzungen zu den strategischen Analysen. Der Vorteil eines formalisierten Prozesses liegt sicher in der Strukturiertheit der Vorgehensweise in der Nachvollziehbarkeit und in der bewussten Auseinandersetzung mit dem Umfeld und dem Unternehmen. Der Prozess wird üblicherweise in vier Phasen untergliedert:

1. die strategische Analyse,
2. die Strategie-Konzeption,
3. die Strategie-Implementierung und
4. die strategische Kontrolle.

Die ersten beiden Phasen (Konzeption und Implementierung) werden auch als Strategie-Entwicklung und die Phasen der Implementierung und der Kontrolle auch als Strategie-Durchsetzung bezeichnet.

Strategische Dienstleistungen und der Strategiebindungsprozess anhand eines Beispiels aus der Praxis

Die Aufgaben des Controllings im Strategieprozess sind manigfaltig und reichen von der Vorbereitung und Aufbereitung vorhandener Daten über die Durchführung und Moderation bis hin zur Unterstützung der Implementierung und Kontrolle der Umsetzung.

Der Strategiefindungsprozess, den der/die Controller/-in zu unterstützen hat, kann wie folgt gegliedert sein:

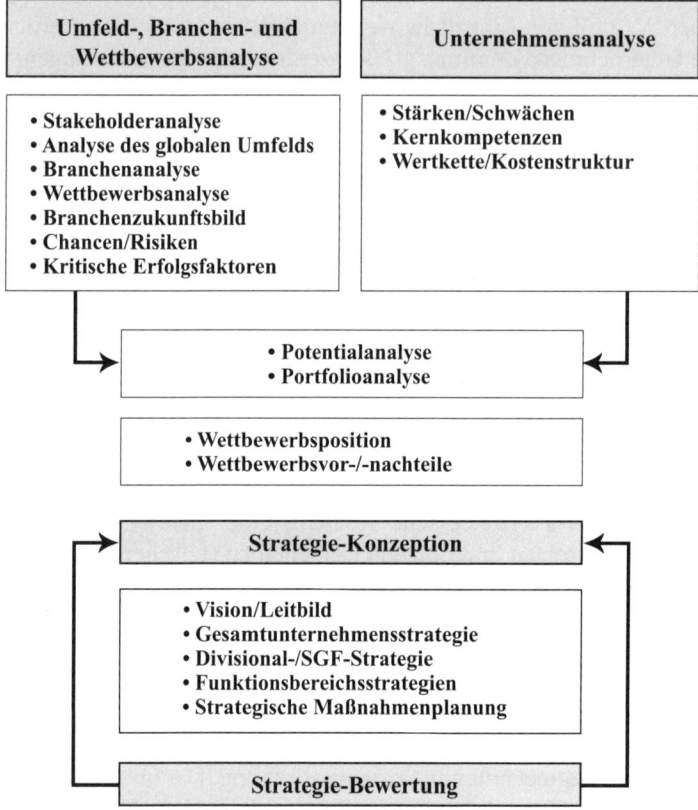

Abb. 1: Der Strategiefindungsprozess (eigene Darstellung)

Neben den operativen Instrumenten des Controllings wird den strategischen Instrumenten immer mehr Bedeutung geschenkt. Als wesentliches strategisches Controllinginstrument gilt die Strategiefindung. Im Rahmen der Strategiefindung spielt der/die Controller/-in eine wesentliche Rolle: Der/Die Controller/-in initiiert, moderiert und koordiniert die Erarbeitung und Bewertung von Strategien.

1.1. Umfeldanalyse

Das Umfeld und vor allem die Veränderungen im Umfeld beeinflussen das Unternehmen und somit auch die Strategie des Unternehmens maßgeblich. Ziel der Umfeldanalyse, als erster Schritt der strategischen Analyse, ist die Reduktion der Komplexität. Die Identifikation der relevantesten Umfeldfaktoren steht im Mittelpunkt der Analyse. Das Umfeld, bzw. die Umfeldanalyse, kann folgendermaßen strukturiert werden:

I. Analyse des globalen Umfeldes
II. Analyse der Stakeholder
III. Branchenanalyse

1.1.1. Analyse des globalen Umfelds

Die Analyse des globalen Umfeldes verfolgt zwei Ziele. Zum Ersten sollen daraus die wirtschaftlichen Rahmenbedingungen abgeleitet werden und zum Zweiten gilt es, mögliche Veränderungen und zukünftige Entwicklungen im Umfeld zu antizipieren. Die Problematik bzw. die Schwierigkeit liegt in der Erfassung aller Entwicklungen und Trends und in der Reduktion dieser in die für das Unternehmen relevanten Faktoren. Üblicherweise wird das globale Umfeld anhand von vier Kategorien im Detail analysiert:

- Technologische Faktoren
- Wirtschaftliche Faktoren
- Gesellschaftliche und ökologische Faktoren
- Politische Faktoren

Durch die Analyse der genannten Bereiche werden eine Sensibilisierung für das Umfeld geschaffen, das relevante Umfeld aus der Fülle von Faktoren identifiziert und daraus Chancen und Risiken für das Unternehmen abgeleitet. Da eine Fülle von Faktoren aus den relevanten Bereichen abgeleitet und als Chance und/oder Risiko klassifiziert wurden, empfiehlt sich anschließend die Vornahme einer Priorisierung der Faktoren, damit in diesem Schritt die Fülle der Faktoren nochmals auf die wesentlichsten reduziert wird. Als Ergebnis der globalen Umfeldanalyse sollten die zehn bis 20 wichtigsten Einflussfaktoren aus dem Umfeld, als Chance und/ oder Risiko bewertet, in einem Ranking überbleiben. Durch diese Vorgeheneseise werden die Vielzahl der Faktoren und die Komplexität des Umfeldes reduziert und können somit in die strategischen Überlegungen mit einfließen.

1.1.2. Stakeholderanalyse

Die Stakeholderanalyse dient im Zuge der Umfeldanalyse dazu, die unterschiedlichen Interessengruppen zu identifizieren und zu klassifizieren. Stakeholder sind jene Gruppen oder Individuen, die entweder Einfluss auf das Unternehmen nehmen können oder aber durch die Entscheidungen im Unternehmen betroffen sind. Im Strategieprozess muss sich das Unternehmen Gedanken machen, wer seine Stakeholder sind, welche Erwartungen sie an das Unternehmen bzw. an die Strategie stellen und welche Konsequenzen für das Unternehmen daraus abzuleiten sind. Eine strukturierte Vorgehensweise in der Stakeholderanalyse sieht folgendermaßen aus:

I. Identifikation der Gruppen oder Individuen
II. Bewertung des Einflusses der jeweiligen Gruppe auf das Unternehmen
III. Identifikation der Erwartungen der Gruppen an das Unternehmen
IV. Erarbeitung der daraus resultierenden Konsequenzen für das Unternehmen
V. Definition einer Kommunikationsstrategie zu den einzelnen Stakeholdern

Entscheidend in der Analyse ist nicht nur die Identifikation der einzelnen Stakeholder, sondern vielmehr die Überlegung, welche Kommunikationsstrategie für die jeweiligen Gruppen gewählt werden soll. Welche der Gruppen hat sowohl ein hohes Interesse als auch einen hohen Einfluss auf das Unternehmen und wie gehe ich als Unternehmen mit dieser Gruppe um bzw. wie kann ich diese Gruppe von der Strategie überzeugen und sie somit mit ins Boot holen?

1.1.3. Branchenanalyse

Die Entwicklungen in der Branche, in der das Unternehmen tätig ist, weisen einen massiven Einfluss auf das jeweilige Unternehmen auf. Es ist daher unumgänglich, sich einen Überblick über die aktuellen und zukünftigen Entwicklungen in der eigenen Branche zu verschaffen. Wie sieht die Branche aktuell aus? Welche Entwicklungen werden in der nächsten Zeit passieren? Wie stark ist die Wettbewerbssituation? Welche Eintrittsbarrieren gibt es und wie werden sich diese verändern? Dies ist nur ein kleiner Auszug an Fragestellungen, die durch die Branchenanalyse beantwortet werden sollen.

Bevor die Analyse jedoch durchgeführt werden kann, sind eine Abgrenzung des eigenen Geschäftsfeldes und die Abgrenzung des Marktes notwendige Voraussetzung. In der Praxis besteht die wesentliche Schwierigkeit einer Marktabgrenzung darin, dass man als Ergebnis zwar einen klar abgegrenzten Markt erhalten möchte, eine zu rigorose Abgrenzung jedoch eine Fülle von Geschäftsfeldern als Ergebnis bringt. Es gilt, einen praktikablen Mittelweg zu finden, der einerseits zu einer überschaubaren Menge an Geschäftseinheiten führt, andererseits diese untereinander scharf abgegrenzt sind, um die Entwicklung von spezifischen und wirksamen Strategien zu ermöglichen. Als Abgrenzungskriterien für den relevanten Markt haben sich in der Praxis folgende Merkmale bewährt:

- Abgrenzung nach einer Region (Österreich)
- Abgrenzung durch einen Vertriebskanal (Direktvertrieb)
- Abgrenzung durch die Abnehmergruppe (b2b)

Durch die Kombination der einzelnen Abgrenzungsmerkmale entstehen unterschiedliche Märkte, die in der Regel auch eine unterschiedliche Strategie erfordern. Nach der Abgrenzung der einzelnen Geschäftsfelder kann die Analyse des jeweiligen Wettbewerbsumfelds und der relevanten Faktoren beginnen. Sowohl in der Theorie als auch in der Praxis hat sich das Modell von *Porter* („five forces") durchgesetzt. Nach *Porter* determinieren nur fünf Kräfte die Attraktivität und damit auch die Rentabilität der jeweiligen Branche. Diese fünf bestimmenden Kräfte nach *Porter* sind:

I. Rivalität in der Branche
II. Potentielle neue Mitbewerber
III. Substitutionsprodukte
IV. Verhandlungsstärke der Lieferanten
V. Verhandlungsstärke der Abnehmer

Aufgrund der Branchenanalyse sollen folgende Optionen bewertet werden können:

- Einstieg/Nichteinstieg in den Markt
- Verbleib im Markt
- Ausstieg aus dem Markt

Die Analyse der Wettbewerbskräfte darf sich jedoch nicht nur auf die Ist-Situation beschränken, sondern muss unbedingt auch Prognosen über zukünftige Entwicklungen beinhalten.

Für die Strategieentwicklung bildet die Konkurrenzanalyse die relevante Basis. Die Strategie muss so gewählt werden, dass das Unternehmen seine Stärken und seine Wettbewerbsvorteile optimal nutzen und gegenüber den Konkurrenten optimal ausspielen kann.

Auf Basis der Wettbewerbsanalyse können im nächsten Schritt die kritischen Erfolgsfaktoren abgeleitet bzw. identifiziert werden. Kritische Erfolgsfaktoren sind jene Faktoren, die in der gegenständlichen Branche in der Zukunft zum Erfolg führen. Besitzt das Unternehmen diese kritischen Erfolgsfaktoren in einem hohen Ausmaß, so hat das Unternehmen ein hohes Potenzial, in Zukunft erfolgreich am Markt agieren zu können. Die kritischen Erfolgsfaktoren sind somit jene Faktoren, die in der gegenständlichen Branche tatsächlich zum Erfolg führen.

Ist das Unternehmen nicht im Besitz dieser wichtigen Faktoren, wird es in Zukunft auch keinen bzw. nur einen sehr beschränkten Erfolg haben und die langfristige Existenz nicht sicherstellen können.

Mit Hilfe der kritischen Erfolgsfaktoren muss es gelingen, nachfolgende Fragen zu beantworten:

- Was will der Kunde?
- Wie kann ich mich als Unternehmen vom Wettbewerb abheben?

1.2. Stärken-/Schwächenanalyse

Nachdem das globale Umfeld, die Stakeholder und auch der Wettbewerb analysiert wurden, geht es im nächsten Analyseschritt um die Identifikation von Stärken und Schwächen in dem jeweiligen Unternehmen. Unternehmensinterne Stärken sind sehr gut anhand von erbrachten Leistungen erkennbar und die in der Vergangenheit erbrachten Leistungen bieten eine Möglichkeit, Stärken, aber auch Schwächen zu identifizieren. Bei der Ermittlung von Stärken und Schwächen ist darauf zu achten, dass diese eine Zukunftsrelevanz aufweisen müssen, sollen sie doch die Basis der zukünftigen Strategie darstellen. Wichtig in diesem Zusammenhang ist es auch, den Begriff „Stärke" zu definieren. Eine Stärke ist wirklich nur dann eine Stärke, wenn diese Faktoren im Unternehmen stärker ausgeprägt sind als bei meinem härtesten Konkurrenten. Nur dann kann eine Strategie Wettbewerbsvorteile aufbauen. In vielen Unternehmungen wird die Ausbildung ihrer Mitarbeiter als Stärke postuliert. Die Frage ist jedoch, ob die Mitarbeiter wirklich einen qualitativ hochwertigeren Ausbildungsstand aufweisen als der stärkste Konkurrent und ob dieser Ausbildungsstand einen Wettbewerbsvorteil generieren kann. Nur dann ist es wirklich eine strategische Stärke. Weisen auch die anderen Unternehmen einen vergleichbaren Ausbildungsstand der Mitarbeiter auf, so ist dieser nicht mehr als Stärke zu werten, da ansonsten die Strategie auf einem Faktor aufbaut, der keine tatsächliche Stärke darstellt, und es besteht die Gefahr, dass die Strategie des Unternehmens nicht auf Stärken, sondern auf Mittelmäßigkeiten aufgebaut wird.

Nachdem die Stärken und Schwächen identifiziert wurden, werden im nächsten Schritt die Stärken mit den kritischen Erfolgsfaktoren abgeglichen und die Schwächen in „normale" Schwächen und tödliche Schwächen klassifiziert. Da Unternehmen ihre Ressourcen nicht unbeschränkt zur Verfügung haben, muss die Strategie aufzeigen, wo und wie knappe Ressourcen optimal eingesetzt werden. Strategie bedeutet:

- Stärkung der Stärken (vor allem wenn es sich auch um kritische Erfolgsfaktoren handelt)
- Tödliche Schwächen vermeiden
- Schwächen bleiben Schwächen

Durch die Strategie erfolgt eine Fokussierung und gezielte Ressourcenallokation. Strategie heißt, seine Stärken im Wettbewerb zu nutzen. Schwächen bleiben prinzipiell Schwächen (jedoch nicht im operativen, sondern nur im strategischen Sinne); tödliche Schwächen, das sind jene die die Existenz des Unternehmens gefährden, müssen aber selbstverständlich bestmöglich beseitig werden.

1.3. Potenzialanalyse

In der Potenzialanalyse werden nun die in der Brachenanalyse erarbeiteten kritischen Erfolgsfaktoren herangezogen und das Unternehmen auf Basis dieser Faktoren mit dem stärksten Wettbewerber verglichen. Durch die Potenzialanalyse werden marktrelevante Stärken/Schwächen und Potenziale dargestellt. Aufbauend auf dem Ergebnis der Potenzialanalyse lassen sich spezifische Strategien zum Auf- und Ausbau bzw. zur Festigung der Stärken und zum Abbau der Schwächen ableiten. Durch die Konzentration auf Stärken wird das Unternehmen unverwechselbarer, bekommt ein schärferes Profil und erreicht somit eine stärkere Positionierung am Markt.

1.4. Portfolioanalyse

Das Marktanteils-Marktwachstums-Portfolio der Boston Consulting Group (BCG) zieht aus der Vielzahl an relevanten Erfolgsfaktoren jeweils einen Erfolgsfaktor für das Unternehmensumfeld und einen Erfolgsfaktor für das Unternehmen heran. Die Dimension des Unternehmensumfelds fließt über das zukünftige reale Marktwachstum ein und die Dimension des Unternehmens wird über den relativen Marktanteil dargestellt. Das reale Marktwachstum ist dabei das um die Preissteigerung bereinigte nominelle Branchenwachstum, die Ableitung des relativen Marktanteils als unternehmerischer Erfolgsfaktor basiert auf dem Konzept der Erfahrungskurve. Die einzelnen strategischen Geschäftseinheiten werden anhand der beiden Erfolgsfaktoren in die BCG-Matrix übertragen. Trennlinien untergliedern das Portfolio in vier Bereiche. In der Dimension des Umfelds wird die Trennlinie beim künftigen realen Wachstum des Markts, beim Wachstum der Branche oder (bei stark diversifizierten Unternehmen) sogar beim Wachstum des Bruttosozialprodukts gezogen. Welcher dieser Werte verwendet wird, entscheidet die unternehmensspezifische Heterogenität der strategischen Geschäftseinheiten. In der Dimension des Unternehmens wird die Trennlinie üblicherweise bei einem relativen Marktanteil von 1 gezogen. Liegt man im Portfolio über dieser Trennlinie, bedeutet dies, dass die strategische Geschäftseinheit Marktführer ist. In manchen Fällen wird die Trennlinie aber bereits bei 0,7–0,8 des relativen Marktanteils gezogen.

Dem Marktwachstums-Marktanteils-Portfolio liegt das Produktlebenszykluskonzept zugrunde. Für die vier unterschiedlichen Quadranten werden nun Normstrategien abgeleitet. Diese Normstrategien sind an die Lebenszyklusstrategien gelehnt und gestehen dem Produkt bzw. der Dienstleistung immer nur eine bestimme Verweildauer am Markt mit unterschiedlichen Beiträgen zur Rentabilität und Liquidität zu.

- **Question Marks:** Diese Position ist gekennzeichnet durch einen (noch) niedrigen Marktanteil in einem überdurchschnittlich wachsenden Markt.

Die Geschäftsleitung muss sich bzgl. dieses Quadranten die Frage stellen, ob die strategische Geschäftseinheit eine Chance auf eine erfolgreiche Marktteilnahme im Sinne des Lebenszykluskonzeptes hat. In diesem Fall wird eine Offensivstrategie zur Marktetablierung empfohlen. Diese Entscheidung steht jedoch gleichzeitig auch für einen hohen Investitionsbedarf und einen, zumindest in dieser Phase, negativen Cashflow. Vereinfacht kann die strategische Empfehlung lauten: Rein oder raus! Falls die Entscheidung für ein stärkeres Engagement am Markt fällt, so wird eine Offensivstrategie notwendig sein, um Marktanteile zu gewinnen. Aufgrund des stark wachsenden Markts, muss es der strategischen Geschäftseinheit aber gelingen, stärker zu wachsen als die Konkurrenz, da sonst der relative Marktanteil nicht erhöht werden kann. Der für diese Strategie notwendige hohe Investitionsbedarf führt wie bereits erwähnt zu einem negativen Cashflow. Offensivstrategien einzelner strategischer Geschäftseinheiten müssen folglich mit entsprechenden liquiden Mitteln aus anderen Geschäftsbereichen querfinanziert werden.

- **Stars:** Hoher relativer Marktanteil in einem stark wachsenden Markt.

Trotz eines bereits sehr hoch ausgeprägten relativen Marktanteils bleibt der Investitionsbedarf in der Wachstumsphase weiterhin sehr hoch. Begründet wird dies mit einem drohenden Verlust am relativen Marktanteil, wenn es der Konkurrenz gelingen sollte, im noch jungen Markt schneller zu wachsen als die eigene strategische Geschäftseinheit. Ein Verlust des relativen Marktanteils würde eine Verschlechterung der Kostenposition bedeuten und dementsprechend ein konkretes Bedrohungspotenzial eröffnen. Ob der Free Cashflow negativ oder in etwa ausgeglichen ist, hängt von den Wachstumsraten der Branche ab. Je höher die Wachstumsraten, desto eher wird der Free Cashflow negativ sein, da der schnell wachsende Markt wesentlich mehr Ressourcenaufwand benötigt, als dies bei einem gemäßigten Wachstum der Fall wäre. Obwohl die Wachstumsphase mitunter enorme Ressourcen verzehrt, ist es für die zukünftige Entwicklung des Unternehmens unerlässlich, auch strategische Geschäftseinheiten in dieser Position zu haben.

- **Cash Cows:** Hoher relativer Marktanteil in einem gesättigten Markt.

In der Reifephase wird nachhaltig ein Free-Cashflow-Überschuss erzielt. Investitionen sind aufgrund des verlangsamten Wachstums nicht mehr in derselben Dimension wie bei den Stars notwendig. In diesem Stadium ist in der Regel auch nicht mehr mit Neueintritten in den Markt zu rechnen. Die Perspektive verlagert sich weg vom Markt, hin zum Unternehmen. Nicht mehr Themen wie Marktdurchdringung oder Produktentwicklung, sondern Rationalisierungs- und Kosteneinsparungsmaßnahmen treten in den Vordergrund. In diesem Quadranten erfolgt demnach der Schritt weg von der Außenorientierung hin zu einer Orientierung nach innen. Der hohe Free Cashflow dieser Geschäftseinheiten muss teilweise in Investitionen in andere Geschäftseinheiten und deren Entwicklung aufgehen. Die Strategie ist eine Abschöpfungsstrategie. Trotz des (relativ) geringen Investitionsbedarfs darf es dennoch keine Verschlechterung der Positionierung geben, da ansonsten das gute Kostenniveau dieser wichtigen Geschäftseinheit gefährdet wäre.

- **Poor Dogs:** Geringer relativer Marktanteil in einem gering wachsenden bzw. sogar rückläufigem Markt.

Die Sättigungsphase bedarf eines geordneten Rückzuges. Der strategischen Geschäftseinheit wird weder ein hohes Marktwachstum noch eine gute Marktstellung attestiert. Die Empfehlung lautet daher: Desinvestition. Ziel sollte ein liquiditätsneutraler Rückzug sein.

Die entscheidende Frage im Rahmen der Marktanteils-Marktwachstums-Analyse ist nun jene nach der optimalen Zusammensetzung an strategischen Geschäftseinheiten im Gesamtportfolio. Prinzipiell darf nicht erwartet werden, dass sich jede Geschäftseinheit (zumindest auf kurze Sicht) selbständig finanzieren kann. Es wird notwendig sein, die im Cash Cow-Segment erzielten Überschüsse zumindest teilweise in andere Geschäftseinheiten zu investieren, um auch zukünftige Cash Cows aufzubauen. Cash Cows alleine erhöhen zwar den gegenwärtigen Free Cashflow, die langfristige Existenz kann aber bei fehlenden neuen Produkten gefährdet sein. Folglich sollten Unternehmen ein ausgeglichenes Portfolio aufweisen. Ein anderes Problem ergibt sich für junge, innovative Unternehmen, die einen Großteil ihrer Geschäftseinheiten als Stars oder als Question Marks positioniert sehen. Der Finanzierungsengpass ermöglicht es in der Regel nicht, mit allen Geschäftseinheiten eine Offensivstrategie durchzuführen, weshalb ein klares Bekenntnis zu einzelnen Geschäftseinheiten notwendig wird. Der Versuch, alle Produkte zu forcieren, birgt die große Gefahr, dass dadurch ein Liquiditätsproblem entsteht und folglich die Existenzsicherung des Unternehmens nicht mehr gegeben ist, da keines der Produkte den Übergang zu den (bereits lukrativeren) Stars bzw. zu den Cash Cows vollziehen kann.

2. Praxisbeispiel eines Strategiefindungsprozesses

Als Ergebnis eines Strategiefindungsprozesses soll nachfolgendes Unternehmen als Beispiel dienen:

Produkte des Unternehmens:

- Entwicklung von Elektronik für Fahrzeug-Steuergeräte,
- Soft- und Hardwareentwicklung,
- Dienstleistung und Beratung,
- Tools für die Entwicklung,
- Lieferant für High-tech-Produkte in kleiner Stückzahl.

Kunden des Unternehmens: Systemlieferanten im Automobilbereich

- Siemens,
- Magna Steyr,
- Magna Auteca,
- AVL,
- Eaton.

Markt des Unternehmens:

- Alle Zulieferer und Hersteller von Fahrzeugkomponenten, die neue Produkte entwickeln.
- Z.B. Österreich: Bombardier-Rotax GmbH, CASE Steyr Landmaschinentechnik GmbH, Hirtenberger Automotive Safety, Kässbohrer Transport Technik GmbH, Knorr Bremse, KTM Motorräder, LEAR Corporation Austria GmbH & Co KG, Palfinger, Pollmann Austria OHG, Rosenbauer, Traktorenwerk Lindner Gmbh, Zizala Lichtsysteme GmbH, SSF (Steyr-Daimler-Puch Spezialfahrzeug AG & Co KG), Pöttinger, Remus.

Konkurrenten des Unternehmens:

- interne Entwicklungsabteilungen der Systemlieferanten selbst, z.B. Siemens, Magna,
- unabhängige Anbieter,
- Fertigungszentren, die selbst Entwicklungsdienste anbieten.

Die Stakeholderanalyse:

Die Stakeholderanalyse soll zu Beginn des Strategieentwicklungsprozesses die einzelnen Interessensgruppen des gegenständlichen Unternehmens wiedergeben. Dabei werden nach Aufzählung der Interessensgruppen die Richtung der jeweiligen Beziehungen angegeben. Die Stakeholderanalyse zählt zur Umfeldanalyse.

Die **Umfeldanalyse** im engeren Sinn besteht grundsätzlich aus nachfolgenden Punkten:

- Welche Technologieentwicklungen werden in den nächsten fünf Jahren das gegenständliche Unternehmen beeinflussen?
- Welche politischen Entwicklungen werden in den nächsten fünf Jahren das gegenständliche Unternehmen beeinflussen?
- Welche gesellschaftlichen und ökologischen Entwicklungen werden in den nächsten fünf Jahren das gegenständliche Unternehmen beeinflussen?
- Welche wirtschaftlichen Entwicklungen werden in den nächsten fünf Jahren das gegenständliche Unternehmen beeinflussen?

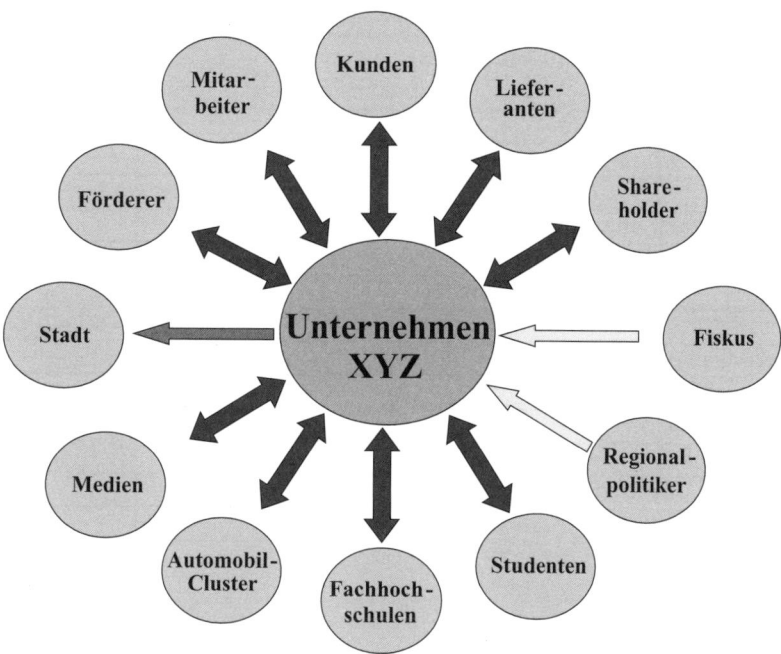

Abb. 2: Die Stakeholderanalyse (*M. Schermann*, Foliensammlung zum Controlling, 2003)

Nach der Aufzählung der besonderen Entwicklungen für das Unternehmen durch das Top-Management und das Schlüsselpersonal soll geprüft werden, ob die jeweilige Entwicklung in den nächsten fünf Jahren

- eine Chance,
- ein Risiko für das Unternehmen bedeutet oder
- neutral für das Unternehmen ist.

Um danach die zehn wichtigsten Umfeldentwicklungen für das Unternehmen herauszuarbeiten, wurden in diesem Beispiel Punkte von den Teilnehmer(inne)n der **Strategieklausur** vergeben. Die gewichtigsten Faktoren wurden so an die oberste Stelle gereiht.

Kriterium	Technologieentwicklungen der Zukunft (t)	Chance (+), Neutral (0), Risiko (-)	Punkteanzahl
t	Elektronifizierung (Ersatz)	+	6
t	42-Volt-Bordnetz	+	4
t	Vernetzung/Bus-Systeme	+	4
t	Brennstoffzelle	+	3
t	Beleuchtungstechnik (LED)	+	1
t	Rechenleistungen werden günstiger	+	0
t	Verkehrsleittechnik	+	0
t	Kommunikationssysteme werden vermehrt eingesetzt	0	0
t	Flachleiter	0	0
		Summe	18

Abb. 3: Die Umfeldanalyse: Technologieentwicklungen der Zukunft (*M. Schermann*, Foliensammlung zum Controlling, 2003)

Kriterium	Politische Entwicklungen (p)	Chance (+), Neutral (0), Risiko (−)	Punkteanzahl
p	Förderquote Erhöhung	+	2
p	politische Schwerpunktsetzung	„+/−"	2
p	ökologische Entscheidungen	„+/−"	1
p	Ziel-1-Gebiet Burgenland	+	1
p	Einschränkung Individualverkehr	−	0
p	Steuersenkung (Gesellschaftssteuer)	+	0
p	Standortfrage	„+/−"	0
p	F&E-Quotenerhöhung	+	0
p	EU-Erweiterung	„+/−"	0
p	Lohnnebenkosten-Senkung	„+/−"	0
p	sonstige Auflagen	0	0
p	nationale Tendenzen	−	0
p	Stadtverschuldung	0	0
		Summe	6

Abb. 4: Die Umfeldanalyse: politische Entwicklungen der Zukunft (*M. Schermann*, Foliensammlung zum Controlling, 2003)

Kriterium	Gesellschaftliche und ökologische Veränderungen (g)	Chance (+), Neutral (0), Risiko (−)	Punkteanzahl
g	teure Rohstoffe	−	2
g	Sicherheitsaspekt wird erhöht	+	2
g	Zweitauto	+	0
g	Funcar	+	0
g	CO_2-Senkung	„+/−"	0
g	Ozon-Steigerung	„+/−"	0
g	erneuerbare Energie/Rohstoffe	0	0
g	Luxusautos	+	0
g	Nichtfliegen-Steigerung	+	0
g	Förderung des öffentlichen Verkehrs	−	0
g	Kommunikationssysteme-Steigerung	−	0
g	Zweitwohnsitz	+	0
g	Recycling	−	0
		Summe	4

Abb. 5: Die Umfeldanalyse: gesellschaftliche und ökologische Entwicklungen der Zukunft (*M. Schermann*, Foliensammlung zum Controlling, 2003)

Kriterium	Wirtschaftliche Entwicklungen (w)	Chance (+), Neutral (0), Risiko (−)	Punkteanzahl
w	geforderte Flexibilität	+	5
w	Outsourcing wird forciert betrieben (Automotiv)	+	4
w	Qualitätssteigerung aus Käufersicht	+	4
w	Individualisierung	+	2
w	Kostendruck	„+/−"	1
w	volkswirtschaftliche Entscheidungen (China, Indien)	„+/−"	1
w	Prozessgedanke	0	0
		Summe	17

Abb. 6: Die Umfeldanalyse: wirtschaftliche Entwicklungen der Zukunft (*M. Schermann*, Foliensammlung zum Controlling, 2003)

Kriterium	Die 10 wichtigsten Umfeldfaktoren	Chance (+), Neutral (0), Risiko (−)	Punkteanzahl	Ranking
t	Elektronifizierung (Ersatz)	+	6	1
w	geforderte Flexibilität	+	5	2
w	Outsourcing wird forciert betrieben (Automotiv)	+	4	3
w	Qualitätssteigerung aus Käufersicht	+	4	3
t	42-Volt-Bordnetz	+	4	3
t	Vernetzung/Bus-Systeme	+	4	3
t	Brennstoffzelle	+	3	4
w	Individualisierung	+	2	5
g	teure Rohstoffe	−	2	5
g	Sicherheitsaspekt wird erhöht	+	2	5
p	Förderquote Erhöhung	+	2	5
p	politische Schwerpunktsetzung	„+/−"	2	5
w	Kostendruck	„+/−"	1	6
w	volkswirtschaftliche Entscheidungen (China, Indien)	„+/−"	1	6
p	ökologische Entscheidungen	„+/−"	1	6
p	Ziel-1-Gebiet Burgenland	+	1	6
t	Beleuchtungstechnik (LED)	+	1	6

Abb. 7: Die Umfeldanalyse: Die zehn wichtigsten Umfeldfaktoren (*M. Schermann*, Foliensammlung zum Controlling, 2003)

Die Branchen- und Wettbewerbsanalyse, kritische Erfolgsfaktoren:

Nach der Umfeldanalyse erarbeiten die Strategieteilnehmer/-innen die wesentlichen Änderungen der Branchen- und Wettbewerbssituation in den nächsten fünf Jahren. Auch an dieser Stelle wird diskutiert, ob die jeweilige Entwicklung Vor- oder Nachteile für das Unternehmen mit sich bringt.

Wesentliche Branchenentwicklungen	Chance (+), Neutral (0), Risiko (–)
Komplexe/mehrfunktionale Steuergeräte	+
Tochtergesellschaften in Billiglohnländern	–
Personalausweitung	+
Qualitätsstandards Steigerung	„+/–"
Standardisierung von Schnittstellen und Geräten	„+/–"
Kompetenzkonzentration	–
Wiederverwendung	„+/–"
Einstiegsbarrieren steigen	„+/–"
Auslagerung primärer Funktionen	+
Miniaturisierung	+
Energieeffizienz-Steigerung	0
Elektronifizieung-Steigerung	+

Abb. 8: Die Branchen- und Wettbewerbsanalyse (*M. Schermann,* Foliensammlung zum Controlling, 2003)

Nach den Branchenentwicklungen der Zukunft werden die kritischen Erfolgsfaktoren definiert. Kritische Erfolgsfaktoren sind jene Faktoren, die in der gegenständlichen Branche tatsächlich zum Erfolg führen. D.h.: Bin ich als Unternehmen in Besitz dieser Faktoren, werde ich Erfolg haben, bin ich es nicht, so ist Misserfolg vorprogrammiert.

Kritische Erfolgsfaktoren
Flexibilität
Preis/Leistung
Qualität
Nachvollziehbarkeit (Transparenz)
Innovation
Know-how (Mitarbeiter)
Spezialisierung
Marktmacht/Marktanteil
Komponentenlieferant (One-stop-shop-Prinzip)
Anzahl (kritischer) Kunden
Vertriebsstärke

Abb. 9: Kritische Erfolgsfaktoren *(M. Schermann,* Foliensammlung zum Controlling, 2003)

Die Unternehmensanalyse:

Erst nach der Umfeldanalyse und der Branchen- und Wettbewerbsanalyse wird das eigene Unternehmen in den Fokus der Betrachtung gezogen. Bei Unternehmensanalysen stehen die Stärken- und Schwächenanalyse sowie die Potentialanalyse im Vordergrund.

Im Rahmen des **Strategiemeetings** werden nun die Stärken des Unternehmens diskutiert. Wesentlich wird es sein, dass einige Stärken auch kritische Erfolgsfaktoren sind. Vor diesem Hintergrund werden nun auch die Schwächen aufgezählt und danach beurteilt, ob die jeweilige Schwäche auch dazu bestimmt sein kann, das Unternehmen in den Tod zu treiben.

Aus dem Ergebnis der **Stärken- und Schwächenanalyse** können folgende Strategien abgeleitet werden:

1. Stärken der Stärken, besonders dann, wenn die Stärken auch kritische Erfolgsfaktoren sind.

2. Tödliche Schwächen vermeiden.
3. Grundsätzliche Schwächen bleiben Schwächen.

Strategie bedeutet immer auch eine bestimmte Fokussierung. Im obigen Fall bedeutet Strategie, dass sich das Unternehmen auf seine Stärken konzentrieren soll und seine Ressourcen dazu einsetzt, diese Stärken weiter zu stärken und gleichzeitig tödliche Schwächen zu vermeiden. Würde das Unternehmen im Gegensatz dazu seine Ressourcen verwenden, um ausschließlich die Schwächen zu beseitigen, so würde das Unternehmen durchschnittlich werden. So wird das Unternehmen auch von den Kunden nur als durchschnittlich empfunden – und steht nicht für bestimmte Stärken.

Stärken	kritischer Erfolgsfaktor	zukunftsorientiert	Punkteanzahl
Flexibilität	x	x	10
Effizienz	x	x	5
Spezialisierung auf kleine Stückzahlen		x	3
gute Kostenstruktur		x	3
geringe Durchlaufzeiten		x	3
gute Kommunikation		x	2
Leistungsorientierung der Mitarbeiter		x	1
höhere Gewinne		x	0
Vertrieb und Beratung in einer Person			0
		Summe	27

Abb. 10: Stärkenanalyse (*M. Schermann*, Foliensammlung zum Controlling, 2003)

Schwächen	tödlich	Punkteanzahl
Finanzkraft	x	4
geringe Umsätze	x	4
niedriger Bekanntheitsgrad		3
geringer Marktanteil		3
keine Großaufträge		2
fehlende Marketingstrategie		2
F&E-Infrastruktur		0
schlechte Einkaufskonditionen		0
geringe Manpower		0
	Summe	18

Abb. 11: Schwächenanalyse (*M. Schermann*, Foliensammlung zum Controlling, 2003)

Bei der nachfolgenden **Potentialanalyse** werden die in der Branchen- und Wettbewerbsanalyse erarbeiteten kritischen Erfolgsfaktoren dazu herangezogen, um sie mit dem Hauptkonkurrenten zu vergleichen. Dabei bildet die Null-Achse den Hauptkonkurrenten, links davon ist das eigene Unternehmen besser und rechts davon schlechter mit dem jeweiligen kritischen Erfolgsfaktor ausgestattet. Würde man nun die Fläche zwischen der Null-Achse und dem jeweiligen Ergebnis schraffieren, so könnten rechts von der Null-Achse die Potentiale und links die Defizite gegenüber dem Hauptkonkurrenten abgelesen werden.

	Besser				Schlechter		
Kritische Erfolgsfaktoren	3	2	1	0	-1	-2	-3
Flexibilität	x						
Preis/Leistung		x					
Qualität		x					
Nachvollziehbarkeit (Transparenz)		x					
Innovation					x		
Know-how (Mitarbeiter)				x			
Spezialisierung							x
Marktmacht/Marktanteil							x
Komponentenlieferant (One-stop-shop-Prinzip)						x	
Anzahl (kritischer) Kunden						x	
Vertriebsstärke						x	

Abb. 12: Die Potentialanalyse (*M. Schermann*, Foliensammlung zum Controlling, 2003)

Kritische Erfolgsfaktoren	Strategie
Flexibilität	bewahren und verkaufen
Preis/Leistung	bewahren, beweisen und verkaufen
Qualität	verbessern: mehr Systematisierung der primären und sekundären Prozesse
Nachvollziehbarkeit (Transparenz)	auf 3 erhöhen
Innovation	nichts tun
Know-how (Mitarbeiter)	halten, Definition der Vorteile gegenüber Siemens und kommunizieren
Spezialisierung	abwarten und auf Flexibilität setzen
Marktmacht / Marktanteil	investieren: Marketingstrategie entwicklen, Vertriebskonzept aufbauen und umsetzen
Komponentenlieferant (One-stop-shop-Prinzip)	investieren und vermarkten
Anzahl (kritischer) Kunden	investieren: Marketingstrategie entwicklen, Vertriebskonzept aufbauen und umsetzen
Vertriebsstärke	investieren: Marketingstrategie entwicklen, Vertriebskonzept aufbauen und umsetzen

Abb. 13: Ableitung von Teilstrategien aus der Potentialanalyse (*M. Schermann*, Foliensammlung zum Controlling, 2003)

Aus der Potentialanalyse können nun, wie in obiger Abbildung festgehalten, Teilstrategien für das Unternehmen abgeleitet werden.

Die Portfolioanalyse:

Im Portfoliokonzept wird das Unternehmen als ein Portfolio von strategischen Geschäftsfeldern oder Produkten gesehen. Unterschiedliche Geschäftsfelder bzw. Produkte in unterschiedlichen Wettbewerbssituationen mit unterschiedlichen Merkmalen der Marktattraktivität bedürfen unterschiedlicher Strategien. Geschäftsfelder bzw. Produkte werden in einer Matrix, die eine risikodeterminierende (externe) Dimension und eine erfolgsdeterminierende (interne) Dimension aufweist, mit Kreisen eingeordnet, um daraus die zukünftigen Entwicklungsrichtungen der Geschäftsfelder bzw. Produkte abzuleiten. In nachfolgender Abbildung 14 wird die geläufige **Vier-Felder-Matrix** verwendet, die durch die beiden Achsen Marktwachstum (y-Achse) und relativer Marktanteil (x-Achse) bestimmt wird. Der relative Marktanteil drückt die relative Wettbewerbssituation des jeweiligen Geschäftsfeldes bzw. Produktes aus, das Marktwachstum die Attraktivität des betrachteten Marktes. Die Größe des Kreises kann dazu verwendet werden, um den Umsatz, den Deckungsbeitrag oder den Cashflow eines Geschäftsfeldes bzw. Produktes zu definieren (*International Group of Controlling,* 2005, S. 208).

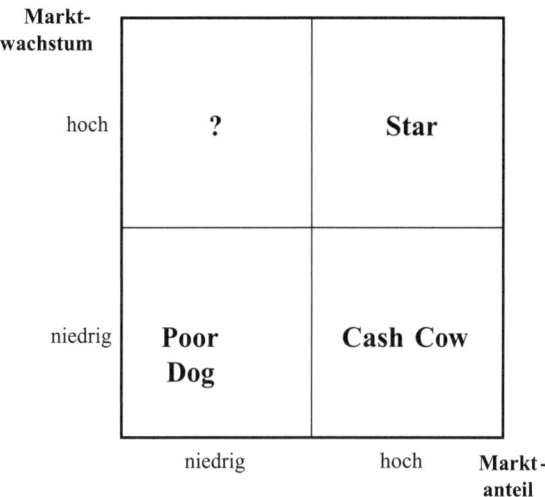

Abb. 14: Portfolioanalyse – die Vier-Felder-Matrix (*M. Schermann,* Foliensammlung zum Controlling, 2003)

Aus der Einteilung in vier Felder können für die einzelnen Felder nachfolgende Normstrategien abgeleitet werden:

Question Marks
- hoher Cash-Verbrauch
- Marktanteil gewinnen
- solange der Markt expandiert, unsichere Situation

Strategie: *hinein oder hinaus*

Poor Dogs
- kaum Cash-Gewinnung
- nachrangige/-r Mitbewerber/-in auf einem gesättigten Markt

Strategie: *abschaffen*

Stars
- hohe Cash-Erzeugung
- hoher Investitionsbedarf, daher Cash: 0
- relativ sichere Situation

Strategie: *halten und investieren*

Cash Cows
- hohe Cash-Überschüsse
- weitere Marktanteile nur schwer zu gewinnen

Strategie: *halten und melken*

Strategische Dienstleistungen und der Strategiebindungsprozess anhand eines Beispiels aus der Praxis

Produkte/DL	MA IST eigenes Unternehmen in %	MA IST Haupt-konkurrent in %	rel. MA IST	MA ZIEL eigenes Unternehmen in %	MA ZIEL Haupt-konkurrent in %	rel. MA ZIEL	Umsatz IST des Produktes in T€	Umsatz ZIEL des Produktes in T€	MW IST	MW ZIEL
Sofwareentwicklung	1,0%	30,0%	0,03	3,0%	30,0%	0,10	200,00	600,00	10,0%	10,0%
Komponentenlieferant	0,0%	50,0%	0,00	5,0%	50,0%	0,10	1,00	600,00	10,0%	10,0%
Tool 1: Secom	0,0%	0,0%	1,00	10,0%	0,0%	1.000,00	1,00	30,00	5,0%	5,0%
Tool 2: Selin	0,0%	0,0%	1,00	25,0%	0,0%	2.500,00	1,00	150,00	20,0%	10,0%

Abb. 15: Datentabelle zur Portfolioanalyse (*M. Schermann*, Foliensammlung zum Controlling, 2003)

Aufgrund der obigen Datentabelle wurde folgendes Portfolio erstellt:

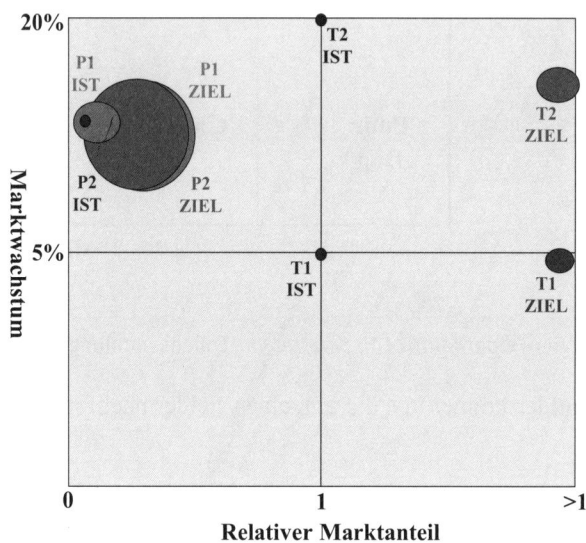

Abb. 16: Beispiel für eine Portfolioanalyse aus der Praxis (*M. Schermann*, Foliensammlung zum Controlling, 2003)

Die Vision und das Leitbild:

Nach den oben beschriebenen umfassenden Analysen ist es nun an der Zeit, dem Unternehmen eine klare Vision und ein Leitbild zu geben. Dazu wurden einige Aussagen vom Top-Management und dem Schlüsselpersonal des Unternehmens gefunden und danach einer Gewichtung unterzogen.

Leitbild	Punkteanzahl
anerkannter Lieferant von Komponenten als One-stop-shop	6
höchste Qualität	5
Ansprechpartner Nr. 1	5
Entwicklung von Produkten	4
Erkennen, Aufgreifen und Verarbeiten von Technologiestandards	4
unsere Kunden erwarten Flexibilität	4
innovative Lösungen	4
vollständige Projektabwicklung	3
Kontinuität und Verlässlichkeit	3
stetiges Wachstum	3
keine Konkurrenz zu Billiglohnländern (Kein 0815-Anbeiter)	2
Schaffen von High-tech-Arbeitsplätzen	2
Ausbau der Dienstleistung	0
keine Firma für Manpower	0
keine Feuerwehraktionen für laufende Projekte	0
Know-how-Träger für unsere Hauptkunden	0
Kunden erwartet gutes Preis-/Leistungsverhältnis	0
Vom Nischen-zum Hauptlieferant	0

Abb. 17: Gewichtete Aussagen betreffend das Leitbild (*M. Schermann*, Foliensammlung zum Controlling, 2003)

Auf Grund der Gewichtung der Aussagen betreffend des Leitbildes hat man sich im Rahmen des Strategiemeetings zu nachfolgender Vision mit Leitbild geeinigt:

- Wir sind ein anerkannter Lieferant von Komponenten.
- Unsere Kunden erhalten unsere Leistungen aus einer Hand und sehen uns als One-stop-shop-Partner.
- Im Bereich von Komponenten und in der Entwicklung von Produkten im Fahrzeugbereich sehen wir uns als erster Ansprechpartner.
- Wir erkennen und verarbeiten innovative Technologiestandards zu höchster Qualität.
- Unseren Kunden bieten wir innovative Komplettlösungen, Kontinuität und Verlässlichkeit.
- Unser Streben nach stetigem Wachstum manifestiert sich in unserer Vision: Wir wollen uns als renommiertes High-tech-Unternehmen in Europa etablieren.

3. Literaturverzeichnis

International Group of Controlling, 2005.

Schermann, M.: Foliensammlung zum Controlling, Wien, 2003.

Volcic, K./Schermann, M./Siller, H.: Strategische Managementpraxis in Fallstudien – Umsetzung einer erfolgreichen Strategie in vier Schritten, Linde, 2010.

Shareholder Value – Wertorientiertes Management

Inhaltsverzeichnis

1. **Shareholder-Value – Ansätze zur Unternehmensbewertung** 316
   - 1.1. Schwächen und Kritikpunkte an den Kennzahlen 317
   - 1.2. Kennzahlen aus dem externen Rechnungswesen 317
   - 1.3. Das Gewinnkonzept 318
     - 1.3.1. Verwendung von alternativen Bewertungsverfahren 318
     - 1.3.2. Ausschließen von Investitionserfordernissen 319
     - 1.3.3. Vernachlässigung des Zeitwertes des Geldes („Zeitpräferenz") 319
     - 1.3.4. Mangelnde Berücksichtigung von Risiken 319
     - 1.3.5. Vergangenheitsorientierung 319
     - 1.3.6. Fehlender Ausweis von Eigenkapitalkosten 320
   - 1.4. Das Shareholder-Value-Konzept 320
     - 1.4.1. Der Discounted-Cashflow-Ansatz 321
     - 1.4.2. Der Cashflow als zentrale Größe 322
     - 1.4.3. Ermittlung der Kapitalkosten 326
       - 1.4.3.1. Festlegung einer marktwertgewichteten Zielkapitalstruktur 328
       - 1.4.3.2. Ermittlung der Fremdkapitalkosten 329
       - 1.4.3.3. Ermittlung der Eigenkapitalkosten 330
         - 1.4.3.3.1. CAPM 330
           - 1.4.3.3.1.1. Bestimmung der risikofreien Rendite 332
           - 1.4.3.3.1.2. Bestimmung der Risikoprämie des Marktes 332
           - 1.4.3.3.1.3. Bestimmung des Beta-Faktors 333
             - 1.4.3.3.1.3.1. Schätzung des Beta-Faktors bei börsennotierten Unternehmen 333
             - 1.4.3.3.1.3.2. Schätzung des Beta-Faktors bei nicht börsennotierten Unternehmen 334
               - 1.4.3.3.1.3.2.1. Analogie-Ansätze 334
               - 1.4.3.3.1.3.2.2. Accounting-Methode 335
               - 1.4.3.3.1.3.2.3. Pragmatische Ansätze 336
     - 1.4.4. Residualwert 336
   - 1.5. Wertsteigerungskonzept von Copeland, Koller und Murrin 339
   - 1.6. Der Cash Flow Return on Investment (CFROI) nach Lewis 340
   - 1.7. Economic Value Added nach Steward/Stern 343
   - 1.8. Bewertung der Methoden 346

2. **Literaturverzeichnis** 347

1. Shareholder-Value – Ansätze zur Unternehmensbewertung

Dieses Kapitel soll eine Einführung und einen ersten Überblick zum Thema Shareholder-Value geben. Ausgehend vom Modell von *Rappaport* werden unterschiedliche Shareholder-Value-Modelle dargestellt und diskutiert.

Die Shareholder-Value-Orientierung hat sich mittlerweile auch im deutschsprachigen Raum durchgesetzt und Ansätze der wertorientierten Unternehmensführung haben den Einzug in die Praxis gefunden. Das Ziel einer wertorientierten Unternehmensführung besteht darin, den Wert für die Eigentümer zu maximieren.

Aufgrund des Anspruchs der Eigentümer, ihren Wert am Unternehmen zu maximieren, werden die Gesellschafter bzw. Investoren nur den Unternehmen ihr Vertrauen schenken, in denen es dem Management gelingt, Wert – im Sinne von Shareholder-Value – zu schaffen.

Dieses Ziel, Wert zu schaffen, wird dahingehend sehr oft falsch interpretiert, indem man mit Wertschaffen eine kurzfristige Wertsteigerung der Aktien verbindet. Wertorientierung bezweckt aber eine langfristige Wertsteigerung. Ziel ist es, durch geeignete Instrumente langfristige Strategien abzusichern und dadurch auch langfristig am Markt bestehen zu können. Nicht die kurzfristige Maximierung des Aktienkurses, sondern die langfristige Orientierung an wertsteigernden Strategien bilden den Kern einer wertorientierten Unternehmensführung.

Seit der Veröffentlichung von „Creating Shareholder Value" im Jahr 1986 von *Alfred Rappaport* wird kein Konzept der Betriebswirtschaftlehre so intensiv und kontrovers diskutiert. Sehen die Befürworter darin ein Allheilmittel, so sprechen die Kritiker von einer „arbeitsplatzvernichtenden, spätkapitalistischen Philosophie" (vgl. *Kramer et al.*, 2001, S. 1445). Trotz, oder gerade deshalb, erfuhr das Konzept des Shareholder-Values durch Publikationen von amerikanischen Universitätsprofessoren wie Fruhan, Rappaport und Copeland, ausgehend von Amerika und später auch im europäischen Raum, eine enorme Verbreitung (vgl. *Günther*, 2004, S. 261).

Rappaport hat den Shareholder-Value-Ansatz gleichsam salonfähig gemacht und zur Shareholder-Value-„Manie" beigetragen, welche nicht nur an der New York Stock Exchange zu temporären Kurs-Höhenflügen gesorgt hat (vgl. *Haeseler und Hörmann*, 2005, S. 4). Auslöser für die Kursentwicklung war die neue Form der Unternehmensbewertung, welche einen höheren Wert des Eigenkapitals attestierte.

Der Shareholder-Value-Ansatz wurde „*zuerst ignoriert, dann abgelehnt und schließlich selbstverständlich*" (vgl. *Rappaport*, 1999, S. 3).

Vom Ansatz her ist der Shareholder-Value ein betriebswirtschaftliches Führungsinstrument, welches die Ziele und Aktivitäten des Unternehmens an den Interessen der Anteilseigner ausrichtet. Statt der Maxime der buchhalterischen Gewinnermittlung wird das Dogma „Werte für die Anteilseigner schaffen" in den Vordergrund gestellt. *Günther* stellt jedoch fest, dass der Ansatz nicht neu, sondern lediglich eine Verknüpfung von bekannten Theorien und Erkenntnissen darstellt: „Das Shareholder Management stellt keinen neuen originären Ansatz dar, sondern ist als logische Verknüpfung von bekannten Erkenntnissen aus der Kapitalmarkttheorie, der Unternehmensbewertung, des strategischen Management und des operativen Controlling zu betrachten." (*Günther*, 2004, S. 261.)

Neu jedoch ist, dass im Zentrum der Unternehmensführung die Maximierung des Shareholder-Values steht. Dieses übergeordnete Ziel stellt den wesentlichen Bestandteil der wertorientierten Unternehmensführung dar.

Das Thema der Wertorientierung gewinnt aufgrund vergangener Erkenntnisse über klassische Steuerungskonzepte mehr und mehr an Bedeutung. Veränderte Rahmenbedingungen wie gesättigte Märkte, knappe Ressourcen, erschwerte Kapitalbeschaffung, Globalisierung der Märkte usw. zwingen Unternehmen, ihre Steuerungssysteme zu überdenken und den geänderten Bedingungen anzupassen. In diesem Zusammenhang wird eine nachhaltige Steigerung des Unternehmenswertes durch eine verbesserte Ertragskraft und profitables Wachstum betont. Ziel dabei ist die Maximierung des Unternehmenswertes.

Die wertorientierte Unternehmensführung, im angloamerikanischen Raum Value Based Management genannt, zählt zu den wichtigsten Managementtrends im aktuellen Wirtschaftsgeschehen. Anstatt sich auf Zahlen des Rechnungswesens wie Gewinn oder Umsatz zu konzentrieren, sieht die wertorientierte Unternehmensführung ihre Aufgabe in der Implementierung und Umsetzung wertsteigender Strategien.

Zusätzlich zum Shareholder-Value-Ansatz von *Rappaport* werden auch weiterentwickelte Konzepte zur wertorientierten Unternehmensführung in ihren Ansätzen dargestellt.

Auf den Shareholder-Value von *Copeland et al.*, das Konzept vom Economic Value Added (EVA) und den Cash Flow Return on Investment (CFROI) wird im Folgenden näher eingegangen.

1.1. Schwächen und Kritikpunkte an den Kennzahlen

Das bestimmende Element für die Entwicklung des Shareholder-Value-Konzeptes war die zunehmende Erkenntnis, dass der Gewinn als Messgröße für die Ertragskraft des Unternehmens nur bedingt geeignet war. Auch die Bewertung des Managements bzw. die Umsetzung der strategischen Ausrichtung konnte nur unzureichend durch diese Kennzahl abgebildet werden (vgl. *Düsterloh*, 2003, S. 7).

Obwohl die Kritik am Gewinn schon seit langem bekannt ist, muss festgestellt werden, dass Unternehmen seitens der Wirtschaftspresse noch immer an Kennzahlen wie Gewinn, Gewinnwachstum, Gewinn pro Aktie und Kurs-Gewinn-Verhältnis beurteilt und gemessen werden (vgl. *Düsterloh*, 2003, S. 7 f.). Aufgrund der Veröffentlichung dieser Kennzahlen wird der Glaube verstärkt, dass die Aktienkurse maßgeblich von den in den Bilanzen und Zwischenberichten ausgewiesenen Gewinnen beeinflusst werden. Jedoch erkennt eine immer größer werdende Zahl von Führungskräften, dass die Entwicklung des Gewinnes und die Entwicklung der Wertpapiere nicht unmittelbar korrelieren (vgl. *Rappaport*, 1999, S. 15; *Bühner/Tuscke* in: Bühner, 1999, S. 9 f.; *Lewis*, 1994, S. 13 ff.).

Studien der Boston Consulting Group (BCG), von Finegan und von Mc Kinsey haben gezeigt, dass gewinnorientierte Kennzahlen eine schwächere Korrelation mit den Aktienkursen aufweisen, als cashfloworientierte Kennzahlen (vgl. *Günther*, 1997, S. 51).

1.2. Kennzahlen aus dem externen Rechnungswesen

Die Kennzahl „Gewinn pro Aktie" wurde lange Zeit von den Kapitalgebern als gängiger Maßstab zur Beurteilung und Bewertung von Aktien angesehen. Tatsache ist jedoch, dass diese Kennzahl auf den Daten des externen Rechnungswesens basiert und deshalb durch verschiedene Bilanzierungsvorschriften und Bilanzierungswahlrechte beeinflusst wird. *Black et al.* haben nachgewiesen, dass es keinen unmittelbaren Zusammenhang zwischen dem Gewinn pro Aktie und der Entwicklung des Börsenkurses gibt, auch wenn der Bilanzgewinn genau definiert und berechnet werden könnte (vgl. *Black et al.*, 1998, S. 65 f.).

Es kann festgehalten werden, dass der Großteil der verwendeten Kennzahlen in den verschiedensten Kennzahlensystemen aus dem betrieblichen Rechnungswesen stammt. Diese Kennzahlen sind aufgrund verschiedener Spielräume und Wahlrechte in der Berechnung bzw. in ihrer Entstehung nicht ohne Kritik als Steuerungsgrößen zu verwenden. In den meisten Kennzahlensystemen gibt es eine Spitzenkennzahl, deren Entstehung durch eine Aufgliederung der Einflussgrößen transparent gemacht wird. Als Beispiel sei der ROI im Du-Pont-Schema genannt.

1.3. Das Gewinnkonzept

Die Maximierung der Eigentümerrendite wird Vertretern des Shareholder-Value-Konzeptes als die fundamentale Zielsetzung eines Unternehmens bezeichnet. Diese Renditen bestehen aus Wertsteigerungen und Ausschüttungen. Die Frage stellt sich, ob sich der Buchgewinn als eine geeignete Messgröße zur Beurteilung von Alternativstrategien und zur Beurteilung von Eigentümerrenditen eignet. Konkreter formuliert stellt sich die Frage, ob Gewinne die Änderung des gegenwärtigen Firmenwertes zuverlässig messen können.

Als Argumente gegen den Gewinn als Kenngröße einer Wertänderung werden häufig angeführt:

- Verwendung alternativer Bewertungsverfahren des Rechnungswesens
- Ausschließen von Investitionserfordernissen
- Vernachlässigung des Zeitwertes des Geldes („Zeitpräferenz")
- Mangelnde Berücksichtigung von Risiken
- Vergangenheitsorientiert
- Keine Würdigung von Unterschieden in der Finanzierungsstruktur
- Mangelnde Korrelation traditioneller Kennzahlen mit der Wertentwicklung am Kapitalmarkt

1.3.1. Verwendung von alternativen Bewertungsverfahren

Die gesetzlichen Bestimmungen zur Rechnungslegung ermöglichen der Unternehmensführung bei der Erstellung des Jahresabschlusses in Form der Bilanz und der Gewinn und Verlustrechnung eine beträchtliche Anzahl von Wahlrechten.

Die Heterogenität der internationalen Rechnungslegung erschwert eine Vergleichbarkeit von Jahresabschlüssen. Als Beispiel für unterschiedliche Ansatz- und Bewertungswahlrechte seien hier die Bewertung der Vorräte, die Wahl der Abschreibungsmethode und die Art und Weise der Behandlung von Leasingverträgen, bzw. Aktivierung und Abschreibung, genannt. Für die Bewertung der Vorräte stehen neben dem Identitätspreisverfahren, mit dem eine genaue Bewertung des Verbrauchs und des Endbestandes möglich ist, das gleitende Durchschnittspreisverfahren, das gewogene Durchschnittspreisverfahren, das FIFO- und das LIFO-Verfahren zur Verfügung. Als Form der Abschreibung kann die lineare, die degressive und die progressive gewählt werden. Die progressive Methode hat in der Praxis jedoch fast keine Bedeutung.

Eine Änderung in der Bewertungsmethodik wirkt auf den Gewinn, der als Differenz zwischen Aufwendungen und Erträgen ermittelt wird, jedoch nicht auf den Cashflow.

Diese bilanzpolitischen Spielräume werden von den Vertretern des Shareholder-Value-Konzeptes besonders kritisiert. Stattdessen wird empfohlen, dass Cashflow-Größen statt Gewinngrößen verwendet werden sollen (vgl. *Rappaport*, 1999, S. 16 f.; *Copeland et al.*, 1994, S. 54 f.).

1.3.2. Ausschließen von Investitionserfordernissen

Wie bereits zuvor erwähnt, beruhen traditionelle Kennzahlensysteme in der Regel auf Gewinngrößen. Investitionen ins Umlauf- und ins Sachanlagevermögen sind zum Zeitpunkt der Anschaffung gewinnneutral und wirken erst durch die periodisierte Abschreibung auf den Gewinn. Aufgrund dieser Tatsache verdeutlichen gewinnbasierende Kennzahlen nicht den Finanzierungsbedarf für zukünftiges Wachstum.

Es wird die Tatsache kritisiert, dass Investitionen, die zur Substanzerhaltung des Unternehmens dienen, von der Gewinnermittlung ausgenommen sind. Betroffen sind die Investitionen ins Anlagevermögen, die Veränderungen von Forderungen und Verbindlichkeiten und Investitionen in Lagerbestände. Diese Form der Kapitalbindung bzw. auch Freisetzung wird in der Erfolgsermittlung nicht berücksichtigt. Daher entspricht der ausgewiesene Gewinn nicht dem ökonomischen Wert des Unternehmens (vgl. *Rappaport*, 1999, S. 17 ff.).

Gerade aber diese Investitionen ins Sachanlagevermögen und ins Umlaufvermögen beeinflussen wesentlich den jetzigen als auch den zukünftigen Wert des Unternehmens. Der Gewinn ist zu diesem Zweck keine geeignet Kennzahl, da er „lediglich" Aufwand und Ertrag gegenüberstellt, die Investitionserfordernisse aber nicht abbildet.

1.3.3. Vernachlässigung des Zeitwertes des Geldes („Zeitpräferenz")

Ein weiterer Grund, warum der Gewinn nicht als Maßstab zur Beurteilung des ökonomischen Wertes herangezogen werden kann, liegt in der Vernachlässigung des Zeitwertes des Geldes. Der Wert eines bestimmten Geldbetrages ist heute höher als der in der Zukunft. Dies liegt an der Möglichkeit den Betrag zu investieren, oder aber auch zu verkonsumieren.

Nach herrschender Auffassung in der Investitionstheorie entspricht der Wert einer Investition dem diskontierten Wert der zukünftig zu erwartenden Cashflows. Dabei wird ausdrücklich die Idee berücksichtigt, dass der Wert des Geldes zum jetzigen Zeitpunkt höher ist als in der Zukunft. Der Diskontsatz, mit welchen die zukünftigen Cashflows abgezinst werden, beinhaltet nicht nur eine Schätzung über das zukünftige Risiko, sondern enthält auch eine Entschädigung für eine zukünftige Geldentwertung.[1]

1.3.4. Mangelnde Berücksichtigung von Risiken

Risiken unterschiedlicher Geschäftsfelder oder Strategien werden in traditionellen absoluten Messgrößen nicht berücksichtigt. Dies führt dazu, dass die Investitionshürden für risikostärkere und risikoschwächere Bereiche gleich hoch sind. Rationale Anleger fordern jedoch für risikoreichere Beteiligungen höhere Renditen in Form einer Risikoprämie. Diese Differenzierung ist in absoluten Größen wie Gewinn oder Cashflow nicht möglich. Im Shareholder-Value-Konzept erfolgt die Berücksichtigung des Risikos im Diskontierungszinssatz (vgl. *Günther*, 1999, S. 55). Somit wird bei der Ermittlung des Wertes die Risikokomponente inkludiert.[2]

1.3.5. Vergangenheitsorientierung

Das Ergebnis des externen Rechnungswesens ist immer ein Blick in die Vergangenheit. Der wirkliche Erfolg des vorangegangenen Geschäftsjahres ist aber mit dem Ergebnis des externen Rechnungswesens nur schwer zu beurteilen, da die Kosten der getätigten Investitionen, die Kosten der Umstrukturierung und die Kosten

---

[1] Details zum Diskontierungszinssatz sind im Kapitel der Kapitalkosten dargestellt.
[2] Details zum Diskontierungszinssatz sind im Kapitel der Kapitalkosten dargestellt.

anderer Management Entscheidungen erst in der Zukunft den erwarteten Erträgen gegenübergestellt werden können (vgl. *Wellner*, 2001, S. 42).

Nach § 193 Abs. 2 UGB hat der Unternehmer neun Monate Zeit um den Jahresabschluss aufzustellen. Dies führt dazu, dass obwohl Kennzahlen korrekt aufgestellt und berechnet werden, sie zum Zeitpunkt ihrer Berechnung eigentlich schon veraltet sind. Aufgrund dieser Tatsache ist es schwer dem Gewinn eine maßgebliche Rolle in der Beurteilung zukünftiger Strategien zuzusprechen.

1.3.6. Fehlender Ausweis von Eigenkapitalkosten

In der unternehmensrechtlichen Gewinnermittlung nach § 231 Abs. 2 UGB werden zwar die Kosten des Fremdkapitals als Zinsaufwendungen erfasst, die Kosten für die Nutzung des von den Eigentümern zur Verfügung gestellten Eigenkapitals werden jedoch nicht berücksichtigt. Der buchhalterische Gewinn trifft keine Aussage über die Rentabilität, weder aus Sicht der Eigenkapitalgeber, weil der Renditeanspruch nicht abgebildet wird, noch aus Sicht aller Kapitalgeber.

Aus diesem Grund unterscheiden sich die buchhalterische Sicht und die wertorientierte Sicht der Eigentümer fundamental voneinander. Aufgrund der Nichtberücksichtigung der Renditeerwartungen der Eigentümer entspricht der buchhalterische Gewinn nicht unbedingt einer positiven Rentabilität aus Sicht der Eigenkapitalgeber. Der Ausweis der Rentabilität ist deshalb nicht möglich, da bei der Ermittlung der Rentabilität, aus Sicht der Eigentümer, Marktwerte und keine Buchwerte zugrunde gelegt werden müssten.

Zusammenfassend kann festgehalten werden, dass sich Kennzahlen aus dem traditionellen Rechnungswesen nur sehr ungenügend zur wertorientierten Steuerung von Unternehmen verwenden lassen. Da bereits der Gewinn als Maßstab wenig geeignet erscheint, so können auch jene Kennzahlen, die auf dem Gewinnkonzept basieren, keine Verbesserung erwarten lassen. Statt einer Verbesserung ergeben sich zusätzliche Komplikationen. So berücksichtigt die Umsatzrentabilität nicht den Kapitaleinsatz, die Eigenkapitalrentabilität nicht das Risiko in Form der Kapitalstruktur und die Gesamtkapitalrentabilität nicht das Alter des Vermögens.

1.4. Das Shareholder-Value-Konzept

Das Shareholder-Value-Konzept wendet sich ab von Werten des externen Rechnungswesens als Grundlage der Unternehmenserfolgsprognose.

Die Berechnung des Wertes für die Eigentümer beruht auf den zukünftig zu erwartenden Cashflows. Dabei werden im ersten Schritt die Cashflows für einen zuvor definierten Zeitraum geplant und anschließend mit dem Kapitalkostensatz diskontiert. Anders als bei den Investitionsrechenverfahren gehen die gesamten Zahlungsströme in die Bewertung ein, bei den Investitionsrechenverfahren nur die aufgrund der getätigten Investition resultierenden Zahlungen. Da die Berechnung auf Basis der Discounted-Cashflow-Methode basiert, werden sowohl das Risiko als auch der Zeitaspekt berücksichtigt.

Der Shareholder-Value ergibt sich aus dem Unternehmenswert abzüglich des Marktwertes des verzinslichen Fremdkapitals. Der Unternehmenswert wiederum ergibt sich aus den diskontierten Cashflows während der Prognoseperiode und dem Residualwert, welcher den Gegenwartswert für den Zeitraum nach der Prognoseperiode darstellt. Als letzte Komponente werden noch handelsfähige Wertpapiere, die für den eigentlichen Geschäftsbetrieb nicht notwendig sind, und Investitionen berücksichtigt (vgl. *Rappaport*, 1999, S. 35 f.).

Hinter dem Modell steckt kein neues theoretisches Konzept, sondern es werden die Methoden der dynamischen Investitionsrechnung, der Unternehmensbewertung und des strategischen Managements so kombiniert, dass diese auf eine einheitliche, zukunftsorientierte Zielgröße ausgerichtet werden.

Für die Evaluierung von Entscheidungen und Strategien sind nicht die Ergebnisse des Rechnungswesens, sondern der Discounted Cashflow bedeutend. Ist dieser positiv, so wird Wert geschaffen, ist er negativ, wird Wert vernichtet. Unter allen möglichen Strategien soll nun diejenige umgesetzt werden, die am meisten Wert schafft.

Dieser Ansatz zeigt die Auswirkungen von Entscheidungen der Manager auf das Vermögen und der Rendite der Eigentümer. Der Unternehmenswert wird unabhängig von buchhalterischen Größen auf Basis der zukünftigen Cashflows berechnet. Diese sind frei von Bewertungsspielräumen und Wahlrechten. Berechnet wird der Shareholder-Value folgendermaßen (vgl. *Rappaport*, 1999, S. 39 ff.):

Shareholder-Value = Unternehmenswert – Fremdkapital,

wobei:

Unternehmenswert = Gegenwartswert der betrieblichen Cashflows während der Prognoseperiode + Residualwert + Marktwert handelsfähiger Wertpapiere.

Im Folgenden sollen nun alle Faktoren, welche in die Berechnung des Shareholder-Value eingehen, genauer untersucht und dargestellt werden.

1.4.1. Der Discounted-Cashflow-Ansatz

Grundsätzlich beinhaltet die Denkweise des Shareholder-Value-Ansatzes die Betrachtung des Unternehmens als Investition, welche aufgrund des wirtschaftlichen Nutzens beurteilt wird.

Das traditionelle Rechnungswesen spielt deshalb eine untergeordnete Rolle, da besagte Beurteilung in den meisten wertorientierten Konzepten mittels der Kapitalwertmethode erfolgt. Die unterschiedlichen Zeitpunkte, zu denen die Zahlungen anfallen, werden durch Diskontierung auf einen gemeinsamen Zeitpunkt berücksichtigt. Für diese Form der Berechnung bietet sich der Cashflow an, da er die Rückflüsse als Überschuss zwischen den Einzahlungen und den Auszahlungen abbildet.

Da der Unternehmenswert durch Diskontierung der zukünftigen Cashflows abgeleitet wird, bezeichnet man diese Bewertungsmethode auch als Discounted-Cashflow-Methode (DCF-Methode).

Die Formel zur Berechnung des Unternehmenswertes auf Basis der DCF-Methode lautet daher:

$$Unternehmenswert_{t0} = \sum_{t=1}^{\infty} Cf_t \times \frac{1}{(1+i)^t}$$

Cf_t = Cashflow in der Periode t
i = $p/100$, p = Diskontierungszinssatz

Der Unternehmenswert zum Zeitpunkt t_0 ist die Summe aller auf den Zeitpunkt t_0 diskontierten Cashflows. Der Zinssatz i entspricht dabei dem Kapitalkostensatz des zu bewertenden Unternehmens.

Wie aus obiger Formel ersichtlich, werden die zukünftigen Cashflows für einen unendlichen Zeitraum geplant und diskontiert. Da aufgrund von vielen Einflussfaktoren die Cashflows nicht für eine unendliche Zeitspanne valide prognostiziert werden können, wird der Bewertungsprozess in zwei Perioden zerlegt[3]:

---

[3] Manchmal ist in der Literatur auch eine Zerlegung in drei Zeiträume zu finden. In der Regel werden aber zwei Phasen bevorzugt.

Shareholder Value – Wertorientiertes Management

Die erste Periode ist jene, für die der Cashflow relativ sicher geplant werden kann. Die zweite Periode ist der Zeitraum nach der Planungsperiode und anstelle von Cashflows geht der Residualwert in die Berechnung ein. Dieser wird mittels ewiger Rente berechnet und durch Diskontierung auch auf den Zeitpunkt t_0 gebracht (vgl. *Bühner*, 1990, S. 50 f.).

Die letzte Komponente die bei einer Unternehmensbewertung mittels der DCF Methode ermittelt werden muss, ist das „nicht betriebsnotwendige Vermögen". Dieses Vermögen besteht in der Regel hauptsächlich aus Finanzinvestitionen in börsenfähige Wertpapiere, die jedoch in keinem Zusammenhang zum Unternehmenszweck stehen. Dieses Vermögen wird zu den diskontierten Cashflows und dem diskontierten Residualwert addiert (vgl. *Copeland et al.*, 1993, S. 138).

Die Berechnung des Unternehmendwertes erfolgt nach folgender, modifizierter Formel:

$$\text{Unternehmenswert } t_0 = \sum_{t=1}^{\infty} Cft \times \frac{1}{(1+i)^t} + RW \times \frac{1}{(1+i)^{n+1}} + nbV$$

n	=	*Prognosehorizont*
Cft	=	*Cashflow in der Periode t*
i	=	*p / 100, p = Diskontierungszinssatz*
RW	=	*Restwert*
nbV	=	*nicht betriebsnotwendiges Vermögen*

1.4.2. Der Cashflow als zentrale Größe

Der Begriff „Cashflow" stammt aus den USA und wurde als Instrument zur Wertpapieranalyse Anfang der 50er Jahre verwendet. In den deutschsprachigen Raum hat der Begriff Anfang der 60er Jahre Einzug gehalten und gehört mittlerweile zu den am häufigsten verwendeten Begriffe der Betriebswirtschaft.

Mit der Verwendung des Cashflows sollen Verzerrungen im Jahresabschluss, bedingt durch die Aufwands- und Ertragsrechnung, beseitigt werden und man erhält einen genauen Einblick in die Finanz- und Ertragslage eines Unternehmens. Die Orientierung am Cashflow spiegelt den Wunsch nach verstärkter Betrachtung des Unternehmens aus finanzwirtschaftlichen Gesichtspunkten. Trotz dieser verstärkten Tendenzen gibt es bis heute keinen einheitlich definierten Cashflow-Begriff. Die einfachste Definition beschreibt den Cashflow *„... als Differenz der betrieblichen Ein- und Auszahlungen"*.

Grundsätzlich kann der Cashflow auf zwei Arten ermittelt werden. Bei der direkten Ermittlung werden die finanzwirksamen Erträge mit den finanzwirksamen Aufwendungen saldiert. Alle Positionen, die nicht zu Zahlungen in der betreffenden Periode führen, bleiben unberücksichtigt. Dabei ist es notwendig, jeden einzelnen Buchungssatz auf Finanzwirksamkeit zu prüfen und das gesamte Rechnungswesen auf Cashflows auszurichten. Diese Daten stehen auch nur Mitarbeitern des Unternehmens zur Verfügung.

Bei der indirekten Methode wird der Jahresüberschuss retrograd um finanzunwirksame Aufwendungen und Erträge korrigiert.

Es gilt:

	Jahresüberschuss
+	nicht zahlungswirksame Aufwendungen
–	nicht zahlungswirksame Erträge
=	Cashflow

Grundsätzlich führen beide Methoden der Cashflow-Ermittlung zum selben Ergebnis. Da die direkte Methode jedoch ein auf Cashflow-Ermittlung ausgerichtetes Rechnungswesen braucht, ist die indirekte Methode die Methode, die sowohl in der wissenschaftlichen Literatur als auch in der Praxis häufiger verwendet wird. Zusätzlich hat die indirekte Methode den Vorteil, dass sie auf vertrauten Größen der Periodenerfolgsrechnung zurückgreift und somit für einen größeren Personenkreis zugänglich ist. Für den Shareholder-Value-Ansatz sind folgende Cashflow-Definitionen von Bedeutung (vgl. *Bühner*, 1994, S. 15):

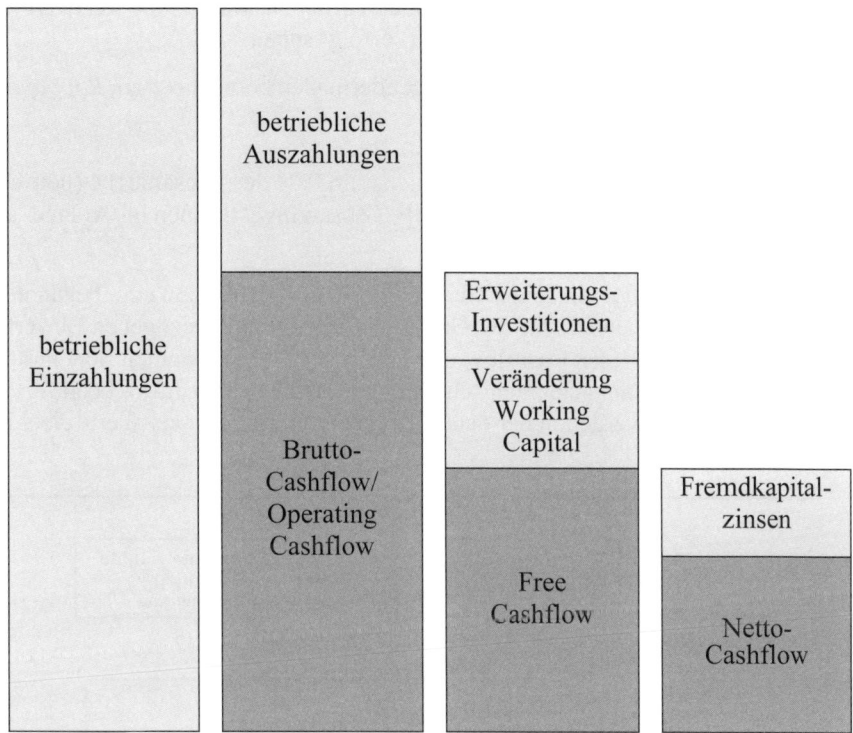

Abb. 1: Darstellung der Cashflow-Definitionen nach Düsterloh (Quelle: *Düsterloh*, 2002, S. 43)

Der Brutto-Cashflow ist dabei die Differenz zwischen betrieblichen Auszahlungen und den betrieblichen Einzahlungen, die aus dem operativen Leistungserstellungsprozess resultieren.

Die operativen betrieblichen Einzahlungen sind hauptsächlich die Umsatzerlöse und die sonstigen zahlungswirksamen Erträge. Zu den Auszahlungen zählen jene zahlungswirksamen betrieblichen Aufwendungen wie insbesondere Material-, Personal-, Verwaltungs- und Vertriebskosten. Zusätzlich müssen bei den Auszahlungen auch Steuern berücksichtigt werden.

Um auch in Zukunft Cashflows generieren zu können, sind Investitionen sowohl ins Anlage- als auch ins Working Capital notwendig. Unter dem Working Capital werden die Vorräte plus die Forderungen aus Lieferung und Leistung vermindert um die Verbindlichkeiten aus Lieferung und Leistung verstanden. Als Ergebnis, Brutto-Cashflow vermindert um die Investitionen, verbleibt der sogenannte Free Cashflow.

Der Free Cashflow ist nun jener Betrag, der den Kapitalgebern (Eigen- und Fremdkapitalgebern) zur Befriedigung ihrer Ansprüche zur Verfügung steht. Wird der Free Cashflow um die Fremdkapitalzinsen vermindert, bleibt der Netto-Cashflow für die Anteilseigner übrig. Damit können die Ansprüche der Anteilseigner durch Dividendenzahlungen befriedigt oder Liquidität im Unternehmen aufgebaut werden.

Shareholder Value – Wertorientiertes Management

Eine wesentliche Anforderung stellt die detaillierte Planung des Free Cashflow dar. Der Planungshorizont sollte nach herrschender Meinung zwischen drei und sieben Jahren liegen, in einigen Ausführungen sind jedoch auch Planungszeiträume bis zu 15 Jahren zu finden.

Da der strategische Planungshorizont bei einem Großteil der Unternehmungen fünf Jahre beträgt, werden in der Praxis die Free Cashflows auf fünf Jahre geschätzt (vgl. *Bühner*, 1994, S. 18).

Die Summe der Cashflows, die nach der Prognoseperiode zufließen, werden als Restwert bezeichnet. Eine detaillierte Behandlung des Restwertes (= Residualwert) erfolgt später.

Nach Rappaport werden die Cashflows eines Jahres folgendermaßen berechnet (vgl. *Rappaport*, 1999, S. 41):

Cashflow = Einzahlungen – Auszahlungen

= [(Umsatz des Vorjahres) × (1+ Wachstumsrate des Umsatzes) × (betriebliche Gewinnmarge) × (1 – Cash-Gewinnsteuer)] – (Zusatzinvestitionen ins Anlage- und ins Umlaufvermögen)

Wie dargestellt, verwendet *Rappaport* in seiner Shareholder-Value-Analyse keine bekannte Definition des Cashflows, sondern definiert eine neue Cashflow-Größe, die den zukunftsbezogenen Bewertungsproblemen besonders Rechnung tragen soll. Diesen Cashflow entwickelte er im sogenannten Shareholder-Value-Netzwerk. Dabei wird der Einfluss der Managemententscheidungen auf die den Cashflow beeinflussenden Faktoren dargestellt. Diese „Value Driver" werden in der deutschsprachigen Literatur als Werttreiber bezeichnet (vgl. *Rappaport*, 1999, S. 67 ff.):

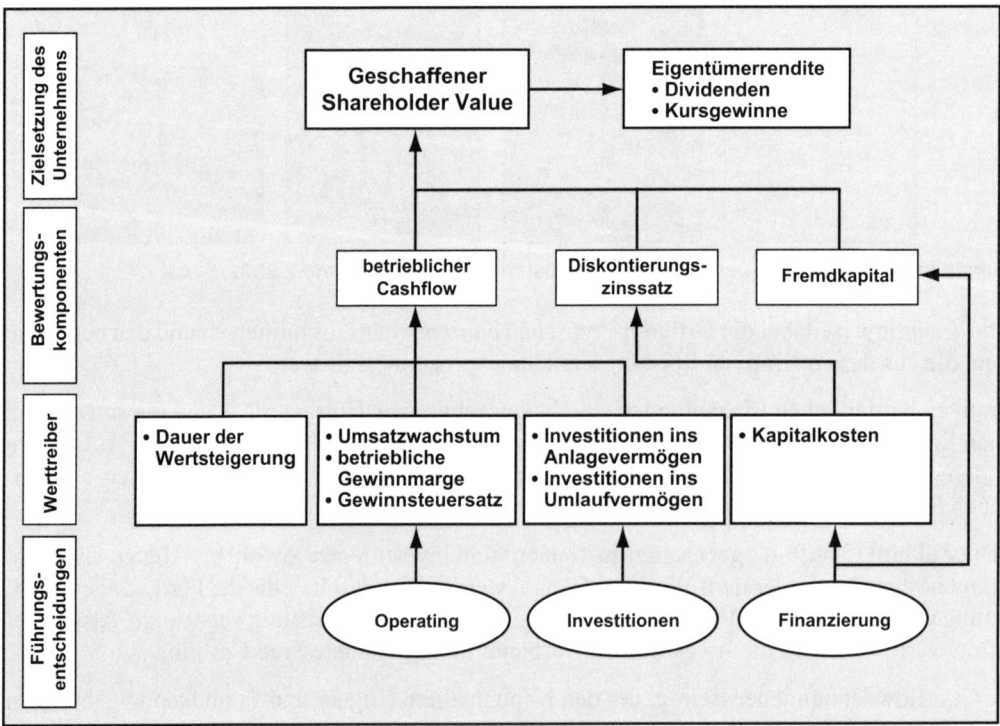

Abb. 2: Das Shareholder-Value-Netzwerk nach *Rappaport*

Rappaport hat sieben Werttreiber identifiziert und diese in Form eines Netzwerks systematisiert und damit auch deren Zusammenhang untereinander transparent gemacht (vgl. *Rappaport*, 1999, S. 39):

- Wachstumsrate des Umsatzes
- Umsatzüberschussrate (Gewinnmarge)
- Gewinnsteuersatz (Cashflow-Steuersatz)
- Investitionen ins Anlagevermögen
- Investitionen ins Umlaufvermögen
- Dauer der Wertsteigerung
- Kapitalkosten

Das Umsatzwachstum misst die periodenbezogene Veränderung des Umsatzes. Dabei wird das Umsatzwachstum von zwei Faktoren beeinflusst. Zum ersten sind diese unternehmensinterne Faktoren, wie zum Beispiel Know-How, Produktqualität, technische Ausstattung, Qualität der Mitarbeiter etc. Zu diesen internen Faktoren kommen zusätzlich externe Marktentwicklungen hinzu, welche sich jedoch vom Unternehmen kaum steuern lassen (vgl. *Sauter*, 1997, S. 81 f.).

Die Umsatzüberschussrate ist definiert als Verhältnis zwischen dem Operating Cashflow und dem Umsatz. Sie gibt den Anteil vom Umsatz an, der für Investitionen oder zur Dividendenzahlung zur Verfügung steht (vgl. *Bühner*, 1994, S. 36). Bei Verwendung des Gesamtkostenverfahrens errechnet sich der Operating Cashflow folgendermaßen:

	Umsatz
+/−	Bestandsveränderung an fertigen und halbfertigen Erzeugnissen
−	Materialaufwendungen
−	Personalaufwand
−	Abschreibungen
−	sonstige betriebliche Zahlungen
=	Operating Cashflow

Im Unterschied zu allen anderen Cashflow-Definitionen berücksichtigt *Rappaport* die Abschreibung zur Bestimmung des Operating Cashflow. Er unterstellt damit, dass das Unternehmen Investitionen, zumindest in Höhe der Abschreibung, tätigen muss, um die Wettbewerbsfähigkeit zu erhalten. Durch das Einfließen der Abschreibung in die Berechnung des Operating Cashflows wird sie auch in der Umsatzüberschussrate berücksichtigt. Da sich die Abschreibung jedoch auf historische Anschaffungspreise bezieht, schlägt *Rappaport* den Ansatz von aktuellen Wiederbeschaffungspreisen vor (vgl. *Rappaport*, 1986, S. 53).

Grundsätzlich wird die Höhe der Steuer vom Gewinn und nicht vom Cashflow bemessen. Da es immer Differenzen zwischen dem bilanziellen Gewinn und dem Cashflow gibt, muss der Ertragssteuersatz modifiziert werden. Der Cashflow-Steuersatz berücksichtigt die Steuerzahlungen im Verhältnis zum Operating Cashflow. Dabei werden jedoch nur Ertragssteuern berücksichtigt (vgl. *Bühner*, 1994, S. 36; *Bühner*, 1999, S. 23; *Sauter*, 1997, S. 86 ff.).

Der Werttreiber „Investition ins Anlagevermögen" ergibt sich aus der Differenz der getätigten Investitionen ins Anlagevermögen, vermindert um die Abschreibung. Die Abschreibung wurde bereits in der Umsatzüberschussrate berücksichtigt. Dabei wurde unterstellt, dass die Höhe der Abschreibung zur Erhaltung der Wettbewerbsfähigkeit wieder ins Unternehmen, im Speziellen ins Anlagevermögen, investiert wird. Das Verhältnis in Prozent zwischen Erweiterungsinvestitionen und Umsatzwachstum entspricht dem Werttreiber „Investitionen ins Anlagevermögen". Dabei soll die Relation hergestellt werden, wie hoch die Erweiterungsinvestitionen sein müssen, um das geplante Umsatzwachstum erreichen zu können (vgl. *Düsterloh*, 2002, S. 46).

Als pragmatischen Ansatz schlägt *Rappaport* vor, die Summe der Investitionsausgaben der letzte fünf bis zehn Jahre, vermindert um die Abschreibung, in Relation zum Umsatzwachstum zu setzen und diesen Wert auch für die Prognoseperiode weiterzuschreiben (vgl. *Rappaport*, 1999, S. 43):

Zusatzinvestitionen ins Anlagevermögen (%) = Investitionen / Umsatzsteigerung

Die Zusatzinvestitionen ins Umlaufvermögen repräsentieren jene Investitionen, die zur Erhaltung des Umsatzwachstums in das Umlaufvermögen getätigt werden. Dieser Werttreiber berücksichtigt insbesondere die Investitionen in Debitoren,- Lager- und Kreditorenbestände. Auch diese Investitionen werden in Prozent des Umsatzes angegeben:

Zusatzinvestitionen ins Umlaufvermögen (%) = Investitionen / Umsatzsteigerung

Unter dem Werttreiber „Dauer der Wertsteigerung" wird der Prognosehorizont verstanden. Dieser hat zwar keinen unmittelbaren Einfluss auf die Berechnung des Cashflows, er wird aber im Allgemeinen unter die Wertreiber subsumiert (vgl. *Sauter*, 1997, S. 92 f.).

Der letzte Werttreiber bezieht sich auf die Kapitalkosten. Diese ergeben sich aus dem gewogenen Durchschnitt von Fremd- und Eigenkapitalkosten. Das Verhältnis richtet sich nach der geplanten Zielkapitalstruktur. Die Anteile des Fremd- und des Eigenkapitals werden zu Marktpreisen bestimmt. Die detaillierte Ableitung der Kapitalkosten wird im nachfolgenden Kapitel dargestellt.

1.4.3. Ermittlung der Kapitalkosten

Um den Shareholder-Value ermitteln zu können, werden die Free Cashflows mit dem Diskontierungszinssatz abgezinst. Durch die Diskontierung der zu unterschiedlichen Zeitpunkten anfallenden Cashflows, werden diese erst vergleichbar gemacht.

Der verwendete Diskontierungszinssatz spiegelt die Kosten für die Nutzung des Kapitals wieder. Der durch Diskontierung der Cashflows errechnete Kapitalwert bezieht im Gegensatz zu den buchhalterischen Erfolgsgrößen die Kosten für das investierte Kapital aller Kapitalgeber ein. Der dadurch errechnete Kapitalwert ist jener Wert, der nach Befriedigung aller Kapitalgeber geschaffen wird.

Da der Wert des Unternehmens, analog zur Ermittlung einer Investition auf Basis der auf den Bewertungszeitraum abgezinsten, zukünftigen Zahlungsüberschüsse ermittelt wird, stellt die DCF-Methode einen investitionstheoretisch fundierten Ansatz dar. Dabei wird das Unternehmen als Investitionsobjekt gesehen und die Methoden sollen Aufschluss darüber geben, wie groß der Nutzen dieser Investition in Zukunft ist. Um eben diesen Nutzen beurteilen zu können, müssen die zukünftigen Cashflows und der Diskontierungsfaktor geschätzt bzw. abgeleitet werden.

Der Unternehmenswert errechnet sich als Barwert der zukünftigen Cashflows und dem nicht betriebsnotwendigen Vermögen. Dabei werden nur die operativen Cashflows aus dem betriebsnotwendigen Vermögen berücksichtigt. Dazu wird das separat zu bewertende nicht betriebsnotwendige Vermögen hinzugerechnet. Je nach Definition der Cashflows und der anzuwendenden Diskontierungssätzen kann man zwischen mehreren DCF-Verfahren unterscheiden:

- Weighted-Average-Cost-of-Capital-Ansatz (WACC)
- Adjusted-Present-Value-Ansatz (APV)
- Equity-Ansatz

Der WACC- und der APV-Ansatz werden auch als Brutto-Ansätze bezeichnet, da zunächst der gesamte Unternehmenswert ermittelt wird und im zweiten Schritt um den Marktwert des Fremdkapitals korrigiert, der Marktwert des Eigenkapital ermittelt wird (vgl. *Druckarczyk/ Schüler*, 2007, S. 21).

Der Equity-Ansatz berechnet direkt den Marktwert des Eigenkapitals und wird daher auch als Netto-Verfahren bezeichnet. Werden über das zukünftige Finanzierungsverhalten idente Annahmen getroffen, so führen alle drei Verfahren zum selben Ergebnis (vgl. *Druckarczyk/Schüler*, 2007, S. 103).

Im weiteren Verlauf wird der Brutto-Ansatz verwendet, da die zu betrachtenden Shareholder-Value-Ansätze diese Methode verwenden.

Im Shareholder-Value-Konzept sind die Kapitalkosten einer Unternehmung jene Grenzverzinsung mit der Geschäftsbereiche bzw. Strategien identifiziert werden sollen, die den Unternehmenswert erhöhen bzw. vermindern. Aus diesem Grund nimmt die Schätzung der Kapitalkosten eine wesentliche Aufgabenstellung bei der Ermittlung des Shareholder Values ein (vgl. *Düsterloh*, 2003, S. 108).

Da es bei der Ermittlung des Shareholder-Value darum geht, ganze Unternehmen bzw. Geschäftseinheiten als Ganzes zu bewerten, ist es nicht sinnvoll, die Bewertung von Strategien an bestimmte Finanzierungsformen zu knüpfen. Daher wird als Entscheidungskriterium ein gewichteter Gesamtkapitalkostensatz verwendet, der die anteilige Finanzierung von Unternehmen mit Eigen- und Fremdkapital erfasst (vgl. *Düsterloh*, 2003, S. 108 f.).

Auch Rappaport weist darauf hin, dass der geeignete Satz, um die Cashflows zu diskontieren, das gewichtete Mittel der Kosten von Fremd- und Eigenkapital ist (vgl. *Rappaport*, 1999, S. 44). Der Weighted Average Cost of Capital (WACC) ist der Diskontierungssatz, mit dem die zukünftigen Cashflows abgezinst werden.

Der Kapitalkostensatz muss nachfolgende Anforderungen erfüllen:

Der Diskontierungszinssatz muss nach Unternehmenssteuern berechnet werden, da auch die Cashflows nach Steuern in die Shareholder-Value-Rechnung eingehen. Zusätzlich muss der Kapitalkostensatz auf Nominalzinsen basieren, die aus Realzinsen und der erwarteten Inflation abgeleitet sind, weil auch die erwarteten Cashflows als Nominalgrößen ausgewiesen werden. Für jede Finanzierungsart müssen Marktwerte und nicht die Buchwerte angesetzt werden, da nur die Marktwerte den tatsächlichen Wert der Ansprüche der Kapitalgeber wiederspiegelt. Schlussendlich muss der Kapitalkostensatz an das von jedem Investor getragene systematische Risiko angepasst werden, weil jeder Kapitalgeber eine angemessene Risikoprämie erwartet.

Die gewichteten Kapitalkosten werden nach folgender Formal berechnet:

$$WACC = r_{EK} \times \frac{EK}{GL} + r_{FK} \times (1-t) \times \frac{FK}{GK}$$

r_{EK}	=	*Renditeforderung der Eigenkapitalgeber*
$r_{FK} \times (1-t)$	=	*Fremdkapitalkosten nach Steuern*
r_{FK}	=	*Renditeforderung der Fremdkapitalgeber*
t	=	*Unternehmenssteuersatz*
EK	=	*Marktwert des Eigenkapitals*
FK	=	*Marktwert des Fremdkapitals*
GK	=	*Marktwert des Gesamtkapitals*

Zur Bestimmung des Gesamtkapitalkostensatzes müssen die Eigen- und die Fremdkapitalkostensätze sowie die auf Marktwerten basierende Kapitalstruktur bekannt sein.

Als Eigenkapitalkosten ist die Rendite anzusetzen, die ein Investor auf dem Kapitalmarkt bei anderen Veranlagungsmöglichkeiten derselben Risikoklasse erzielen kann. Die Gewichtung der Eigen- und der Fremdkapitalkosten richtet sich nach der Finanzierungsstruktur des Unternehmens, wobei die in der Zukunft langfristig angestrebte Finanzierungsstruktur verwendet wird.

In obiger Formel werden lediglich verzinsliches Fremdkapital und das Eigenkapital als Finanzierungsquelle unterschieden. Das tatsächliche Gewichtungsschema wird jedoch viel komplexer sein, da für jede Kapitalquelle, die in Zukunft zu Zahlungen führt, ein separater Gewichtungsfaktor notwendig ist. Weitere mögliche Faktoren können aufgrund von Leasingfinanzierung, subventionierten Krediten, Wandelschuldverschreibungen oder auch Optionsanleihen entstehen. Nicht zu verzinsende Verbindlichkeiten gehen in die WACC-Berechnung nicht mit ein (vgl. *Copeland et al.*, 1993, S. 261).

Nachfolgende drei Schritte sind für die Ermittlung der gewichteten Kapitalkosten nötig:

1.4.3.1. Festlegung einer marktwertgewichteten Zielkapitalstruktur

Der erste Schritt zur Berechnung des Schätzwertes für den WACC ist die Festlegung der Zielkapitalstruktur. Diese Festlegung erfolgt aus zweierlei Überlegungen:

Erstens ist es möglich, dass die Kapitalstruktur zum Zeitpunkt der Bewertung nicht der zukünftigen Kapitalstruktur entspricht. Die Kapitalstruktur kann sich aus geschäftspolitischen Überlegungen oder aufgrund von zukünftig anderen Finanzierungsformen ändern. Bezieht man eine Änderung der Kapitalstruktur nicht in die Berechnung mit ein, ergibt sich eine falsche Gewichtung und damit ein falscher Diskontierungssatz, welcher wiederum die Barwerte der zukünftigen Cashflows zu hoch oder zu niedrig ausweist. Als Lösungsansatz bietet sich an, für jede Planperiode eine Zielstruktur festzulegen und die periodenspezifischen WACCs zu ermitteln. Diese Vorgehensweise führt zwar zu deutlich genaueren Ergebnissen, erhöht aber auch gleichzeitig die Komplexität und den damit verbundenen Aufwand.

Zweitens wird mit Festlegung der Zielkapitalstruktur ein Zirkularitätsproblem bei der Berechnung des WACC gelöst. Wie bereits zuvor festgehalten, gehen nicht Buchwerte, sondern die Marktwerte des Eigen- und Fremdkapitals in die Berechnung des WACC ein. Das Problem liegt darin, dass die Berechnung erst den Marktwert des Eigenkapitals ergibt. Der Marktwert des Eigenkapitals (Shareholder-Value) wird durch die Abzinsung der Cashflows abzüglich des Marktwerts der Schulden berechnet.

Der Marktwert des verzinslichen Fremdkapitals wird in der Literatur mit den Buchwerten des verzinslichen Fremdkapitals gleichgesetzt (vgl. *Druckarczyk/Schüler*, 2007, S. 274).

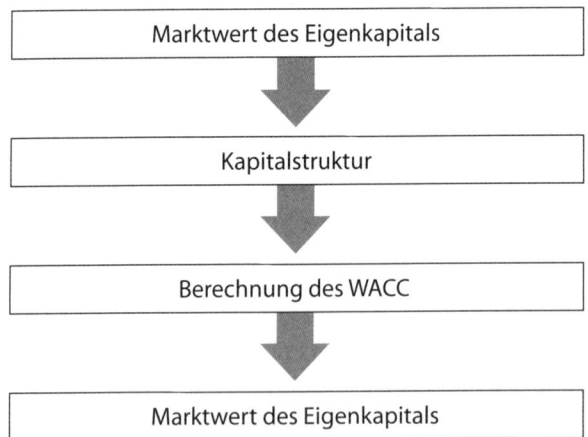

Abb. 3: Zirkularitätsproblem bei der Ermittlung des Marktwertes des Eigenkapitals (Quelle: eigene Darstellung)

Vereinfacht ausgedrückt ist damit gemeint, dass man den WACC ohne den Marktwert des Eigenkapitals und den Marktwert des Eigenkapitals nicht ohne den WACC berechnen kann.

Durch eine Festlegung einer über die Betrachtungsperiode konstanten Kapitalstruktur zu Marktpreisen kann dieser Problematik begegnet werden (vgl. *Copeland et al.*, 1993, S. 263). Zwar impliziert diese Vorgehensweise eine in der Praxis kaum zu realisierende marktwertabhängige Finanzierung des Unternehmens, jedoch erscheint die Vorgabe einer Zielkapitalstruktur deshalb plausibel, weil nur dadurch der Einfluss von strategiebedingt veränderten Kapitalkosten auf den Shareholder-Value ausgeschaltet werden kann. Daher sind unterschiedliche Strategien, weil unabhängig von der Finanzierung, besser zu vergleichen (vgl. *Düsterloh*, 2003, S. 110).

1.4.3.2. Ermittlung der Fremdkapitalkosten

Der relevante Fremdkapitalkostensatz jener Zinssatz, der die langfristig geforderte Rendite der Fremdkapitalgeber widerspiegelt. Der Zeithorizont für die Schätzung der Fremdkapitalkosten sollte mit dem Zeithorizont der Cashflow-Prognosen übereinstimmen (vgl. *Rappaport*, 1999, S. 46). Diese Forderung der Fremdkapitalgeber stellt jedoch noch nicht die Kosten des Fremdkapitals dar. Da der Aufwand für Fremdkapital steuerlich abzugsfähig ist, muss der Zinssatz um die Steuerermäßigungen korrigiert werden.

Ein weiterer Ansatz zur Bestimmung der Fremdkapitalkosten ist die Zerlegung der Fremdkapitalkosten in zwei Komponenten:

- den risikolosen Zinssatz und
- den Risikozuschlag.

Der Risikozuschlag ist von der Bonität des Schuldners abhängig und wird in der Literatur als Spread bezeichnet. Gibt es für das zu beurteilende Unternehmen ein Rating, so kann der Spread aufgrund des Ratings bestimmt werden.

Bonität im weiteren Sinn bezeichnet die Fähigkeit eines Unternehmens, in Zukunft seinen finanziellen Verbindlichkeiten (Zinsen und Tilgung) nachkommen zu können. Je geringer dabei die Wahrscheinlichkeit eines totalen oder partiellen Zahlungsverzugs bzw. Zahlungsausfalls seitens des Schuldners ist, als desto geringer wird das Kreditrisiko und desto höher seine Bonität beurteilt.

Das Endergebnis eines Ratingprozesses wird üblicherweise durch eine Skala dargestellt, um die Bonitätsunterschiede ausreichend differenziert abbilden zu können. Bekannt und in der Praxis am häufigsten verwendet werden die Ratings von Standard & Poor und von Moody's. Dabei werden aufgrund von Rahmenbedingungen, Umfeldanalysen, Branchenanalysen, Wettbewerbsanalysen und unternehmensinternen Kennzahlen Ratings für die untersuchten Unternehmen vergeben. Standard & Poors verwendet dabei die Skala von AAA, AA, A, BBB, B usw. bis C; Moodys bevorzugt hingegen Ratings in der Form von Aaa, Aa, A, Baa usw. bis C (vgl. *Beik/Schlütz*, 2005, S. 414 f.).

Externe Ratings sind im angloamerikanischen Raum aufgrund der Größe und Liquidität der Kapitalmärkte üblich, in Europa jedoch selten. Im Jahr 2005 gab es rund 600 europäische Unternehmen, die ein externes Rating einer der anerkannten Ratingagenturen besaßen. Auschlaggebend sind im Vergleich zum angloamerikanischen Raum der weniger liquide Markt und dadurch auch die Dominanz der Kreditinstitute als Fremdkapitalgeber. Als weiterer Punkt sind sicher die Kosten anzuführen. Ein Erstrating von Moody's kostet einen KMU ab 40.000 US-$ (vgl. *Nadvornik/Schuschnig* in *Feldbauer-Durstmüller/Schlager*, 2002, S. 208).

Da aus gerade genannten Gründen die meisten Unternehmen nicht geratet sind, muss der Zuschlag bzw. der gesamte Kapitalkostensatz aus den Zinsaufwendungen im Verhältnis zu dem verzinslichen Fremdkapital bestimmt werden. Dabei ist jedoch darauf zu achten, dass die Kapitalkostenbestimmung für jede Art von Fremdkapital einzeln zu bestimmen ist. Die anzusetzenden Fremdkapitalkosten betreffen nur verzinsliches Fremdkapital wie zum Beispiel Anleihen, Darlehen, Bankverbindlichkeiten und Leasingverbindlichkeiten. Für die Ermittlung der Fremdkapitalkosten werden auch das Financial und das Operating Leasing dem verzinslichen

Fremdkapital zugerechnet. Dabei wird das entsprechende Objekt so behandelt, als ob man es gekauft und mit langfristigem Fremdkapital finanziert hätte (vgl. *Copeland et al.*, 2003, S. 276).

Zusätzlich werden in der Literatur auch Teile der Rückstellungen als verzinsliches Fremdkapital gesehen. Dabei finden jedoch nur jene Rückstellungen Berücksichtigung, bei denen ein Anspruch Dritter erwartet wird und welche mit einem Zinsanspruch verbunden sind. In der Literatur wird vor allem die Pensionsrückstellung dazugezählt.

Als Basis zur Berechnung der Fremdkapitalkosten wird die Rendite der langfristigen Neuemissionen zugrunde gelegt. Dabei wird unterstellt, dass im Zinssatz dieser langfristigen Anleihen sowohl die Renditeansprüche als auch die Inflationserwartung der Kapitalgeber berücksichtigt sind (vgl. *Weber*, 1991, S. 229).

Die zweite Möglichkeit besteht in der Verwendung von Forward Rates zur Schätzung der Fremdkapitalkosten. Dies wird aber nur bei einer Veränderung der Bonität bzw. des Ratings empfohlen, da auch die Forward Rates mit Unsicherheiten behaftet sind (vgl. *Düsterloh*, 2003, S. 128).

Als entscheidungsorientierte Zukunftsrechnung kann sich das Shareholder-Value-Konzept jedoch nicht an Vergangenheitsdaten orientieren, sondern es müssen Planwerte herangezogen werden. Demzufolge ist die Identifizierung der einzelnen gegenwärtigen Fremdkapitalarten lediglich die Grundlage, um die Finanzierungsstruktur für das zukünftige, in der Prognoseperiode benötigte Fremdkapital herzuleiten.

1.4.3.3. Ermittlung der Eigenkapitalkosten

Die Eigenkapitalkosten, im Sinne des Value-Managements, können nicht aus Bilanzkennzahlen oder aus Dividendenrenditen abgeleitet werden. Vielmehr werden sich die Eigenkapitalkosten daran messen, welche Mindestrendite das Unternehmen erreichen muss, um zusätzliches Risikokapital zu bekommen. Die Frage ist, welche Renditeerwartungen von Investoren gehegt werden.

Die Eigenkapitalkosten stellen jene spezifische Komponente dar, die eine direkte Brücke zu den Erwartungen der Eigenkapitalgeber schlägt, denn ein Investor wird sich nur dann an einem Unternehmen mit seinem Kapital beteiligen bzw. seine bereits erworbenen Anteile halten, wenn seine Erwartungen bezüglich seiner von ihm geforderten Rendite erfüllt werden. Diese Mindestrendite fließt nun in Form der Eigenkapitalkosten in den Diskontierungszinssatz und damit in die Berechnung des Shareholder-Values ein.

Es stehen mehrere theoretisch fundierte Modelle zur Ermittlung der Eigenkapitalkosten zur Verfügung. Die größte praktische Relevanz genießt das Capital-Asset-Pricing-Modell (CAPM).

1.4.3.3.1. CAPM

Das Capital-Asset-Pricing-Modell wurde von Sharpe, Lintner und Mossin Mitte der 60er Jahre in den USA entwickelt, basiert auf der Portfoliotheorie von Markovitz und dient als Erklärungsmodell für die Preisbestimmung von risikobehafteten Wertpapieren auf einem vollkommenen Kapitalmarkt (vgl. *Bruns/Meyer-Bullerdiek*, 2000, S. 69 ff.).

Das theoretische Konstrukt des vollkommenen Kapitalmarktes ist dadurch charakterisiert, dass finanzielle Mittel in beliebiger Höhe am Kapitalmarkt zum bestehenden Zinssatz veranlagt bzw. aufgenommen werden können. Dabei entspricht der Sollzinssatz dem Habenzinssatz.

Weiters ist es einzelnen Marktteilnehmern nicht möglich, durch ihre Transaktionen Einfluss auf den bestehenden Zinssatz zu nehmen, da es unendlich viele Anbieter und Nachfrager am Markt gibt. Diese Marktstruktur wird als atomistische Marktstruktur bezeichnet.

Als zusätzliches Kriterium eines vollkommenen Kapitalmarktes gilt, dass alle Marktteilnehmer über die gleichen Informationen bezüglich der Renditen und des Risikos verfügen und aus diesem Grund nur ein Zinssatz existieren kann.

Die Anzahl der Wertpapiere ist im vollkommenen Kapitalmarkt festgelegt. Sie sind beliebig teilbar und marktfähig. Alle Investoren haben homogene Erwartungen bezüglich ihrer Wertpapierrendite.

Demzufolge berücksichtigt das CAPM auch nur das systematische Risiko, da alle Investoren am Kapitalmarkt perfekt diversifiziert sind und das unsystematische Risiko durch die Diversifikation im Portfolio ausschalten können.

Unter dem unsystematischen Risiko werden alle einzelwirtschaftlichen Risikofaktoren bezeichnet, die unternehmensspezifisch sind und die wirtschaftliche Lage des Unternehmens beeinflussen. Diese Faktoren bewirken, dass sich die Rendite der einzelnen Unternehmen nicht gleichgerichtet entwickeln. Jedoch kann der Investor durch Streuung seiner Veranlagungen in mehrere Unternehmungen sein unsystematisches Risiko verringern bzw. im optimalen Fall ausräumen.

Das systematische Risiko umfasst alle Einflussfaktoren, die dem gesamtwirtschaftlichen und dem politischen Umfeld zugerechnet werden können. Dabei sind Faktoren wie zum Beispiel Wechselkursschwankungen, Rohstoffpreise, Steuerreformen, Konjunkturschwankungen usw. gemeint (vgl. *Ears et al.*, 2007, S. 34).

Das CAPM berechnet die Kosten des Eigenkapitals, indem zur Rendite risikoloser Wertpapiere der Marktpreis des Risikos (Risikoprämie) multipliziert mit dem systematischen Risiko des Unternehmens hinzugerechnet wird.

Das systematische Risiko des Unternehmens wird als Beta (β) bezeichnet. Somit lautet die Gleichung für die Eigenkapitalkosten (r_{EK}) (vgl. *Copeland et al.*, 2003, S. 277):

$$r_{EK} = r_f + [E(r_m) - r_f] \times \beta$$

rf = *risikofreie Rendite*
E(rm) = *Erwartungswert der Rendite des Marktportfolios*
E(rm)-rf = *Risikoprämie*
β = *unternehmensspezifischer β-Faktor (systematische Risiko)*

Der β-Faktor gibt die Korrelation zwischen der relativen Kursentwicklung einer einzelnen Aktie und der relativen Kursentwicklung des gesamten Index an. Dabei stellt der β-Faktor ein Indiz für das Risiko einer Aktie dar.

Das durchschnittliche β für das Marktportfolio beträgt 1,0. Ein β-Faktor von 1,0 bedeutet, dass sich die Einzelrendite eines bestimmten Wertpapiers genau proportional zum Markt verhält: Steigt (sinkt) die Marktrendite um 10%, so steigt (sinkt) auch die Einzelrendite um 10%. Ist der β-Faktor größer als 1,0, reagiert das Wertpapier überproportional auf Änderungen der Marktrendite. Je höher das β, desto größer sind die Schwankungsbreite und damit auch das Risiko des Investors. Eine risikolose Veranlagung weist ein β von 0,0 auf.

Um das CAPM zur Berechnung der Eigenkapitalkosten anwenden zu können, müssen zuerst die bestimmenden Faktoren der Kapitalmarktgeraden ermittelt werden. Diese sind:

- die risikofreie Rendite,
- die Risikoprämie und
- das systematische Risiko (β).

1.4.3.3.1.1. Bestimmung der risikofreien Rendite

Unter dem risikolosen Zinssatz wird jene Rendite im CAPM Modell verstanden, die weder ein Ausfallsrisiko beinhaltet, noch eine Korrelation mit den Renditen anderer Kapitalanlagen aufweist. Dieses Wertpapier würde demnach ein β von 0 aufweisen. Das theoretische Konzept des CAPM basiert zwar auf dieser Annahme, in der Praxis ist ein solches Wertpapier jedoch nicht vorhanden (vgl. *Bruns/Meyer-Bullerdiek*, 2000, S. 14 f.).

Nach Ansicht vieler Autoren ist die Rendite der langfristigen Bundesanleihen der beste Schätzwert für den risikolosen Zins. Ebenso wie im Fall der Schätzung der Fremdkapitalkosten sollte der Zeithorizont für die Berechnung der Eigenkapitalkosten mit dem Zeitraum der Prognose der Cashflows übereinstimmen. Die Verwendung langfristiger Bundesanleihen erfüllt diesen Zweck und zugleich werden in diesem Zinssatz die Inflationserwartungen der Investoren mitberücksichtigt.

In Österreich verweist das Fachgutachten über die Unternehmensbewertung auf die Ableitung des Basiszinssatzes aus der gültigen Zinsstrukturkurve. Alternativ kann auch die Effektivrendite von Staatsanleihen mit einer Laufzeit von zehn bis 30 Jahren herangezogen werden (vgl. *Kammer der Wirtschaftstreuhänder*, 2006, S. 15).

1.4.3.3.1.2. Bestimmung der Risikoprämie des Marktes

Die zweite zu ermittelnde Komponente in der oben dargestellten Kapitalmarktgleichung stellt die Risikoprämie des Marktes dar. Diese entspricht dem Unterschied der zu erwartenden Rendite, des Portfolios und der risikolosen Veranlagung. Die Risikoprämie ist die zusätzliche Rendite, die ein Investor erwartet, wenn er statt einer risikolosen Veranlagung die Investition in risikobehaftete Wertpapiere tätigt. Die Risikoprämie soll auf zukünftigen Renditen basieren und nicht auf historischen Durchschnittswerten.

Um die zu verwendende zukünftige Risikoprämie schätzen zu können, muss die Vergangenheit als Basis zukünftiger Risikoprämien dienen (vgl. *Black et al.*, 1998, S. 52 ff.). Da die Risikoprämie im Rahmen der Shareholder-Value-Bewertung Eingang in den Diskontierungssatz findet und mit den zukünftige Zahlungsströme abgezinst werden, muss die in die Zukunft prognostizierte Risikoprämie als Erwartungsrisikoprämie bezeichnet werden.

Empirisch lässt sich die historische Risikoprämie durch den Vergleich des langfristigen geometrischen Mittels der Aktienrendite mit dem langfristigen geometrischen Mittel der Rendite langfristiger Staatsanleihen ermitteln (vgl. *Ears et al.*, 2007, S. 342).

Copeland/Koller/Murrin empfehlen, für amerikanische Unternehmen eine Risikoprämie von fünf bis sechs Prozent anzusetzen (vgl. *Copeland et al.*, 2003, S. 279). *Düsterloh* empfiehlt, für deutsche Unternehmen ebenfalls einen Wert zwischen fünf und sechs Prozent anzunehmen (vgl. *Düsterloh*, 2003, S. 110).

Um die Risikoprämie für österreichische Unternehmen schätzen zu können, bietet sich der ATX bzw. der ATX Prime an, da in der Literatur befürwortet wird, dass die Ermittlung der Marktrendite auf nationalen, bereits eingeführten Aktienindizes beruhen sollte (vgl. *Rappaport*, 1999, S. 47; vgl. *Copeland et al.*, 2003, S. 279). Dies aus dem Grund, da sich die Marktrisikoprämie historisch gesehen sehr unterschiedlich dargestellt hat.

	Marktrendite	Risikofreie Rendite	Risikoprämie
USA	16,1%	12,1%	4,0%
Japan	9,2%	7,5%	1,7%
Deutschland	13,5%	7,6%	5,9%
Frankreich	22,2%	14,0%	8,2%
Großbritannien	18,7%	12,3%	6,4%

Abb. 4: Beispiel für die durchschnittliche Marktrisikoprämie anhand eines Zeitraumes von zehn Jahren (1984–1993) (Quelle: UBS Global Research: Global Strategie 1994, Second Quarter, S. 11)

1.4.3.3.1.3. Bestimmung des Beta-Faktors

Nach Bestimmung des risikolosen Zinssatzes und der Marktrisikoprämie fehlt zur Lösung der Kapitalmarktgleichung noch der β-Faktor. Die soeben diskutierte Marktrisikoprämie wird mit dem geschätzten β Faktor gewichtet, da die für die Unternehmensbewertung zugrunde liegenden Eigenkapitalkosten die geforderte spezifische Risikoprämie widerspiegeln soll.

Daher ist aus Sicht des Unternehmens der β-Faktor von besonderem Interesse, da dieser den unternehmensspezifischen Risikozuschlag determiniert (vgl. *Knoren*, 1998, S. 56).

Mathematisch errechnet sich der β-Faktor als Quotient der Kovarianz der Rendite der Anlage i mit der Rendite des Marktportfolios und der Varianz der Rendite des Marktportfolios m:

$$\beta = \frac{Cov(rj, rm)}{Var(rm)}$$

Der Beta-Faktor lässt sich wie folgt interpretieren:

- Ein Beta-Faktor > 1 bedeutet, dass die Rendite des betrachteten Unternehmens überproportional auf Veränderungen der Marktrendite reagiert.
- Ein Beta-Faktor = 1 bedeutet, dass die Rendite des betrachteten Unternehmens proportional zu Veränderungen der Marktrendite reagiert.
- Ein Beta-Faktor < 1 bedeutet, dass die Rendite des betrachteten Unternehmens unterproportional auf Veränderungen der Marktrendite reagiert.

1.4.3.3.1.3.1. Schätzung des Beta-Faktors bei börsennotierten Unternehmen

Ist das zu betrachtende Unternehmen börsennotiert, so lässt sich der β-Faktor mittels linearer Regression der Aktienrenditen mit den Renditen des Aktienindex ermitteln. Die Steigung der Regressionsgeraden entspricht genau dem erwarteten β-Faktor.

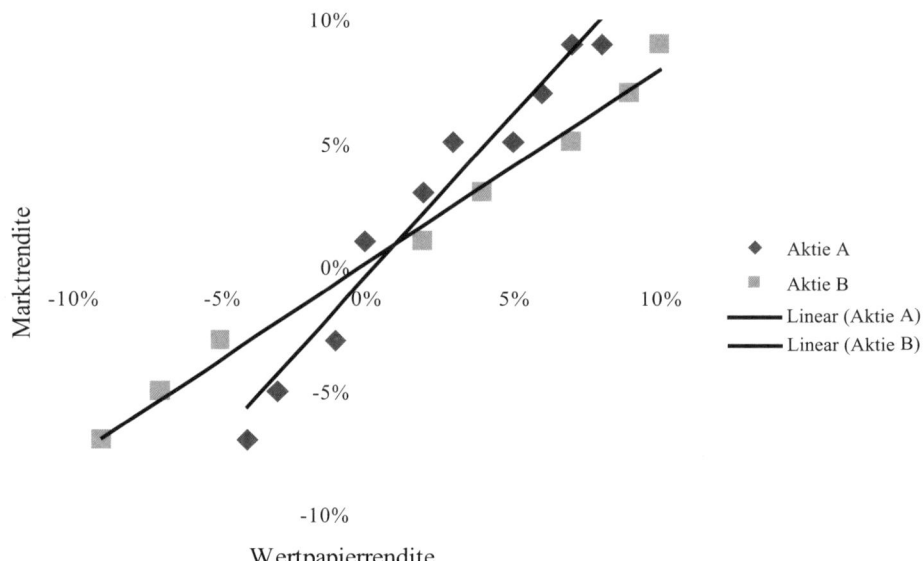

Abb. 5: Bestimmung des Beta-Faktors mittels Regressionsgerade

Diese Ermittlung der historischen Faktoren dient als Basis der Schätzgrößen zukünftiger β-Faktoren. Diese geschätzten Faktoren werden für börsennotierte Unternehmen veröffentlicht und basieren auf finanzwirtschaftlichen Kennzahlen dieser Unternehmen (vgl. *Copeland et al.*, 1998, S. 282).

Für die Berechnung des β-Faktors können unterschiedliche Zeiträume gewählt werden. Vorherrschend ist die Meinung, dass die Verwendung börsentäglicher β-Faktoren ungeeignet erscheint, da die Schwankungen zu stark ausgeprägt sind. Empfohlen werden β-Faktoren im Zeitraum ein bis maximal fünf Jahren.

1.4.3.3.1.3.2. Schätzung des Beta-Faktors bei nicht börsennotierten Unternehmen

Die direkte Ermittlung des β-Faktors mittels linearer Regressionsanalyse ist nur für börsennotierte Publikumsgesellschaften möglich. Da dies jedoch für die Mehrzahl der österreichischen Unternehmen nicht zutrifft, muss der β-Faktor mittels indirekter Berechnung ermittelt werden. Dazu stehen mehrere Ansätze zur Verfügung:

1.4.3.3.1.3.2.1. Analogie-Ansätze

Bei den Analogie-Ansätzen sucht man vergleichbare Unternehmen, Unternehmensgruppen bzw. verwendet zur Berechnung des Faktors den β-Faktor der Branche. Bei der Verwendung eines börsennotierten Vergleichsunternehmens (Pure-play-Ansatz) muss jedoch darauf geachtet werden, dass sich die Kapitalstruktur beider Unternehmen unterscheiden können. Das Vergleichsunternehmen sollte entsprechend den Kriterien Branche, Produkte, Umsatz, Marktanteil, Rendite und Kapitalstruktur usw. ausgewählt werden.

Hinter den empirisch gewonnen β-Faktoren liegt der jeweils spezifische Verschuldungsgrad im Hintergrund und beeinflusst den Faktor. Dieser wird als der levered beta bezeichnet. Um nun vom β-Faktor des verschuldeten Vergleichsunternehmens zum β Faktor des zu betrachtenden Unternehmens zu gelangen, sind folgende Schritte nötig:

Shareholder Value – Wertorientiertes Management

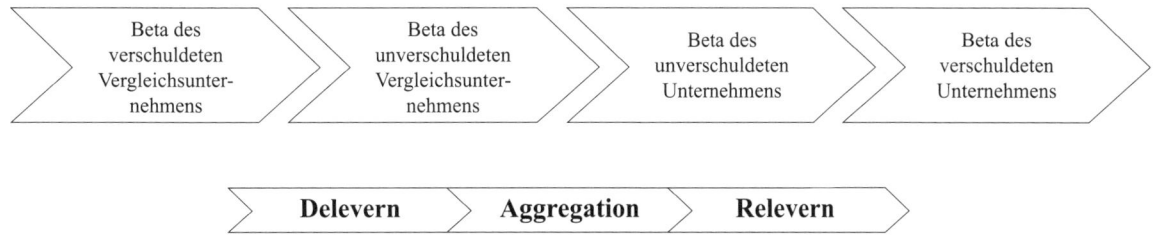

Abb. 6: Ableitung des Beta eines verschuldeten Unternehmens (Quelle: eigene Darstellung)

Im ersten Schritt wird das Beta des verschuldeten Vergleichsunternehmens delevered und in das Beta des unverschuldeten Vergleichsunternehmens umgerechnet. Dies erfolgt mittels nachstehender Formel (vgl. *Steiner/ Uhlir*, 2001, S. 170 f.):

$\beta_u = \beta_v / [(1+ (1-t) \times (FK/EK)]$

βu = Beta Faktor des unverschuldeten Unternehmens
βv = Beta Faktor des verschuldeten Unternehmens
t = Unternehmenssteuersatz
EK = Marktwert des Eigenkapitals
FK = Marktwert des Fremdkapitals

Werden statt einem Vergleichsunternehmen mehrere Vergleichsunternehmen verwendet (Peer-group-Beta) kann das arithmetische Mittel dieser Peer Group in die Berechnung eingehen.

Im nächsten Schritt kann nun der ermittelte Beta-Faktor für das unverschuldete Vergleichsunternehmen bzw. der Peer Group auf das nicht börsennotierte Unternehmen mit dem speziellen Verschuldungsgrad angepasst werden. Dieser Vorgang wird als relevern bezeichnet:

$\beta_v = \beta_u \times [(1+(1-t) \times (FK/EK)]$

Anstatt eines Vergleichsunternehmens kann auch mit durchschnittlichen Branchenwerten (Industry-Beta) gearbeitet werden, die im Zeitablauf im Vergleich zu einzelnen Unternehmen stabiler sind. Derartige Durchschnittswerte sind allerdings nur sinnvoll, wenn das systematische Risiko der zugrunde liegenden Branchenunternehmen relativ vergleichbar ist.

Die Begründung für die Verwendung ist die Vermutung, dass die Unternehmen aufgrund der Ähnlichkeit der Kostenstruktur, des Produktionsprozesses und der Absatzmärkte ein ähnliches systematisches Risiko aufweisen.

1.4.3.3.1.3.2.2. Accounting-Methode

Eine weitere Methode zur Ermittlung des Beta-Faktors für nicht börsennotierte Unternehmen stellt die „Accounting-Methode" dar. Dabei werden über einen ausreichend langen Zeitraum die operativen Ergebnisse nach Steuern gesammelt, um mittels Regression den Beta Faktor zu bestimmen. Dabei werden den Daten des zu betrachtenden Unternehmens die Daten des Gesamtmarktes gegenübergestellt (vgl. *Bühner*, 1999, S. 26).

Ausgangspunkt für die Miteinbeziehung von Unternehmensdaten in die Prognose und Bestimmung von Beta-Werten ist die Vermutung oder Hypothese, dass die aus den Jahresabschlüssen resultierenden Kennzahlen ein Ausdruck von Entscheidungen und Ereignissen im Unternehmen sind und somit auch Auskunft über das Ertragsrisiko der Aktionäre gibt (vgl. *Zimmermann*, 1997, S. 259 f.).

Shareholder Value – Wertorientiertes Management

Da die bisher vorgestellten Methoden nicht immer verwendbar sind, wurden in der Praxis Ansätze entwickelt, um Beta-Faktoren einfach zu berechnen. Diese Ansätze werden auch als pragmatische Ansätze zur Bestimmung des Risikos bezeichnet.

1.4.3.3.1.3.2.3. Pragmatische Ansätze

Bei dieser Methode wird auf eine systematische Trennung zwischen dem systematischen und dem unsystematischen (diversifizierbares) Risiko verzichtet. Um für das Unternehmen ein adäquates Risikoprofil erstellen zu können, müssen zuerst die risikobestimmenden Faktoren des Unternehmens eruiert werden. Als Anhaltspunkte führt *Bühner* folgende Faktoren an:

- Marktstruktur (Struktur der Konkurrenz), Marktverhalten, Marktwachstum, Marktdynamik
- Kapital- und Personalintensität des Produktionsprozesses (Fixkostenbelastung)
- Qualifikationsprofil der Mitarbeiter
- Verhandlungsmacht bei den Fremdkapitalkosten
- Kapitalstruktur etc.

Dies soll nur einen Auszug aus der Fülle möglicher Faktoren sein. Im nächsten Schritt wird jeder Risikoursache ein Faktor zwischen 0,7 (geringes Risiko) und 1,5 (hohes Risiko) zugeordnet. Die Einteilung von 0,7 bis 1,5 beruht auf der durchschnittlichen Schwankungsbreite der Beta-Faktoren am Aktienmarkt (vgl. *Michael Mirow* in: *Bühner*, 1999, S. 91).

Eine praktische Umsetzung ist in folgender Abbildung dargestellt:

Risikofaktoren	niedrig 1	2	3	4	hoch 5
Marktwachstum	1,6	1,3	1	0,7	0,4
Wettbewerbsstärke	1,6	1,3	1	0,7	0,4
Eintrittsbarriere	1,6	1,3	1	0,7	0,4
Technologischer Wandel	0,4	0,7	1	1,3	1,6
Vorhersagbarkeit des Cashflows	1,6	1,3	1	0,7	0,4
Beta-Faktor = (0,7+1,3+1,6+1+1,3) : 5 = 1,118					

Abb. 7: Pragmatischer Ansatz zur Berechnung des Beta-Wertes (Quelle: eigene Darstellung)

Die Kritik an dem CAPM und auch an Berechnung des Beta-Faktors hat in den letzten Jahren weiter zugenommen. Studien haben keine Korrelation der Aktienkursentwicklung mit dem Beta-Faktor belegen können.

1.4.4. Residualwert

Nachdem nun die Cashflows im Prognosezeitraum geschätzt und die Kapitalkosten bestimmt sind, muss der Residualwert bestimmt werden. Als Residualwert wird jener Wert bezeichnet, der nach der Prognoseperiode anfällt.

In Abhängigkeit vom Wirtschaftszweig kann der Residualwert einen erheblichen Anteil am Unternehmenswert betragen.

Wie kann es nun zu solch unterschiedlichen Werten kommen? Die Restwertschätzung hängt maßgeblich von der Unternehmensstrategie ab. Unternehmen, die bestrebt sind, ihre Marktposition auszubauen, neue Märkte zu erschließen, neue Produkte auf den Markt zu bringen oder neue Technologien zu entwickeln, werden dafür sowohl in Produktionsanlagen und ins Umlaufvermögen investieren als auch ihre Marketing- und Forschungsausgaben erhöhen. Durch die, innerhalb des Planungszeitraumes, erhöhten Ausgaben und Investitionen vermindert sich der Cashflow und steigt erst nach dem Prognosezeitraum wieder an. In dieser Situation kann es sogar dazu kommen, dass der Cashflow innerhalb der Prognoseperiode negativ ist und erst danach positiv wird. Trotz des negativen Cashflows können diese Maßnahmen den Unternehmenswert durch zusätzliche Marktanteile erhöhen (vgl. *Copeland et al.*, 1990, S. 210).

Gegenteilig kann sich der Cashflow in stagnierenden oder sehr reifen Märkten entwickeln. Im Falle einer Erntestrategie wird während des Prognosezeitraums ein höherer Cashflow erzielt, der Residualwert wird aber in diesem Falle eher gering ausfallen.

Der Restwert ist auch abhängig vom Detailplanungszeitraum. Je länger dieser Zeitraum, desto geringer ist der Residualwert.

Generell sollte die Planungsperiode so lange bemessen sein, dass sich die Wettbewerbsbedingungen am Ende dieses Zeitraumes auf einem bestimmten Niveau stabilisiert haben. Der genaue Zeitpunkt hängt jedoch wiederum von der innerhalb der Planungsperiode getroffenen Wettbewerbsstrategie ab.

Zur Berechnung des Residualwertes verwendet man die Methode der ewigen Rente vor. Bei Verwendung dieser Methode wird der Residualwert berechnet, indem man den betrieblichen Cashflow durch den Kapitalkostensatz dividiert. Die Berechnung beruht auf Cashflows vor Neuinvestitionen, da die Methode der ewigen Rente unterstellt, dass nach der Prognoseperiode das Unternehmen auf neue Investitionen genau die Kapitalkosten verdient. Aus diesem Grund können die Investitionen vernachlässigt werden, da das Unternehmen in Strategien investiert deren Nettogegenwartswert genau null ist. Daher müssen zur Berechnung des Residualwertes lediglich die Investitionen berücksichtigt werden, die vorhandene Kapazitäten, zur Aufrechterhaltung der betrieblichen Leistung, ersetzen (vgl. *Rappaport*, 1999, S. 50 ff.).

Nach Auffassung vieler Autoren bestimmt sich der ewige Zahlungsstrom aufgrund des in der letzten Periode erzielten Cashflows. Dieser wird in der Zukunft weitergeschrieben (vgl. *Copeland*, 1998, S. 225; *Bühner*, 1994, S. 19 f.; *Rappaport*, 1999, S. 50 f.). Wichtig ist dabei nur, dass berücksichtigt wird, ob sich das Unternehmen in diesem Jahr in einem günstigen oder in einem ungünstigen zyklischen Bereich befindet. Ist dies der Fall, empfiehlt sich eine Bereinigung des Cashflow um diese außergewöhnlichen Einflüsse. Copeland spricht dabei von einer normalisierten Höhe des Cashflows (vgl. *Copeland*, 1998, S. 23).

Berechnet wird der Residualwert mit folgender Formel:

Residualwert$_n$ = Cashflow$_{t+1}$ / Kapitalkostensatz (WACC)

Das Ergebnis dieser Formel ist der Residualwert am Ende der Detailprognoseperiode. Dieser Wert muss im nächsten Schritt mit dem Diskontierungssatz auf den Zeitpunkt t_0 abgezinst werden.

Die Prämisse des ewigen Cashflows mag den Eindruck erwecken, dass sie entweder zu vereinfacht oder zu realitätsfern sei. Die Auswirkungen dieser Annahmen werden abgeschwächt, da sich der Residualwert mit zunehmendem Zeitabschnitt nur degressiv entwickelt. Dadurch kann mit dieser simplifizierten Annahme ohne größere Bedenken gearbeitet werden (vgl. *Rappaport*, 1995, S. 259). Nachfolgende Tabelle soll den eben angesprochenen Effekt verdeutlichen:

Jahre	Residualwert bei einem Diskontsatz von 10%	Anteil an der ewigen Rente in %	Jahre	Residualwert bei einem Diskontsatz von 15%	Anteil an der ewigen Rente in %
5	379,08	37,9%	5	335,22	50,3%
10	614,46	61,4%	10	501,88	75,3%
15	760,61	76,1%	15	584,74	87,7%
20	851,36	85,1%	20	625,93	93,9%
25	907,70	90,8%	25	646,41	97,0%
30	942,69	94,3%	30	656,60	98,5%
∞	1.000,00	100,0%	∞	666,67	100,0%
Jahre	Residualwert bei einem Diskontsatz von 17%	Anteil an der ewigen Rente in %	Jahre	Residualwert bei einem Diskontsatz von 20%	Anteil an der ewigen Rente in %
5	319,93	54,4%	5	299,06	59,8%
10	465,86	79,2%	10	419,25	83,8%
15	532,42	90,5%	15	467,55	93,5%
20	562,78	95,7%	20	486,96	97,4%
25	576,62	98,0%	25	494,76	99,0%
30	582,94	99,1%	30	497,89	99,6%
∞	588,24	100,0%	∞	500,00	100,0%

Abb. 8: Relevanz der Annahmen unendlicher Cashflows (Quelle: eigene Darstellung)

In Abbildung 8 wird ein unendlicher Cashflow in der Höhe von 100 unterstellt. Dieser wird mit verschiedenen Zinssätzen abgezinst. Nimmt man zum Beispiel den Zeitraum nach der Detailprognose mit zehn Jahren an, so erzielt man bei einem Diskontierungssatz von 15% bereits 75% des unendlichen Residualwertes. Nach zwanzig Jahren sind es bereits 93,9%. Dieser Effekt verstärkt sich zusätzlich durch Verwendung eines höheren Diskontierungssatzes. Nimmt man statt den 15% einen Diskontierungssatz von 20%, so erhält man nach zehn Jahren bereits 83,4% und nach 20 Jahren 97,4%.

Wie bereits erwähnt, impliziert dieses Verfahren, dass die nach der Detailprognose getätigten Erweiterungsinvestitionen, den Wert des Unternehmens nicht verändern (vgl. *Rappaport*, 1999, S. 51), da mit jenen Investitionen die Kapitalkosten verdient werden. Trotzdem kann und wird es nach der Detailprognose zu unterschiedlich hohen Cashflows aufgrund von Ersatzinvestitionen und von Wachstum kommen. Die Summe dieser Cashflows ergibt aber einen Barwert von null und somit haben besage Investitionen keinen Einfluss auf den Unternehmenswert und deshalb können die in der Realität variierenden Zahlungsströme für die Berechnung als ewig gleich bleibender Cashflow dargestellt und verwendet werden (vgl. *Copeland et al.*, 1998, S. 392 f.; *Rappaport*, 1999, S. 51).

1.5. Wertsteigerungskonzept von Copeland, Koller und Murrin

Copeland et al. gehen im Wesentlichen von der Methodik von *Rappaport* aus. Auch sie verwenden als Entscheidungsgrundlage den Kapitalwert auf Basis des Netto-Cashflows, also einen Cashflow vor Zinsen und nach Steuern. Ebenfalls wird wie bei *Rappaport* ein Zusammenhang zwischen dem Cashflow und den wertbestimmenden Faktoren identifiziert. Vor allem zwei Werttreiber, die Kapitalrendite und die Investitionsrate, werden in den Vordergrund gestellt.

Die Kapitalrendite (ROIC) entspricht dabei dem operativen Ergebnis nach Steuern (NOPLAT) geteilt durch das investierte Kapital (vgl. *Copeland et al.*, 1998, S. 164).

Der Shareholder-Value wird berechnet, indem die Free Cashflows und der Residualwert mit dem Diskontierungsfaktor abgezinst, der Wert des nicht betriebsnotwendigen Vermögens addiert und der Marktwert des Fremdkapitals subtrahiert wird. Der verbleibende Betrag wird als Unternehmenswert bezeichnet und entspricht dem Shareholder-Value.

Anders als *Rappaport* leiten *Copeland et al.* den Cashflow traditionell aus dem externen Rechnungswesen ab. Diese Methodik wird auch indirekte Ermittlung genannt. Dabei werden, ausgehend vom Ergebnis vor Steuern und Zinsen, alle zahlungsunwirksamen Aufwendungen und Erträge eliminiert. Das Ergebnis ist der Operative Cashflow nach Steuern.

Von diesem Cashflow, der von *Copeland et al.* als Brutto-Cashflow bezeichnet wird, werden nun die Investitionen ins Anlagevermögen und ins Working Capital subtrahiert. Das Ergebnis ist der zu diskontierende Netto-Cashflow. Der Vorteil dieser Berechnungsmethodik liegt in der Anwendbarkeit außenstehender Interessenten, da die zugrunde liegenden Daten aus dem Jahresabschluss zu entnehmen sind.

Die Kapitalkosten werden wie bei *Rappaport* als gewichteter Mittelwert zwischen Fremd- und Eigenkapital ermittelt. Die Ermittlung der Eigenkapitalkosten erfolgt nach dem Arbitrage-Pricing-Modell oder nach dem Capital-Asset-Pricing-Modell.

Die Ermittlung des Residualwertes erfolgt wie im Konzept von *Rappaport*. Dabei wird der normalisierte Netto-Cashflow durch die Kapitalkosten dividiert und anschließend auf den Zeitpunkt t_0 abgezinst.

Auf Basis der vorgestellten Bewertungsmethodik haben *Copeland et al.* die Shareholder-Value-Ermittlung für weitere Einsatzgebiete aufgearbeitet. Als weitere Einsatzgebiete sind die Bewertung von Konzernen, die Bewertung multinationaler Unternehmen, Fusionen und Akquisitionen genannt. Im Rahmen des strategischen Managements ist das von *Copeland et al.* entwickelte „Komponentenmodell" ein nützliches Instrumentarium zur Bewertung von Konzernen bzw. von Unternehmen mit mehreren strategischen Geschäftseinheiten (vgl. *Düsterloh*, 2003, S. 53).

Im Komponentenmodell wird der Wert jeder Geschäftseinheit gesondert ermittelt. Die Berechnung erfolgt auf Basis der operativen Cashflows für jede Einheit. Nach Ermittlung und Diskontierung der Cashflows werden die Barwerte der einzelnen Einheiten und die nicht betriebsnotwendigen Wertpapiere addiert. Anschließend werden die Kosten der Konzernzentrale in Abzug gebracht. Dabei wird die Zentrale als eigene Geschäftseinheit gesehen und die Cashflows werden diskontiert. Das Ergebnis ist der Wert des investierten Kapitals. Davon wird der Marktwert des Fremdkapitals abgezogen und das Ergebnis ist der Shareholder-Value (vgl. *Copeland et al.*, 1998, S. 334 ff.).

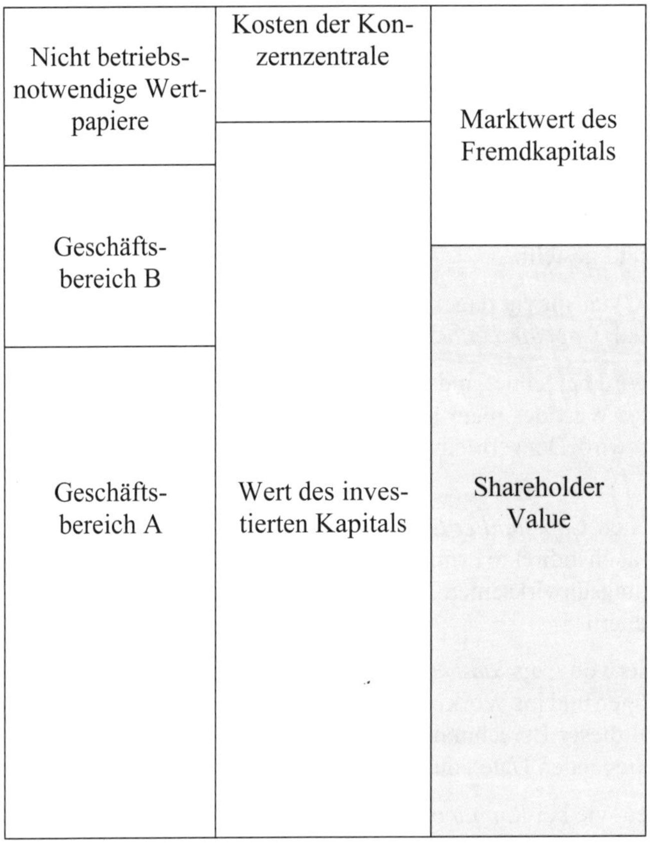

Shareholder Value – Wertorientiertes Management

Abb. 9: Komponentenmodell zur Shareholder-Value-Ermittlung (Quelle: in Anlehnung an *Copeland et al.* [1998], S. 159)

Die Anwendung des Komponentenmodells ermöglicht eine Identifizierung von Geschäftsbereichen, die den Unternehmenswert erhöhen bzw. die Wert vernichten. Diese Identifizierung bildet die Basis für ein Shareholder-Value-orientiertes Portfoliomanagement und ermöglicht eine objektive Ressourcenallokation zwischen den einzelnen Geschäftsbereichen auf Basis einer Wertorientierung (vgl. *Düsterloh*, 2003, S. 54).

1.6. Der Cash Flow Return on Investment (CFROI) nach Lewis

Auch bei der Methode des CFROI werden die akzeptierten Methoden der Investitionsrechnung auf die Performancemessung von Geschäften übertragen. Die Methoden betonen ebenfalls die Fokussierung auf den Cashflow als valide Beurteilungsmöglichkeit der Wirtschaftlichkeit.

Der Cash Flow Return on Investment ist eine Methode, die auf Basis des internen Zinsfußes arbeitet und auch als Grundlage für die Ermittlung des Cash Value Added (CVA) dient. Die Größe des CFROI ermittelt die Rendite aller im Unternehmen getätigten Investitionen, ohne jedoch zu berücksichtigen, ob eine Finanzierung mit Eigen- oder mit Fremdkapital stattgefunden hat. *Lewis* verwendet mit der Methode des internen Zinsfußes ein nicht unumstrittenes Verfahren der Investitionsrechnung zur Berechnung des Shareholder-Values.

Nach diesem Ansatz schaffen jene Unternehmen einen Wert, deren Investitionen eine Verzinsung erwirtschaften, die höher liegt als der von den Kapitalgebern geforderte Zinsfuß. Je größer die Differenz zwischen interner Verzinsung und Kapitalkosten, desto größer ist die Wertsteigerung im Unternehmen.

Diese Entscheidungsregel wird nun von Lewis auf das ganze Unternehmen bzw. auf Geschäftsbereiche übertragen und angewandt. Zur Berechnung des CFROI sind folgende Faktoren von Bedeutung:

- Bruttoinvestitionsbasis
- Nutzungsdauer des Sachanlagevermögens
- Brutto-Cashflow
- Restwert

Eine der zentralen Annahmen bei der Berechnung des CFROI ist, dass die Cashflow-Generierung abhängig ist von der Nutzungsdauer des Anlagevermögens. Es werden konstante Cashflows über die gesamte Nutzungsdauer des Anlagevermögens angenommen.

Die Bruttoinvestitionsbasis beschreibt die Höhe des gesamten Investments und ist definiert als die Summe sämtlicher Aktiva und des Working Capitals zu Wiederbeschaffungswerten. Ausgehend von der Passivseite der Bilanz ist die Bruttoinvestitionsbasis definiert als Eigenkapital, verzinslichem Fremdkapital und den kumulierten Abschreibungen (vgl. *Bühner*, 1999, S. 27). Dadurch wird in die CFROI-Berechnung nur das verzinsliche Kapital einbezogen. Die Wiederbeschaffungswerte ergeben sich durch Addition der kumulierten Abschreibungen zu den Buchwerten und Hinzurechnung der Inflation. Somit erhält man das im Unternehmen gebundene Kapital zu aktuellen Werten (vgl. *Düsterloh*, 2003, S. 56 f.).

Bruttoinvestitionsbasis = Anlagevermögen
+ Working Capital
+ kumulierte Abschreibung

Die Nutzungsdauer des Sachanlagevermögens wird ermittelt, indem das Sachanlagevermögen zu historischen Anschaffungskosten durch die jährliche, lineare Abschreibung dividiert wird. Das Ergebnis ist eine rein arithmetisch durchschnittliche Nutzungsdauer des gesamten Sachanlagevermögens und basiert auf einer bilanziellen und nicht auf einer wirtschaftlichen Nutzungsdauer (vgl. *Düsterloh*, 2003, S. 57). Von dieser Basis werden noch die Rückstellungen abgezogen, da Rückstellungen in der Regel unverzinsliche Verbindlichkeiten darstellen. Obwohl Pensionsrückstellungen verzinslich sind, empfiehlt *Lewis*, sie ebenfalls wie unverzinsliche Verbindlichkeiten zu behandeln, da der Zinsanteil nur sehr aufwendig oder teilweise gar nicht errechnet werden kann. Ein zusätzliches Argument dafür Rückstellungen nicht in die Bruttoinvestitionsbasis zu nehmen, ist die Tatsache, dass die Bildung und Auflösung von Rückstellungen aus externer Sicht nicht nachvollziehbar ist (vgl. *Lewis*, 1994, S. 62).

Der indirekt ermittelte Brutto-Cashflow entspricht einem Cashflow vor Zinsen und nach Steuern. Für die Nutzungsdauer des Sachanlagevermögens wird der ermittelte Cashflow konstant gehalten (vgl. *Lammerskitten et. al.*, 1997, S. 226).

Cashflow = Jahresüberschuss
+ Zinsen
+ Abschreibungen
− zurechenbare Ertragsteuern

Der Restwert entspricht den nicht abschreibbaren Aktiva und wird am Ende der Nutzungsdauer als Liquidationserlös dem Cashflow der letzten Periode hinzugerechnet (vgl. *Bühner*, 1999, S. 29).

Shareholder Value – Wertorientiertes Management

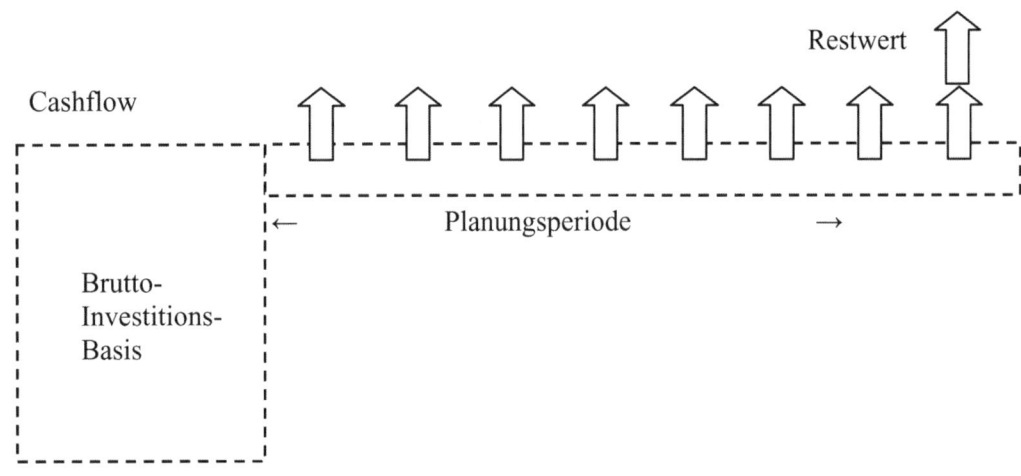

Abb. 10: Darstellung des Modells des CFROI (Quelle: eigene Darstellung)

Der Zusammenhang zwischen internen Zinssatz und dem CFROI kann durch folgende Formel veranschaulicht werden:

$$-I = \sum_{t=0}^{n} \frac{(E_t - A_t)}{(1 + CFROI)^t} = 0$$

I	=	Anschaffungsauszahlung
n	=	Nutzungsdauer der Vermögensgegenstände
Et	=	Einzahlungen in der Periode t
At	=	Auszahlungen in der Periode t
CFROI	=	Cash Flow Return on Investment

Im Falle des CFROI wird von einer fiktiven Neuinvestition zum Bewertungszeitpunkt ausgegangen. Die historischen Anschaffungskosten werden durch Inflationierung auf aktuelle Wiederbeschaffungspreise gebracht und das nicht abschreibbare Anlagevermögen geht, wie oben dargestellt, als einmalige Liquidität in den Cashflow der letzten Periode ein (vgl. *Lewis*, 1994, S. 40 ff.). Die oben beschriebene Formal kann daher folgendermaßen erweitert werden:

$$-BIB = \sum_{t=0}^{n} \frac{CF_t}{(1 + CFROI)^t} + \frac{ANVnab}{(1 + CFROI)^n} = 0$$

BIB	=	Bruttoinvestitionsbasis
CFt	=	Brutto-Cashflow
ANVnab	=	nicht abnutzbares Anlagevermögen

Die Berechnung des Cash Flow Return on Investment wird exemplarisch dargestellt:

Beispiel

Bruttoinvestitionsbasis:	*7.000*
Nutzungsdauer des SAV:	*10 Jahre*
Brutto-Cashflow:	*1.100*
Wert der nicht abschreibbaren Aktiva:	*1.500*
Kapitalkosten:	*10%*

0	1	2	3	4	5	6	7	8	9	10
–7.000	1.100	1.100	1.100	1.100	1.100	1.100	1.100	1.100	1.100	2.600

Der CFROI beträgt 11%.[4] *Da die Kapitalkosten mit 10% geringer sind als der CFROI, wäre dieses Unternehmen rentabel und würde zusätzlichen Wert schaffen.*

Im CFROI kommt zum Ausdruck, welche Mittel während der Nutzungsdauer des Sachanlagevermögens auf das Investment zurückfließen, da es sich dabei um jenen Zinsfuß handelt, mit dem die Cashflows abgezinst werden.

Der CFROI ist eine zahlungsstromorientierte Rentabilitätskennzahl, die weitgehend frei von bilanzpolitischen Einflüssen ist und somit, im Vergleich zu klassischen Rentabilitätskennzahlen, eine Verbesserung darstellt (vgl. *Düsterloh*, 2003, S. 58).

Aus dem CFROI lässt sich der Cash Value Added (CVA) ermitteln. Der CVA ist definiert als der erwirtschaftete Wertzuwachs in einer Periode $_t$ und gibt die Kapitalisierung der über den Kapitalkosten liegenden Profitabilität an.

Berechnet wird der CVA nach folgender Formel:

$CVA_t = (CFROI_t - Kapitalkosten) \times Bruttoinvestitionsbasis_{(t-1)}$

Der Shareholder-Value nach *Lewis* auf Basis des CFROI wird nach folgender Formel berechnet:

Shareholder-Value = (Cash Value Added) / (WACCt) + Netto Investment + Marktwert des nicht betriebsnotwendigen Vermögen – Marktwert des verzinslichen Fremdkapitals.

In dieser Berechnungsmethode des Shareholder-Values werden die Eigenkapitalkosten jedoch nicht mittels CAPM ermittelt, sondern vom Markt abgeleitet.

Obwohl der CFROI eine Verbesserung gegenüber klassischen Rentabilitätskennzahlen darstellt, bleibt der Ansatz nicht frei von Kritik. Kritisiert wird vor allem, neben der allgemeinen Kritik an der Methode des internen Zinsfußes, die Periodenbezogenheit der Wertermittlung. So wird im Modell lediglich der Cashflow einer Periode herangezogen und in die Zukunft weitergeschrieben. Dies führt in stagnierenden Märkten zu einer Wertüberschätzung und in expansiven Märkten zu einer Unterschätzung des Wertes (vgl. *Bühner*, 1999, S. 29). Durch die konstanten Cashflows findet weder ein Umsatz- noch ein Gewinnwachstum Eingang in die Berechnung. Diese Tatsache wird auch von *Lewis* selbst erkannt (vgl. *Lewis*, 1994, S. 126). Da der CFROI einer Periode verhaftet ist, bietet er keine geeignete Basis für zukunftsgerichtete, wertorientierte Steuerungsmaßnahmen. Einen zusätzlichen Kritikpunkt bietet die durchschnittliche Nutzung des Anlagevermögens. Diese Annahmen erleichtert zwar die Praktikabilität, jedoch entspricht sie nicht den tatsächlichen Verhältnissen (vgl. *Düsterloh*, 2003, S. 59).

1.7. Economic Value Added nach Steward/Stern

Das Konzept des Economic Value Added wurde von der Beratungsfirma Stern, Steward & CO entwickelt und stellt den erwirtschafteten Überschuss im Vergleich zur Zielvorgabe dar (vgl. *Ernst F. Schröder* in: *Freidank*, 2003, S. 157). Das Konzept des Economic Value Added ermittelt, im Gegensatz zu den Discounted-Cashflow-orientierten Verfahren, eine buchhalterische Periodenerfolgsgröße. Als Ergebnis stellt die Methode

---

[4] Genau: 11,02%. Zinst man die Zahlungsreihe mit dem Zinssatz von 11,02% ab, so ist der Kapitalwert null.

die periodenbezogene Differenz zwischen dem durch das eingesetzte Kapital erwirtschafteten Gewinn und den damit verbundenen Kosten des Kapitaleinsatzes dar. Diese Differenz wird als Residualgewinn bzw. als Übergewinn bezeichnet.

Der Economic Value Added soll als Erfolgsgröße Aussagen über eine Steigerung des Unternehmenswertes der Periode ermöglichen. Grundlage dabei ist die Differenz zwischen dem operativen Gewinn nach Steuern und den Kosten des gebundenen Kapitals. Diese Differenz wird als Spread bezeichnet.

Ist der Spread positiv, so ist es dem Unternehmen gelungen, einen Wert zu schaffen, der die betriebsnotwendigen Kosten und die Finanzierungskosten des eingesetzten Kapitals übersteigt. Ein negativer Spread bedeutet in diesem Konzept eine Wertvernichtung. Der EVA ist also der Wertzuwachs einer Periode auf Basis der Veränderung des Renditeüberschuss. Steigt der Renditeüberschuss, so steigt auch der Wert. Der Renditeüberschuss ist dabei definiert als Differenz zwischen der Rendite und den Kapitalkosten.

Wie auch bei dem Shareholder-Value-Ansatz von *Rappaport* und dem Wertsteigerungskonzept von *Copeland et al.* verfolgt das Konzept des EVA den Kapitalwertansatz. Berechnet wird der EVA mit nachstehender Formel:

NOPAT	=	net operating profit after taxes = Ergebnis nach Steuern
Return on invested Capital	=	NOPAT / Investiertes Kapital
Spread	=	Return on invested Capital – WACC
EVA_t	=	$NOPAT_t - (WACC_t \times \text{Investiertes Kapital}_t)$

Der Periodenerfolg wird nun daran gemessen, ob das Unternehmen aus seiner betrieblichen Sphäre einen Gewinn (NOPAT) erzielt, der die Kapitalkosten des dafür investierten Kapitals übersteigt.

Werden über die Laufzeit der Unternehmung alle zukünftigen EVA zum Betrachtungszeitpunkt diskontiert, so ergibt sich der Gewinn, der über die Kosten des Kapitals, über die Laufzeit gesehen, hinausgeht. Wird zu diesem Wert das investierte Kapital addiert, so ergibt sich der Gesamtunternehmenswert:

Unternehmenswert = Summe $(EVA_t \times (1 + WACC)^{-t})$ + investiertes Kapital

Zur Ermittlung des EVA sind nun folgende Komponenten zu bestimmen (vgl. *Bühner*, 1999, S. 45):

- Die realisierte Rendite
- Die geforderten Kapitalkosten
- Die Höhe des eingesetzten Kapitals

Die Rendite ist nach obiger Formel zu bestimmen, wobei dafür der NOPAT folgendermaßen berechnet wird (vgl. *Günther*, 1997, S. 234):

    Net operating Profit
    + Erhöhung der Wertberichtigungen auf Forderungen
    + Erhöhung der Differenz zwischen Ansatz der Vorräte mit der LOFO-Methode gegenüber der FIFO-Methode
    + Abschreibung von derivaten Geschäftswerten
    + Erhöhung des Barwertes kapitalisierter F&E-Aufwendungen
    + sonstige betriebliche Erträge
    + Erhöhung der sonstigen Rückstellungen
    + „marktwertbildende Vorlaufkosten"
    – Finanzwirksame Steuern
    ─────────────────────
    = NOPAT

Die geforderten Kapitalkosten werden mittels WACC-Ansatz berechnet. Für die Kosten des Eigenkapitals wird das CAPM verwendet, wobei sich *Stern/Steward* für die Messung des Faktors neben der Methode der Regressionsanalyse eine quantitative Schätzung des Faktors vorstellen. Dabei wird auf Basis von quantitativen Faktoren, wie zum Beispiel die Unternehmensgröße oder die Volatilität der Ergebnisse der letzten Jahre, der Faktor geschätzt. Obwohl dieser Ansatz eine enge Verbindung zum fundamentalen Multi-Faktoren-Modell zeigt, konnte sich diese Vorgehensweise bis zum heutigen Zeitpunkt nicht gegen das CAPM durchsetzen (vgl. *Bühner*, 1999, S. 31; vgl. *Bühner*, 1994, S. 47). Um den Faktor berechnen zu können, werden aus folgenden vier Bereichen Risikokenngrößen ermittelt, die in den Business Risk Index münden:

- operatives Risikomaß
- strategisches Risikomaß
- Risiko des Aktiva-Managements
- Risiko bezüglich der Größe des Unternehmens

Das operative Risikomaß misst die Volatilität der operativen Unternehmensergebnisse der letzten fünf Jahre. Als Maß dient dabei die Standardabweichung verschiedener Kennzahlen bezogen auf das investierte Kapital. Die Erwartungen und Einschätzungen der Aktionäre bezüglich Erfolgskennzahlen und Wachstumsraten spiegeln das strategische Risikomaß wider. Das Alter der Anlagen, die Investitionen ins Working Capital und die Kapitalintensität werden im Aktiva-Management-Risiko dargestellt. Und schließlich resultiert das vierte Risikomaß aus der Größe und der Diversifizierung des zu betrachtenden Unternehmens (vgl. *Bühler*, 1994, S. 46 f.).

Als letzter Input zur Berechnung des EVA wird die Höhe des investierten Kapitals benötigt. Die Berechnung erfolgt nach folgendem Schema (vgl. *Günther*, 1997, S. 235):

```
  Buchwert des Anlagevermögens
+ Buchwert des Umlaufvermögens
− Marktfähige Wertpapiere
− Anlagen im Bau
+ Wertberichtigung auf Forderungen
+ Differenz zwischen der Bewertung der Vorräte mit der LIFO-Methode gegenüber der FIFO-Methode
+ kumulierte Abschreibung den derivativen Geschäftswerten
+ kapitalisierte Miet- und Leasingaufwendungen
+ kapitalisierte F&E-Aufwendungen
+ kapitalisierte „marktwertbildende" Vorlaufkosten
+ kumulierte außerordentliche Verluste nach Steuern
─────────────────────────────────
= Investiertes Kapital (Capital Employed)
```

Da aufgrund von Gläubigerschutz- und Ausschüttungsbemessungsfunktion der Rechnungslegungsvorschriften eine Verzerrung entstehen kann, werden die Daten des externen Rechnungswesens in ökonomische Daten überführt. Diese Anpassungen haben signifikante Auswirkungen auf die Größen NOPAT und das investierte Kapital. Im Zuge der Anpassung sind immer beide Größen betroffen. Wird zum Beispiel eine Immobilie nicht in das investierte Vermögen übernommen, so müssen auch sämtliche Aufwendungen und Erträge, die diese Immobilie betreffen, im NOPAT herausgerechnet werden (vgl. *Stiefl*, 2008, S. 58). Die Neutralisierung der Immobilie erfolgt jedoch nur, wenn sie nicht zum betriebsnotwendigen Vermögen gezählt wird.

Der Economic Value Added stellt die unternehmensinterne Kennzahl dar. *Stern/Stewart* stellen diesem Wert eine externe Kennzahl gegenüber, den Market Value Added (MVA). Der MVA zeigt den Mehrwert einer Unternehmung an, die durch Investition von Eigenkapital für die Investoren geschaffen wird. Ermittelt wird der MVA, indem man die Anzahl der Aktien mit dem Saldo aus dem Aktienkurs und dem ökonomischen Buchwert (z.B. gezeichnetes Kapital, Kapitalrücklagen, oder Größen in denen Eigenkapital enthalten ist) des Eigenkapitals multipliziert. Eine Verknüpfung zwischen den internen und externen Kennzahlen wird dadurch erwirkt, dass die Summe der Barwerte der zukünftigen EVAs dem aktuellen MVA entspricht (vgl. *Bühner*, 1994, S. 46 ff.).

Die einfache Kommunizierbarkeit wird als einer der Faktoren genannt, warum sich der EVA als wertorientierte Kennzahl sehr stark auch im deutschsprachigen Raum durchgesetzt hat. Ein Nachteil wird jedoch in der Gefahr der Verzerrung der Daten aufgrund der Orientierung an Buchwerten gesehen (vgl. *Stiefl*, 2008, S. 78). Der Ansatz stellt eine Ex-post-Bewertung von Unternehmen dar. Genauso wie der Ansatz von *Copeland et al.* erfordert die Prognose des EVA eine Plan-Gewinn- und Verlustrechnung und eine Planbilanz (vgl. *Bühner*, 1994, S. 48).

1.8. Bewertung der Methoden

Bei der Diskussion über die Vor- und Nachteile der vorgestellten Konzepte geht es in erster Linie um die Praktikabilität sowie die Eignung für das Management, die Konzepte als Unterstützung zur Entscheidungsfindung und Steuerung verwenden zu können. Im Grunde basieren die Shareholder-Value-Verfahren auf der dynamischen Investitionsrechnung.

Dabei werden Cashflows mit dem Kapitalkostensatz diskontiert. Ist der Barwert einer Investition positiv, so wurde zusätzlicher Wert geschaffen, da die Kapitalkosten als Diskontierungszinssatz bereits berücksichtigt wurden. Die Shareholder-Value-Verfahren weiten das Konzept der dynamischen Investitionsrechnung auf das gesamte Unternehmen aus. Nach der Diskontierung von Zahlungsströmen wird davon der Wert des Fremdkapitals in Abzug gebracht und die Restgröße gilt als der Wert des Eigenkapitals (Shareholder Value).

Die einzelnen Konzepte verwenden unterschiedliche Ansätze zur Berechnung des Cashflows, zur Identifizierung von Werttreibern und berechnen auf unterschiedliche Weise die Basis des Investments. Nachfolgende Abbildung soll die einzelnen Methoden zusammenfassend darstellen:

	Rappaport	Copeland et al.	Lewis	Stern/ Stewart
Verfahren	Kapitalwertmethode	Kapitalwertmethode	Interner Zinsfuß	Kapitalwertmethode
Bestimmung des Cashflows	direkt (Werttreiber)	indirekt	indirekt (konstant)	indirekt
Verzinsungsbasis	Marktwert des Kapitals	Marktwert des Kapitals	Brutto-Investitions-Basis	Buchwert des Kapital
Kapitalkosten	WACC CAPM APT	WACC CAPM APT	WACC CAPM vom Markt abgeleitetes Verfahren	WACC CAPM (alternative Ermittlung des Faktors)
Ergebnis	Shareholder-Value	Shareholder-Value	CFROI	EVA

Abb. 11: Gegenüberstellung der vorgestellten Methoden (Quelle: in Anlehnung an Bühner [1994], S. 47)

2. Literaturverzeichnis

Becker, S.: Einfluss und Grenzen des Shareholder Value : Strategie- und Strukturwandel deutscher Großunternehmen der chemischen und pharmazeutischen Industrie, 2001, Frankfurt am Main.

Beike, R./Schlütz, J.: Finanznachrichten lesen – verstehen – nutzen, 4. Auflage, 2005, Stuttgart.

Bieger, T.: Dienstleistungsmanagement – Einführung in Strategien und Prozesse bei Dienstleistungen, 3. Auflage, 2007, Bern.

Biermann, T.: Kompakt-Training Dienstleistungsmanagement, 2. Auflage, 2007, Ludwigshafen (Rhein).

Bischoff, J.: Das Shareholder Value-Konzept: Darstellung – Probleme – Handhabungsmöglichkeiten, 1994, Wiesbaden.

Black, A./Wright, P./Bachmann, J.: Shareholder value für Manager: Konzepte und Methoden zur Steigerung des Unternehmenswertes, 1998.

Brühl, R.: Conrolling – Grundlagen des Erfolgscontrollings, 2004, München.

Bruhn, M./Meffert, H. (Hrsg.): Handbuch Dienstleistungsmanagement: von der strategischen Konzeption zur praktischen Umsetzung, 2. Auflage, 2001, Wiesbaden.

Bruns, C./Meyer-Bullerdiek, F.: Professionelles Portfoliomanagement: Aufbau, Umsetzung und Erfolgskontrolle strukturierter Anlagestrategien, 2. Auflage, 2000, Stuttgart.

Bühner, R. (Hrsg.): Der Shareholder-value-Report: Erfahrungen, Ergebnisse, Entwicklungen, Landsberg, 1994, Lech.

Bühner, R.: Das Management Wert-Konzept: Strategien zur Schaffung von mehr Wert im Unternehmen, 1990, Stuttgart.

Bühner, R. (Hrsg.): Wertorientierte Steuerungs- und Führungssysteme: Shareholder-Value in der Praxis, 1999, Stuttgart.

Büschgen, H.-E.: Das kleine Börsenlexikon. 22. Auflage, 2001, Düsseldorf.

Burr, W./Stephan, M.: Dienstleistungsmanagement – Innovative Wertschöpfungskonzepte für Dienstleistungsunternehmen, 2006, Stuttgart.

Coenenberg, A.-G./Salfeld, R.: Wertorientierte Unternehmensführung: vom Strategieentwurf zur Implementierung, 2. Auflage, 2007, Stuttgart.

Copeland, T.-E./Koller, T./Murrin, J.: Valuation: measuring and managing the value of companies, 1990, New York.

Copeland, T.-E./Koller, T./Murrin, J.: Methoden und Strategien für eine wertorientierte Unternehmensführung-Frankfurt, 1993, Main.

Copeland, T.-E./Koller, T./Murrin, J.: Methoden und Strategien für eine wertorientierte Unternehmensführung-Frankfurt, 1998, Main.

Denk, R.: „13%-Company" Value Management im OMV Konzern, 2002, Wien.

Drukarczyk, J./Schüler, A.: Unternehmensbewertung, 5. Auflage, 2007, München.

Druckarczyk, J. [Hrsg.]: Branchenorientierte Unternehmensbewertung, 2007, München.

Düsterloh, J.-E. von: Das Shareholder-Value-Konzept: Methodik und Anwendung im strategischen Management, 2003, Wiesbaden.

Eayrs, W.-E./Ernst, D./Prexl, S.: Corporate Finance Training - Planung, Bewertung und Finanzierung von Unternehmen, 2007, Stuttgart.

Eschenbach, R.: Value-based Management. In: Österreichische Zeitschrift für Rechnungswesen 1993/10, S. 309–313.

Eschenbach, R. (Hrsg.): Controlling. 2. Auflage, 1996, Stuttgart.

Egger, A./Winterheller, M.: Kurzfristige Unternehmensplanung, 14. Auflage, 2007, Wien.

Feldbauer-Durstmüller, B./Schlager, J. (Hrsg.): Krisenmanagement – Sanierung – Insolvenz, 2002, Wien.

Ferstl, J.: Managervergütung und Shareholder value: Konzeption einer wertorientierten Vergütung für das Top-Management, 2000, Wiesbaden.

Freidank, C.-C.: Controlling-Konzepte: neue Strategien und Werkzeuge für die Unternehmenspraxis, 6. Auflage, 2003, Wiesbaden.

Frick, W: Bilanzierung nach dem Unternehmensgesetz, 8. Auflage, 2007, Heidelberg.

Füser, K./Gleißner, W.: Rating-Lexikon, 2005, München.

Gabler Wirtschafts-Lexikon, Band 1, 14. Auflage, 1997, Wiesbaden 1, Stichwort Bonität.

Gladen, W.: Performance measurement: Controlling mit Kennzahlen. 3. Auflage, 2005, Wiesbaden.

Groll, K.-H.: Erfolgssicherung durch Kennzahlensysteme. 3. Auflage, 1986, Freiburg im Breisgau.

Groll, K.-H.: Kennzahlen für das wertorientierte Management : ROI, EVA und CFROI im Vergleich; ein neues Konzept zur Steigerung des Unternehmenswertes, 2003, München.

Günther, T.: Unternehmenswertorientiertes Controlling, 1997, München.

Günther, T.: Vom strategischen zum operativen Wertsteigerungsmanagement, in: *Wagenhofer A.* (Hrsg.): Wertorientiertes Management, 2000, Stuttgart.

Haeseler, H.-R./Hörmann, F.: Unternehmensbewertung und wertorientiertes Controlling: DCF-Methoden auf dem Prüfstand, in: Aufsichtsrat aktuell, 2005, Wien.

Holzer, P.-H./Aigner, H.: Shareholder Value in Theorie und Praxis, in: Österreichische Zeitschrift für Rechnungswesen 1996/09, 1996, S. 271–275.

Hostettler, S.: Das Konzept des Economic Value Added (EVA): Maßstab für finanzielle Performance und Bewertungsinstrument im Zeichen des Shareholder Value; Darstellung und Anwendung auf Schweizer Aktiengesellschaften, 1997, Dissertation.

Imberger, K.: Wertorientierte Anreizgestaltung, 2003, Lohmar.

Kammer der Wirtschaftstreuhänder, Fachsenat für Betriebswirtschaft und Organisation (2006), Fachgutachten Unternehmensbewertung, beschlossen am 27.2.2006.

Klien, W.: Technik und Logik der Wertsteigerungsanalyse und deren Nutzung zur Bewertung von Managementleistungen / von Wolfgang Klien, 1993 – VIII, 265 Bl. Wien, 1993, Wirtschaftsuniv., Diss.

Knorren, N.: Wertorientierte Gestaltung der Unternehmensführung, 1998, Wiesbaden.

Kramer, C. et al.: Wertmanagement in Banken, in: Zeitschrift für Betriebswirtschaft, 71. Jg, 2001.

Kranebitter, G. (Hrsg.): Unternehmensbewertung für Praktiker, 2. Auflage, 2007, Wien.

Krolle, S./Schmitt, G./Schwetzler, B. (Hrsg.): Multiplikatorenverfahren in der Unternehmensbewertung – Anwendungsbereiche, Problemfälle, Lösungsalternativen, 2005, Stuttgart.

Küpper, H.-U.: Controlling: Konzeption, Aufgaben, Instrumente. 4. Auflage, 2005, Stuttgart.

Küting, K.-H./Weber, C.-P.: Die Bilanzanalyse: Lehrbuch zur Beurteilung von Einzel- und Konzernabschlüssen, 6. Auflage, 2001, Stuttgart.

Lachnit, L.: Systemorientierte Jahresabschlussanalyse: Weiterentwicklung der externen Jahresabschlussanalyse mit Kennzahlensystemen, EDV und mathematisch-statistischen Methoden, 1979, Wiesbaden.

Lammerskitten, M./Langenbach, W./Wert, B.: Operationalisierungsprobleme des Shareholder Value-Ansatzes, in: Zeitschrift für Betriebswirtschaft (ZfB), Heft 8/1997, 1997.

Lechner, K./Egger, A./Schauer, R.: Einführung in die allgemeine Betriebswirtschaftslehre, 23. Auflage, 2006, Wien.

Lewis, T.-G.: Steigerung des Unternehmenswertes: Total-value-Management, Landsberg, 1994, Lech.

Lichtkoppler, R.: Steigerung des Shareholder Value von Unternehmen in dynamischen Märkten durch Einsatz von Wettbewerbsstrategien, Diplomarbeit, 2003, Wirtschaftsuniversität Wien.

Loistl, O.: Computergestütztes Wertpapiermanagement, 5. Auflage, 1996, München.

Mandl, G./Rabl, K.: Unternehmensbewertung: eine praxisorientierte Einführung, 1997, Wien.

Matschke, M.-J.: Unternehmensbewertung: Funktionen, Methoden, Grundsätze, 3. Auflage, 2007, Wiesbaden.

Meyer, C.: Betriebswirtschaftliche Kennzahlen und Kennzahlensysteme, 2. Auflage, 1994, Stuttgart.

Perridon, L./Steiner, M.: Finanzwirtschaft der Unternehmung. 14. Auflage, 2007, München.

Reichmann, T.: Controlling mit Kennzahlen und Managementberichten, 6. Auflage, 2001, München.

Rappaport, A.: Creating shareholder value: the new standard for business performance, 18. print, 1986, New York.

Rappaport, A.: Shareholder value: Wertsteigerung als Maßstab für die Unternehmensführung, 1995, Stuttgart.

Rappaport, A.: Shareholder Value: Ein Handbuch für Manager und Investoren, 2. Auflage, 1999, Stuttgart.

Raster, M.: Shareholder-Value-Management. Ermittlung und Steigerung des Unternehmenswertes, 1995, Wiesbaden.

Rauschenberger, R.: Nachhaltiger Shareholder Value: Integration ökologischer und sozialer Kriterien in die Unternehmensführung und in das Portfoliomanagement, 2002, Bern.

Reichmann, T.: Controlling mit Kennzahlen und Management-Tools: die systemgestützte Controlling-Konzeption, 7. Auflage, 2006, München.

Röhrenbacher, H.: Finanzierung und Investition, 2. Auflage, 2006.

Sauter, U.: Anwendbarkeit des Shareholder Value zur Managementbeurteilung, 1997, Bamberg, Diss.

Seicht, G.: Investition und Finanzierung, 10. Auflage, 2001, Wien.

Siegwart, H.: Kennzahlen für die Unternehmensführung, 5. Auflage, 1998, Bern.

Staehle, W.-H.: Kennzahlensysteme als Instrument der Unternehmensführung in: Wissenschaftliches Studium, Heft 5, 1973.

Staehle, W.-H.: Kennzahlen und Kennzahlensysteme: Ein Beitrag zur modernen Organisationstheorie, 1967, München.

Steiner, P./Uhlir, H.: Wertpapieranalyse, 4. Auflage, 2001, Heidelberg.

Stiefl, J./von Westerholt, K.: Wertorientiertes Management: wie der Unternehmenswert gesteigert werden kann; mit Fallstudien und Lösungen, 2008, München.

Swoboda, P.: Investition und Finanzierung, 5. Auflage, 1996, Göttingen.

Velthuis, L.-J./Wesner, P.: Value Based Management – Bewertung, Performancemessung und Managemententlohnung mit ERIC©, 2005, Stuttgart.

Wagenhofer, A./Hrebicek, G. (Hrsg.): Wertorientiertes Management: Konzepte und Umsetzungen zur Unternehmenswertsteigerung, 2000, Stuttgart.

Weber, B.: Beurteilung von Akquisitionen au der Grundlage des Shareholder Value in: Betriebswirtschaftliche Forschung und Praxis, Nr. 3, 1991, S. 221–232.

Wellner, K.-U.: Shareholder Value und seine Weiterentwicklung zum Market Adapted Shareholder Value Approach, 2001, Marburg.

Wiesner, K.-A./Sponholz, U.: Dienstleistungsmarketing, 2006, München.

Zimmerman, P.: Schätzung und Prognose von Betawerten, 1997, Bad Soden.

Balanced Scorecard – Managementinformationssysteme

Inhaltsverzeichnis

1. **Einleitung** 355
2. **Grundlagen und Begriffsdefinition** 356
   2.1. Informationssysteme 356
   2.2. Entscheidungsunterstützungssystem – EUS 357
      2.2.1. Executive-Informationssysteme – EIS 358
      2.2.2. Managementinformationssysteme – MIS 359
      2.2.3. OLAP-Analysesysteme 360
      2.2.4. Zusammenfassung Informationssysteme 360
   2.3. Die Balanced Scorecard 362
      2.3.1. Der Begriff der Balanced Scorecard im Zusammenhang mit Informationssystemen 362
      2.3.2. Definitionen des Begriffes Balanced Scorecard 362
      2.3.3. Entstehung der Balanced Scorecard 363
      2.3.4. Grundkonzeption der Balanced Scorecard 363
      2.3.5. Intention der Balanced Scorecard 364
   2.4. Die Einbettung der Balanced Scorecard im Rahmen des Controllings 365
      2.4.1. Schnittstelle Balanced Scorecard zum strategischen Controlling 366
      2.4.2. Schnittstelle Balanced Scorecard zum operativen Berichtswesen 367
3. **Balanced Scorecard nach Kaplan und Norton** 368
   3.1. Gründe und Zielsetzung einer Balanced Scorecard 368
      3.1.1. Zielsetzung einer Balanced Scorecard 368
      3.1.2. Gründe für die Einführung einer Balanced Scorecard 368
   3.2. Aufbau der Balanced Scorecard nach Kaplan und Norton 369
      3.2.1. Vier Perspektiven der Balanced Scorecard 370
         3.2.1.1. Finanzperspektive 370
         3.2.1.2. Kundenperspektive 371
         3.2.1.3. Interne Prozessperspektive 372
         3.2.1.4. Lern- und Entwicklungsperspektive 374
      3.2.2. Die Verknüpfung der Balanced Scorecard mit der Unternehmensstrategie 375
         3.2.2.1. Ursache-Wirkungs-Ketten 376
         3.2.2.2. Früh- und Spätindikatoren 378
         3.2.2.3. Verknüpfung mit den Finanzen 379
      3.2.3. Funktionen der Balanced Scorecard 379
   3.3. Unternehmensweite Ausdehnung der Balanced Scorecard 379
      3.3.1. Ausdehnungsrichtungen 379
         3.3.1.1. Horizontale Ausdehnung der Balanced Scorecard 380
         3.3.1.2. Vertikale Ausdehnung der Balanced Scorecard 380
      3.3.2. Planungsprozess 381
      3.3.3. Verknüpfung mit der Unternehmensstrategie 381
         3.3.3.1. Strategieausrichtung in der Unternehmensstruktur 382
         3.3.3.2. Problemstellungen bei Strategieausrichtung 382

3.4. Reporting der Balanced-Scorecard-Ergebnisse 384
    3.4.1. Voraussetzungen für den Aufbau von MIS 384
    3.4.2. Kennzahlentopologie der Managementinformationssysteme 385
    3.4.3. Front-End-Systeme zur Visualisierung der MIS 385
3.5. Würdigung der Balanced Scorecard in der Praxis 387
3.6. Projektvorgehensweise 390

4. Resümee 393

5. Literaturverzeichnis 394

1. Einleitung

Die zunehmende Globalisierung der Märkte und ein sich ständig veränderndes Unternehmensumfeld sind Herausforderungen, denen sich Unternehmen mehr und mehr stellen müssen. Daraus resultiert, dass das schnelle Erfassen von Erfolgschancen und Risiken das Management zwingt, sich noch aktiver mit der Unternehmensplanung und Entwicklung auseinanderzusetzen.

Die klassischen, im Allgemeinen stark finanzorientierten Kennzahlensysteme wie das weit verbreitete ROI-Schema nach dem Du-Pont-System (Kennzahlenbaum der Gesamtkapitalrentabilität der Firma Du Pont) oder auch das ZVEI-System, um nur zwei zu nennen, sind hier schon lange an ihre Grenzen gestoßen, da sie überwiegend aus Daten der Bilanz und des Rechnungswesens erstellt werden und sich daher für eine zukunftsorientierte strategische Sichtweise wenig eignen.

Anfang der 1990er Jahre wurden mit den Performance-Measurement-Systemen Managementsystemansätze entwickelt, die diesen strategischen Herausforderungen eine Antwort bieten sollten, indem sie das Unternehmensumfeld, sowohl extern als auch intern, umfassender einbeziehen sollten, um die strategische Unternehmensplanung und deren Umsetzung zu unterstützen.

Von den vielen entwickelten und diskutierten Ansätzen hat sich besonders die Balanced Scorecard (BSC) von Kaplan und Norton durchgesetzt, mit der sie versuchen, ein, wie Meyer zusammenfasst, „ganzheitliches Instrument zur zielorientierten und strategischen Unternehmensführung zu entwickeln, in dem alle Ursachen-Wirkungsverhältnisse abgebildet werden sollen" (vgl. *Meyer*, S. 157). Inzwischen kann die BSC auf eine mehr als 15-jährige Erfolgsgeschichte zurückblicken, in der sie zu einem weltweit verbreiteten Standard-Instrument vieler Unternehmen geworden ist. Die BSC gilt als ausgewogener Berichtsbogen, bei dem Kennzahlen aus verschiedenen Bereichen des Unternehmens, nicht nur aus der finanziellen Perspektive, mittels Kausalketten zusammenführt und so aus der Vielzahl von Kennzahlen, einer wahren Informationsflut, diejenigen herausfiltert, anhand deren die Unternehmensstrategie umgesetzt werden kann.

2. Grundlagen und Begriffsdefinition

2.1. Informationssysteme

„Informationssysteme bezeichnen Systeme aufeinander abgestimmter Elemente personeller, organisatorischer und technischer Natur, die der Deckung des Informationsbedarfes dienen. Handlungsobjekt der IS-Ebene sind die Anwendungen." (*Krcmar*, 2000, S. 48)

Krcmar definiert hier den Begriff Informationssystem als die Grundebene der Datensammlung, -speicherung und -bereitstellung.

Abts und *Müller* gehen mehr auf die Anwendungen ein, die Informationssysteme ermöglichen. „Computergestützte Informationssysteme sind soziotechnische Systeme, die aus menschlichen und maschinellen Komponenten bestehen. Sie führen bestimmte Aufgaben automatisch aus (z.B. Ermittlung heute fälliger Mahnungen an Kunden nach bestimmten, vorgegebenen Kriterien einschließlich der Erstellung von Mahnschreiben). In anderen Fällen unterstützen Informationssysteme ihre Benutzer, indem sie relevante Informationen zur Verfügung stellen, die die menschliche Arbeit erleichtern. Wenn beispielsweise die Mahnung nicht vollautomatisch vorgenommen werden soll, (...) erzeugt das Informationssystem lediglich eine Vorschlagsliste, und der Benutzer kennzeichnet am Bildschirm diejenigen Kunden, die kein Mahnschreiben erhalten sollen." (*Abts/Mülder*, 2004, S. 12, Grundkurs Wirtschaftsinformatik, 5. Auflage.)

Informationssysteme sind soziotechnische Systeme, die aus Teilsystemen für optimale Bereitstellung von Information und (technischer) Kommunikation dienen (vgl. *Krcmar*, 2000, S. 25). Diese Definition lässt viel Spielraum zu Interpretationen, sie zielt eher auf betriebliche Informationssysteme ab, ist aber unter Einschränkung auch für raumbezogene oder personenbezogene Informationssysteme anwendbar (z.B. GIS, LIS, Grundbuch, Statistiksysteme usw.). *Krcmars* Kurzbeschreibung weist darauf hin, dass ein technisches System allein kaum informieren kann. Das technische System ist nur Mittler von Informationen zwischen Informationsanbietern und Informationsabnehmern.

Die dafür notwendige Kommunikation beschränkt sich im Allgemeinen auf technische Vorgänge, ohne auf die daran beteiligten Personen stärker einzugehen. Dies kann Probleme der zwischenmenschlichen Kommunikation vermeiden, aber solche auch verursachen bzw. bewusst machen. *H. Kubicek et al.* meinen: „Informationssysteme bieten für bestimmte Zielgruppen Informationen auf Abruf." (Vgl. *H. Kubicek et al.*, 1997, S. 32.)

Nach *Heinrich* und *Lehners* Wirtschaftsinformatik-Lexikon ist ein Informationssystem „ein Mensch/Aufgabe/Technik-System zur Information und Kommunikation. Jedes System unterliegt einer Zweckbestimmung oder mehreren Zweckbestimmungen, die durch Begriffszusätze zum Ausdruck gebracht werden (z.B. Verkehrssystem, Versorgungssystem, soziales System). Die Zusätze Information und Kommunikation, die zwei Sichten auf ein und dasselbe Objekt sind und die es folglich notwendig machen, sie in einem Informations- und Kommunikationssystem miteinander verbunden zu betrachten, drücken die Zwecke dieses spezifischen Systems aus. Die Beziehungen zwischen den Elementen Mensch, Aufgabe und Technik beschreiben ihre gegenseitige Beeinflussung. Die Gesamtheit aller Bemühungen, in einem gegebenen Kontext aus diesen Elementen und ihren Beziehungen ein Informations- und Kommunikationssystem zu gestalten, wird als Systemplanung bezeichnet. Je nachdem, welche Art von Aufgabe (z.B. betriebliche Aufgabe) Element eines Informations- und Kommunikationssystems ist, werden weitere Zusätze zur Kennzeichnung seiner spezifischen Zwecksetzung verwendet (z.B. betriebliches Informations- und Kommunikationssystem)." (*Heinrich/Lehner*, 1985, S. 420 f., Informationsmanagement.)

Die folgenden Arten von Informationssystemen können unterschieden werden:

Kurzform	Informationssystem
EUS	Entscheidungsunterstützungssystem, s.u.
EIS	Executive Information System, s.u.
MIS	Managementinformationssystem, s.u.
DSS	Decision Support Systeme, s.u.
DW-System	Data-Warehouse-System, s.u.
KIS	Kundeninformationssystem, teilweise auch die Kurzform für Krankenhausinformationssystem
ERP-System	Unter ERP (Enterprise Ressource Planning) werden integrierte Softwarelösungen subsumiert, die den Ablauf der innerbetrieblichen Prozesse unterstützen. Hierzu zählen z.B. die Materialwirtschaft inkl. Auftragsabwicklung, Warenwirtschaft und Lagerung, Produktionsplanung, Finanzbuchhaltung, Kostenrechnung und Personalplanung und Abrechnung. Zu den bekanntesten Vertretern zählt das ERP-System der Firma SAP.
BIS	Mit einem BIS (Betrieblichen Informationssystem) werden den betrieblichen Funktionsbereichen die notwendigen Informationen bereitgestellt, z.B. Einkaufsverträge für den Einkauf, technische Produktdaten für den F&E-Bereich. Teilweise wird BIS auch als Bürgerinformationssystem verstanden.

Tabelle 1: Informationssysteme (Quelle: eigene Darstellung)

Aus obiger Tabelle werden nun die wichtigsten Begriffe, die aus Sicht eines praxisorientierten MIS von Bedeutung sind, näher definiert.

2.2. Entscheidungsunterstützungssystem – EUS

Bereits in den 1960er Jahren gab es erste Bemühungen, informationstechnische Unterstützung für Entscheidungsträger aufzubauen. Damals „wuchs mit dem Aufkommen umfangreicher Dialog- und Transaktionssysteme und der elektronischen Speicherung großer betrieblicher Datenmengen die Nachfrage nach automatisch generierten Führungsinformationen. Zahlreiche Projekte, die den Aufbau entsprechender Management Information Systeme (MIS) zum Gegenstand hatten, wurden mit dem Ziel gestartet, aus der vorhandenen Datenbasis Informationen abzuleiten, um diese direkt in Planungs- und Kontrollprozesse einfließen zu lassen. Allerdings trat rasch eine Phase der Ernüchterung und Frustration in den 70er Jahren ein, die aus der Diskrepanz zwischen hochgesteckten Erwartungen und technischer Machbarkeit resultierte." (*Chamoni/Gluchowski*, 2006, S. 6.)

Tatsächlich war man der Meinung, mit diesen technischen Systemen menschliche Managemententscheidungen ersetzen zu können, erhielt aber im besten Fall standardisierte Berichte in periodischen Abständen. Da die Systeme sehr schnell an ihre technischen Grenzen stießen, konnte weder eine entsprechende Informationsverdichtung noch eine kurzfristige bzw. dialogorientierte Informationsbereitstellung stattfinden. Daraus resultierte, dass dieses erste Konzept eines MIS in Amerika zu hohen Akzeptanzverlusten führte und der MIS-

Ansatz als gescheitert angesehen wurde. Bis heute hat der Begriff Management-Informationssystem in den USA keine Akzeptanz gefunden und wurde durch die Decision-Support-Systeme (DSS) oder Entscheidungsunterstützungssysteme (EUS) ersetzt. *Chamoni* und *Gluchowski* fassen die Hauptkritikpunkte folgendermaßen zusammen: „Die fehlende Interaktivität und Dialogorientiertheit der frühen Management Information Systeme sind sicherlich ein zentraler Kritikpunkt an dieser Systemkategorie. Ein weiteres Defizit kann in der Ermangelung ordnender Problemstrukturierungshilfen (Modelle) sowie algorithmischer Problemlösungsverfahren (Methoden) ausgemacht werden. Ein Einsatz über die den Entscheidungsprozess abschließende Kontrollphase hinaus bleibt aus diesem Grund weitgehend verwehrt." (*Chamoni/Gluchowski*, 2006, S. 7.)

Die historisch nachfolgenden Entscheidungsunterstützungssysteme, die in den 1970er Jahren entstanden, sollten die erkannten Schwachpunkte beheben, indem nicht mehr die reine Datenversorgung im Vordergrund stand, „sondern die effektive Unterstützung im Planungs- und Entscheidungsprozess mit dem Ziel, das Urteilsvermögen des Anwenders und dadurch die Entscheidungsqualität zu verbessern" (*Chamoni/Gluchowski*, 2006, S. 7).

Die Grundidee der EUS bzw. DSS ist, aus einer Kombination von Datenbeständen, Methoden und dem Intellekt des Anwenders interaktiv Entscheidungen abzuleiten. Praktisch angewandt sucht sich der Anwender aus einer Vielzahl von „Daten und Methoden die passenden Elemente aus, kombiniert diese und nähert sich sukzessive einer zufrieden stellenden Lösung an. (...) Das wichtigste und breitest eingesetzte Hilfsmittel für die Entscheidungsunterstützung ist zurzeit die Tabellenkalkulation." (*International Group of Controlling*, 2005, S. 102.)
Beispiele für Einsatzgebiete sind:

- Sortimentsuntersuchungen mittels ABC-Analysen
- Vorbereitungen von Make-or-Buy-Entscheidungen
- Nutzwertanalysen
- Auswertung komplexer Finanzierungsvarianten

Gerade der Siegeszug der Tabellenkalkulationsprogramme hat den EUS bei der Etablierung als Systemkategorie geholfen, so dass sie heute fast flächendeckend im Einsatz sind und gute Dienste zur Generierung und Bewertung von Entscheidungsalternativen leisten.

Auch wenn die EUS bei der Entscheidungsfindung eine gute Unterstützung leisten können, stoßen sie doch an ihre Grenzen, wenn es um die Problemerkennung und Wahrnehmung von Signalen geht. Hier haben sich die Executive-Information-Systeme (EIS) oder auch Führungsinformationssysteme (FIS) etabliert (*International Group of Controlling*, 2005, S. 8).

2.2.1. Executive-Informationssysteme – EIS

Ende der 1980er Jahre wurde durch die zunehmend stärkere Rechenleistung der Bürocomputer und dem Aufkommen anwenderfreundlicher Benutzeroberflächen, wie z.B. Windows von Microsoft sowie der zunehmenden Vernetzung der vorhandenen DV-Systeme die Grundlage geschaffen, leistungsfähige Systeme zur Unterstützung des Managements aufzubauen. Der Anspruch des Managements, den Problemen anhand von Daten, Zahlen und Fakten auf den Grund zu gehen, als auch der Notwendigkeit, die wesentlichen Informationen besonders durch Hervorhebungen im Fokus zu haben, wurde nun Rechnung getragen (*International Group of Controlling*, 2005, S. 8): „Executive Information Systems sollen die Informationsbedürfnisse von Executives, also Geschäftsführungsmitgliedern abdecken. Diese Personen möchten sich gerne schnell, umfassend und aktuell ein Bild über die gegenwärtige Situation des Unternehmens, den bisherigen Grad der Zielerreichung und über die zu erwartenden Ergebnisse verschaffen können. Da Executives immer zu wenig Zeit haben, stehen eine intuitive Benutzerführung am Bildschirm und eine hohe Präsentationsorientierung im Vordergrund. Typische inhaltliche Anforderungen an EIS sind:

- Abruf vordefinierter Berichte mit Drill-down-Möglichkeiten über viele Stufen, beispielsweise Absatz und Deckungsbeitrag pro Sortiment, Produktgruppe, Artikel,
- detaillierte Analysen mit grafischen Darstellungen und Textkommentaren,
- automatisierter Durchgriff auf andere Datenbanken und -quellen für im Voraus bestimmte Abfragen,
- mehrdimensionale Analysen, beispielsweise Umsatz und Deckungsbeitrag nach Kundengruppen, Regionen und Produkten,
- direkter Zugriff auf allgemeingültige Dokumente, wie die Unternehmenspolitik oder Strategiedokumentationen,
- Anschluss an elektronische Nachrichten- bzw. Informationsdienste wie Börsendienste von Reuters oder das Internet." (Vgl. *International Group of Controlling*, 2005, S. 108.)

Führungs-Informations-Systeme sind in Deutschland sehr stark durch das EIS von SAP bekannt geworden, da es in der Wissenschaft keinen einheitlichen Oberbegriff für diese Systemkategorie gibt (vgl. *Kemper et al.*, 2006, S. 114).

2.2.2. Managementinformationssysteme – MIS

Wie bereits angeführt, ist der Begriff „Management Information System" auf die 1960er Jahre zurückzuführen. „MIS verstand sich damals als total-integrierter Gesamtansatz der Managementunterstützung, scheiterte jedoch schnell aufgrund von technischen Restriktionen und unrealistischen Annahmen über die Steuerungsmöglichkeiten von Unternehmen. Im amerikanischen Raum etablierte sich der Begriff daraufhin als Sammelbegriff für alle partiellen IT-Systeme zur Unterstützung des Managements (*Laudon/Laudon*, 2005, S. 27).

Im deutschsprachigen Bereich setzte sich eine engere, hier präferierte Abgrenzung durch. MIS werden hierbei als berichtsorientierte Analysesysteme verstanden, die sich primär interner, operativer Daten bedienen und vor allem auf die Planung, Steuerung und Kontrolle der operativen Wertschöpfungskette ausgerichtet sind." (*Kemper et al.*, 2006, S. 114 f.)

Ein Managementinformationssystem soll aktuelle, entscheidungsorientierte und auf die jeweilige Führungskraft zugeschnittene Informationen in grafischer, tabellarischer oder Textform zeitgerecht zur Verfügung stellen. Dabei werden externe und interne Informationen bereitgestellt. Managementinformationssystem ist ein Sammelbegriff für ein umfassendes, koordiniertes Informationssystem bestehend aus verschiedenen Subsystemen. Die rein berichtende Form des Managementinformationssystems wird oft als EIS (Executive Information System) beschrieben. Je nach Umfang unterstützt ein Management-Informationssystem auch Planungs- und weit reichende Datenanalysetätigkeiten, die jedoch beim Benutzer entsprechendes Verständnis für die Methoden der Datenanalyse voraussetzen.

Mit einem Managementinformationssystem sollen in erster Linie folgende Anforderungen erfüllt werden:

- periodische Bereitstellung standardisierter Berichte,
- Ad-hoc-Abfragen nach neuen Auswertungskriterien,
- Verfügbarkeit auf allen hierarchischen Führungsebenen,
- verdichtete, zentralisierte Informationen über alle Geschäftsaktivitäten,
- größtmöglichste Aktualität und Korrektheit,
- dynamische Auswertungsmöglichkeiten,
- grafische Darstellung,
- Verknüpfung von Zahlen und Kommentaren,
- Berücksichtigung von harten (Zahleninformationen) und weichen (qualitativen) Faktoren,
- Unterstützung des Planungs- und des Soll-Ist-Vergleichsprozesses,
- intuitive Bedienung des Systems (vgl. *International Group of Controlling*, 2005, S. 180).

Da sich moderne MIS, EIS und DSS heute sehr stark ähneln und eine klare Abgrenzung nicht möglich ist, wird im Rahmen dieses Buches MIS als Synonym für ein umfassendes, entscheidungsunterstützendes und visualisierendes Informationssystem verstanden, das sich aus den genannten Subsystemen zusammensetzt.

Managementinformationssysteme werden heute oft als Data Warehouse realisiert. Nachfolgende Definition von Data Warehouse findet sich im Controller-Wörterbuch:

„Ein Data Warehouse ist ein Konzept für die themenorientierte, integrierte, zeitbezogene und dauerhafte Sammlung von Informationen zur Entscheidungsunterstützung des Managements. Es ist eine, von den operativen DV-Systemen isolierte Datenbank, die als unternehmensweite Datenbasis für alle Ausprägungen von Planungs- und Auswertungssystemen dient.

Ein Data Warehouse ist nicht als eigentliches Produkt zu verstehen, sondern vielmehr als Konzept, wie eine einheitliche Datensammlung aufgebaut werden soll. Darauf aufbauend sollten dann alle anderen Informationssysteme, die im Unternehmen Einsatz finden, realisiert werden." (*International Group of Controlling*, 2005, S. 68 f.)

Ein Data Warehouse fügt aus den unterschiedlichen Datenquellen eines Unternehmens Daten zu einem gemeinsamen konsistenten Datenbestand zusammen. Dieser Datenbestand bildet dann die Basis für die Aggregation von Kennzahlen und Analysen, dem so genannten Online Analytical Processing (OLAP).

Nach *Schrade* stellt ein Data Warehouse eine ideale Ausgangsbasis für Managementinformationssysteme bzw. Executive-Information-Systeme im Sinne von Decision-Support-Systemen (DSS) dar, wobei die Qualität eines Data Warehouse aber von der Datenqualität der zugrunde liegenden Systeme abhängt (vgl. *A. Schrade*, Data Warehouse – Die strategische Waffe für den Unternehmenserfolg, in Controller Magazin, Nr. 2, 1997, S. 140).

Data Warehouses sind auch deshalb sinnvoll, weil in Unternehmen an den verschiedensten Stellen Daten anfallen und diese entweder verloren gehen oder oft unkoordiniert in unterschiedlichen Systemen gespeichert und verarbeitet werden. Es gibt daher meist keine einheitliche Datenbasis.

2.2.3. OLAP-Analysesysteme

Die fortschreitende Technik im Bereich der Computersysteme macht es heute möglich, auch umfangreiche Auswertungen online abzufragen. Daraus entstand die Forderung nach flexiblen Analyse-Tools, die dem Anwender sofort Auswertungen auch größerer Datenmengen ermöglicht. Diese Online-Analytical-Processing-Systeme ermöglichen individuelle Auswertungen und können mit Drill-down-Funktionen die Kennzahlen weiter aufbrechen. In der Praxis findet man immer häufiger Anwendungen, in denen OLAP-Funktionalitäten in Tabellenkalkulationsprogramme eingebunden werden. Wenn im Weiteren von einem modernen MIS gesprochen wird, wird auch die OLAP-Funktionalität für das Managementinformationssystem eingeschlossen (vgl. *Kemper et al.*, 2006, S. 101).

2.2.4. Zusammenfassung Informationssysteme

Zusammenfassend lassen sich die dargestellten Systemkategorien der MIS, EIS, DSS und OLAP den Management-Support-Systemen zuordnen. Diese Management-Support-Systeme geben den Führungskräften die Möglichkeit, Entscheidungen transparent zu machen, und unterstützen dadurch wesentlich bei der Entscheidungsfindung.

Das macht den Wunsch des Managements nach aggregierten Kennzahlen auf strategischer Ebene deutlich und es ist ihm auch unzumutbar, sich die Daten aus den IS selbst zusammenzustellen. Die folgende Abbildung macht deutlich, dass die entscheidungsrelevanten Daten in den betriebswirtschaftlichen Subsystemen, wie z.B.

dem Vertriebsinformationssystem (VIS), dem Produktionsplanungssystem (PP) oder dem Personalsystem (HR) integriert sind, um nur einige zu nennen. Die hier entstehende Datenflut muss gebündelt und verdichtet werden, um keinen Informationsverlust für das Management entstehen zu lassen, der strategische Entscheidungen eher behindert als fördert. Darüber hinaus kann es auch nicht die Aufgabe des Managements sein, diese Informationen selbst zu verdichten, sondern es müssen aus den verschiedenen Datenquellen die Informationen in einem aggregierten strategischen MIS konzentriert für eine selektive Betrachtung bereitgestellt werden. Darüber hinaus sollte das MIS aber nach den oben dargestellten Methoden in der Lage sein, mittels Drill-down-Funktionalitäten die verdichteten Informationen bei Bedarf gezielt zu differenzieren, indem die Kennzahlen wieder nach unten aufgelöst werden können.

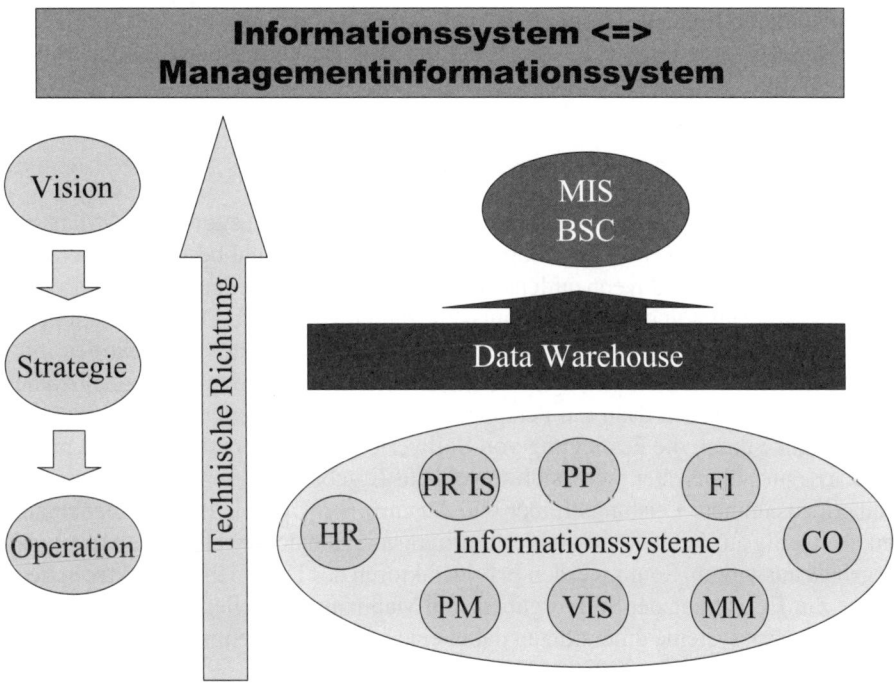

Abb. 1: Datenentstehung für ein MIS (vgl. *Schermann*, 2007, S. 3)

Ein wesentlicher Kritikpunkt der meisten Systeme besteht darin, dass das MIS nicht aus einer betriebswirtschaftlichen Sicht top down aufgebaut wird. Gemeint ist hier der Beginn bei der Vision, aus der die Strategie und im nächsten Schritt die Operation abgeleitet und in diesem Sinn auch das MIS mit Daten gefüllt wird. Vorherrschend wird der technische Weg bottom up eingeschlagen, wo die vorhandenen Daten aus den einzelnen Informationssystemen bestimmen, was im MIS abrufbar ist, indem die Informationssysteme über ein Data Warehouse zusammengefasst und in einem MIS die daraus aggregierten Daten bereitgestellt werden. Ein MIS sollte stets dem Anspruch genügen, dass die Ziele und Kennzahlen top down aus der Vision bis zum MA abgeleitet werden.

2.3. Die Balanced Scorecard

2.3.1. Der Begriff der Balanced Scorecard im Zusammenhang mit Informationssystemen

Die praktische Anwendung einer Balanced Scorecard mit IT-Unterstützung stellt ein typisches Managementinformationssystem dar.

Sinnvollerweise wird eine BSC deshalb auch nur in Zusammenhang mit Data Warehousing geführt. Das Data Warehouse ist für ein BSC-System sicher eine ideale Grundlage, im Data Warehouse werden Unternehmensdaten aus allen Geschäftsbereichen integriert, bereinigt und über die Zeit hinweg gesammelt. Darüber hinaus werden externe Daten, die im Sinne des Benchmarkings wahrscheinlich für jede BSC unbedingt notwendig sind, im Data Warehouse mit den internen Daten integriert. Aus diesem Datenpool können in der Folge die Istwerte der BSC-Kennzahlen abgeleitet werden.

2.3.2. Definitionen des Begriffes Balanced Scorecard

Uebel und Helmke definieren die Balanced Scorecard sehr ausführlich als ausgewogenes Managementsystem: „Übersetzt kann der Begriff der BSC als ausgewogene Kennzahlenübersicht bezeichnet werden. Die BSC ist ein ganzheitliches Management- und Kennzahlensystem. Bei der BSC werden ausgehend von der Strategie die Unternehmensziele abgeleitet und mit Steuerungskennzahlen verknüpft. Dabei werden neben den finanziellen Zielgrößen auch nicht-monetäre, nicht in Geldeinheiten ausdrückbare Perspektiven mit einbezogen. Die nicht-monetären Ziele sind über Ursache-Wirkungs-Beziehungen mit den Finanzkennzahlen des Unternehmens verbunden. Häufig werden dazu die Perspektiven Markt, Mitarbeiter und Prozesse vorgeschlagen. Sie dienen zur Zielvorgabe durch die Festlegung von Sollwerten und zur Erfolgskontrolle mithilfe von Soll-Ist-Vergleichen. Das Kennzahlensystem setzt sich sowohl aus Ergebniszahlen wie Kapitalrentabilität als auch aus Leistungstreibern zusammen. Leistungstreiber wie Ausfall- und Durchlaufzeiten dienen als vorlaufende Indikatoren dazu, frühzeitig auf Fehlentwicklungen aufmerksam zu machen, bevor sich die negativen Folgen auf das Finanzergebnis auswirken. Somit werden Erfolgsfaktoren des Unternehmens aktiv in den Steuerungsprozess einbezogen. Zur Erreichung der Sollvorgaben sind Maßnahmen in allen Ebenen zu planen und durchzuführen. Angepasste Anreizsysteme unterstützen dabei ein an den Unternehmenszielen ausgerichtetes Handeln der Mitarbeiter." (*Uebel/Helmke*, 2003, S. 11)

Eine andere Definition des Begriffes BSC legt den Fokus auf Kennzahlen. „Balanced Scorecard ist ein umfassend strukturiertes Kennzahlensystem, das es erlaubt, ein Unternehmen mit Kennzahlen strategisch zu führen. Hierbei geht es um verschiedenartig ausgerichtete Kennzahlen (Leistungswirkung, Leistungsmerkmale, Prozessqualität, Kundenzufriedenheit, finanzwirtschaftliche Aspekte), die zusammen ein ganzheitliches Bild ergeben." (Quelle: http://www.uni-frankfurt.de/org/ltg/admin/ines/glossar.html, 11.7.2007.)

Sieht man die BSC als Performance-Measurement-Instrument, so gilt nachfolgende Definition: „Die Balanced Scorecard ist ein Perfomance-Measurement-Instrument, das eine ganzheitliche und ausgeglichene Betrachtung des Unternehmens aus verschiedenen Perspektiven erlaubt – mit dem Ziel einer klaren strategischen Ausrichtung auf die für sie relevanten Märkte." (Quelle: http://www.vatech.at/view.php3?r_id=1055&LNG=DE, 11.7.2007.)

Des Weiteren bedeutet die wörtliche Übersetzung nicht nur eine ausgewogene Wertungsliste, sondern auch einen ausgeglichenen Berichtsbogen, der innerhalb eines Managementsystems erstellt, verändert und weiterentwickelt wird. Die Ausgewogenheit des Berichtsbogens manifestiert sich in der Tatsache, dass nicht nur der finanzwirtschaftliche Bereich betrachtet wird, sondern dass zusätzlich Ziele und Kennzahlen in drei weiteren Bereichen definiert werden:

- Bereich der Kunden,
- Bereich der internen Geschäftsprozesse (Sortiment/Lieferant),
- Bereich des Lernens und der Entwicklung der Mitarbeiter (Quelle: http://www.proccess.ch/glossar.htm#B, 11.7.2007).

Die wohl aus Controllingsicht bedeutsamste Definition wurde von der International Group of Controlling erarbeitet, deren 27 Mitglieder aus den wichtigsten und renommiertesten Controlling- und Wirtschaftsinstituten in Mitteleuropa den Begriff der BSC wie folgt beschreiben: „Mit der BSC soll eine ausgewogene Steuerung mittels Kennzahlen erreicht und in das Berichtswesen integriert werden. Es sollen im Gegensatz zu herkömmlichen Kennzahlensystemen, neben den rein finanz- und ergebnisorientierten Größen auch nicht-monetäre Elemente (z.B. Kennzahl ‚Anzahl erworbener Neukunden') in die Ergebnisbeurteilung einbezogen werden. Auf die Ausgewogenheit der Gewichtung der verschiedenen Kennzahlen wird besonders Gewicht gelegt, da mit der BSC nicht nur Kennzahlensystematik gemeint ist, sondern auch die strategiekonforme Umsetzung der Ziele durch das Management angestrebt wird. Die BSC besteht in ihrer klassischen Form aus vier Steuerungsperspektiven: Finanz- und Wertperspektive, Markt- und Kundenperspektive, interne Prozessperspektive und Innovations- und Wissensperspektive. Die Kennzahlen aller vier Perspektiven sollen durch Ursache-Wirkungsketten miteinander verbunden sein und vor allem dafür sorgen, dass die personellen und materiellen Ressourcen zur Verwirklichung der künftigen Erfolgspotentiale eingesetzt werden. Die Hauptschwierigkeit der BSC besteht darin, die Ziele auf einzelnen Personen, Organisationseinheiten und Prozesse herunterzubrechen und Messgrößen zu finden, deren Resultat direkt von den betroffenen Personen beeinflusst und damit auch verantwortet werden können. Deshalb kann eine BSC nicht als fertige Kennzahlenstruktur übernommen werden, sondern ist für jede damit auszustattende Einheit individuell zu entwickeln." (*International Group of Controlling*, 2005, S. 18.)

Zusammenfassend kann gesagt werden, dass die BSC mit Hilfe von ausgewogenen Kennzahlen

- Strategien im Unternehmen übersetzt und kommuniziert sowie
- deren Umsetzung mit verschiedenen Cockpitsystemen dokumentiert und
- mittels grafischer Darstellungen (z.B. Ampeldarstellungen) bewertet.

Die vier Grundperspektiven sind die Ausgangsbasis, mit denen ein Gleichgewicht gebildet werden soll: Entwicklung bzw. Mitarbeiter, Prozesse, Kunden und Finanzen.

2.3.3. Entstehung der Balanced Scorecard

Anfang der 1990er Jahre entwickelten *Robert S. Kaplan* und *David P. Norton* im Rahmen eines Forschungsprojektes an der Harvard University die Balanced Scorecard als neues Führungs- und Kennzahlensystem. *Kaplan* und *Norton* folgten bei der Entwicklung der BSC dem Gedanken, dass die Steuerung von Unternehmen mit ausschließlich finanziellen Kennzahlen der unternehmerischen Umwelt nicht gerecht wird. Ihres Erachtens sollten weitere wesentliche Dimensionen oder Perspektiven des Unternehmens und des Unternehmensumfeldes berücksichtigt werden, um nicht nur durch vergangenheitsbezogene finanzielle Erfolgsgrößen, sondern auch mittels zukunftsbezogener nichtmonetärer Leistungsgrößen zu steuern. Als diese zusätzlichen Unternehmensperspektiven erkannten *Kaplan* und *Norton* geeignete Informationen über die Kunden, die Mitarbeiter bzw. die Anpassungsfähigkeit des Unternehmens sowie die internen Prozesse. Mit diesen wesentlichen Informationen aus den verschiedenen Bereichen des Unternehmens sollte die Versorgung mit entscheidungsrelevanten Informationen die Steuerung wesentlich verbessern.

2.3.4. Grundkonzeption der Balanced Scorecard

Ausgehend von diesem Grundansatz entwickelte sich die BSC in der Umsetzung verschiedener Projekte schnell weiter, wie Gaiser, Fink und Greiner aufzeigen. „Doch schon bald zeigte sich, dass die BSC mehr kann: Bei entsprechender Auswahl der Ziele und Messgrößen verdeutlicht sie die strategische Stoßrichtung der Organisation und macht diese zugleich einer Messung zugänglich. Dabei kann sich die BSC den durch die Motivationslehre belegten Zusammenhang zunutze machen, dass Ziele Verhalten beeinflussen. Bei richtiger Auswahl und Operationalisierung der Ziele kann die Haltung der Organisationsmitglieder mit den strategischen Anforderungen in Einklang gebracht werden. Dadurch erhöht sich deren Realisierungswahrscheinlichkeit." (*Horváth & Partner*, 2004, S. 2.)

Das heißt, ausgehend von einer Strategie, die neben den Shareholdern auch andere Stakeholder und die Umwelt berücksichtigt, werden kritische Erfolgsfaktoren bestimmt und daraus ein Kennzahlensystem abgeleitet, das dann die Messgrößen für die Erreichung von strategischen Zielen repräsentiert. In einem kontinuierlichen Prozess werden Ziele und Zielerreichung überprüft und durch weitere Maßnahmen bzw. Aktionen gesteuert.

Damit wird die BSC zu einem Führungsinstrument, das es dem Management ermöglicht, die von der Unternehmensführung entwickelte Vision und Strategie in Ziele und Maßnahmen zu überführen und dann im nächsten Schritt auf das gesamte Unternehmen zu übertragen. Nach Kaplan und Norton schafft die BSC einen Rahmen und eine Sprache, um die Vision und die Strategie zu vermitteln. Dabei werden Kennzahlen verwendet, um Mitarbeiter über eine erfolgreiche Umsetzung der Unternehmensstrategie zu informieren (vgl. *Kaplan/Norton*, 1997, S. 23).

Die Stärken und die Funktionen der BSC können folgendermaßen zusammengefasst werden:

Die BSC...

- ... ist ein Führungsinstrument, das Vision und Strategie zu einem effizienten Werkzeug verbindet, um strategische Absichten zu kommunizieren, zu motivieren und die Leistung in Richtung der festgelegten Ziele zu lenken.
- ... verbindet strategische Ziele mit messbaren Aktionen. Die BSC hilft bei der Implementierung des Plan- und Steuerwachstums durch einfache Darstellung und Verknüpfung vieler scheinbar unvereinbarer Elemente der Tagesordnung der Unternehmung.
- ... hilft, die Vielzahl an Leistungskennzahlen in ein geschlossenes System zusammenzuführen.
- ... hilft, das Geschäft sowohl aus einem finanziellen als auch nichtfinanziellen Blickwinkel zu betrachten.
- ... ist zukunftsorientiert, wobei sie den größtmöglichen Wert aus historischen Daten und operativer Erfahrung schöpft, und gleichzeitig dazu auffordert, für und in die Zukunft zu planen.

Die Konzeption der BSC sieht in der Scorecard kein Kontrollsystem, sondern eine Kombination aus Informations-, Lern- und Kommunikationssystem, das Informationen aus den verschiedenen Unternehmensbereichen zusammenfasst und zur Steuerung des Unternehmenserfolges bereitstellt. Kaplan und Norton schlagen aus ihrer Sicht vier differenzierte Unternehmensbereiche vor, indem sie die Finanzperspektive, die Kundenperspektive, die interne Prozessperspektive und die Lern- und Entwicklungsperspektive nennen (vgl. *Kaplan/Norton*, 1997, S. 24).

2.3.5. Intention der Balanced Scorecard

Die Kommunikation der strategischen Zielerreichung ist der Ausgangspunkt für die notwendige Verbindung zwischen Strategie und Operation. Die Strategie wird den einzelnen Mitarbeitern im Unternehmen vermittelt, damit in weiterer Folge Subziele für die einzelnen Geschäftsbereiche abgeleitet und definiert werden können. Dadurch entstehen operationale Ziele, die in direktem Zusammenhang mit der strategischen Zielerreichung stehen.

Anhand der Ziele werden Kennzahlen ausgewählt, die möglichst repräsentative Indikatoren für die jeweilige Zielerreichung sind. Das Besondere an der BSC ist, dass sie sich nicht nur finanzieller, sondern auch nichtfinanzieller Ziele und Maßgrößen bedient, um den Unternehmenserfolg darzustellen. Sie verwendet diese Ziele und Kennzahlen, um Mitarbeiter über Faktoren des gegenwärtigen und zukünftigen Erfolgs zu informieren.

Perspektiven	Beschreibung
Finanzen	Die finanzielle Dimension eines Unternehmens wird traditionell in Jahres- oder Quartalsabschlüssen dargestellt. Sie beinhaltet Informationen über die Vermögens-, Finanz- und Ertragslage eines Unternehmens.
Kunden	Eine kundenorientierte Sichtweise liefert Informationen über die Positionierung des Unternehmens in bestimmten Marktsegmenten, über die Kundenzufriedenheit oder die Kundenbindung.
Geschäftsprozesse	Auf Ebene der Geschäftsprozesse erfolgt die Beschreibung des Unternehmens anhand der einzelnen im Unternehmen implementierten Arbeitsabläufe.
Lernen und Wachstum	Die vierte Dimension beinhaltet so genannte weiche Erfolgsfaktoren. Dieses sind die Motivation und der Ausbildungsstand der Mitarbeiter, der Zugang zu relevanten externen Informationsquellen und die Organisation des Unternehmens.

Tabelle 2: Perspektiven der BSC (Quelle: eigene Darstellung)

Darüber hinaus reduziert die BSC die betrachteten Ziele und Kennzahlen auf ein sinnvolles Maß. Es werden nur jene betrachtet, die in direktem Zusammenhang mit dem Unternehmenserfolg stehen. Somit bildet die BSC eine Ausgangsbasis zur Auswahl von Maßnahmen und hilft, den internen Informationsfluss zu bewältigen.

2.4. Die Einbettung der Balanced Scorecard im Rahmen des Controllings

Der Begriff des Controlling wird in der Literatur sehr unterschiedlich definiert, da bei einem derart umfangreichen und komplexen Gebilde wie dem Controlling oft einzelne Segmente zur Begriffsdefinition herausgegriffen werden. So stellen Uebel und Helmke fest, dass der Begriff Controlling praxisgetrieben entstanden ist. „In der Betriebswirtschaft findet sich (...) kein fester terminologischer Ansatz für diesen Begriff. Vielmehr existieren verschiedene Ansätze, wovon sich drei als Hauptansätze herauskristallisiert haben. Dies ist erstens der Ansatz, der dem Controlling eine Funktion als Informationsversorgung zur Unterstützung der Unternehmenssteuerung im Unternehmen zuschreibt. Zweitens ist hiervon der Ansatz zu unterscheiden, der Controlling als Form der Führung mit dem Ziel einer erfolgsorientierten Steuerung und Überwachung ansieht. Drittens ist der Ansatz zu nennen, der Controlling als Koordinationsfunktion der Führungsteilsysteme Zielsystem, Planungs- und Kontrollsystem, Informationssystem, Organisationssystem und Personalführungssystem versteht. Dem letztgenannten Ansatz wird derzeit in aktuellen theoretischen Diskussionen die größte Bedeutung beigemessen." (*Uebel/Helmke*, 2003, S. 18)

So wird Uebel und Helmke entsprechend in der Management-Literatur Controlling häufig als Teil des Managementprozesses angesehen, was auch von Peemöller bestätigt wird (vgl. *Peemöller*, 2002, S. 32). Im Sinne eines institutionalisierten Begriffsansatzes bedeutet Controlling nach Weber eine komplexe und umfassende Führungsfunktion (vgl. *Weber*, 1998, S. 2). Reichmann definiert Controlling nach einer formalen Betrachtungsweise in seinen wesentlichen Zielen als „die Unterstützung der Planung, die Koordination der einzelnen Teilbereiche sowie die Kontrolle der wirtschaftlichen Ergebnisse" (vgl. *Reichmann*, 2006, S. 4). Weber und Schäffer ergänzen den Controllingbegriff um eine weitere Sicht, die der Rationalitätssicherung, und verstehen darunter die effiziente Mittelverwendung bei gegebenem Zweck (vgl. *Weber/Schäffer*, 2000, S. 190).

Balanced Scorecard – Managementinformationssysteme

Fasst man die Definitionen und Begriffsansätze zusammen, wird deutlich, dass Controlling weniger im Sinne von Kontrolle zu verstehen ist, als viel mehr in der Grundfunktion des Steuerns und Navigierens anzusehen ist. Vor diesem Hintergrund ist es auch passend, im Deutschen den Begriff Controlling statt Kontrolle zu verwenden, da der englische Begriff „to control" auf steuern und regeln abzielt. Diese Grundausrichtung im Sinne eines Regelkreises beschreibt die Aufgabenstellung des Controlling am besten, da das Unternehmen durch das steuernde Korrigieren „auf Kurs" gehalten wird, das Unternehmensziel zu erreichen.

Grundsätzlich lassen sich zwei Bereiche des Controlling unterscheiden (vgl. *Vollmuth*, 2004, S. 8):

- **Operatives Controlling** befasst sich mit der kurzfristigen Planung, Kontrolle und Steuerung, mit der Zielsetzung, Kurskorrekturen des Unternehmens bei Abweichung vorzunehmen.
- **Strategisches Controlling** befasst sich mit der langfristigen Existenzsicherung des Unternehmens, indem Chancen und Risiken aufgedeckt werden sollen.

Auch wenn operatives und strategisches Controlling begrifflich voneinander differenziert werden, können sie nicht voneinander getrennt werden, da ständige Wechselwirkungen zwischen den beiden Bereichen bestehen (vgl. *Vollmuth*, 2004, S. 8).

Die zu beobachtenden zunehmenden Umwälzungen und damit verbundenen Unsicherheiten im politischen, gesellschaftlichen und wirtschaftlichen Unternehmensumfeld erhöhen die Notwendigkeit, dass Unternehmen die potenziellen Chancen und Gefahren ständig neu ausloten, damit die strategische Ausrichtung daran angepasst werden kann. Eine rein auf operative Kenngrößen ausgerichtete Unternehmensführung würde meist zu spät auf den Wandel im Unternehmensumfeld reagieren.

Aufgabe des strategischen Controlling ist die Unterstützung der strategischen Unternehmensführung bei der strategischen Planung, ausgehend von der Zielfindung und -definition, bis zur Realisation und Kontrolle. In diesem Kontext müssen Einzelaufgaben wie folgt erwähnt werden:

- Unterstützung der strategischen Planungsaufgaben
- Koordination und Umsetzung der strategischen Planung in operative Planung
- Aufbau der Informationsversorgung und Durchführung der Kontrolle

Betrachtet man die Informationsversorgungsaufgabe des strategischen Controlling genauer, ist die Sicherstellung einer entscheidungsvorbereitenden Informationsbereitstellung für das Management gemeint. Das umfasst auch die Bereitstellung der strategischen Instrumente, wie Portfolio-Analysen, GAP-Analysen, Road-Mapping oder Szenario- und SWOT-Analysen, um nur einige zu nennen (vgl. *Reichmann*, 2006, S. 555 ff.; siehe auch *Peemöller*, 2003, S. 118).

Die BSC wird häufig als Controllingsystem bezeichnet, da sie das Management mit Informationen zur Korrektur und Vorausschau versorgen kann, aber auch strategisches Lernen initiiert.

2.4.1. Schnittstelle Balanced Scorecard zum strategischen Controlling

Die BSC kann sowohl als strategisches als auch als operatives Controllinginstrument betrachtet werden, da durch die Unternehmensstrategie in der BSC die strategische Komponente zum Tragen kommt. Andererseits ist das operative Controllinginstrument durch das Herunterbrechen der strategischen Ziele auf sinnvolle Kennzahlen wieder zu finden (vgl. *Uebel/Helmke*, 2003, S. 19).

Wie weiter oben bereits beschrieben, ist es Aufgabe des strategischen Controlling, strategische Planungs-, Kontroll- und Informationsversorgungsprozesse zu koordinieren und somit die strategischen Entscheidungen in die operative Ebene zu überführen, damit die operativen Prozesse im Sinne der Zielerreichung gesteuert werden können. Genau hier ist eine der Stärken der BSC zu finden, indem sie die Unternehmensstrategie in die operativen Einheiten herunterbrechen kann und so die Lücke zwischen Strategie und Operation schließt, indem durch die BSC Informationen und Kennzahlen der verschiedenen Perspektiven miteinander verknüpft werden. Die so entstehenden Informationen können dahingehend genutzt werden, Abweichungen vom strategischen Plan zu korrigieren (Korrekturfunktion) oder mit den gewonnenen Frühindikatoren zukünftige Anpassungserfordernisse zu erkennen und Maßnahmen darauf abzustellen (Antizipationsfunktion). Im Weiteren kann hier auch ein strategisches Lernen initiiert werden, indem erfolgreiche Maßnahmen fortgeführt werden, während Maßnahmen, die sich nicht bewährt haben, eingestellt werden (vgl. *Stoll*, 2003, S. 138 f.).

2.4.2. Schnittstelle Balanced Scorecard zum operativen Berichtswesen

Weber definiert die Aufgaben des Controlling hinsichtlich der Informationsversorgung des Managements nicht als das einfache Bereitstellen von Kennzahlen und Informationen, sondern als Transparenzverantwortung. Das bedeutet, dass die bereitgestellten Informationen in Form von Kennzahlen entsprechend aufzubereiten sind (*Weber*, 1998, S. 320). Im Management-Lexikon wird diese Verantwortung des Controlling folgendermaßen zusammengefasst: „Durch die Berichterstattung soll schriftlich, nach Möglichkeit und Bedarf auch mündlich, dargelegt werden, wieweit einzelne berichtende Einheiten ihre Ziele erreicht haben, wo sie davon abgewichen sind, was die wichtigsten Gründe dafür sind und mit welchen Korrekturmaßnahmen die Führungskräfte vorsehen, die Zielerreichung zu sichern." (Quelle: http://manalex.de/d/berichtswesen-controlling/berichtswesen-controlling.php, 20.7.2007)

Der Grundaufbau einer BSC sieht für jede Perspektive mehrere Kennzahlen vor, die aus den strategischen Zielen abgeleitet sind. In dieser Funktion als Kennzahlensystem liefert die BSC die operativen Kennzahlen für das Berichtswesen. Auf diese Weise dient sie als Lieferant für die Datengrundlage des Reporting, die dann entsprechend aufbereitet und gegebenenfalls grafisch dargestellt werden müssen. Hier haben sich verschiedene Managementinformationssysteme etabliert, die für die verschiedenen Managementebenen Reports aufbauen und so die Informationsdichte auf die Zielgruppe zuschneiden, um eine Informationsüberflutung zu vermeiden und zielorientiert nur die entscheidungsrelevanten Informationen bereitzustellen.

3. Balanced Scorecard nach Kaplan und Norton

3.1. Gründe und Zielsetzung einer Balanced Scorecard

3.1.1. Zielsetzung einer Balanced Scorecard

Die Lücke zwischen der entwickelten Unternehmensstrategie und deren Umsetzung ist kein neues Thema in der Betriebswirtschaftslehre, jedoch gab es keine Instrumente, die den Gap zwischen Strategie und Operation zu schließen vermochen. *Kaplan* und *Norton* waren die Ersten, die für dieses Problem einen Lösungsansatz präsentierten, den sie dann auch entsprechend publiziert und vermarktet haben, was mit ein Teil ihres Erfolges sein mag.

Zu Beginn der Entwicklung der BSC stand jedoch ein anderer Ansatz im Vordergrund: „Wenn man die Entwicklung der Arbeiten von Kaplan und Norton betrachtet, dann stellt man fest, dass bei beiden Autoren der traditionellen BSC am Anfang ihrer konzeptionellen Arbeit die Kritik an den klassischen finanziellen Kennzahlensystemen im Vordergrund stand. Sehr schnell wurde jedoch von ihnen erkannt, dass das eigentlich zu lösende Problem die Überbrückung der Kluft zwischen Strategiefindung und Strategieumsetzung ist. Der Einsatz der Balanced Scorecard, die ein Konzept für ein Managementsystem darstellt, erlaubt es nach Kaplan/ Norton, vier kritische Managementprozesse zu meistern:

- Klärung und Herunterbrechen von Visionen und Strategien
- Kommunikation und Verknüpfung von strategischen Zielen und Maßnahmen
- Planung, Festlegung von Zielen und Abstimmung strategischer Initiativen
- Feedback zur Überprüfung der Zielerreichung und zum Initiieren von Lernprozessen." (Quelle: http://www.ebz-beratungszentrum.de/organisation/bsc-teil3.htm.)

3.1.2. Gründe für die Einführung einer Balanced Scorecard

Die klassischen Kennzahlengrößen beschäftigen sich hauptsächlich mit den monetären und datenbasierenden Steuerungskennzahlen der Unternehmen. Die Beschränkung auf Gewinngrößen liefert ein eindeutiges, einfaches Ziel, erfordert aber vom Management, alle Handlungen in ihren kurz- und langfristigen Wirkungen auf den Gewinn abschätzen zu können.

Aber auch wenn das Unternehmen seine Kennzahlensysteme zur Unternehmenssteuerung auf nicht monetäre Steuerungsgrößen basiert, besteht die Gefahr, dass auf Grund der Komplexität und der fehlenden Möglichkeit, die einzelnen Steuerungsgrößen in ihrer Bedeutung gegeneinander aufzuwiegen, zu viele ungewichtete Kennzahlen nebeneinander entstehen und der Gesamtzusammenhang verloren geht.

Das führt zu dem klassischen Problem bei der Strategieumsetzung, nämlich dass die Lücke zwischen der strategischen Unternehmensplanung und der operativen Umsetzung die Strategie in der Praxis scheitern lässt.

„Nach Kaplan/Norton wurden vier Hindernisse bei der Strategieumsetzung identifiziert:

- ‚The Vision Barrier': Strategien lassen sich nicht in konkrete Steuerungsgrößen übersetzen und bleiben deshalb unverstanden.
- ‚The People Barrier': Strategien lassen sich nicht mit den Zielvorgaben und Incentives einzelner Mitarbeiter bzw. Abteilungen verknüpfen.
- ‚The Resource Barrier': Es gibt keine Verbindung zwischen Strategie und operativer Planung bzw. Budgetierung.

- „The Management Barrier': Es finden nur operative Kontrollen anstelle strategischer Kontrollen statt."
(Quelle: http://www.ebz-beratungszentrum.de/organisation/bsc-teil3.htm)

Voraussetzung für den erfolgreichen Einsatz einer BSC ist aber, dass eine bereits ausformulierte vom Management akzeptierte Vision und Strategie vorliegt. Diese grundlegende Managementaufgabe kann die BSC nicht leisten. Liegt aber eine Vision und Strategie vor, kann die BSC ein wirksames Instrument sein, die Strategie im Unternehmen mit Leben zu füllen.

3.2. Aufbau der Balanced Scorecard nach Kaplan und Norton

Die folgenden Ausführungen zur BSC beschränken sich auf das Ursprungskonzept von Kaplan und Norton, obwohl bzw. gerade weil in der Praxis inzwischen eine große Anzahl an Abwandlungen zur BSC zu finden ist.

Durch ihre empirischen Arbeiten konnten *Kaplan* und *Norton* nachweisen, dass die BSC dann am erfolgreichsten eingesetzt werden kann, wenn mindestens vier Perspektiven berücksichtigt werden, die in einem ausgewogenen Verhältnis zueinander stehen (vgl. *Horváth & Partner*, 2004, S. 45).

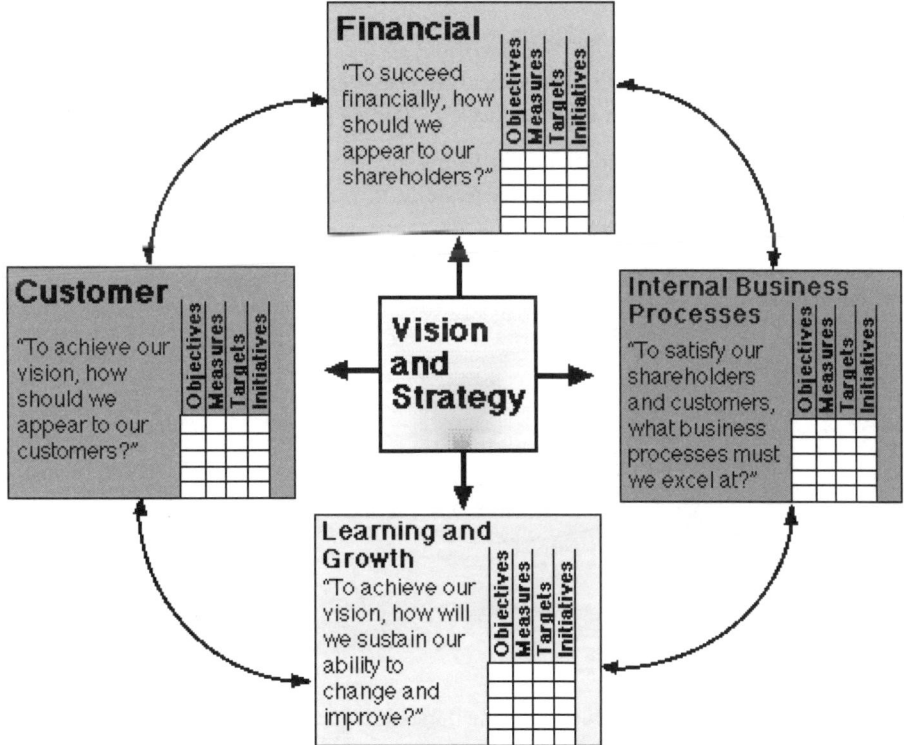

Abb. 2: Die vier Perspektiven der BSC (*Kaplan/Norton*, 1997, S. 9)

Kaplan und *Norton* sind sich aber durchaus darüber im Klaren, „dass die Scorecard als Schablone und nicht als Zwangsjacke gedacht ist. Es gibt keine mathematische Formel, die beweist, dass vier Perspektiven notwendig und ausreichend sind. Wir müssen noch sehen, wie Unternehmen mit weniger als vier Perspektiven zurechtkommen. Je nach Branchenbedingungen und Geschäftseinheitsstrategie könnte sogar eine weitere Perspektive notwendig werden" (*Kaplan/Norton*, 1997, S. 3).

Die Auswahl der einzelnen Perspektiven, die jedem Unternehmen grundsätzlich freigestellt ist, soll helfen, Vision und Strategie zu erläutern und zu vereinfachen (vgl. *Eschenbach/Haddad*, 1999, S. 66).

Erfolgsbestimmend bei der Auswahl der strategischen Perspektiven ist die strategische Zielerreichung, die sich naturgemäß in jedem Unternehmen anders darstellt. Die Studien von Kaplan und Norton haben jedoch gezeigt, dass die vier Perspektiven, die in der Abbildung 2 dargestellt sind, in den meisten Unternehmen wesentlich sind.

Für jede Perspektive werden der Strategie entsprechende Oberziele formuliert und geeignete Maßgrößen festgesetzt. Anhand dieser Kennzahlen werden Sub-Ziele definiert und innerhalb jeder Perspektive Aktionsprogramme ausgewählt. Dabei wird besonderer Wert auf die Balance zwischen den Perspektiven und den darin ausgesuchten Zielen und Maßgrößen gelegt. Sie müssen miteinander in Verbindung stehen und sich gegenseitig ausgleichen. Die ausbalancierte Gesamtheit von Zielen und Maßgrößen spiegelt die Strategie des Unternehmens wider.

3.2.1. Vier Perspektiven der Balanced Scorecard

3.2.1.1. Finanzperspektive

„Innerhalb der Finanzperspektive muss die Frage beantwortet werde, welche Zielsetzungen sich aus den finanziellen Erwartungen der Kapitalgeber ableiten lassen." (*Gerberich*, 2006, S. 41.)

Dementsprechend definiert sich die Finanzperspektive als die finanzielle Leistung, die von der Strategie erwartet wird. In der nachfolgenden Abbildung ist dargestellt, in welche vier Kernbereiche Finanzkennzahlen zusammengefasst werden können.

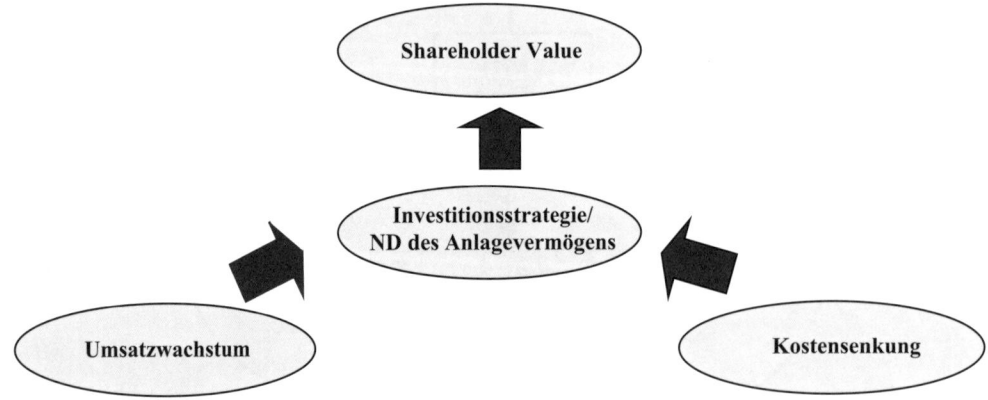

Abb. 3: Kernbereiche der Finanzkennzahlen (Quelle: eigene Darstellung)

Anhand der Finanzziele des Unternehmens ist es in weiterer Folge möglich, die Ziele und Kennzahlen der anderen BSC-Perspektiven festzulegen, sodass die Finanzperspektive als Endziel für die Ziele und Kennzahlen aller anderen Scorecard-Perspektiven dient. So empfehlen Kaplan und Norton auch, bei der Auswahl der Ziele und Kennzahlen bei der finanzwirtschaftlichen Perspektive zu beginnen, da die finanzwirtschaftlichen Ziele als Fokus für die Ziele und Kennzahlen aller anderen Perspektiven dienen. Dies ist leicht nachzuvollziehen, da ohne Berücksichtigung der finanzwirtschaftlichen Seite des Unternehmens im Sinne von

Rentabilität, Liquidität und Stabilität kein Unternehmen langfristig Erfolg haben und somit auf Dauer existieren kann (vgl. *Kaplan/Norton*, 1997, S. 46; siehe ebenso *Friedag/Schmidt*, 2002, S. 184).

Bei der Formulierung der finanziellen Ziele und Kennzahlen sollte deshalb die Existenzberechtigung des Unternehmens für die Zukunft nachgewiesen werden. Nur wenn Kapitalgeber ihre finanziellen Erwartungen erfüllt sehen, werden sie in das Unternehmen investieren. „Jede gewählte Kennzahl sollte ein Teil der Kette von Ursache und Wirkung sein, die schließlich zur Verbesserung der finanziellen Leistung führt." (*Kaplan/Norton*, 1997, S. 46.)

So ist es sinnvoll, je nach Lebenszyklus des Unternehmens unterschiedliche Ziele festzulegen, wie zum Beispiel Umsatzerlöse, Marktwachstum, Rentabilität (Du Pont, ROCE), Cashflow, Net Working Capital, Steigerung des Unternehmenswertes (SHV, EVA). Mit der zeitlichen Entwicklung eines Unternehmens müssen auch die Kennzahlen der Finanzperspektive weiterentwickelt und angepasst werden.

3.2.1.2. Kundenperspektive

„Die Kundenperspektive betrachtet die Fragestellung, welche Ziele sich aus den Kundenanforderungen ergeben, mit deren Umsetzung wiederum die Erreichung der finanziellen Ziele begünstigt wird." (*Gerberich*, 2006, S. 41.)

Das Management definiert Kunden- und Marktsegmente, in denen das Unternehmen konkurrieren bzw. konkurrenzfähig sein soll. Danach werden Kennzahlen zur Leistung der Geschäftseinheit in diesen Marktsegmenten definiert. Die allgemeinen Ergebnismessgrößen beinhalten Kundenzufriedenheit, Kundentreue, Kundenakquisition, Kundenrentabilität sowie Gewinn- und Marktanteile in den Zielsegmenten. Diese Kundenperspektive trägt auch dem neuen Trend der Kunden- und Marktorientierung im Controlling Rechnung. Während das traditionelle operative Controlling den Fokus der Betrachtung auf den finanzwirtschaftlichen Bereich legt, versucht das strategische Controlling diesen Fokus wesentlich auszuweiten. Moderne Controllinginstrumente beschäftigen sich neben dem finanzwirtschaftlichen Bereich auch mit Kunden, internen Prozessen und Mitarbeitern. Mission und Strategie müssen auf der Kundenperspektive der BSC in spezifische markt- und kundenbezogene Ziele umgesetzt werden. Mit Hilfe einer gründlichen Marktforschung müssen die verschiedenen Markt- oder Kundensegmente und ihre Wünsche in Bezug auf Preis, Qualität, Funktionalität, Image, Ruf und Service herausgefunden werden (= Prozess der Strategieformulierung). Die BSC soll ein beschreibendes Mittel der Unternehmensstrategie sein, um die Kundenziele in jedem Zielsegment zu identifizieren (vgl. *Kaplan/Norton*, 1997, S. 62 f.).

Im Rahmen der Kundenperspektive geht es um die Erfüllung der Kundenerwartungen und die damit verbundene Erreichung der finanziellen Ziele. Dabei wird von Kaplan und Norton Wert auf die Betrachtung jener Marktsegmente gelegt, in denen das Unternehmen konkurrenzfähig sein will. Das bedeutet, dass folgende Fragen zu klären sind:

- Wie wird das Unternehmen von den Kunden gesehen?
- Will man dieses Ansehen verändern?
- Welche Überlegungen und Maßnahmen sind für eine Veränderung notwendig?

Die Auseinandersetzung mit diesen Fragen hilft dem Management bei der Definition der Zielkundensegmente.

Kaplan und *Norton* verweisen aber noch auf ein zweites Bündel von Kennzahlen, die sog. Leistungstreiber der Kundenergebnisse. Leistungstreiber sind im Gegensatz zu reinen Ergebniskennzahlen sogenannte Frühindikatoren, die Anhaltspunkte für die künftige Unternehmensentwicklung liefern. Solche Leistungstreiber beantworten die Frage, was ein Unternehmen seinen Kunden bieten muss, um einen möglichst hohen Grad an Zufriedenheit, Treue, Akquisition und Marktanteil zu erreichen. Dieses Bündel an angebotenen Service- und Dienstleistungen wird von Kaplan und Norton als „Wertangebot" bezeichnet, welches Kunden vom Unternehmen übermittelt wird. Die Ausprägungsformen und Eigenschaften solcher Wertangebote variieren von Branche zu Branche. Trotzdem lassen sich drei gemeinsame Eigenschaften herausfiltern, die in vielen Wertangeboten vorkommen (vgl. *Eschenbach/Haddad*, 1999, S. 68):

- Produkt-/Serviceeigenschaft
- Kundenbeziehungen
- mage und Reputation

„Durch eine Auswahl von spezifischen Zielen und Kennzahlen aus diesen drei Eigenschaften ist es dem Management möglich, sich auf ein Leistungsangebot zu konzentrieren, das speziell auf die Zielsegmente des Unternehmens ausgerichtet ist. Somit wird der Erreichung der Ziele innerhalb der Kundenperspektive und in weiterer Folge jener der Finanzperspektive Rechnung getragen." (*Eschenbach/Haddad*, 1999, S. 68.)

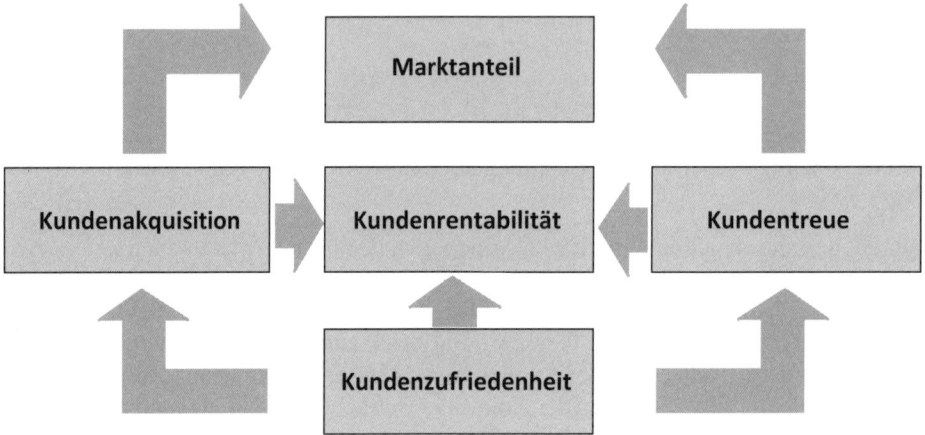

Marktanteil: Drückt den Umfang eines Geschäftes in einem bestimmten Markt aus.
Kundenakquisition: Misst das Ausmaß, zu dem eine Geschäftseinheit neue Kunden anlockt oder gewinnt.
Kundentreue: Misst das Ausmaß, zu dem eine Geschäftseinheit dauerhafte Beziehungen zu seinen Kunden erhält oder gewinnt.
Kundenzufriedenheit: Untersucht den Zufriedenheitsgrad seiner Kunden anhand spezifischer Leistungskriterien innerhalb der Wertvorgaben.
Kundenrentabilität: Misst den Nettogewinn eines Kunden oder eines Segments unter Berücksichtigung der für diesen Kunden entstandenen einmaligen Ausgaben.

Abb. 4: Die Kernkennzahlen der Kundenperspektive (*Kaplan/Norton*, 1997, S. 66)

Natürlich sind die Ziele und Kennzahlen zu hinterfragen, da in einem Unternehmen z.B. die Servicequalität derart wichtig sein kann, dass eine besondere Fokussierung notwendig wird. In einem anderen Unternehmen können die Schwerpunkte wiederum ganz anders gesetzt sein. Wie bereits angesprochen, stellt die BSC auch hier keine Schablone dar, sondern muss unternehmensbezogen individuell angepasst werden.

3.2.1.3. Interne Prozessperspektive

Nachdem Ziele und Kennzahlen für die finanzwirtschaftliche Perspektive und die Kundenperspektive definiert wurden, stehen nun die internen Prozesse im Fokus der Betrachtung. „Wie müssen die Prozesse des Unternehmens gestaltet sein, um die Markt- und Kundenziele und damit die finanziellen Ziele zu erreichen?", ist die Leitfrage der Prozessperspektive (*Gerberich*, 2006, S. 41).

Die interne Prozessperspektive ist im Konzept von Kaplan und Norton direkt nach der Kundenperspektive als dritte klassische Ebene zu sehen. Sie ist zwischen den Kundenanforderungen und den benötigten Leistungstreibern einzuordnen. „In der Balanced Scorecard werden die Ziele und Kennzahlen für die interne Prozessperspektive von expliziten Strategien zur Befriedigung von Anteilseignern und Kundenerwartungen angeleitet. Dieser Top-down-Prozess kann völlig neue verbesserungsbedürftige Geschäftsprozesse offenlegen." (*Kaplan/Norton*, 1997, S. 90.)

Gegenstand der Betrachtung müssen grundsätzlich alle betrieblichen Prozesse sein, wie Beschaffung, Produktion und Absatz. Ein Fokus sollte aber auch auf den Innovationsprozessen (F&E) und dem After-Sales-Bereich liegen. Insbesondere der Innovationsprozess muss in die interne Perspektive integriert werden, um völlig neue Produkte und Dienstleistungen zu schaffen, welche neue Wünsche gegenwärtiger und zukünftiger Kunden erfüllen können.

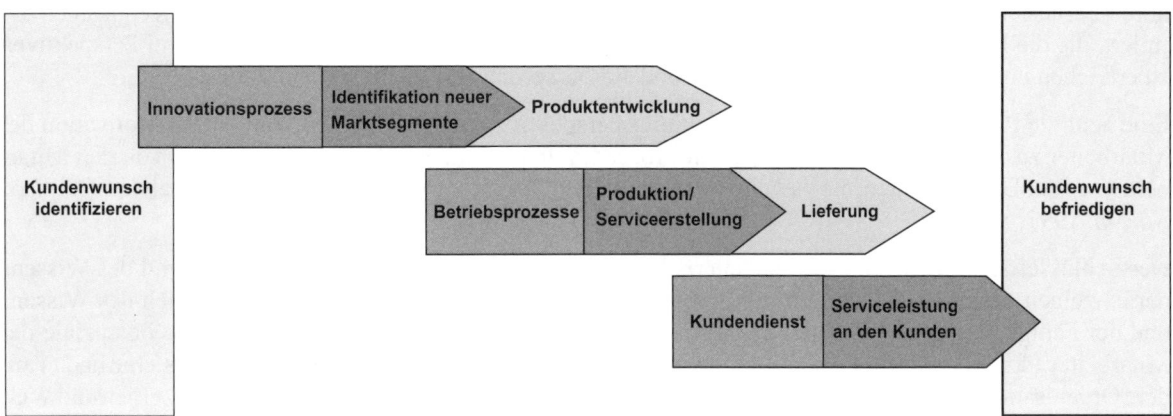

Abb. 5: Prozess-Wertekette der internen Prozessperspektive (*Kaplan/Norton*, 1997, S. 93)

Kaplan und *Norton* schlagen dementsprechend vor, eine vollständige Wertschöpfungskette der internen Prozesse zu definieren (*Kaplan/Norton*, 1997, 87–91):

- Innovationsprozess
  Identifizierung von aktuellen und zukünftigen Kundenwünschen und Entwicklung neuer Lösungen für diese Wünsche. Dieser Innovationsprozess ist für Unternehmen mit langen Forschungs- und Entwicklungszyklen von besondere Bedeutung.
- Betriebsprozess
  Bereits vorhandenen Kunden werden Produkte und Dienstleistungen angeboten. Dieser Prozess beginnt mit der Bestellung und endet mit der Lieferung an den Kunden und erfreut sich traditionell der größten Aufmerksamkeit in den Performance-Measurement-Systemen von Unternehmen.
- Kundendienst
  Hier steht das Angebot von Dienstleistungen nach dem Produktkauf im Vordergrund. Dieser Prozess beinhaltet Garantie- und Wartungsarbeiten, die Bearbeitung von Fehlern und Reklamationen sowie die Bearbeitung von Zahlungen.

Bei der Prozessperspektive zeigt sich besonders deutlich, welche Abhängigkeiten zwischen der Kundenperspektive und der Innovations- und Wissensperspektive bestehen. Bei ihren Studien und Projekten haben Kaplan und Norton festgestellt, dass Innovationen zu den kritischen internen Prozessen gehören. „Effektivität, Effizienz und Termintreue im Innovationsprozess ist vielen Unternehmen sogar noch wichtiger als herausragende Leistungen in den regulären Betriebsprozessen, die ja immer im Mittelpunkt der klassischen Literatur über interne Wertketten standen." (*Kaplan/Norton*, 1997, S. 94.)

Es sind heute viele Unternehmen zu finden, die ihre Wettbewerbsvorteile aus einem ständigen Vorantreiben innovativer Dienstleistungen und Produkte ziehen. Der Schlüssel für zukünftige Unternehmenserfolge heißt Wachstum durch Innovation. Dieses Ziel kann jedoch nur erreicht werden, wenn auf allen Ebenen konsequentes Innovationsmanagement betrieben wird.

3.2.1.4. Lern- und Entwicklungsperspektive

„In der vierten Perspektive müssen die Ziele hinsichtlich Mitarbeitern und Potenzialen aufgebrochen werden, um dadurch die Ziele der oberen Perspektiven verwirklichen zu können." (*Gerberich*, 2006, S. 41.)

In der Lern- und Entwicklungsperspektive sehen Kaplan und Norton die Fähigkeit eines Unternehmens, sich durch Lernen weiterzuentwickeln. In dieser Perspektive werden Ziele, Leistungstreiber und Kennzahlen definiert, die die Basis und die notwendige Infrastruktur schaffen, um die Ziele der anderen drei Perspektiven zu erreichen und um langfristiges Wachstum und Verbesserung zu sichern.

Eine zentrale Rolle in der Lern- und Entwicklungsperspektive kommt der Qualifikation und Motivation der Mitarbeiter zu. „Ideen zur Verbesserung von Prozessen und Leistungen für Kunden müssen von den Mitarbeitern an der Basis kommen, die viel direkter mit internen Prozessen und den Kunden zu tun haben." (*Kaplan/Norton*, 1997, S. 122.)

Der Schlüssel zum Erfolg eines jeden Unternehmens liegt in der Nutzung der Fähigkeiten und des Wissens der einzelnen Mitarbeiter. Die Lern- und Entwicklungsperspektive sorgt dafür, dass bezüglich des Wissens und der Fähigkeiten der Mitarbeiter explizit Ziele und Kennzahlen definiert werden, die die Potenziale der Mitarbeiter fördern. Investitionen in Personalweiterbildung, Informationstechnologie und -systeme und in andere Organisationsabläufe müssen getätigt werden, um die Voraussetzungen für konsequentes Lernen und Weiterentwicklung der Mitarbeiter zu schaffen.

Allerdings verbessern diese Investitionen das operative Ergebnis nicht unmittelbar, sondern nur indirekt und langfristig, was oft dazu führt, dass Investitionen in diesen Bereich oft zu kurz kommen, weil operative Finanzergebnisse im Vordergrund stehen. Hier kann mittels der BSC deutlich gemacht werden, wie wichtig gerade auch langfristige Investitionen für die Zukunft eines Unternehmens sind (vgl. *Eschenbach/Kunesch*, 2003, S. 160).

Kaplan und *Norton* bieten bestimmte personalbezogene Kernkennzahlen an, die sie in ihren Untersuchungen als Kernkenngrößen herausgefunden haben. Diese Kernkennzahlen sollten um situationsbezogene Leistungstreiber ergänzt werden, wobei die Mitarbeiterzufriedenheit als der treibende Faktor für Personaltreue und Mitarbeiterproduktivität angesehen werden kann. Zufriedene Mitarbeiter sind die Voraussetzung für Produktivitätssteigerung, Qualität, Reaktionsfähigkeit eines Unternehmens und Kundenservice. Mitarbeiterzufriedenheit wird so zur Basis für Kundenzufriedenheit (vgl. *Kaplan/Norton*, 1997, S. 124).

Werden von einem Unternehmen anspruchsvolle Wachstumsziele angestrebt, so muss zusätzlich noch in Personal, Systeme und Prozesse investiert werden. Es gibt drei Kerngrößen und Befähiger für diese Perspektive, nämlich (*Kaplan/Norton*, 1997, S. 123 f.):

- Mitarbeiterpotenziale:
  Die wichtigsten personalbezogenen Kennzahlen sind: Mitarbeiterzufriedenheit, Personaltreue und Mitarbeiterproduktivität, wobei die Mitarbeiterzufriedenheit als treibender Faktor der beiden anderen Kennzahlen gilt.
- Potenziale von Informationssystemen:
  Eine Kennzahl könnte sein: Informationsdeckungskennziffer (Verhältnis der erhältlichen Informationen in Bezug zum angenommenen Informationsbedarf).

- Motivation, Empowerment und Zielausrichtung:
Hier steht das Unternehmensklima für Mitarbeitermotivation und -initiative im Vordergrund. In diesem Bereich können mehrere Kennzahlen unterschieden werden: Kennzahlen für vorgeschlagene und umgesetzte Verbesserungsideen, Verbesserungskennzahlen, Kennzahlen zur Teamleistung.

Die nachfolgende Abbildung stellt die Abhängigkeiten der Kerngrößen untereinander und innerhalb der Befähiger dar.

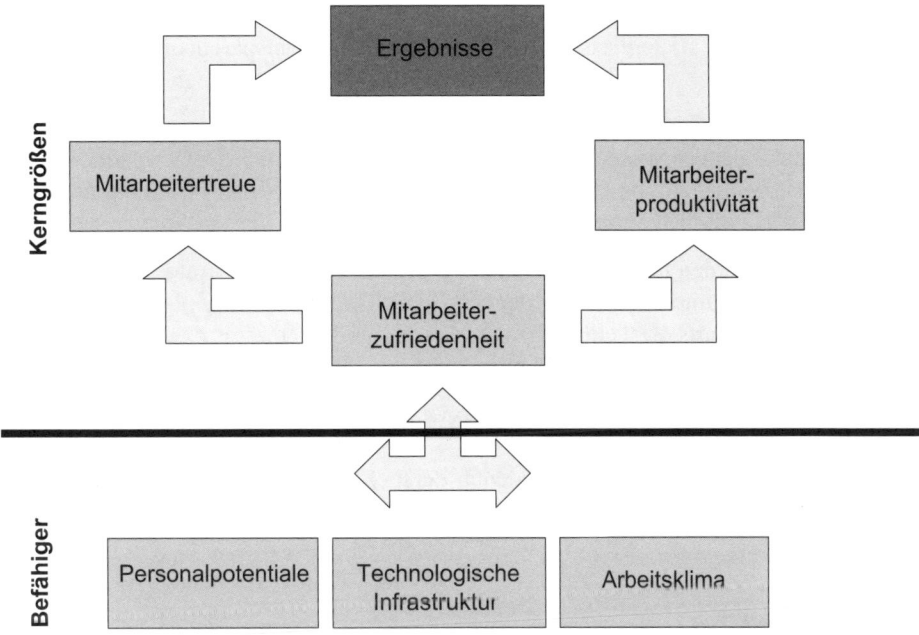

Abb. 6: Kennzahlenrahmen der Mitarbeiterperspektive (*Kaplan/Norton*, 1997, S. 124)

3.2.2. Die Verknüpfung der Balanced Scorecard mit der Unternehmensstrategie

Kaplan und Norton haben erkannt, dass viele Unternehmen zwar eine Strategie haben, es aber als großes Problem ansehen, diese Strategie im Unternehmen zum Leben zu erwecken. Mit anderen Worten, die Unternehmensstrategie kann nicht operationalisiert werden.

Damit die BSC aber als Bindeglied dienen kann, muss die Unternehmensstrategie in der BSC zum Ausdruck kommen und verankert sein, da die BSC

- der gesamten Organisation die Vision des Unternehmens für ihre Zukunft vermittelt, was zu einem gemeinsamen Verständnis der Vision bei den Mitarbeitern führt;
- es den Mitarbeitern erlaubt, zu beobachten, wie sie zum Erfolg der Organisation beitragen.

Im Folgenden sollen die drei Grundprinzipien, mit deren Hilfe die BSC mit der Strategie verknüpft werden kann, betrachtet werden:

- Ursache-Wirkungsbeziehungen: eine BSC sollte die Strategie durch eine Kette von Ursache-Wirkungsbeziehungen ausdrücken.
- Leistungstreiber: eine BSC sollte aus einer guten Mischung von Früh- und Spätindikatoren bestehen.
- Verknüpfung mit den Finanzen: die BSC muss stets eine starke Betonung auf Ergebnisse, insbesondere auf Finanzergebnisse wie ROCE und EVA, legen.

3.2.2.1. Ursache-Wirkungs-Ketten

Der besondere Vorteil der BSC ist, dass mit ihr die Zusammenhänge der unterschiedlichen Perspektiven durch Ursache-Wirkungs-Ketten offengelegt werden. „Die Ursache-Wirkungs-Ketten (UWK) zeigen die Zusammenhänge und Abhängigkeiten zwischen den strategischen Zielen und verdeutlichen die gegenseitigen Effekte bei der Zielerreichung. So wird beim Management ein Bewusstsein über die Bedeutung und Verknüpfung der einzelnen Ziele geschaffen sowie die Zusammenarbeit im Management und das gemeinsame Verständnis von der Strategie gefördert. Ursache-Wirkungsketten liefern folglich ein Erklärungsmodell für den strategischen Erfolg und machen die Logik der strategischen Ziele nachvollziehbar, transparent und kommunizierbar." (*Gerberich*, 2006, S. 43.)

Kaplan und *Norton* weisen darauf hin, dass bei dem Entwurf einer BSC die Wechselwirkungen zu berücksichtigen sind. „Eine gut konzipierte Balanced Scorecard artikuliert die Grundannahmen des Geschäfts. Die Scorecard sollte auf einer Reihe von Beziehungen von Ursache und Wirkung einschließlich Informationen über die Reaktionszeiten und Beziehungen zwischen Scorecard-Kennzahlen basieren." (*Kaplan/Norton*, 1997, S. 17.)

Ursache-Wirkungs-Ketten werden in Form von Strategy Maps visualisiert. Strategy Maps zeigen die strategischen Zusammenhänge von sämtlichen Zielen der BSC in grafischer Form. Kaplan und Norton nennen diese Strategy Maps auch Bubble Charts. Ziel eines Ursache-Wirkungs-Diagramms bzw. einer Strategy Map ist es, komplexe Beziehungen übersichtlich darzustellen, indem (vgl. *Müller*, 2005, S. 128):

- die Verknüpfungen zwischen strategischen Zielen, operativen Zielen und Messgrößen innerhalb jeder Perspektive hergestellt werden,
- Wirkungsbeziehungen zwischen den verschiedenen Perspektiven aufgezeigt werden sowie
- Verbindungen und Wechselwirkungen der einzelnen Perspektiven zu den finanzwirtschaftlichen Zielsetzungen.

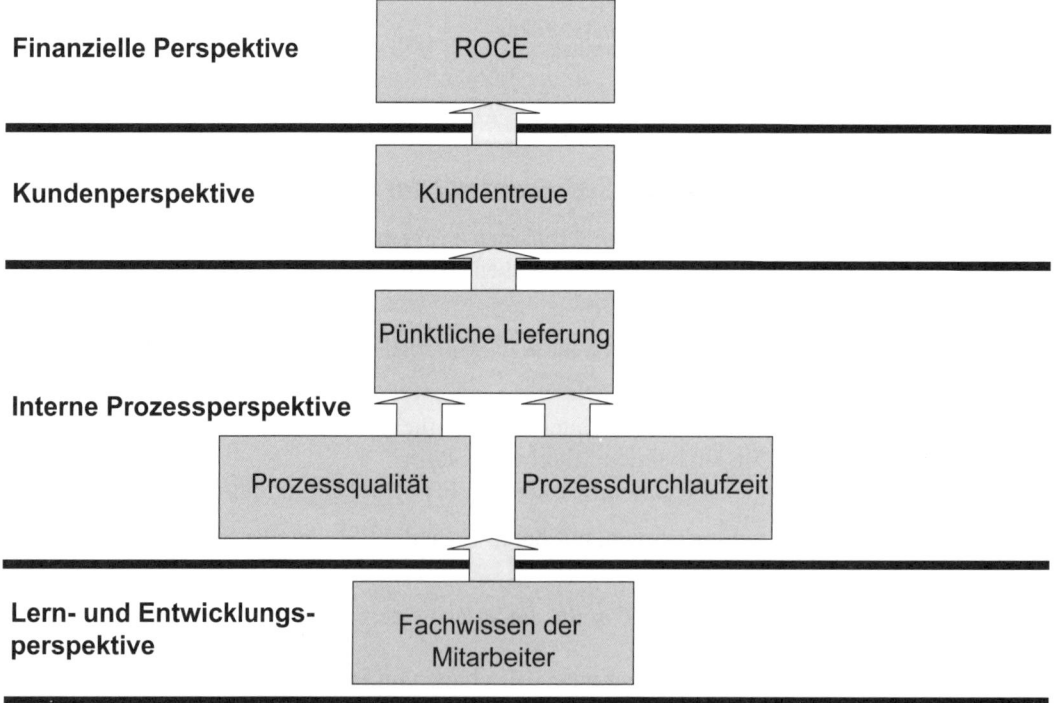

Abb. 7: Ursache-Wirkungs-Kette in der BSC (*Kaplan/Norton*, 1997, S. 29)

Für den Erfolg oder Misserfolg einer BSC ist die Erstellung einer möglichst realitätsnahen Abbildung der verschiedenen Wechselwirkungen von Bedeutung. Um die komplexen zeitlichen Wirkungszusammenhänge der einzelnen Variablen übersichtlich darzustellen, müssen Methoden zur Komplexitätsreduktion angewendet werden, wobei nicht jede bekannte Methode (z.B. ROI-Baum, Regressionsanalyse) geeignet ist. In der Praxis hat sich die Anwendung der Netzwerktechnik oder der Bubble Charts als beste Methode durchgesetzt, mit der die Wirkungszusammenhänge transparent und übersichtlich dargestellt werden können (*Kaplan/Norton*, 1997, S. 128 ff.; siehe ebenso *Kaplan/Norton*, 1997, S. 246 f.).

Durch die Ursache-Wirkungs-Zusammenhänge soll nicht nur die Strategie umgesetzt werden, sondern auch die strategische Kontrolle ermöglicht werden, bzw. es müssen die Steuergrößen deutlich werden, mit denen das Finanzergebnis indirekt gesteuert werden kann. Kennzahlen, mit denen sich das Management am meisten beschäftigt, wie z.B. der ROI, ROCE, oder CF, sind am wenigsten direkt beeinflussbar. Durch die Ermittlung der strategischen Zielzusammenhänge mittels der Wirkungsketten entsteht die nötige Transparenz über die direkt beeinflussbaren Kenngrößen wie z.B. Durchlaufzeiten, Lagerbestände, Personalausbildung, Prozessbeherrschung.

Die Erstellung der Ursache-Wirkungs-Zusammenhänge ist wohl die schwierigste Aufgabe im Implementierungsprozess einer BSC, aber auch die wohl wichtigste überhaupt, weil hier die Steuerstellen für die Strategieumsetzung und den Erfolg eines Unternehmens zu finden sind. Mit der Netzwerktechnik oder den Bubble Charts kann diese Aufgabe aber praktikabel gelöst werden und die Stärke der BSC, strategische und operative Ziele und Messgrößen miteinander zu verknüpfen, ausgespielt werden (*Kaplan/Norton*, 1997, S. 131).

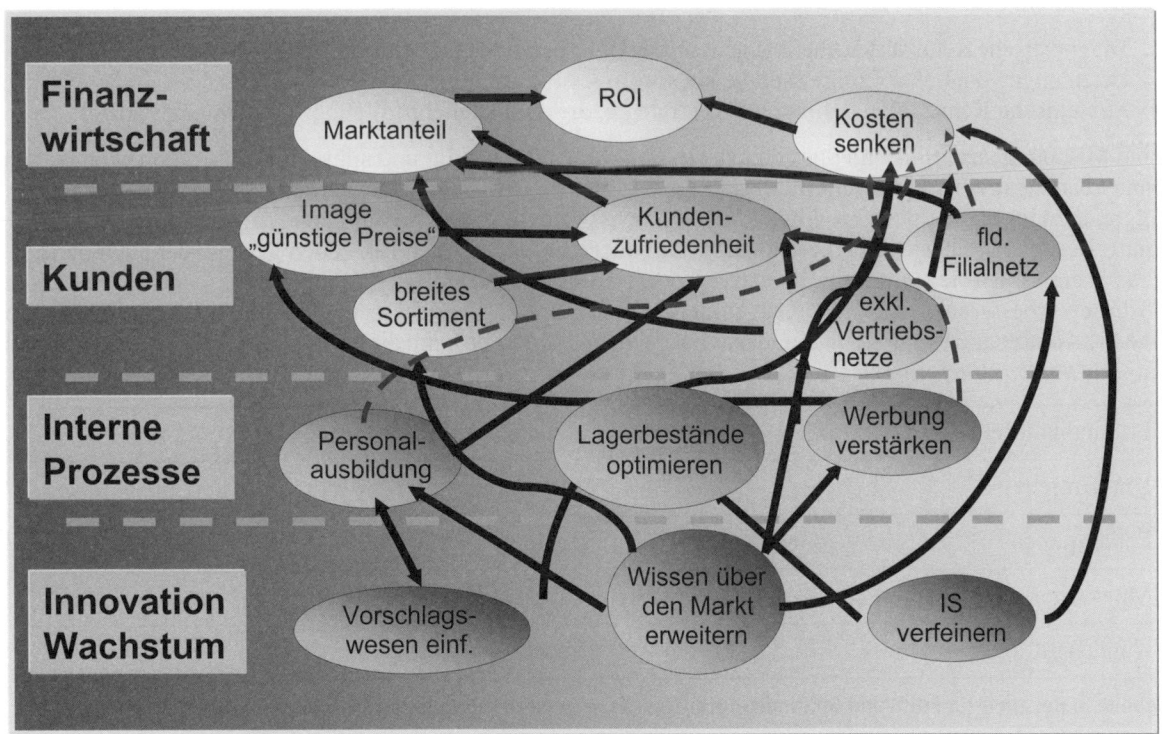

Abb. 8: Bubble Chart Ursache-Wirkungsbeziehung (vgl. *Eschenbach/Haddad*, 1999, S. 101)

3.2.2.2. Früh- und Spätindikatoren

Bei der Auswahl der Messgrößen ist zu berücksichtigen, dass die zu definierenden Kennzahlen das strategische Ziel klar beschreiben und dass die Entwicklung zur Zielerreichung verfolgt werden kann, sodass Führungskräfte gegebenenfalls steuernd eingreifen können. „Über das Messen von strategischen Zielen soll das Verhalten in eine gewünschte Richtung beeinflusst werden. Um die Eindeutigkeit bei der Beurteilung der Zielerreichung zu gewährleisten, sollte man nicht mehr als zwei, in seltenen Fällen drei Messgrößen für jedes strategische Ziel bestimmen." (Zitat *Horváth & Partner*, BSC umsetzen, S. 223.) Für eine BSC sollten maximal 20 Ziele ausgewählt werden, Kaplan und Norton empfehlen vier bis sieben Kennzahlen je Perspektive und für eine gesamte BSC 15 bis max. 25 Kennzahlen (vgl. *Kaufmann*, 2004, S. 32 in Harvard Business; siehe auch *Kaplan/Norton*, 1997, S. 156).

Hieraus wird deutlich, dass den Messgrößen oder Kennzahlen eine große Bedeutung innerhalb der BSC zukommt – und somit auch dem Prozess der Kennzahlenauswahl. Insbesondere die Auswahl der Leistungstreiber oder auch Frühindikatoren ist eine grundlegende Aufgabe, da nicht nur der Erfolg der BSC, sondern auch der des Unternehmens davon abhängen kann. Zunehmend spielen weiche Faktoren bzw. Erfolgspotenziale wie „zum Beispiel Kundenbeziehungen, Mitarbeiterfertigkeiten und -kenntnisse, Informationstechniken sowie Unternehmenskultur, die Innovationen, Problemlösungen oder ganz einfach betriebliche Verbesserungen" (*Kaplan/Norton*, 1997, S. 61) eine entscheidende Rolle. Deshalb sollten die 15 bis 25 Kennzahlen der BSC einen ausgewogenen Mix aus diagnostischen Indikatoren bzw. Spätindikatoren wie z.B. Rentabilität, Kundenloyalität, Marktanteil und strategischen Kennzahlen bzw. Frühindikatoren wie z.B. Fehlerquote und Taktzeit enthalten:

- Diagnostische Kennzahlen überwachen, ob das Unternehmen unter Kontrolle ist, und signalisieren das Eintreten ungewöhnlicher Ereignisse, die ein sofortiges Eingreifen erfordern.
- Strategische Kennzahlen definieren die Strategie, die auf exzellente Wettbewerbsfähigkeit abzielt.

Eine Mischung aus Früh- und Spätindikatoren ist deshalb notwendig und sinnvoll, weil Ergebniskennzahlen ohne Leistungstreiber nicht vermitteln können, wie die Ergebnisse erreicht werden sollen. Auch über eine erfolgreiche Umsetzung der gewählten Unternehmensstrategie geben Spätindikatoren keine frühzeitige Auskunft. Leistungstreiber wie Fehlerquoten, Mitarbeiterschulungen oder Taktzeiten geben zwar auch ohne Ergebniskennzahlen die kurzfristige operative Verbesserung wieder, es lässt sich aber daraus nicht direkt ableiten, ob diese Verbesserungen auch zu einem größeren Umsatz und zu einem besseren Finanzergebnis geführt haben. Erst die Kombination strategischer und diagnostischer Kennzahlen kann diese Aussagen frühzeitig liefern (vgl. *Kaplan/Norton*, 1997, S. 144 f.).

Frühindikatoren	Spätindikatoren
Kundentreue	Marktanteil
Fehlerquoten	Kundenbestellungen
Mitarbeiterschulungen	Prozessdurchlaufzeiten
Kundenanfragen	Umsatz

Tabelle 3: Beispiele für Früh- und Spätindikatoren (Quelle: eigene Darstellung)

Ein Beispiel für einen Frühindikator oder Leistungstreiber ist die Fehlerquote eines Unternehmens. Durch die Fehlerquote lassen sich zwar keine Firmenergebnisse erkennen, doch lässt sie einen Rückschluss auf die Qualitätsentwicklung eines Unternehmens zu. Wir der Leistungstreiber Qualität verändert, wird sich das auch mittelfristig auf die Ergebnissituation des Unternehmens auswirken. Wird die Qualität der produzierten Waren oder Dienstleistungen besser, werden die Kunden mehr bestellen und damit kann der Gewinn des Unternehmens gesteigert werden. Im umgekehrten Fall wird sich eine Qualitätsverschlechterung negativ auf das Bestellverhalten der Kunden und somit auf den Unternehmensgewinn auswirken.

Ein klassisches Beispiel für einen Spätindikator ist der Umsatz, der im Nachhinein anzeigt, ob die Unternehmensziele erreicht worden sind.

Spätindikatoren sagen somit wenig darüber aus, wie sich ein Unternehmen in der Zukunft entwickeln wird, während sich Frühindikatoren zur Steuerung eignen, da sich durch deren Beeinflussung das zukünftige Unternehmensergebnis noch verbessern lässt.

3.2.2.3. Verknüpfung mit den Finanzen

Anhand der Ziele sollten also Kennzahlen ausgewählt werden, die möglichst repräsentative Indikatoren für die jeweilige Zielerreichung sind. Das Besondere an der BSC ist, dass sie sich nicht nur finanzieller, sondern auch nicht finanzieller Maßgrößen bedient, um den Unternehmenserfolg darzustellen. Darüber hinaus reduziert die BSC die betrachteten Ziele und Kennzahlen auf ein sinnvolles Maß: Es werden nur jene betrachtet, die mit dem Unternehmenserfolg in direktem Zusammenhang stehen.

Umstrukturierungsprogramme wie TQM, Durchlaufzeitenverkürzung und Reengineering müssen mit Ergebnissen verknüpft werden, die einen direkten Kundenbezug haben und die zukünftig zum Unternehmensergebnis beitragen. Die Kausalkette aller Kennzahlen der Scorecard sollte also mit finanziellen Zielen verknüpft sein (vgl. *Kaplan/Norton*, 1997, S. 145).

3.2.3. Funktionen der Balanced Scorecard

Zusammenfassend lassen sich folgende Funktionen der Balanced Scorecard identifizieren (vgl. *R. Eschenbach*, 1998 S. 62):

- Verbindungsfunktion: Sie bietet die Möglichkeit, die in der Regel die langfristige Strategie des Unternehmens mit der kurzfristigen Operation zu verbinden.
- Fokusfunktion: Es wird die Aufmerksamkeit des Topmanagements auf vier wesentliche Perspektiven gelenkt, die den Zielfindungs- und -erreichungsprozess erheblich vereinfachen.
- Kommunikationsfunktion: Die BSC übersetzt, erklärt und kommuniziert die Vision und Strategie des Unternehmens.
- Integrationsfunktion: Die BSC betrachtet sowohl finanzielle als auch operative Leistungsdaten.
- Reduktionsfunktion: Mit Hilfe der BSC wird der Informationsüberfluss gefiltert und es wird möglich, sich auf strategierelevante Eckdaten zu konzentrieren.

3.3. Unternehmensweite Ausdehnung der Balanced Scorecard

3.3.1. Ausdehnungsrichtungen

Im Rahmen dieses Kapitels steht die Frage im Vordergrund: Wo wird im Rahmen einer Konzernstruktur mit der Implementierung der BSC begonnen und wie wird diese konzernweit ausgedehnt? Grundsätzlich können nachfolgende Ebenen einer Konzernstruktur unterschieden werden: 1.) Konzernspitze, 2.) Unternehmen, 3.) strategische Geschäftseinheiten, 4.) Abteilungen, 5.) Mitarbeiter. Die beschriebenen Grundlagen zur BSC wurden unter der Prämisse betrachtet, dass die BSC für eine strategische Geschäftseinheit (als geschlossene Einheit) erstellt wird. Unter dieser Grundannahme haben Kaplan und Norton die BSC entwickelt, sich aber sehr wohl auch mit einer Ausdehnung auf größere Einheiten von Unternehmensstrukturen auseinandergesetzt. Da gerade größere Unternehmen sehr unterschiedliche Strukturen haben, ist eine horizontale und vertikale Ausdehnung der BSC möglich. Diese Varianten sollen im Weiteren betrachtet werden.

3.3.1.1. Horizontale Ausdehnung der Balanced Scorecard

Bei der horizontalen Ausdehnung der BSC sind Unternehmensbereiche oder strategische Geschäftseinheiten (SGE bzw. SBU) betroffen, die auf gleicher Ebene agieren. Da SGEs eigenständig wie Unternehmen im Unternehmen Kunden und Produktsegmente bearbeiten, kann hier die BSC wie beschrieben als Bereichs-BSC umgesetzt werden (vgl. *Kaplan/Norton*, 1997, S. 35).

3.3.1.2. Vertikale Ausdehnung der Balanced Scorecard

Unter der vertikalen Ausdehnung einer BSC versteht man die Einbeziehung nachgelagerter Hierarchieebenen. Kaplan und Norton gingen bereits bei der Entwicklung der BSC davon aus, dass eine Bereichs-Scorecard im Sinne einer SGE zusätzlich für weitere Bereiche eines Konzerns entwickelt und dann heruntergebrochen bzw. ausgedehnt werden kann.

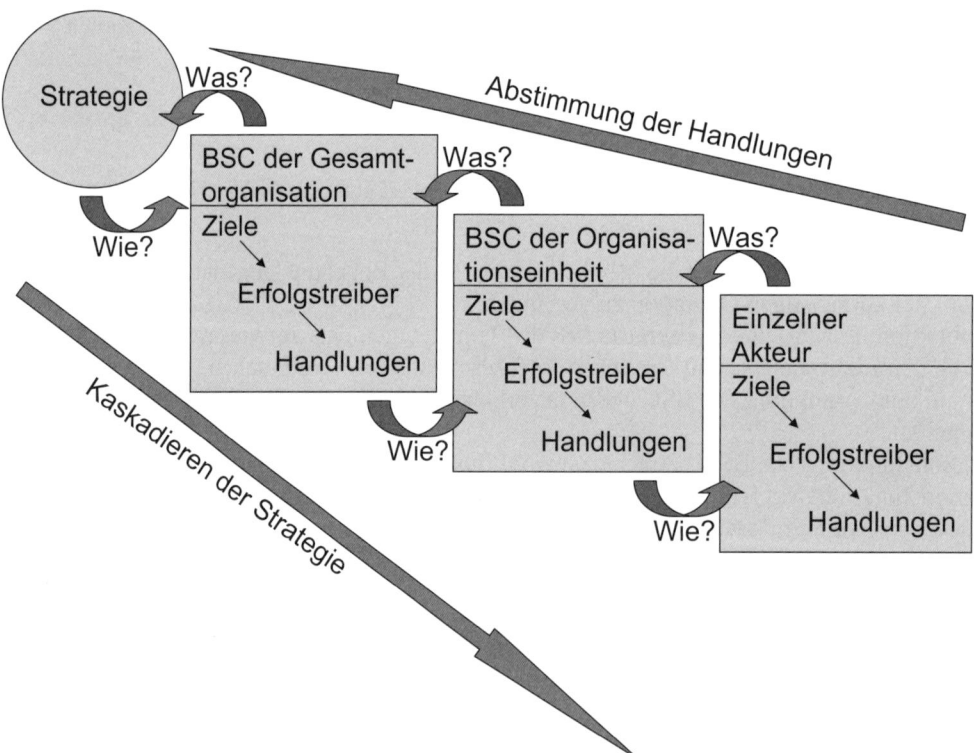

Abb. 9: Kaskadierung einer BSC-Ausdehnung (Quelle: http://www.4managers.de/fileadmin/4managers/folien/BalancedScorecard.pdf)

„Wenn eine Balanced Scorecard einmal für eine SGE entworfen wurde, wird sie zum Ausgangspunkt für die Balanced Scorecards für Abteilungen und Funktionseinheiten in der SGE. Missions- und Strategiestatements für Abteilungen uns Funktionseinheiten können im Rahmen der durch die Geschäftseinheit definierten Mission, Strategie und Scorecard definiert werden. Manager von Abteilungen und Funktionseinheiten können ihre eigenen Scorecards entwickeln, die mit Mission und Strategie der SGE im Einklang stehen und unterstützend wirken. Auf diese Weise führt die SGE-BSC stufenweise herab zu den einzelnen Verantwortungscentern in der SGE und erlaubt diesen, wiederum gemeinsam auf die SGE-Ziele hin zu arbeiten." (*Kaplan/Norton*, 1997, S. 34.)

3.3.2. Planungsprozess

Will man nun die BSC für einen Konzern oder ein Unternehmen einführen, so sollte man sich vorweg über die Art der Implementierung im Klaren sein. Für den Planungsprozess zur unternehmensweiten Ausdehnung der BSC sind grundsätzlich folgende drei Planungswege möglich (vgl. *Ehrmann*, 2000, S. 61 f.):

- Top-down-Planung
  Dieser Planungsansatz nimmt den Planungsweg von oben nach unten, indem die oberste Führungsebene die Rahmenbedingungen und Zielvorstellungen definiert, die dann für die nachfolgenden Hierarchieebenen verbindlich sind. Als Vorteil dieser Vorgehensweise kann der geringere Zeitaufwand gesehen werden, da aufwendige Abstimmungsprozesse entfallen. Nachteilig ist, dass Erfahrungswissen der unteren Ebenen nicht berücksichtigt wird und bei dieser Vorgehensweise grundsätzlich mit Akzeptanzproblemen zu rechnen ist.
- Bottom-up-Planung
  Hier wird der gegenläufige Weg von unten nach oben gewählt, indem mit dem Planungsprozess auf einer unteren Hierarchieebene begonnen wird. Nach Kaplan und Norton sollte diese Hierarchiestufe eine SGE sein, die als Basis der Entwicklung dienen kann. Diese Vorgehensweise hat den Vorteil, dass durch die starke Einbindung der betroffenen Ebenen eine hohe Motivation erzeugt wird. Allerdings ist ein großer Abstimmungsaufwand durch ausgeprägte Eigeninteressen der einzelnen Ebenen in Kauf zu nehmen.
- Planung nach dem Gegenstromverfahren
  Mit diesem Planungsverfahren wird eine Kombination aus dem Top-down- und dem Bottom-up-Verfahren gewählt, mit dem die Nachteile der beiden Verfahren eliminiert werden sollen. Die Zielvorgabe wird von der oberen Führungsebene vorgegeben und stellt für die folgenden Ebenen den Planungsrahmen für die Konkretisierung dar. Die entstehenden Teilpläne werden dann im nächsten Schritt von unten nach oben verdichtet und auf jeder Stufe auf die gemeinsame Zielerreichung hin überprüft und korrigiert. Der Vorteil der konsistenten, durchgängigen Planung und der hohen Motivation wird mit hohem Zeitbedarf für permanente Rückkopplungen und Diskussionen erkauft, die als Nachteil dieses Verfahrens zu sehen sind.

3.3.3. Verknüpfung mit der Unternehmensstrategie

Manche Unternehmen müssten 5.000 oder mehr Mitarbeiter in den Abstimmungsprozess (Vermittlung der Strategie und ihre Verknüpfung mit den individuellen Zielvorgaben) mit einbeziehen. Daher gibt es drei unterschiedliche Methoden, um die Strategie und die BSC in lokale Zielsetzungen zu übertragen, die individuelle und Teamprioritäten beeinflussen (*Kaplan/Norton*, 1997, S. 193):

- Kommunikations- und Weiterbildungsprogramme:
  Mitarbeiter, Manager und Vorstand müssen das notwendige Verhalten zur Erreichung der Zielsetzung begreifen. Lösung: konsistentes und kontinuierliches Informationsprogramm über die Komponenten der Strategie.

- Zielbildungsprogramme:
  Einzelpersonen und Teams müssen im gesamten Unternehmen die übergeordnete strategische Zielsetzung für den Einzelnen und die Teams übertragen. Die MBO-Programme sollten mit den Zielvorgaben und den Kennzahlen der BSC verknüpft werden.
- Verknüpfung mit dem Anreizsystem:
  Anreiz- und Vergütungsprogramme sollten im letzten Schritt mit den MBO-Programmen verknüpft werden, um bei der Ausrichtung des Unternehmens zu motivieren.

3.3.3.1. Strategieausrichtung in der Unternehmensstruktur

Wie weit die BSC heruntergebrochen wird, hängt davon ab, ob die in Frage kommenden Bereiche eigene Strategien und interne Prozesse haben, die eine Umsetzung von Mission und Strategie überhaupt möglich machen. „Es muss jedoch festgestellt werden, dass eine vertikale Ausdehnung auf eine Vielzahl von hierarchischen Stufen einen hohen Zeit- und Arbeitsaufwand erfordert und Abstimmungsprobleme mit sich bringt." (*Ehrmann*, 2000, S. 151.)

Dieser Aufwand lässt sich aber nach Kaplan und Norton nicht umgehen, da die BSC die Struktur der Organisation, für die eine Strategie formuliert wurde, widerspiegeln soll.

Gerade die Struktur der Organisation und die Art der Unternehmung stehen einer einheitlichen Vorgehensweise bei der Strategieausrichtung in der jeweiligen Unternehmensstruktur entgegen. Je nach Art der Unternehmung werden unterschiedliche Entwicklungen der BSC vorgenommen (vgl. *Kaplan/Norton*, 1997, S. 161 f.):

- Unternehmen, die aus einer Gruppe strategischer Geschäftseinheiten bestehen,
- Joint Ventures und strategische Allianzen,
- Zentralabteilungen von Unternehmensgruppen und Geschäftseinheiten,
- NPOs und staatliche Unternehmen.

Bei diesen Unternehmen und Organisationen muss grundsätzlich die Frage nach dem Verhältnis zwischen der BSC auf Unternehmensebene und den Scorecards der Sparten bzw. der SGE geklärt werden.

Bisher wurde nur auf die BSC von SGEs eingegangen. Die Unternehmens-Scorecard kann zwei Elemente der Unternehmensstrategie verdeutlichen:

- Das Leitbild des Gesamtunternehmens: Werte, Überzeugungen und CI, die von allen SGE geteilt werden müssen.
- Die Rolle der Unternehmensleitung: Maßnahmen, die auf der übergeordneten Unternehmensebene angeregt werden, um Synergien zwischen den SGE zu schaffen (z.B.: gemeinsame Nutzung von Technologien, Zentralisierung gemeinsam genutzter Dienstleistungen).

3.3.3.2. Problemstellungen bei Strategieausrichtung

Die Diskrepanz zwischen der Formulierung einer Strategie und ihrer Umsetzung erklärt sich aus vier spezifischen Hindernissen (vgl. *Kaplan/Norton*, 1997, S. 184 f.):

- Visionen und Strategien, die nicht umsetzbar sind: Visionen und Strategien werden nicht konkretisiert und sind dadurch nicht anwendbar.
- Keine Verknüpfung der Strategie mit den Zielvorgaben der Abteilung, der Teams und der einzelnen Mitarbeiter. Statt dessen wird die Leistung eines Bereichs weiter auf das Einhalten eines Budgets fixiert, das als Teil des traditionellen Steuerungsprozesses aufgestellt wurde. Lösung: Persönliches MBO und Prämien an die langfristigen Strategieziele und nicht an kurzfristige Finanzziele knüpfen; so kann das Interesse der Mitarbeiter an der Umsetzung von Strategien erreicht werden.

- Keine Verbindung zwischen der Strategie und der kurzfristigen und langfristigen Ressourcenallokation. In vielen Organisationen werden die langfristige strategische Planung und die kurzfristige jährliche Budgetierung in getrennten Prozessen vorgenommen. Die Folge daraus ist, dass die Allokation von Kapital und frei verfügbaren Mitteln häufig nicht mit den strategischen Prioritäten in Verbindung steht.
- Taktisches anstelle von strategischem Feedback. In vielen Organisationen gibt es einen Mangel an Feedback darüber, wie die Strategie umgesetzt wird und ob sie funktioniert.

Einen Lösungsansatz für das erfolgreiche Herunterbrechen der Strategie in einzelne Bereiche bis hinunter in die unterste Unternehmensebene sehen Kaplan und Norton in der Integration der BSC in ein neues strategisches Managementinstrument, durch das die Lücke zwischen Unternehmensstrategie und den operationalen Bereichen geschlossen werden soll. Im Einzelnen sind dies:

- Erstellung langfristiger, quantifizierbarer und anspruchsvoller Zielvorgaben für die Kennzahlen der BSC, die sowohl von Managern als auch von Mitarbeitern als erreichbar erachtet werden.
- Bestimmung der Initiativen (Investitionen und Aktionsprogramme) und der dafür benötigten Ressourcen, die zur Erreichung der langfristigen Ziele für die strategischen Kennzahlen der BSC notwendig sind.
- Koordinierung der Pläne und Initiativen zwischen zusammenhängenden Organisationseinheiten.
- Festsetzung kurzfristiger Meilensteine als Zwischenziele, die die langfristigen Ziele der BSC mit den kurzfristigen budgetierten Kennzahlen verbinden.
- EIS-/MIS-Monatsbericht, der einen strategischen Feedback- und Lernprozess auf Basis der BSC sicherstellt. Ein solcher EIS-/MIS-Monatsbericht besteht aus drei Elementen:

Beschreibung unterschiedlicher Berichtselemente
Ein gemeinsamer strategischer Rahmen, der die Strategie weitervermittelt und es den Ausführenden ermöglicht, ihren eigenen Beitrag zur Erreichung der Gesamtstrategie zu beobachten
Ein Feedback-Prozess, der Erfolgsgrößen der Strategie sammelt und die Überprüfung von Hypothesen über die Wechselbeziehungen zwischen der strategischen Zielsetzung und einzelnen Initiativen ermöglicht.
Ein auf Teamarbeit basierender Problemlösungsansatz, der die Erfolgsgrößen analysiert und die Strategie aktuellen Entwicklungen und Problemen anpasst.

Tabelle 4: EIS-/MIS-Monatsberichtselemente (Quelle: eigene Darstellung)

Bei der Integration der BSC in ein Managementsystem dient diese als Bindeglied zwischen der Unternehmensstrategie und der Umsetzung der Strategie in die operationalen Prozesse. Diese Fähigkeit macht die eigentliche Bedeutung der BSC als modernes Managementsystem aus und ist einer der Gründe für ihren Erfolg.

Um diese Funktion zu erfüllen, muss die BSC auf breiter Basis im Unternehmen verankert werden und müssen bestehende Systeme entsprechend eingebunden und angepasst werden. Ein wesentlicher Vorteil der BSC-Einführung ist, dass bestehende Managementansätze überdacht, messbar und somit umsetzbar gemacht werden und dass neue strategische Initiativen initiiert werden (vgl. *Josse*, 2005, S. 122).

Auch wenn die BSC die Unternehmensstrategie zum Leben erwecken kann, ist sie nicht geeignet, die Unternehmensstrategie zu erarbeiten, sondern, wie *Gerberich* herausstellt, das Vorhandensein einer Strategie bzw. die „deutliche Herausstellung der Strategie (ist) eine wesentliche Voraussetzung zur erfolgreiche Erarbeitung einer BSC. (...) Ein wichtiger Erfolgsfaktor ist das Bewusstsein, dass nicht die Technologie oder Software, sondern die Mitarbeiter der wesentliche Treiber für die erfolgreiche Umsetzung einer BSC im Unternehmen sind." (*Gerberich*, 2006, S. 45.)

3.4. Reporting der Balanced-Scorecard-Ergebnisse

Da es immer wichtiger wird, Führungs- und Steuerungsinformationen möglichst verdichtet und zeitnah zur Verfügung zu stellen, entsteht eine weitere Integrationsebene, auf der die durch die BSC umgesetzten Maßnahmen überwacht werden können. Dies geschieht immer häufiger mit Management-Cockpits, in denen die Informationen mit den individuellen Anforderungen des Managements dargestellt werden und mittels Drill-Down-Funktionen die Kennzahlen in ihrer Entstehung näher untersucht werden können (vgl. *o.V.*, 2006, S. 12).

Wie bereits weiter oben ausgeführt, sind Managementinformationssysteme heute im Sinne von OLAP-Konzepten zu verstehen, die Daten online so aufbereiten und miteinander verknüpfen können, dass aus ihnen neue Erkenntnisse abgeleitet und entsprechende Entscheidungen getroffen werden können.

Eine typische Fragestellung aus der Praxis soll diesen Nutzen verdeutlichen: „Verkaufen Vertreter, die großzügig kostenfreie Produktmuster an den Fachhandel verteilen, mehr von dem beworbenen Produkt als Handelsvertreter, die mit den Produktmustern eher zurückhaltend sind?" (*Küsel*, 2006, S. 54.) In der Regel gelangt der Anwender innerhalb weniger Sekunden von den globalen Umsatzzahlen über Drill-down-Funktionen zu den Einzelkennzahlen, die Auskunft darüber geben, für welchen Wert die Vertreter je Verkaufsgebiet, Kundengruppe und Jahr Muster abgegeben haben und wie groß der jeweilige Umsatz war. Durch weitere Abfrageänderungen können so Zusammenhänge zwischen Vertreter, Produktmusterabgabe und Umsatz hergestellt werden. Aus diesen kausalen Zusammenhängen ließe sich dann z.B. die Frage klären, ob die Aushändigung von Produktmustern bei der einen Kundengruppe größere Wirkung erzielt als bei einer anderen. Aus der gewonnenen Information lässt sich dann wiederum ein strategisches Ziel ableiten, das mit der Aktion unterlegt wird, diese Kundengruppe gezielt mit Produktmustern zu versorgen um den Umsatz zu steigern (*Küsel*, 2006, S. 54).

Dieses kurze Praxisbeispiel verdeutlicht, wie wertvoll zum einen die sachlogische Verknüpfung einzelner Kennzahlen aus der BSC ist, zum anderen aber auch, dass die Durchführung von Online-Analysen ganz neue Möglichkeiten bietet, kausale Zusammenhänge, die in der Strategy Map verborgen sind, schnell zu erkennen und daraus Wettbewerbsvorteile durch strategische Entscheidungen zu generieren.

3.4.1. Voraussetzungen für den Aufbau von MIS

Um die benötigten Informationen bereitstellen zu können, sind die folgenden vier Voraussetzungen für ein MIS zu schaffen (vgl. *Rödler et al.*, 2003, S. 20):

Voraussetzung	Aufgabe
Data Warehouse	Transformation und Verwaltung der für das MIS benötigten Daten und abrufbaren Unternehmensinformationen
Data Mining	Komponenten, die zur inhaltlichen Aufbereitung der Daten dienen, wie z.B. Datenanalyseverfahren, statistische Methoden
BSC	Informationsgewinnung durch die ausgewogenen Perspektiven der BSC, in der diagnostische und strategische Kennzahlen generiert werden
Front-End-Systeme	Visualisierung und Darstellung der aufbereiteten relevanten Daten zur Analyse und Entscheidungsfindung

Tabelle 5: Voraussetzungen für ein MIS (Quelle: eigene Darstellung)

Unter Berücksichtigung, dass der Ausgangspunkt eines jeden MIS die relevanten Strategien und Ziele eines Unternehmens sind, wird deutlich, dass die BSC das Bindeglied zwischen Strategieentwicklung und deren

Umsetzung ist. MIS-Systeme unterstützen hier durch die Datenverdichtung und Aufbereitung den Strategieumsetzungsprozess, indem sie die für die Steuerung notwendigen Informationen in geeigneter Form darstellen.

3.4.2. Kennzahlentopologie der Managementinformationssysteme

In einem Kennzahlencockpit sollen alle wesentlichen Informationen enthalten sein, die zur Steuerung des Unternehmens bzw. der SGE notwendig sind; sie werden aus den vier Zielebenen Finanzen, Kunden, interne Prozesse und Mitarbeiter gewonnen (vgl. *Greischel*, 2003, S. 59). Somit kommt in einem MIS der erstellten Kennzahlentopologie eine bedeutende Rolle zu, denn:

- „Die in der Kennzahlen-Topologie (Kennzahlenpyramide) vorkommenden Kennzahlen definieren in ihrer Zusammensetzung und ihren Zusammenhängen die zum Aufbau des MIS notwendigen Informationen, die im Data Warehouse zu halten und ständig zu aktualisieren sind.
- Die Kausalzusammenhänge der einzelnen Kennzahlen definieren die Grenzen des realisierten Abfragegenerators, denn die Erstellung von widersprüchlichen und unvernünftigen Abfragen sollten für den Benutzer unmöglich sein.
- Die definierten Spitzenkennzahlen bestimmen die Zielgrößen des MIS. Sie sind aus Managementsicht die wesentlichen Fakten des MIS, deren Dimensionen durch den Benutzer frei konfigurierbar sein müssen.

Insbesondere sollte für die Spitzenkennzahlen im MIS eine Ampeldarstellung realisiert sein, die dem Benutzer neben dem aktuellen Wert der Kennzahl auch eine Wertung ihres Wertes mit anzeigt (...)." (*Rödler et al.*, 2003, S. 64.)

Als gedankliche Grundlage zur Entwicklung eines solchen Kennzahlensystems können z.B. bekannte Kennzahlenpyramiden wie das Du-Pont-System dienen. Dabei sollte die Kennzahlenpyramide so aufgebaut sein, dass die Perspektiven der BSC sowie die heruntergebrochenen Kennzahlen integriert werden. In der angewandten BSC von Schermann ist ein solcher Ansatz umgesetzt (vgl. *Rödler et al.*, 2003, S. 66).

3.4.3. Front-End-Systeme zur Visualisierung der MIS

Grundsätzlich kann die Visualisierung der BSC mit üblichen Tabellenprogrammen erfolgen, was in der Praxis auch die am häufigsten anzutreffende Vorgehensweise ist. In der Regel werden Excel-Anwendungen eingesetzt, die aber in Bezug auf die Visualisierungsmöglichkeiten bestimmte Anforderungen an die Nutzer stellen. Darüber hinaus werden heute unterschiedlichste Tools mit sehr anpassungsfähigen und flexiblen Ausgestaltungsmöglichkeiten angeboten.

Kriterien	Zu beurteilende Aspekte
Benutzerfreundlichkeit	Intuitive und benutzerfreundliche Berichterstellung und Analyse
Analysemöglichkeiten	Welche Auswertungsmöglichkeiten und -methoden werden unterstützt? Je komplexer die Analysemöglichkeiten sind, desto qualifizierter sind die Auswertungen.
Grad der Exploration	Wie hoch ist der Detaillierungsgrad (Drill-down-Auflösungen)? Welche Verdichtungsstufen und Blickwinkel können gewählt werden?
Grafische Darstellung und Analyse	Welche Diagrammarten werden angeboten? Sind Filterfunktionen, Ampel- und Wertdiagramme und mehr-dimensionale Darstellungen möglich? Können benutzerdefinierte Auswerte- und Darstellungscockpits erstellt werden?
Spektrum der Szenarien	Liefert das System eine Szenariotopologie im Sinne einer „What-if"-Auswertungsmöglichkeit?

Tabelle 6: Auswahlkriterien für ein MIS-Front-End (Quelle: eigene Darstellung)

Balanced Scorecard – Managementinformationssysteme

Um das Potenzial und den Anwendungsnutzen der erhältlichen Front-End-Systeme zu beurteilen, sollten die in Frage kommenden Systeme anhand verschiedener Kriterien, wie Handling oder Auswertungspotenzial, beurteilt werden.

Die folgende Abbildung zeigt am Beispiel einer Excel-Anwendung, wie ein solches Front-End-System gestaltet sein kann.

Derzeit gibt es am Markt mehrere Anbieter von MIS-Lösungen. Sie unterscheiden sich unter anderem darin, dass sie entweder Systemanbieter sind, die auch BSC-Know-how mitbringen (wie z.B. MIS AG, die eine enge Partnerschaft mit der Unternehmensberatung Horváth & Partner bildet), oder Software-Anbieter, die sich schwerpunktmäßig auf die Erstellung der Front-Ends konzentrieren (wie beispielsweise CP Corporate Planning). Tabelle 7 gibt einen Überblick über die am Markt erhältlichen Front-End-Systeme, die als Management-Cockpits eingesetzt werden können.

Hersteller	Produkt
Arcplan Information Services GmbH	Dynasight
Business Objects	Dashboard Manager
Cognos GmbH	Metrics Manager
CorVu	CorStrategy/CorBusiness
CP CORPORATE PLANNING AG	CP MIS/BSC
Geac (inzwischen Infor Global Solutions)	Strategy Management
Hyperion Solutions Deutschland GmbH	Hyperion Performance Scorecard
Hyperspace GmbH	HyScore BSC
IDS Scheer AG	ARIS BSC
Kef Software AG	BSC+
MIS AG (inzwischen Infor Global Solutions)	Balanced Scorecard
Oracle	Oracle Balanced Scorecard
Peoplesoft	Balanced Scorecard
Performance Soft	pbviews
Pilot Software	Pilot Balanced Scorecard
PROCOS (Deutschland) GmbH	STRAT&GO
ProDacapo	Balanced Scorecard Manager
QPR Software	QPR ScoreCard
SAP	SEM Balanced Scorecard
SAS Institute GmbH	Strategic Performance Management

Tabelle 7: Am Markt befindliche BSC-Front-End-Systeme (Quelle: eigene Darstellung)

3.5. Würdigung der Balanced Scorecard in der Praxis

Seit ihrer Entwicklung durch *Kaplan* und *Norton* kann die BSC auf eine 15-jährige Erfolgsgeschichte zurückblicken, in der sie sich weltweit verbreitet hat und in vielen Unternehmen eingesetzt wird. Der gewünschte Erfolg hat sich nicht in jedem Fall eingestellt, was verschiedene Studien belegen. So haben Kipker, Siekmann und Wildhagen festgestellt, dass 40% der befragten Unternehmen mit der Reportingverbesserung, die sie sich versprochen hatten, nicht zufrieden waren. Besonders die Anbindung an Steuerungs- und Berichtssysteme stellte sich als nicht befriedigend heraus (vgl. *Kipker et al.*, 2003, S. 57). Diese Erfahrungen decken sich mit Ergebnissen der Studie von Horváth & Partner, die seit 2000 bereits dreimal durchgeführt wurde.

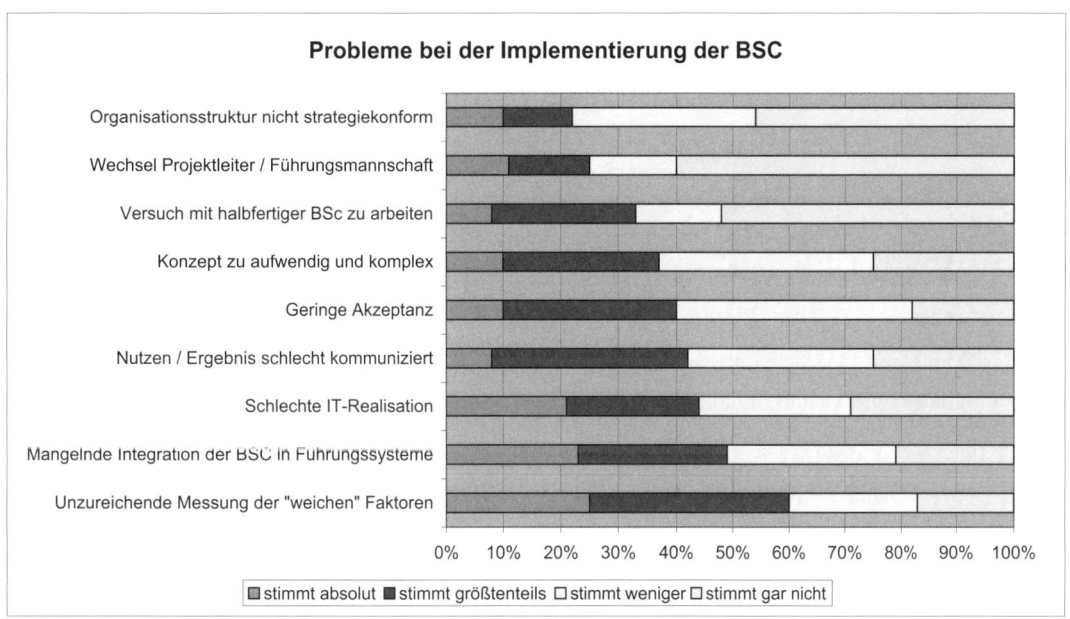

Abb. 10: Mangelnde Integration der BSC (*Horváth & Partner*, 2003, S. 77)

Obige Abbildung zeigt die Anwendungsprobleme mit der BSC auf. Die Resultate der Befragung lassen folgende Schlüsse zu (*Horváth & Partner*, 2003, S. 77):

- Der erfolgreichen Anwendung des Balanced-Scorecard-Konzeptes stehen eine Reihe von Anwendungsschwierigkeiten gegenüber. Insbesondere die Messung weicher Faktoren und die Integration der Balanced Scorecard in die bestehenden Führungssysteme bereiten vielen Unternehmen teilweise größere Schwierigkeiten.
- Deutlich wird das Problem der Integration der Balanced Scorecard in die bestehenden Führungssysteme am Beispiel der Budgetierung. Nur 39% der BSC-Anwender gelang eine solche Verbindung. Insofern erstaunt es nicht, dass trotz der Anwendung des Konzeptes, welches eine ausgewogene, nicht nur monetäre Steuerung bezweckt, weiterhin über 70% der Unternehmen eingestehen, dass die Leistungsbeurteilung bei ihnen „überwiegend" auf der Basis von Budgets stattfindet.

Auch die Frage nach der vertikalen Ausdehnung der BSC ergab, dass nur 30% der befragten Unternehmen die BSC über alle Organisationseinheiten hinweg eingeführt haben (flächendeckend und GU).

Balanced Scorecard – Managementinformationssysteme

Betrachtet man, wie weit die BSC in den befragten Unternehmen heruntergebrochen wird, ist festzustellen, dass 95% der befragten Unternehmen die BSC nicht bis auf die Mitarbeiterebene herabbrechen. Vor dem Hintergrund dieses Ergebnisses ist die Empfehlung von Kaplan und Norton, die BSC bis auf Mitarbeiterebene herunterzubrechen, ein eher akademischer Ansatz, der sich in der Praxis aufgrund des hohen Aufwands und des geringen Nutzens nicht etabliert.

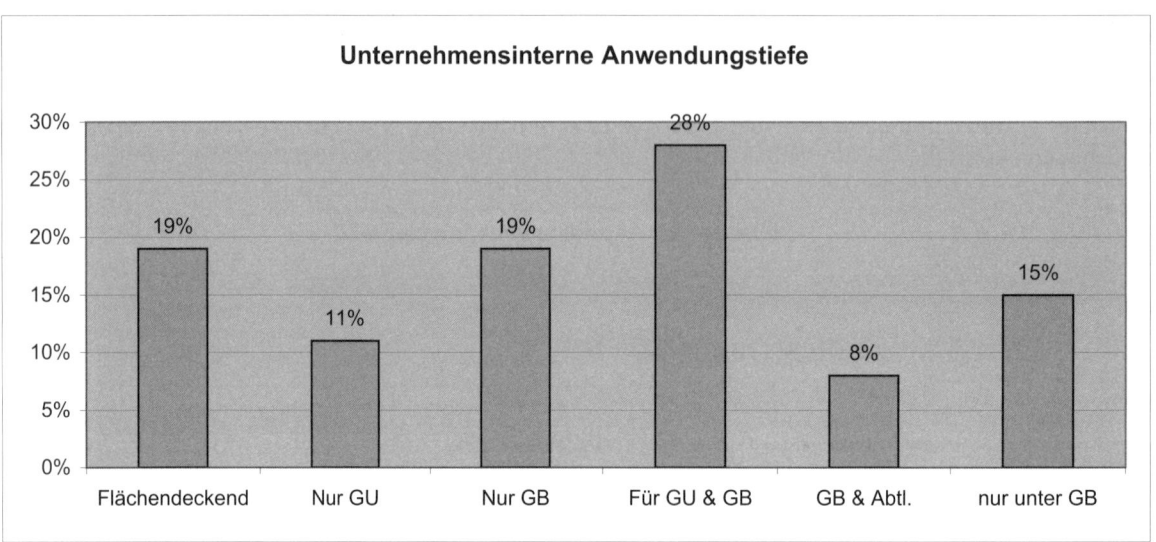

Abb. 11: Unternehmensinterne Anwendungstiefe (*Horváth & Partner*, 2003, S. 77)

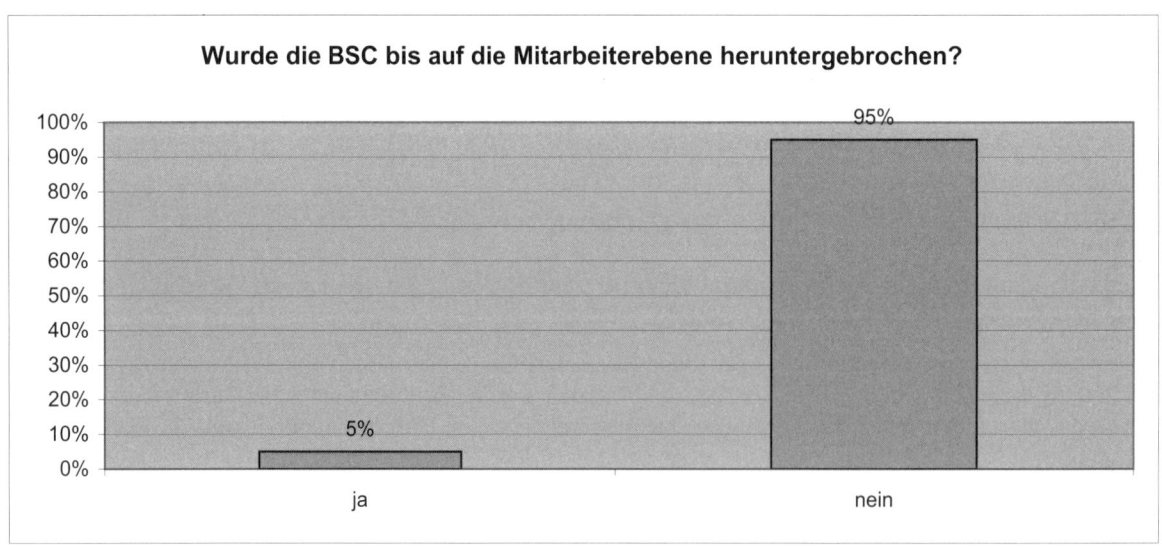

Abb. 12: Ebenen der BSC (*Horváth & Partner*, 2003, S. 77)

Zusammenfassend kommt die Studie zu folgendem Resümee:

- Die Balanced Scorecard ist für viele Unternehmen zu einem wichtigen Instrument der strategieorientierten Steuerung geworden. Eine Reihe von positiven Effekten konnten in diesem Zusammenhang empirisch belegt werden. Das hohe Investment, das mit dem Aufbau des Konzeptes verbunden ist, scheint sich ganz offensichtlich zu lohnen.
- In der praktischen Anwendung zeigen sich bei einigen Unternehmen aber noch deutliche Schwierigkeiten, u.a. die Auswahl der richtigen (nicht-monetären) Kennzahlen, der flächendeckenden Anwendung oder der Integration in bestehende Führungssysteme. Diese Probleme können ein Grund dafür sein, weshalb nachhaltige Wirkungen auf die verschiedenen Parameter einer erfolgreichen Balanced-Scorecard-Anwendung nur teilweise nachgewiesen werden konnten (*Horváth & Partner*, 2003, S. 82).
- Hinsichtlich der Faktoren Strategierealisierung und Intensität der Anwendung sind die Ergebnisse gemischt. An die 40% der befragten Unternehmen weisen bezüglich dieser Faktoren schwache Werte auf, was die Wirksamkeit der Balanced Scorecard für diese Erfolgsparameter relativiert. Allerdings darf diese Feststellung nicht darüber hinwegtäuschen, dass über die Hälfte der Anwender hinsichtlich Strategierealisierung und Intensität der Anwendung gute Werte vorweist. Offensichtlich geht es nicht nur darum, ob, sondern wie die Balanced Scorecard eingesetzt wird.
- Einen Automatismus bietet der Ansatz allerdings auch nicht. Nur jedes zweites Unternehmen bestätigt einen „deutlich positiven Einfluss" auf die Rendite (*Horváth & Partner*, 2003, S. 44).

Die BSC hat ihren Platz in den Unternehmen als Managementsystem gefunden und ist aus der Unternehmenswelt nicht mehr wegzudenken. Trotz dieses Erfolgs zeigt die Studie aber auch, dass etwa jedes zweite Unternehmen nicht die gewünschten Ergebnisse erzielen konnte. In der Studie wurde deutlich, dass sie in folgenden Bereichen im praktischen Einsatz nicht die erwarteten Verbesserungen mit sich brachte:

Schwäche	Auswirkung
Mangelnde Integration in Führungssystem	- führt häufig dazu, dass BSC zwar eingeführt wird, aber nicht zur Entscheidungsunterstützung herangezogen werden kann, da durch mangelnde IV-Infrastruktur bzw. Informationssysteme die Kennzahlen nicht zeitnah zur Verfügung stehen - fehlende Aufbereitung der Daten und Kennzahlen in Management-Cockpits erschwert schnelle Entscheidungsprozesse
Konzept zu aufwendig und zu komplexe Stufen	- Grundansatz von Kaplan und Norton führt zu komplexen Strukturen, da BSC über alle Hierarchieebenen eingeführt werden sollen, wodurch der Aufbau und die Pflege der BSC sehr aufwendig werden - Strategieänderungen oder -anpassungen werden, wenn die BSC auf allen Hierarchie- und Unternehmensebenen bereits implementiert wurde, aufgrund der Komplexität nur sehr langsam durchzuführen sein - Mitarbeiter können nicht immer die Strategie nachvollziehen, brauchen beeinflussbare KPIs
Reportingsysteme	- In der Praxis werden überwiegend aufwendige MIS-Systeme angeboten, die die BSC sehr kostenintensiv machen - Steuerung wird damit oftmals verhindert, da nur noch die Probleme im Nachhinein festgestellt werden

Tabelle 8: Probleme der klassischen BSC (Quelle: eigene Darstellung)

3.6. Projektvorgehensweise

Kaplan und *Norton* haben zehn Schritte erarbeitet, um die BSC erfolgreich in Unternehmen und Organisationen einzuführen.

1. Schritt: Auswahl der passenden Organisationseinheit

Grundsätzlich wird im Zuge des Implementierungsprozesses der BSC ein „Architekt" bestimmt, der als Projektleiter und Berater bei der Einführung und Umsetzung der BSC fungiert. Der „Architekt" muss in Zusammenarbeit mit dem Topmanagement eine Geschäftseinheit definieren, für die eine übergeordnete BSC angemessen ist. Der erste Scorecard-Prozess gelingt am besten in einer SGE, idealerweise in einer, deren Aktivität sich über eine vollständige Wertkette (von der Innovation über Produktion, Marketing, Vertrieb bis zum Service) erstreckt. Außerdem sollte es leicht möglich sein, charakteristische finanzielle Leistungskennzahlen für diese SGE zu bilden. Wenn jede einzelne Geschäftseinheit sehr unterschiedliche operative Prozesse aufweist, kann es sinnvoller sein, getrennte Scorecards für die Einheiten als eine Unternehmens-Scorecard zu erstellen.

2. Schritt: Die Identifizierung von Verknüpfungen zwischen SGE bzw. zwischen Geschäftseinheiten und Zentralabteilungen

Sobald die SGE definiert und ausgewählt wurden, sollte der Architekt etwas über die Beziehungen zwischen der SGE und den anderen Einheiten sowie der Bereichs- und Unternehmensorganisation in Erfahrung bringen. Der Architekt führt Interviews mit Leitern der Einheiten und der Unternehmensleitung, um über nachfolgende Punkte unterrichtet zu werden:

- die finanziellen Ziele der SGE (Wachstum, Rentabilität, CF, Ertrag),
- übergeordnete Unternehmensziele (Umwelt, Sicherheit, Personalpolitik, Standortpolitik, Qualität, Preiswettbewerbsfähigkeit, Innovationen),
- Verbindung mit anderen SGE (gemeinsame Kunden, Kernkompetenzen, Möglichkeiten für integrierte Ansätze bei Kunden und interne Anbieter/Kundenbeziehungen),
- Schaffung von Konsens über strategische Zielsetzungen.

3. Schritt: Durchführung der ersten Interviewrunde

Der Architekt bereitet Hintergrundmaterial über die BSC sowie interne Dokumente über die Vision, Mission und Strategie des Unternehmens bzw. der SGE vor. Dieses Material wird allen Mitgliedern des Topmanagements unterbreitet (sechs bis zwölf Führungskräften). Der Architekt sollte außerdem bereitstellen: Informationen über die Branche und das Wettbewerbsumfeld der SGE, wichtige Trends bei der Marktgröße und beim Marktwachstum, Informationen über Konkurrenten und Konkurrenzangebote, Kundenvorlieben und technologische Entwicklungen. Nachdem dem Topmanagement die Möglichkeit gegeben wurde, das Material durchzuarbeiten, führt der Architekt Interviews (ca. 90 Minuten) mit jeder einzelnen Führungskraft durch. In diesen Interviews holt der Architekt die Ansichten der Führungskräfte über die strategischen Zielsetzungen des Unternehmens und vorläufige Vorschläge für die BSC-Kennzahlen in den vier Perspektiven ein. Die Interviews können unstrukturiert sein, doch die Auswertung wird erleichtert, wenn ein gleichbleibender Fragenkatalog verwendet und eine Auswahl potenzieller Antworten angeboten wird. Der primäre Zweck dieser Interviews ist es, das Konzept der BSC dem obersten Führungsgremium vorzustellen, seine Fragen zu beantworten und von Anfang an seinen Beitrag einzufordern. Gleichzeitig soll das Management im Interview anregen, die Strategie und die Zielsetzungen in greifbare operative Kennzahlen umzusetzen. Im Rahmen der ersten Interviewrunde geht es unter anderem auch darum, unterschiedliche Ansichten über die vorhandene Strategie auszuloten. Besonders Führungskräfte aus unterschiedlichen Funktionsbereichen haben oft eine differenzierte Auffassung von der gegenständlichen Strategie.

4. Schritt: Synthesesitzung

Nachdem alle Interviews durchgeführt wurden, treffen sich der Architekt und sein Team, um eine vorläufige Liste der Ziele und Kennzahlen aufzustellen. Das Ergebnis dieser Sitzung sollte eine Auflistung und Rangfolge der Zielsetzungen für die vier Perspektiven sein. Das Team sollte versuchen festzustellen, ob die vorläufige Liste Ausdruck der Unternehmensstrategie ist und ob die Ziele für die vier Perspektiven in Ursache-Wirkungsbeziehungen verknüpft sind.

5. Schritt: Managementworkshop: Erste Runde

Der Architekt setzt ein Treffen mit dem Topmanagement an und leitet dieses. Er versucht auf Grundlage der Liste, die in der Synthesesitzung erarbeitet wurde, einen Konsens der Unternehmensleitung über Missions- und Strategieaussagen zu erzielen. Danach muss sich das Führungsgremium die Frage stellen: „Wenn meine Vision und Strategie Erfolg hat, wie wird dann meine Leistung für Aktionäre, Kunden, interne Prozessperspektive und für die Lern- und Entwicklungsprozesse aussehen?" Die Perspektiven sollten der Reihe nach untersucht werden. Wenn nun alle vorgeschlagenen Ziele für eine Perspektive vorgestellt und diskutiert worden sind, muss die Unternehmensleitung über die wichtigsten drei oder vier Vorschläge abstimmen. Dann sollte das Managementteam in vier Untergruppen aufgeteilt werden, die jeweils für eine Perspektive verantwortlich sind. Nun sollten auch die nächsttiefere Managementebene und die wichtigsten funktionalen Abteilungsleiter eingeladen werden (Untergruppe: vier bis sechs Personen). Am Ende des Workshops sollte das Team drei bis vier strategische Ziele für jede Perspektive sowie eine detaillierte Beschreibung und eine Liste potentieller Kennzahlen für jede Zielsetzung festgelegt haben. Diese Inhalte werden vom Architekten zusammengefasst.

6. Schritt: Treffen der Untergruppen

Der Architekt arbeitet mit den einzelnen Untergruppen bei mehreren Treffen, in denen sie vier Ziele zu erreichen versuchen, zusammen:

- Präzisierung des Wortlautes der strategischen Zielsetzung in Übereinstimmung mit den Absichten, die im ersten Managementworkshop ausgedrückt wurden.
- Identifizierung der Kennzahl oder Kennzahlen für jede Zielsetzung, die die Absicht der Zielsetzung am besten zum Ausdruck bringen und vermitteln.
- Identifizierung der Quellen notwendiger Informationen für jede Kennzahl und der Maßnahmen, die notwendig werden können, um diese Information verfügbar zu machen.
- Identifizierung der Hauptverbindungen zwischen den Kennzahlen innerhalb einer Perspektive sowie der einzelnen Perspektiven. Versuch, herauszufinden, wie die Kennzahlen einander beeinflussen.
- Für jede Perspektive sollte die Untergruppe am Ende folgende Ergebnisse erarbeitet haben:
- eine Liste der Zielsetzungen für die Perspektive, mit einer detaillierten Beschreibung jeder Zielsetzung;
- eine Beschreibung der Kennzahl für jede Zielsetzung;
- eine Darstellung, wie die Kennzahl quantifiziert und dargestellt werden kann;
- ein grafisches Modell der Verbindung der Kennzahlen innerhalb der Perspektiven und der Verbindungen zu Kennzahlen oder Zielsetzungen in andere Perspektiven.

7. Schritt: Managementworkshop: Zweite Runde

Teilnehmer: Topmanagement, zweite Ebene und eine große Anzahl von Managern der mittleren Ebene. Hier sollen die Vision, die Strategieaussagen und die vorläufigen Zielsetzungen und Kennzahlen der Scorecard diskutiert werden. Die Ergebnisse der Untergruppen sollten von deren Vertretern präsentiert werden. Die anderen Teilnehmer können hier noch die Ergebnisse kommentieren und beeinflussen. Resultat dieses Workshops sollte eine Broschüre zur Vermittlung der Inhalte und Absichten der Scorecard an alle Mitarbeiter der SGE sein. Außerdem sollten die Teilnehmer Ziele für die vorgeschlagenen Kennzahlen sowie Sollraten zur Verbesserung (innerhalb der nächsten fünf Jahre) formulieren.

8. Schritt: Entwicklung des Umsetzungsplans

Ein neu gebildetes Team sollte den Umsetzungsplan für die BSC entwickeln. Dieser sollte die Antwort auf die Frage enthalten, wie die Kennzahlen mit den Datenbanken und Informationssystemen verknüpft werden sollen, um die BSC der ganzen Organisation zu vermitteln und die Entwicklung von Versionen für die dezentralen Einheiten zu unterstützen und zu vereinfachen. Auch ein völlig neues Informationssystem für Führungskräfte wäre als Ergebnis denkbar.

9. Schritt: Managementworkshop: Dritte Runde

Das Topmanagement trifft sich zum dritten Mal, um zu einem endgültigen Ergebnis über die Vision, die Zielsetzungen und die Kennzahlen, die in den ersten beiden Workshops erarbeitet wurden, zu kommen und um die Fernziele, die vom Umsetzungsteam vorgeschlagen wurden, zu bestätigen. Außerdem werden vorläufige Aktionsprogramme zur Erreichung der Vorgaben festgelegt.

10. Schritt: Abschluss des Umsetzungsplans

Damit eine BSC wertschöpfend wird, muss sie in das Managementsystem der Organisation integriert werden. Es ist empfehlenswert, dass das Management innerhalb von 60 Tagen beginnt, die BSC zu verwenden (vgl. *Kaplan/Norton*, 1997, S. 290 ff.; siehe ebenso *Greischel*, 2003, S. 25 ff.).

4. Resümee

Die Balanced Scorecard hat unbestritten in den vergangenen 15 Jahren ihren Siegeszug in die Unternehmenswelt angetreten und das nicht ohne Grund, ist sie doch ein Konzept, das die Umsetzung der Strategie im Unternehmen maßgeblich verbessern kann. Kaplan und Norton haben hier ein System geschaffen, das sowohl als Managementsystem als auch als Kennzahlensystem eingesetzt wird. Gerade der Aspekt der zueinander ausgewogenen Perspektiven und die Möglichkeit, Früh- und Spätindikatoren miteinander über Strategy Maps zu verbinden, ist einer der großen Erfolgstreiber für dieses Konzept.

Darüber hinaus ist die BSC der Brückenschlag für den lange bekannten Gap zwischen Unternehmensstrategie und deren Umsetzung bzw. Übertragung in den operativen Bereich. Das daraus entstehende Kennzahlengebilde kann dann weiter für ein Berichtswesen genutzt werden, das sowohl harte als auch weiche Kennzahlen zur Verfügung stellt. In Verbindung mit entsprechenden Front-End-Systemen haben sich Managementsysteme entwickelt, die einen wesentlichen Beitrag zur Strategieumsetzung leisten können.

Da Kaplan und Norton die BSC als Vorlage für entsprechende Unternehmensadaptionen entwickelt haben, sind in den vergangenen 15 Jahren viele sehr unternehmensspezifische Scorecards entstanden. So findet man heute die Nachhaltigkeits-BSC (SBSC) genauso wie spezielle Scorecards für Banken, Krankenhäuser, öffentliche Verwaltungen, Logistik, usw.

Allerdings haben verschiedene Studien, unter anderem die Studien von Horváth & Partner, belegt, dass das Konzept (100xBSC) in der Praxis teilweise missverstanden wurde, aber auch in der Anwendung an Grenzen gestoßen ist, die eine Besinnung auf das wesentliche Grundkonzept von Kaplan und Norton notwendig machen. Im Fokus stehen die Ableitung vieler Bereichs-Scorecards und die Entwicklung der BSC zu einem flexiblen aussagekräftigen Managementinformationssystem.

5. Literaturverzeichnis

Abel, R.: Die Balanced Scorecard im Arbeitsfeld von Betriebsräten – eine Präsentation von Umfrageergebnissen, im Auftrag der Hans-Böckler-Stiftung, Referat Wirtschaft I, 2001.

Bernhard, M.: Balanced Scorecard Softwarerealisierungsmöglichkeiten, URL http://www.ecg-consul-ting.de/IT-BSC-SW-1999-09-IT-Management-PDF.pdf, Stand 18.4.2007.

Ehrmann, H.: Kompakt-Training Balanced Scorecard, 2000, Leipzig.

Eschenbach R./Eschenbach, S./Kunesch, H.: Strategische Konzepte, 2003, Stuttgart.

Fridag, H. R./Schmidt, W.: Balanced Scorecard - Mehr als ein Kennzahlensystem, 4. Auflage, 2002, Freiburg i. Br. et al.

Galden, W.: Kennzahlen- und Berichtssysteme, 2. Auflage, 2003, Wiesbaden.

Galden, W.: Performance Measurement – Controlling mit Kennzahlen, 3. Auflage, 2005, Wiesbaden.

Gerberich, C. W./Schäfer, T./Teubner, J.: Integrierte Lean Balance Scorecard, 1.Auflage, 2006, Wiesbaden.

Greischel, P.: Balanced Scorecard, 1. Auflage, 2003, München.

Groll, K.-H.: Erfolgssicherung durch Kennzahlensysteme, 4. Auflage, 1991, Freiburg i. Br.

Groll, K.-H.: Das Kennzahlensystem zur Bilanzanalyse – Ergebniszahlen, Aktienkennzahlen, Risikokennzahlen, 2. Auflage, 2004, München/Wien.

Grüning, M.: Performance – Measurement – Systeme. Messung und Steuerung von Unternehmensleistung, 2002, München/Wiesbaden.

Heinrich, L./Lehner, F.: Informationsmanagement, 1985, Berlin

Horváth, P.: Das Controllingkonzept - Der Weg zu einem wirkungsvollen Controllingsystem, 6. Auflage, 2006, München.

Horváth, P. et al.: Controlling, 4. Auflage, 1991, München.

Horváth, P./Kaufmann, L.: Balanced Scorecard – ein Werkzeug zur Umsetzung von Strategien, in: Harvard Business Manager - Balanced Scorecard – Unternehmen erfolgreich steuern, ursprünglich Beitrag aus Harvard Business Manager, Ausgabe 5, 1998.

International Group of Controlling, Controller Wörterbuch, 3. Auflage, 2005, Stuttgart.

Jochen/Voggenreiter, in: Controlling Heft 11, November 2002.

Josse, G.: Balanced Scorecard, 2005, München.

Kaplan, R. S./Norton, D. P.: Balanced Scorecard, Strategien erfolgreich umsetzen, 1997.

Krause, O.: Performance Management – Eine Stakeholder-Nutzen-orientierte und Geschäftsprozess-basierte Methode, 2006, Wiesbaden.

Krcmar, H.: Referenzmodelle für Informationssysteme, 2000.

Krepler, M.: Die Abbildung der Balanced Scorecard in MS-Excel, URL http://www.fact-consul-ting.com/Newsletter/2002_Ausgabe1/BSC/BSC_Excel_Loesung.pdf, Stand 18.4.2007.

Küsel: Mit Bohren, Schlitzen und Würfeln zu korrekten Zahlen, in IT & Investition, April 2006.

Küting, K./Weber, C.-P.: Die Bilanzanalyse, 8. Auflage, 2006, Stuttgart.

Meyer, C.: Betriebswirtschaftliche Kennzahlen und Kennzahlen-Systeme, 4. Auflage, 2007.

o.V.: Balanced Scorecard Studie 2005, in: Horváth & Partners Management Consultants, URL: http://www.horvath-partners.com/hp3/1709153/2336048.html, Stand 18.04.2007.

Peemöller, V. H.: Controlling – Grundlagen und Einsatzgebiete, 4. Auflage, 2002, Herne/Berlin.

Reichmann, T.: Controlling mit Kennzahlen und Management-Tools, 7. Auflage, 2006, München.

Schermann, M.: Foliensammlung zum Controlling, 2003, Wien.

Schrank, R.: Die Balanced Scorecard hat modernen strategischen Steuerungs-Systemen den Weg geebnet – jetzt wird sie abtreten, URL: http://www.controllerspielwiese.de/Inhalte/news/aktnews3.htm, Stand 2.4.2007.

Siegwart, H.: Kennzahlen für die Unternehmensführung, 6. Auflage, 2002, Bern/Stuttgart/Wien.

Sternfels: o. V. in MQ Business Excellence, Management und Qualität, 03/2006.

Stoll, B.: Balanced Scorecard für soziale Organisationen, Qualität und Management durch Strategische Steuerung, 2003, Regensburg.

Uebel, M./Helmke, S.: Balanced Scorecard und Controlling, 2003, Troesdorf.

Waldkirch, R.: Balanced Scorecard als strategisches Managementsystem einer strategiefokussierten Organisation, in: krp-Kostenrechnungspraxis (heute: ZfCM), 46. Jg., Heft 5, 2002.

Weber, J.: Einführung in das Controlling, 7. Auflage, 1998, Stuttgart.

Stichwortverzeichnis

Abschreibung 35
–, arithmetisch degressive 142
–, degressive 142
–, geometrisch degressive 142
–, kalkulatorische 172
–, lineare 142
–, progressive 142
–, verbrauchsunabhängige 142
Aktiengesellschaft 239
Amortisationsdauer, dynamische 214
Anbauverfahren 148
Anlagenintensität 56
Anlagevermögen 17
Annuität 203
Annuitätendarlehen 252
Annuitätenfaktor 204
Annuitätenmethode 212
Anschaffungskosten 129
APV 236
Asset Backed Securities 261
Aufwand 28
–, neutraler 28
Aufwandskonten 19
Aufwendungen 19
–, außerordentliche 131
–, betriebsfremde 131
–, periodenfremde 131
Aufzinsungsfaktor 201
Ausfallbürgschaft 249
Ausgabe 28
Auszahlung 28
Balanced Scorecard 362
–, Aufbau 369
–, Funktion 379
–, Perspektiven 370
–, Zielsetzung 368
Barwert 202
Basel II 60, 246
Berichtsempfänger 110
Berichtsform 111
Berichtsinhalt 109
Berichtsträger 110
Berichtstyp 110
Berichtswesen 103, 105

–, Anforderungen 107
–, Erfolgsfaktoren 106
–, Gestaltungsdimensionen 108
Bestandskonten
–, aktive 18, 29
–, passive 18, 29
Beta 331
Betriebsabrechnungsbogen 177
Betriebsüberleitungsbogen 177
Bewertung 39
Bilanzanalyse 54
–, erfolgswirtschaftliche 67
Branchenanalyse 298
Break-even-Menge 196
Break-Even-Point-Analyse 169
Buchführung, kameralistische 23
Buchführungspflicht 26
Buchungstypen 31
Budgetierung 287
Bürgschaft 249
Capital-Asset-Pricing-Modell 330
Cash Flow Return on Investment (CFROI) 340
Cashflow 322
Cashflow-Statement 281
Controller 84
–, Aufgabenbereich 91
–, Dotted-line-Controller 98
Controlling 80
–, Ablauf 90
–, dezentrales 97
–, normatives 87
–, operatives 87
–, strategisches 87
–, zentrales 97
Convertible Bond 256
Debitorenumschlagsdauer 58
Debitorenumschlagshäufigkeit 58
Deckungsbeitrag, relativer 167
Deckungsbeitragsrechnung 164 f
Discounted-Cashflow-Methode 321
Divisionskalkulation 156
–, einstufige 156
–, mehrstufige 158
–, zweistufige 157

Doppelte kaufmännische Buchführung 22
Economic Value Added 343
Eigen- und Beteiligungsfinanzierung 234
Eigenkapital 17
Eigenkapitalanteil 60
Eigenkapitalkosten 330
Eigenkapitalrentabilität 67
Einkommensteuertarif 235
Einnahmen 28
Einnahmen-Ausgaben-Rechnung 21
Einzahlung 28
Einzelkosten 139, 175
Einzelunternehmen 234
Endwert 202
Ertrag 19, 28
Ertragskonten 19, 30
Externes Rechnungswesen 15
Factoring 258
Fertigungsgemeinkosten 160
Finanzierung 192
–, aus Abschreibung 233
–, aus Rückstellung 234
Finanzplanung 280
–, direkte 282
–, rollierende 282
Finanzwirtschaft 192
Fixkostendeckungsrechnung, stufenweise 165
Flüssige Mittel netto 66
Free Cashflow 323
Freibetrag 235
Fremdkapital 17
Fremdkapitalanteil 60
Fristigkeit 231
Frühindikatoren 378
Gemeinkosten 139, 175
–, primäre 144
–, sekundäre 145
–, unechte 139
Gemeinkostenzuschlagssätze 152
Gesamtkapitalrentabilität 68
Gesamtkostenverfahren 51, 277
Gesellschafterdarlehen 238
Gewinn 19
Gewinnschuldverschreibung 257
Gewinnvergleichsrechnung 196
Gläubigerversammlung 266
Gleichungsverfahren 150

Gliederung
–, der Bilanz 41
–, der GuV 46
GmbH 236
–, Gründung 237
Grundsätze ordnungsgemäßer
   Buchführung 27
Hauptkostenstellen 144
Herstellungskosten 37
Hilfskostenstellen 144
Hypothek 250
Identitätsprinzip 130
Industrieobligation 256
Informationssysteme 356
Innenfinanzierung 232
Innerbetriebliche Leistungsverrechnung 146
Insolvenzverfahren 265
Insolvenzverwalter 266
Interne-Zinssatz-Methode, modifizierte 215
Inventur 34
Investition 192
Istkosten 130
Jahresabschluss 17
Kalkulatorische Kapitalkosten 195
Kapital
–, kurzfristiges 64
–, langfristiges 64
Kapitalerhöhung 238
–, bedingte 244
–, nominelle 243
–, ordentliche 242
Kapitalflussrechnung 281
Kapitalkosten 326
Kapitalumschlagshäufigkeit 59
Kapitalwert 205
Kapitalwertmethode 204
Kommanditgesellschaft 236
Kontenplan 32
Kontenrahmen 32
Kosten 28
–, degressive 135
–, fixe 133
–, kalkulatorische 28, 132
–, progressive 135
–, proportionale 135
–, sprungfixe 134
–, variable 133

Stichwortverzeichnis

Kostenarten
–, primäre 176
–, sekundäre 176
Kostenartenrechnung 139 f, 171
Kostenauflösung
–, mathematische 138
–, planmäßige 137
–, statistische 138
Kostenstelle, Aufbau 179
Kostenstellenrechnung 140, 142
Kostenträger 155
Kostenträgererfolgsrechnung 140, 184
Kostenträgerrechnung 140, 155
Kostenträgerstückrechnung 184
Kostenvergleichsrechnung 194
Kreditorenumschlagsdauer 59
Kreditorenumschlagshäufigkeit 59
Kritische Erfolgsfaktoren 305
Kritische Menge 195
Kuppelkalkulation 161
Kuppelproduktion 161
Lagerumschlagsdauer 57
Lagerumschlagshäufigkeit 57
Langfristplanung 274
Leasing 259
Leistung 28
Leistungsbudget, Schema 278
Leveraged Buy-out 245
Liquidität
–, 1. Grades 66
–, 2. Grades 66
–, 3. Grades (Net Working Capital Ratio) 66
Management Buy-in 245
Management Buy-out 244
Managementinformationssysteme 359
Maßgeblichkeitsprinzip 49
Materialgemeinkosten 159
Mezzanine-Kapital 262
Mittelaufbringung 17
Mittelfristplanung 274
Mittelverwendung 17
Nennbetragsaktie 241
Net Working Capital (NWC, Nettoumlaufvermögen) 63, 66
Netto-Cashflow 323
Nettogeldvermögen 66

Niederstwertprinzip 39
–, gemildertes 39
Normalkosten 130
Offene Gesellschaft 236
Opportunitätskosten 129
Optimale Nutzungsdauer 218, 222
Optimales Absatz- und Produktionsprogramm 167
Optionsschuldverschreibung 257
Pfandrecht 249
Plankosten 130
Portfolioanalyse 300, 308
Potenzialanalyse 299, 307
Private Equity 262
Ratendarlehen 254
Rating 62
Reagibilitätsgrad 139
Rechnungswesen 14
Rente, unendliche 203
Rentenbarwert 203
Residualwert 336
Risikoprämie 332
Risikozuschlag 329
ROI 71
Sanierungsplan 264
Schuldverschreibung 255
Selbstfinanzierung
–, offene 232
–, stille 232
Shareholder-Value 320
Shareholder-Value-Konzept 320
Sondereinzelkosten 139
Spätindikatoren 378
Stakeholderanalyse 297
Stammaktie 241
Stärken-/Schwächenanalyse 299
Statische Amortisationsdauer 199
Statische Rentabilität 198
Statische Verfahren 193
Steuerbilanz 49
Stille Gesellschaft 235
Strategie 295
Strategiefindungsprozess 296
Stückaktie 241
Stufenleiterverfahren 149
Teilkostenrechnung 164
Über-pari-Emission 240

Überschuldung 263
Umfeldanalyse 296
Umlaufintensität 57
Umlaufvermögen 17
Umsatzkostenverfahren 51, 277
Umsatzrentabilität 68
Umsatzsteuer 34
Unternehmerlohn, kalkulatorischer 133
Unter-pari-Emission 240
Ursache-Wirkungs-Ketten 376
Venture Capital 261
Verlust 20
Vermögensanalyse 56
Verschuldungskoeffizient 60
Vertriebsgemeinkosten 160
Verursachungsprinzip 130, 144
Verwaltungsgemeinkosten 160
Verzinsung
–, einfache 200
–, unterjährige 202
–, zusammengesetzte 201

Vorsteuer 34
Vorzugsaktie 241
WACC 326
Wagniskosten, kalkulatorische 133
Wagnisse, kalkulatorische 174
Werttreiber 325
Wiederbeschaffungskosten 129
Zahlungsstockung 263
Zahlungsströme 192
Zahlungsunfähigkeit 263
Zero Bond 256
Zinsen, kalkulatorische 132, 173
Zinssatz,
–, effektiver 202
–, interner 209
–, risikoloser 329
Zuschlagskalkulation 159
Zweckaufwand 28